Walter Hartel

Stromrichterschaltungen

Einführung in die Schaltungen netzgeführter Stromrichter

Springer-Verlag
Berlin · Heidelberg · New York 1977

Professor Dr.-Ing. WALTER HARTEL
Generalbevollmächtigter Direktor
der Siemens Aktiengesellschaft, München

Mit 211 Abbildungen

ISBN-13:978-3-642-81131-9   e-ISBN-13:978-3-642-81130-2
DOI: 10.1007/978-3-642-81130-2

Library of Congress Cataloging in Publication Data. Hartel, Walter. Stromrichterschaltungen. Bibliography: p. Includes index. 1. Electric current rectifiers. I. Title. TK7872.R35H38 621.313'7 77-9037.

Das Werk ist urheberrechtlich geschützt. Die dadurch begründeten Rechte, insbesondere die der Übersetzung, des Nachdruckes, der Entnahme von Abbildungen, der Funksendung, der Wiedergabe auf photomechanischem oder ähnlichem Wege und der Speicherung in Datenverarbeitungsanlagen bleiben, auch bei nur auszugsweiser Verwertung, vorbehalten.
Bei Vervielfältigungen für gewerbliche Zwecke ist gemäß § 54 UrhG eine Vergütung an den Verlag zu zahlen, deren Höhe mit dem Verlag zu vereinbaren ist.
© by Springer-Verlag, Berlin/Heidelberg, 1977.
Softcover reprint of the hardcover 1st edition 1977

Die Wiedergabe von Gebrauchsnamen, Handelsnamen, Warenbezeichnungen usw. in diesem Buch berechtigt auch ohne besondere Kennzeichnung nicht zu der Annahme, daß solche Namen im Sinne der Warenzeichen- und Markenschutz-Gesetzgebung als frei zu betrachten wären und daher von jedermann benutzt werden dürften.
Einband: Konrad Triltsch, Würzburg
2362/3020 − 543210

Vorwort

Bei dem Vorhaben, eine Einführung in die Stromrichterschaltungen zu schreiben, erhebt sich als erstes die Frage, ob man bei der Abhandlung des Stoffes den Schwerpunkt auf die Didaktik, also auf eine möglichst verständliche Darstellung, oder aber auf den praktischen Nutzen, also auf die Bedeutung für die Anwendungen legen soll. Für die Auswahl des Stoffes und für die Art der Darstellung gelten in beiden Fällen unterschiedliche Gesichtspunkte.

Die Erfahrungen einer achtzehnjährigen Lehrtätigkeit an der Technischen Universität München über das Thema Stromrichtertechnik haben gezeigt, daß der Umgang mit stückweise stetigen Vorgängen in aufeinanderfolgenden Zeitintervallen — also der Umgang mit den für die Stromrichterschaltungen typischen Erscheinungen — bei der Einarbeitung in den Stoff wesentlich größere Schwierigkeiten bereitet, als die nachträgliche Übertragung der Ergebnisse auf die praktischen Anwendungen. Daraus wurde der Schluß gezogen, daß offensichtlich ein Bedürfnis nach einer Einführung in die Stromrichterschaltungen besteht, bei der den didaktischen Gesichtspunkten der Vorrang gegeben wird; vielleicht wird durch ein solches Buch sogar eine Lücke im deutschsprachigen Schrifttum geschlossen.

Der Forderung nach einer einfachen und leicht verständlichen Darstellung des Stoffes kommt man dadurch entgegen, daß mit der Beschreibung einfacher Vorgänge begonnen wird und dann — auch unter Inkaufnahme einer gewissen Redundanz — zu komplizierteren Vorgängen aufgebaut, also der Weg vom Speziellen zum Allgemeinen begangen wird. Der umgekehrte Weg, nämlich von allgemeingültigen Betrachtungen auszugehen und daraus die speziellen Sonderfälle abzuleiten, ist zwar in der Darstellung eleganter und auch wesentlich kürzer abzuhandeln; er bereitet dem Kenner der Materie sicher mehr Vergnügen, dem Anfänger und dem mit dem Stoff nur gelegentlich konfrontierten Anwender dagegen mehr Schwierigkeiten und scheidet daher als Leitlinie für eine Einführung in die Stromrichterschaltungen aus.

Im vorliegenden Buch werden im Teil I die charakteristischen Eigenschaften der realen und idealen Ventile und ihrer Steuerung beschrieben. Auf die verschiedenen physikalischen Möglichkeiten, eine gute Richtwirkung der Ventile herzustellen, wird nicht eingegangen.

Der Forderung nach einer einfachen und leicht verständlichen Darstellung entsprechend, wird im Teil II mit der Beschreibung der einfachsten Stromrichterschaltung, die auch praktische Bedeutung (Bahnbetrieb) hat, nämlich mit der zweipulsigen Mittelpunktschaltung begonnen. Dieser Sonderfall wird zur p-pulsigen Mittelpunktschaltung verallgemeinert. Aufbauend auf diesen Ergebnissen werden die etwas komplizierteren Zusammenhänge bei der Parallelschaltung und bei der Reihenschaltung zweier Mittelpunktschaltungen, nämlich die Vorgänge bei der Saugdrosselschaltung und bei den Brückenschaltungen, beschrieben. Die Saugdrosselschaltung wird nur kurz behandelt, weil ihr nach der Ablösung der mehranodigen Quecksilberdampfventile durch die Halbleiterventile praktisch nur noch historische Bedeutung zukommt. Dagegen haben die Brückenschaltungen durch die Einführung der Halbleiterventile ganz besonders an Aktualität gewonnen, so daß ihrer Beschreibung entsprechend mehr Platz eingeräumt wird. Bei allen diesen Schaltungen wird im Teil II der einfache Fall einer passiven Last, bestehend aus der Reihenschaltung eines ohmschen Widerstandes und einer Induktivität, angenommen. Zunächst wird nur die Wirkung der Schaltungen im Gleichrichterbetrieb beschrieben; am Ende des Teiles II werden die Überlegungen auf den Wechselrichterbetrieb ausgedehnt.

Im Teil III wird die Wirkung einer Gleichspannung im Lastkreis am Beispiel eines stromrichtergespeisten Gleichstromantriebes beschrieben.

Im Teil IV werden die Eigenschaften der Stromrichtertransformatoren und ihr Einfluß auf den Stromrichterbetrieb beschrieben.

Nicht eingegangen wird auf die Berechnung der Oberwellen auf der Gleichstromseite und auf der Netzseite des Stromrichters sowie auf die Rückwirkungen, die bei der Belastung des Netzes durch die nichtsinusförmigen Ströme eines angeschlossenen Stromrichters auftreten. Bei vorgegebenem Umfang des Buches stand die Entscheidung aus, diese Themen mit einzubeziehen, dann aber die Teile I bis IV entsprechend kurz zu fassen, oder aber auf diese Themen zu verzichten und dafür den Teilen I bis IV mehr Platz einzuräumen. Der letztere Weg wurde gewählt, weil es bei einer Einführung nützlicher schien, etwas weniger, dafür aber ausführlich und leicht verständlich darzustellen, als etwas mehr, dafür aber komprimierter und vielleicht etwas weniger leicht zugänglich zu behandeln.

Bei der Auswahl des Stoffes und bei der Art der Darstellung haben mich die Herren Prof. Dr. Möltgen, Erlangen, und Prof. Dr. Graßl, Wien, beraten und den Stoff durchgesehen. Herrn Prof. Dr. Möltgen verdanke ich insbesondere wertvolle Hinweise für die Stoffauswahl des Kapitels 11.

Herr Dipl.-Ing. Freundel, München, hat das Manuskript und die Bilder korrigiert, die Formeln nachgerechnet und mir viele Hinweise und Ratschläge bei der Abfassung des Textes gegeben. Frau Thea Lichtinger, München, habe ich für die Reinschrift des Textes zu danken und für die vielen Entwürfe und Änderungen, die der Endfassung vorausgingen.

München, im Sommer 1977 **W. Hartel**

Inhaltsverzeichnis

Größenverzeichnis XV

I Einführung 1

  1 Elektrische Ventile 2
  2 Bezeichnungen und Grundregeln 9

II Netzgeführter Stromrichterbetrieb 16

  3 Zweipulsige Mittelpunktschaltung. 17
    3.1 Wirkungsweise der zweipulsigen Mittelpunktschaltung 17
      3.11 Stromführung der Ventile 18
      3.12 Ohmsche Last ($L = 0$) 19
      3.13 Ideale Glättung ($L = \infty$) 21
      3.14 Lückender Betrieb bei ohmsch-induktiver Last 21
      3.15 Nichtlückender Betrieb bei ohmsch-induktiver Last 25
      3.16 Betrieb an der Lückgrenze 28
      3.17 Steuerkennlinien 28
      3.18 Belastungskennlinie 32
    3.2 Wirkung der Kommutierungsinduktivitäten bei idealer Glättung 34
      3.21 Einfluß der Kommutierungsinduktivitäten auf den Zeitverlauf der Ströme 35
      3.22 Belastungskennlinien und Steuerkennlinie mit Kommutierungsinduktivitäten 40
    3.3 Reduktion der Streureaktanzen 42
    3.4 Einfluß der Kommutierungsinduktivität bei unvollkommener Glättung 44
      3.41 Lückender Betrieb bei unvollkommener Glättung 44
      3.42 Nichtlückender Betrieb bei unvollkommener Glättung . . 45
      3.43 Diskussion des Zeitverlaufes der Ströme und Spannungen . 48
      3.44 Belastungskennlinien 49

  4 Zweipulsige Mittelpunktschaltung mit Freilaufventil 56
    4.1 Wirkungsweise des Freilaufventiles 56
    4.2 Zeitlicher Verlauf der Ströme 57
    4.3 Steuerkennlinie 59
    4.4 Strommittelwerte 61
    4.5 Einfluß der Kommutierungsinduktivitäten bei idealer Glättung 65
      4.51 Zwei Kommutierungsintervalle pro Halbwelle ($\alpha \geqq u_0$) . . 66
      4.52 Ein Kommutierungsintervall pro Halbwelle ($\alpha \leqq u_0$) . . . 68
      4.53 Belastungskennlinien 70

5 Einphasiger Wechselstromsteller 72
  5.1 Wirkungsweise des einphasigen Wechselstromstellers. 72
  5.2 Steuerkennlinien 76
6 Mittelpunktschaltungen mit der Pulszahl p 81
  6.1 Wirkungsweise der Mittelpunktschaltungen mit der Pulszahl p . 82
    6.11 Zündzeitpunkt und Schaltungswinkel 82
    6.12 Ohmsche Last 85
    6.13 Ideale Glättung 89
    6.14 Ohmsch-induktive Last 89
  6.2 Steuerkennlinien und Belastungskennlinien 95
    6.21 Steuerkennlinien bei verschiedener Belastung 95
    6.22 Belastungskennlinien 97
  6.3 Einfluß der Kommutierungsinduktivitäten bei idealer Glättung 102
    6.31 Einfache Kommutierung 102
    6.32 Belastungskennlinien bei einfacher Kommutierung 107
    6.33 Grenze zwischen einfacher und mehrfacher Kommutierung 109
    6.34 Ströme und Spannungen bei mehrfacher Kommutierung und idealer Glättung 112
    6.35 Vollständige Belastungskennlinie der dreipulsigen Mittelpunktschaltung mit gesteuerten Ventilen bei Vollaussteuerung 113
    6.36 Vollständige Belastungskennlinie der dreipulsigen Mittelpunktschaltung mit ungesteuerten Ventilen 118
  6.4 Einfluß der Kommutierungsinduktivitäten bei unvollkommener Glättung 125
    6.41 Zeitverlauf der Ströme im lückenden Betrieb bei unvollkommener Glättung 125
    6.42 Zeitverlauf der Ströme im nichtlückenden Betrieb bei unvollkommener Glättung 126
    6.43 Belastungskennlinien im Bereich einfacher Kommutierung bei unvollkommener Glättung 130
    6.44 Näherungsweise Berechnung der Belastungskennlinien im Bereich einfacher Kommutierung bei unvollkommener Glättung und nichtlückendem Betrieb 132
    6.45 Vollständige Belastungskennlinien bei unvollkommener Glättung 134
  6.5 Ventilströme 138
    6.51 Mittelwert 138
    6.52 Effektivwert 138
7 Saugdrosselschaltungen 141
  7.1 Zeitverlauf der Ströme und Spannungen bei Vollaussteuerung . . 142
    7.11 Parallelarbeit dreipulsiger Stromrichter 142
    7.12 Saugdrosselspannung und Gleichspannung 144
    7.13 Saugdrosselstrom und Sternpunktströme 145
    7.14 Ventilströme 147
  7.2 Betrieb im kritischen Bereich 149
    7.21 Saugdrosselspitze 149
    7.22 Ungesteuerter Betrieb im kritischen Bereich 152
    7.23 Kennlinienverlauf im kritischen Bereich 155
  7.3 Einfluß der Kommutierungsinduktivitäten (Belastungskennlinien) 157
  7.4 Höherpulsige Saugdrosselschaltungen 159

Inhaltsverzeichnis XI

8 Brückenschaltungen 162
  8.1 Gemeinsame Eigenschaften der Brückenschaltungen 163
  8.2 Vollgesteuerte Zweipulsbrücke 163
  8.3 Halbgesteuerte Zweipulsbrücke mit einem ungesteuerten Brückenzweig 172
  8.4 Halbgesteuerte Zweipulsbrücke mit einem ungesteuerten Ventilstern 175
  8.5 Vollgesteuerte Sechspulsbrücke 177
    8.51 Betrieb bei ohmscher Last 178
    8.52 Betrieb bei ohmsch-induktiver Last 182
  8.6 Einfluß der Kommutierungsinduktivitäten bei der Sechspulsbrücke (ideale Glättung) 186
    8.61 Vorgänge im ersten Arbeitsbereich (einfache Kommutierung) 186
    8.62 Vorgänge im zweiten Arbeitsbereich (spontane Zündverzögerung) 192
    8.63 Vorgänge im dritten Arbeitsbereich (doppelte Kommutierung) 196
  8.7 Halbgesteuerte Sechspulsbrücke mit einem ungesteuerten Ventilstern 203
    8.71 Steuerbereich $0 \leq \alpha \leq \pi/3$ 203
    8.72 Steuerbereich $\pi/3 \leq \alpha \leq \pi$ (Freilaufwirkung) 207
    8.73 Steuerkennlinien 210
  8.8 Erhöhung der Pulszahl durch Kombination mehrerer Brückenschaltungen 210

9 Wechselrichterbetrieb 214
  9.1 Allgemeine Aussagen zum Wechselrichterbetrieb 214
    9.11 Voraussetzungen für den Wechselrichterbetrieb...... 215
    9.12 Vereinfachungen 217
  9.2 Schaltungsreduktion bei idealer Glättung 218
  9.3 Wechselrichterbetrieb bei idealer Glättung und ohne Kommutierungsinduktivitäten 220
    9.31 Steuerkennlinien und Symmetrie-Eigenschaften des Wechselrichterbetriebes 220
    9.32 Wechselrichtertrittgrenze ohne Kommutierungsinduktivitäten 223
    9.33 Gleichstromverlauf beim Wechselrichterkippen ohne Berücksichtigung der Kommutierungsinduktivitäten 224
  9.4 Wechselrichterbetrieb der p-pulsigen Mittelpunktschaltung mit Kommutierungsinduktivitäten bei idealer Glättung 227
    9.41 Zeitverlauf der Ströme und Verlauf der Belastungskennlinien im Wechselrichterbetrieb bei einfacher Kommutierung 227
    9.42 Einfluß der Kommutierungsinduktivitäten auf die Wechselrichtertrittgrenze 230
    9.43 Grenze zwischen einfacher und mehrfacher Kommutierung 231
    9.44 Vollständige Belastungskennlinien der dreipulsigen Mittelpunktschaltung 234
  9.5 Wechselrichterbetrieb der sechspulsigen Brückenschaltung mit Kommutierungsinduktivitäten bei idealer Glättung 241
  9.6 Einfluß der realen Ventileigenschaften auf die Wechselrichtertrittgrenze 248

Inhaltsverzeichnis

9.61 Freiwerdezeit und Schonzeit 248
9.62 Wechselrichterkippen unter Berücksichtigung der Kommutierungsinduktivitäten und der Schonzeit 249

III Stromrichter für Gleichstromantriebe 254

10 Gleichrichterbetrieb und Wechselrichterbetrieb mit Gegenspannung 255
   10.1 Allgemeine Aussagen über den Stromrichterbetrieb mit Gegenspannung 255
      10.11 Leistungsquadranten 255
      10.12 Betriebskennlinien 257
   10.2 Wirkungsweise des Stromrichterbetriebes mit Gegenspannung bei kleinen Gleichströmen 259
      10.21 Betrieb bei unwirksamer Steuerung (spontane Zündverzögerung) 260
      10.22 Betrieb bei wirksamer Steuerung 264
      10.23 Betrieb an der Lückgrenze 266
      10.24 Betrieb im nichtlückenden Bereich 269
      10.25 Verlauf der Belastungskennlinien bei kleinen Gleichströmen 272
   10.3 Wirkungsweise des Stromrichterbetriebes mit Gegenspannung bei hohen Gleichströmen 276
   10.4 Vollständige Belastungskennlinien beim Stromrichterbetrieb mit Gegenspannung 280

11 Umkehrstromrichter 284
   11.1 Prinzipielle Eigenschaften des Umkehrstromrichters 286
      11.11 Wirkungsweise des Maschinenumformers 286
      11.12 Wirkungsweise des Umkehrstromrichters 287
      11.13 Stromrichterkennlinien beim Betrieb des Umkehrstromrichters 288
      11.14 Kreisstrom und Kreisspannung 291
   11.2 Kreisstromfreier Betrieb 293
   11.3 Eigenschaften des Kreisstromes 296
      11.31 Bedingungen für die Steuerwinkelsumme 296
      11.32 Der Kreisstrom an der Lückgrenze 297
      11.33 Lückender Kreisstrom 302
      11.34 Nichtlückender Kreisstrom 306
   11.4 Kreisstrombehafteter Betrieb 311
      11.41 Prinzipielle Kennlinieneigenschaften beim kreisstrombehafteten Betrieb 312
      11.42 Kennlinienverlauf bei $\alpha_I + \alpha_{II} > \pi$ 314
      11.43 Kennlinienverlauf bei $\alpha_I + \alpha_{II} < \pi$ 317
      11.44 Betriebseigenschaften des kreisstrombehafteten Umkehrstromrichters 318
   11.5 Umkehrstromrichterschaltungen 319
      11.51 Mittelpunktschaltung 320
      11.52 Saugdrosselschaltung 320
      11.53 Brückenschaltung 321
      11.54 Ankerkreisumschaltung und Feldkreisumschaltung . . 323

Inhaltsverzeichnis   XIII

IV Stromrichtertransformatoren am Drehstromnetz 325
12 Grundgleichungen und Ersatzschaltungen der Stromrichtertransformatoren am Drehstromnetz 326
   12.1 Grundgesetze 326
      12.11 Reduktion der Aufgabenstellung. 327
      12.12 Beziehungen zwischen den Wicklungsströmen 330
      12.13 Jochleitfähigkeit 332
      12.14 Beziehungen zwischen den Wicklungsspannungen . . . 335
   12.2 Verkettete Drosselspulen 337
   12.3 Reduktionsgleichungen und Ersatzschaltpläne für die Mittelpunktschaltungen und die Saugdrosselschaltung 340
      12.31 Ableitung der Reduktionsgleichungen 340
      12.32 Ersatzschaltpläne 345
      12.33 Wirkung des Jochflusses 351
   12.4 Reduktionsgleichungen und Ersatzschaltpläne für die sechspulsigen Brückenschaltungen 354
   12.5 Reduktionsgleichungen und Ersatzschaltpläne bei verschiedenen Windungszahlen auf der Netzseite und Ventilseite . . . 358

13 Netzseitige Ströme der Stromrichtertransformatoren; Bauleistung 361
   13.1 Bauleistung der Stromrichtertransformatoren 361
   13.2 Netzseitige Ströme und Bauleistung der Mittelpunktschaltungen und der Saugdrosselschaltung: Netzseitiger Stern . . . 363
      13.21 Berechnung der netzseitigen Ströme und der Jochdurchflutung bei netzseitigem Stern 364
      13.22 Saugdrosselschaltung mit netzseitigem Stern 365
      13.23 Sechspulsige Mittelpunktschaltung mit netzseitigem Stern 367
      13.24 Dreipulsige Mittelpunktschaltung mit netzseitigem Stern 371
   13.3 Netzseitige Ströme und Bauleistung der Mittelpunktschaltungen und der Saugdrosselschaltung: Netzseitiges Dreieck . . 374
      13.31 Berechnung der netzseitigen Ströme und der Jochdurchflutung bei netzseitigem Dreieck 374
      13.32 Saugdrosselschaltung mit netzseitigem Dreieck 376
      13.33 Sechspulsige Mittelpunktschaltung mit netzseitigem Dreieck 377
      13.34 Dreipulsige Mittelpunktschaltung mit netzseitigem Dreieck 379
   13.4 Netzseitige Ströme und Bauleistung der sechspulsigen Brückenschaltung 381

14 Einfluß der Netzinduktivitäten, der Transformatorstreuung und des Jochflusses auf den Stromrichterbetrieb bei einfacher Kommutierung und idealer Glättung 389
   14.1 Allgemeine Aussagen zur einfachen Kommutierung 389
      14.11 Vergleichbarkeit der Schaltungen 389
      14.12 Verlauf der Ströme und Spannungen bei einfacher Kommutierung und idealer Glättung 393
   14.2 Ersatzschaltungen und Gleichspannungsverlust bei einfacher Kommutierung 394
      14.21 Einfache Kommutierung bei der Saugdrosselschaltung . 394
      14.22 Einfache Kommutierung bei der sechspulsigen Mittelpunktschaltung 397

14.23 Einfache Kommutierung bei der dreipulsigen Mittelpunktschaltung 399
14.24 Sechspulsige Brückenschaltungen 402
14.3 Verzerrung der Spannungen auf der Netzseite und auf der Ventilseite der Transformatoren durch Kommutierungseinbrüche 404
14.31 Kommutierungseinbrüche bei der Saugdrosselschaltung. 405
14.32 Kommutierungseinbrüche bei den sechspulsigen Mittelpunktschaltungen 408
14.33 Kommutierungseinbrüche bei den dreipulsigen Mittelpunktschaltungen 411
14.34 Kommutierungseinbrüche bei den sechspulsigen Brückenschaltungen 413

Anhang 417

Literaturverzeichnis 429

Sachverzeichnis 430

Größenverzeichnis

Sofern es sich um physikalische Größen handelt, bezeichnen Großbuchstaben stets Mittel- bzw. Effektivwerte, während Kleinbuchstaben für Augenblickswerte verwendet werden.

$C, C_1, C_2, C_3,$ C_n, C', C''	Integrationskonstanten
C_0, C_g	Abkürzungen nach (6.26) bzw. (6.117)
D, D'	Gleichspannungsverlust
D_N, D_∞	Gleichspannungsverlust beim Nennstrom, bzw. bei idealer Glättung
E	Effektivwert der Netzspannungen
E, E', E^*	Gleichspannung, innere Spannung einer Gleichstrommaschine
E_{g0}	Gleichspannung an der Lückgrenze bei ungesteuerten Ventilen
$E_{\text{lück}}$	Gleichspannung an der Grenze zwischen lückendem und nichtlückendem Betrieb
E_0	Leerlaufspannung einer Gleichstrommaschine
E_{10}, E_{20}	Spannungen der Teilstromrichter I und II eines Umkehrstromrichters bei leerlaufender Gleichstrommaschine
E_I, E_{II}	Gleichspannungen der Teilstromrichter I und II eines Umkehrstromrichters
E_{I0}, E_{II0}	Leerlaufspannungen der Teilstromrichter I und II eines Umkehrstromrichters
e_{L1}, e_{L2}, e_{L3}	Leiterspannungen des idealen Netzes
e_{N1}, e_{N2}, e_{N3}	Sternspannungen eines idealen Netzes
e_1, e_2, e_3	allgemeine Bezeichnung für die Sternspannungen eines idealen Netzes oder eines regulären Dreiphasensystemes
f	Netzfrequenz oder Fehler
G	Abkürzung nach (6.120) oder Ordinatenhalbachse der Lückellipse (Abschn. 10)
g	Glättungsgrad des Laststromes i_d
H	Abkürzung nach (6.131) oder Abszissenhalbachse der Lückellipse
H'	Abszissenhalbachse der Lückellipse bei Berücksichtigung der Kommutierungsinduktivität (Abschn. 10)
h_a	magnetische Feldstärke außerhalb des Eisenkörpers
h_{fe}	magnetische Feldstärke im Eisen
$h_{fe1}, h_{fe2}, h_{fe3}$	magnetische Feldstärke in den Schenkeln eines Stromrichtertransformators

Größenverzeichnis

h_1, h_2, h_3	magnetische Feldstärke in den Schenkeln einer verketteten Dreischenkeldrossel
I	Effektivwert des stationären Stromes
I_d	Laststrommittelwert
I_{dg}	Grenzstrom
I_{dl}	Laststrommittelwert bei Vollaussteuerung
I_{dK}	Kurzschlußstrom auf der Lastseite bei gesteuerten Ventilen
I_{dK0}	Kurzschlußstrom auf der Lastseite bei ungesteuerten Ventilen
$I_{dK\alpha}$	Kurzschlußstrom auf der Lastseite beim Steuerwinkel α
$I_{d,\text{lück}}$	Laststrommittelwert an der Lückgrenze
$I_{d,mk}$	Grenzstrom beim Übergang zur Mehrfachkommutierung bei gesteuerten Ventilen
$I_{d,mk0}$	Grenzstrom beim Übergang zur Mehrfachkommutierung bei ungesteuerten Ventilen
I_{dN}	Nenngleichstrom
I_{d0}	Laststrommittelwert bei Betrieb mit ungesteuerten Ventilen oder bei unwirksamer Steuerung
I_{dI}, I_{dII}	Laststrommittelwerte der beiden Teilstromrichter eines Umkehrstromrichters, oder Mittelwert des Grenzstromes zwischen den Arbeitsbereichen I/II, und II/III der Sechspulsbrücke
$I_{e\alpha}$	Effektivwert des Laststromes beim Steuerwinkel α (Gegenparallelschaltung)
I_{kr}, I'_{kr}	Mittelwert des Kreisstromes beim Leerlauf eines Umkehrstromrichters ohne bzw. bei Berücksichtigung der Kommutierungsinduktivität
I_{krit}	kritischer Laststrom der Saugdrosselschaltung
I_L	Effektivwert des netzseitigen Leiterstromes
I_l	Effektivwert des ventilseitigen Leiterstromes
I_n	Mittelwert des Freilaufventilstromes
$I_{n,\max}$	Höchstwert des Mittelwertes des Freilaufventilstromes
I_P	Effektivwert des netzseitigen Strangstromes bei beliebiger Transformatorschaltung
I_p	Effektivwert des ventilseitigen Strangstromes bei beliebiger Transformatorschaltung
I_v	Mittelwert des Ventilstromes
$I_{v,\text{eff}}$	Effektivwert des Ventilstromes
I_W	Effektivwert des netzseitigen Strangstromes bei Dreieckschaltung
I_w	Effektivwert des ventilseitigen Strangstromes bei Dreieckschaltung
I_0	Anteil des Kreisstromes I'_{kr} nach (11.43)
I_{00}	Momentanwert des Laststromes i_d im Zündzeitpunkt x_α (Abb. 10.7)
I_1, I_2	Effektivwert des stationären Stromes
I_1, I_2, I_3	Gleichkomponenten der Strangströme i_{p1}, i_{p2}, i_{p3} des Transformators (Anhang 6)
i', i''	Augenblickswerte des Ventilstromes an den Grenzen zwischen einfacher und mehrfacher Kommutierung
i_d, i_d'	Laststrom
i_{d0}	Laststrom bei Betrieb mit ungesteuerten Ventilen oder bei unwirksamer Steuerung
i_{dI}, i_{dII}	Laststrom i_d außerhalb bzw. während des Kommutierungsintervalles ohne Gleichspannung im Lastkreis. In Abschn. 11: Lastströme der beiden Teilstromrichter eines Umkehrstromrichters
i''_{dI}, i''_{dII}	wie i_{dI}, i_{dII} jedoch mit einer Gleichspannung im Lastkreis

Größenverzeichnis

i_f	Differenz der Augenblickswerte zweier zeitlich aufeinanderfolgender Ventilströme
i_{fII}, i_{fIII}	Augenblickswerte von i_f außerhalb bzw. während des Kommutierungsintervalles (keine Gleichspannung im Lastkreis)
i'_{fII}, i'_{fIII}	wie i_{fII}, i_{fIII} jedoch mit einer Gleichspannung im Lastkreis
i_{kr}, i''_{kr}	Kreisstrom beim Leerlauf eines Umkehrstromrichters ohne bzw. bei Berücksichtigung der Kommutierungsinduktivität
i'_{kr}, i'''_{kr}	Kreisstrom in den Teilintervallen nach Abb. 11.10
i_{L1}, i_{L2}, i_{L3}	netzseitige Leiterströme
$i_1, i_{l1}, i_{l2}, i_{l3}$	ventilseitige Leiterströme der Brückenschaltungen oder netzseitiger Leiterstrom der zweipulsigen Mittelpunktschaltung
i_n	Strom durch das Freilaufventil
$i_P, i_{P1}, i_{P2}, i_{P3}$	netzseitige Strangströme bei beliebiger Transformatorschaltung (Abb. 12.3)
$i_p, i_{p1}, i_{p2}, i_{p3}$	ventilseitige Strangströme bei beliebiger Transformatorschaltung
$i'_{p1}, i'_{p2}, i'_{p3}$	(Abb. 12.3)
$i_s, i_{s1}, i_{s2},$	Ventilströme
$i_{s3}, \ldots i_{sp}$	
i_{s1}, i_{s2}, i_{s3}	Bezeichnung der Ventilströme in den Abschn. 12 bis 14
$i'_{s1}, i'_{s2}, i'_{s3}$	
i_w	überlagerte Wechselkomponenten des Gleichstromes
i_{W1}, i_{W2}, i_{W3}	netzseitige Strangströme bei Dreieckschaltung
i_{w1}, i_{w2}, i_{w3}	ventilseitige Strangströme bei Dreieckschaltung
i_1, i_2, i_3	Wicklungsströme einer verketteten Dreischenkeldrossel
i'_1, i'_2, i'_3	
i_I, i_{II}, i_{III}	Sternpunktströme (Summe der Wicklungsströme in Abschn. 12 bis 14)
i_σ	Saugdrosselstrom
$i_{\sigma,\max}$	Höchstwert des Saugdrosselstromes
J_c	Scheitelwert des stationären einpoligen Transformator-Kurzschlußstromes auf der Ventilseite
J_{cc}	Scheitelwert des stationären zweipoligen Transformator-Kurzschlußstromes auf der Ventilseite
J_n	Effektivwert des Stromes den die Spannung U_n in der Reihenschaltung R und L hervorruft
J_0	Effektivwert des Stromes den die Spannung U_n in einem ohmschen Widerstand R hervorruft
j_1, j_2	Abkürzungen nach (12.50)
K	Konstante oder Abkürzung (6.137)
k_1, k_2	Faktoren in (10.1)
L, L'	Induktivität im Lastkreis (Glättungsinduktivität)
L'	fiktive Induktivität nach (12.68)
L_a	Ankerkreisinduktivität
L_c	Kommutierungsinduktivität
L_h	Induktivität einer Zweischenkeldrossel (12.44)
L_j	Jochinduktivität; fiktive Größe zur Darstellung der Ersatzschaltpläne des Stromrichtertransformators (12.21)
L_K	Kurzschlußinduktivität
L_k	Induktivität einer Dreischenkeldrossel (12.32)
L_n	Netzinduktivität
L_p, L'_p	netzseitige Streuinduktivität des Transformators

XVIII   Größenverzeichnis

L_s, L_s' ventilseitige Streuinduktivität des Transformators
L_σ Saugdrosselinduktivität
$l(x, y)$ Länge einer Feldlinie
l_h Eisenlänge des Kernes einer Zweischenkeldrossel
l_k mittlere Eisenlänge des Schenkels einer Dreischenkeldrossel

M Drehmoment

N Windungszahl
N_h Windungszahl eines Wicklungsstranges einer Zweischenkeldrossel
N_k Windungszahl des Wicklungsstranges einer Dreischenkeldrossel
N_1, N_2 Windungszahl eines netzseitigen bzw. ventilseitigen Transformatorstranges
N_σ Windungszahl eines Saugdrosselstranges
n Drehzahl

P_d Leistung der Gleichkomponenten von Strom und Spannung (9.1)
P_{dl} Wert von P_d bei Vollaussteuerung und ideal geglättetem Nennstrom
P_{dw} gesamte Wirkleistung auf der Gleichstromseite
P_{LN} Summe der Scheinleistungen der netzseitigen Wicklungen
P_{LV} Summe der Scheinleistungen der ventilseitigen Wicklungen
P_{mech} mechanische Leistung
P_T Transformatorbauleistung
P_w Anteil von P_{dw} der von den Gleichstromoberwellen und Gleichspannungsoberwellen hervorgerufen wird
p Pulszahl

Q Anzahl der netzseitigen Stränge
q Anzahl der ventilseitigen Stränge oder Eisenquerschnitt eines Schenkels
q Erhöhung der Gleichspannung einer Saugdrosselschaltung bei Betrieb im kritischen Bereich
q_h Eisenquerschnitt des Kernes einer Zweischenkeldrossel
q_k Eisenquerschnitt des Kernes einer Dreischenkeldrossel

R, R', R^* Lastwiderstand
R_F Durchlaßwiderstand eines Ventiles
R_a Ankerkreiswiderstand

s_g Steuersignal

T Schwingungsdauer
t Zeit

U_{dl} ideeller Lastspannungsmittelwert bei Vollaussteuerung
$U_{dl\alpha}$ ideeller Lastspannungsmittelwert beim Steuerwinkel α
$U_{dl\alpha I}, U_{dl\alpha II}$ ideelle Lastspannungsmittelwerte der Teilstromrichter I und II eines Umkehrstromrichters
$U_{dl\sigma}$ ideeller Gleichspannungsmittelwert der Saugdrosselschaltung bei Vollaussteuerung und voll wirksamer Saugdrossel
$U_{d,lück}$ Lastspannungsmittelwert an der Lückgrenze
$U_{d\alpha}$ Lastspannungsmittelwert beim Steuerwinkel α und bei Berücksichtigung der Spannungsverluste an den Kommutierungsinduktivitäten
$U_{d\alpha g}$ Grenzspannung

Größenverzeichnis XIX

$U_{d\alpha I}$, $U_{d\alpha II}$	Gleichspannungsmittelwerte der Teilstromrichter I und II eines Umkehrstromrichters bei Berücksichtigung der Kommutierungsinduktivitäten
U_{d0}	ideeller Gleichspannungsmittelwert der Saugdrosselschaltung beim Betrieb im kritischen Bereich
U_{dI}, U_{dII}	Mittelwerte der Grenzgleichspannung zwischen den Arbeitsbereichen I/II und II/III der Sechspulsbrücke
$U_{e\alpha}$	Effektivwert der Lastspannung beim Steuerwinkel α (Gegenparallelschaltung)
U_{kr}	Mittelwert der Kreisspannung
U_l	Effektivwert der ventilseitigen Leiterspannung
$U_{m\alpha}$	Halbwellenmittelwert der Lastspannung beim Steuerwinkel α (Gegenparallelschaltung)
U_n	Effektivwert der n-ten Oberschwingung der Gleichspannung
U_p	Effektivwert der netzseitigen und ventilseitigen Wicklungsspannung beim Übersetzungsverhältnis 1
U_S	Effektivwert der netzseitigen Sternspannung (Strangspannung) des Transformators
U_s	Effektivwert der ventilseitigen Sternspannung (Strangspannung) des Transformators
U_v	Mittelwert der Ventilspannung
u, u', u^*, $\bar{u}$	Kommutierungsintervall
u_c, u_{c1}, u_{c2}, ... u_{cp}	Spannungen an den Kommutierungsinduktivitäten
u_{c1}, u_{c2}, u_{c3} u'_{c1}, u'_{c2}, u'_{c3}	Spannungen an den Kommutierungsinduktivitäten in den Abschn. 12 bis 14
u_{c1I}, u_{c1II}	Spannung an der Kommutierungsinduktivität 1 außerhalb, bzw. während der Kommutierung (Abschn. 3)
u_d, u'_d	Momentanwerte der Lastspannung
u_{dyn}	Kommutierungsintervall beim Wechselrichterkippen
u_{dI}, u_{dII}	Lastspannungen der beiden Kommutierungsgruppen der Saugdrosselschaltung (Abschn. 7), oder ideelle Lastspannungen der beiden Teilstromrichter I und II eines Umkehrstromrichters (Abschn. 11)
u_{dI}, u_{dII}	Lastspannung außerhalb bzw. während der Kommutierung (Abschn. 3)
$u_{d\alpha I}$, $u_{d\alpha II}$	Gleichspannungen der Teilstromrichter I und II eines Umkehrstromrichters bei vorgegebenem Steuerwinkel α_I des Stromrichters I
u_j	vom Jochfluß induzierte Spannung (Jochspannung)
u_K	Kommutierungsintervall im Kurzschlußfall
u'_K	Kommutierungswinkel bei Doppelkommutierung im Kurzschlußfall
u_{km}	Spannung zwischen Kathodenstern und ventilseitigem Transformatorsternpunkt (Abb. 8.1)
u_{kr}, u'_{kr}	Kreisspannung ohne bzw. mit Kommutierungsinduktivitäten
u_L, u'_L	Spannung an der Lastinduktivität
u_{L1}, u_{L2}, u_{L3}	netzseitige Leiterspannungen des realen Netzes (allgemein)
$u_{L,dr}$, $u_{L1,dr}$	netzseitige Leiterspannung bei netzseitigem Dreieck des Transformators (Abschn. 14)
$u_{L,st}$, $u_{L1,st}$	netzseitige Leiterspannung bei netzseitigem Stern des Transformators (Abschn. 14)
u_1, u_{11}, u_{12}, u_{13} u'_{11}, u'_{12}, u'_{13}	ventilseitige Leiterspannungen der Brückenschaltungen

Größenverzeichnis

u_{mA}	Spannung zwischen Transformatorsternpunkt und Anodensternpunkt
u_{mk}	Kommutierungsintervall beim Übergang von einfacher zu mehrfacher Kommutierung
u_{mk0}	wie u_{mk} jedoch bei ungesteuerten Ventilen
u_n	Kommutierungsintervall bei Nullaussteuerung
$u_P, u_{P1}, u_{P2}, u_{P3}$	netzseitige Strangspannungen bei beliebiger Transformatorschaltung (Abb. 12.3)
$u_p, u_{p1}, u_{p2}, u_{p3}$	ventilseitige Strangspannungen bei beliebiger Transformatorschaltung (Abb. 12.3)
$u'_{p1}, u'_{p2}, u'_{p3}$	
u_R	Spannung am ohmschen Lastwiderstand
$u_S, u_{S1}, u_{S2}, u_{S3}$	netzseitige Sternspannungen des realen Netzes
$u_{S,dr}, u_{S1,dr}$	netzseitige Strangspannung bei netzseitigem Dreieck des Transformators (Abschn. 14)
$u_{S,st}, u_{S1,st}$	netzseitige Strangspannung bei netzseitigem Stern des Transformators (Abschn. 14)
$u_s, u_{s1}, u_{s2}, \ldots u_{sp}$	ventilseitige Sternspannungen (Strangspannungen)
u_{s1}, u_{s2}, u_{s3}	Bezeichnung der ventilseitigen Strangspannungen in den Abschn. 12 bis 14
$u'_{s1}, u'_{s2}, u'_{s3}$	
$u_{v1}, u_{v2}, \ldots u_{vp}$	Ventilspannungen
u_v, u'_v	
u_w	überlagerte Wechselkomponente der Gleichspannung
u_0	Kommutierungsintervall bei Vollaussteuerung
u_1, u_2, u_3	Strangspannungen einer verketteten Dreischenkeldrossel
u'_1, u'_2, u'_3	
$\bar{u}_1, \bar{u}_2, \ldots$	Kommutierungsintervalle in Abschn. 14
$\bar{u}'_1, \bar{u}'_2, \ldots$	
u_σ, u'_σ	Saugdrosselspannung ohne (Abschn. 7) bzw. mit (Abschn. 13) Berücksichtigung des Jochflußes
$u_{\sigma I}, u_{\sigma II}, u_{\sigma III}$	Saugdrosselspannungen bei der zwölfpulsigen Saugdrosselschaltung
x	relative Zeitkoordinate
x_e	Löschzeitpunkt
x_k	Ende des Kommutierungsintervalls bei Mehrfachkommutierung (ungesteuerte Ventile)
x_n	Zündzeitpunkt bei Nullaussteuerung
x_u	Ende des Kommutierungsintervalles u
x_{u0}	wie x_u jedoch bei ungesteuerten Ventilen
x_0, x'_0	natürlicher Zündzeitpunkt ohne bzw. mit einer Gleichspannung im Lastkreis
x_{01}, x_{02}	natürliche Zündzeitpunkte der Ventile V_1, V_2
x_α, x'_α	Zündzeitpunkt beim Steuerwinkel α bzw. bei spontaner Zündverzögerung (Abschn. 8.62)
$x_{\alpha g}$	Zeitpunkt am Ende des Grenzsteuerwinkels α_g
$x_{\alpha n}$	Zeitpunkt am Ende des Steuerwinkels bei Nullaussteuerung
$x_{\alpha 1}, x_{\alpha 2}, \ldots$	Zündzeitpunkte der Ventile V_1, V_2
$x'_{\alpha 1}, x'_{\alpha 2}, \ldots$	wie $x_{\alpha 1}, x_{\alpha 2}$ jedoch bei spontaner Zündverzögerung
Z_g	Zündwert

Größenverzeichnis XXI

Δ	Abweichung der Steuerwinkelsumme der beiden Teilstromrichter eines Umkehrstromrichters vom Wert π
Δ_g	wie Δ; die Abweichung ist so, daß ein stetiger Übergang der Belastungskennlinien im Leerlaufpunkt gegeben ist
ΔH	Verkürzung der Abszissenhalbachse der Lückellipse bei Berücksichtigung der Kommutierungsinduktivität
Θ_j	magnetische Jochspannung (Restamperewindungen)
Θ_σ	Durchflutung des Saugdrosselkernes
Λ_h	magnetische Leitfähigkeit des Eisenkernes einer Zweischenkeldrossel
Λ_j	magnetische Leitfähigkeit des vom Jochfluß durchflossenen Außenraumes
Λ_k	magnetische Leitfähigkeit des Eisenkernes einer Dreischenkeldrossel
Λ_1	Streuleitfähigkeit eines netzseitigen Transformatorstranges
Λ_2	Streuleitfähigkeit eines ventilseitigen Transformatorstranges
Λ_σ	magnetische Leitfähigkeit des Eisenkernes einer Saugdrossel
Φ	Faktor nach (6.137)
Ψ	Überlappungsfunktion (6.153)
α	Steuerwinkel allgemein
α'	Steuerwinkel bei unwirksamer Steuerung (Abschn. 10.21)
α_g	Grenzsteuerwinkel beim Übergang vom lückenden zum nichtlückenden Betrieb
α_m	Steuerwinkel beim Höchstwert des Freilaufventilstromes
α_n	Steuerwinkel bei Nullaussteuerung
α_0'	wie α' jedoch bei Betrieb mit ungesteuerten Ventilen (Abschn. 10.21)
α_I, α_{II}	Steuerwinkel des Teilstromrichters I bzw. II eines Umkehrstromrichters
β	Faktor nach (7.16)
β	Steuerwinkel bei Wechselrichteraussteuerung
γ	Zeitintervall
γ	Verhältnis der ventilseitigen zur netzseitigen Scheinleistung der Transformatorwicklungen
δ	Schaltungswinkel
δ	Schonzeit
δ_1, δ_2	Spannungsdifferenzen nach (11.52)
$\lambda, \lambda_h, \lambda_j, \lambda_k, \lambda_n$	Faktoren (Abschn. 12, 14)
μ	Permeabilität des Eisens allg.
μ_h	Permeabilität des Eisenkernes einer Zweischenkeldrossel
μ_k	Permeabilität des Eisenkernes einer Dreischenkeldrossel
μ_0	Permeabilität der Luft
ϱ	Lastparameter
ϱ_1	Lastparameter bei Berücksichtigung der Kommutierungsinduktivitäten
ϱ_2	wie ϱ_1, bei unvollkommener Glättung

τ_F	Durchlaßzeit eines Ventils
τ_{F0}	wie τ_F, bei ungesteuerten Ventilen bzw. bei unwirksamer Steuerung
τ_n	Durchlaßzeit eines Freilaufventiles
τ_S	Sperrzeit eines Ventiles
τ_{S0}	wie τ_S, bei ungesteuerten Ventilen bzw. bei unwirksamer Steuerung
τ_1, τ_2	Zeitintervalle
φ	Phasenwinkel des stationären Stromes
$\varphi, \varphi_1, \varphi_2, \varphi_3$	magnetische Schenkelfülsse eines Transformatorkerns
φ_j	magnetischer Jochfluß eines Transformatorkerns
φ_1	Phasenwinkel des stationären Stromes bei Berücksichtigung der Kommutierungsinduktivitäten
φ_2	wie φ_1, bei unvollkommener Glättung
$\varphi_{10}, \varphi_{20}, \varphi_{30}$	magnetische Teilflüsse (Abschn. 12)
φ_σ	magnetischer Fluß im Saugdrosselkern
ω	Kreisfrequenz

I Einführung

Ein Stromrichter ist eine Einrichtung zur Umformung oder Steuerung elektrischer Energie mit Hilfe von Bauelementen, die den Stromfluß vorwiegend nur in einer Richtung zulassen (Richteffekt); solche Bauelemente werden elektrische Ventile genannt. Beispiele für die Umformung elektrischer Energie sind z. B. die Umformung von Wechselspannung in Gleichspannung (Gleichrichter), von Gleichspannung in Wechselspannung (Wechselrichter) und von Wechselspannungen einer Frequenz in solche anderer Frequenz (Umrichter).

Die elektrischen Vorgänge in einem Stromrichter verlaufen im stationären Zustand periodisch mit der Schwingungsdauer T bzw. mit der Frequenz $f = 1/T$ des Netzes. Man vereinfacht die Betrachtungen und die Schreibweise, wenn von der Zeit t auf die relative Zeit

$$x = \omega t, \qquad \omega = 2\pi f$$

übergegangen wird. Damit wird die Schwingungsdauer T unabhängig von der Frequenz f des Vorganges auf die Periode 2π abgebildet.

1 Elektrische Ventile

In der Namensgebung der Ventilarten, z. B. Halbleiterventile, Gasentladungsventile, mechanische Ventile usw., kommt zum Ausdruck, daß die Richtwirkung der Ventile auf verschiedenen physikalischen Ursachen beruht. Im folgenden wird unter einem Ventil stets ein Bauelement verstanden, das notfalls durch zusätzliche Maßnahmen — wie z. B. eine besondere Temperaturhaltung bei Gasentladungsventilen, oder durch eine geeignete Beschaltung bei den Halbleiterventilen — so ertüchtigt ist, daß die Richtwirkung unter allen in Frage kommenden Betriebsbedingungen sichergestellt ist. Spezielle Beschaltungen und ähnliche, der Sicherstellung der Ventilwirkung dienende Maßnahmen sollen deshalb vereinbarungsgemäß nicht als Bestandteile der Stromrichterschaltungen, sondern als Bestandteile der Ventile gezählt werden.

Für die Praxis sind nur noch die Halbleiterventile von Bedeutung. Die Richtwirkung ist bei diesen Ventilen so stark ausgeprägt, daß man — zumindest bei grundsätzlichen Überlegungen — von idealen Ventilen sprechen kann.

Das ideale Ventil beschreibt einen praktisch nicht realisierbaren Grenzfall, bei dem die Richtwirkung so beschaffen ist, daß das *Ventil* dem Strom in einer Richtung (Durchlaßrichtung) den Widerstand *Null* und in der anderen Richtung (Sperrichtung) den Widerstand unendlich entgegensetzt. Ein ideales Ventil wirkt daher in der Flußrichtung wie ein geschlossener, in der Sperrichtung wie ein geöffneter Kontakt.

Im folgenden wird unter dem Begriff Ventil stets ein ideales Ventil verstanden.

Man unterscheidet zwischen ungesteuerten und gesteuerten Ventilen; dafür gelten die gestrichelt umrandeten Schaltzeichen in den Abb. 1.1a bzw. 1.2a. Als positive Zählrichtung für den Ventilstrom i_s und für die Ventilspannung u_v wird die Durchlaßrichtung des Ventiles, also die Richtung der Zählpfeile von i_s und u_v in Abb. 1.1a und 1.2a vereinbart. In Anlehnung an die Bezeichnungsweise bei den Gasentladungen wird in den Abb. 1.1a und 1.2a der positive Anschluß A als Anode und der negative Anschluß K als Kathode bezeichnet. Bei den gesteuerten Ventilen

1 Elektrische Ventile

(Abb. 1.2a) wird der Steueranschluß G gelegentlich als Steuergitter bezeichnet.

Die Wirkungsweise ungesteuerter Ventile wird am Beispiel der einfachen Stromrichterschaltung Abb. 1.1a erläutert. Während der positiven Halbschwingung der Netzspannung u_s, also bei positiver Richtung des Ventilstromes i_s durch den ohmschen Widerstand R, befindet sich das Ventil V im Durchlaßzustand (geschlossener Kontakt). Daraus resultieren nach Abb. 1.1b und c die Aussagen $u_d = Ri_s = u_s$ und $u_v = 0$. Während der negativen Halbschwingung der Netzspannung u_s, also bei negativer Stromrichtung, befindet sich das Ventil im Sperrzustand (geöffneter Kontakt); es gilt nach Abb. 1.1b und c die Aussage $u_s = u_v$ und $u_d = Ri_s = 0$.

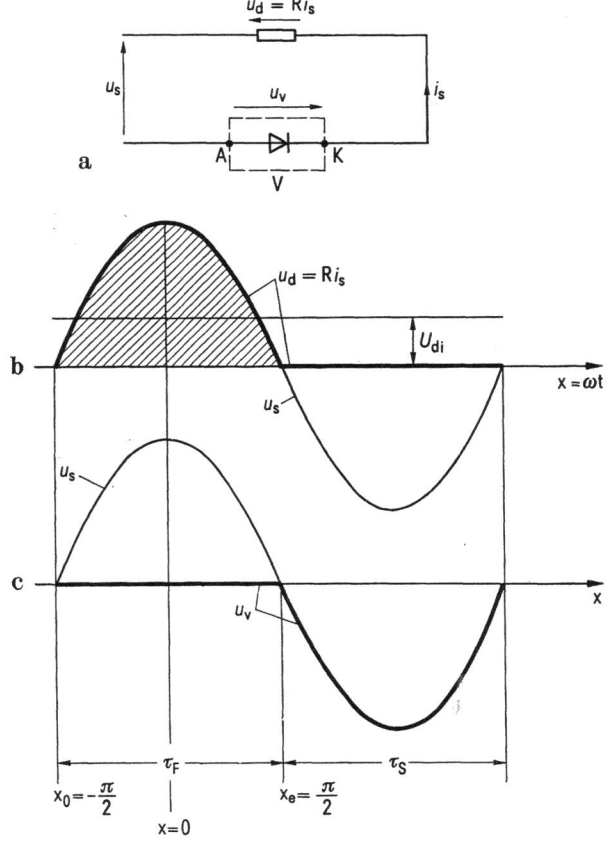

Abb. 1.1. Wirkungsweise eines ungesteuerten Ventiles.
a) Schaltung; b), c) Zeitverlauf der elektrischen Größen.

Daraus resultiert für die Lastspannung $u_d = R i_s$ der Zeitverlauf nach Abb. 1.1b und für die Ventilspannung u_v der Zeitverlauf nach Abb. 1.1c. Man erkennt daraus, daß die Richtwirkung des Ventiles eine Gleichkomponente in der Lastspannung u_d, also einen Gleichrichteffekt verursacht.

Das Zeitintervall τ_F, in dem ein Ventil Strom führt (Abb. 1.1), wird Durchlaßintervall oder Durchlaßzeit genannt, das Zeitintervall τ_S, in dem das Ventil gesperrt ist, heißt Sperrintervall oder Sperrzeit. Der Anfangszeitpunkt des Durchlaßintervalles eines ungesteuerten Ventiles wird natürlicher Zündzeitpunkt x_0 genannt.

Bei einem gesteuerten Ventil (Abb. 1.2a) kann der Sperrzustand durch geeignete Einwirkung auf den Steueranschluß G über den natürlichen Zündzeitpunkt x_0 hinaus bis zum Zeitpunkt x_α in Abb. 1.2b — er wird kurzweg Zündzeitpunkt genannt — aufrecht erhalten werden. Außer diesem Merkmal besteht prinzipiell kein weiterer Unterschied zwischen gesteuerten und ungesteuerten Ventilen. Die relative Verschiebung des Zündzeitpunktes x_α bei gesteuerten Ventilen gegenüber dem natürlichen Zündzeitpunkt x_0 ungesteuerter Ventile wird nach Abb. 1.2 Steuerwinkel α

$$\alpha = x_\alpha - x_0 \qquad (1.1)$$

genannt.

Die Verschiebung des Zündzeitpunktes um den Steuerwinkel α führt — in Analogie zu den Vorgängen in der Abb. 1.1b — zum Zeitverlauf der Lastspannung $u_d = R i_s$ nach Abb. 1.2b und zum Zeitverlauf der Ventilspannung u_v nach Abb. 1.2c. Daraus resultiert eine Verkleinerung des Lastspannungsmittelwertes U_{di} in Abb. 1.1b auf den Wert $U_{di\alpha}$ in Abb. 1.2b; der Index α in der Bezeichnung $U_{di\alpha}$ soll die Abhängigkeit des Mittelwertes $U_{di\alpha}$ vom Steuerwinkel α ausdrücken.

Der Lastspannungsmittelwert $U_{di\alpha}$ besitzt nach Abb. 1.1b beim Steuerwinkel $\alpha = 0$ bzw. beim natürlichen Zündzeitpunkt x_0 den Höchstwert $U_{di\alpha} = U_{di}$; dieser Zustand wird Vollaussteuerung genannt. Mit wachsendem Steuerwinkel α wird der Mittelwert $U_{di\alpha}$ kleiner und erreicht schließlich bei einem bestimmten Wert $\alpha = \alpha_n$, bzw. bei dem zugehörigen Zündzeitpunkt $x_\alpha = x_n$ den Wert $U_{di\alpha} = 0$; dieser Zustand wird als Nullaussteuerung bezeichnet. Der Bereich zwischen Vollaussteuerung $\alpha = 0$ und Nullaussteuerung $\alpha = \alpha_n$ wird Steuerbereich des Gleichrichterbetriebes genannt.

Die Aussage, daß der Lastspannungsmittelwert $U_{di\alpha}$ zwischen den Grenzen $U_{di\alpha} = U_{di}$ und $U_{di\alpha} = 0$ durch Verschiebung des Zündzeitpunktes x_α von $x_\alpha = x_0$ nach $x_\alpha = x_n$ verändert werden kann, gilt — wie die Besprechung der einzelnen Schaltungen zeigen wird — für alle Stromrichterschaltungen; der numerische Wert von $U_{di\alpha}$, x_0 und x_n hängt allerdings von der Art der Schaltung ab. Für die einfache Stromrichterschal-

1 Elektrische Ventile

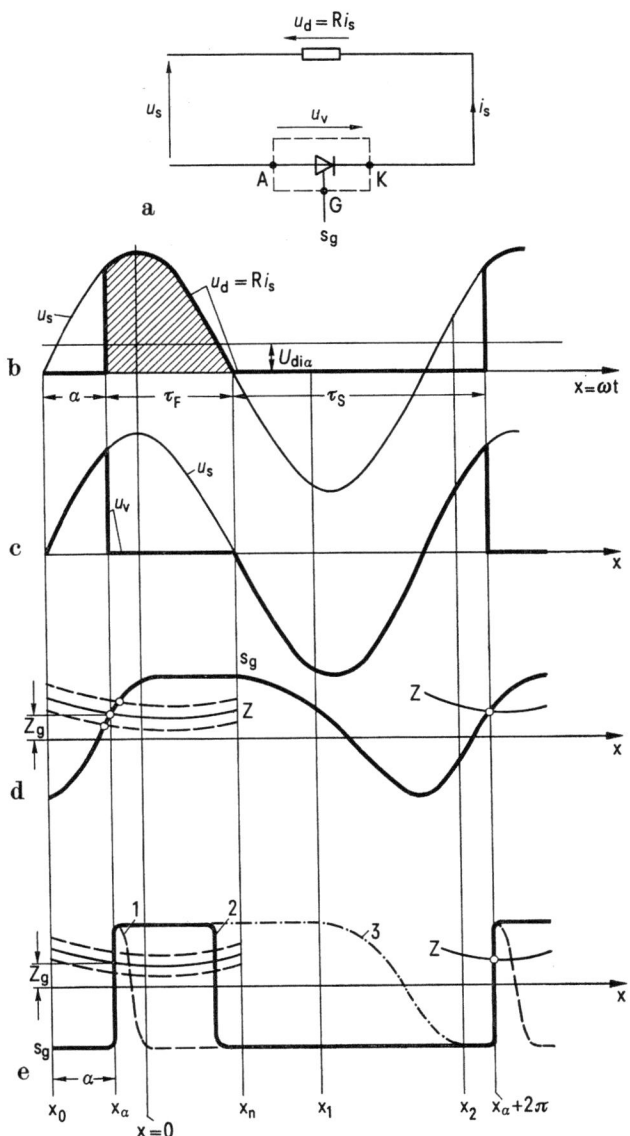

Abb. 1.2. Wirkungsweise eines gesteuerten Ventiles.
a) Schaltung; b), c) Zeitverlauf der elektrischen Größen des Lastkreises; d), e) Zeitverlauf der elektrischen Größen des Steuerkreises.

tung Abb. 1.2a entnimmt man die Werte $U_{di} = \sqrt{2}\,U_s/\pi$ und $x_0 = -\pi/2$ sowie $x_n = \pi/2$.

Die Wirkungsweise der Steuerung beruht darauf, daß dem Steueranschluß G in Abb. 1.2a ein geeignetes Steuersignal s_g zugeführt wird. Dieses Steuersignal (Abb. 1.2d) kann, je nach der physikalischen Natur des Ventiles, eine zwischen dem Steueranschluß G und der Kathode K wirkende Spannung, oder ein dem Steueranschluß aufgeprägter Strom sein.

Ein gesteuertes Ventil bleibt gesperrt, solange auf den Steueranschluß kein Steuersignal oder ein hinreichend weit unter dem Zündwert liegendes Steuersignal s_g einwirkt (Abb. 1.2d). Sobald der Augenblickswert des Steuersignales s_g einen bestimmten, durch die Ventilart und durch die Ventilspannung u_v festgelegten Wert Z_g — er wird als Zündwert bezeichnet — in Richtung zu größeren Werten überschreitet (Abb. 1.2d), geht das Ventil vom Sperrzustand in den Durchlaßzustand (Abb. 1.2b) über; man sagt, es zündet.

In der Abb. 1.2d sind die Zündwerte in Abhängigkeit von den jeweils zugehörigen Ventilspannungen u_v der Abb. 1.2c dargestellt. Aus dieser Zuordnung entsteht in Abb. 1.2d die vollausgezogene wannenartige Kennlinie Z; sie wird als Zündkennlinie des vorgegebenen Ventiles bezeichnet. Der Zündzeitpunkt x_α in Abb. 1.2b ist nach diesen Feststellungen durch den Schnittpunkt des Zeitverlaufes von s_g mit der vollausgezogenen Zündkennlinie Z in Abb. 1.2d gegeben.

Die Zündkennlinie Z in Abb. 1.2d besitzt bei Ventilen verschiedener physikalischer Natur — z. B. bei Gasentladungsventilen und Halbleiterventilen — einen unterschiedlichen Verlauf. Aber auch bei Ventilen, die auf gleichen physikalischen Effekten beruhen, kann sich die Zündkennlinie, z. B. durch unterschiedliche Temperaturbelastung, durch Alterungsprozesse oder bei dynamischen Vorgängen, verschieben. In der Praxis besteht daher bei einem vorgegebenen Ventil fast stets ein Schwankungsbereich, innerhalb dessen die tatsächliche Zündkennlinie liegen kann; dieser Bereich wird in Abb. 1.2d durch die beiden gestrichelten Grenzkurven für Z angedeutet.

Die Schwankungsbreite zwischen den gestrichelt eingezeichneten Grenzen der Zündkennlinien führt bei einem fest vorgegebenen Steuersignal s_g nach Abb. 1.2d zu einer entsprechenden Schwankungsbreite des Zündzeitpunktes x_α und des zugehörigen Lastspannungsmittelwertes $U_{di\alpha}$. In der Praxis wünscht man jedoch eine eindeutige Zuordnung zwischen dem Steuersignal s_g und dem Lastspannungsmittelwert $U_{di\alpha}$. Diese Forderung wird erfüllt, wenn man das Steuersignal s_g nach Abb. 1.2e mit einer möglichst steilen Zündflanke versieht.

Das Ventil geht im Zündzeitpunkt x_α in den Durchlaßzustand (geschlossener Kontakt) über (Abb. 1.2) und behält diesen Zustand bis zum

Löschzeitpunkt x_e — das ist der Zeitpunkt, in dem der Ventilstrom i_s durch Null geht — bei[1]; im Beispiel der Abb. 1.2 liegt der Löschzeitpunkt bei $x_e = \pi/2$. Der Löschzeitpunkt hängt — wie aus der Beschreibung der verschiedenen Stromrichterschaltungen hervorgehen wird — von der Art der Schaltung, vom Steuerwinkel α und vor allem von der Art der Last ab.

Sobald das Ventil im Zeitpunkt x_α gezündet hat, ist der weitere Zeitverlauf des Steuersignales bedeutungslos; das Ventil bleibt bis zum Löschzeitpunkt im Durchlaßzustand, gleichgültig, ob der Zeitverlauf *1*, *2* oder *3* des Steuersignales s_g in Abb. 1.2e vorliegt. Durch diese Eigenschaft unterscheiden sich die gesteuerten Ventile grundsätzlich vom Verhalten der Elektronenröhren und der Transistoren. Bei periodischer Zündung der Ventile — nur dieser Betriebsfall ist von praktischem Interesse — muß dafür gesorgt werden, daß das Steuersignal s_g eine hinreichende Zeit vor dem nächsten natürlichen Zündzeitpunkt des Ventiles, das ist im Falle der Abb. 1.2 der Zeitpunkt $3\pi/2$, wiederum einen hinreichend unter dem Zündwert Z_g liegenden Wert erreicht hat (Abb. 1.2d, e).

Zusammenfassend folgt aus den vorangehenden Erläuterungen, daß die Sperrung eines Ventiles durch eine negative Sperrspannung u_v herbeigeführt werden kann, oder durch ein unter dem Zündwert liegendes Steuersignal am ungezündeten Ventil aufrechterhalten werden kann. Das soll an zwei Beispielen gezeigt werden.

Wenn man vom Zeitverlauf *3* des Steuersignals s_g in Abb. 1.2e ausgeht, ist das Ventil V im Zeitpunkt x_1 immer noch zur Stromführung freigegeben, weil s_g in diesem Zeitpunkt größer als Z_g ist. Im gleichen Zeitpunkt liegt aber nach Abb. 1.2c die negative Spannung u_v am Ventil und sperrt daher die Stromführung des Ventiles, trotz Freigabe durch die Steuerung. Im Zeitpunkt x_2 der Abb. 1.2 liegen die Verhältnisse umgekehrt. Durch positive Werte der Ventilspannung u_v im Zeitpunkt x_2 ist das Ventil zwar zur Stromführung freigegeben, die Steuerung sperrt das Ventil jedoch, weil das Steuersignal s_g bei x_2 noch unterhalb dem Zündwert Z_g (Abb. 1.2d) liegt.

Wie man Steuersignale, insbesondere solche mit steiler Zündflanke erzeugt und wie man diese Signale innerhalb des Steuerbereiches verschiebt, um eine Veränderung des Lastspannungsmittelwertes $U_{di\alpha}$ herbeizuführen, soll nicht Gegenstand der weiteren Betrachtungen sein; statt dessen sei auf das Schrifttum im Anhang verwiesen, in dem einige Verfahren zur Erzeugung und Verschiebung von Steuersignalen beschrieben werden.

---

[1] Grundsätzlich sind auch Ventile denkbar, bei denen das Ende der Stromführung (Löschzeitpunkt) in gleicher Weise wie der Beginn der Stromführung (Zündzeitpunkt) durch Einwirkung auf einen Steueranschluß willkürlich eingestellt werden kann. Solche Ventile werden jedoch nicht in Betracht gezogen.

Die erlaubte Höchstbeanspruchung der Ventile durch die Ventilspannung u_v und durch den Ventilstrom i_s, die Zündbedingungen sowie eine Reihe weiterer Ventileigenschaften sind je nach der physikalischen Natur der Ventile verschieden; aber auch bei Ventilen gleicher physikalischer Natur sind diese Werte je nach dem Typ oder nach der Art der Herstellung verschieden. Aus diesem Grunde wird auf die eben genannten Größen nicht weiter eingegangen, sondern auf die Typenblätter und Datenbücher der Hersteller hingewiesen.

2 Bezeichnungen und Grundregeln

Bei der Bezeichnung der Größen und Buchstabensymbole wird weitgehend auf die Festlegungen nach DIN 41750, Begriffe für Stromrichter, Bezug genommen.

Ein Drehstromsystem (Strom- oder Spannungssystem) wird symmetrisch genannt, wenn die drei elektrischen Größen des Systems durch eine Phasenverschiebung um $\pm 120°$ miteinander zur Deckung gebracht werden können; wenn darüber hinaus ein sinusförmiger Zeitverlauf vorliegt, wird von einem regulären Dreiphasensystem (Drehstromsystem) gesprochen.

Ein Drehstromnetz mit dem Innenwiderstand Null (Kurzschlußleistung unendlich), dessen Sternspannungen e_{N1}, e_{N2}, e_{N3} ein reguläres Dreiphasensystem bilden, wird als ideales Netz bezeichnet. Von einem realen Drehstromnetz wird gesprochen, wenn die Sternspannungen e_{N1}, e_{N2}, e_{N3} ein reguläres Dreiphasensystem bilden und der Innenwiderstand des Netzes von Null verschieden ist (endliche Kurzschlußleistung).

Der Netzinnenwiderstand besteht aus den Impedanzen des Generators, der Netztransformatoren, der Freileitungen und der verkabelten Strecken; im allgemeinen Fall besteht deshalb der Innenwiderstand aus ohmschen, kapazitiven und induktiven Komponenten. Die ohmschen Komponenten des Netzwiderstandes sind im Vergleich zu den induktiven Komponenten meistens klein; dasselbe gilt für den kapazitiven Anteil bei Netzen ohne wesentlichen Anteil von Kabelstrecken. In diesem Fall kann das reale Netz in guter Näherung durch ein ideales Netz mit vorgeschalteten, konzentrierten Induktivitäten L_n (Abb. 2.1a) ersetzt werden.

Ein Transformator, dessen ohmsche Wicklungswiderstände, Streuinduktivitäten, Magnetisierungsströme und Eisenverluste vernachlässigt werden können, wird als idealer Transformator (Abb. 2.1b) bezeichnet. Beim Stromrichterbetrieb ist der Einfluß der Wicklungswiderstände und der Magnetisierungsströme klein im Vergleich zum Einfluß der Streuinduktivitäten, so daß der reale Transformator in diesem Falle nach Abb. 2.1c durch die Reihenschaltung eines idealen Transformators mit

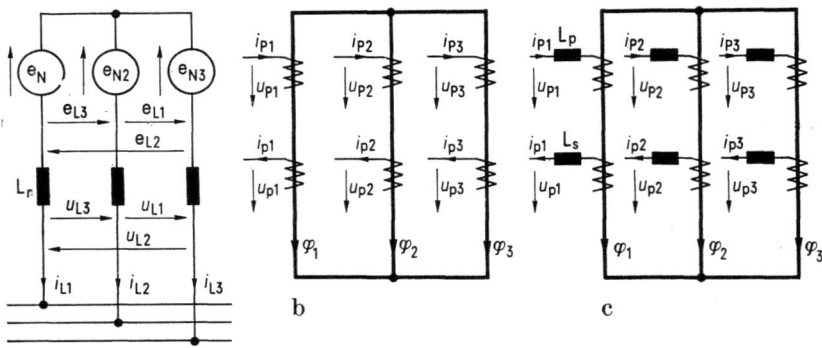

a
Abb. 2.1. Ersatzschaltpläne. a) reales Drehstromnetz; b) idealer Transformator; c) realer Transformator.

den netzseitigen bzw. ventilseitigen Streuinduktivitäten L_p bzw. L_s beschrieben wird. Zur Vereinfachung wird — ohne daß die Allgemeingültigkeit der Aussagen dadurch beeinträchtigt wird — stets angenommen, daß alle Wicklungen desselben Transformators die gleiche Windungszahl N besitzen.

In der Abb. 2.2 sind die auf der Netzseite und auf der Ventilseite angewendeten Bezeichnungen der Sternschaltung und der Dreieck-

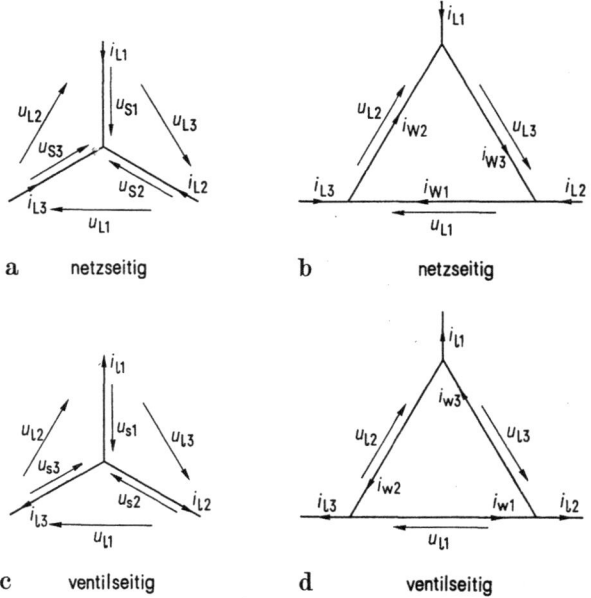

Abb. 2.2. Bezeichnungen der Ströme und Spannungen bei der Sternschaltung und der Dreieckschaltung. a), b) netzseitig; c), d) ventilseitig.

2 Bezeichnungen und Grundregeln

schaltung zusammengestellt. Wenn noch unbekannt ist, ob die Wicklungen im Stern oder im Dreieck geschaltet sind, dann werden die elektrischen Größen — wie an den Beispielen Abb. 2.1b, c gezeigt wird — mit einem Fußindex P bzw. p versehen.

Bei der Beschreibung der Stromrichterschaltungen wird man häufig auf das Ersatzschaltbild Abb. 2.3 geführt; es eignet sich deshalb besonders für eine Zusammenstellung der auf der Ventilseite der Stromrichterschaltungen wirkenden Größen. Die Gleichstromlast, bestehend aus einem ohmschen Widerstand R, einer Induktivität L und einer Gleichspannung E, wird über ein Ventil V von einer Wechselspannung u_p gespeist; u_p kann die ventilseitige Sternspannung oder die ventilseitige Leiterspannung eines Stromrichtertransformators sein. Die Kommutierungsinduktivität L_c beschreibt in dem für die Praxis wichtigsten Betriebsfall (einfache Kommutierung, vgl. Abschn. 14) den Einfluß der Transformatorstreuung und der Netzinduktivität auf den Stromrichterbetrieb.

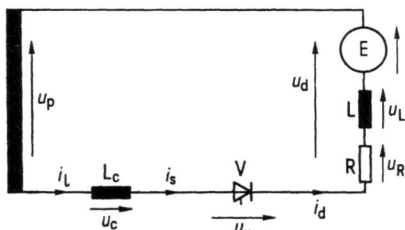

Abb. 2.3. Bezeichnungen für ventilseitige Ströme und Spannungen der Stromrichterschaltungen.

Die Lastspannung u_d und die Spannungsverluste u_c, u_v, u_R, u_L und die Gleichspannung E werden in der positiven Stromrichtung, also in Richtung der Strompfeile, positiv gezählt; die ventilseitige Speisespannung u_p wird entgegen zur Stromrichtung positiv gezählt. Bei diesen Festlegungen wirkt E als Gegenspannung zu den Momentanwerten der positiven Halbwelle von u_p.

Die Ventilanordnungen in Abb. 2.4a (Kathodenstern) und in Abb. 2.5a (Anodenstern) sind häufig wiederkehrende Bestandteile der Stromrichterschaltungen (z. B. Abb. 4.1, 6.1, 8.11, u. a.). Aus den Eigenschaften des Einzelventiles folgen bestimmte Gesetzmäßigkeiten für die Ventilsterne; sie sollen zunächst am Beispiel des Kathodensternes (Abb. 2.4a) erläutert werden.

Die Ventilspannungen u_{vi} ($i = 1, 2, \ldots$) der einzelnen Ventile eines Kathodensternes sind nach Abb. 2.4a durch die Potentialdifferenz zwischen den zugehörigen Anoden A_i und dem gemeinsamen Kathodensternpunkt K festgelegt. Diese Potentialverhältnisse werden am Beispiel der Abb. 2.4b veranschaulicht. Darin bedeutet die Linie K das Potential des Kathodensternpunktes K; durch den Abstand der Punkte A_i von der Linie K wird die Potentialdifferenz zwischen den Anoden A_i und der Kathode K, also die Ventilspannung u_{vi}, beschrieben.

Bei einem Kathodenstern kann ein Ventil (z. B. V_4 in Abb. 2.4) nur dann ein positives Anodenpotential ($u_v > 0$) gegenüber dem Kathodensternpunkt K aufweisen, wenn es durch die Steuerung gesperrt ist;

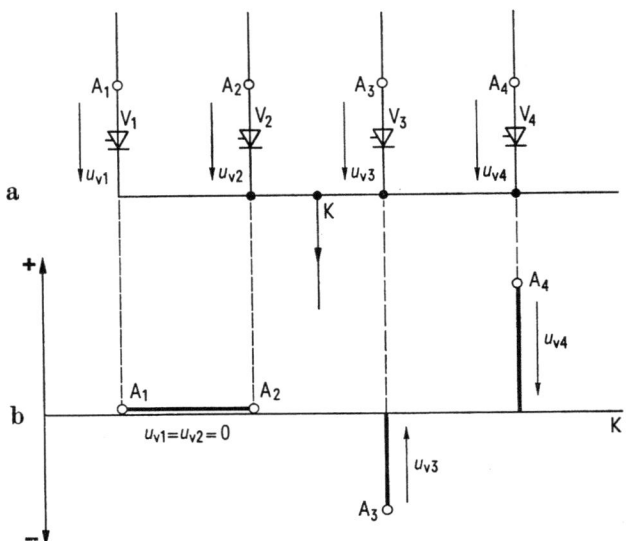

Abb. 2.4. Kathodenstern. a) Schaltung; b) Anodenpotentiale.

andernfalls müßte die Stromführung einsetzen und damit Potentialgleichheit ($u_{v4} = 0$) zwischen Anode A_4 und der Kathode K eintreten.

Wenn mehrere Ventile gleichzeitig Strom führen (z. B. die Ventile V_1 und V_2 in Abb. 2.4), dann müssen die zugehörigen Anodenpotentiale mit dem Kathodenpotential gleich sein; wenn umgekehrt die Anodenpotentiale mehrerer Ventile mit dem Kathodenpotential gleich sind, müssen sie gemeinsam Strom führen.

Ein Ventil mit negativem Anodenpotential ($u_v < 0$) gegenüber K (z. B. V_3 in Abb. 2.4) ist stets gesperrt, weil der von der negativen Ventilspannung u_v verursachte Strom in der Sperrichtung des Ventiles fließen müßte, also nicht auftreten kann, weil das Ventil dem Strom in der Sperrichtung den Widerstand unendlich entgegensetzt.

Man kann diese Eigenschaften des Kathodensternes in der folgenden Aussage zusammenfassen:

2 Bezeichnungen und Grundregeln

Unter den von der Steuerung zur Stromführung freigegebenen Ventilen eines Kathodensternes kann stets nur jenes Ventil die Stromführung übernehmen, dessen Anodenpotential positiv gegenüber den Anodenpotentialen aller übrigen, von der Steuerung freigegebenen Ventilen ist; bei gleichzeitiger Stromführung zweier oder mehrerer Ventile müssen die Anodenpotentiale dieser Ventile mit dem gemeinsamem Kathodenpotential, also auch untereinander gleich sein.

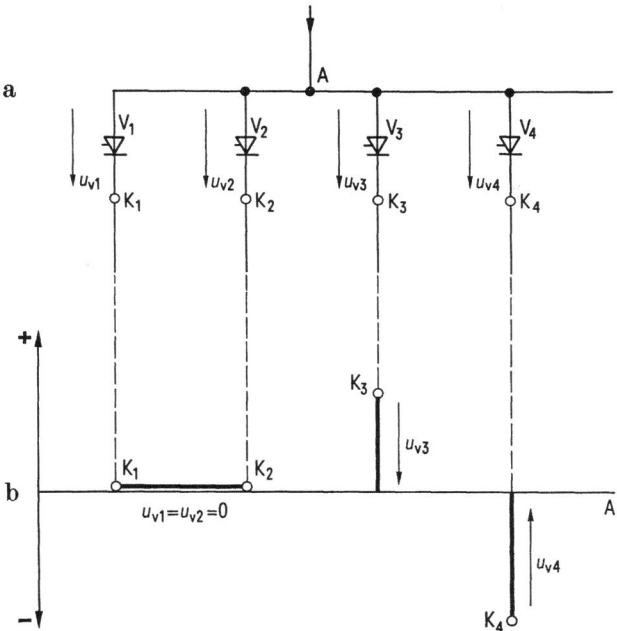

Abb. 2.5. Anodenstern. a) Schaltung; b) Kathodenpotentiale.

Diese Überlegungen über den Kathodenstern können auf den Anodenstern Abb. 2.5 übertragen werden. Man erhält dann folgende Aussage:

Unter den von der Steuerung zur Stromführung freigegebenen Ventilen eines Anodensternes kann stets nur jenes Ventil die Stromführung übernehmen, dessen Kathodenpotential negativ gegenüber den Kathodenpotentialen aller übrigen von der Steuerung freigegebenen Ventile ist; bei gleichzeitiger Stromführung zweier oder mehrerer Ventile müssen die Kathodenpotentiale dieser Ventile mit dem gemeinsamen Anodenpotential, also auch untereinander, gleich sein.

Für die Beschreibung der Stromrichterschaltungen sind die beiden Sätze über die Ventilsterne von großem Nutzen, denn sie erleichtern die

Festlegung der Ersatzschaltpläne für die einzelnen Betriebszustände einer Stromrichterschaltung.

Die Stromrichter zur Umwandlung elektrischer Energie können nach der Art der Anwendung in vier Gruppen unterteilt werden. Man unterscheidet:

Gleichrichter, die der Umwandlung von Wechselstrom in Gleichstrom dienen,

Wechselrichter, mit deren Hilfe Gleichstrom in Wechselstrom umgewandelt wird,

Umrichter, die Wechselstrom einer Frequenz in Wechselstrom einer anderen Frequenz umwandeln, und

Umrichter, die einen Gleichstrom bestimmter Höhe in einen Gleichstrom anderer Höhe umformen.

Diese vier Anwendungsarten des Stromrichters sind in dem Schema nach Abb. 2.6 zusammengefaßt.

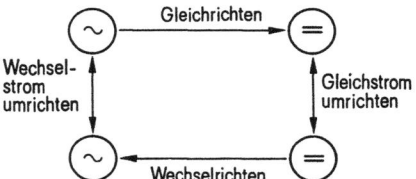

Abb. 2.6. Anwendungsarten des Stromrichters.

Daneben gibt es noch Schaltungen zum Steuern der elektrischen Energie, wie z. B. den Wechselstromsteller.

Die Behandlung aller vier Anwendungsarten nach Abb. 2.5 würde den Rahmen einer Einführung in die Stromrichterschaltungen sprengen. Deshalb beschränken sich die weiteren Ausführungen auf die Beschreibung der „netzgeführten Stromrichter" oder — wie sie früher genannt wurden — auf die „Stromrichter mit natürlicher Kommutierung".

Netzgeführte Stromrichter sind Einrichtungen, die — entsprechend den beiden horizontalen Funktionslinien in Abb. 2.6 — als Gleichrichter oder als Wechselrichter betrieben werden können, jedoch unter der einschränkenden Voraussetzung, daß die Spannungen und die Frequenzen des Wechselstromnetzes, bzw. des Drehstromnetzes in Abb. 2.6, fest vorgegeben sind. Die netzgeführten Stromrichter standen am Anfang der historischen Entwicklung der Stromrichtertechnik und besitzen auch heute noch die größte Bedeutung in der Praxis.

Beim Gleichrichterbetrieb wandelt der Stromrichter die Spannung eines Wechselstromnetzes oder eines Drehstromnetzes in eine Gleichspannung mit überlagerter Wechselkomponente um. Die Gleichspannung entsteht z. B. nach Abb. 6.4 durch Aneinanderreihen von Sinuskuppen. Die Anzahl der Sinuskuppen pro Periode heißt Pulszahl p, sie hängt von der Art der Schaltung ab. In Abb. 6.4 sind Beispiele für $p = 2$ bis $p = 12$ dargestellt.

II Netzgeführter Stromrichterbetrieb

In den Abschn. 3 bis 8 werden die Eigenschaften einiger gebräuchlicher Stromrichterschaltungen im Gleichrichterbetrieb beschrieben. Dabei wird stets ein idealer Stromrichtertransformator an einem idealen Netz angenommen; die Streuinduktivitäten des Transformators werden näherungsweise durch konzentrierte, mit den ventilseitigen Transformatorwicklungen in Reihe geschaltete Induktivitäten (Kommutierungsinduktivitäten) dargestellt. Als Gleichstromlast wird der einfache Fall der Reihenschaltung eines ohmschen Widerstandes R mit einer Induktivität L angenommen.

Im Abschn. 9 wird der Wechselrichterbetrieb, also der Energietransport vom Gleichstromnetz zurück ins Drehstromnetz beschrieben. Bei diesen Betrachtungen wird der Last des Stromrichters zusätzlich noch eine Gleichspannungsquelle, z. B. die EMK einer Gleichstrommaschine hinzugefügt.

3 Zweipulsige Mittelpunktschaltung

Die zweipulsige Mittelpunktschaltung in Abb. 3.1 besteht aus einem Ventilstern, bestehend aus zwei gesteuerten idealen Ventilen und einem idealen einphasigen Stromrichtertransformator mit zwei ventilseitigen Wicklungen. Die drei Wicklungen des Transformators sollen die gleiche Windungszahl N aufweisen.

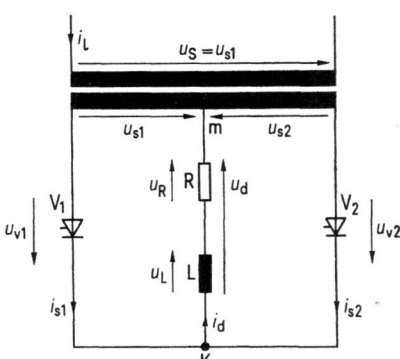

Abb. 3.1. Zweipulsige Mittelpunktschaltung am idealen Stromrichtertransformator.

Die zweipulsige Mittelpunktschaltung besitzt die meisten charakteristischen Merkmale der höherpulsigen Schaltungen, die Darstellung ihrer Eigenschaften ist jedoch wesentlich einfacher und übersichtlicher. Deshalb wird der Beschreibung der zweipulsigen Mittelpunktschaltung in den folgenden Abschnitten mehr Platz eingeräumt als ihr der praktischen Bedeutung nach eigentlich zukommt.

3.1 Wirkungsweise der zweipulsigen Mittelpunktschaltung

Die Wirkungsweise der zweipulsigen Mittelpunktschaltung wird zunächst für die beiden Grenzfälle $L = 0$ (rein ohmsche Last) und $L = \infty$ (ideale Glättung des Gleichstromes) beschrieben. Anschließend wird der allgemeine Fall beliebiger Werte von R und L (gemischt ohmsch-induktive Last) behandelt.

3.11 Stromführung der Ventile

Die Ventile in Abb. 3.1 können entweder wie geöffnete oder geschlossene Kontakte wirken. Nach den Gesetzen der Kombinatorik sind deshalb grundsätzlich die vier Fälle nach Abb. 3.2 denkbar. Es wird sich herausstellen, daß der Zustand nach Abb. 3.2d mit den physikalischen Eigenschaften der Schaltung unvereinbar ist, so daß nur die drei Fälle Abb. 3.2a bis c auftreten können.

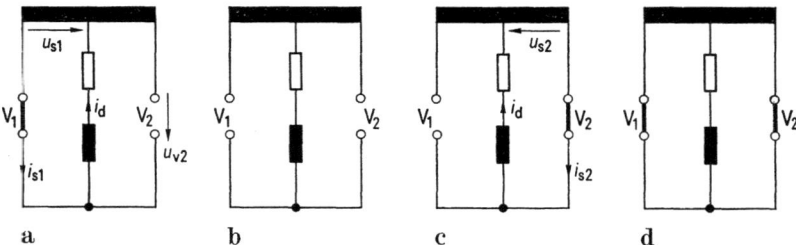

Abb. 3.2. Ersatzschaltpläne der zweipulsigen Mittelpunktschaltung von Abb. 3.1 a), b), c) mögliche Zustände; d) physikalisch nicht realisierbarer Zustand.

Für die sinusförmigen Spannungen u_{s1}, u_{s2} in Abb. 3.1 gilt

$$u_{s1} = -u_{s2} = \sqrt{2}\, U_s \cos x, \qquad x = \omega t. \tag{3.1}$$

Der Spannungsverlauf von u_{s1}, u_{s2} in Abb. 3.3a beschreibt zugleich den Zeitverlauf der Anodenpotentiale der Ventile V_1 und V_2 gegenüber dem Sternpunkt m und zeigt, daß die Potentiale — abgesehen von den Nulldurchgängen — in jedem Zeitpunkt verschieden sind. Deshalb kann jeweils nur ein Ventil Strom führen (vgl. dazu Abschn. 2); der Zustand nach Abb. 3.2d ist also nicht möglich.

Vom Zeitpunkt $x = -\pi/2$ (Abb. 3.3) an kann das Ventil V_1 die Stromführung übernehmen, weil das Anodenpotential von V_1 positiv gegenüber dem Potential von V_2 wird; vorausgesetzt ist die Freigabe von V_1 durch die Steuerung. Der natürliche Zündzeitpunkt des Ventiles V_1 liegt demnach bei $x_0 = -\pi/2$ und des Ventiles V_2 bei $x_0 + \pi = \pi/2$.

Durch die Steuerung kann der Beginn der Stromführung des Ventiles V_1 vom Zeitpunkt x_0 um den Steuerwinkel α auf den Zündzeitpunkt x_α verschoben werden. Für den Steuerwinkel α gilt dann

$$\alpha = x_\alpha - x_0 = x_\alpha + \frac{\pi}{2}, \qquad x_0 = -\frac{\pi}{2}. \tag{3.2}$$

3.1 Wirkungsweise

Man spricht von einer symmetrisch gesteuerten Mittelpunktschaltung, wenn das Ventil V_1 im Zeitpunkt x_α und das Ventil V_2 eine Halbwelle später im Zeitpunkt $x_\alpha + \pi$ gezündet wird; eine unsymmetrisch gesteuerte Mittelpunktschaltung liegt vor, wenn der Zeitabstand zwischen den Zündzeitpunkten der beiden Ventile von π verschieden ist (z. B. Abb. 8.7).

3.12 Ohmsche Last (L = 0)

Im Zündzeitpunkt x_α wird das Ventil V_1 von der Steuerung freigegeben und übernimmt im anschließenden Zeitintervall die Stromführung; es verhält sich wie ein geschlossener Schalter. Da beide Ventile nicht gleichzeitig Strom führen können, ist das Ventil V_2 während der Stromführung von V_1 gesperrt; es verhält sich wie ein geöffneter Schalter. Daher gilt anschließend an den Zündzeitpunkt x_α der Ersatzschaltplan Abb. 3.2a. Nach dem Ohmschen Gesetz folgt daraus $i_{s1} = u_{s1}/R$ für den Zeitverlauf des Ventilstromes i_{s1}, für die Spannung u_{v1} am Ventil V_1 folgt $u_{v1} = 0$ und für die Spannung u_{v2} am Ventil V_2 erhält man $u_{v2} = u_{s2} - u_{s1} = 2u_{s2}$.

Die Durchlaßzeit τ_F des Ventiles V_1 ist im Zeitpunkt $x = \pi/2$ beendet (Abb. 3.3b), denn das Ventil V_1 setzt den negativen Werten von i_{s1}, die sich an den Zeitpunkt $x = \pi/2$ anschließen würden, den unendlich großen Sperrwiderstand entgegen. Das Ventil V_2 bleibt bis zur Freigabe durch die Steuerung im Zündzeitpunkt $x_\alpha + \pi$ gesperrt (Abb. 3.3c). Daher gilt zwischen $x = \pi/2$ und $x_\alpha + \pi$ der Ersatzschaltplan Abb. 3.2b. In diesem Zeitintervall, in dem beide Ventile gesperrt sind, gilt nach Abb. 3.2b für die Ventilspannungen $u_{v1} = u_{s1}$ und $u_{v2} = u_{s2}$.

In der folgenden Halbwelle $x_\alpha + \pi$ bis $x_\alpha + 2\pi$ wiederholen sich die Vorgänge mit vertauschten Ventilfunktionen, wobei während der Stromführung von V_2 der Ersatzschaltplan Abb. 3.2c gilt. Der Laststrom i_d besitzt nach Abb. 3.3a eine Stromlücke, die bei Vollaussteuerung ($\alpha = 0$) durch zwei aneinander stoßende Sinushalbwellen geschlossen wird. Die Lastspannung $u_d = R i_d$ ist dem Laststrom proportional.

Die Ventilspannungen u_{v1} und u_{v2} kann man — sofern der Zeitverlauf der Gleichspannung u_d bekannt ist — unmittelbar aus Abb. 3.1 entnehmen; man erhält

$$u_{v1} = u_{s1} - u_d, \qquad u_{v2} = u_{s2} - u_d. \tag{3.3}$$

Die Beziehungen (3.3) gelten allgemein für beliebige Werte des Steuerwinkels α und für beliebige Belastungsart, also nicht nur für den speziell vorliegenden Fall rein ohmscher Last. In Abb. 3.3d ist der Zeitverlauf von u_{v1} dargestellt.

20   3 Zweipulsige Mittelpunktschaltung

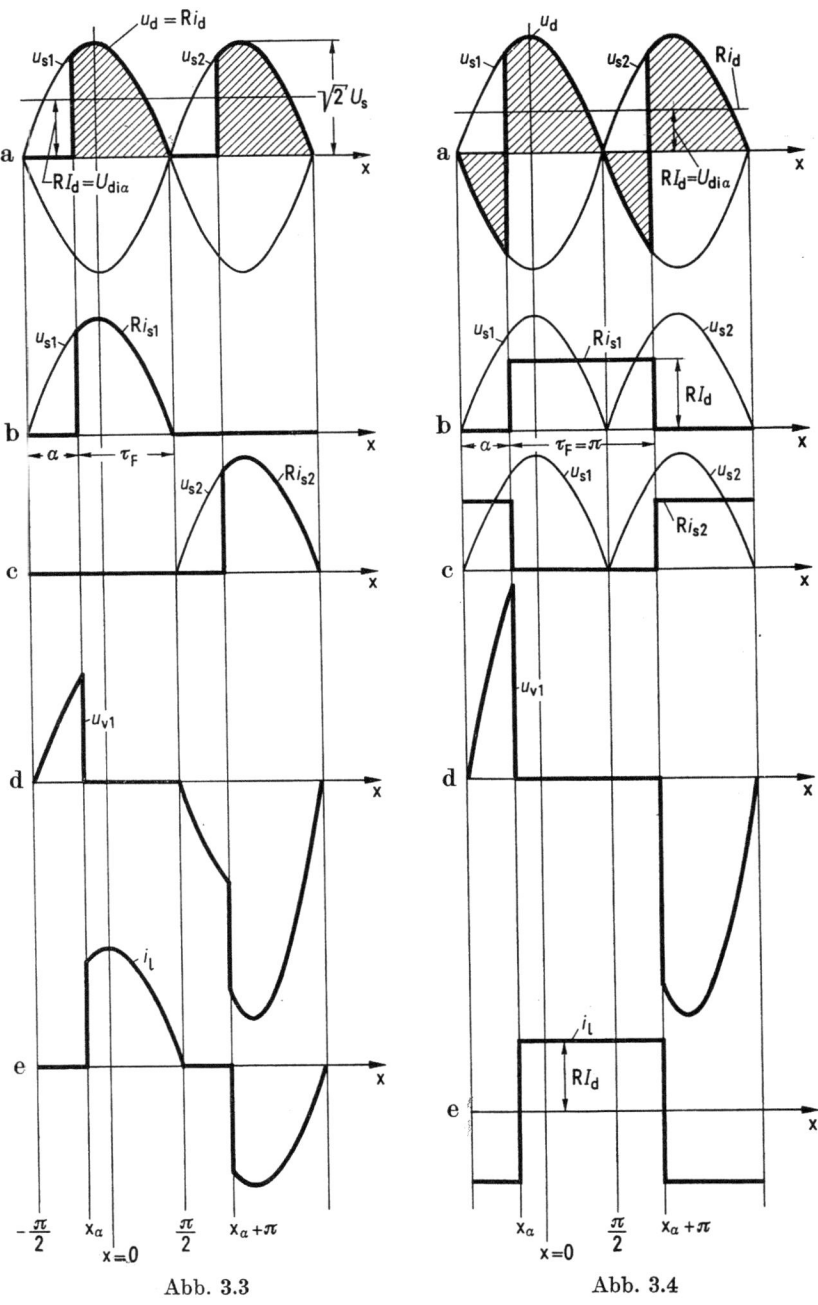

Abb. 3.3   Abb. 3.4

3.13 Ideale Glättung ($L = \infty$)

Bei unendlich großer Lastinduktivität L besitzt die von der überlagerten Wechselkomponente der Lastspannung u_d hervorgerufene Wechselkomponente des Gleichstromes i_d den Wert Null; der Gleichstrom verläuft daher nach Abb. 3.4a zeitlich konstant ($i_d = I_d$), so daß keine Stromlücke auftreten kann. Aus diesem Grunde umfaßt die Durchlaßzeit der Ventile nach Abb. 3.4b und c die Halbperiode $\tau_F = \pi$.

Während der Durchlaßzeit τ_F der Ventile V_1 bzw. V_2 gilt der Ersatzschaltplan Abb. 3.2a bzw. c; daraus erhält man $u_d = u_{s1}$ bzw. $u_d = u_{s2}$ und damit den Zeitverlauf der Lastspannung u_d nach Abb. 3.4a. Die Ventilspannungen u_{v1}, u_{v2} folgen dann aus (3.3). Die Abb. 3.4a zeigt, daß die Lastspannung u_d am Ende der Durchlaßzeit negativ wird; der Mittelwert der schraffierten Lastspannungsfläche ist deshalb bei gleichem Steuerwinkel α kleiner als bei ohmscher Last (Abb. 3.3a).

In den Zeitpunkten x_α und $x_\alpha + \pi$ wechselt (kommutiert) der zeitlich konstante Gleichstrom I_d nach Abb. 3.4b und c sprunghaft von einem Ventilzweig auf den anderen. Der aus dem stromabgebenden und dem aufnehmenden Ventilzweig bestehende Stromkreis wird Kommutierungskreis genannt; in diesem Stromkreis erfolgt die Stromablösung der Ventile. Der Kommutierungskreis in Abb. 3.1 enthält keine Induktivitäten; nur unter dieser Voraussetzung kann der geglättete Gleichstrom sprunghaft von einem Ventil zum anderen übergehen. Wenn der Kommutierungskreis dagegen Induktivitäten enthält, treten andere Erscheinungen auf; sie werden in Abschn. 3.2 beschrieben.

3.14 Lückender Betrieb bei ohmsch-induktiver Last

Die beiden Grenzfälle $L = 0$ und $L = \infty$ zeigen, daß bei der zweipulsigen Mittelpunktschaltung grundsätzlich zwei Betriebsarten denkbar sind: der Betrieb mit lückendem Gleichstrom nach Abb. 3.3 und der Betrieb mit nichtlückendem Gleichstrom nach Abb. 3.4. Bei beliebigen Werten der Lastkomponenten R und L (ohmsch-induktive Last) können — das zeigen die folgenden Überlegungen — beide Betriebszustände auftreten.

Bei lückendem Betrieb und ohmsch-induktiver Last ist die Durchlaßzeit der Ventile nach Abb. 3.5 kleiner als eine Halbperiode, also $\tau_F < \pi$.

←───────────────────────────────

Abb. 3.3. Zeitverlauf der elektrischen Größen der zweipulsigen Mittelpunktschaltung Abb. 3.1 bei rein ohmscher Last ($L = 0$).

Abb. 3.4. Zeitverlauf der elektrischen Größen der zweipulsigen Mittelpunktschaltung Abb. 3.1 bei idealer Glättung ($L = \infty$).

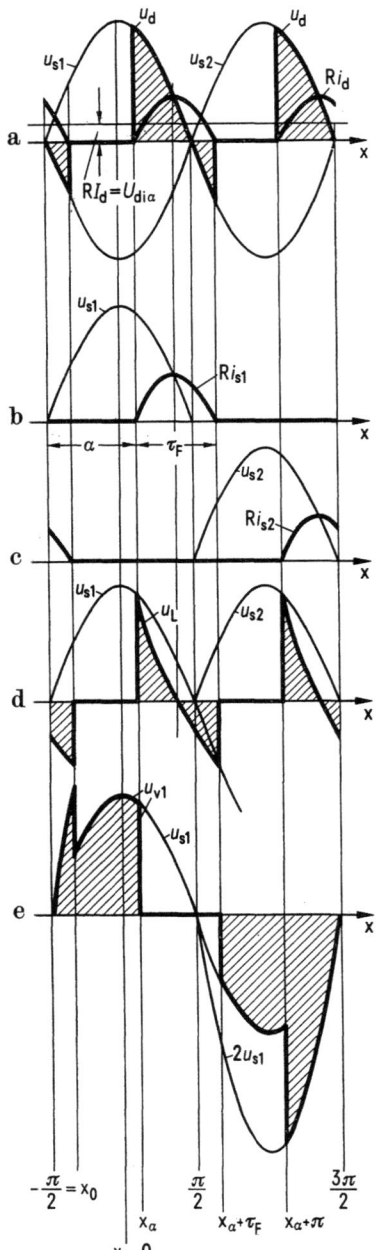

Abb. 3.5. Zeitverlauf der elektrischen Größen der zweipulsigen Mittelpunktschaltung Abb. 3.1 bei ohmsch-induktiver Last und lückendem Betrieb.

3.1 Wirkungsweise

Das Ventil V_1 beginnt bei x_α mit der Stromführung, weil das Anodenpotential von V_1 über dem Potential von V_2 liegt; dabei ist V_2 gesperrt. Dieser Zustand wird durch den Ersatzschaltplan Abb. 3.2a beschrieben, er gilt von x_α bis zum Löschzeitpunkt $x_\alpha + \tau_F$ des Ventiles V_1 (Abb. 3.5). Zwischen $x_\alpha + \tau_F$ und $x_\alpha + \pi$ sind beide Ventile gesperrt, V_1 durch die negative Ventilspannung u_{v1} und V_2 durch die Steuerung (Ersatzschaltplan Abb. 3.2b). In der folgenden Halbwelle wiederholen sich die Vorgänge mit Vertauschung der Ventilfunktionen.

Diese Überlegungen zeigen, daß vor dem Zündzeitpunkt x_α beide Ventile gesperrt, also stromlos sind. Das Ventil V_1 wirkt deshalb wie ein Schalter, der bei x_α die Wechselspannung u_{s1} auf die Last schaltet; der Zeitverlauf des Ventilstromes i_{s1} wird somit durch einen Einschwingvorgang beschrieben.

Aus der Abb. 3.2a entnimmt man für das Intervall x_α bis $x_\alpha + \tau_F$ die Differentialgleichung

$$u_{s1} = \sqrt{2}\, U_s \cos x = R i_{s1} + \omega L \frac{d i_{s1}}{d x}, \qquad (3.4)$$

$$i_{s1} = i_d, \qquad i_{s2} = 0. \qquad (3.5)$$

Aus (3.4) berechnet man den Zeitverlauf des Ventilstromes i_{s1}.

In der Lehre von den Differentialgleichungen wird gezeigt, daß die Lösung von (3.4) die folgende Form besitzt:

$$i_{s1} = \sqrt{2}\, I \cos(x - \varphi) + C \exp(-\varrho x), \qquad (3.6)$$

$$I = \frac{U_s}{\sqrt{R^2 + \omega^2 L^2}}, \qquad \varrho = \frac{R}{\omega L} = \cot \varphi. \qquad (3.7)$$

Der erste Summand in (3.6) ist die stationäre Lösung; sie beschreibt den Zeitverlauf des Stromes i_{s1}, der sich nach unendlich langer Zeit ($x \to \infty$) einstellt. Der zweite Summand ist die Lösung der homogenen Differentialgleichung; sie verschwindet mit $x \to \infty$. Mit I wird der Effektivwert, mit φ der Phasenwinkel des stationären Stromes bezeichnet; $\varrho = \cot \varphi$ wird auch Lastparameter genannt.

Zur Berechnung der unbekannten Integrationskonstante C muß noch eine aus der physikalischen Aufgabenstellung abzuleitende Grenzbedingung angegeben werden. Vor dem Zündzeitpunkt x_α sind beide Ventile stromlos. Der Ventilstrom i_{s1} muß daher bei x_α mit dem Wert Null und wegen der vorhandenen Lastinduktivität ohne Sprung einsetzen. Daraus folgt die Grenzbedingung

$$i_{s1}(x_\alpha) = i_{s1}\left(\alpha - \frac{\pi}{2}\right) = 0. \qquad (3.8)$$

Entsprechend der Grenzbedingung (3.8) setzt man in (3.6) $x = x_\alpha$ und $i_{s1} = 0$. Daraus folgt eine Bestimmungsgleichung für C

$$0 = \sqrt{2}\, I \cos(x_\alpha - \varphi) + C \exp(-\varrho x_\alpha). \tag{3.9}$$

Daraus erhält man mit (3.2)

$$C = -\sqrt{2}\, I \sin(\alpha - \varphi) \exp\left(\varrho\left(\alpha - \frac{\pi}{2}\right)\right) \tag{3.10}$$

Aus (3.6) und (3.10) folgt der gesuchte Zeitverlauf von i_{s1}:

$$i_{s1} = \sqrt{2}\, I \left[\cos(x - \varphi) - \sin(\alpha - \varphi) \exp\left(-\varrho\left(x - \alpha + \frac{\pi}{2}\right)\right)\right]. \tag{3.11}$$

Die beiden Summanden von (3.11) sind in Abb. 3.6 gestrichelt und die Summe beider, also der Strom i_{s1}, ist vollausgezogen dargestellt; der Einfluß des Lastparameters $\varrho = R/\omega L$ kann daraus entnommen werden.

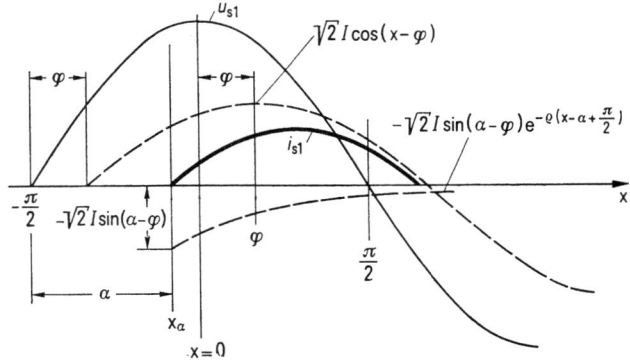

Abb. 3.6. Darstellung des Ventilstromes i_{s1} in Abb. 3.1 durch die beiden Summanden von Gl. (3.11).

Bei der Berechnung der unbekannten Durchlaßzeit τ_F berücksichtigt man, daß i_{s1} im Löschzeitpunkt $x_\alpha + \tau_F$ ebenfalls Null wird; deshalb gilt mit (3.2)

$$i_{s1}(x_\alpha + \tau_F) = i_{s1}\left(\alpha - \frac{\pi}{2} + \tau_F\right) = 0. \tag{3.12}$$

Aus den beiden Beziehungen (3.11), (3.12) erhält man auf demselben Wege wie bei der Berechnung der Integrationskonstante C eine Bestimmungsgleichung für τ_F:

$$\sin(\alpha - \varphi + \tau_F) = \sin(\alpha - \varphi) \exp(-\varrho \tau_F). \tag{3.13}$$

Die transzendente Gl. (3.13) kann nur auf graphischem oder numerischem Wege nach der gesuchten Größe τ_F aufgelöst werden. In Abb. 3.8 ist die

3.1 Wirkungsweise 25

Lösung für τ_F in Abhängigkeit vom Zündwinkel α mit ϱ als Parameter dargestellt. Man ersieht daraus, daß τ_F mit zunehmendem Steuerwinkel α und mit wachsendem Lastparameter ϱ, d. h. mit abnehmendem induktivem Lastanteil, kleiner wird; für $\alpha = \pi$ erhält man, unabhängig von der Art der Last, $\tau_F = 0$.

Aus der Beziehung (3.11) erhält man den in Abb. 3.5b dargestellten Zeitverlauf von $i_{s1} = i_d$ und durch Verschiebung um π folgt daraus $i_{s2} = i_d$. Während der Durchlaßzeit der Ventile V_1 bzw. V_2 gilt $u_d = u_{s1}$ bzw. $u_d = u_{s2}$, für die Sperrzeit gilt $u_d = 0$, so daß daraus der Zeitverlauf von u_d nach Abb. 3.5a entsteht. Die Ventilspannung u_{v1} (Abb. 3.5e) folgt aus (3.3). Die Spannung u_L an der Induktivität L bestimmt man entweder aus dem Differentialquotienten des Gleichstromes i_d oder aus der Differenz $u_L = u_d - Ri_d$ (Abb. 3.5d).

Verschiebt man den Zündzeitpunkt x_α in Abb. 3.5 bis $x_\alpha = \pi/2$ — dem entspricht nach (3.2) $\alpha = \pi$ — dann werden die schraffierten Flächen in Abb. 3.5a und damit auch der Lastspannungsmittelwert $U_{d1\alpha}$ zu Null. Die Nullaussteuerung der Schaltung Abb. 3.1 wird demnach bei $x_\alpha = \pi/2$ bzw. bei $\alpha = \pi$ erreicht.

3.15 Nichtlückender Betrieb bei ohmsch-induktiver Last

Im nichtlückenden Betrieb umfaßt die Durchlaßzeit stets eine volle Halbperiode, es gilt $\tau_F = \pi$. Der Zustand nach Abb. 3.2b kann im nichtlückenden Betrieb nicht auftreten; das Ventil V_2 kommutiert vielmehr den Laststrom im Zündzeitpunkt x_α direkt auf das Ventil V_1. Von x_α bis $x_\alpha + \pi$ gilt deshalb der Ersatzschaltplan Abb. 3.2a, von $x_\alpha + \pi$ bis $x_\alpha + 2\pi$ gilt Abb. 3.2c.

Im nichtlückenden Betrieb wirkt das Ventil V_1 wie ein Schalter, der im Zeitpunkt x_α zugeschaltet wird und V_2 wie ein Schalter, der im gleichen Zeitpunkt abgeschaltet wird; der Zeitverlauf des Ventilstromes i_{s1} wird deshalb wie im lückenden Betrieb durch einen Einschwingvorgang, jedoch mit anderen Grenzbedingungen, beschrieben.

Zur Berechnung des Stromes i_{s1} erhält man aus Abb. 3.2a dieselbe Differentialgleichung wie beim lückenden Betrieb

$$u_{s1} = \sqrt{2}\,U_s \cos x = R i_{s1} + \omega L \frac{d i_{s1}}{dx}, \quad (3.14)$$

$$i_{s1} = i_d, \quad i_{s2} = 0. \quad (3.15)$$

Deshalb ist auch die Lösung — bis auf die Integrationskonstante — dieselbe

$$i_{s1} = \sqrt{2}\,I \cos(x - \varphi) + C \exp(-\varrho x), \quad (3.16)$$

$$I = \frac{U_s}{\sqrt{R^2 + \omega^2 L^2}}, \quad \varrho = \frac{R}{\omega L} = \cot \varphi. \quad (3.17)$$

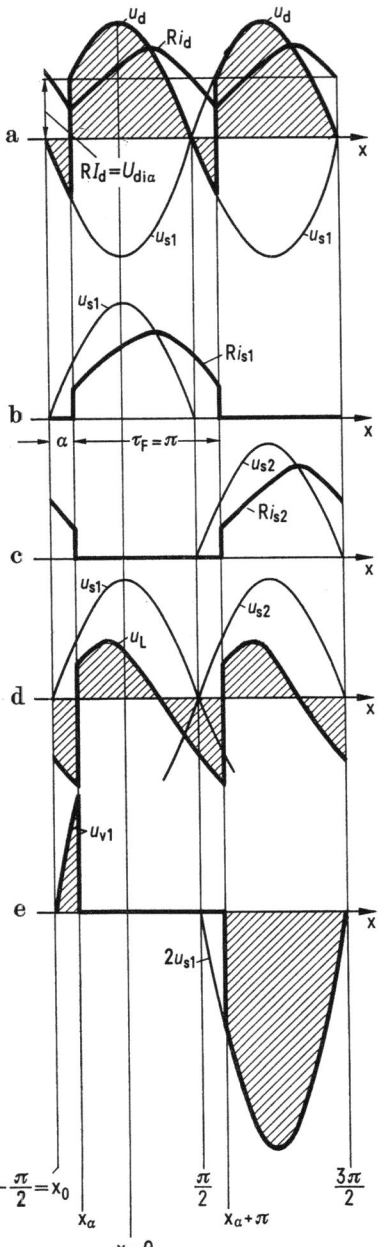

Abb. 3.7. Zeitverlauf der elektrischen Größen der zweipulsigen Mittelpunktschaltung Abb. 3.1 bei ohmsch-induktiver Last und nichtlückendem Betrieb.

3.1 Wirkungsweise

Zur Festlegung der Grenzbedingung für den nichtlückenden Betrieb hat man zu beachten, daß die Lastinduktivität L eine sprunghafte Veränderung des Laststromes verhindert; daraus folgt, daß der Momentanwert $i_{s2}(x_\alpha)$ des Ventilstromes i_{s2} am Ende der Durchlaßzeit des Ventiles V_2 (Abb. 3.7c) denselben Wert wie der Momentanwert $i_{s1}(x_\alpha)$ zu Beginn der Durchlaßzeit des Ventiles V_1 (Abb. 3.7b) besitzen muß. Berücksichtigt man außerdem, daß sich die Vorgänge in bezug auf den Laststrom i_d und die Lastspannung u_d nach einer Halbwelle wiederholen, dann folgt daraus die Grenzbedingung

$$i_{s1}(x_\alpha) = i_{s1}(x_\alpha + \pi). \quad (3.18)$$

Aus (3.16), (3.18) erhält man mit (3.2) die folgende Bestimmungsgleichung für C

$$-2\sqrt{2}I \cos\left(\alpha - \frac{\pi}{2} - \varphi\right) = C \exp\left(-\varrho\left(\alpha - \frac{\pi}{2}\right)\right) (1 - \exp(-\varrho\pi)). \quad (3.19)$$

Damit folgt aus (3.16) der gesuchte Zeitverlauf des Ventilstromes i_{s1} im nichtlückenden Betrieb

$$i_{s1} = \sqrt{2}I \left[\cos(x - \varphi) - 2\frac{\sin(\alpha - \varphi)}{1 - \exp(-\varrho\pi)} \exp\left(-\varrho\left(x - \alpha + \frac{\pi}{2}\right)\right) \right], \quad (3.20)$$

Aus der Beziehung (3.20) erhält man den Zeitverlauf von $i_{s1} = i_d$ und daraus durch Verschiebung um π den Verlauf von $i_{s2} = i_d$ (Abb. 3.7a, b, c). Während der Durchlaßzeit der Ventile V_1 bzw. V_2 gilt $u_d = u_{s1}$ bzw. $u_d = u_{s2}$; daraus entsteht der Zeitverlauf von u_d nach Abb. 3.7a. Die Ventilspannung u_{v1} (Abb. 3.7e) folgt aus (3.3). Die Spannung u_L an der Induktivität L (Abb. 3.7d) errechnet man aus dem Differentialquotienten von i_d oder aus der Differenz $u_L = u_d - Ri_d$.

Wenn der Zündzeitpunkt im nichtlückenden Betrieb (Abb. 3.7a) nach $x_\alpha = -\pi/2$ verlagert und damit der Steuerwinkel auf $\alpha = -\pi/2 - x_0 = 0$ verkleinert wird, dann nimmt der Mittelwert der schraffierten Flächen in Abb. 3.7a, also die Lastspannung $U_{d1\alpha}$ den größtmöglichen Wert U_{di} an; Vollaussteuerung tritt demnach beim Zündzeitpunkt $x_\alpha = -\pi/2$ bzw. beim Steuerwinkel $\alpha = 0$ auf.

Im folgenden Abschnitt wird der Betrieb an der Grenze zwischen lückendem und nichtlückendem Betrieb beschrieben.

3.16 Betrieb an der Lückgrenze

Die τ_F-Kennlinien in Abb. 3.8 beschreiben die Abhängigkeit der Durchlaßzeit τ_F vom Steuerwinkel α bei festgehaltenen Werten des Lastparameters $\varrho = R/\omega L$. Zeichnet man in dieses Kennlinienfeld im Abstand $\tau_F = \pi$ eine parallele Gerade zur Abszisse, dann beschreiben die auf die Abszisse gelöteten Schnittpunkte dieser Geraden mit den τ_F-Linien jene Werte des Steuerwinkels α_g (Grenzsteuerwinkel), bei denen die Durchlaßzeit den Wert $\tau_F = \pi$ annimmt, also der Übergang vom nichtlückenden zum lückenden Betrieb stattfindet.

Man findet α_g aus der Bestimmungsgleichung (3.13) als jenen Steuerwinkel, der sich bei $\tau_F = \pi$ einstellt. Deshalb muß α_g nach (3.13) die Bedingung

$$-\sin(\alpha_g - \varphi) = \sin(\alpha_g - \varphi) \exp(-\varrho\pi) \qquad (3.21)$$

erfüllen. Das ist nur dann der Fall, wenn $\sin(\alpha_g - \varphi) = 0$ wird, also

$$\alpha_g = \varphi, \qquad \cot\varphi = \varrho = \frac{R}{\omega L} \qquad (3.22)$$

gilt. Der Übergang zwischen lückendem und nichtlückendem Betrieb ist somit nach (3.22) durch die Art der Last festgelegt. Daraus folgt, daß sich der nichtlückende Betrieb über den Teilbereich

$$0 \leq \alpha < \varphi \qquad (3.23)$$

und der lückende Betrieb über den Teilbereich

$$\varphi < \alpha \leq \pi \qquad (3.24)$$

des gesamten Steuerbereiches $0 \leq \alpha \leq \pi$ erstreckt. Im Grenzfall $\alpha = \varphi$ gilt nach (3.20) für den Zeitverlauf des Ventilstromes i_{s1}

$$i_{s1} = \sqrt{2}\,I \cos(x - \varphi). \qquad (3.25)$$

Die Ventilströme i_{s1} und i_{s2} sind also bei $\alpha = \varphi$ durch Sinushalbwellen gegeben.

3.17 Steuerkennlinie

Der Mittelwert der Lastspannung u_d wird durch die schraffierten Spannungsflächen in Abb. 3.5a und 3.7a bestimmt; er kann durch den Zündzeitpunkt x_a bzw. durch den Steuerwinkel α verändert werden. Dieser Mittelwert wird mit $U_{d1\alpha}$ bezeichnet. Der Index α soll die Abhängigkeit

3.1 Wirkungsweise

vom Steuerwinkel α bezeichnen und der Index i soll darauf hinweisen, daß es sich um den ideellen Mittelwert handelt, der ohne Berücksichtigung von Spannungsverlusten am Transformator und an den Ventilen entsteht.

Als Steuerkennlinie wird der Zusammenhang zwischen dem Steuerwinkel α und dem relativen Lastspannungsmittelwert $U_{di\alpha}/U_{di}$ bezeichnet. Die Bezugsgröße U_{di} ist der Höchstwert, den die ideelle Lastspannung annehmen kann. Der Höchstwert U_{di} folgt z. B. aus Abb. 3.3a, wenn darin $\alpha = 0$ gesetzt wird. Daher gilt

$$U_{di} = \frac{1}{\pi} \int_{-\frac{\pi}{2}}^{\frac{\pi}{2}} \sqrt{2}\, U_s \cos x\, dx = \frac{2}{\pi} \sqrt{2}\, U_s. \tag{3.26}$$

Beim Steuerwinkel α erhält man nach Abb. 3.5a und 3.7a für den relativen Lastspannungsmittelwert die Beziehung

$$\frac{U_{di\alpha}}{U_{di}} = \frac{1}{\pi} \int_{x_\alpha}^{x_\alpha + \tau_F} \frac{\sqrt{2}\, U_s}{U_{di}} \cos x\, dx. \tag{3.27}$$

Die Beziehung (3.27) gilt allgemein für lückenden und für nichtlückenden Betrieb.

Im nichtlückenden Betrieb gilt $\tau_F = \pi$. Man erhält damit aus (3.27)

$$\frac{U_{di\alpha}}{U_{di}} = \cos \alpha, \qquad 0 \leqq \alpha \leqq \varphi. \tag{3.28}$$

Die Steuerkennlinie verläuft demnach im nichtlückenden Betrieb, unabhängig von der Art der Last, nach dem cos-Gesetz (3.28). In Abb. 3.8 wird (3.28) durch die stark ausgezogene linke Begrenzungskennlinie $\varphi = 90°$ der Kurvenschar dargestellt.

Beim lückenden Betrieb ist die Durchlaßdauer τ_F durch (3.13) bzw. durch die τ_F-Kennlinienschar in Abb. 3.8 gegeben. Man erhält aus (3.27):

$$\frac{U_{di\alpha}}{U_{di}} = \frac{1}{2} \left(\cos \alpha - \cos(\alpha + \tau_F) \right), \qquad \varphi \leqq \alpha \leqq \pi, \tag{3.29}$$

$$\sin(\alpha - \varphi + \tau_F) = \sin(\alpha - \varphi) \exp(-\varrho \tau_F). \tag{3.30}$$

Aus den beiden Gln. (3.29), (3.30) folgt der Verlauf der Steuerkennlinie, indem man τ_F aus (3.30) errechnet oder aus der τ_F-Kennlinienschar in Abb. 3.8 entnimmt und in (3.29) einsetzt. Man geht dabei zweckmäßig

30   3 Zweipulsige Mittelpunktschaltung

von einem bestimmten Wert von $\varrho = R/\omega L$ und der zugehörigen τ_F-Kennlinie in Abb. 3.8 aus und entnimmt daraus zu vorgegebenen Werten von α die zugehörige Durchlaßzeit τ_F; mit diesen Werten berechnet man aus (3.29) den zu den vorgegebenen Steuerwinkeln α gehörenden relativen Lastspannungsmittelwert $U_{di\alpha}/U_{di}$, also die zugehörige Steuerkennlinie für den Steuerwinkelbereich $\varphi \leqq \alpha \leqq \pi$.

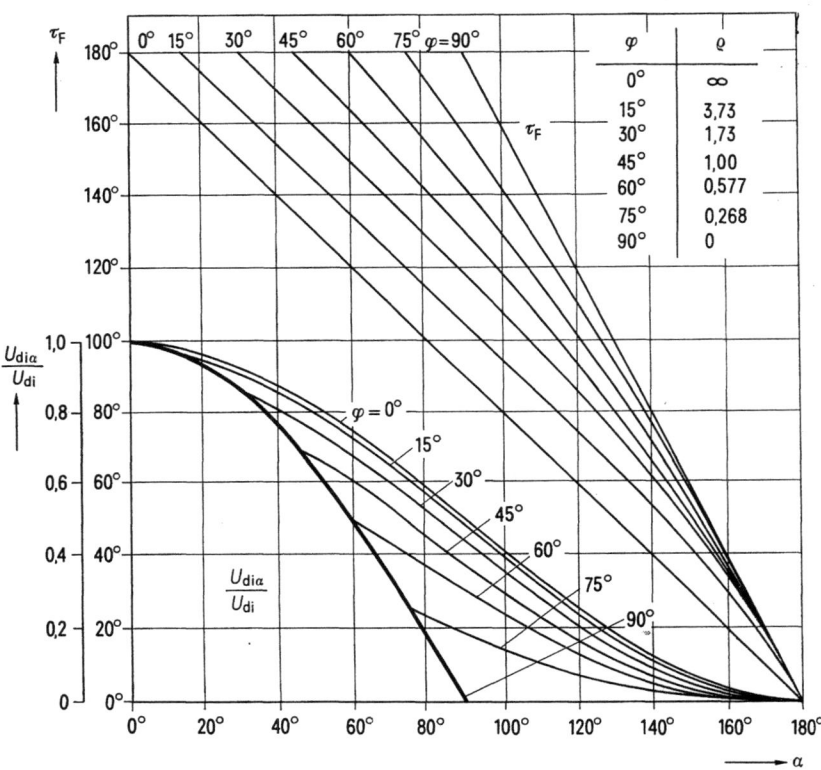

Abb. 3.8. Abhängigkeit der Durchlaßzeit τ_F und des bezogenen ideellen Lastspannungsmittelwertes $U_{di\alpha}/U_{di}$ der zweipulsigen Mittelpunktschaltung Abb. 3.1 vom Steuerwinkel α mit ϱ als Parameter.

Die Abb. 3.8 zeigt den gesamten Verlauf der Steuerkennlinien bei gemischt ohmsch-induktiver Last: Sie bestehen aus den beiden Teilkennlinien $0 \leqq \alpha \leqq \varphi$ für den nichtlückenden und $\varphi \leqq \alpha \leqq \pi$ für den lückenden Bereich. An der Lückgrenze $\alpha = \varphi$ besitzen die Kennlinien eine Knickstelle, also eine Unstetigkeit des ersten Differentialquotienten.

Im Sonderfall $\varphi = 0$, also bei rein ohmscher Last, gilt nach Abb. 3.3 im gesamten Steuerbereich die Beziehung $\tau_F = \pi - \alpha$. Damit folgt

3.1 Wirkungsweise

aus (3.29):
$$\frac{U_{d i\alpha}}{U_{d i}} = \frac{1}{2}\left(1 + \cos\alpha\right). \tag{3.31}$$

Die Beziehung (3.31) liefert in Abb. 3.8 die rechte Berandungskurve $\varphi = 0$.

Im Sonderfall $\varphi = \pi/2$, also bei idealer Glättung des Laststromes, gilt das cos-Gesetz (3.28) im gesamten Steuerwinkelbereich $0 \leq \alpha \leq \pi/2$.

Neben dem Lastspannungsmittelwert $U_{d i\alpha}$ und dem Laststrommittelwert I_d treten noch andere Mittelwerte in der Schaltung Abb. 3.1 auf. Die Beziehungen zwischen diesen Mittelwerten werden mit Hilfe der Kirchhoffschen Regeln bestimmt.

Nach der Knotenpunktregel gilt
$$i_d = i_{s1} + i_{s2}. \tag{3.32}$$

Aus der Maschenregel folgt
$$u_{v1} = u_{s1} - u_d. \tag{3.33}$$

Für u_d kann man ausführlicher schreiben
$$u_d = R i_d + \omega L \frac{d i_d}{d x}. \tag{3.34}$$

Die Gln. (3.32) bis (3.34) gelten während der vollen Periodenlänge, so daß man durch Integration über 2π die entsprechenden Beziehungen zwischen den Mittelwerten erhält.

Die Integration der Gl. (3.32) liefert
$$I_v = \frac{1}{2} I_d, \quad I_v = \frac{1}{2\pi}\int_0^{2\pi} i_{s1}\, dx = \frac{1}{2\pi}\int_0^{2\pi} i_{s2}\, dx. \tag{3.35}$$

I_v ist der Mittelwert der Ventilströme.

Aus der Maschenregel (3.33) folgt
$$U_v = -U_{d i\alpha}, \quad U_v = \frac{1}{2\pi}\int_0^{2\pi} u_{v1}\, dx = \frac{1}{2\pi}\int_0^{2\pi} u_{v2}\, dx. \tag{3.36}$$

Bei der Integration wurde beachtet, daß u_{s1} den Mittelwert Null ergibt. U_v ist der Mittelwert der Ventilspannung.

Die Integration von (3.34) liefert
$$U_{d i\alpha} = R I_d, \quad I_d = \frac{1}{2\pi}\int_0^{2\pi} i_d\, dx. \tag{3.37}$$

Dabei wurde beachtet, daß der Mittelwert der Spannung $\omega L\, di_d/dx$ an der Glättungsinduktivität stets Null ergeben muß. Die Beziehung (3.37) beschreibt das Ohmsche Gesetz für die Gleichkomponenten.

Die Beziehungen (3.35) bis (3.37) zeigen, daß die Kirchhoffschen Regeln nicht nur für die Momentanwerte, sondern auch für die Mittelwerte gelten.

3.18 Belastungskennlinie

Unter einer Belastungskennlinie der Schaltung Abb. 3.1 versteht man den Zusammenhang zwischen dem Lastspannungsmittelwert $U_{di\alpha}$ und dem Laststrommittelwert I_d bei einem vorgegebenen Steuerwinkel α und einer vorgegebenen Glättungsinduktivität L. Der Gleichstrom I_d wird mit Hilfe des Lastwiderstandes R verändert und durchläuft deshalb zwischen Leerlauf und Kurzschluß die Werte $R = \infty$ bis $R = 0$; dem entsprechen die Werte $\varrho = \infty$ bis $\varrho = 0$, bzw. $\varphi = 0$ bis $\varphi = \pi/2$. Man erhält für die Belastungskennlinie — wie anschließend gezeigt wird — den Linienzug PQR in Abb. 3.9.

Die Belastungskennlinie beginnt mit $I_d = 0$ ($\varrho = \infty$) im Leerlaufpunkt P (Abb. 3.9). Mit wachsendem Gleichstrom I_d, also mit abnehmenden Werten von ϱ wird nach den Abschn. 3.16 und 3.17 zunächst der Bereich des lückenden Betriebes durchlaufen, bis im Kennlinienpunkt Q beim Lückstrom $I_{d,\text{lück}}$ und der zugehörigen Lückspannung $U_{d,\text{lück}}$ die Grenze zum nichtlückenden Bereich erreicht wird.

Die Kennlinienpunkte zwischen P und Q bestimmt man mit Hilfe der Abb. 3.8. Der Steuerwinkel α ist fest vorgegeben und beschreibt daher in Abb. 3.8 eine Parallele zur Ordinate. Den Schnittpunkten dieser Gerade mit den Steuerkennlinien sind jeweils Wertepaare $U_{di\alpha}, \varrho$ zugeordnet. Mit Hilfe der Beziehung $I_d = U_{di\alpha}/R = U_{di\alpha}/\varrho\omega L$ erhält man den zu $U_{di\alpha}$ gehörenden Laststrom I_d und damit jeweils einen Punkt der Belastungskennlinie.

Bei Gleichströmen, die den Wert $I_{d,\text{lück}}$ übersteigen, treten die Verhältnisse nach Abb. 3.7a auf; für den Gleichspannungsmittelwert gilt daher nach (3.28) $U_{di\alpha} = U_{di} \cos \alpha$; er ist also unabhängig vom Laststrom I_d. Die Belastungskennlinie QR des nichtlückenden Betriebes verläuft daher in Abb. 3.9 parallel zur Abszisse.

Die Koordinaten der Punkte P und Q in Abb. 3.9 können einfach berechnet werden.

Bei der Berechnung der Koordinaten des Leerlaufpunktes P in Abb. 3.9 beachtet man, daß wegen $I_d = 0$ bzw. $\varrho = \infty$ oder $\varphi = 0$ rein ohmsche Verhältnisse vorliegen. Für die Lastspannung u_d gilt daher der Zeitverlauf nach Abb. 3.3a und der zugehörige Lastspannungsmittelwert $U_{di\alpha}$ ist durch (3.31) gegeben. Die Koordinaten des Leerlaufpunktes P in

3.1 Wirkungsweise

Abb. 3.9 lauten demnach

$$U_{di\alpha} = U_{di}\frac{1}{2}(1 + \cos\alpha), \qquad I_d = 0, \qquad U_{di} = \frac{2\sqrt{2}}{\pi}U_s. \qquad (3.38)$$

Der Leerlaufpunkt ist von der Größe der Glättungsdrossel unabhängig; er wird allein vom Steuerwinkel α bestimmt.

Bei der Bestimmung der Koordinaten $I_{d,\text{lück}}$, $U_{d,\text{lück}}$ des Punktes Q wird beachtet, daß an der Lückgrenze $\tau_F = \pi$ und daher nach (3.22)

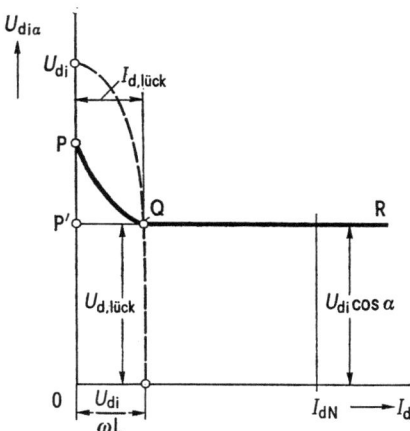

Abb. 3.9. Belastungskennlinie PQR der zweipulsigen Mittelpunktschaltung Abb. 3.1 und Lückgrenze (gestrichelt).

$\alpha = \alpha_g = \varphi$ gilt. Für den Lastspannungsmittelwert $U_{d,\text{lück}}$ folgt daher nach (3.28)

$$U_{d,\text{lück}} = U_{di}\cos\alpha_g, \qquad U_{di} = \frac{2\sqrt{2}}{\pi}U_s. \qquad (3.39)$$

Zwischen dem Lastspannungsmittelwert und dem Laststrommittelwert besteht die Beziehung $U_{d,\text{lück}} = RI_{d,\text{lück}}$. Mit Hilfe der Gln. (3.22), (3.39) kann man diese Aussage auf folgende Form bringen

$$\omega L\, I_{d,\text{lück}} = U_{di}\sin\alpha_g. \qquad (3.40)$$

Die Koordinaten $I_{d,\text{lück}}$, $U_{d,\text{lück}}$ des Kennlinienpunktes Q sind durch die Gln. (3.39), (3.40) gegeben.

Durch Quadrieren und Addieren der beiden Gln. (3.39), (3.40) eliminiert man α_g. Es folgt:

$$(U_{d,\text{lück}})^2 + \omega^2 L^2 (I_{d,\text{lück}})^2 = U_{di}^2. \qquad (3.41)$$

Jedem Betriebszustand der Schaltung Abb. 3.1 ist ein Wertepaar $U_{di\alpha}$ und I_d und damit ein Punkt in Abb. 3.9 zugeordnet. Im Koordinatensystem der Abb. 3.9 werden die Betriebszustände an der Lückgrenze nach (3.41) durch eine Ellipse (Lückellipse) beschrieben, deren Hauptachsen mit den Koordinatenachsen zusammenfallen und die Länge $2U_{di}$ bzw. $2U_{di}/\omega L$ besitzen.

Der Einfluß der Glättungsinduktivität auf den Verlauf der Belastungskennlinie ist leicht zu übersehen. Mit zunehmendem L wird die Lückellipse in Abb. 3.9 schmaler und geht bei $L = \infty$ in das Ordinatenstück PO über. Der Lückbereich verschwindet demnach bei idealer Glättung und die Belastungskennlinie besteht aus der horizontalen Geraden P'R.

3.2 Wirkung der Kommutierungsinduktivitäten bei idealer Glättung

In Abb. 3.10 ist ein Stromrichter dargestellt, dessen Ventilzuleitungen je eine Induktivität L_c (Kommutierungsinduktivität) enthalten. In Abschn. 3.3 wird gezeigt, daß man den Einfluß der Streuinduktivitäten des Transformators und der Netzinduktivitäten bei der zweipulsigen Mittelpunktschaltung auf die Wirkung solcher Kommutierungsinduktivitäten zurückführen kann.

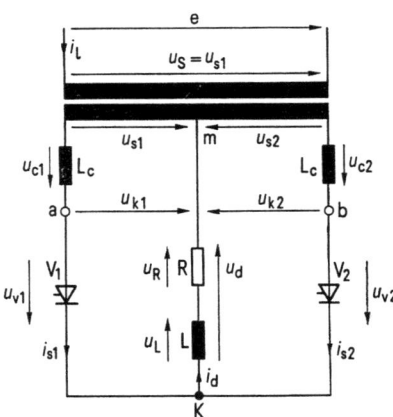

Abb. 3.10. Zweipulsige Mittelpunktschaltung mit Kommutierungsinduktivitäten L_c

Die Kommutierungsinduktivitäten L_c in den Ventilzuleitungen (Abb. 3.10) erlauben keine sprunghafte Änderung der zugehörigen Ventilströme, sie verhindern deshalb auch den sprunghaften Übergang des Laststromes von einem Ventil auf das andere. Bei der Beschreibung der Vorgänge, die dabei auftreten, wird zur Vereinfachung ein ideal geglätteter Gleichstrom $i_d = I_d$, d. h. $L = \infty$ angenommen.

3.21 Einfluß der Kommutierungsinduktivitäten auf den Zeitverlauf der Ströme

Vor dem Zündzeitpunkt x_α ist das Ventil V_1 gesperrt, also stromlos; das Ventil V_2 führt also vor x_α den zeitlich konstanten Laststrom $i_{s2} = i_d = I_d$ (Abb. 3.13b und c). Deshalb gilt vor x_α der Ersatzschaltplan Abb. 3.11a.

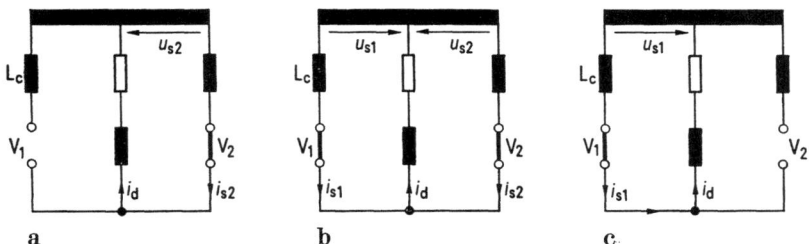

Abb. 3.11. Ersatzschaltpläne der zweipulsigen Mittelpunktschaltung Abb. 3.10.

Im Zeitpunkt x_α wird das Ventil V_1 gezündet und zur Stromübernahme befähigt. Die Kommutierungsinduktivitäten in den Ventilzweigen verbieten jedoch jede sprunghafte Änderung der Ventilströme i_{s1} und i_{s2}. Ein sprunghafter Stromübergang vom Ventil V_2 auf das Ventil V_1 — wie im Falle fehlender Kommutierungsinduktivitäten (Abb. 3.7) — ist demnach nicht möglich. Der Strom i_{s1} kann daher nur stetig zunehmen und i_{s2} nur stetig abnehmen. Daraus folgt, daß an den Zündzeitpunkt x_α ein Zeitintervall gleichzeitiger Stromführung beider Ventile anschließt. Dieser Betriebszustand wird Kommutierung genannt und erstreckt sich über ein Zeitintervall u, das Kommutierungszeit oder Überlappungszeit genannt wird (Abb. 3.13). Während der Kommutierung gilt der Ersatzschaltplan Abb. 3.11b.

Als Kommutierungskreis bezeichnet man in Abb. 3.11b den Stromkreis, der aus den beiden kommutierenden Ventilen, den zugehörigen Induktivitäten L_c und den Spannungen u_{s1}, u_{s2} besteht. Deutet man die Induktivitäten L_c als die Streuinduktivitäten des Transformators, dann beschreibt der Kommutierungskreis den zweipoligen Kurzschluß des realen Stromrichtertransformators.

Mit Hilfe des Ersatzschaltplanes Abb. 3.11b berechnet man den Zeitverlauf der Ventilströme i_{s1} und i_{s2} während der Überlappungszeit. Man entnimmt aus Abb. 3.11b die Beziehungen

$$u_{s1} = \quad u_d + \omega L_c \frac{di_{s1}}{dx}, \tag{3.42}$$

$$u_{s2} = -u_{s1} = u_d + \omega L_c \frac{di_{s2}}{dx}, \tag{3.43}$$

$$i_{s1} + i_{s2} = I_d, \quad u_{s1} = \sqrt{2}\, U_s \cos x. \tag{3.44}$$

Durch Differenzieren der Knotenpunktgleichung (3.44) erhält man

$$\frac{di_{s1}}{dx} + \frac{di_{s2}}{dx} = 0. \tag{3.45}$$

Mit (3.45) folgt aus der Summe bzw. aus der Differenz von (3.42), (3.43)

$$u_d = \frac{1}{2}(u_{s1} + u_{s2}) = 0, \tag{3.46}$$

$$u_{c1} = \frac{1}{2}(u_{s1} - u_{s2}) = \omega L_c \frac{di_{s1}}{dx} = u_{s1}. \tag{3.47}$$

Die Lastspannung u_d ist nach (3.46) durch die halbe Summe und die Spannung u_c an der Induktivität L_c durch die halbe Differenz der beiden an der Kommutierung beteiligten ventilseitigen Spannungen gegeben.

Den Zeitverlauf des Ventilstromes i_{s1} berechnet man durch Integration der Differentialgleichung (3.47)

$$i_{s1} = J_{cc} \sin x + C, \quad J_{cc} = J_c = \frac{\sqrt{2}\, U_s}{\omega L_c}. \tag{3.48}$$

J_c bedeutet den Scheitelwert des stationären einpoligen Transformatorkurzschlußstromes (Verbindung a, m in Abb. 3.10); mit J_{cc} wird der Scheitelwert des zweipoligen Kurzschlußstromes (Verbindung a, b in Abb. 3.10) bezeichnet. Beim Transformator der zweipulsigen Mittelpunktschaltung (Abb. 3.10) besitzen die beiden Kurzschlußströme J_c und J_{cc} denselben Wert (3.48); wenn der Stromrichtertransformator dagegen mehr als zwei ventilseitige Stränge aufweist, sind J_c und J_{cc} voneinander verschieden (Abschn. 6.31).

Der Ventilstrom i_{s1} muß im Zündzeitpunkt x_α mit dem Wert Null beginnen, weil die Kommutierungsinduktivitäten eine sprunghafte Änderung verhindern. Zur Berechnung der Integrationskonstanten C in (3.48) wird deshalb die Grenzbedingung $i_{s1}(x_\alpha) = 0$ herangezogen. Damit erhält man aus (3.48)

$$0 = J_{cc} \sin x_\alpha + C. \tag{3.49}$$

Aus (3.48), (3.49) folgt mit (3.2) der gesuchte Zeitverlauf des Ventilstromes i_{s1} während der Kommutierung

$$i_{s1} = J_{cc}(\sin x - \sin x_\alpha) = J_{cc}(\sin x + \cos \alpha). \tag{3.50}$$

Mit (3.44) erhält man für i_{s2}

$$i_{s2} = I_d - J_{cc}(\sin x + \cos \alpha). \tag{3.51}$$

3.2 Kommutierungsinduktivitäten bei idealer Glättung

Abb. 3.12 zeigt, wie der Ventilstrom i_{s1} aus den beiden Komponenten der Gl. (3.50) entsteht.

Im Endzeitpunkt $x_\alpha + u$ des Kommutierungsvorganges hat i_{s2} den Wert Null und i_{s1} den Wert I_d erreicht. Man findet deshalb mit $i_{s1}(x_\alpha + u) = I_d$ aus (3.50) folgende Bestimmungsgleichung für u:

$$\cos(\alpha + u) = \cos\alpha - \frac{I_d}{J_{cc}}, \qquad J_{cc} = J_c = \frac{\sqrt{2}\,U_s}{\omega L_c}. \qquad (3.52)$$

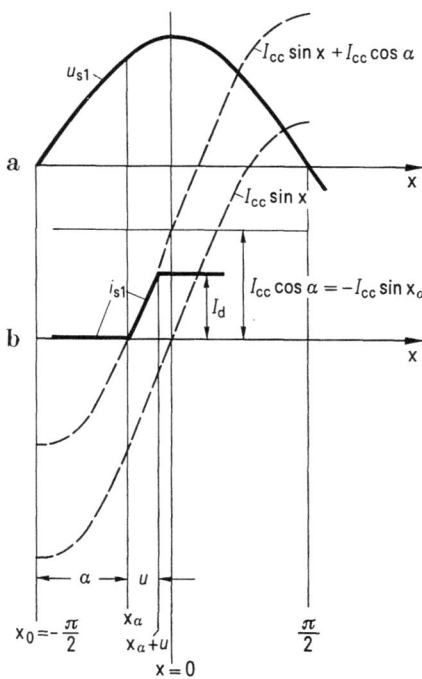

Abb. 3.12. Darstellung des Ventilstromes i_{s1} in Abb. 3.10 durch die beiden Summanden der Gleichung (3.50).

Die Kommutierungszeit bei Vollaussteuerung $\alpha = 0$ wird mit u_0 bezeichnet; es gilt:

$$\cos u_0 = 1 - \frac{I_d}{J_{cc}} = 1 - \frac{I_d \omega L_c}{\sqrt{2}\,U_s}. \qquad (3.53)$$

Von der Beendigung der Kommutierung im Zeitpunkt $x_\alpha + u$ bis zur Zündung des Ventiles V_2 im Zeitpunkt $x_\alpha + \pi$ bleibt V_2 gesperrt und V_1 führt den Laststrom $i_{s1} = i_d = I_d$; deshalb gilt in diesem Intervall der Ersatzschaltplan Abb. 3.11c. In der darauffolgenden Halbwelle wiederholen sich die Vorgänge in entsprechender Weise.

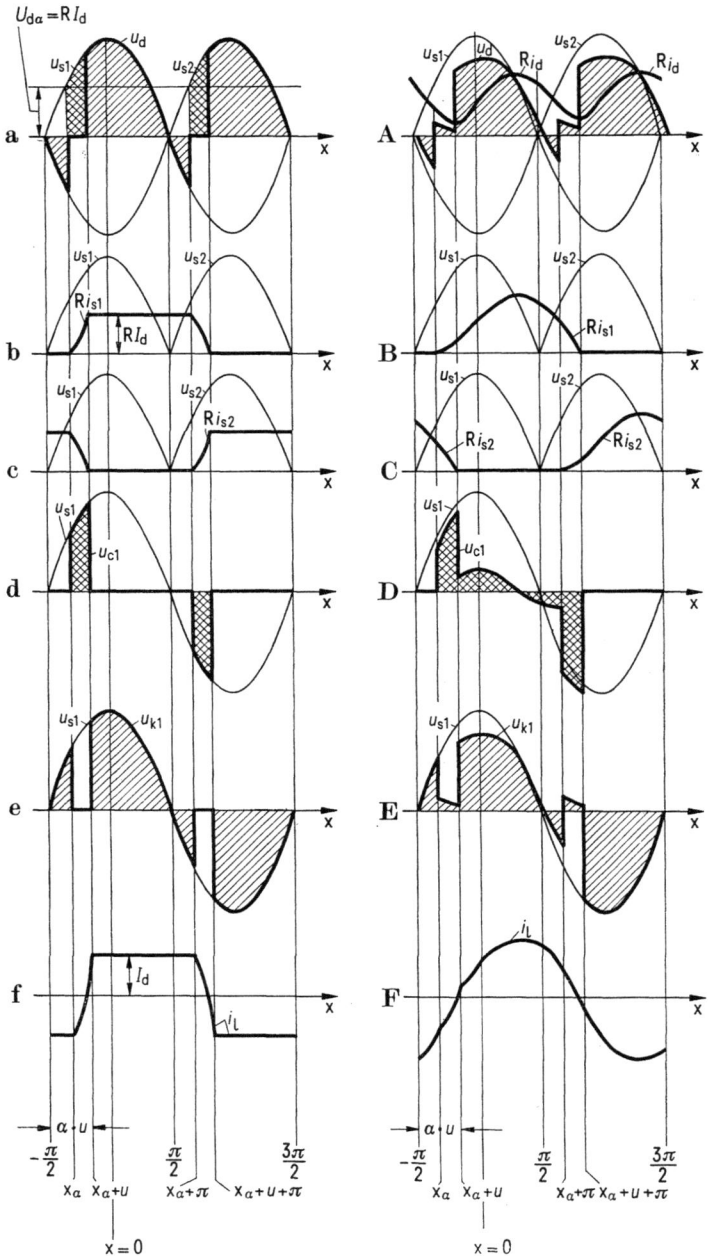

Abb. 3.13. Zeitverlauf der elektrischen Größen der zweipulsigen Mittelpunktschaltung Abb. 3.10. a) bis f) bei vollkommener Glättung ($L = \infty$); A) bis F) bei unvollkommener Glättung ($L \neq \infty$).

3.2 Kommutierungsinduktivitäten bei idealer Glättung

Der Zeitverlauf der elektrischen Größen ist in Abb. 3.13 zusammengestellt. Der Zeitverlauf der Ströme i_d, i_{s1}, i_{s2} ist entsprechend den vorangehenden Beziehungen (3.50), (3.51) in Abb. 3.13a bis c dargestellt. Während der Kommutierungszeit u gilt nach (3.46), (3.47) für die Lastspannung $u_d = 0$ und für die Spannung an der Kommutierungsinduktivität $u_{c1} = u_{s1}$. Im anschließenden Zeitintervall führt das Ventil V_1 allein den zeitlich konstanten Strom $i_d = i_{s1} = I_d$; daraus folgt $u_{c1} = 0$ und $u_d = u_{s1}$. Man erhält damit den Zeitverlauf von u_d, u_{c1} nach Abb. 3.13a und d. Den Verlauf der Ventilspannung u_{v1} und der Spannung u_L an der Lastinduktivität bestimmt man nach denselben Gesichtspunkten wie in Abschn. 3.1; die Ergebnisse sind jedoch in Abb. 3.13 nicht dargestellt.

Mit Hilfe der Abb. 3.14 soll das Verhalten der Schaltung 3.10 zwischen Leerlauf $R = \infty$ und Kurzschluß $R = 0$ erläutert werden; die Induktivität L_c und der Steuerwinkel α werden bei dieser Betrachtung konstant gehalten.

Der Zeitverlauf des Ventilstromes i_{s1} ist während der Kommutierungszeit u durch (3.50) gegeben und die Länge der Überlappungszeit u wird bei festgehaltenem L_c und α ausschließlich durch die Größe des Laststromes I_d bestimmt (Abb. 3.14b). Der Überlappungswinkel u wächst

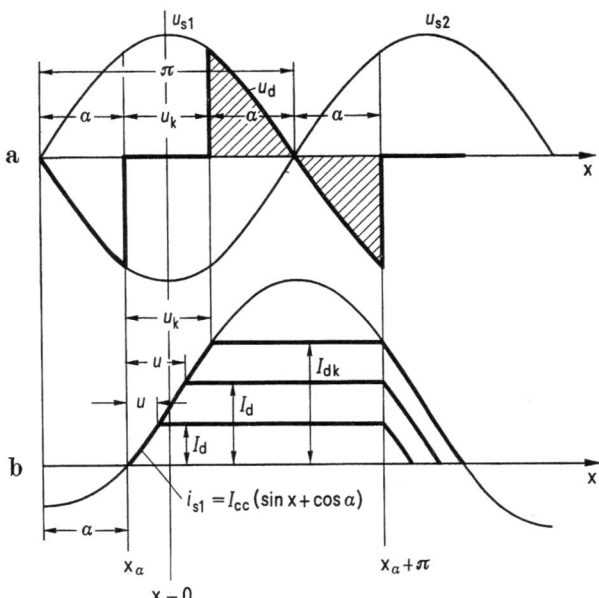

Abb. 3.14. Betrieb der zweipulsigen Mittelpunktschaltung Abb. 3.10 zwischen Leerlauf $I_d = 0$ und Kurzschluß $I_d = I_{dK}$ bei vollkommener Glättung.
a) Gleichspannung u_d im Kurzschlußfall $I_d = I_{dK}$; b) Ventilstrom i_{s1} bei verschiedenen Mittelwerten I_d.

mit I_d an und erreicht beim größtmöglichen Laststrom, nämlich beim Kurzschlußstrom $I_d = I_{dK}$ einen bestimmten Wert u_K (Abb. 3.14b). Im Kurzschluß liefert die Lastspannung u_d den Mittelwert Null, so daß die schraffierten Flächen des positiven und negativen Verlaufes von u_d in Abb. 3.14a einander gleich sein müssen. Aus dieser Forderung erhält man den in Abb. 3.14a dargestellten Zeitverlauf von u_d im Kurzschlußfall. Für den Überlappungswinkel u_K liest man daraus den Wert $u_K = \pi - 2\alpha$ ab. Den Kurzschlußstrom I_{dK} erhält man aus (3.52), wenn darin $u = \pi - 2\alpha$ gesetzt wird. Es folgt:

$$I_{dK} = 2J_c \cos \alpha = 2\frac{\sqrt{2}\,U_s}{\omega L_c} \cos \alpha, \qquad u_K = \pi - 2\alpha. \tag{3.54}$$

Im Sonderfall der Vollaussteuerung $\alpha = 0$ gilt $I_{dK} = 2J_c$ und $u_K = \pi$.

3.22 Belastungskennlinien und Steuerkennlinie mit Kommutierungsinduktivitäten

Ohne Kommutierungsinduktivitäten würde die gesamte schraffierte Spannungsfläche in Abb. 3.13a an der Last wirken und den Lastspannungsmittelwert $U_{di\alpha}$ ergeben. Wenn Kommutierungsinduktivitäten vorhanden sind, tritt der doppelt schraffierte Teil dieser Fläche als Spannungsverlust (Spannungsfall) an den Kommutierungsinduktivitäten L_c auf und der einfach schraffierte Rest wirkt als Gleichspannungsmittelwert $U_{d\alpha}$ an der Last; der Fortfall des Index i bei $U_{d\alpha}$ soll darauf hinweisen, daß der Spannungsverlust an den Kommutierungsinduktivitäten berücksichtigt wurde.

Bei der Berechnung des Mittelwertes $U_{d\alpha}$ beachtet man, daß das Ventil V_1 während der Halbwelle x_α bis $x_\alpha + \pi$ Strom führt (Abb. 3.13b); in diesem Intervall gilt also $u_{v1} = 0$. Deshalb folgt für den Spannungsumlauf, bestehend aus der Last, dem Ventilzweig V_1 und der Spannung u_{s1}

$$u_d = \sqrt{2}\,U_s \cos x - \omega L_c \frac{di_{s1}}{dx}. \tag{3.55}$$

Durch Integration über die Halbwelle x_α bis $x_\alpha + \pi$ erhält man aus (3.55) den Lastspannungsmittelwert $U_{d\alpha}$

$$U_{d\alpha} = \frac{\sqrt{2}\,U_s}{\pi} \int_{x_\alpha}^{x_\alpha+\pi} \cos x \, dx - \frac{\omega L_c}{\pi} \int_{x_\alpha}^{x_\alpha+\pi} \frac{di_{s1}}{dx} dx. \tag{3.56}$$

Die Auswertung des ersten Integrales liefert mit (3.2) den ideellen Lastspannungsmittelwert $U_{di\alpha} = U_{di} \cos \alpha$. Das zweite Integral beschreibt

3.2 Kommutierungsinduktivitäten bei idealer Glättung

den von den Kommutierungsinduktivitäten verursachten Spannungsverlust. Man beachtet bei der Auswertung, daß i_{s1} bei x_α den Wert Null und bei $x_\alpha + \pi$ den Wert I_d besitzt. Damit folgt aus (3.56):

$$U_{d\alpha} = U_{di\alpha} - \frac{1}{\pi} \omega L_c I_d, \qquad D_\infty = \frac{1}{\pi} \omega L_c I_d, \qquad (3.57)$$

$$U_{di\alpha} = U_{di} \cos \alpha, \qquad U_{di} = \frac{2}{\pi} \sqrt{2} U_s. \qquad (3.58)$$

$U_{di\alpha}$ bedeutet den ideellen Lastspannungsmittelwert, der bei $L_c = 0$ auftritt bzw. die Leerlaufspannung, die sich in Abb. 3.10 bei $I_d = 0$ einstellt. D_∞ ist der bei idealer Glättung ($L = \infty$) von den Induktivitäten L_c verursachte Gleichspannungsverlust. Die Gl. (3.57) ist in Abb. 3.15a dargestellt. Man bezeichnet die parallele Geradenschar in Abb. 3.15a als Belastungskennlinien der Schaltung Abb. 3.10, weil sie die Abhängigkeit der nutzbaren Spannung $U_{d\alpha}$ vom Laststrom I_d angibt. Dividiert man (3.57) durch U_{di}, dann erhält man mit (3.48), (3.58) die relative Belastungskennlinie

$$\frac{U_{d\alpha}}{U_{di}} = \cos \alpha - \frac{1}{2} \frac{I_d}{J_{cc}}, \qquad J_{cc} = J_c = \frac{\sqrt{2} U_s}{\omega L_c}. \qquad (3.59)$$

Beim Gleichstromkurzschluß $R = 0$ bzw. $U_{d\alpha} = 0$ fließt der Kurzschlußstrom $I_d = I_{dK}$; man erhält dafür aus (3.59) unmittelbar $I_{dK} = 2J_{cc} \cos \alpha$. Dieselbe Beziehung für den Kurzschlußstrom wurde mit (3.54) bereits auf anderem Wege am Ende des Abschn. 3.21 abgeleitet.

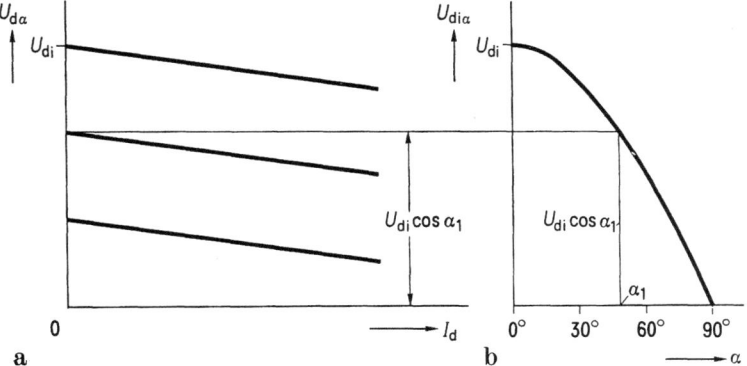

Abb. 3.15. Belastungskennlinien a) und Steuerkennlinie b) der zweipulsigen Mittelpunktschaltung Abb. 3.10 bei vollkommener Glättung.

42   3 Zweipulsige Mittelpunktschaltung

Der Kurzschlußstrom I_{dK} ist sehr viel größer als der Nennstrom, für den der Stromrichter ausgelegt ist. Der Betrieb zwischen Nennstrom und Kurzschluß beschränkt sich deshalb auf den Fall kurzzeitiger Überlastungen und auf den Störungsfall.

Mit Hilfe von $U_{d\alpha} = RI_d$ kann I_d aus (3.57) eliminiert und die Gleichung nach $U_{d\alpha}$ aufgelöst werden; man erhält

$$\frac{U_{d\alpha}}{U_{di}} = \frac{\cos\alpha}{1 + \frac{\omega L_c}{\pi R}}, \quad \frac{D_\infty}{U_{di}} = \frac{\frac{\omega L_c}{\pi R}}{1 + \frac{\omega L_c}{\pi R}} \cos\alpha. \quad (3.60)$$

Die erste Beziehung (3.60) beschreibt die Abhängigkeit der relativen nutzbaren Lastspannung $U_{d\alpha}/U_{di}$ vom Steuerwinkel α, also die Steuerkennlinie, die sich bei einem vorgegebenen Wert von $\omega L_c/R$ einstellt; die zweite Gleichung liefert eine entsprechende Beziehung für den Gleichspannungsverlust D_∞.

3.3 Reduktion der Streureaktanzen

Der gestrichelt umrandete Teil in Abb. 3.16 stellt einen realen Transformator dar, bei dem die Wicklungswiderstände und der Magnetisierungsstrom vernachlässigt wurden. L_p, L_s sind die netzseitig bzw. ventilseitig

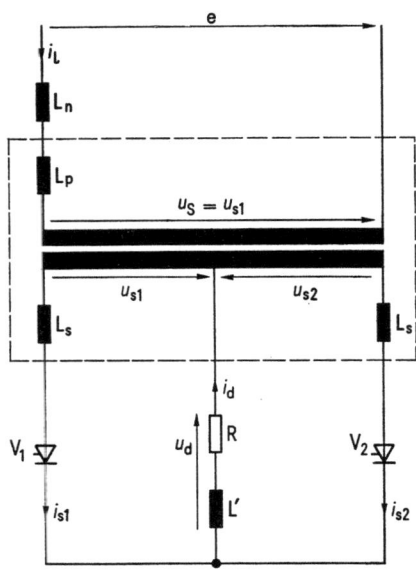

Abb. 3.16. Zweipulsige Mittelpunktschaltung mit der Netzinduktivität L_n und einem Transformator mit netzseitiger und ventilseitiger Streuinduktivität L_p bzw. L_s.

3.3 Reduktion der Streureaktanzen

Streuinduktivitäten, L_n ist die Induktivität des Netzes. Es soll gezeigt werden, daß die Anordnung Abb. 3.16 elektrisch gleichwertig durch die Schaltung Abb. 3.10 ersetzt werden kann.

In Abb. 3.16 gelten nach dem Knotenpunktsatz und nach dem Durchflutungssatz die beiden Gleichungen

$$i_d = i_{s1} + i_{s2}, \quad i_1 = i_{s1} - i_{s2}. \tag{3.61}$$

Beachtet man, daß wegen der Gleichheit der Windungszahlen $u_s = u_{s1}$ gilt, dann folgt aus dem Spannungsumlauf auf der Netzseite von Abb. 3.16 unter Berücksichtigung der zweiten Gl. (3.61)

$$e = u_{s1} + \omega(L_p + L_n)\frac{d(i_{s1} - i_{s2})}{dx}. \tag{3.62}$$

Für die Ventilseite erhält man

$$u_{s1} = R i_d + \omega L' \frac{di_d}{dx} + \omega L_s \frac{di_{s1}}{dx}. \tag{3.63}$$

Aus (3.62), (3.63) kann u_{s1} und mit Hilfe der zweiten Gl. (3.61) auch i_{s2} eliminiert werden. Es folgt:

$$e = R i_d + \omega(L' - L_p - L_n)\frac{di_d}{dx} + \omega(L_s + 2L_p + 2L_n)\frac{di_{s1}}{dx}. \tag{3.64}$$

Eine entsprechende Gleichung für e liest man unmittelbar aus Abb. 3.10 ab; sie lautet:

$$e = R i_d + \omega L \frac{di_d}{dx} + \omega L_c \frac{di_{s1}}{dx}. \tag{3.65}$$

Die Gln. (3.64), (3.65) werden identisch und in den beiden Schaltungen Abb. 3.10 und 3.16 fließen dann dieselben Ströme, wenn

$$L_c = L_s + 2L_p + 2L_n, \quad L = L' - L_p - L_n \tag{3.66}$$

gesetzt wird. Man kann daher die Schaltung Abb. 3.16 mit Hilfe von (3.66) elektrisch gleichwertig durch die übersichtlichere Schaltung Abb. 3.10 ersetzen. Die am Beispiel der Schaltung Abb. 3.10 abgeleiteten Ergebnisse können deshalb mit Hilfe der Reduktion (3.66) auf die Schaltung Abb. 3.16 übertragen werden. Die Reduktionsgleichungen (3.64), (3.65) gelten auch bei unvollkommener Glättung, denn bei der Ableitung wurde an keiner Stelle ideale Glättung des Gleichstromes vorausgesetzt.

3.4 Einfluß der Kommutierungsinduktivität bei unvollkommener Glättung

In der Schaltung Abb. 3.10 kann bei unvollkommener Glättung des Gleichstromes — ähnlich wie in der Schaltung Abb. 3.1 (vgl. dazu Abschn. 3.14) — sowohl lückender, als auch nichtlückender Betrieb auftreten. Die Verhältnisse sind aber in der Schaltung Abb. 3.10 weniger übersichtlich, weil gegenüber der bereits beschriebenen Anordnung Abb. 3.1 noch ein weiterer Parameter L_c in die Rechnung eingeht.

In den Abschn. 3.41 bis 3.43 wird der Zeitverlauf der Ströme und Spannungen abgeleitet und diskutiert. Die exakte Berechnung der Belastungskennlinie (Abschn. 3.44) ist dagegen außerordentlich aufwendig, so daß statt dessen lediglich eine Abschätzung des Kennlinienverlaufes vorgenommen wird.

3.41 Lückender Betrieb bei unvollkommener Glättung

Im lückenden Betrieb gilt für die Schaltung Abb. 3.10 während der Stromführung des Ventiles V_1 der Ersatzschaltplan Abb. 3.11 c. Daraus folgt für den Zeitverlauf des Stromes $i_{s1} = i_d$ die Differentialgleichung

$$\sqrt{2}\, U_s \cos x = u_{s1} = R i_d + \omega (L + L_c) \frac{d i_d}{d x}. \tag{3.67}$$

Diese Gleichung ist wie in Abschn. 3.14 mit der Anfangsbedingung $i_d(x_a) = i_d(\alpha - \pi/2) = 0$ zu lösen. Damit erhält man aus (3.67) für den Zeitverlauf des Gleichstromes $i_d = i_{s1}$

$$i_d = \sqrt{2}\, I_1 \left[\cos(x - \varphi_1) - \sin(\alpha - \varphi_1) \exp\left(-\varrho_1 \left(x - \alpha + \frac{\pi}{2} \right) \right) \right], \tag{3.68}$$

$$I_1 = \frac{U_s}{\sqrt{R^2 + \omega^2 (L + L_c)^2}}, \quad \varrho_1 = \cot \varphi_1 = \frac{R}{\omega (L + L_c)}. \tag{3.69}$$

Der Grenzsteuerwinkel α_g, bei dem der lückende Betrieb in den nichtlückenden Betrieb übergeht, ist nach (3.22) durch

$$\alpha_g = \varphi_1 = \text{arc cot} \frac{R}{\omega (L + L_c)} \tag{3.70}$$

gegeben. Der lückende Bereich wird daher verkleinert, wenn zu einer vorgegebenen Glättungsinduktivität L noch eine Kommutierungsinduktivität L_c hinzutritt.

3.4 Kommutierungsinduktivität bei unvollkommener Glättung

3.42 Nichtlückender Betrieb bei unvollkommener Glättung

Beim nichtlückenden Betrieb besteht die Halbperiode nach Abb. 3.17 aus dem Kommutierungsintervall x_α bis $x_\alpha + u$, in dem beide Ventile V_1 und V_2 Strom führen und dem anschließenden Zeitintervall $x_\alpha + u$ bis $x_\alpha + \pi$, in dem V_1 allein stromführend ist. In der Abb. 3.17a sind die Ventilströme i_{s1} und i_{s2} dargestellt und die Abb. 3.17b zeigt den Verlauf der Summe i_d bzw. die Differenz i_f der Ventilströme

$$i_d = i_{s1} + i_{s2}, \qquad i_f = i_{s1} - i_{s2}. \tag{3.71}$$

Die Anwendung des Durchflutungssatzes auf den idealen Transformator in Abb. 3.10 zeigt, daß die Differenz i_f der Ventilströme den primären Leiterstrom $i_1 = i_f$ liefert.

Aus (3.71) kann man zu vorgegebenen Werten von i_d und i_f die Ventilströme i_{s1}, i_{s2} berechnen

$$i_{s1} = \frac{1}{2}(i_d + i_f), \qquad i_{s2} = \frac{1}{2}(i_d - i_f). \tag{3.72}$$

In Abb. 3.17 wurden die Ströme i_d bzw. i_f mit dem Fußindex I bzw. II versehen, je nachdem, ob der Gleichstrom i_d von einem oder von zwei Ventilen geliefert wird.

Während der Kommutierung x_α bis $x_\alpha + u$ gilt der Ersatzschaltplan Abb. 3.11b. Daraus folgen die beiden Gleichungen

$$u_{s1} = R i_{dII} + \omega L \frac{di_{dII}}{dx} + \omega L_c \frac{di_{s1}}{dx} = \sqrt{2}\, U_s \cos x, \tag{3.73}$$

$$u_{s2} = -u_{s1} = R i_{dII} + \omega L \frac{di_{dII}}{dx} + \omega L_c \frac{di_{s2}}{dx} = -\sqrt{2}\, U_s \cos x. \tag{3.74}$$

Durch Addition bzw. durch Subtraktion folgt daraus unter Berücksichtigung von (3.71) je eine Differentialgleichung für i_{dII} und i_{fII}

$$0 = 2R i_{dII} + \omega(2L + L_c)\frac{di_{dII}}{dx}, \tag{3.75}$$

$$2u_{s1} = \omega L_c \frac{di_{fII}}{dx}. \tag{3.76}$$

Die Lösungen der beiden Differentialgleichungen lauten:

$$i_{dII} = C_1 \exp\left(-\varrho_2(x - x_\alpha)\right), \qquad i_{dII}(x_\alpha) = C_1, \tag{3.77}$$

$$i_{fII} = 2J_c \sin x + C_3, \tag{3.78}$$

$$\varrho_2 = \frac{2R}{\omega(2L + L_c)}, \quad J_c = \frac{\sqrt{2}\,U_s}{\omega L_c}. \tag{3.79}$$

Aus (3.77), (3.78) geht hervor, daß der Gleichstrom i_{dII} während der Kommutierung exponentiell abklingt und der Strom i_{fII} nach einer Sinusfunktion der eine Konstante überlagert ist, verläuft.

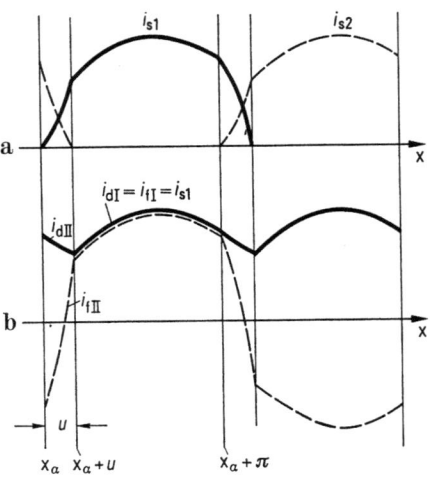

Abb. 3.17. Zur Berechnung der Ventilströme in der zweipulsigen Mittelpunktschaltung Abb. 3.10 bei unvollkommener Glättung.

In dem an die Kommutierung anschließenden Zeitintervall $x_\alpha + u$ bis $x_\alpha + \pi$ gilt der Ersatzschaltplan Abb. 3.11 c. Daraus folgt die Differentialgleichung

$$u_{s1} = R i_{dI} + \omega(L + L_c)\frac{\mathrm{d}i_{dI}}{\mathrm{d}x}, \quad i_{dI} = i_{fI}. \tag{3.80}$$

Die Lösung der Differentialgleichung lautet:

$$i_{dI} = i_{fI} = \sqrt{2}\,I_1 \cos(x - \varphi_1) + C_2 \exp\bigl(-\varrho_1(x - x_\alpha)\bigr), \tag{3.81}$$

$$I_1 = \frac{U_s}{\sqrt{R^2 + \omega^2(L + L_c)^2}}, \quad \varrho_1 = \cot \varphi_1 = \frac{R}{\omega(L + L_c)}. \tag{3.82}$$

Im Anschluß an die Kommutierungszeit ist der Strom $i_{dI} = i_{fI} = i_{s1}$ durch einen cos-Vorgang gegeben, dem ein exponentiell abklingender Vorgang überlagert ist.

Die unbekannten Integrationskonstanten C_1, C_2, C_3 in den Gln. (3.77), (3.81), (3.78) berechnet man mit Hilfe von drei Grenzbedingungen. Bei

3.4 Kommutierungsinduktivität bei unvollkommener Glättung

der Festlegung der Grenzbedingungen beachtet man, daß die Ventilströme i_{s1}, i_{s2} in Abb. 3.10 durch die Induktivitäten L_c fließen und daher stetig, d. h. ohne sprunghafte Änderung verlaufen müssen. Nach (3.71) besitzen daher auch die Ströme i_d und i_f stetigen Verlauf.

Aus der Stetigkeit des Verlaufes von i_d folgt, daß die beiden Teilstücke i_{dII} und i_{dI} im Zeitpunkt $x_\alpha + u$ einen gemeinsamen Momentanwert aufweisen müssen (Abb. 3.17b). Aus Gründen der Periodizität müssen außerdem die Momentanwerte von i_{dII} bei x_α und von i_{dI} bei $x_\alpha + \pi$ übereinstimmen (Abb. 3.17b). Daraus folgen die beiden Grenzbedingungen

$$i_{dII}(x_\alpha + u) = i_{dI}(x_\alpha + u), \quad i_{dII}(x_\alpha) = i_{dI}(x_\alpha + \pi). \tag{3.83}$$

In Verbindung mit (3.77), (3.81) liefern die beiden Grenzbedingungen (3.83) zwei Bestimmungsgleichungen für die Integrationskonstanten C_1, C_2

$$C_1 e^{-\varrho_2 u} = \sqrt{2} I_1 \cos(x_\alpha + u - \varphi_1) + C_2 \exp(-\varrho_1 u), \tag{3.84}$$

$$C_1 = -\sqrt{2} I_1 \cos(x_\alpha - \varphi_1) + C_2 \exp(-\varrho_1 \pi). \tag{3.85}$$

Man löst diese beiden Gleichungen nach C_1 und C_2 auf. Das Ergebnis lautet

$$C_1 = -\sqrt{2} I_1 \frac{\cos(x_\alpha - \varphi_1) + \cos(x_\alpha + u - \varphi_1) \exp(-\varrho_1(\pi - u))}{1 - \exp(-(\varrho_2 - \varrho_1)u - \varrho_1 \pi)}, \tag{3.86}$$

$$C_2 = -\sqrt{2} I_1 \frac{\cos(x_\alpha - \varphi_1) e^{-(\varrho_2 - \varrho_1)u} + \cos(x_\alpha + u - \varphi_1) \exp(+\varrho_1 u)}{1 - \exp(-(\varrho_2 - \varrho_1)u - \varrho_1 \pi)}. \tag{3.87}$$

In den Ausdrücken für C_1, C_2 tritt neben I_1 und den bekannten Parametern x_α, ϱ_1, ϱ_2 außerdem die vorläufig noch unbekannte Überlappungszeit u auf.

Bei der Berechnung der dritten Integrationskonstante C_3 beachtet man, daß der Ventilstrom i_{s1} im Zündzeitpunkt x_α mit Null anfängt (Abb. 3.17a), daß also $i_{s1}(x_\alpha) = 0$ gilt. Damit folgt aus der ersten Gl. (3.72) die Grenzbedingung

$$i_{dII}(x_\alpha) = -i_{fII}(x_\alpha). \tag{3.88}$$

In Verbindung mit (3.77), (3.78) folgt daraus die gesuchte Integrationskonstante C_3

$$C_3 = -C_1 - 2J_c \sin x_\alpha. \tag{3.89}$$

Mit (3.89) wird C_3 auf die bereits bekannte Größe C_1 zurückgeführt.

Die unbekannte Überlappungszeit u berechnet man aus der Feststellung, daß der Ventilstrom i_{s2} am Ende der Kommutierungszeit zu Null wird (Abb. 3.17a), daß also $i_{s2}(x_\alpha + u) = 0$ gilt. Damit folgt aus der zweiten Gl. (3.72)

$$i_{dII}(x_\alpha + u) = i_{fII}(x_\alpha + u). \tag{3.90}$$

Man wendet (3.77), (3.78) auf (3.90) an und findet in Verbindung mit (3.89) folgende Bestimmungsgleichung für u

$$C_1\bigl(1 + \exp(-\varrho_2 u)\bigr) = 2J_c\bigl(\sin(x_\alpha + u) - \sin x_\alpha\bigr). \tag{3.91}$$

Die Konstante C_1 ist durch den Ausdruck (3.86) festgelegt.

Mit Hilfe graphischer oder numerischer Methoden kann man aus (3.91) zu vorgegebenen Werten von R, L_c, L und x_α die zugehörige Überlappungszeit u berechnen; mit diesem Wert von u bestimmt man aus (3.86), (3.87), (3.89) die Integrationskonstanten C_1, C_2, C_3 und damit aus (3.77), (3.78), (3.81) den Zeitverlauf der Ströme.

3.43 Diskussion des Zeitverlaufes der Ströme und Spannungen

Die Verhältnisse bei vollkommener und bei unvollkommener Glättung sind in den Abb. 3.13a bis f, bzw. in den Abb. 3.13A bis F einander gegenübergestellt.

Man entnimmt aus den Gln. (3.77) und (3.81), daß der Gleichstrom i_d während der Kommutierung exponentiell abklingt und im anschließenden Zeitintervall durch einen Sinusvorgang mit einer überlagerten Exponentialfunktion gegeben ist; den Zeitverlauf von i_d zeigt Abb. 3.13A. Der netzseitige Leiterstrom $i_l = i_f$ verläuft nach (3.78) während der Kommutierung nach einer Sinusfunktion mit einer überlagerten Konstanten; im anschließenden Zeitintervall besitzt der Leiterstrom i_l denselben Zeitverlauf wie der Gleichstrom i_d. Der Zeitverlauf von i_l ist in Abb. 3.13F dargestellt. Den Zeitverlauf der Ventilströme in Abb. 3.13B und C bestimmt man aus (3.72).

Nach Abb. 3.10 gilt für die Lastspannung u_d und für die Spannung u_{c1} an der Kommutierungsinduktivität des Ventiles V_1

$$u_d = Ri_d + \omega L \frac{di_d}{dx}, \quad u_{c1} = \omega L_c \frac{di_{s1}}{dx} = u_{s1} - u_d. \tag{3.92}$$

Während der Kommutierung folgt aus (3.92) mit Hilfe von (3.75) und (3.77)

$$u_{dII} = -\frac{\omega L_c}{2} \frac{di_{dII}}{dx} = \frac{L_c R}{2L + L_c} C_1 \exp\bigl(-\varrho_2(x - x_\alpha)\bigr), \tag{3.93}$$

$$u_{c1II} = u_{s1} - u_{dII}. \tag{3.94}$$

3.4 Kommutierungsinduktivität bei unvollkommener Glättung

Im Anschluß an die Kommutierung gilt $i_{\mathrm{dI}} = i_{\mathrm{s1}}$; man erhält damit aus (3.92) mit Hilfe von (3.80) und (3.81) die Beziehungen

$$u_{\mathrm{dI}} = u_{\mathrm{s1}} - \omega L_{\mathrm{c}} \frac{\mathrm{d}i_{\mathrm{s1}}}{\mathrm{d}x}$$

$$= u_{\mathrm{s1}} + \sqrt{2}\, I_1 \omega L_{\mathrm{c}} \sin(x - \varphi_1) + \frac{L_{\mathrm{c}}}{L + L_{\mathrm{c}}} R C_2 \exp\left(-\varrho_1(x - x_a)\right), \tag{3.95}$$

$$u_{\mathrm{c1I}} = u_{\mathrm{s1}} - u_{\mathrm{dI}}. \tag{3.96}$$

In Abb. 3.13A ist der Zeitverlauf von u_{d} nach (3.93), (3.95) dargestellt; Abb. 3.13D zeigt den Zeitverlauf von u_{c1} nach (3.94), (3.96).

Bei idealer Glättung (Abb. 3.13a) ist die Lastspannung u_{d} während der Kommutierung durch den Mittelwert $(u_{\mathrm{s1}} + u_{\mathrm{s2}})/2 = 0$ der beiden Phasenspannungen gegeben; anschließend an die Kommutierung ist u_{d} mit der Phasenspannung u_{s1} identisch. Bei unvollkommener Glättung unterscheidet sich dagegen die Lastspannung u_{d} während der Kommutierung vom Mittelwert $(u_{\mathrm{s1}} + u_{\mathrm{s2}})/2 = 0$ und in dem an die Kommutierung anschließenden Zeitintervall ist u_{d} um den Spannungsverlust u_{c1} an der Induktivität L_{c} kleiner als die Phasenspannung u_{s1}. Entsprechende Unterschiede bestehen nach Abb. 3.13d und D beim Zeitverlauf der Spannung u_{c1} an der Kommutierungsinduktivität.

In Abb. 3.13e und E ist der Zeitverlauf der Spannung $u_{\mathrm{k1}} = u_{\mathrm{s1}} - u_{\mathrm{c1}}$ zwischen der Anode des Ventiles V_1 und dem Nullpunkt m des Transformators (Abb. 3.10) dargestellt. Da man die Transformatorstreuung nach Abschn. 3.3 durch Kommutierungsinduktivitäten L_{c} darstellen kann, beschreibt u_{k1} den Spannungsverlauf auf der Ventilseite eines streuungsbehafteten Stromrichtertransformators. Die Spannungseinschnitte in u_{k1} bezeichnet man als Kommutierungseinbrüche.

3.44 Belastungskennlinien

In Abschn. 3.18 wurde gezeigt, daß die Belastungskennlinie der Schaltung Abb. 3.1 bei unvollkommener Glättung aus einem Kennlinienteil mit lückendem Betrieb und einem Kennlinienteil mit nichtlückendem Betrieb besteht (Abb. 3.9). Diese Unterteilung der gesamten Belastungskennlinie bleibt erhalten, wenn man von der Schaltung Abb. 3.1 zur Schaltung Abb. 3.10 übergeht. Allerdings verschiebt sich die Lückgrenze durch die Berücksichtigung der Kommutierungsinduktivitäten L_{c}, so daß der Verlauf der Belastungskennlinie in den beiden Teilbereichen gewisse Veränderungen erfährt.

Als erstes wird der Kennlinienverlauf im lückenden Bereich beschrieben. Zu Beginn des Abschn. 3.41 wurde bereits gezeigt, daß sich die

Induktivitäten L_c im lückenden Betrieb wie eine Vergrößerung der Glättungsinduktivität in Abb. 3.1 von L auf $L + L_c$ auswirken. Man kann daher die Ergebnisse des Abschn. 3.18 — unter Berücksichtigung, daß in den Gleichungen L durch $L + L_c$ zu ersetzen ist — unmittelbar übernehmen.

Nach diesen Überlegungen erhält man aus (3.38) folgende Koordinaten für den Leerlaufpunkt P in Abb. 3.19

$$U_{d\alpha} = U_{di}\frac{1}{2}(1 + \cos\alpha), \qquad I_d = 0, \qquad U_{di} = \frac{2\sqrt{2}}{\pi}U_s. \qquad (3.97)$$

Für die Koordinaten des Betriebspunktes Q″ an der Lückgrenze folgt aus (3.39) und (3.40)

$$U_{d,\text{lück}} = U_{di}\cos\alpha_g, \qquad U_{di} = \frac{2\sqrt{2}}{\pi}U_s, \qquad (3.98)$$

$$\omega(L + L_c)I_{d,\text{lück}} = U_{di}\sin\alpha_g. \qquad (3.99)$$

Aus (3.99) entnimmt man, daß die Lückellipse schmaler wird, wenn zur Glättungsinduktivität L noch eine Kommutierungsinduktivität L_c hinzutritt.

Als nächstes soll der Kennlinienverlauf Q″ R″ im nichtlückenden Bereich (Abb. 3.19) beschrieben werden. Das Ventil V_1 führt in diesem Fall während des vollen Periodizitätsintervalles x_α bis $x_\alpha + \pi$ Strom. Daher gilt in diesem Intervall nach Abb. 3.10 die Gl. (3.55) und zwischen den Mittelwerten besteht die Beziehung (3.56). Bei der Integration des zweiten Summanden auf der rechten Seite von (3.56) hat man zu beachten, daß nach Abb. 3.17 folgende Beziehungen zwischen den Momentanwerten bestehen

$$i_{s1}(x_\alpha) = 0, \qquad i_{s1}(x_\alpha + \pi) = i_{dII}(x_\alpha) = C_1. \qquad (3.100)$$

Die Integration der Gl. (3.56) liefert unter Berücksichtigung von (3.100) und (3.2)

$$U_{d\alpha} = U_{di\alpha} - \frac{1}{\pi}\omega L_c\, i_{dII}(x_\alpha), \qquad D = \frac{\omega L_c}{\pi} i_{dII}(x_\alpha), \qquad (3.101)$$

$$U_{di\alpha} = U_{di}\cos\alpha, \qquad U_{di} = \frac{2\sqrt{2}}{\pi}U_s. \qquad (3.102)$$

Nach (3.101) wird der von den Induktivitäten L_c verursachte Gleichspannungsverlust D durch den Momentanwert $i_{dII}(x_\alpha) = C_1$ des Gleichstromes im Zündzeitpunkt x_α bestimmt. Man kann aus (3.101) bereits einige qualitative Aussagen über den Gleichspannungsverlust D entnehmen.

3.4 Kommutierungsinduktivität bei unvollkommener Glättung

An der Grenze zwischen lückendem und nichtlückendem Betrieb besitzt der Gleichstrom den Zeitverlauf nach Abb. 3.18a. Dann gilt $i_{\mathrm{dII}}(x_\alpha) = 0$ und nach (3.101) folgt $D = 0$ und $U_{\mathrm{d}\alpha} = U_{\mathrm{dI}\alpha} = U_{\mathrm{dI}} \cos \alpha$. Diesem Betriebszustand ist der Kennlinienpunkt Q″ der Lückellipse in Abb. 3.19 zugeordnet.

Man vergrößert den Gleichstrommittelwert I_d bei festgehaltenem Steuerwinkel α durch eine entsprechende Verkleinerung des Widerstandes

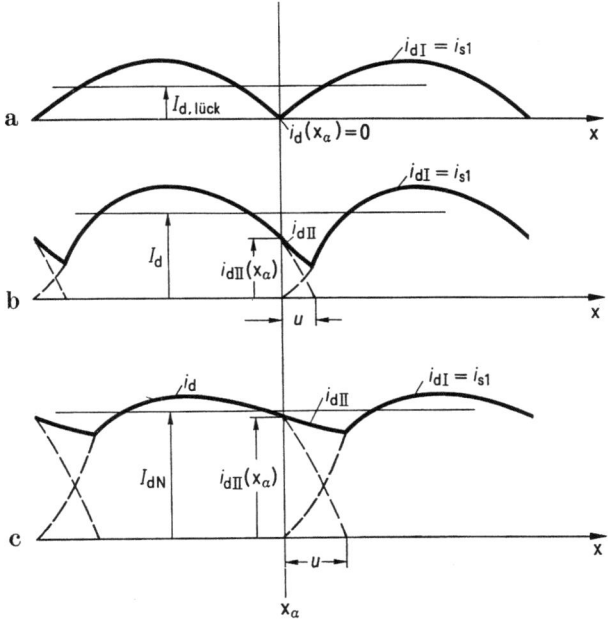

Abb. 3.18. Zeitverlauf der Ventilströme der zweipulsigen Mittelpunktschaltung Abb. 3.10. a) an der Lückgrenze; b) zwischen Lückgrenze und Nennstrom; c) beim Nennstrom.

R, also bei festgehaltenem $\omega(L + L_\mathrm{c})$ durch eine entsprechende Verkleinerung von $\varrho_1 = R/\omega(L + L_\mathrm{c})$. Der Zeitverlauf des Gleichstromes, der sich bei diesem Vorgang einstellt, ist in den Abb. 3.18b und c für wachsende Mittelwerte von I_d dargestellt. Demnach wächst $i_{\mathrm{dII}}(x_\alpha)$, also nach (3.101) auch der Gleichspannungsverlust D mit zunehmendem Gleichstrom I_d. Diese Feststellung führt zu dem Kennlinienverlauf Q″ R″ in Abb. 3.19.

Zunächst stellt man an Hand der Abb. 3.18 rein qualitativ fest, daß der Momentanwert $i_{\mathrm{dII}}(x_\alpha)$ und damit der Gleichspannungsverlust D mit wachsendem Strom, also mit abnehmendem ϱ_1 größer und die Glättung des Gleichstromes besser wird. Deshalb nähert sich auch der Kennlinienverlauf Q″R″ mit wachsender Glättung immer mehr der Kennlinie P′R′, die nach (3.57) für den Fall idealer Glättung $L = \infty$ berechnet wurde. Bei idealer Glättung gilt nämlich $i_\mathrm{d}(x_\alpha) = I_\mathrm{d}$, so daß (3.101) in (3.57) übergeht.

Jedem Zündzeitpunkt x_α ist ein bestimmter Gleichstrommittelwert I_d zugeordnet. Man kann daher den Momentanwert $i_\mathrm{dII}(x_\alpha)$ auch als Funk-

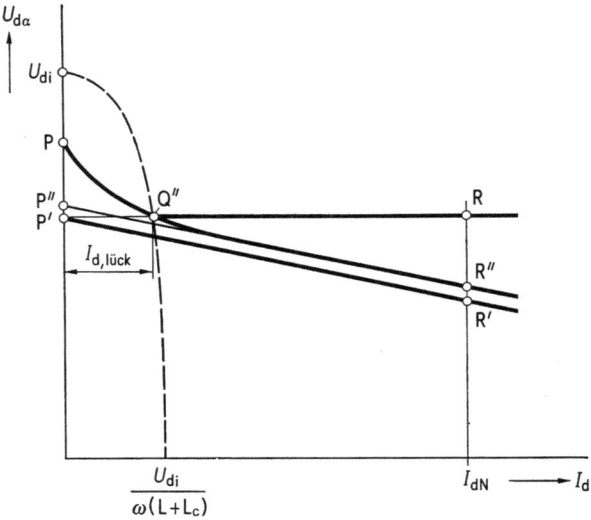

Abb. 3.19. Belastungskennlinie der zweipulsigen Mittelpunktschaltung Abb. 3.10 bei unvollkommener Glättung.

tion des Gleichstromes I_d auffassen und dafür formal $i_\mathrm{dII}(x_\alpha) = i_\mathrm{dII}(I_\mathrm{d})$ schreiben. Damit erhält man aus (3.101) folgende Gleichung für die Belastungskennlinie bei unvollkommener Glättung

$$U_{\mathrm{d}\alpha} = U_{\mathrm{di}\alpha} - D(I_\mathrm{d}), \qquad D(I_\mathrm{d}) = \frac{\omega L_\mathrm{c}}{\pi} i_\mathrm{dII}(I_\mathrm{d}). \qquad (3.103)$$

Die weitere Aufgabe besteht in der Berechnung der Funktion $D(I_\mathrm{d})$.

Zur Berechnung von $D(I_\mathrm{d})$ zieht man die Gl. (3.86) für den Momentanwert $i_\mathrm{dII}(x_\alpha)$ und die Gl. (3.91) für den Überlappungswinkel u heran. Bei der Durchführung dieser Rechnung muß man sich numerischer oder graphischer Verfahren bedienen.

Man kann den Verlauf der Funktion $i_\mathrm{dII}(x_\alpha)$ und damit den Verlauf der Belastungskennlinie aus der ersten Gl. (3.103) angenähert berechnen,

3.4 Kommutierungsinduktivität bei unvollkommener Glättung

wenn man die drei Größenrelationen

$$\varrho = \frac{R}{\omega L} \ll 1, \quad \frac{L_c}{L} \ll 1, \quad \varrho u \ll 1 \qquad (3.104)$$

annimmt. Die erste Relation ist bei relativ guter Glättung des Gleichstromes, also bei den meisten Anwendungsfällen, stets erfüllt. Das gleiche gilt für die zweite Relation, weil die Kommutierungsinduktivität L_c bei relativ guter Glättung stets wesentlich kleiner als die Glättungsinduktivität L ist. Auch die dritte Relation ist, selbst unter den extremen Annahmen $\varrho = 0{,}1$ und $u = \pi/3$, noch gut erfüllt.

Um eine Wiederholung zu vermeiden, wird auf die Durchführung der Näherungsrechnung für den vorliegenden Fall der Pulszahl $p = 2$ verzichtet und auf den Abschn. 6.44 verwiesen. Dort wird nämlich diese Näherungsrechnung für den allgemeinen Fall einer beliebigen Pulszahl p beschrieben; man erhält die Beziehung (6.139) als Näherungsgleichung für die Belastungskennlinie. Mit $p = 2$ folgt aus (6.139) die nachstehende Beziehung für die Näherungsgleichung der Belastungskennlinie der zweipulsigen Mittelpunktschaltung Abb. 3.10:

$$U_{d\alpha} = U_{di} \cos \alpha \left(1 + \frac{L_c}{L + L_c} \Phi\right) - \frac{\omega L_c}{\pi} I_d, \qquad (3.105)$$

$$\Phi = \frac{1}{2}\left(1 + \frac{2}{\pi} \tan \alpha\right). \qquad (3.106)$$

Die Näherungsgleichung (3.105) der Belastungskennlinie bei unvollkommener Glättung unterscheidet sich von der Gl. (3.57) der Belastungskennlinie bei idealer Glättung lediglich um den Faktor $1 + \Phi L_c/(L + L_c)$. Man erhält z. B. mit $\alpha = 60°$ und $L_c/(L + L_c) = 0{,}05$ für diesen Faktor den Wert 1,053. In der Abb. 3.19 wird die Näherungsgleichung (3.105) durch die Gerade P″ R″ beschrieben.

Beim Durchlaufen der Belastungskennlinie wird ϱ_1 mit zunehmendem Gleichstrom I_d kleiner. Die Voraussetzung $\varrho_1 \ll 1$ und damit die Gültigkeit der Gl. (3.105) für die Belastungskennlinie ist deshalb nur bei hinreichend großen Werten von I_d, z. B. beim Nennstrom I_{dN} im Kennlinienpunkt R″ (vgl. Abschn. 6.44) erfüllt; bei kleineren Werten, z. B. in der Nähe des Punktes Q″ an der Lückgrenze, weicht die tatsächliche Belastungskennlinie Q″ R″ beträchtlich von der Näherung P″ R″ ab.

In der Abb. 3.20 ist die Belastungskennlinie P Q″ R″ aus Abb. 3.19 noch einmal zum Vergleich mit einigen Grenzfällen eingezeichnet.

Bei idealer Glättung $L = \infty$ und $L_c = 0$ ist die Belastungskennlinie — wie am Ende des Abschn. 3.18 gezeigt wurde — durch die horizontale

Gerade P' R gegeben (vgl. dazu auch Abb. 3.9). Setzt man $L_c \neq 0$ bei idealer Glättung $L = \infty$ voraus, dann wird die Belastungskennlinie nach Abschn. 3.22 durch die Gl. (3.57), also durch die Gerade P' R' in Abb. 3.20 beschrieben (vgl. dazu Abb. 3.15).

Bei unvollkommener Glättung $L \neq \infty$ und $L_c = 0$ erhält man nach Abschn. 3.18 die Kennlinie PQR in Abb. 3.20 (vgl. dazu Abb. 3.9); die Breite der Lückellipse ist in diesem Fall durch $U_{di}/\omega L$ gegeben.

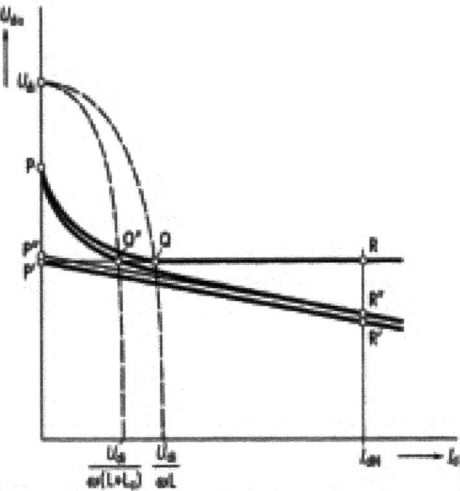

Abb. 3.20. Einfluß der Induktivitäten L und L_c auf die Belastungskennlinie der zweipulsigen Mittelpunktschaltung Abb. 3.10.

Im allgemeinen Fall unvollkommener Glättung ist neben $L \neq 0$ noch eine Kommutierungsinduktivität $L_c \neq 0$ vorhanden. Die Punkte P und Q'' der zugehörigen Belastungskennlinie (Abb. 3.20) kann man aus den Beziehungen (3.97) bzw. (3.98), (3.99) exakt berechnen. Der Punkt Q'' liegt etwas links von Q, weil die wirksame Glättungsinduktivität des lückenden Betriebes durch das Hinzutreten der Kommutierungsinduktivität L_c von L auf $L + L_c$ vergrößert und die Breite der Lückellipse dadurch von $U_{di}/\omega L$ auf $U_{di}/\omega(L + L_c)$ verkleinert wird. Bei hinreichend großen Gleichströmen I_d nähert sich die Belastungskennlinie der Geraden P'' R'' in Abb. 3.20.

In der folgenden Tabelle werden die Ergebnisse der Abb. 3.20 zusammengefaßt. Die linke Spalte enthält jeweils die Parameter L, L_c der Schaltung, die rechte Spalte die charakteristischen Punkte der Belastungskennlinien.

3.4 Kommutierungsinduktivität bei unvollkommener Glättung

Parameter der Schaltung Abb. 3.10	charakteristische Punkte der Belastungskennlinien Abb. 3.20
$L = \infty$; $L_c = 0$	P′ R
$L = \infty$; $L_c \neq 0$	P′ R′
$L \neq \infty$; $L_c = 0$	P Q R
$L \neq \infty$; $L_c \neq 0$	P Q″ R″

Durch die Verbindung der charakteristischen Punkte entsteht die zu den jeweiligen Parametern gehörende Belastungskennlinie.

4 Zweipulsige Mittelpunktschaltung mit Freilaufventil

In der zweipulsigen Mittelpunktschaltung Abb. 4.1 ist neben den gesteuerten Hauptventilen V_1 und V_2 ein ungesteuertes Ventil V_n angeordnet; dadurch entsteht ein Kathodenstern mit drei Ventilen. Die Anodenpotentiale werden auf den Punkt m bezogen, so daß die Anodenpotentiale von V_1 und V_2 durch die Spannungen u_{s1} und u_{s2} festgelegt sind und das Anodenpotential von V_n während der vollen Periode den Wert Null be-

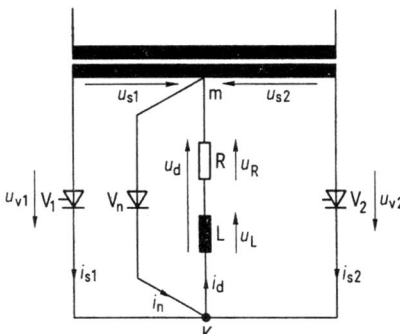

Abb. 4.1. Zweipulsige Mittelpunktschaltung mit Freilaufventil V_n.

sitzt; V_n wird deshalb gelegentlich ,,Nullventil" genannt. Da das Ventil V_n stets parallel zur Last wirkt (vgl. Abb. 4.1) wird es meistens als ,,Freilaufventil" bezeichnet.

4.1 Wirkungsweise des Freilaufventiles

Der Zündzeitpunkt x_α des Hauptventiles V_1 ist nach Abb. 4.3 mit dem natürlichen Zündzeitpunkt x_0 und dem Zündwinkel α durch die folgende Beziehung verknüpft:

$$\alpha = x_\alpha - x_0 = x_\alpha + \frac{\pi}{2}, \qquad x_0 = -\frac{\pi}{2}. \tag{4.1}$$

4.2 Zeitlicher Verlauf der Ströme

Der Zündzeitpunkt x_α, in dem das Ventil V_1 die Stromführung übernimmt, liegt innerhalb der positiven Halbwelle von u_{s1}, so daß die im Anodenpotential tiefer liegenden Ventile V_n und V_1 nach Abschn. 2. gesperrt sind. Nach dem Zeitpunkt x_α gilt deshalb der Ersatzschaltplan Abb. 4.2a. Nach dem Zeitpunkt $\pi/2$ übernimmt V_n die Stromführung, denn V_2 ist in diesem Zeitpunkt noch durch die Steuerung gesperrt und das Anodenpotential von V_1 liegt unter dem Anodenpotential von V_n. Zwischen $\pi/2$ und dem Zündzeitpunkt $x_\alpha + \pi$ des Ventiles V_2 gilt deshalb der Ersatzschaltplan Abb. 4.2b; die Last ist durch das Ventil V_n kurzgeschlossen, so daß der Laststrom $i_d = i_n$, beginnend mit dem Momentanwert $i_d(\pi/2) = i_n(\pi/2)$ exponentiell abklingt (Abb. 4.3a und c).

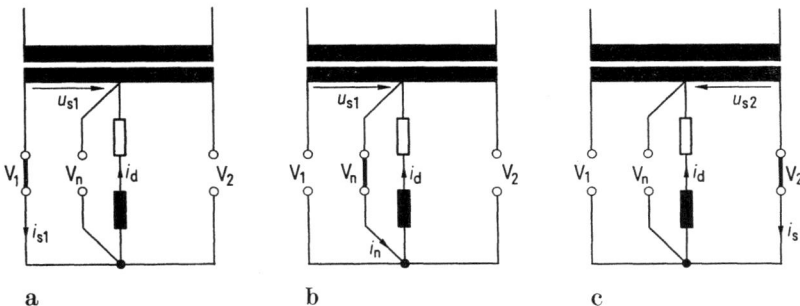

Abb. 4.2. Ersatzschaltpläne der zweipulsigen Mittelpunktschaltung Abb. 4.1.

Diese Überlegungen zeigen, daß das Freilaufventil — unabhängig vom Steuerwinkel und von der Art der Last — stets in den natürlichen Zündzeitpunkten $x_0 = -\pi/2$ und $x_0 = \pi/2$ der beiden Hauptventile V_1 und V_2 die Stromführung für die Zeitdauer $\tau_n = \alpha$ übernimmt (Abb. 4.3); dadurch wird die Durchlaßzeit der Hauptventile V_1 und V_2 auf das Intervall $\tau_F = \pi - \alpha$ beschränkt. Die Lastspannung u_d kann deshalb — im Gegensatz zur zweipulsigen Mittelpunktschaltung Abb. 3.1 — zu keinem Zeitpunkt negative Momentanwerte annehmen.

4.2 Zeitlicher Verlauf der Ströme

Während der Durchlaßzeit x_α bis $\pi/2$ des Hauptventiles V_1 gilt der Ersatzschaltplan Abb. 4.2a; daraus folgt:

$$u_{s1} = \sqrt{2}\, U_s \cos x = R i_{s1} + \omega L \frac{d i_{s1}}{d x}, \qquad x_\alpha \leqq x \leqq \frac{\pi}{2}, \qquad (4.2)$$

$$i_{s1} = i_d, \qquad i_{s2} = 0, \qquad i_n = 0, \qquad u_d = u_{s1}. \qquad (4.3)$$

Für die Durchlaßzeit $\pi/2$ bis $x_\alpha + \pi$ des Ventiles V_n gilt der Ersatzschaltplan Abb. 4.2b; daraus folgt:

$$0 = Ri_n + \omega L \frac{di_n}{dx}, \quad \frac{\pi}{2} \leq x \leq x_\alpha + \pi, \qquad (4.4)$$

$$i_n = i_d, \quad i_{s1} = 0, \quad i_{s2} = 0, \quad u_d = 0. \qquad (4.5)$$

Den Zeitverlauf der Ströme i_{s1} und i_n erhält man aus den beiden Differentialgleichungen (4.2), (4.4). Die allgemeinen Lösungen lauten

$$i_{s1} = \sqrt{2}\, I \cos(x - \varphi) + C_1 \exp(-\varrho x), \qquad (4.6)$$

$$i_n = C_n \exp(-\varrho x), \qquad (4.7)$$

$$I = \frac{U_s}{\sqrt{R^2 + \omega^2 L^2}}, \quad \varrho = \frac{R}{\omega L} = \cot \varphi. \qquad (4.8)$$

Zur Berechnung der beiden unbekannten Integrationskonstanten C_1 und C_n sind zwei Grenzbedingungen erforderlich.

Die erste Grenzbedingung erhält man aus der Forderung, daß der Laststrom i_d im Zeitpunkt $x = \pi/2$ wegen der Induktivität L im Lastkreis stetig verlaufen muß. Bei $x = \pi/2$ gibt das Ventil V_1 den Strom an das Ventil V_n ab. Die geforderte Stetigkeit von i_d ist somit sichergestellt, wenn die Grenzbedingung

$$i_{s1}\left(\frac{\pi}{2}\right) = i_n\left(\frac{\pi}{2}\right) \qquad (4.9)$$

erfüllt ist. Der Zeitverlauf des Laststromes i_d wiederholt sich nach einer Halbperiode; deshalb muß i_{s1} bei $x = x_\alpha$ denselben Momentanwert wie i_n bei $x = x_\alpha + \pi$ aufweisen (Abb. 4.3a bis c). Daraus folgt die zweite Grenzbedingung

$$i_{s1}(x_\alpha) = i_n(x_\alpha + \pi). \qquad (4.10)$$

Mit den Grenzbedingungen (4.9), (4.10) und mit (4.6), (4.7) erhält man folgende Beziehungen zur Bestimmung der unbekannten Integrationskonstanten C_1 und C_n:

$$C_n \exp\left(-\varrho\, \frac{\pi}{2}\right) = \sqrt{2}\, I \sin \varphi + C_1 \exp\left(-\varrho\, \frac{\pi}{2}\right), \qquad (4.11)$$

$$C_n \exp\left(-\varrho\, (x_\alpha + \pi)\right) = \sqrt{2}\, I \cos(x_\alpha - \varphi) + C_1 \exp(-\varrho x_\alpha). \qquad (4.12)$$

4.3 Steuerkennlinie

Daraus können die Integrationskonstanten C_1 und C_n berechnet werden. Man erhält:

$$C_1 = \sqrt{2} I \frac{\sin \varphi - \exp(\varrho \alpha) \sin(\alpha - \varphi)}{1 - \exp(-\varrho \pi)} \exp\left(-\varrho \frac{\pi}{2}\right), \quad (4.13)$$

$$C_n = \sqrt{2} I \frac{\sin \varphi - \exp(\varrho(\alpha - \pi)) \sin(\alpha - \varphi)}{1 - \exp(-\varrho \pi)} \exp\left(\varrho \frac{\pi}{2}\right). \quad (4.14)$$

Mit (4.13) und (4.14) erhält man aus (4.6), (4.7) für den Zeitverlauf der Ströme:

$$i_{s1} = \sqrt{2} I \left[\cos(x - \varphi) + \frac{\sin \varphi - \exp(\varrho \alpha) \sin(\alpha - \varphi)}{1 - \exp(-\varrho \pi)} \exp\left(-\varrho \left(x + \frac{\pi}{2}\right)\right) \right], \quad (4.15)$$

$$i_n = \sqrt{2} I \frac{\sin \varphi - \exp(\varrho(\alpha - \pi)) \sin(\alpha - \varphi)}{1 - \exp(-\varrho \pi)} \exp\left(-\varrho \left(x - \frac{\pi}{2}\right)\right). \quad (4.16)$$

Der Zeitverlauf (4.15), (4.16) der Ventilströme i_{s1} und i_n ist in Abb. 4.3b und c dargestellt; den Verlauf von i_d und i_{s2} zeigen Abb. 4.3a und d.

Während der Durchlaßzeit des Ventiles V_1 gilt $u_d = u_{s1}$ und $u_{v1} = 0$, während der Stromführung von V_2 ist $u_d = u_{s2} = -u_{s1}$ und $u_{v1} = u_{s1} - u_{s2} = 2u_{s1}$; während der Stromführungszeit des Freilaufventiles folgt $u_d = 0$ und $u_{v1} = u_{s1}$. Die Spannungen u_d und u_{v1} sind in Abb. 4.3a und f dargestellt. Die Spannung $u_L = u_d - Ri_d$ an der Induktivität L wurde aus Abb. 4.3a als Differenz von u_d und Ri_d in die Abb. 4.3e übertragen.

Im Sonderfall idealer Glättung ($L = \infty$) besitzen die Ströme i_{s1}, i_{s2} und i_n nach Abb. 4.4 rechteckförmigen Verlauf. Im Sonderfall ohmscher Last hat der Ventilstrom $i_{s1} = u_{s1}/R$ im Zündzeitpunkt $\pi/2$ des Ventiles V_n bereits wieder den Momentanwert Null erreicht, so daß V_n stromlos ist, also wirkungslos bleibt; deshalb unterscheiden sich die Verhältnisse bei ohmscher Last in keiner Weise von den entsprechenden Verhältnissen in der zweipulsigen Mittelpunktschaltung ohne Freilaufventil.

4.3 Steuerkennlinie

Der Vergleich der Abb. 4.3a mit 3.3a zeigt, daß die Lastspannung u_d der zweipulsigen Mittelpunktschaltung mit Freilaufventil (Abb. 4.1) — unabhängig von der Art der Last — stets denselben Zeitverlauf besitzt, der sich in der zweipulsigen Mittelpunktschaltung ohne Freilaufventil (Abb. 3.1) nur im Sonderfall ohmscher Last ($L = 0$) einstellt; daraus folgt, daß auch die Steuerkennlinie in beiden Fällen dieselbe ist. Für die Steuerkennlinie der zweipulsigen Mittelpunktschaltung mit Freilauf-

4 Zweipulsige Mittelpunktschaltung mit Freilaufventil

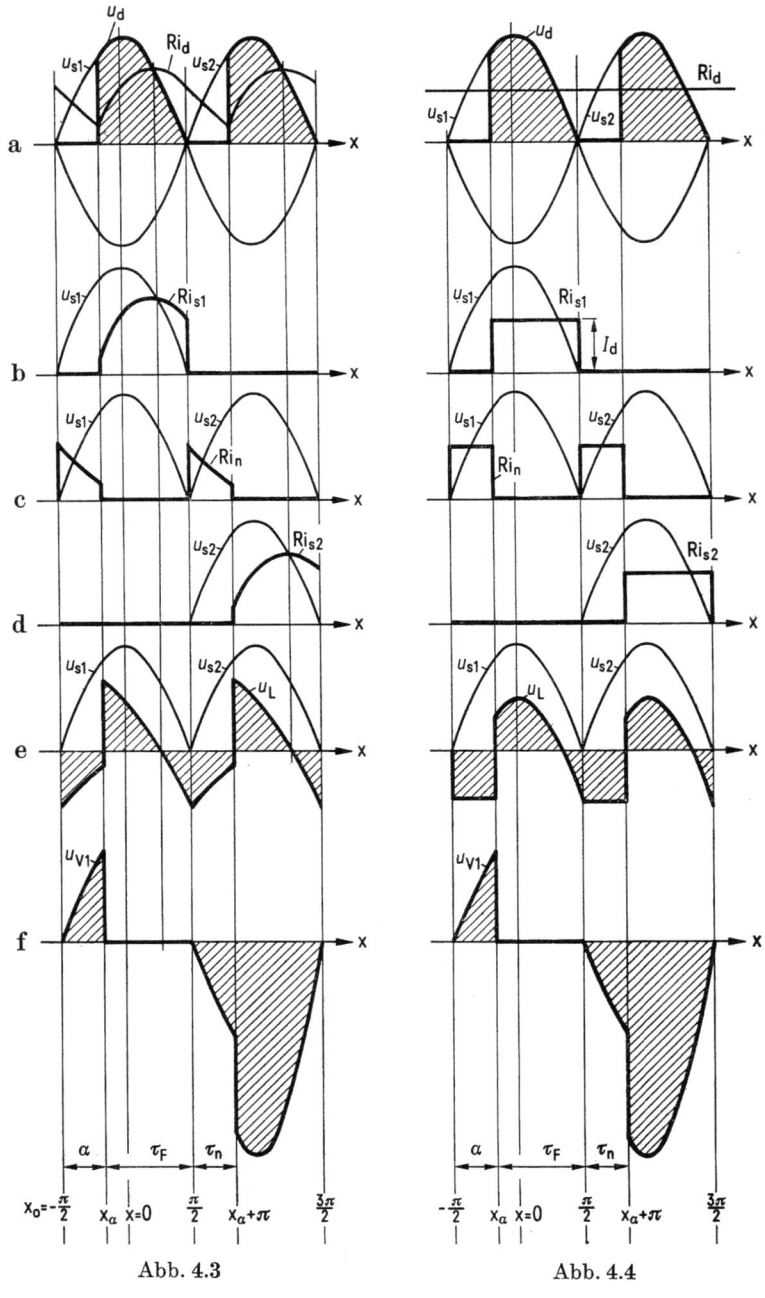

Abb. 4.3   Abb. 4.4

4.4 Strommittelwerte

ventil (Abb. 4.1) gilt daher die Beziehung (3.31)

$$\frac{U_{di\alpha}}{U_{di}} = \frac{1}{2}(1 + \cos \alpha), \qquad U_{di} = \frac{2\sqrt{2}\,U_s}{\pi}. \tag{4.17}$$

Diese Beziehung ist in Abb. 4.5 dargestellt; sie gilt für beliebige ohmsch-induktive Last.

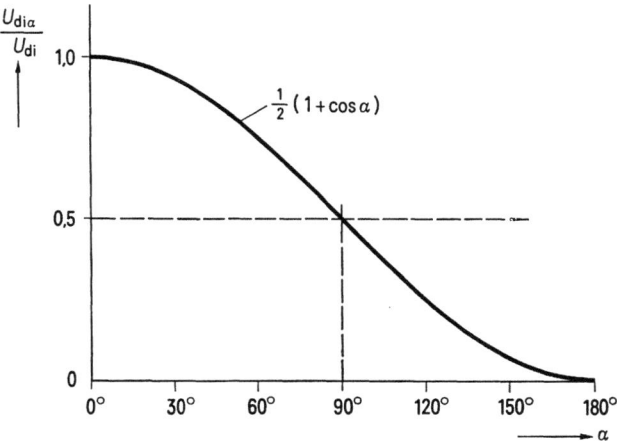

Abb. 4.5. Steuerkennlinie der zweipulsigen Mittelpunktschaltung Abb. 4.1.

4.4 Strommittelwerte

Bei der Bestimmung der Strommittelwerte geht man am besten vom Strom i_n des Freilaufventiles aus. Bei Vollaussteuerung $\alpha = 0$ ist das Ventil V_n stromlos, weil dann die Durchlaßzeit $\tau_n = \alpha$ in Abb. 4.3 auf Null zusammenschrumpft. Bei Nullaussteuerung $\alpha = \pi$ ist das Freilaufventil ebenfalls stromlos, weil das vorangehende Hauptventil keinen Strom führt. Der Mittelwert I_n des Ventilstromes i_n muß deshalb irgendwo zwischen $\alpha = 0$ und $\alpha = \pi$ einen Höchstwert aufweisen; für diesen Höchstwert muß das Freilaufventil ausgelegt werden.

Zur Bestimmung des Höchstwertes von I_n muß zunächst I_n als Funktion von α berechnet werden; man bezieht dabei I_n zweckmäßig

---

Abb. 4.3. Zeitverlauf der elektrischen Größen der zweipulsigen Mittelpunktschaltung Abb. 4.1 bei unvollkommener Glättung ($L \neq \infty$).

Abb. 4.4. Zeitverlauf der elektrischen Größen der zweipulsigen Mittelpunktschaltung Abb. 4.1 bei vollkommener Glättung ($L = \infty$).

auf den bei Vollaussteuerung auftretenden Laststrommittelwert $I_{di} = U_{di}/R$. Aus Abb. 4.3c folgt:

$$\frac{I_n}{I_{di}} = \frac{1}{\pi} \int_{\frac{\pi}{2}}^{x_\alpha + \pi} \frac{i_n}{I_{di}} \, dx, \qquad RI_{di} = U_{di}. \tag{4.18}$$

Das Integral kann mit Hilfe von (4.16) berechnet werden. Man erhält mit (4.1):

$$\frac{I_n}{I_{di}} = \frac{1}{2} \sin \varphi \, \frac{1 - e^{-\varrho \alpha}}{1 - e^{-\varrho \pi}} \left[\sin \varphi - \exp \left(\varrho(\alpha - \pi) \right) \sin (\alpha - \varphi) \right]. \tag{4.19}$$

Bei der Integration wurde die Umwandlung $2\sqrt{2}\,I/\varrho\pi = I_{di} \sin \varphi$ berücksichtigt. Die numerische Auswertung ist in Abb. 4.6a mit α als Abszisse und ϱ als Parameter dargestellt. Das Maximum von I_n wird mit zunehmendem induktiven Lastanteil, also mit abnehmendem ϱ größer und erreicht bei idealer Glättung ($L = \infty$, $\varrho = 0$) den Höchstwert. Die Berechnung des Maximums von I_n/I_{di} führt auf eine transzendente Gleichung, die auf graphischem oder numerischem Wege gelöst werden muß.

Bei der Berechnung des Mittelwertes I_v der beiden Ventilströme i_{s1} und i_{s2} beachtet man, daß nach dem Knotenpunktsatz

$$\frac{I_d}{I_{di}} = \frac{I_n}{I_{di}} + 2\frac{I_v}{I_{di}} \tag{4.20}$$

gilt. Mit $U_{di\alpha} = RI_d$ und $U_{di} = RI_{di}$ folgt aus (4.17)

$$\frac{I_d}{I_{di}} = \frac{U_{di\alpha}}{U_{di}} = \frac{1}{2}(1 + \cos \alpha). \tag{4.21}$$

Für den Mittelwert I_v/I_{di} des Ventilstromes erhält man aus (4.20) und (4.21)

$$\frac{I_v}{I_{di}} = \frac{1}{4}(1 + \cos \alpha) - \frac{1}{2}\frac{I_n}{I_{di}}. \tag{4.22}$$

I_n/I_{di} ist durch (4.19) gegeben, so daß der relative Ventilstrom I_v/I_{di} unmittelbar aus (4.22) berechnet werden kann. Das Ergebnis ist in Abb. 4.7a dargestellt.

Einfache Verhältnisse ergeben sich bei idealer Glättung. Mit $i_n = I_d$ erhält man aus (4.18) mit Hilfe von (4.21) für den Mittelwert des Freilauf-

4.4 Strommittelwerte

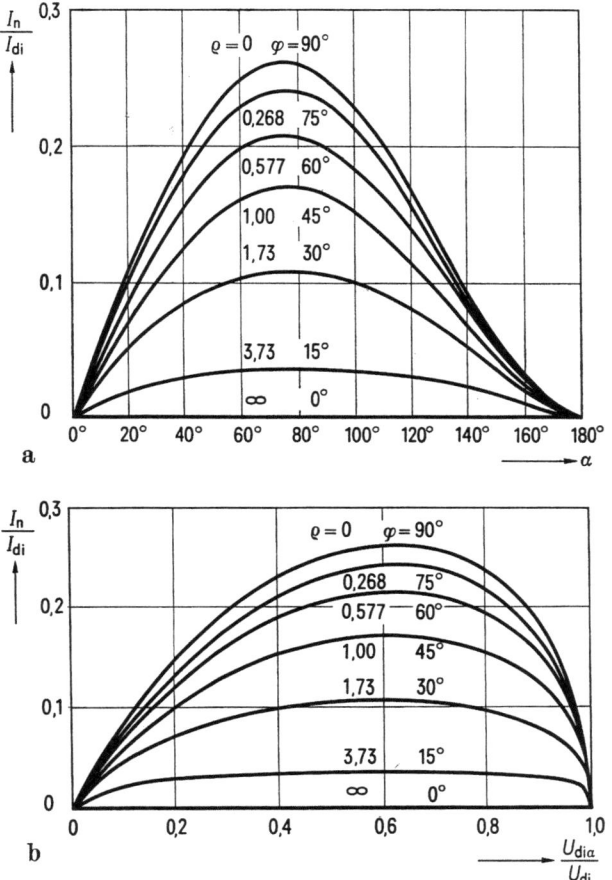

Abb. 4.6. Bezogener Mittelwert I_n/I_{di} des Freilaufventilstromes mit ϱ als Parameter. a) in Abhängigkeit vom Steuerwinkel α; b) in Abhängigkeit von dem bezogenen ideellen Gleichspannungsmittelwert $U_{di\alpha}/U_{di}$.

ventilstromes I_n

$$\frac{I_n}{I_{di}} = \frac{I_d}{I_{di}} \frac{\alpha}{\pi} = \frac{1}{2} \frac{\alpha}{\pi} (1 + \cos \alpha). \tag{4.23}$$

Für den Mittelwert des Ventilstromes I_v folgt aus (4.22)

$$\frac{I_v}{I_{di}} = \frac{1}{4} (1 + \cos \alpha) \left(1 - \frac{\alpha}{\pi}\right). \tag{4.24}$$

Die Gln. (4.23), (4.24) beschreiben die Kennlinien $\varrho = 0$ in Abb. 4.6a und 4.7a.

64   4 Zweipulsige Mittelpunktschaltung mit Freilaufventil

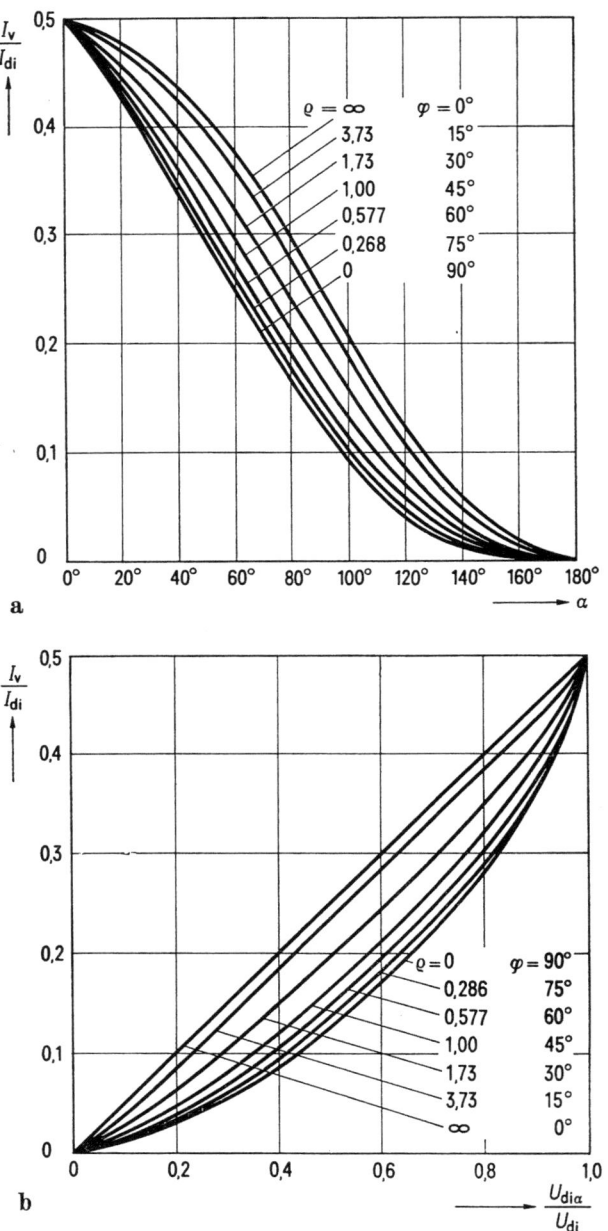

Abb. 4.7. Bezogener Mittelwert I_v/I_{di} des Stromes der gesteuerten Ventile in Abb. 4.1 mit ϱ als Parameter. a) in Abhängigkeit vom Steuerwinkel α; b) in Abhängigkeit von dem bezogenen ideellen Gleichspannungsmittelwert $U_{di\alpha}/U_{di}$.

4.5 Kommutierungsinduktivitäten bei idealer Glättung 65

Im Falle idealer Glättung kann das Maximum des Freilaufventilstromes I_n/I_{di} aus (4.23) einfach berechnet werden. Aus (4.23) erhält man durch Differenzieren nach α und Nullsetzen des Differentialquotienten

$$\alpha_m \sin \alpha_m = 1 + \cos \alpha_m. \qquad (4.25)$$

Die numerische Auswertung liefert $\alpha_m \approx 75°$. Damit folgt aus (4.23) für den Höchstwert des Freilaufventilstromes $I_{n,\max} \approx 0{,}26\, I_{di}$.

Mit Hilfe der Beziehung (4.17) kann in den Abb. 4.6a und 4.7a jedem Wert von α ein entsprechender Wert der relativen Lastspannung $U_{di\alpha}/U_{di}$ zugeordnet werden. Man kann deshalb die relativen Ströme I_n/I_{di} und I_v/I_{di} — wie in Abb. 4.6b und 4.7b dargestellt ist — auch in Abhängigkeit und $U_{di\alpha}/U_{di}$ aufzeichnen.

4.5 Einfluß der Kommutierungsinduktivitäten bei idealer Glättung

Die Ströme i_{s1}, i_{s2}, i_d in Abb. 4.8 fließen durch die Induktivitäten L_c bzw. L und können sich daher nicht sprunghaft ändern; deshalb gilt nach dem Knotenpunktsatz dasselbe für i_n. Bei der Zündung eines Ventiles muß daher der zugehörige Ventilstrom stetig, d. h. ohne Sprung einsetzen und im stromabgebenden Ventil kann der Strom ebenfalls nur stetig abnehmen (Überlappung). Wenn im Zündzeitpunkt eines Ventiles die beiden anderen Ventile Strom führen, muß aus den gleichen Gründen ein Intervall anschließen, in dem alle drei Ventile gemeinsam Strom führen. In der Schaltung Abb. 4.8 können somit Zustände auftreten, bei denen zwei oder drei Ventile gleichzeitig Strom führen. Bei der Beschreibung dieser Vorgänge wird zur Vereinfachung ideale Glättung $i_d = I_d$ angenommen.

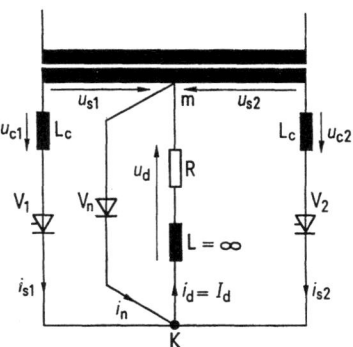

Abb. 4.8. Zweipulsige Mittelpunktschaltung mit Freilaufventil und Kommutierungsinduktivitäten L_c.

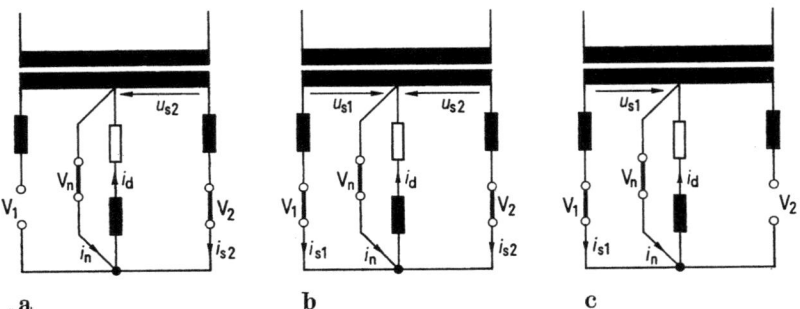

a b c

Abb. 4.9. Ersatzschaltpläne der zweipulsigen Mittelpunktschaltung Abb. 4.8.

4.51 Zwei Kommutierungsintervalle pro Halbwelle ($\alpha \geqq u_0$)

Im natürlichen Zündzeitpunkt $x_0 = -\pi/2$ kommutiert der Ventilstrom i_{s2} nach Abb. 4.10b und c vom Hauptventil V_2 auf das Freilaufventil V_n. Während der anschließenden gemeinsamen Stromführungszeit x_0 bis $x_0 + u_0$ beider Ventile gilt deshalb der Ersatzschaltplan Abb. 4.9a und damit die Differentialgleichung

$$u_{s2} = -\sqrt{2}\,U_s \cos x = \omega L_c \frac{di_{s2}}{dx}. \tag{4.26}$$

Nach Abb. 4.10b hat man diese Differentialgleichung mit der Grenzbedingung $i_{s2}(x_0) = I_d$ zu lösen. Man erhält:

$$i_{s2} = I_d - \frac{\sqrt{2}\,U_s}{\omega L_c}(1 + \sin x), \qquad x_0 \leqq x \leqq x_0 + u_0 \tag{4.27}$$

$$i_n = \frac{\sqrt{2}\,U_s}{\omega L_c}(1 + \sin x), \qquad x_0 \leqq x \leqq x_0 + u_0. \tag{4.28}$$

Die Gl. (4.28) leitet man mit Hilfe des Knotenpunktsatzes $I_d = i_{s2} + i_n$ aus (4.27) ab. Die Kommutierungszeit u_0 erhält man nach Abb. 4.10b aus der Bedingung $i_{s2}(x_0 + u_0) = 0$. Es folgt:

$$\cos u_0 = 1 - \frac{I_d}{J_{cc}}, \qquad J_{cc} = \frac{\sqrt{2}\,U_s}{\omega L_c}. \tag{4.29}$$

Nach der Beendigung der Kommutierung führt das Freilaufventil von $x_0 + u_0$ bis x_α allein Strom (Abb. 4.10c).

Im Zündzeitpunkt x_α des gesteuerten Ventiles V_1 geht der Strom vom Freilaufventil V_n auf das Ventil V_1 über (Abb. 4.10c und d). Während der anschließenden Überlappungszeit x_α bis $x_\alpha + u$ gilt der Ersatzschalt-

4.5 Kommutierungsinduktivitäten bei idealer Glättung

plan Abb. 4.9c und damit die Differentialgleichung

$$u_{s1} = \sqrt{2}\,U_s \cos x = \omega L_c \frac{di_{s1}}{dx}. \qquad (4.30)$$

Man hat (4.30) nach Abb. 4.10d mit der Grenzbedingung $i_{s1}(x_\alpha) = 0$ bzw. $i_{s1}(\alpha - \pi/2) = 0$ zu lösen und erhält für den Zeitverlauf von i_{s1}:

$$i_{s1} = \frac{\sqrt{2}\,U_s}{\omega L_c}(\sin x + \cos \alpha), \qquad x_\alpha \leq x \leq x_\alpha + u, \qquad (4.31)$$

$$i_n = I_d - \frac{\sqrt{2}\,U_s}{\omega L_c}(\sin x + \cos \alpha), \qquad x_\alpha \leq x \leq x_\alpha + u. \qquad (4.32)$$

Die Beziehung (4.32) gewinnt man mit (4.31) aus der Knotenpunktgleichung $I_d = i_{s1} + i_n$. Die Kommutierungszeit u folgt nach Abb. 4.10d aus der Forderung $i_{s1}(x_\alpha + u) = I_d$. Man erhält:

$$\cos(\alpha + u) = \cos\alpha - \frac{I_d}{J_{cc}}, \qquad J_{cc} = \frac{\sqrt{2}\,U_s}{\omega L_c}. \qquad (4.33)$$

Nach Ablauf der Kommutierung führt das Ventil V_1 vom Zeitpunkt $x_\alpha + u$ bis $x_0 + \pi$ allein Strom.

Der Zeitverlauf der Ströme, der sich aus den Beziehungen (4.27), (4.28) und (4.31), (4.32) ergibt, ist in den Abb. 4.10b bis d dargestellt.

Aus den Abb. 4.10b bis d und aus den Gln. (4.29), (4.33) geht hervor, daß der Überlappungswinkel u bei vorgegebenen Werten von L_c und I_d mit wachsendem Steuerwinkel α kleiner wird, der Überlappungswinkel u_0 dagegen konstant bleibt.

Die Spannung $u_{c1} = \omega L_c\, di_{s1}/dx$ an der Induktivität L_c des Ventiles V_1 ist — wie aus den Abb. 4.8 und 4.10 hervorgeht — in den Kommutierungsintervallen x_α bis x_u und $x_0 + \pi$ bis $x_{u0} + \pi$ durch $u_{c1} = u_{s1}$ gegeben; im übrigen Teil der Periodenlänge ist i_{s1} entweder Null oder zeitlich konstant, in beiden Fällen gilt dann $u_{c1} = 0$. In Abb. 4.10e ist der Zeitverlauf von u_{c1} dargestellt.

In Abb. 4.10e müssen die beiden Halbwellenflächen von u_{c1} einander gleich sein, da die Spannung an einer Induktivität keine Gleichkomponente enthalten kann. Daraus geht hervor, daß man bei festgehaltenem Zündzeitpunkt x_α nur eines der beiden Überlappungsintervalle frei vorgeben kann, denn das jeweils andere ist dann durch die Forderung nach Flächengleichheit der beiden Halbwellen bereits festgelegt. Die gleiche Aussage resultiert aus der Gleichung, die man erhält, wenn in (4.29), (4.33) die Größe I_d/J_{cc} eliminiert wird.

4.52 Ein Kommutierungsintervall pro Halbwelle ($\alpha \leqq u_0$)

Durch Verkleinerung des Zündwinkels α bis auf den Wert $\alpha = u_0$ entsteht aus Abb. 4.10 der Zeitverlauf nach Abb. 4.11. Das Intervall, indem V_n allein Strom führt, verschwindet und die beiden Kommutierungsintervalle u_0 und u schließen unmittelbar aneinander an.

In Abb. 4.12 sind die Verhältnisse dargestellt, die sich einstellen, wenn der Steuerwinkel α kleiner als der Überlappungswinkel u_0 wird. In diesem Betriebszustand tritt nur ein Überlappungsintervall auf, das sich von x_0 bis x_u erstreckt und aus drei aufeinanderfolgenden Teilintervallen besteht.

Im ersten Teilintervall x_0 bis x_α (Abb. 4.12) führt das stromaufnehmende Ventil V_n mit dem stromabgebenden Ventil V_2 gemeinsam Strom (Ersatzschaltplan Abb. 4.9a). Das anschließende Teilintervall erstreckt sich vom Zündzeitpunkt x_α des Ventiles V_1 bis zum Zeitpunkt x_{u0}. Im Zündzeitpunkt x_α sind die Ventile V_n und V_2 noch stromführend, so daß — da der Ventilstrom i_{s1} nicht sprunghaft einsetzen kann — alle drei Ventile anschließend an x_α gemeinsam Strom führen müssen (Ersatzschaltplan Abb. 4.9b). Das dritte Teilintervall erstreckt sich von x_{u0} bis x_u. Die Ventile V_n und V_1 führen in diesem Intervall solange Strom, bis der Ventilstrom i_n zu Null wird (Ersatzschaltplan Abb. 4.9c). Im Zeitpunkt $x_u = x_\alpha + u$ ist der Kommutierungsvorgang abgeschlossen und das Ventil V_1 führt bis $x_0 + \pi$ allein Strom. Dann wiederholen sich die Vorgänge mit vertauschten Ventilfunktionen.

Bei der Bestimmung des Zeitverlaufes der Ströme in den drei Teilbereichen des Kommutierungsintervalles in Abb. 4.12 betrachtet man zunächst den Zeitverlauf der Ströme i_{s2} und i_{s1} der gesteuerten Hauptventile.

Der Ventilstrom i_{s2} ist nach Abb. 4.8 und 4.12 im Zeitintervall x_0 bis x_{u0}, also während der beiden ersten Teilbereiche des Kommutierungsintervalles durch die Differentialgleichung (4.26) und die zugehörige Anfangsbedingung $i_{s2}(x_0) = I_d$ gegeben. Als Lösung für den Zeitverlauf von i_{s2} und von u_0 erhält man die Beziehungen (4.27) und (4.29) und daher den Zeitverlauf nach Abb. 4.12b.

Für den Ventilstrom i_{s1} gilt nach Abb. 4.8 und 4.12 im Zeitintervall x_α bis x_u, also während der beiden letzten Teilbereiche des Kommutierungsintervalles die Differentialgleichung (4.30) und die zugehörige Grenzbedingung $i_{s1}(x_\alpha) = 0$. Als Lösung für den Zeitverlauf des Ventilstromes i_{s1} und des Überlappungswinkels u erhält man deshalb die Beziehungen (4.31) und (4.33), also den Zeitverlauf nach Abb. 4.12d.

Aus dem Zeitverlauf der Ventilströme i_{s1} und i_{s2} berechnet man mit Hilfe des Knotenpunktsatzes den Ventilstrom i_n. Im ersten Teilintervall x_0 bis x_α erhält man mit (4.27) aus $I_d = i_{s2} + i_n$ für i_n den Zeitverlauf

4.5 Kommutierungsinduktivitäten bei idealer Glättung

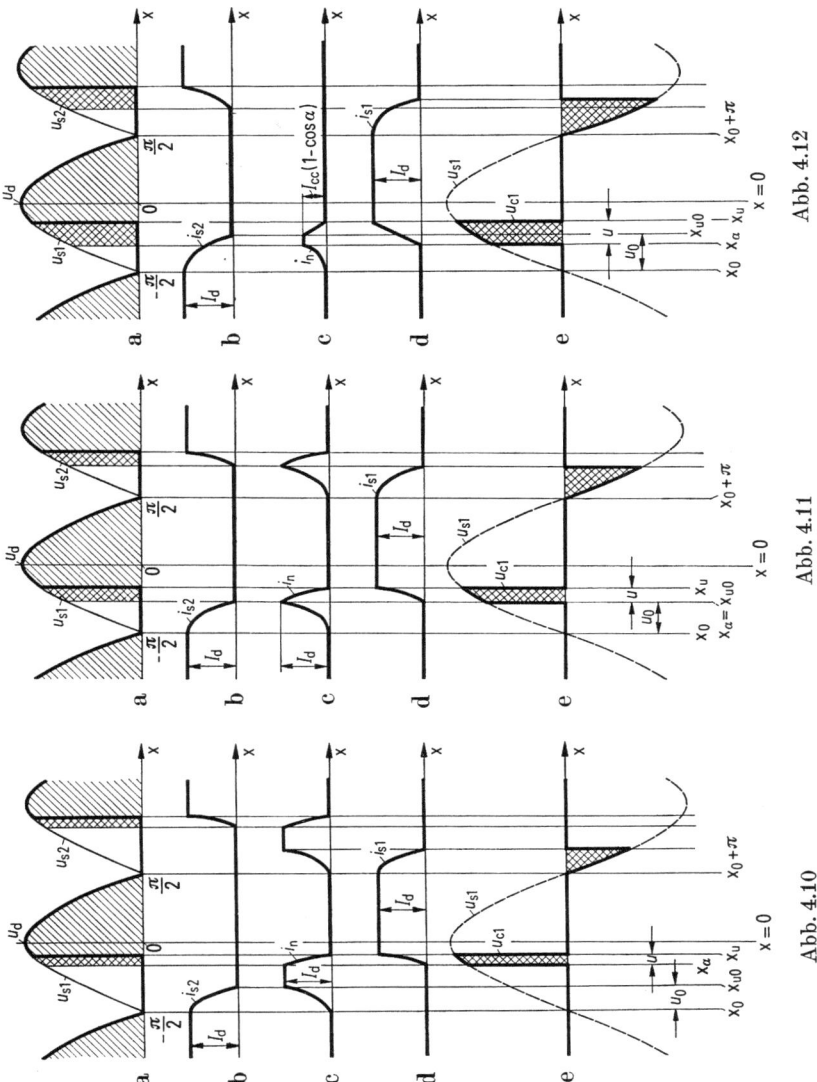

Abb. 4.10. Zeitverlauf der elektrischen Größen der zweipulsigen Mittelpunktschaltung Abb. 4.8 im Falle $\alpha \geqq u_0$: Zwei Kommutierungsintervalle in einer Halbperiode.

Abb. 4.11. Zeitverlauf der elektrischen Größen der zweipulsigen Mittelpunktschaltung Abb. 4.8 im Falle $\alpha = u_0$: Grenzfall.

Abb. 4.12. Zeitverlauf der elektrischen Größen der zweipulsigen Mittelpunktschaltung Abb. 4.8 im Falle $\alpha \leqq u_0$: Ein Kommutierungsintervall in einer Halbwelle.

nach (4.28). Entsprechend folgt für das dritte Teilintervall x_{u0} bis x_u aus $I_d = i_{s1} + i_n$ der Zeitverlauf (4.32) für i_n. Im mittleren Teilintervall x_α bis x_{u0} bestimmt man i_n aus der Beziehung $I_d = i_{s1} + i_{s2} + i_n$; man erhält mit (4.27), 4.31)

$$i_n = \frac{\sqrt{2}\, U_s}{\omega L_c}(1 - \cos\alpha), \qquad x_\alpha \leqq x \leqq x_{u0}. \tag{4.34}$$

Im mittleren Teilbereich des Kommutierungsintervalles verläuft i_n nach (4.34) zeitlich konstant. Daraus folgt der Zeitverlauf von i_n nach Abb. 4.12c.

Man erkennt aus Abb. 4.10 und 4.12, daß die Ströme i_{s1} und i_{s2} der beiden Hauptventile durch die gleiche zeitliche Gesetzmäßigkeit bestimmt sind mit dem Unterschied, daß x_α im ersten Falle außerhalb, im zweiten Falle innerhalb des Überlappungsintervalles u_0 liegt. Daraus erhält man in beiden Fällen den Ventilstrom i_n durch Anwendung des Knotenpunktsatzes.

Für die Spannung u_{c1} an der Kommutierungsinduktivität L_c des Ventiles V_1 gelten die Überlegungen des Abschn. 4.51 sinngemäß, so daß man den Zeitverlauf nach Abb. 4.12e erhält.

4.53 Belastungskennlinien

Aus den Abb. 4.10 bis 4.12 entnimmt man, daß das Freilaufventil V_n in beiden Fällen zwischen den Zeitpunkten x_0 und $x_u = x_\alpha + u$ Strom führt; in diesem Zeitintervall wird die Last durch V_n kurzgeschlossen, so daß die Gleichspannung nach Abb. 4.8 durch $u_d = 0$ gegeben ist. Im anschließenden Zeitintervall x_u bis $x_0 + \pi$ führt das Ventil V_1 allein Strom; dann gilt $u_d = u_{s1}$. In den Abb. 4.10a bis 4.12a ist der Zeitverlauf von u_d, der sich aus diesen Überlegungen ergibt, dargestellt.

In den Abb. 4.10a bis 4.12a beschreibt die Summe der beiden schraffierten Spannungsflächen den Lastspannungsmittelwert $U_{d1\alpha}$, der ohne Kommutierungsinduktivitäten beim Steuerwinkel α auftreten würde; $U_{d1\alpha}$ ist durch (4.17) gegeben. Durch Einwirkung der Kommutierungsinduktivitäten wird $U_{d1\alpha}$ um die doppelt schraffierte Teilfläche zwischen x_α und x_u, also um den Gleichspannungsverlust D_∞ verringert. Diese Spannungsfläche ist — wie aus den Abb. 4.10e bis 4.12e hervorgeht — nach Form und Größe dem positiven Anteil von u_{c1} gleich. Deshalb erhält man mit $u_{c1} = \omega L_c d i_{s1}/dx$

$$D_\infty = \frac{1}{\pi}\int_{x_\alpha}^{x_u} \omega L_c \frac{di_{s1}}{dx}\,dx = \frac{\omega L_c}{\pi}\int_{x_\alpha}^{x_u} di_{s1} = \frac{\omega L_c}{\pi} I_d. \tag{4.35}$$

4.5 Kommutierungsinduktivitäten bei idealer Glättung

Bei der Durchführung der Integration wurde beachtet, daß an den Integrationsgrenzen $i_{s1}(x_\alpha) = 0$ und $i_{s1}(x_u) = I_d$ gilt.

Die schraffierte Spannungszeitfläche zwischen x_u und $x_0 + \pi$ (Abb. 4.10a bis 4.12a) beschreibt den Gleichspannungsmittelwert $U_{d\alpha}$, der in Abb. 4.8 an der Last auftritt. Man erhält deshalb $U_{d\alpha} = U_{di\alpha} - D_\infty$ und daraus weiter mit (4.17), (4.35)

$$U_{d\alpha} = U_{di\alpha} - \frac{1}{\pi} \omega L_c I_d, \qquad D_\infty = \frac{1}{\pi} \omega L_c I_d, \qquad (4.36)$$

$$U_{di\alpha} = U_{di} \frac{1}{2}(1 + \cos\alpha), \qquad U_{di} = \frac{2\sqrt{2}}{\pi} U_s. \qquad (4.37)$$

(4.36) ist die Gleichung der Belastungskennlinien der zweipulsigen Mittelpunktschaltung mit Freilaufventil; sie liefert die parallele Geradenschar in Abb. 4.13.

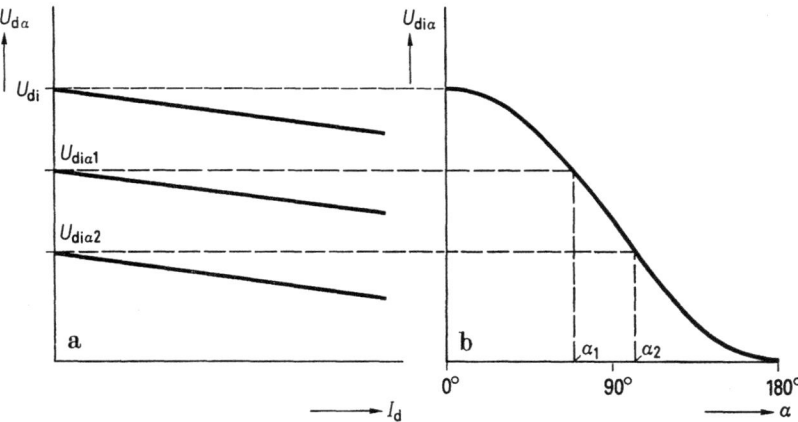

Abb. 4.13. Belastungskennlinien a) und Steuerkennlinie b) der zweipulsigen Mittelpunktschaltung Abb. 4.8.

5 Einphasiger Wechselstromsteller

Der einphasige Wechselstromsteller ist im Gegensatz zu den zweipulsigen Mittelpunktschaltungen eine Stromrichterschaltung mit Wechselstromausgang (Abb. 5.1). Durch die Steuerung kann der Halbwellenmittelwert und damit auch der Effektivwert der Ausgangsspannung verändert werden; mit dieser Änderung ist allerdings eine mehr oder weniger starke Abweichung des Laststromes und der Lastspannung von der Sinusform verbunden.

Es ist sinnvoll, die Wirkungsweise des einphasigen Wechselstromstellers im Anschluß an die Beschreibung der zweipulsigen Mittelpunktschaltungen vorzunehmen, weil weitgehende Analogien zur Mittelpunktschaltung nach Abb. 3.1 bestehen.

5.1 Wirkungsweise des einphasigen Wechselstromstellers

Bei dem Wechselstromsteller in Abb. 5.1 sind die beiden Ventile mit entgegengesetzter Durchlaßrichtung parallel geschaltet. Zum Verständnis der Wirkungsweise ist es nützlich, die beiden Ventile V_1 und V_2 als reale Ventile zu betrachten, deren Durchlaßwiderstand R_F gegen Null konvergiert. Daraus erkennt man, daß eine gleichzeitige Stromführung beider Ventile unmöglich ist, denn der Spannungsverlust $R_F i_{s1}$ des stromführenden Ventiles V_1 (Abb. 5.2a) wirkt am Ventil V_2 in der Sperrichtung und verhindert dessen Stromführung während der Durchlaßzeit von V_1; umgekehrt sperrt V_1, wenn V_2 Strom führt.

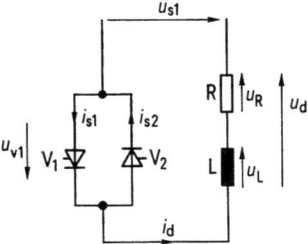

Abb. 5.1. Einphasiger Wechselstromsteller.

5.1 Wirkungsweise

Im Zündzeitpunkt x_α (Abb. 5.3b) beginnt das Ventil V_1 mit der Stromführung; dann gilt der Ersatzschaltplan Abb. 5.2b und daher die Differentialgleichung

$$u_{s1} = \sqrt{2}\, U_s \cos x = R i_{s1} + \omega L \frac{d i_{s1}}{dx}. \tag{5.1}$$

Im Zeitpunkt x_α muß der Ventilstrom i_{s1} den Wert Null besitzen. Anderenfalls müßte nämlich der Laststrom bei x_α mit Vorzeichenwechsel

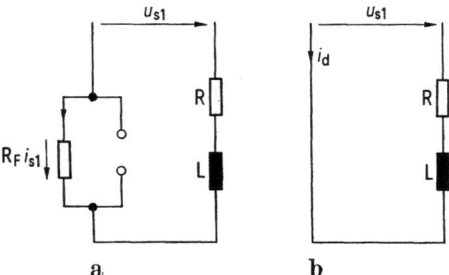

Abb. 5.2. Ersatzschaltpläne des einphasigen Wechselstromstellers.

sprunghaft von V_2 auf V_1 kommutieren; diese Möglichkeit wird aber durch die Lastinduktivität L ausgeschlossen.

Die Differentialgleichung (5.1) ist daher mit der Grenzbedingung

$$i_{s1}(x_\alpha) = 0 \tag{5.2}$$

zu lösen. Man erhält:

$$i_{s1} = \sqrt{2}\, I \left[\cos(x-\varphi) - \cos(x_\alpha - \varphi) \exp\left(-\varrho(x-x_\alpha)\right)\right], \tag{5.3}$$

$$i_d = i_{s1}, \qquad i_{s2} = 0, \tag{5.4}$$

$$I = \frac{U_s}{\sqrt{R^2 + \omega^2 L^2}}, \qquad \varrho = \frac{R}{\omega L} = \cot \varphi. \tag{5.5}$$

In Abb. 5.3b ist der Verlauf des Ventilstromes i_{s1} dargestellt.

Die Sperrwirkung des Ventiles V_1 verhindert die Stromumkehr des Ventilstromes i_{s1} im Zeitpunkt $x_\alpha + \tau_F$. Vom Zeitpunkt $x_\alpha + \tau_F$ an bis zur Zündung des Ventiles V_2 im Zeitpunkt $x_\alpha + \pi$ bleibt das Ventil V_1 durch die negativen Momentanwerte der Spannung u_{s1} (Abb. 5.3e) gesperrt.

Im Zeitpunkt $x_\alpha + \pi$ setzt die Stromführung des Ventiles V_2 ein und die Vorgänge wiederholen sich in entsprechender Weise während der negativen Halbwelle von u_{s1}. Daraus geht hervor, daß i_{s1} und i_{s2} die Last in entgegengesetzter Richtung durchfließen, so daß die Summe $i_d = i_{s1} - i_{s2}$, also der Laststrom, ein Wechselstrom ist.

In der Abb. 5.3a bis c sind die Ventilströme i_{s1}, i_{s2} und der Laststrom i_d dargestellt. Da während der Stromlücke $u_d = 0$ gilt, folgt für u_d der Zeitverlauf nach Abb. 5.3a. Den Zeitverlauf der Ventilspannung u_{v1}

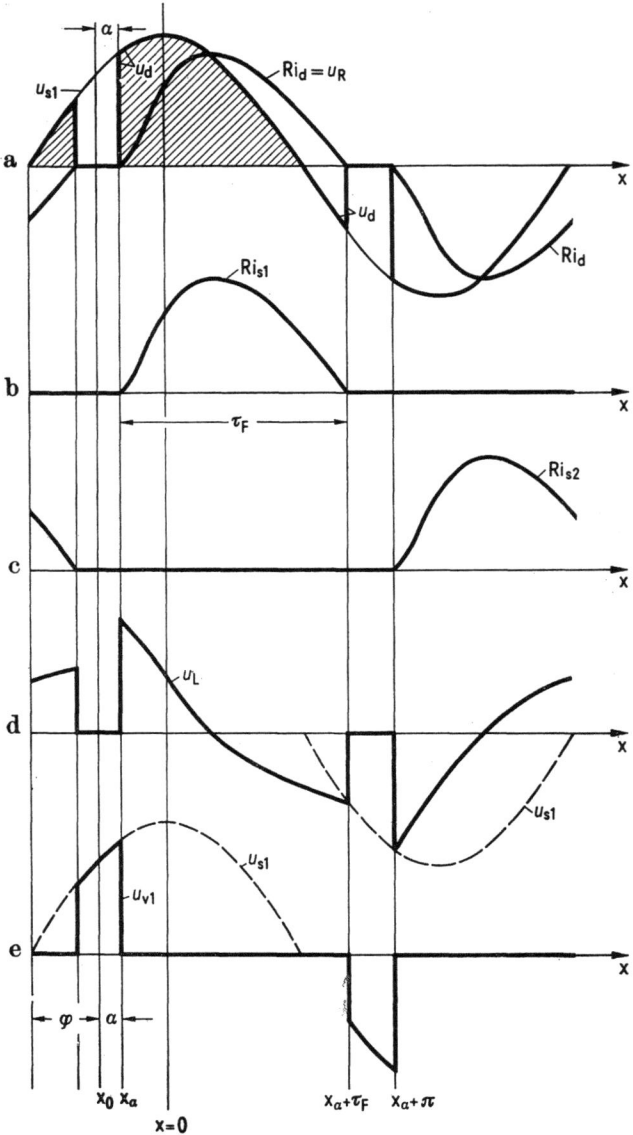

Abb. 5.3. Zeitverlauf der elektrischen Größen des einphasigen Wechselstromstellers Abb. 5.1.

5.1 Wirkungsweise

in Abb. 5.3e berechnet man nach Abb. 5.1 aus der Beziehung $u_{v1} = u_{s1} - u_d$. Die Spannung u_L an der Lastinduktivität (Abb. 5.3d) folgt aus dem Differentialquotienten des Laststromes i_d, oder aus $u_L = u_d - Ri_d$.

Die Durchlaßzeit τ_F erhält man aus der Beziehung $i_{s1}(x_\alpha + \tau_F) = 0$; mit (5.3) folgt daraus die Bestimmungsgleichung

$$\cos(x_\alpha + \tau_F - \varphi) = \cos(x_\alpha + \varphi) \exp(-\varrho\tau_F). \quad (5.6)$$

Aus (5.6) und Abb. 5.3 erkennt man, daß die Linksverschiebung des Zündzeitpunktes x_α zu einer Verkürzung der Stromlücke und einer Verlängerung der Durchlaßzeit τ_F führt, bis die Stromlücke schließlich bei einer bestimmten Grenzlage x_0 des Zündzeitpunktes verschwindet (Abb. 5.4) und die Durchlaßzeit τ_F die gesamte Halbwellenlänge π umfaßt. In diesem Zustand erreicht der Halbwellenmittelwert der Lastspannung u_d nach Abb. 5.4 den größtmöglichen Wert, so daß Vollaussteuerung vorliegt. Außerdem erkennt man, daß x_0 jener Zeitpunkt ist, bei dem ungesteuerte Ventile die Stromführung übernehmen würden; x_0 ist daher der natürliche Zündzeitpunkt der Schaltung Abb. 5.1.

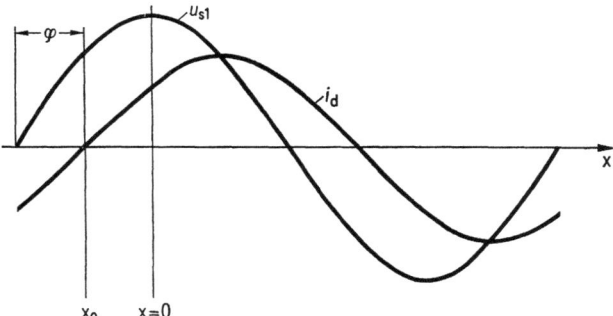

Abb. 5.4. Zeitverlauf der elektrischen Größen bei Vollaussteuerung des einphasigen Wechselstromstellers Abb. 5.1.

Bei Vollaussteuerung $\tau_F = \pi$ ist das Ventil V_1 während der vollen positiven, das Ventil V_2 während der vollen negativen Halbwelle stromführend, so daß der Ersatzschaltplan Abb. 5.2b während der vollen Periodenlänge 2π gilt. Der Laststrom i_d verläuft deshalb bei Vollaussteuerung sinusförmig und eilt der Spannung u_{s1} um den Phasenwinkel φ nach (Abb. 5.4). Man entnimmt daher aus Abb. 5.4 für x_0 die Beziehung

$$x_0 = -\frac{\pi}{2} + \varphi. \quad (5.7)$$

Dasselbe Ergebnis (5.7) kann mit $\tau_F = \pi$ direkt aus der Gl. (5.6) abgeleitet werden.

Der Zeitabstand zwischen dem natürlichen Zündzeitpunkt x_0 und dem Zündzeitpunkt x_α wird — wie bei der Mittelpunktschaltung Abb. 3.1 — als Steuerwinkel α bezeichnet. Mit (5.7) folgt:

$$\alpha = x_\alpha - x_0 = x_\alpha - \varphi + \frac{\pi}{2} \qquad (5.8)$$

Der Vollaussteuerung $x_\alpha = x_0$ ist demnach der Steuerwinkel $\alpha = 0$ zugeordnet.

Eine Rechtsverschiebung des Zündzeitpunktes x_α (Abb. 5.3) führt zu einer Verkleinerung der Durchlaßzeit τ_F und einer Vergrößerung der Stromlücke. Sobald der Zündzeitpunkt die Lage $x_\alpha = \pi/2$ erreicht hat, wird die Durchlaßzeit τ_F und damit der Halbwellenmittelwert der Lastspannung u_d zu Null. Bei $x_\alpha = \pi/2$ wird deshalb die Nullaussteuerung erreicht; nach (5.8) gehört dazu der Steuerwinkel $\alpha = \pi - \varphi$.

Die vorangehenden Überlegungen zeigen, daß beim einphasigen Wechselstromsteller Abb. 5.1 zwischen Vollaussteuerung und Nullaussteuerung der Steuerwinkelbereich

$$0 \leq \alpha \leq \pi - \varphi \qquad (5.9)$$

durchlaufen werden muß.

Die Aussteuerungsverhältnisse beim einphasigen Wechselstromsteller Abb. 5.1 unterscheiden sich in einem wesentlichen Punkt von den Verhältnissen beim Lückbetrieb der zweipulsigen Mittelpunktschaltung Abb. 3.1. Im ersteren Fall hängt die Lage des natürlichen Zündzeitpunktes $x_0 = -\pi/2 + \varphi$ von der Art der Last ab, im zweiten Fall ist die Lage $x_0 = -\pi/2$ lastunabhängig; in beiden Fällen tritt die Nullaussteuerung bei derselben Lage $x_\alpha = \pi/2$ des Zündzeitpunktes ein.

5.2 Steuerkennlinien

Je nach der Verwendung des Wechselstromstellers versteht man unter der Steuerkennlinie die Abhängigkeit des Halbwellenmittelwertes oder des Effektivwertes der Lastspannung u_d vom Steuerwinkel α und vom Lastparameter $\varrho = R/\omega L$.

Für den Halbwellenmittelwert $U_{m\alpha}$ — das ist der Mittelwert der schraffierten Fläche in Abb. 5.3a — erhält man mit (5.6)

$$\frac{U_{m\alpha}}{U_{di}} = \frac{\sqrt{2}\, U_s}{\pi U_{di}} \left(\int_{-\frac{\pi}{2}}^{x_\alpha + \tau_F - \pi} \cos x\, dx + \int_{x_\alpha}^{\frac{\pi}{2}} \cos x\, dx \right). \qquad (5.10)$$

Die Auswertung liefert:

$$\frac{U_{m\alpha}}{U_{di}} = 1 + \frac{1}{2}\left(\cos(\alpha + \varphi + \tau_F) + \cos(\alpha + \varphi) \right). \qquad (5.11)$$

5.2 Steuerkennlinien

Darin ist die Durchlaßzeit τ_F nach (5.6) und (5.8) durch

$$\sin(\alpha + \tau_F) = \exp(-\varrho \tau_F) \sin \alpha, \quad U_{di} = \frac{2\sqrt{2}\,U_s}{\pi} \quad (5.12)$$

gegeben. Die Steuerkennlinie der Halbwellenmittelwerte folgt aus (5.11), indem man darin τ_F mit Hilfe von (5.12) auf graphischem oder numerischem Wege eliminiert. Man erhält für die Steuerkennlinien die Kurvenschar in Abb. 5.5.

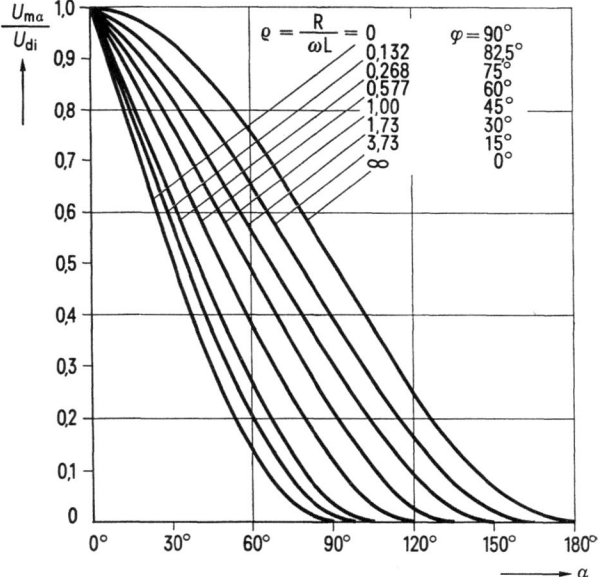

Abb. 5.5. Steuerkennlinien des relativen Halbwellenmittelwertes $U_{m\alpha}/U_{di}$ der Lastspannung des einphasigen Wechselstromstellers Abb. 5.1.

Bei vielen Anwendungen ist jedoch nicht die Abhängigkeit des Halbwellenmittelwertes $U_{m\alpha}$, sondern des Effektivwertes $U_{e\alpha}$ der Lastspannung u_d vom Steuerwinkel α von Interesse. Man bezieht dann $U_{e\alpha}$ zweckmäßig auf den Effektivwert U_s der Speisespannung. Nach Abb. 5.3a erhält man

$$\left(\frac{U_{e\alpha}}{U_s}\right)^2 = \frac{2}{\pi}\left(\int_{-\frac{\pi}{2}}^{x_\alpha + \tau_F - \pi} \cos^2 x \, dx + \int_{x_\alpha}^{\frac{\pi}{2}} \cos^2 x \, dx\right). \quad (5.13)$$

Die Auswertung der Beziehung (5.13) liefert:

$$\left(\frac{U_{e\alpha}}{U_s}\right)^2 = \frac{\tau_F}{\pi} + \frac{1}{2\pi}\left(\sin 2(\alpha+\varphi) - \sin 2(\alpha+\varphi+\tau_F)\right). \quad (5.14)$$

In (5.14) hat man die Durchlaßzeit τ_F mit Hilfe von (5.12) zu eliminieren. Als Ergebnis erhält man für den Effektivwert $U_{e\alpha}$ der Lastspannung für die Kennlinien in Abb. 5.6. Im Grenzfall $\varrho \to 0$ gilt

$$\varrho \to 0, \qquad \varphi \to \frac{\pi}{2}, \qquad \tau_F \to \pi - 2\alpha. \quad (5.15)$$

Damit resultiert aus (5.14) die Gleichung

$$\left(\frac{U_{e\alpha}}{U_s}\right)^2 = \frac{\pi - 2\alpha}{\pi} - \frac{1}{\pi}\sin 2\alpha \quad (5.16)$$

für die Grenzkennlinie $\varrho = 0$ in Abb. 5.6.

Die Lastspannung u_d hat einen von der Sinusform abweichenden Laststrom i_d zur Folge (Abb. 5.3a), dessen Effektivwert mit $I_{e\alpha}$ bezeichnet wird. Man bezieht $I_{e\alpha}$ zweckmäßig auf den Effektivwert I des sinusförmigen Stromes Abb. 5.4, der sich bei Vollaussteuerung $\alpha = 0$ ein-

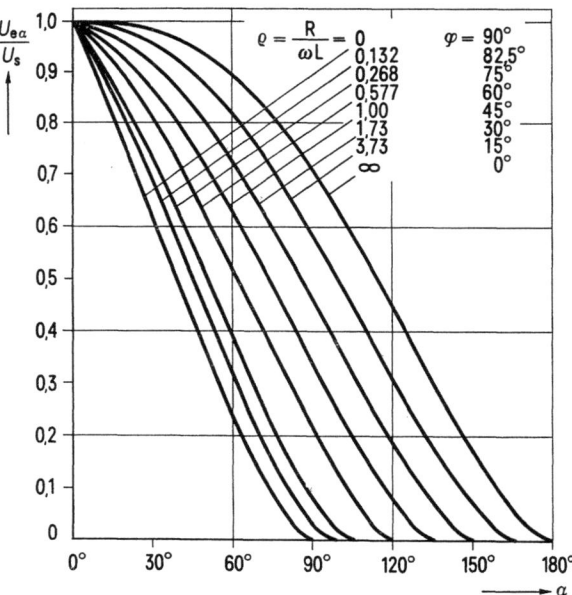

Abb. 5.6. Steuerkennlinie des relativen Effektivwertes $U_{e\alpha}/U_s$ der Lastspannung des einphasigen Wechselstromstellers Abb. 5.1.

5.2 Steuerkennlinien

stellt. Man erhält nach Abb. 5.3a die Beziehung

$$\left(\frac{I_{e\alpha}}{I}\right)^2 = \frac{1}{\pi} \int_{x_\alpha}^{x_\alpha + \tau_F} \left(\frac{i_{s1}}{I}\right)^2 dx. \qquad (5.17)$$

Mit Hilfe von (5.3) führt man die Integration aus und erhält

$$\left(\frac{I_{e\alpha}}{I}\right)^2 = \frac{\tau_F}{\pi} - \frac{1}{\pi} \sin \tau_F \cos(2\alpha + \tau_F) -$$

$$- \frac{4}{\pi} \frac{\sin \alpha}{\sqrt{1 + \varrho^2}} \left(\sin(\alpha + \varphi) - \sin(\alpha + \varphi + \tau_F) \exp(-\varrho \tau_F)\right) +$$

$$+ \frac{1}{\varrho \pi} \left(1 - \exp(-2\varrho \tau_F)\right) \sin^2 \alpha. \qquad (5.18)$$

In der Gl. (5.18) kann die Exponentialfunktion mit Hilfe von (5.6) und (5.8) eliminiert werden; nach einer anschließenden längeren Umstellung kann man den Ausdruck (5.18) auf die folgende kürzere Form bringen:

$$\left(\frac{I_{e\alpha}}{I}\right)^2 = \frac{\tau_F}{\pi} - \frac{1}{\pi} \frac{\sin \tau_F \cos(2\alpha + \tau_F + 3\varphi)}{\cos \varphi}. \qquad (5.19)$$

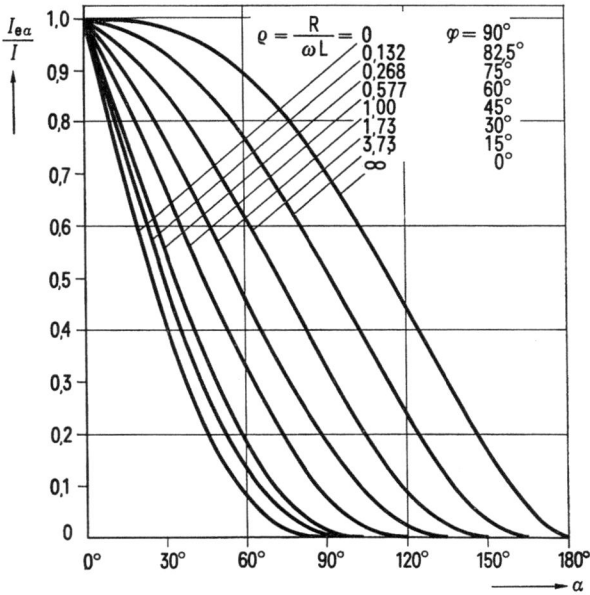

Abb. 5.7. Steuerkennlinien des relativen Effektivwertes $I_{e\alpha}/I$ des Laststromes des einphasigen Wechselstromstellers Abb. 5.1.

Mit Hilfe der Beziehung (5.12) eliminiert man in (5.18) oder (5.19) die Durchlaßzeit τ_F und erhält damit für den Zusammenhang zwischen dem relativen Effektivwert $I_{e\alpha}$ des Laststromes und dem Steuerwinkel α die Kennlinienschar Abb. 5.7.

Bei der Berechnung der Grenzkurve $\varrho = 0$ in Abb. 5.7 muß in der Beziehung (5.18) oder (5.19) der Grenzübergang (5.15) durchgeführt werden. Am einfachsten berechnet man diesen Grenzübergang aus (5.18) und findet

$$\left(\frac{I_{e\alpha}}{I}\right)^2_{\varrho \to 0} = \frac{\pi - 2\alpha}{\pi}(1 + 2\sin^2\alpha) - \frac{3}{\pi}\sin 2\alpha. \qquad (5.20)$$

Der Übergang $\varrho \to 0$ kann nach (5.5) entweder mit $R \to 0$ oder mit $\omega L \to \infty$ durchgeführt werden. Da es sich um eine Wechselstromschaltung handelt, würde der Fall $\omega L \to \infty$ zur Lösung $i_d = 0$ und damit $I_{e\alpha} = 0$ führen, so daß man den Grenzübergang mit $R \to 0$ bei endlichen Werten von ωL zu wählen hat.

6 Mittelpunktschaltungen mit der Pulszahl p

Eine Mittelpunktschaltung mit der Pulszahl p — kürzer p-pulsige Mittelpunktschaltung genannt — besteht nach Abb. 6.1 aus einem Ventilstern mit p Ventilen, der von einem p-phasigen Spannungsstern gespeist wird. Die Gleichspannung u_d entsteht durch Aneinanderreihen von p Spannungskuppen auf einer Periodenlänge 2π (Abb. 6.4); die Pulszahl p ist deshalb bei der p-pulsigen Mittelpunktschaltung gleich der Anzahl der ventilseitigen Phasenspannungen.

Die Vorteile höherer Pulszahlen liegen — wie aus Abb. 6.4 hervorgeht — in einer besseren Annäherung des Zeitverlaufes der Gleichspannung u_d an den idealen Fall zeitlich konstanten Verlaufes. Außerdem wird

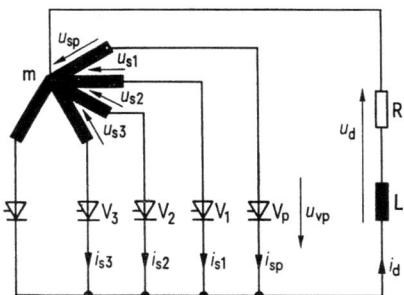

Abb. 6.1. p-pulsige Mittelpunktschaltung.

der Oberwellengehalt der Wechselströme, die dem Netz beim Stromrichterbetrieb entnommen werden, mit wachsender Pulszahl p geringer.

Bei der Anwendung der Mittelpunktschaltungen beschränkt man sich meistens auf die Phasenzahlen 2, 3 und 6, weil Transformatoren mit Phasenzahlen über sechs schwierig herzustellen sind. Gleichspannungen mit höherer Pulszahl als sechs verwirklicht man deshalb auf anderem Wege; vgl. dazu die Abschn. 7.4 und 8.8.

Bei der p-pulsigen Mittelpunktschaltung kann ebenso wie bei der zweipulsigen Mittelpunktschaltung (Abschn. 4) ein Freilaufventil parallel zur Last angeordnet werden. Außerdem können in Analogie zu Abschn. 5 mehrphasige Wechselstromsteller angegeben werden. Auf die Beschreibung dieser Schaltungen wird jedoch nicht eingegangen.

6.1 Wirkungsweise der Mittelpunktschaltungen mit der Pulszahl p

Die Wirkungsweise der p-pulsigen Mittelpunktschaltung Abb. 6.1 wird zunächst für die beiden Grenzfälle $L = 0$ und $L = \infty$ abgeleitet und anschließend für beliebige Werte von R und L (ohmsch-induktive Last) beschrieben.

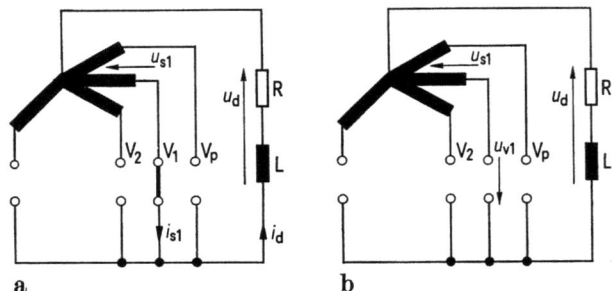

Abb. 6.2. Ersatzschaltpläne der p-pulsigen Mittelpunktschaltung.

6.11 Zündzeitpunkt und Schaltungswinkel

In der Abb. 6.3 sind die Spannungen $u_{s1}, u_{s2} \ldots u_{sp}$ des Schaltplanes Abb. 6.1 dargestellt; ihr zeitlicher Verlauf liefert zugleich den Verlauf des Potentiales der Ventilanoden gegeneinander und gegenüber dem Sternpunkt m, dessen Potential in Abb. 6.3 durch die Zeitachse beschrieben wird. Man entnimmt daraus, daß die Anodenpotentiale der Ventile — abgesehen von den Spannungsschnittpunkten — stets voneinander verschieden sind. Daraus folgert man weiter — bezugnehmend

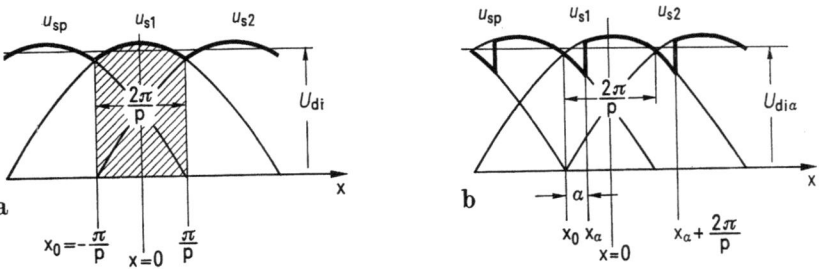

Abb. 6.3. Zur Definition des Zündzeitpunktes.
a) natürlicher Zündzeitpunkt x_0; b) Zündzeitpunkt x_α.

6.1 Wirkungsweise

auf die Eigenschaften der Ventilsterne (Abschn. 2) —, daß jeweils nur ein Ventil in Abb. 6.1 Strom führen kann.

Bei ungesteuerten Ventilen geht die Stromführung nach Abb. 6.3a im Zeitpunkt $x_0 = -\pi/p$ (natürlicher Zündzeitpunkt) vom Ventil V_p auf das Ventil V_1 über, weil das Anodenpotential des Ventiles V_1 von x_0 an über den Anodenpotentialen der übrigen Ventile liegt. Die Stromführung von V_1 erstreckt sich von $x_0 = -\pi/p$ über ein volles Periodizitätsintervall bis zum Zeitpunkt $x = \pi/p$; bei $x = \pi/p$ geht die Stromführung von V_1 auf V_2 über, usw. Daraus entsteht eine Gleichspannung

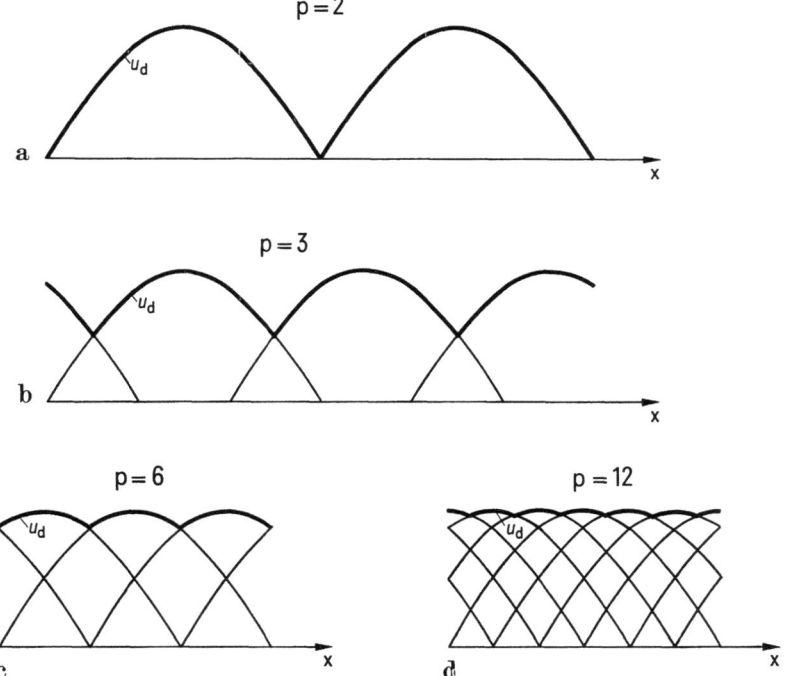

Abb. 6.4. Zeitverlauf der Gleichspannung bei Vollaussteuerung und verschiedener Pulszahl p.

u_d, die nach Abb. 6.3a aus aneinandergereihten Sinuskuppen besteht. In Abb. 6.4 sind diese Verhältnisse für einige Werte der Pulszahl p dargestellt.

Durch die Steuerung kann die Stromübernahme des Ventiles V_1 vom natürlichen Zündzeitpunkt x_0 auf den Zündzeitpunkt x_α, also um den Steuerwinkel

$$\alpha = x_\alpha - x_0 = x_\alpha + \frac{\pi}{p}, \qquad x_0 = -\frac{\pi}{p} \tag{6.1}$$

6 Mittelpunktschaltungen mit der Pulszahl p

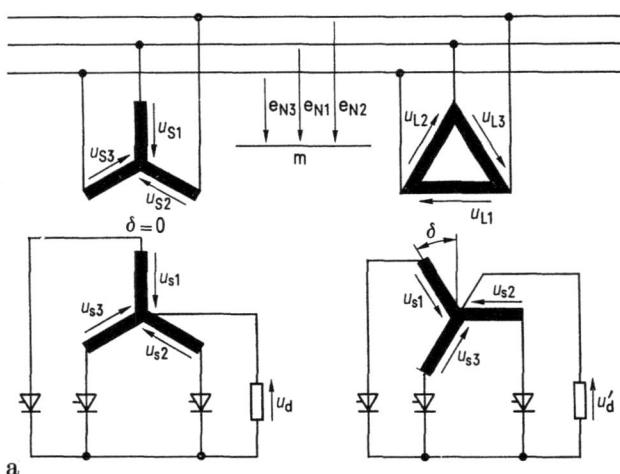

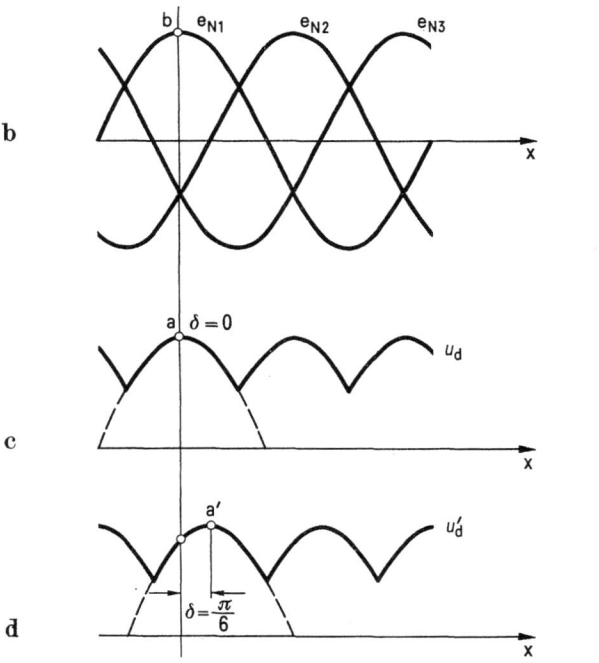

Abb. 6.5. Beispiel zur Definition des Schaltungswinkels δ.
a) Schaltungen; b) Netzsternspannungen; c), d) Gleichspannung mit Schaltungswinkel $\delta = 0$ bzw. $\delta = \pi/6$.

6.1 Wirkungsweise 85

verschoben werden; dadurch wird der Mittelwert $U_{di\alpha}$ der Lastspannung u_d verkleinert (Abb. 6.3b).

Der Begriff des Schaltungswinkels δ soll am Beispiel der beiden Mittelpunktschaltungen in Abb. 6.5a erläutert werden. Die beiden Gleichspannungen[1] u_d und u_d' in Abb. 6.5c, d besitzen eine unterschiedliche Phasenlage in bezug auf die gemeinsamen Netzsternspannungen e_{N1}, e_{N2}, e_{N3} der Abb. 6.5b. Man beschreibt diese Phasenlage durch den Schaltungswinkel δ; er entspricht der geringsten Nacheilung eines Scheitelwertes der vollausgesteuerten Gleichspannung gegenüber dem Scheitelwert einer Netzsternspannung. Die Bezeichnung Schaltungswinkel weist darauf hin, daß der numerische Wert von δ durch die Schaltungsart des Stromrichtertransformators bestimmt ist, also eine Kennzahl des vorgegebenen Stromrichtertransformators darstellt.

Im Beispiel Abb. 6.5 ist δ durch den Phasenabstand des Punktes a bzw. a' vom Punkt b gegeben, besitzt also bei netzseitiger Sternschaltung den Wert $\delta = 0$ und beträgt bei netzseitiger Dreieckschaltung $\delta = \pi/6$. In der Abb. 6.6 sind die Werte des Schaltungswinkels δ für einige Transformatoren der Mittelpunktschaltungen zusammengestellt.

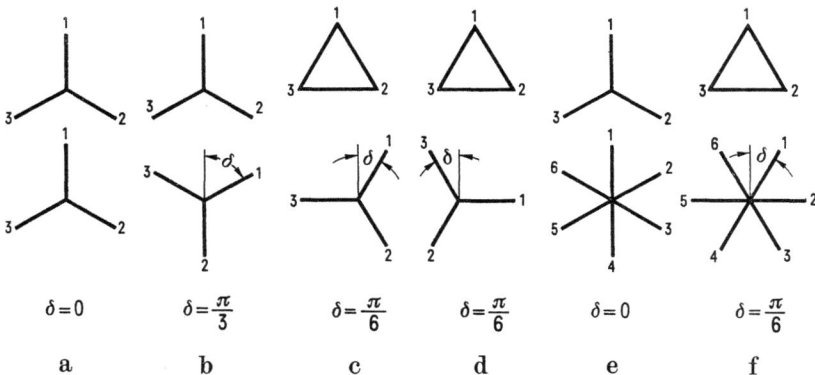

Abb. 6.6. Schaltungswinkel δ für einige Transformatoren der Mittelpunktschaltungen.

6.12 Ohmsche Last

Die Belastung des Stromrichters in Abb. 6.1 mit einem ohmschen Widerstand R stellt den einfachsten Betriebsfall dar; die Lastspannung u_d und der Laststrom i_d unterscheiden sich wegen $u_d = Ri_d$ nur um einen Maßstabfaktor.

---

[1] Bei der Darstellung der Gleichspannungen in Abb. 6.5c und d wurden die Übersetzungsverhältnisse der beiden Transformatoren so vorausgesetzt, daß die ventilseitigen Phasenspannungen trotz unterschiedlicher Schaltung der netzseitigen Wicklungen denselben Scheitelwert besitzen.

Während der Durchlaßzeit des Ventiles V_1 gilt der Ersatzschaltplan Abb. 6.2a und daher $i_{s1} = u_{s1}/R$. Bei hinreichend kleinem Steuerwinkel α erstreckt sich dieser Betriebszustand über das gesamte Periodizitätsintervall von x_α bis $x_\alpha + 2\pi/p$ in Abb. 6.7c. Im Anschluß daran über-

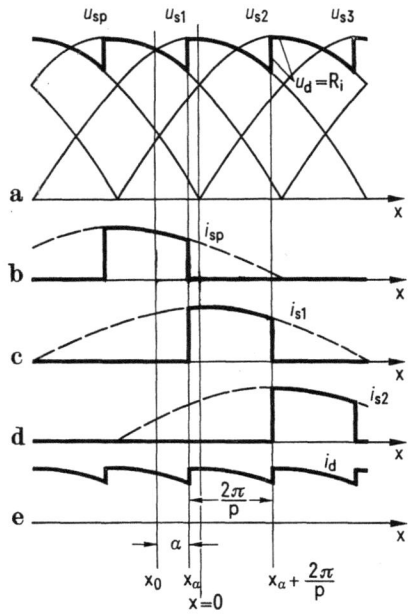

Abb. 6.7. Zeitverlauf der elektrischen Größen der p-pulsigen Mittelpunktschaltung Abb. 6.1 bei ohmscher Last und nichtlückendem Betrieb.

nimmt V_2 die Stromführung (Abb. 6.7d); daraus resultiert der Zeitverlauf der elektrischen Größen nach Abb. 6.7. Da keine Induktivitäten in den Ventilzuleitungen vorhanden sind, wechselt (kommutiert) der Laststrom bei x_α sprunghaft von V_p auf V_1 (Abb. 6.7b und c).

Verlagert man den Zündzeitpunkt x_α in Abb. 6.7 hinreichend weit nach rechts, dann wird bei einem bestimmten Zündzeitpunkt $x_{\alpha g}$ der Grenzfall nach Abb. 6.8 erreicht. Dieser Betriebszustand ist dadurch

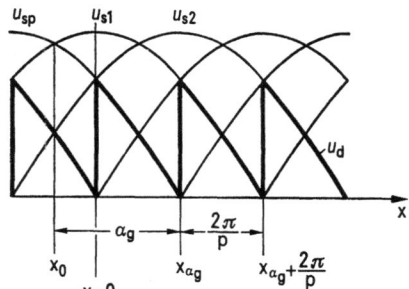

Abb. 6.8. Zeitverlauf der elektrischen Größen der p-pulsigen Mittelpunktschaltung Abb. 6.1 bei ohmscher Last an der Grenze zwischen nichtlückendem und lückendem Betrieb.

6.1 Wirkungsweise

gekennzeichnet, daß der Zeitpunkt $x = \pi/2$, in dem der Ventilstrom i_{s1} zu Null wird, mit dem Zeitpunkt $x_{\alpha g} + 2\pi/p$ zusammenfällt, in dem das Folgeventil V_2 von der Steuerung freigegeben wird. Es gilt also $\pi/2 = x_{\alpha g} + 2\pi/p$ und daher

$$x_{\alpha g} = \frac{\pi}{2} - \frac{2\pi}{p}, \qquad \alpha_g = \frac{\pi}{2} - \frac{\pi}{p}. \qquad (6.2)$$

Eine Vergrößerung des Steuerwinkels α über den Wert α_g führt zum Betriebszustand nach Abb. 6.9; die Ventilspannung u_{v1} wird im Teilintervall $x = \pi/2$ bis $x_\alpha + 2\pi/p$ negativ und führt damit die Sperrung des Ventiles V_1 herbei. Die anderen Ventile sind noch durch die Steuerung gesperrt, so daß der Ventilstrom i_{s1} und damit auch der Laststrom i_d in diesem Teilintervall zu Null wird (lückender Betrieb). Zwischen x_α und $x = \pi/2$ gilt daher der Ersatzschaltplan Abb. 6.2a und im anschließenden Intervall $x = \pi/2$ bis $x_\alpha + 2\pi/p$ gilt Abb. 6.2b. Verlagert man den Zündzeitpunkt x_α in Abb. 6.9 noch weiter nach rechts, dann stellt sich schließlich beim Wert

$$x_{\alpha n} = \frac{\pi}{2}, \qquad \alpha_n = \frac{\pi}{2} + \frac{\pi}{p} \qquad (6.3)$$

ein Betriebszustand ein, bei dem der Lastspannungsmittelwert zu Null wird. Dieser Betriebszustand wird Nullaussteuerung genannt.

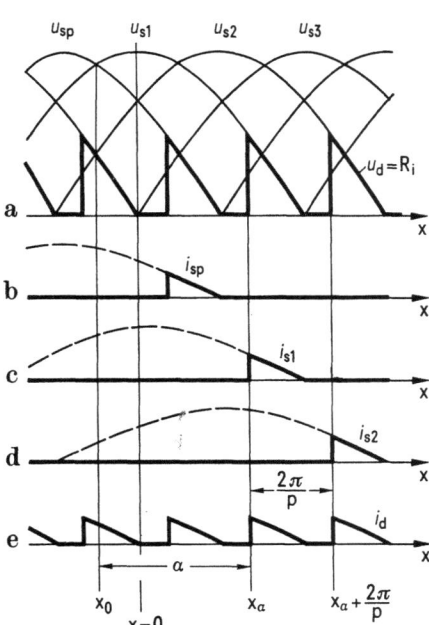

Abb. 6.9. Zeitverlauf der elektrischen Größen der p-pulsigen Mittelpunktschaltung Abb. 6.1 bei ohmscher Last und lückendem Betrieb.

Der gesamte Steuerbereich $0 \leq \alpha \leq \pi/2 + \pi/p$ wird somit durch den Grenzwinkel α_g in einen Bereich nichtlückenden Betriebes

$$0 \leq \alpha \leq \alpha_g = \frac{\pi}{2} - \frac{\pi}{p} \tag{6.4}$$

und in einen Bereich lückenden Betriebes

$$\alpha_g = \frac{\pi}{2} - \frac{\pi}{p} \leq \alpha \leq \frac{\pi}{2} + \frac{\pi}{p} \tag{6.5}$$

unterteilt.

Für den Sonderfall $p = 2$ wird der Bereich (6.4) des nichtlückenden Betriebes — in Übereinstimmung mit den Ergebnissen für $\varphi = 0$ des Abschn. 3.16 — auf den Bereich Null reduziert und der lückende Betrieb umfaßt nach (6.5) den gesamten Steuerbereich $0 \leq \alpha \leq \pi$.

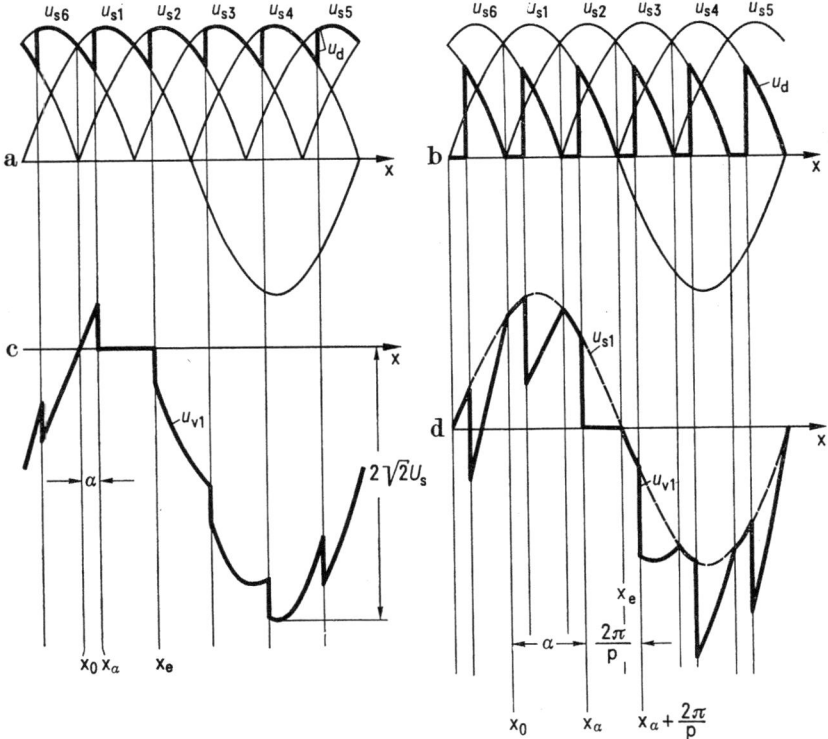

Abb. 6.10. Zeitverlauf der Gleichspannung u_d und der Ventilspannung u_{v1} der p-pulsigen Mittelpunktschaltung Abb. 6.1 bei ohmscher Last. a), c) nichtlückender Betrieb; b), d) lückender Betrieb.

6.1 Wirkungsweise

Den Zeitverlauf der Ventilspannung berechnet man nach Abb. 6.1 aus der Beziehung $u_{v1} = u_{s1} - u_d$. In Abb. 6.10a, b ist noch einmal der Zeitverlauf von u_d für den Fall $p = 6$ im nichtlückenden bzw. im lückenden Betrieb aufgezeichnet. Darunter ist die Ventilspannung nach der Beziehung $u_{v1} = u_{s1} - u_d$ eingezeichnet. Man erkennt daraus, daß die größtmögliche Beanspruchung in der negativen Sperrichtung $2\sqrt{2}\,U_s$, in der positiven Sperrichtung $\sqrt{2}\,U_s$ beträgt; diese Aussage gilt für beliebige Pulszahlen p.

6.13 Ideale Glättung

Bei idealer Glättung ($L = \infty$) ist nur nichtlückender Betrieb möglich, weil die unendlich große Lastinduktivität einen zeitlich konstanten und daher lückenlosen Strom erzwingt. Da keine Kommutierungsreaktanzen vorhanden sind, kommutiert der Laststrom I_d sprunghaft von einem Ventil auf das Folgeventil. Diese Überlegungen führen zu dem Zeitverlauf der Ströme und Spannungen nach Abb. 6.11.

Aus Abb. 6.11a entnimmt man, daß die schraffierten positiven und negativen Spannungsflächen bei $x_\alpha = \pi/2 - \pi/p$, also bei $\alpha = \pi/2$ einander gleich werden und den Mittelwert Null ergeben; dieser Zustand beschreibt somit die Nullaussteuerung. Für den Steuerbereich bei idealer Glättung gilt deshalb

$$0 \leqq \alpha \leqq \frac{\pi}{2}. \qquad (6.6)$$

Der Steuerwinkel, bei dem die Nullaussteuerung auftritt, besitzt somit bei idealer Glättung unabhängig von der Pulszahl p stets denselben Wert $\pi/2$. Die Ventilspannung u_{v1} ermittelt man genauso wie im Falle ohmscher Last aus der Beziehung $u_{v1} = u_{s1} - u_d$ und die Spannung u_L an der Lastinduktivität kann aus der Differenz $u_L = u_d - RI_d$ bestimmt werden.

6.14 Ohmsch-induktive Last

Im allgemeinen Fall besitzt der Lastparameter $\varrho = R/\omega L$ einen endlichen, d. h. von 0 und ∞ verschiedenen Wert. Die folgenden Überlegungen werden zeigen, daß die Aufteilung des Steuerbereiches in einen Bereich des lückenden bzw. nichtlückenden Betriebes — ähnlich wie bei der zweipulsigen Schaltung (Abschn. 3) — von ϱ abhängt; dasselbe gilt für den Grenzsteuerwinkel α_g, bei dem die beiden Betriebszustände einander ablösen.

Im lückenden Betrieb sind vor dem Zündzeitpunkt x_α des Ventiles V_1 alle Ventile des Kathodensternes in Abb. 6.1 gesperrt, also stromlos

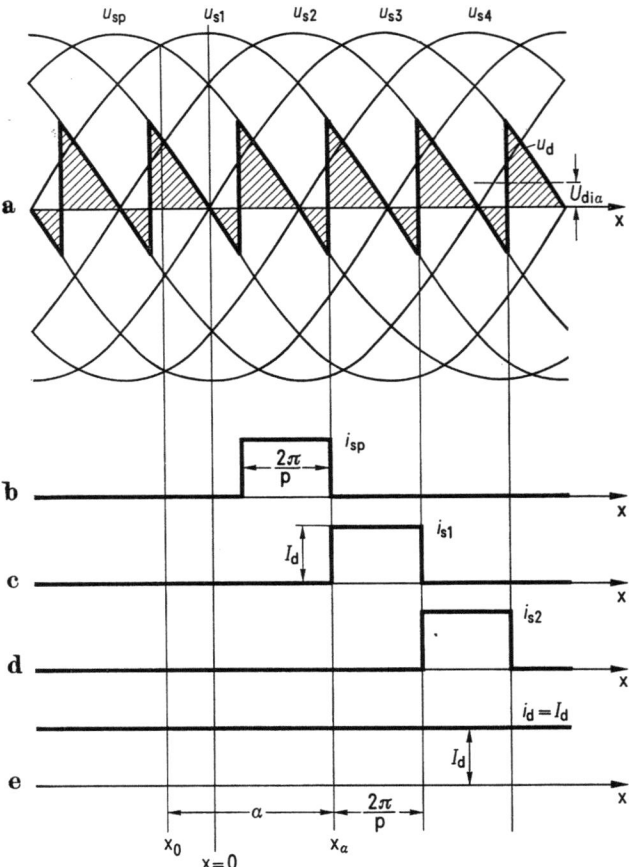

Abb. 6.11. Zeitverlauf der elektrischen Größen der p-pulsigen Mittelpunktschaltung Abb. 6.1 bei vollkommener Glättung ($L = \infty$).

(Stromlücke im Laststrom i_d). Bei x_α wird das Ventil V_1 nach Abb. 6.12 von der Steuerung freigegeben und führt allein von x_α bis $x_\alpha + \tau_\mathrm{F}$ Strom. In diesem Zeitintervall wird der Zeitverlauf des Ventilstromes i_{s1} nach Abb. 6.2a durch die Differentialgleichung

$$u_{s1} = \sqrt{2}\, U_s \cos x = R i_{s1} + \omega L \frac{\mathrm{d}i_{s1}}{\mathrm{d}x} \tag{6.7}$$

beschrieben. Bei der Lösung, die auf dem gleichen Wege wie in Abschn. 3.14 bestimmt wird, ist die Grenzbedingung

$$i_{s1}(x_\alpha) = i_{s1}\left(\alpha - \frac{\pi}{p}\right) = 0 \tag{6.8}$$

6.1 Wirkungsweise

zu verwenden. Das Ergebnis der Rechnung lautet mit (6.1):

$$i_{s1} = i_d = \sqrt{2}\,I\left[\cos(x-\varphi) - \cos\left(\alpha - \frac{\pi}{p} - \varphi\right)\exp\left(-\varrho\left(x - \alpha + \frac{\pi}{p}\right)\right)\right], \tag{6.9}$$

$$I = \frac{U_s}{\sqrt{R^2 + \omega^2 L^2}}, \quad \varrho = \frac{R}{\omega L} = \cot\varphi. \tag{6.10}$$

Der Ventilstrom i_{s1} muß auch am Ende der Durchlaßzeit den Wert Null annehmen; also muß die Bedingung

$$i_{s1}(x_\alpha + \tau_F) = i_{s1}\left(\alpha - \frac{\pi}{p} + \tau_F\right) = 0 \tag{6.11}$$

erfüllt sein. Daraus folgt mit (6.9) als Bestimmungsgleichung für τ_F

$$\cos\left(\alpha - \frac{\pi}{p} - \varphi + \tau_F\right) = \cos\left(\alpha - \frac{\pi}{p} - \varphi\right)\exp(-\varrho\tau_F). \tag{6.12}$$

Aus (6.9) und (6.12) folgen mit $p = 2$ unmittelbar die für die zweipulsige Mittelpunktschaltung bereits abgeleiteten Beziehungen (3.11) und (3.13).

In Abb. 6.12 ist der Zeitverlauf der Ventilströme, des Laststromes i_d und der Lastspannung u_d im Lückbetrieb dargestellt.

Im nichtlückenden Betrieb führt das Ventil V_p bis zum Zündzeitpunkt x_α des Ventiles V_1 Strom. Da der Kommutierungskreis keine Induktivitäten enthält, erfolgt der Stromübergang von V_p auf V_1 bei x_α sprunghaft (Abb. 6.13b und c), jedoch so, daß der Laststrom i_d bei x_α stetig bleibt.

Beginnend mit dem Zeitpunkt x_α gilt der Ersatzschaltplan Abb. 6.2a und damit die Differentialgleichung

$$u_{s1} = \sqrt{2}\,U_s \cos x = R i_{s1} + \omega L \frac{d i_{s1}}{dx}. \tag{6.13}$$

Bei der Festlegung der Grenzbedingung sind dieselben Gesichtspunkte wie in Abschn. 3.15 zu berücksichtigen; es muß die Stetigkeit des Laststromes bei x_α und die periodische Wiederholung nach Ablauf des Intervalles $2\pi/p$ beachtet werden. Die Grenzbedingung, mit der die Differentialgleichung (6.13) zu lösen ist, lautet also

$$i_{s1}(x_\alpha) = i_{s1}\left(x_\alpha + \frac{2\pi}{p}\right). \tag{6.14}$$

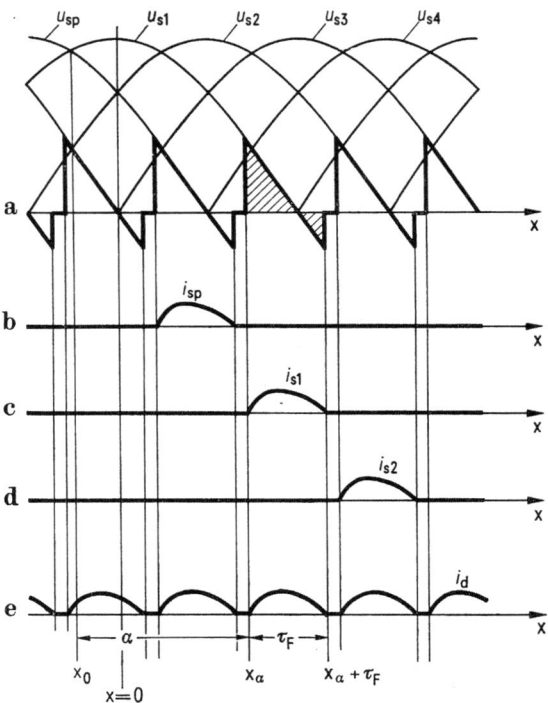

Abb. 6.12. Zeitverlauf der elektrischen Größen der p-pulsigen Mittelpunktschaltung Abb. 6.1 bei ohmsch-induktiver Last im lückenden Betrieb.

Man erhält als Lösung für den Zeitverlauf von i_{s1} mit (6.1)

$$i_{s1} = i_d = \sqrt{2}\,I\left[\cos(x-\varphi) - 2\frac{\sin(\alpha-\varphi)\sin\frac{\pi}{p}}{1-\exp\left(-\varrho\frac{2\pi}{p}\right)}\exp\left(-\varrho\left(x-\alpha-\frac{\pi}{p}\right)\right)\right]. \tag{6.15}$$

In Abb. 6.13 ist der Zeitverlauf der Ströme und Spannungen im nicht lückenden Betrieb dargestellt.

Der Grenzfall zwischen lückendem und nichtlückendem Betrieb tritt ein, wenn die Durchlaßzeit τ_F das Periodizitätsintervall $2\pi/p$ erreicht; dieser Zustand tritt bei einem bestimmten Grenzsteuerwinkel α_g ein. Man erhält deshalb aus (6.12) mit $\tau_F = 2\pi/p$ eine Bestimmungsgleichung

6.1 Wirkungsweise

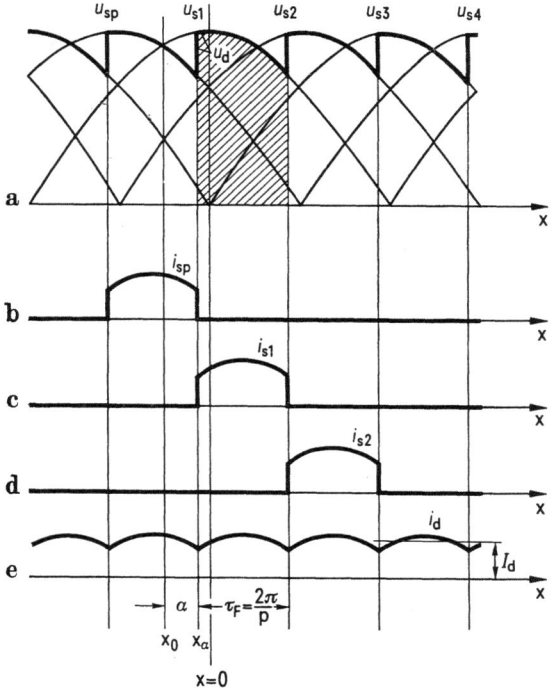

Abb. 6.13. Zeitverlauf der elektrischen Größen der p-pulsigen Mittelpunktschaltung Abb. 6.1 bei ohmsch-induktiver Last im nichtlückenden Betrieb.

für α_g

$$\tan(\alpha_g - \varphi) = \frac{1 - \exp\left(-\varrho \dfrac{2\pi}{p}\right)}{1 + \exp\left(-\varrho \dfrac{2\pi}{p}\right)} \cot \frac{\pi}{p} = \tanh\left(\varrho \frac{\pi}{p}\right) \cot \frac{\pi}{p}. \tag{6.16}$$

Mit $p = 2$ resultiert aus (6.16) das bereits bekannte Ergebnis (3.22) für die zweipulsige Mittelpunktschaltung, nämlich $\alpha_g = \varphi$. Durch den Grenzwinkel α_g wird der Steuerbereich $0 \leq \alpha \leq \pi/2 + \pi/p$ in zwei Teile zerlegt

$$0 \leq \alpha \leq \alpha_g, \qquad \alpha_g \leq \alpha \leq \frac{\pi}{2} + \frac{\pi}{p}. \tag{6.17}$$

Die erste Relation beschreibt den Bereich des nichtlückenden, die zweite den Bereich des lückenden Betriebes. Daß die beiden Grenzwinkel $\alpha = 0$ und $\alpha = \pi/2 + \pi/p$ des Steuerbereiches, bei denen Vollaussteuerung bzw. Nullaussteuerung auftritt, von ϱ bzw. φ unabhängig sind und denselben

Wert wie bei ohmscher Last (Abschn. 6.12) besitzen, folgt aus den Abb. 6.12 und 6.13, wenn man darin den Zündzeitpunkt x_α auf den Zeitpunkt $x_\alpha = x_0 = -\pi/p$ bzw. $x_\alpha = \pi/2$ verlegt.

In der Abb. 6.14 ist die, durch die Gl. (6.16) festgelegte Beziehung zwischen dem Grenzwinkel α_g und dem Lastparameter ϱ bzw. φ für verschiedene Pulszahlen p dargestellt. Jede dieser Kurven zerlegt die Ebene in einen oberen und einen unteren Bereich. Zu jedem beliebigen

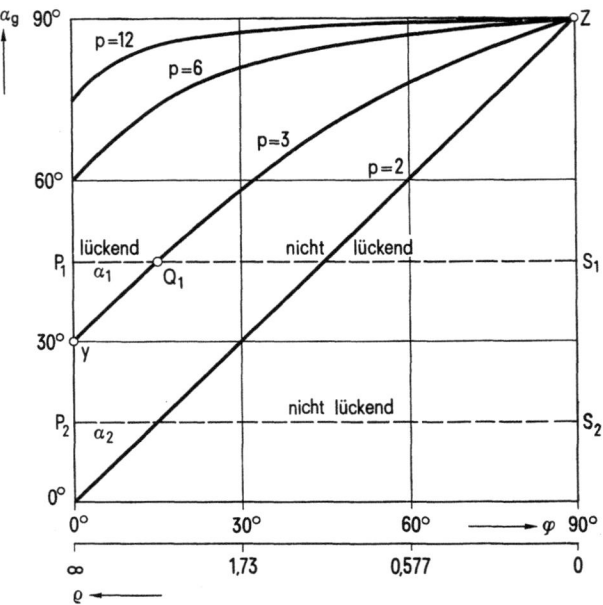

Abb. 6.14. Abhängigkeit des Steuerwinkels α_g an der Grenze zwischen lückendem und nichtlückendem Betrieb vom Lastparameter ϱ bei verschiedenen Pulszahlen p.

Wertepaar α, φ gehört ein Punkt der Ebene in Abb. 6.14; je nachdem, ob dieser Punkt oberhalb oder unterhalb der jeweiligen Grenzlinie liegt, befindet sich die zugehörige p-pulsige Mittelpunktschaltung im lückenden oder im nichtlückenden Betrieb.

Im Falle ohmscher Last ($\varphi = 0$) erhält man aus (6.16) die in Abb. 6.14 auf der Ordinate liegenden Punkte $\alpha_g = \pi/2 - \pi/p$; diese Werte wurden in Abschn. 6.12 bereits auf anderem Wege gewonnen. Im Falle idealer Glättung ($\varphi = \pi/2$) folgt aus (6.16) für alle Pulszahlen p derselbe Wert $\alpha_g = \pi/2$; deshalb gehen in Abb. 6.14 alle p-Kurven durch den Punkt $\alpha_g = \pi/2$, $\varphi = \pi/2$.

6.2 Steuerkennlinien und Belastungskennlinien

Für den idealen Lastspannungsmittelwert U_{di} bei Vollaussteuerung $\alpha = 0$ — er ist in Abb. 6.3a schraffiert hervorgehoben — erhält man

$$U_{\mathrm{di}} = \frac{p}{2\pi} \int_{-\frac{\pi}{p}}^{\frac{\pi}{p}} \sqrt{2}\, U_{\mathrm{s}} \cos x \, \mathrm{d}x = \sqrt{2}\, U_{\mathrm{s}} \frac{p}{\pi} \sin \frac{\pi}{p}. \quad (6.18)$$

In Abb. 6.15 sind einige Zahlenwerte von $U_{\mathrm{di}}/\sqrt{2}\, U_{\mathrm{s}}$ für verschiedene Werte von p zusammengestellt.

Bei einem beliebigen Steuerwinkel α bestimmt man den Lastspannungsmittelwert $U_{\mathrm{di}\alpha}$ aus der schraffierten Spannungsfläche in Abb. 6.12a

$$\frac{U_{\mathrm{di}\alpha}}{U_{\mathrm{di}}} = \frac{\sqrt{2}\, U_{\mathrm{s}}}{U_{\mathrm{di}}} \frac{p}{2\pi} \int_{x_\alpha}^{x_\alpha + \tau_{\mathrm{F}}} \cos x \, \mathrm{d}x = \frac{1}{2} \frac{\sin\left(\alpha - \frac{\pi}{p} + \tau_{\mathrm{F}}\right) - \sin\left(\alpha - \frac{\pi}{p}\right)}{\sin \frac{\pi}{p}}.$$

$$(6.19)$$

Die Beziehung (6.19) gilt ganz allgemein für lückenden und nichtlückenden Betrieb.

Ein wichtiger Sonderfall ist der nichtlückende Betrieb (Abb. 6.13); dann gilt stets $\tau_{\mathrm{F}} = 2\pi/p$ und aus (6.19) folgt

$$\frac{U_{\mathrm{di}\alpha}}{U_{\mathrm{di}}} = \cos \alpha, \qquad U_{\mathrm{di}} = \sqrt{2}\, U_{\mathrm{s}} \frac{p}{\pi} \sin \frac{\pi}{p}. \quad (6.20)$$

Das cos-Gesetz (6.20) zeigt, daß der relative Lastspannungsmittelwert bei nichtlückendem Betrieb unabhängig von der Art der Last und der Pulszahl ist und allein vom Steuerwinkel α abhängt.

6.21 Steuerkennlinien bei verschiedener Belastung

In den Sonderfällen rein ohmscher Last ($L = 0$) und idealer Glättung ($L = \infty$) kann der Verlauf der Steuerkennlinie explizit angegeben werden.

Bei ohmscher Last ist der Bereich des nichtlückenden Betriebes durch (6.4) gegeben. In diesem Bereich gilt also nach (6.20)

$$\frac{U_{\mathrm{di}\alpha}}{U_{\mathrm{di}}} = \cos \alpha, \qquad 0 \leq \alpha \leq \frac{\pi}{2} - \frac{\pi}{p}. \quad (6.21)$$

Im lückenden Bereich (6.5) gilt nach Abb. (6.9) mit (6.1): $\tau_F = \pi/2 - x_\alpha = \pi/2 + \pi/p - \alpha$. Damit folgt aus (6.19) für die Steuerkennlinie

$$\frac{U_{di\alpha}}{U_{di}} = \frac{1}{2}\frac{1 - \sin\left(\alpha - \dfrac{\pi}{p}\right)}{\sin\dfrac{\pi}{p}}, \qquad \frac{\pi}{2} - \frac{\pi}{p} \leq \alpha \leq \frac{\pi}{2} + \frac{\pi}{p}. \qquad (6.22)$$

In Abb. 6.15 ist der Verlauf der Steuerkennlinien bei ohmscher Last für verschiedene Pulszahlen p dargestellt; sie verlaufen im nichtlückenden Bereich unabhängig von der Pulszahl p nach dem cos-Gesetz (6.21) und

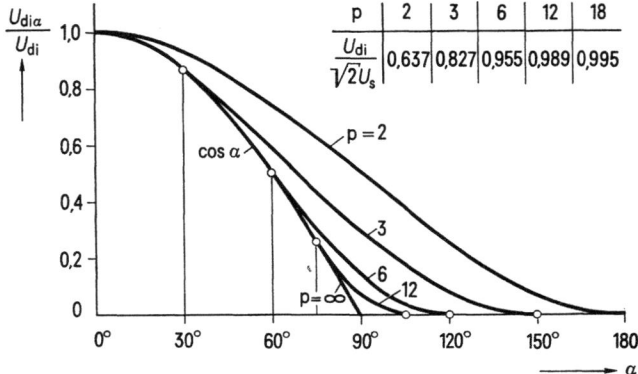

Abb. 6.15. Steuerkennlinie der p-pulsigen Mittelpunktschaltung Abb. 6.1 bei ohmscher Last und verschiedenen Pulszahlen p.

im lückenden Bereich wird der Verlauf nach (6.22) durch die Pulszahl p mitbestimmt. Im Grenzfall $p = \infty$ gilt das cos-Gesetz zwischen Nullaussteuerung und Vollaussteuerung.

Im Sonderfall idealer Glättung ($L = \infty$) ist die Durchlaßzeit τ_F im vollen Steuerintervall $0 \leq \alpha \leq \pi/2$ durch $\tau_F = 2\pi/p$ gegeben; die Steuerkennlinie befolgt deshalb zwischen Vollaussteuerung und Nullaussteuerung das cos-Gesetz (6.20). Die Steuerkennlinie bei idealer Glättung verläuft demnach genauso wie die Steuerkennlinie, die sich bei ohmscher Last und $p = \infty$ einstellen würde.

Die Steuerkennlinie für den Betrieb mit gemischter ohmscher-induktiv Last wird am Beispiel $p = 6$ (Abb. 6.16) erläutert.

Bei einem beliebig vorgegebenen Wert des Parameters ϱ bzw. φ tritt zwischen $\alpha = 0$ und $\alpha = \alpha_g$ nichtlückender Betrieb auf; die Steuerkennlinie befolgt dabei das cos-Gesetz (6.20). Den Grenzwinkel α_g entnimmt man für den vorgegebenen Wert von ϱ bzw. φ aus der Kurve $p = 6$ in Abb. 6.14.

6.2 Steuer- und Belastungskennlinien

Den Kennlinienverlauf im lückenden Bereich α_g bis $\alpha = \pi/2 + \pi/6 = 2\pi/3$ erhält man aus (6.12) und (6.19). Zu verschiedenen Werten von α berechnet man aus (6.12) die zugehörigen Werte von τ_F und bestimmt damit aus (6.19) die Werte von $U_{di\alpha}/U_{di}$. Dieser Vorgang wird für verschiedene Werte von ϱ bzw. φ wiederholt, so daß für den lückenden Betrieb in Abb. 6.16 eine Kennlinienschar mit ϱ bzw. φ als Parameter entsteht, die innerhalb der beiden Grenzkennlinien $\varphi = 0$ und $\varphi = \pi/2$ verläuft. Man erhält auf diesem Wege zu jeder Pulszahl p ein Steuerkennlinienfeld entsprechend der Abb. 6.16.

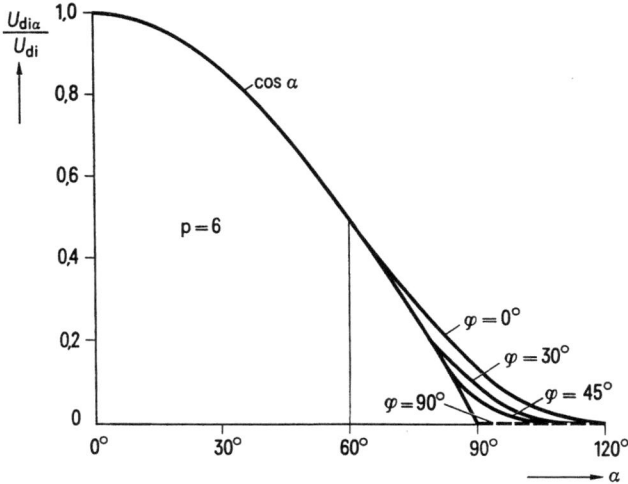

Abb. 6.16. Steuerkennlinien der sechspulsigen Mittelpunktschaltung Abb. 6.1 bei ohmsch-induktiver Last und verschiedenen Werten des Lastparameters $\varrho = \cot\varphi$.

6.22 Belastungskennlinien

Unter einer Belastungskennlinie der Schaltung Abb. 6.1 versteht man den Zusammenhang zwischen Lastspannungsmittelwert $U_{di\alpha}$ und dem Laststrommittelwert I_d bei einem vorgegebenen Steuerwinkel α; die Glättungsinduktivität L und die Pulszahl p werden dabei als vorgegebene Größen der Schaltung betrachtet. Der Gleichstrom I_d wird mit Hilfe des Lastwiderstandes R verändert und durchläuft deshalb zwischen Leerlauf und Kurzschluß die Werte $\varrho = R/\omega L = \infty$ bis $\varrho = R/\omega L = 0$ bzw. $\varphi = 0$ bis $\varphi = \pi/2$.

Die Abb. 6.14 gibt einen grundsätzlichen Überblick über die zu verschiedenen Steuerwinkeln α gehörenden Belastungskennlinien. Die entsprechenden Erläuterungen sollen am Beispiel $p = 3$ durchgeführt werden.

6 Mittelpunktschaltungen mit der Pulszahl p

Im Falle $p = 3$ ist die Lückgrenze bei ohmscher Last ($\varrho = \infty$) nach (6.2) durch den Steuerwinkel $\alpha_g = \pi/6$ gegeben; dazu gehört der Kennlinienpunkt Y in Abb. 6.14. Die Gerade P_1S_1 in Abb. 6.14 gehört zu einem konstanten Steuerwinkel $\alpha_1 > \pi/6$ und die Gerade P_2S_2 zu einem konstanten Steuerwinkel $\alpha_2 < \pi/6$. Beide Geraden werden zwischen Leerlauf $\varrho = \infty$ und Kurzschluß $\varrho = 0$ von links nach rechts durchlaufen und beschreiben je eine Belastungskennlinie. Beachtet man, daß links der Kurve YQ_1Z die Punkte des lückenden, rechts davon die Punkte des nichtlückenden Betriebes liegen, dann folgt, daß die zur horizontalen Geraden P_1S_1, also zu $\alpha_1 > \pi/6$ gehörende Belastungskennlinie aus einem Teilstück P_1Q_1 mit lückendem Betrieb und einem Teilstück Q_1S_1 mit nichtlückendem Betrieb besteht; die zur Geraden P_2S_2, also zu $\alpha_2 < \pi/6$ gehörende Belastungskennlinie verläuft dagegen voll im nichtlückenden Bereich.

Eine Verallgemeinerung dieser Überlegungen für eine beliebige Pulszahl p führt zur Aussage, daß die Belastungskennlinien im Fall $\alpha > \pi/2 - \pi/p$ aus einem Teilstück mit lückendem Betrieb bestehen und bei $\alpha < \pi/2 - \pi/p$ voll im nichtlückenden Bereich verlaufen.

Zunächst soll der Verlauf der Belastungskennlinien für den Fall $\alpha > \pi/2 - \pi/p$ bestimmt werden. Dazu berechnet man zunächst die Koordinaten der drei charakteristischen Kennlinienpunkte $P_1Q_1R_1$ in Abb. 6.17.

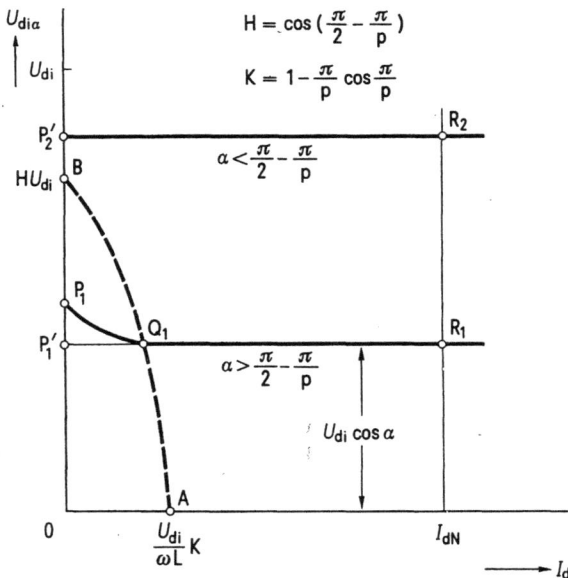

Abb. 6.17. Belastungskennlinien $P_2'R_2$ und $P_1Q_1R_1$ der p-pulsigen Mittelpunktschaltung Abb. 6.1 und Lückgrenze (gestrichelt).

6.2 Steuer- und Belastungskennlinien

Im Leerlaufpunkt P_1 liegen mit $\varrho = \infty$ rein ohmsche Verhältnisse vor, so daß sich bei $\alpha > \pi/2 - \pi/p$ der Zeitverlauf von u_d nach Abb. 6.9 einstellt; der zugehörige Gleichspannungsmittelwert $U_{di\alpha}$ ist durch (6.22) gegeben, so daß für den Leerlaufpunkt P_1 die folgenden Koordinaten $I_d = 0$ und

$$U_{di\alpha} = U_{di}\frac{1}{2}\frac{1 - \sin\left(\alpha - \dfrac{\pi}{p}\right)}{\sin\dfrac{\pi}{p}}, \qquad U_{di} = \sqrt{2}\,U_s\frac{p}{\pi}\sin\frac{\pi}{p} \qquad (6.23)$$

gelten.

Ausgehend vom Leerlaufpunkt P_1 wird in Abb. 6.17 mit wachsendem Gleichstrom I_d zunächst der lückende Bereich durchlaufen, bis schließlich im Punkt Q_1 die Lückgrenze erreicht wird; die Koordinaten dieses Punktes werden mit $U_{d,\text{lück}}$ und $I_{d,\text{lück}}$ bezeichnet. An der Lückgrenze umfaßt die Durchlaßzeit τ_F das volle Periodizitätsintervall $2\pi/p$; deshalb ist die Lückspannung $U_{d,\text{lück}}$ durch das cos-Gesetz (6.20) gegeben. Da außerdem die Beziehung $U_{d,\text{lück}} = RI_{d,\text{lück}}$ gelten muß, erhält man für den Betrieb an der Lückgrenze die folgenden zwei Gleichungen

$$U_{d,\text{lück}} = U_{di}\cos\alpha_g, \qquad U_{di} = \sqrt{2}\,U_s\frac{p}{\pi}\sin\frac{\pi}{p}, \qquad (6.24)$$

$$I_{d,\text{lück}} = \frac{U_{di}\cos\alpha_g}{\omega L}\tan\varphi, \qquad \tan\varphi = \frac{\omega L}{R} = \frac{1}{\varrho}. \qquad (6.25)$$

Die Gl. (6.16) beschreibt die Verknüpfung von α_g und φ beim Betrieb an der Lückgrenze; sie tritt deshalb als dritte Beziehung zu den beiden Gln. (6.24), (6.25) hinzu

$$\tan(\alpha_g - \varphi) = \tanh\left(\varrho\frac{\pi}{p}\right)\cot\frac{\pi}{p} = C_g. \qquad (6.26)$$

Die Größe C_g steht als Abkürzung für die rechte Seite in (6.26).

Aus den drei Gln. (6.24) bis (6.26) können die Größen α_g und φ eliminiert werden, so daß man für jede Pulszahl p eine Beziehung zwischen $U_{d,\text{lück}}$ und $I_{d,\text{lück}}$ erhält. Diese Rechnung kann nur auf graphischem oder nummerischem Wege durchgeführt werden, weil die Beziehung (6.26) — abgesehen vom Falle $p = 2$ — weder nach φ noch nach α_g explizit aufgelöst werden kann. Das Ergebnis dieser Rechnung sind die als Lückkurven bezeichneten Kennlinien in Abb. 6.18. Im Falle $p = 2$ entsteht aus (6.24) bis (6.26) die Lückellipse (3.41); sie liefert in Abb. 6.18 — wegen der geänderten Koordinaten — den Kreis $p = 2$. Die Kurven $\alpha = \text{konst.}$ sind in Abb. 6.18 — wie aus (6.24) hervorgeht — durch parallele Geraden zur Abszisse gegeben.

Die Koordinaten des Punktes Q_1 der Belastungskennlinie (Lückgrenze in Abb. 6.17) bestimmt man nach den vorangehenden Überlegungen aus den Beziehungen (6.24) bis (6.26) oder man entnimmt sie unmittelbar aus der zugehörigen Lückkurve der Abb. 6.18. Die Kennlinienpunkte zwischen den Grenzen P_1 und Q_1 des lückenden Bereiches

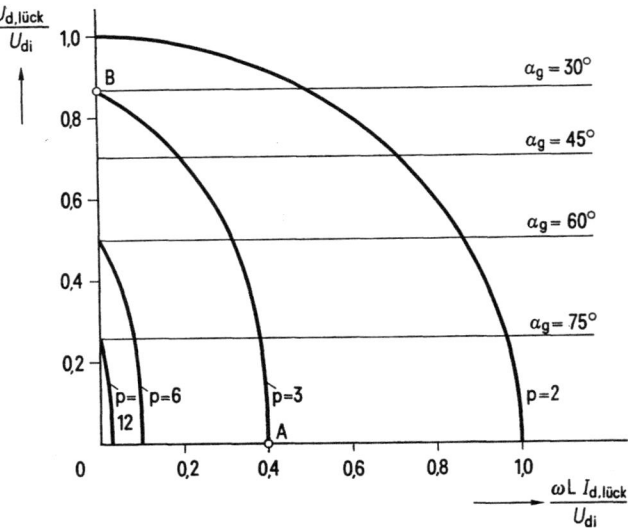

Abb. 6.18. Lückkurven der p-pulsigen Mittelpunktschaltung Abb. 6.1 für verschiedene Pulszahlen p.

bestimmt man auf dem gleichen Wege wie beim Beispiel der zweipulsigen Mittelpunktschaltung in Abschn. 3.18.

Bei Gleichstromwerten oberhalb $I_{d,\text{lück}}$, also im nichtlückenden Bereich, erfährt der Zeitverlauf der Gleichspannung — und damit auch der Mittelwert $U_{d|\alpha}$ — keine weitere Veränderung mehr gegenüber den Verhältnissen im Punkt Q_1 an der Lückgrenze; die Belastungskennlinie $Q_1 R_1$ des nichtlückenden Betriebes verläuft daher in Abb. 6.17 parallel zur Abszisse.

Im Falle $\alpha < \pi/2 - \pi/p$ liegt bereits im Leerlauf nichtlückender Betrieb, also der Gleichspannungsverlauf nach Abb. 6.13 vor; der zugehörige Lastspannungsmittelwert $U_{d|\alpha} = U_{di} \cos \alpha$ liefert den Leerlaufpunkt P_2' in Abb. 6.17. Die Lastspannung u_d erfährt mit wachsender Belastung keine Veränderung, so daß die Belastungskennlinie im Fall $\alpha < \pi/2 - \pi/p$ durch die horizontale Gerade $P_2' R_2$ gegeben ist.

Neben der Belastungskennlinie ist in Abb. 6.17 außerdem noch die zugehörige Lückkurve gestrichelt eingezeichnet. Die Koordinaten der beiden Grenzpunkte A und B der Lückkurve kann man aus den Bezie-

6.2 Steuer- und Belastungskennlinien

hungen (6.24) bis (6.26) explizit berechnen. Durch die Diskussion dieser Koordinaten gewinnt man einen Einblick, von welchen Größen die Höhe und die Breite der Lückkurve abhängt.

Im Punkt A der Lückkurve gilt $U_{d i\alpha} = 0$; nach (6.24) folgt daraus $\alpha = \pi/2$. Zu $\alpha = \pi/2$ gehört nach Abb. 6.14 der Wert $\varrho = 0$ bzw. $\varphi = \pi/2$, so daß das Produkt $\cos \alpha_g \tan \varphi = \cos \alpha_g/\varrho$ in (6.25) mit $\alpha_g \to \pi/2$ und $\varrho \to 0$ die unbestimmte Form $0 \cdot \infty$ annimmt. Man bestimmt den Grenzwert dieses Produktes, indem man zunächst aus (6.26) mit Hilfe elementarer trigonometrischer Gesetze $\tan \alpha_g$ und daraus weiter $\cos \alpha_g \tan \varphi$ bestimmt; auf diesen Ausdruck hat man — unter Berücksichtigung von $\varrho = \cot \varphi$ — den Grenzübergang $\varrho \to 0$ durchzuführen. Daraus folgt:

$$\lim_{\varrho \to 0} \frac{\cos \alpha_g}{\varrho} = \lim_{\varrho \to 0} \frac{1 - \dfrac{C_g}{\varrho}}{\sqrt{(1 + \varrho C_g)^2 + (\varrho - C_g)^2}} = 1 - \frac{\pi}{p} \cot \frac{\pi}{p}. \quad (6.27)$$

Bei der Auswertung des Grenzüberganges (6.27) ist zu beachten, daß die Größe C_g durch die rechte Seite von (6.26) beschrieben wird und daß man für $\varrho \to 0$ den Grenzwert $C_g/\varrho \to \pi/p \cot (\pi/p)$ erhält. Mit Hilfe dieser Aussagen errechnet man für die Koordinaten $U_{d,\text{lück}}$ und $I_{d,\text{lück}}$ des Punktes A in Abb. 6.17 die Werte

$$U_{d,\text{lück}} = 0, \quad I_{d,\text{lück}} = \frac{U_{di}}{\omega L} K, \quad K = 1 - \frac{\pi}{p} \cot \frac{\pi}{p}. \quad (6.28)$$

(6.28) zeigt, daß die Breite der Lückkurve von der Pulszahl p abhängt und darüber hinaus mit wachsendem ωL kleiner wird.

Im Punkt B der Abb. 6.17 gilt $I_{d,\text{lück}} = 0$. Der Gleichstrom Null kann sich nur bei $R = \infty$, also bei $\varrho = \infty$, $\varphi = 0$ einstellen. Mit diesen Werten erhält man aus (6.26) $\tan \alpha_g = \cot \pi/p = \tan (\pi/2 - \pi/p)$ und daraus folgt $\alpha_g = \pi/2 - \pi/p$. Damit folgt aus (6.24):

$$U_{d,\text{lück}} = U_{di} \cos\left(\frac{\pi}{2} - \frac{\pi}{p}\right), \quad I_{d,\text{lück}} = 0. \quad (6.29)$$

Nach (6.29) hängt die Höhe der Lückkurve in Abb. 6.17 allein von der Pulszahl p ab.

Im Grenzfall idealer Glättung $L = \infty$ fällt die Lückkurve mit dem Ordinatenstück B0 in Abb. 6.17 zusammen; die Belastungskennlinie für $\alpha > \pi/2 - \pi/p$ wird dann bis zum Leerlauf durch die horizontale Gerade $P_1' R_1$ beschrieben.

6.3 Einfluß der Kommutierungsinduktivitäten bei idealer Glättung

In Abb. 6.19 wird ein idealer Stromrichtertransformator mit den ventilseitigen Sternspannungen $u_{s1}, u_{s2} \ldots u_{sp}$ angenommen. Zum Unterschied zur Abb. 6.1 sind in Reihe mit den Ventilen Induktivitäten L_c (Kommutierungsinduktivitäten) angeordnet. Die Anordnung in Abb. 6.19 kann als der Ersatzschaltplan eines Stromrichters aufgefaßt werden, der an einem idealen Netz betrieben wird und dessen Transformator nur ventilseitige Streuinduktivitäten von der Größe L_c, aber keine netzseitigen Streuinduktivitäten besitzt.

Die Kommutierungsinduktivitäten L_c in den Ventilzuleitungen verhindern eine sprunghafte Änderung der Ventilströme und damit den sprunghaften Stromübergang zwischen den Ventilen. Der Stromübergang (Kommutierung) zwischen zwei oder mehreren Ventilen erfolgt deshalb stets während einer bestimmten Überlappungszeit (Kommutierungszeit), in der zwei oder mehrere Ventile gemeinsam Strom führen. Man spricht von einfacher Kommutierung, wenn in der p-pulsigen Mittelpunktschaltung Abb. 6.19 jeweils nur zwei Ventile während der Überlappungszeit gleichzeitig Strom führen. Bei der mehrfachen Kommutierung treten Zeitintervalle auf, in denen mehr als zwei Ventile der Anordnung Abb. 6.19 gemeinsam Strom führen.

6.31 Einfache Kommutierung

Die Beschreibung der Vorgänge bei einfacher Kommutierung erfolgt unter der Annahme idealer Glättung des Gleichstromes ($L = \infty$), weil die Verhältnisse dann besonders übersichtlich werden.

In Abb. 6.19 führt das Ventil V_p vor dem Zündzeitpunkt x_α allein Strom (Ersatzschaltplan Abb. 6.20a). Bei x_α wird das Ventil V_1 gezündet.

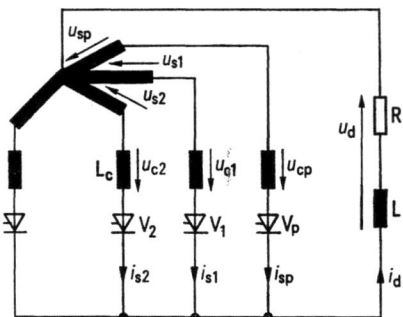

Abb. 6.19. p-pulsige Mittelpunktschaltung mit Kommutierungsinduktivitäten L_c.

6.3 Kommutierungsinduktivitäten bei idealer Glättung

Wegen der Induktivitäten L_c in den Ventilzuleitungen kann der Ventilstrom i_{sp} nicht plötzlich verschwinden und der Ventilstrom i_{s1} kann nicht plötzlich ansteigen. An x_α schließt deshalb ein Kommutierungsintervall u an, in dem die beiden Ventile V_1 und V_p gemeinsam Strom führen (Abb. 6.20b und Abb. 6.21 b, c).

Der Stromkreis, in dem der Stromübergang zwischen den Ventilen V_p und V_1 erfolgt, wird Kommutierungskreis genannt; er besteht aus den

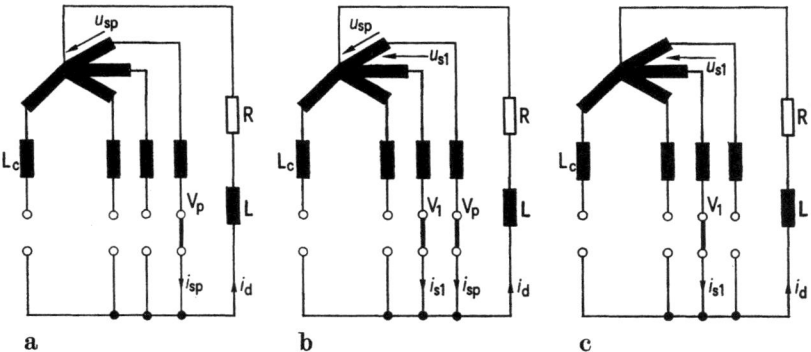

Abb. 6.20. Ersatzschaltpläne der p-pulsigen Mittelpunktschaltung von Abb. 6.19.

Ventilen V_p, V_1, den Transformatorwicklungen mit den Sternspannungen u_{s1}, u_{sp} und den zugehörigen zwei Induktivitäten L_c. Nach Ablauf der Kommutierung, also beginnend bei $x_\alpha + u$, führt das Ventil V_1 bis $x_\alpha + 2\pi/p$ allein Strom (Abb. 6.20c). In den darauffolgenden Periodizitätsintervallen wiederholen sich die Vorgänge.

Der Zeitverlauf der Ströme i_{sp} und i_{s1} ist im Überlappungsintervall u nach Abb. 6.20b durch die folgenden drei Gleichungen festgelegt:

$$u_{sp} = \sqrt{2}\, U_s \cos\left(x + \frac{2\pi}{p}\right) = u_d + \omega L_c \frac{di_{sp}}{dx}, \qquad (6.30)$$

$$u_{s1} = \sqrt{2}\, U_s \cos x = u_d + \omega L_c \frac{di_{s1}}{dx}, \qquad (6.31)$$

$$i_{sp} + i_{s1} = I_d, \qquad \frac{di_{sp}}{dx} + \frac{di_{s1}}{dx} = 0. \qquad (6.32)$$

Aus der Summe bzw. aus der Differenz der Beziehungen (6.30), (6.31) erhält man mit der zweiten Gl. (6.32)

$$u_d = \frac{1}{2}(u_{sp} + u_{s1}) = \sqrt{2}\, U_s \cos\frac{\pi}{p} \cos\left(x + \frac{\pi}{p}\right), \qquad (6.33)$$

$$u_{c1} = \omega L_c \frac{di_{s1}}{dx} = \frac{1}{2}(u_{s1} - u_{sp}) = \sqrt{2}\, U_s \sin\frac{\pi}{p} \sin\left(x + \frac{\pi}{p}\right). \qquad (6.34)$$

Die Gl. (6.33) zeigt, daß die Lastspannung u_d während der Kommutierungszeit x_α bis $x_\alpha + u$ durch den Mittelwert der Augenblickswerte der Sternspannungen u_{sp} und u_{s1} gegeben ist (Abb. 6.21a). Die Spannung u_{c1} an der Kommutierungsinduktivität des Ventiles V_1 ist nach (6.34) durch die halbe Differenz der Sternspannungen u_{s1} und u_{sp} gegeben; sie wird daher in Abb. 6.21a durch die schraffierte Fläche veranschaulicht. Für die Spannungen u_{cp} an der Kommutierungsinduktivität des Ventiles V_p folgt nach (6.32) und (6.34) die Beziehung $u_{cp} = -u_{c1}$.

Den Zeitverlauf des Ventilstromes i_{s1} erhält man durch Integration der Beziehung (6.34)

$$i_{s1} = -J_{cc} \cos\left(x + \frac{\pi}{p}\right) + C, \tag{6.35}$$

$$J_{cc} = J_c \sin\frac{\pi}{p}, \qquad J_c = \frac{\sqrt{2}\, U_s}{\omega L_c}. \tag{6.36}$$

J_{cc} ist der Scheitelwert des stationären Kurzschlußstromes zweier zeitlich benachbarter Transformatorphasen. J_c ist der Scheitelwert des Kurzschlußstromes bei einpoligem Kurzschluß.

Wegen der Kommutierungsinduktivität L_c kann der Ventilstrom i_{s1} bei x_α nicht sprunghaft einsetzen, sondern muß mit $i_{s1}(x_\alpha) = 0$ anfangen. Mit dieser Grenzbedingung folgt aus (6.1) und (6.35)

$$0 = -J_{cc} \cos\alpha + C. \tag{6.37}$$

Aus (6.32) und (6.35) erhält man mit (6.37) den gesuchten Zeitverlauf der Ströme i_{s1}, i_{sp}:

$$i_{s1} = J_{cc}\left(\cos\alpha - \cos\left(x + \frac{\pi}{p}\right)\right), \tag{6.38}$$

$$i_{sp} = I_d - i_{s1}, \qquad J_{cc} = \frac{\sqrt{2}\, U_s}{\omega L_c} \sin\frac{\pi}{p}. \tag{6.39}$$

Der Zeitverlauf von i_{sp}, i_{s1} ist in Abb. 6.21b und c dargestellt.

Man erkennt aus Abb. 6.21c, daß die Kommutierungsdauer u aus der Forderung $i_{s1}(x_\alpha + u) = I_d$ ermittelt werden kann; aus (6.38) und (6.1) folgt daher als Bestimmungsgleichung für u

$$\cos\alpha - \cos(\alpha + u) = \frac{I_d}{J_{cc}} = \frac{I_d\, \omega L_c}{\sqrt{2}\, U_s} \frac{1}{\sin\dfrac{\pi}{p}}. \tag{6.40}$$

Für manche Zwecke ist es günstiger, wenn man die Bestimmungsgleichung (6.40) durch einfache trigonometrische Umformungen auf folgende

6.3 Kommutierungsinduktivitäten bei idealer Glättung

Form bringt:

$$\sin \frac{u}{2} \sin\left(\alpha + \frac{u}{2}\right) = \frac{1}{2} \frac{I_d}{J_{cc}}. \tag{6.41}$$

Aus (6.40) oder (6.41) kann man den Überlappungswinkel u_0 bei Vollaussteuerung und den Überlappungswinkel u_n bei Nullaussteuerung bestimmen.

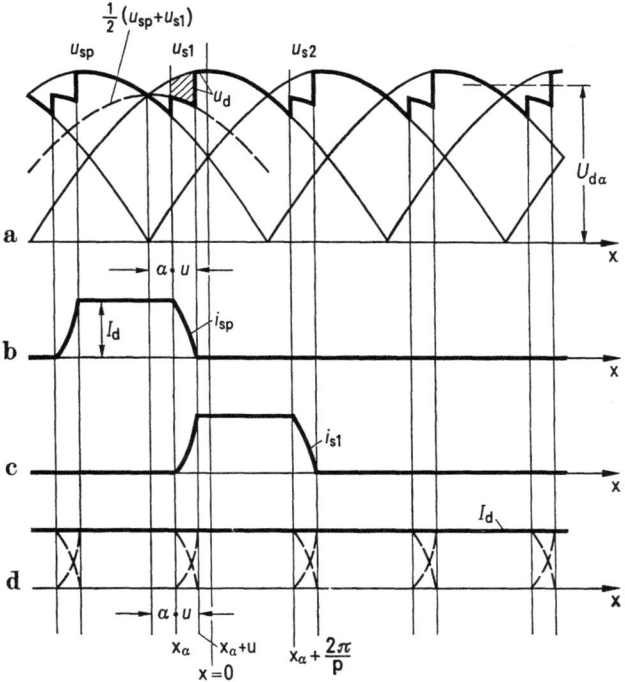

Abb. 6.21. Zeitverlauf der elektrischen Größen der p-pulsigen Mittelpunktschaltung Abb. 6.19 bei idealer Glättung ($L = \infty$).

Bei Vollaussteuerung $\alpha = 0$ gilt nach (6.40) für u_0 die Bestimmungsgleichung

$$1 - \cos u_0 = \frac{I_d}{J_{cc}}. \tag{6.42}$$

Eine gleichwertige Beziehung zu (6.42) folgt mit $\alpha = 0$ aus (6.41); man erhält für u_0:

$$\sin^2 \frac{u_0}{2} = \frac{1}{2} \frac{I_d}{J_{cc}}. \tag{6.43}$$

Erteilt man dem Gleichstrom I_d den Nennwert I_{dN}, dann kann der Überlappungswinkel u_0 bei Vollaussteuerung als ein Maß für die Kommutierungsinduktivität betrachtet werden; aus diesem Grunde kennzeichnet man die Kommutierungsinduktivität L_c oft durch die Angabe des Überlappungswinkels u_0.

Bei Nullaussteuerung, also beim Gleichspannungsmittelwert Null, muß der Zündzeitpunkt x_α bzw. der Steuerwinkel α nach Abb. 6.22 und

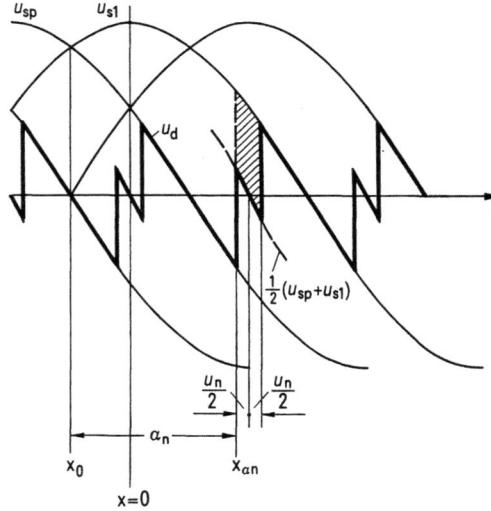

Abb. 6.22. Zeitverlauf der Gleichspannung u_d bei Nullaussteuerung und idealer Glättung.

(6.1) den Wert $x_{\alpha n} = \pi/2 - \pi/p - u_n/2$ bzw. $\alpha_n = \pi/2 - u_n/2$ annehmen; u_n ist der Überlappungswinkel bei Nullaussteuerung. Mit $\alpha_n = \pi/2 - u_n/2$ erhält man aus (6.41) eine Bestimmungsgleichung für u_n:

$$\sin \frac{u_n}{2} = \frac{1}{2} \frac{I_d}{J_{cc}}. \tag{6.44}$$

Aus (6.44) kann u_n zu vorgegebenen Werten von I_d/J_{cc} berechnet werden.

Aus der Beziehung (6.40) oder (6.41) entnimmt man, daß die Überlappungszeit u bei festgehaltenen Werten von I_d/J_{cc} monoton von u_0 auf u_n abnimmt, wenn der Steuerwinkel von $\alpha = 0$ bei Vollaussteuerung auf $\alpha_n = \pi/2 - u_n/2$ bei Nullaussteuerung vergrößert wird. Die Verhältniszahl u_0/u_n zwischen größtem und kleinstem Wert des Überlappungswinkels kann für hinreichend kleine Werte von u_0 leicht berechnet werden. Man kann dann nämlich angenähert $\sin u_0/2 \approx u_0/2$ und $\sin u_n/2 \approx u_n/2$ setzen. Im Falle $u_0 < \pi/6$ bleibt z. B. $\sin u_0/2$ um etwa 1,2% kleiner

6.3 Kommutierungsinduktivitäten bei idealer Glättung

als $u_0/2$. Mit dieser Näherung und durch Gleichsetzen der Beziehungen (6.43), (6.44) erhält man

$$\frac{u_0}{u_n} \approx \frac{\sin\frac{u_0}{2}}{\sin\frac{u_n}{2}}, \qquad \sin^2\frac{u_0}{2} = \sin\frac{u_n}{2}. \qquad (6.45)$$

Man eliminiert $\sin(u_n/2)$ aus der ersten Gleichung mit Hilfe der zweiten und erhält für das gesuchte Verhältnis

$$\frac{u_0}{u_n} \approx \frac{1}{\sin\frac{u_0}{2}} \approx \frac{2}{u_0}. \qquad (6.46)$$

Wenn z. B. die Größe der Kommutierungsinduktivität L_c einem Überlappungswinkel $u_0 = \pi/6$ entspricht, dann folgt aus (6.46) $u_0/u_n \approx 12/\pi \approx 3{,}8$; der Überlappungswinkel u wird in diesem Falle beim Übergang von der Vollaussteuerung zur Nullaussteuerung etwa um den Faktor 3,8 verkleinert.

6.32 Belastungskennlinien bei einfacher Kommutierung

Bei idealer Glättung führt das Ventil V_1 nach Abb. 6.21c zwischen x_α und $x_\alpha + 2\pi/p + u$ Strom; deshalb gilt nach Abb. 6.19 auf jeden Fall im Periodizitätsintervall x_α bis $x_\alpha + 2\pi/p$ die Gleichung

$$u_d = u_{s1} - \omega L_c \frac{di_{s1}}{dx}. \qquad (6.47)$$

Den Lastspannungsmittelwert $U_{d\alpha}$ erhält man aus (6.47) durch Integration über das Intervall x_α bis $x_\alpha + 2\pi/p$:

$$U_{d\alpha} = \frac{p}{2\pi}\int_{x_\alpha}^{x_\alpha+\frac{2\pi}{p}} u_{s1}\, dx - \frac{p}{2\pi}\omega L_c \int_{x_\alpha}^{x_\alpha+\frac{2\pi}{p}} \frac{di_{s1}}{dx}\, dx. \qquad (6.48)$$

Das erste Integral liefert den ideellen Lastspannungsmittelwert $U_{di\alpha} = U_{di} \times \cos\alpha$. Das zweite Integral beschreibt den von den Kommutierungsinduktivitäten L_c verursachten Gleichspannungsverlust D_∞, also den Mittelwert der schraffierten Fläche in Abb. 6.21a. Man beachtet bei der Auswertung des zweiten Integrales in (6.48), daß i_{s1} bei x_α den Wert Null und bei $x_\alpha + 2\pi/p$ den Wert I_d annimmt (Abb. 6.21c). Damit erhält man die Gleichung der Belastungskennlinie im Bereich einfacher Kommutierung bei idealer Glättung

$$U_{d\alpha} = U_{di\alpha} - \frac{p}{2\pi} \omega L_c I_d, \quad D_\infty = \frac{p}{2\pi} \omega L_c I_d, \qquad (6.49)$$

$$U_{di\alpha} = U_{di} \cos \alpha, \quad U_{di} = \sqrt{2}\, U_s \frac{p}{\pi} \sin \frac{\pi}{p}. \qquad (6.50)$$

Auf die graphische Darstellung von (6.49) wird verzichtet, denn man erhält wiederum die Kurvenschar Abb. 3.15a mit dem Unterschied, daß für U_{di} und für D_∞ die Werte nach (6.49), (6.50) gelten.

Bezieht man $U_{d\alpha}$ auf U_{di} und I_d auf den Scheitelwert J_{cc} des zweipoligen Kurzschlußstromes, dann wird die Gl. (6.49) unabhängig von p:

$$\frac{U_{d\alpha}}{U_{di}} = \cos \alpha - \frac{1}{2} \frac{I_d}{J_{cc}}. \qquad (6.51)$$

Die Pulszahl p tritt nur in den Bezugsgrößen

$$U_{di} = \sqrt{2}\, U_s \frac{p}{\pi} \sin \frac{\pi}{p}, \quad J_{cc} = \frac{\sqrt{2}\, U_s}{\omega L_c} \sin \frac{\pi}{p} \qquad (6.52)$$

auf. Die Gl. (6.51) ist in Abb. 6.23 mit α als Parameter dargestellt und liefert eine Schar paralleler Geraden.

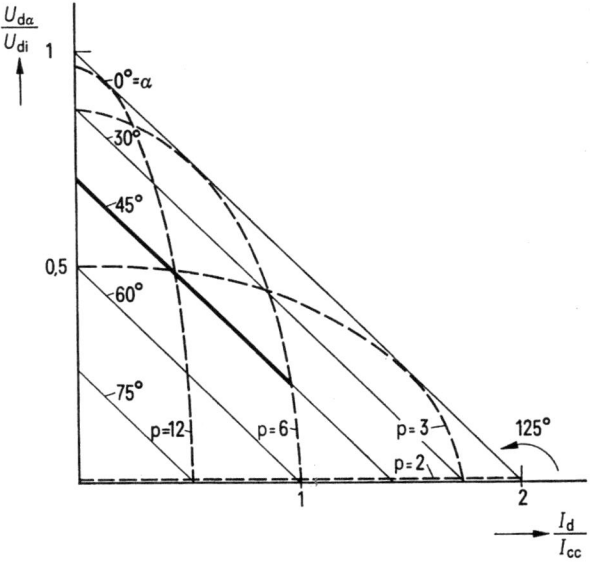

Abb. 6.23. Belastungskennlinien der p-pulsigen Mittelpunktschaltung Abb. 6.19 bei idealer Glättung im Bereich einfacher Kommutierung mit dem Steuerwinkel α als Parameter. Grenzellipsen zwischen einfacher und mehrfacher Kommutierung (gestrichelt) mit der Pulszahl p als Parameter.

6.3 Kommutierungsinduktivitäten bei idealer Glättung

Mit (6.51) kann der Gl. (6.40) für den Überlappungswinkel u folgende Form gegeben werden:

$$\frac{U_{d\alpha}}{U_{di}} = \cos(\alpha + u) + \frac{1}{2}\frac{I_d}{J_{cc}}. \qquad (6.53)$$

(6.53) liefert in Abb. 6.23 Kurven für konstante Werte von $\alpha + u$, die jedoch nicht eingezeichnet sind; man erkennt jedoch unmittelbar, daß diese Geradenschar eine gleich große, aber entgegengesetzte Neigung gegenüber der Abszisse wie die Geradenschar (6.51) besitzt.

Unter der Voraussetzung, daß die Größen I_d und L_c festgehalten werden, bleibt der Gleichspannungsverlust D_∞ — also der schraffierte Flächeninhalt in Abb. 6.21a — nach (6.49) konstant und daher unabhängig vom Steuerwinkel α. Die Höhe der schraffierten Fläche wächst mit dem Steuerwinkel α; deshalb muß die Breite dieser Fläche — das ist die Überlappungszeit u — mit wachsendem α abnehmen, denn nur dann bleibt der schraffierte Flächeninhalt, wie gefordert, konstant. Diese Gesetzmäßigkeit wurde an Hand der Beziehung (6.40) bereits auf anderem Wege in Abschn. 6.31 abgeleitet.

6.33 Grenze zwischen einfacher und mehrfacher Kommutierung

Mit wachsendem Gleichstrom I_d wächst der Überlappungswinkel u nach (6.40) bzw. nach Abb. 6.21, bis er schließlich bei einem bestimmten Gleichstrom $I_{d,mk}$ den Wert $u_{mk} = 2\pi/p$ erreicht. Dieser Grenzfall ist in Abb. 6.24 dargestellt.

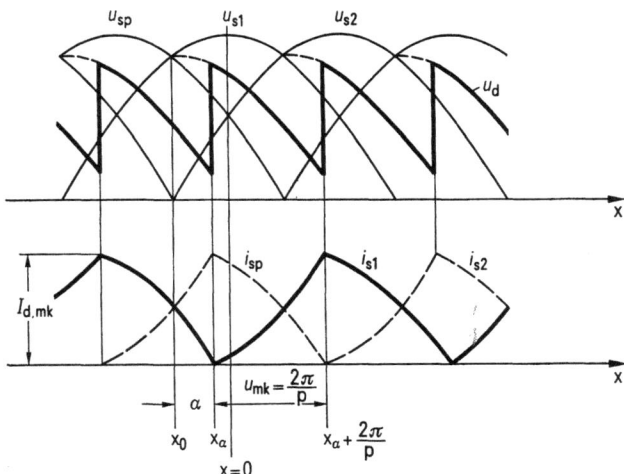

Abb. 6.24. Betrieb an der Grenze zwischen einfacher und mehrfacher Kommutierung.

Wenn der Grenzstrom $I_{d,mk}$ überschritten wird, tritt ein anderer Betriebszustand auf, bei dem — wie im folgenden Abschn. 6.34 beschrieben wird — mehr als zwei Ventile gleichzeitig an der Stromführung beteiligt sein können; dieser Betriebszustand wird mehrfache Kommutierung genannt.

Den Grenzstrom $I_{d,mk}$ erhält man deshalb aus (6.40) oder (6.41), indem darin u durch $2\pi/p$ und I_d durch $I_{d,mk}$ ersetzt wird. Es folgt:

$$I_{d,mk} = 2J_{cc} \sin\frac{\pi}{p} \sin\left(\alpha + \frac{\pi}{p}\right), \qquad J_{cc} = \frac{\sqrt{2}\,U_s}{\omega L_c} \sin\frac{\pi}{p}. \qquad (6.54)$$

Man kann den Grenzstrom $I_{d,mk}$ ins Verhältnis zum Nenngleichstrom setzen. Mit (6.18) und der zweiten Gl. (6.49) folgt dann aus (6.54)

$$\frac{I_{d,mk}}{I_{dN}} = \frac{U_{di}}{D_N} \sin\frac{\pi}{p} \sin\left(\alpha + \frac{\pi}{p}\right), \qquad (6.55)$$

$$U_{di} = \sqrt{2}\,U_s \frac{p}{\pi} \sin\frac{\pi}{p}, \qquad D_N = \frac{p}{2\pi} \omega L_c I_{dN}. \qquad (6.56)$$

D_N ist nach (6.49) der Gleichspannungsverlust beim Nennstrom I_{dN}.

Insbesondere erhält man für Vollaussteuerung $\alpha = 0$

$$\frac{I_{d,mk}}{I_{dN}} = \frac{U_{di}}{D_N} \sin^2\frac{\pi}{p}. \qquad (6.57)$$

Der Grenzstrom $I_{d,mk}/I_{dN}$ wächst nach (6.56), (6.57) umgekehrt proportional mit dem relativen Spannungsverlust D_N/U_{di}.

Wenn die Verhältniszahl $I_{d,mk}/I_{dN}$ größer als 1 ist, tritt im Nennbetrieb, also zwischen $I_d = 0$ und I_{dN} nur einfache Kommutierung auf; falls dagegen $I_{d,mk}/I_{dN}$ kleiner als 1 ist, tritt bereits im Nennbetrieb mehrfache Kommutierung auf.

In der Abb. 6.25 ist die Beziehung (6.57) mit $I_{d,mk}/I_{dN}$ als Ordinate, U_{di}/D_N als Abszisse und p als Parameter dargestellt. Der Schnittpunkt der Ursprungsgeraden mit der Horizontalen $I_{d,mk}/I_{dN} = 1$ legt die Grenze zwischen einfacher und mehrfacher Kommutierung bei Vollaussteuerung für den Nennbetrieb so fest, daß die Geradenstücke OS den Bereich der mehrfachen Kommutierung und die oberhalb der horizontalen Geraden verlaufenden Stücke der Ursprungsgeraden den Bereich der einfachen Kommutierung beschreiben. Man entnimmt daraus, daß im Nennbetrieb nur dann mehrfache Kommutierung auftritt, wenn die Pulszahl p groß oder das Verhältnis U_{di}/D_N hinreichend klein ist. Für den Betrieb im Nennbereich besitzt die mehrfache Kommutierung demnach nur in den Grenzfällen hoher Pulszahl oder kleiner Werte von U_{di}/D_N Bedeutung.

6.3 Kommutierungsinduktivitäten bei idealer Glättung

Zu einem vorgegebenen Steuerwinkel α liefert (6.54) den zugehörigen Grenzstrom $I_{d,mk}$ zwischen einfacher und mehrfacher Kommutierung; aus (6.51) erhält man den zugehörigen Lastspannungsmittelwert $U_{d\alpha}$. Man eliminiert aus diesen beiden Gleichungen den Steuerwinkel α und

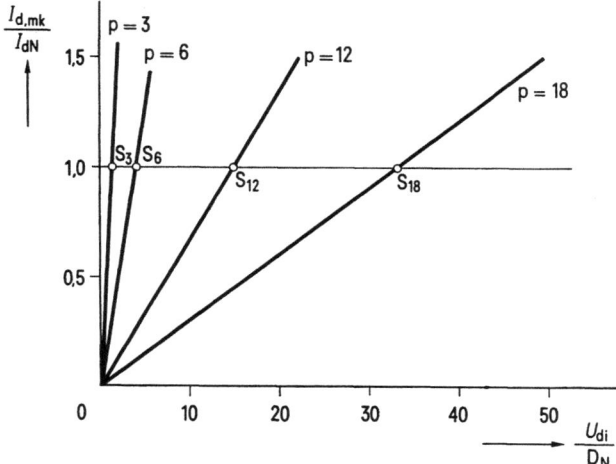

Abb. 6.25. Abhängigkeit des relativen Gleichstromes $I_{d,mk}/I_{dN}$ an der Grenze zwischen einfacher und mehrfacher Kommutierung vom relativen, reziproken Gleichspannungsverlust U_{di}/D_N mit der Pulszahl p als Parameter.

erhält folgende Beziehung zwischen $I_{d,mk}$ und dem zugehörigen Lastspannungsmittelwert $U_{d\alpha}$:

$$2\frac{\left(\dfrac{U_{d\alpha}}{U_{di}}\right)^2}{1+\cos\dfrac{2\pi}{p}} + \frac{1}{2}\frac{\left(\dfrac{I_{d,mk}}{J_{cc}}\right)^2}{1-\cos\dfrac{2\pi}{p}} = 1. \qquad (6.58)$$

(6.58) liefert in Abb. 6.23 zu jeder Pulszahl p eine Ellipse. Die Belastungskennlinien (6.51) im Bereich der einfachen Kommutierung sind demnach in Abb. 6.23 bei vorgegebener Pulszahl p durch das Geradenstück zwischen der Ordinate und dem Schnittpunkt der Geraden mit der zur jeweiligen Pulszahl p gehörenden Ellipse gegeben; für das Beispiel $p=6$ und $\alpha=45°$ ist dieses Geradenstück in Abb. 6.23 stark ausgezogen. Im Falle $p=2$ degeneriert die Ellipse auf das Abszissenstück zwischen $I_d/J_{cc}=0$ und $I_d/J_{cc}=2$.

Rein mathematisch sind zwar die Geraden (6.51) und die Ellipsen (6.58) in der vollen Koordinatenebene der Abb. 6.23 definiert, die links von der Ordinate liegende Halbebene negativer Gleichströme ist jedoch wegen der Sperrwirkung der Ventile von den Betrachtungen auszuschließen. In der verbleibenden Halbebene rechts von der Ordinate behalten die Gln. (6.51), (6.58) grundsätzlich ihre Gültigkeit; sie sind jedoch für den Bereich negativer Werte von $U_{d\alpha}$ vorerst nicht eingezeichnet, weil diese Betriebszustände dem Bereich des Wechselrichterbetriebes angehören, dessen Wirkungsweise erst im Abschn. 9 erläutert wird. Dabei wird sich herausstellen, daß der Grenzstrom $I_{d,mk}$ je nach der Größe des Steuerwinkels α und der Pulszahl p im Bereich negativer Gleichspannungsmittelwerte auftreten kann, daß also der Übergang zur Mehrfachkommutierung auch im Wechselrichterbetrieb liegen kann.

Bei der zweipulsigen Mittelpunktschaltung sind nur zwei Ventile vorhanden, so daß eine mehrfache Kommutierung nicht eintreten kann. Der Grenzstrom $I_{d,mk}$ und der zugehörige Überlappungswinkel $u_{mk} = \pi$ beschreiben in diesem Falle den Betriebszustand, bei dem sich die Stromführung der beiden Ventile über die volle Periode 2π erstreckt.

6.34 Ströme und Spannungen bei mehrfacher Kommutierung und idealer Glättung

Im vorliegenden Abschnitt werden einige Gesetzmäßigkeiten behandelt, die gemeinsam für Mittelpunktschaltungen beliebiger Pulszahl p und für beliebige Werte des Gleichstromes I_d gelten.

Wenn der Laststrom I_d den Grenzstrom $I_{d,mk}$ übersteigt ($I_d > I_{d,mk}$), wird das nächstfolgende Ventil zu einem Zeitpunkt gezündet, in dem die beiden zeitlich vorangehenden Ventile noch Strom führen. Die Induktivität L_c in den Zuleitungen des neu hinzutretenden Ventiles verhindert den sprunghaften Stromeinsatz, so daß die drei Ventile gemeinsam den Laststrom übernehmen. Dieser Zustand bleibt solange bestehen, bis einer der Ventilströme zu Null wird. Wenn jedoch der Gleichstrom I_d hinreichend groß ist, kann der Fall eintreten, daß ein viertes Ventil gezündet wird, bevor eines der drei stromführenden Ventile stromlos geworden ist; dann folgt ein Zeitintervall, indem vier Ventile gleichzeitig Strom führen.

Man kann diese Überlegungen sinngemäß fortführen und zeigen, daß sich mit wachsendem Laststrom I_d immer mehr Ventile gleichzeitig an der Stromführung beteiligen, bis schließlich im Gleichstromkurzschluß ein Betriebszustand auftritt, in dem alle p Ventile der Mittelpunktschaltung gleichzeitig Strom führen. Diese Beschreibung zeigt also, daß bei mehrfacher Kommutierung ganz allgemein Zeitintervalle auftreten, in denen von den p Ventilen der Schaltung $n \leq p$ Ventile gemeinsam Strom führen können (vgl. die Beispiele in Abb. 6.26 und 6.29).

Es wird angenommen, daß sich die gemeinsame Stromführung der $n \leq p$ Ventile V_1 bis V_n über das Zeitintervall von x_1 bis x_2 erstreckt.

6.3 Kommutierungsinduktivitäten bei idealer Glättung

Dann gelten nach Abb. 6.19 in diesem Zeitintervall die Beziehungen

$$u_{s1} - u_d = \omega L_c \frac{di_{s1}}{dx}, \qquad (6.59)$$

$$u_{s2} - u_d = \omega L_c \frac{di_{s2}}{dx}, \qquad (6.60)$$

$$\vdots \qquad \vdots \qquad \vdots$$

$$u_{sn} - u_d = \omega L_c \frac{di_{sn}}{dx}, \qquad (6.61)$$

$$i_{s1} + i_{s2} + \cdots + i_{sn} = I_d. \qquad (6.62)$$

Addiert man die Gln. (6.59) bis (6.61) unter Berücksichtigung der differenzierten Gl. (6.62), dann erhält man

$$u_d = \frac{1}{n}(u_{s1} + u_{s2} + \cdots + u_{sn}). \qquad (6.63)$$

Die Gl. (6.63) sagt aus, daß die Gleichspannung u_d während der gemeinsamen Stromführung von n Ventilen durch den arithmetischen Mittelwert der Augenblickswerte der n Sternspannungen $u_{s1}, u_{s2} \ldots u_{sn}$ der stromführenden Ventile gebildet wird.

Die weitere Behandlung der Vorgänge im Bereich der mehrfachen Kommutierung ist für den allgemeinen Fall der p-pulsigen Schaltungen aufwendig und schwer überschaubar. Deshalb wird im folgenden lediglich die dreipulsige Mittelpunktschaltung beschrieben.

6.35 Vollständige Belastungskennlinie der dreipulsigen Mittelpunktschaltung mit gesteuerten Ventilen bei Vollaussteuerung

Zur Vereinfachung wird vorerst nur die Belastungskennlinie der dreipulsigen Mittelpunktschaltung bei Vollaussteuerung ($\alpha = 0$) und idealer Glättung beschrieben; die Kennlinien für beliebige Werte des Steuerwinkels α werden erst im Abschn. 9.4 abgeleitet. Bei der Kennliniendarstellung in Abb. 6.27 werden die bezogenen Koordinaten $U_{d\alpha}/U_{di}$ und $I_d/3J_c$ gewählt.

Mit wachsendem Gleichstrom wird zunächst der Bereich einfacher Kommutierung (Abb. 6.26a) durchlaufen, bis beim Grenzstrom $I_{d,mk}$ der Übergang zur mehrfachen Kommutierung (Abb. 6.26b) erfolgt. Man erhält $I_{d,mk}$ aus (6.54) mit $\alpha = 0$ und $p = 3$:

$$\frac{I_{d,mk}}{3J_c} = \frac{\sqrt{3}}{4}, \qquad J_c = \frac{\sqrt{2}U_s}{\omega L_c}. \qquad (6.64)$$

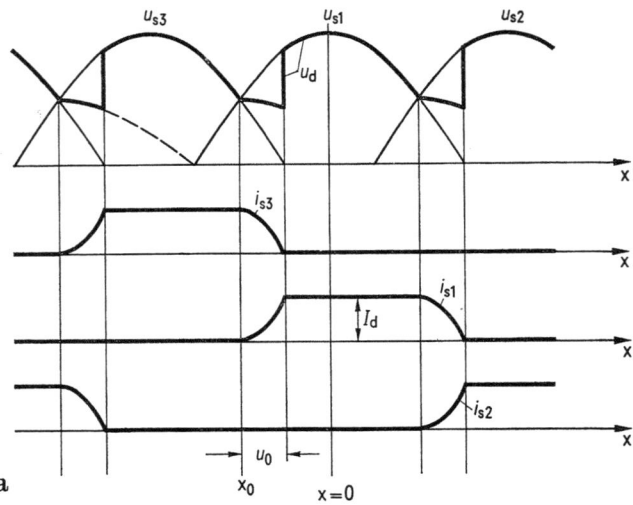

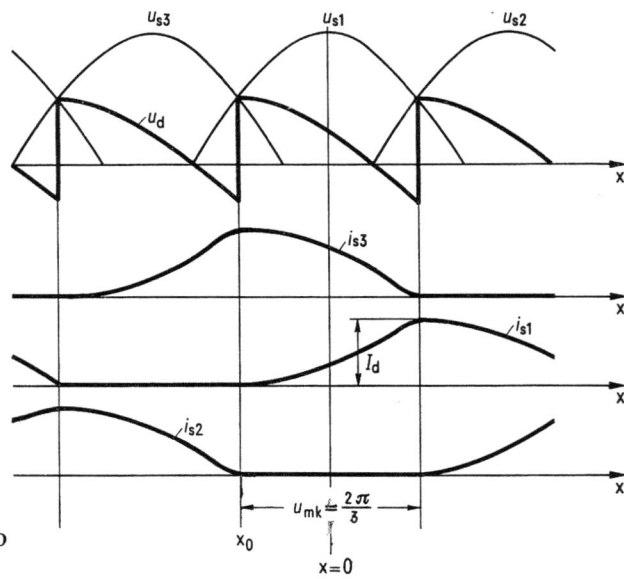

Abb. 6.26. Zeitverlauf der elektrischen Größen der dreipulsigen Mittelpunktschaltung Abb. 6.19 bei idealer Glättung und Vollaussteuerung (gesteuerte Ventile).

a) einfache Kommutierung; b) Grenzfall zwischen einfacher und mehrfacher Kommutierung;

6.3 Kommutierungsinduktivitäten bei idealer Glättung 115

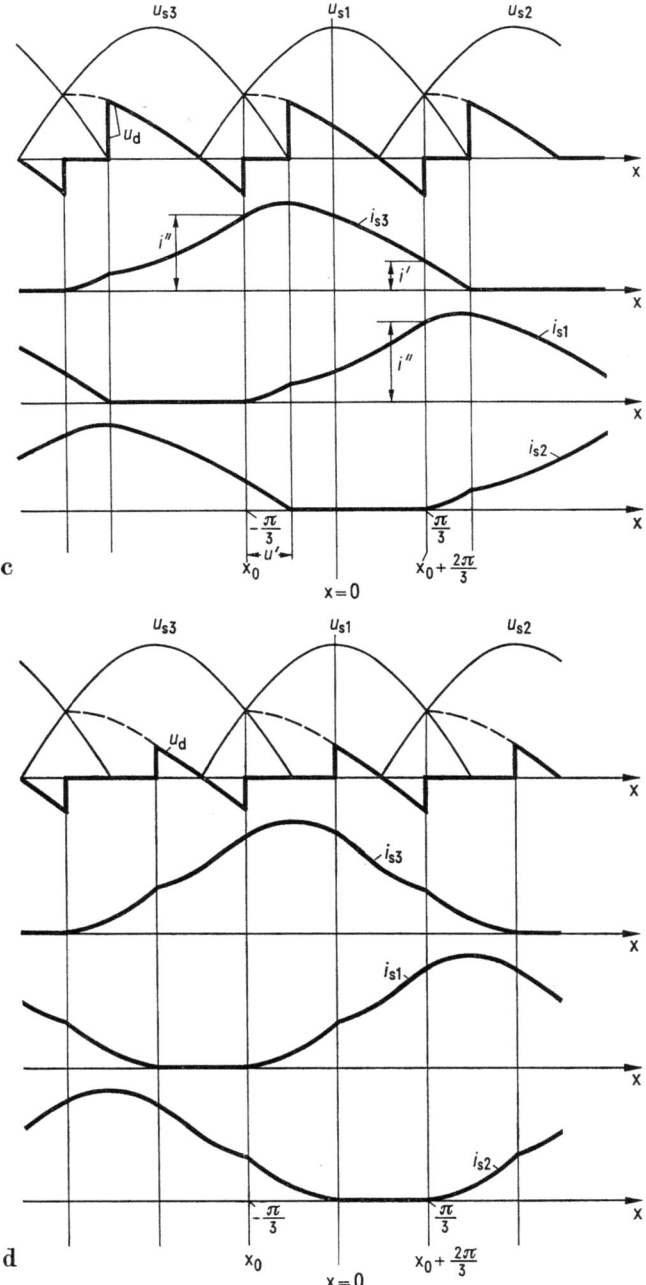

Abb. 6.26c) und d). c) mehrfache Kommutierung; d) Kurzschlußbetrieb.

Die Belastungskennlinie im Bereich der einfachen Kommutierung erhält man mit $p = 3$ und $\alpha = 0$ aus (6.51):

$$\frac{U_{d\alpha}}{U_{di}} = 1 - \sqrt{3}\,\frac{I_d}{3J_c}, \qquad 0 \leqq I_d \leqq I_{d,mk}. \tag{6.65}$$

Die Gl. (6.65) liefert in der Abb. 6.27 die Gerade AB; sie hat physikalisch jedoch nur zwischen den Punkten AE Bedeutung.

Wenn der Grenzstrom $I_{d,mk}$ überschritten wird, treten die Verhältnisse nach Abb. 6.26c ein. Im Zündzeitpunkt $x_0 = -\pi/3$ des Ventiles V_1 führen die beiden Ventile V_2 und V_3 noch Strom. An x_0 schließt deshalb bis $x_0 + u'$ ein Intervall an, in dem sich alle drei Ventile an der Stromführung beteiligen. Während dieser Zeit gilt nach (6.63) $u_d = (u_{s1} + u_{s2} + u_{s3})/3 = 0$. An den Zeitpunkt $x_0 + u'$ schließt bis $x_0 + 2\pi/3 = \pi/3$ ein Zeitintervall an, in dem das Ventil V_2 nach Abb. 6.26c stromlos ist und nur die Ventile V_1 und V_3 gemeinsam Strom führen. Nach (6.63) ist die Gleichspannung in diesem Zeitintervall durch $u_d = (u_{s1} + u_{s3})/2$ gegeben (Abb. 6.26c). Der Endzeitpunkt $x_0 + 2\pi/3 = \pi/3$ ist mit dem Zündzeitpunkt des Ventiles V_2 identisch. Anschließend an den Zündzeitpunkt $\pi/3$ wiederholen sich die Vorgänge mit entsprechend vertauschten Ventilfunktionen.

Bei der Berechnung der Belastungskennlinie im Bereich der mehrfachen Kommutierung geht man davon aus, daß die beiden Ventile V_1 und V_3 nach Abb. 6.26c während des vollen Periodizitätsintervalles x_0 bis $x_0 + 2\pi/3$ gemeinsam Strom führen. Deshalb gelten in diesem Intervall — unabhängig davon, ob das Ventil V_2 Strom führt oder nicht — die beiden Gleichungen

$$u_d = u_{s1} - \omega L_c \frac{di_{s1}}{dx}, \qquad u_d = u_{s3} - \omega L_c \frac{di_{s3}}{dx}. \tag{6.66}$$

Durch Integration der beiden Gl. (6.66) über das Periodizitätsintervall $x_0 = -\pi/3$ bis $x_0 + 2\pi/3 = \pi/3$ und nach Multiplikation mit $3/2\pi$ erhält man die folgenden beiden Gleichungen für den Gleichspannungsmittelwert $U_{d\alpha}$:

$$U_{d\alpha} = U_{di} - \frac{3}{2\pi}\omega L_c \int\limits_{-\frac{\pi}{3}}^{\frac{\pi}{3}} di_{s1}, \tag{6.67}$$

6.3 Kommutierungsinduktivitäten bei idealer Glättung

$$U_{d\alpha} = -\frac{1}{2} U_{di} - \frac{3}{2\pi} \omega L_c \int_{-\frac{\pi}{3}}^{\frac{\pi}{3}} di_{s3}. \qquad (6.68)$$

Zur Auswertung der Integrale in (6.67), (6.68) entnimmt man aus Abb. 6.26c die Momentanwerte der Ströme i_{s1}, i_{s3} an den Intervallgrenzen x_0 und $x_0 + 2\pi/3$. Damit folgt aus (6.67), (6.68):

$$U_{d\alpha} = U_{di} - \frac{3}{2\pi} \omega L_c i'', \qquad U_{di} = \frac{3\sqrt{3}}{2\pi} \sqrt{2} U_s, \qquad (6.69)$$

$$U_{d\alpha} = -\frac{1}{2} U_{di} - \frac{3}{2\pi} \omega L_c (i' - i''). \qquad (6.70)$$

Man entnimmt weiterhin aus Abb. 6.26c, daß im Zeitpunkt $x_0 + 2\pi/3$ die Beziehung

$$I_d = i' + i'' \qquad (6.71)$$

gilt. Man eliminiert i' und i'' mit Hilfe von (6.71) aus den beiden Beziehungen (6.69), (6.70) und findet mit $J_c = \sqrt{2} U_s/\omega L_c$ die folgende Gleichung für die Belastungskennlinien im Bereich der mehrfachen Kommutierung:

$$\frac{U_{d\alpha}}{U_{di}} = \frac{1}{2} - \frac{1}{\sqrt{3}} \frac{I_d}{3J_c}, \qquad I_{d,mk} \leqq I_d \leqq I_{dK}. \qquad (6.72)$$

Die Gl. (6.72) liefert in Abb. 6.27 die Gerade CD, die jedoch nur im Bereich E bis D physikalisch sinnvoll ist.

Aus der Gl. (6.72) erhält man mit $U_{d\alpha} = 0$ folgende Gleichung für den Kurzschlußgleichstrom I_{dK}:

$$\frac{I_{dK}}{3J_c} = \frac{1}{2} \sqrt{3}, \qquad J_c = \frac{\sqrt{2} U_s}{\omega L_c}. \qquad (6.73)$$

Bezieht man den Kurzschlußstrom I_{dK} auf den Nennstrom I_{dN}, dann folgt aus (6.73)

$$\frac{I_{dK}}{I_{dN}} = \frac{3}{2} \frac{U_{di}}{D_N}, \qquad U_{di} = \frac{3}{\pi} \sqrt{\frac{3}{2}} U_s, \qquad D_N = \frac{3}{2\pi} \omega L_c I_{dN}. \qquad (6.74)$$

Nimmt man z. B. $D_N/U_{di} = 0{,}1$, also 10% Gleichspannungsverlust bei Nennstrom an, dann ist der Kurzschlußstrom I_{dK} nach (6.74) fünfzehnmal größer als der Nennstrom I_{dN}. Der tatsächlich gemessene Kurzschlußstrom I_{dK} ist in der Regel — z. B. um den Faktor 2 oder mehr — kleiner als der oben errechnete Wert, weil der vernachlässigte Durchlaßwiderstand der Ventile, die vernachlässigten ohmschen Widerstände der Transformatoren, Drosselspulen und Zuleitungen den Kurzschlußstrom I_{dK} entscheidend mitbestimmen.

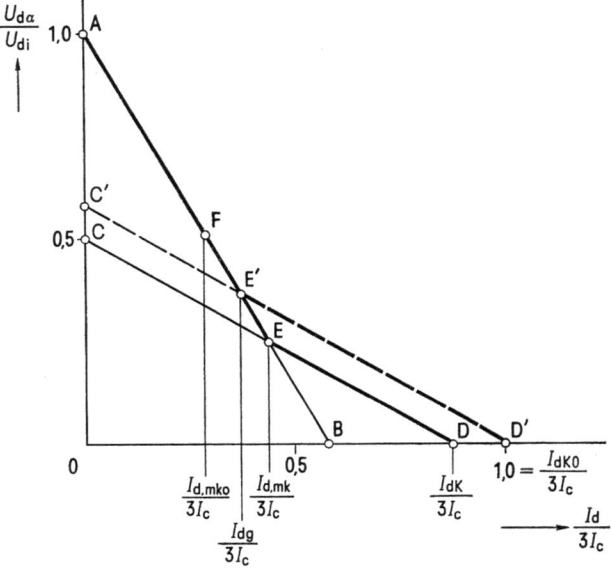

Abb. 6.27. Belastungskennlinien der p-pulsigen Mittelpunktschaltung Abb. 6.19 bei idealer Glättung. AED bei gesteuerten Ventilen und Vollaussteuerung ($\alpha = 0$); AE'D' ungesteuerte Ventile.

Der Schnittpunkt E der beiden Geraden in Abb. 6.27 beschreibt die Grenze zwischen einfacher und mehrfacher Kommutierung. Durch Gleichsetzen der Beziehungen (6.65), (6.72) erhält man für die Koordinaten des Punktes E die Werte $I_{d,mk}/3J_c = \sqrt{3}/4$ und $U_{d\alpha}/U_{di} = 1/4$. Die vollständige Belastungskennlinie der dreipulsigen Mittelpunktschaltung mit gesteuerten Ventilen und $\alpha = 0$ wird somit durch den geknickten Linienzug AED in Abb. 6.27 beschrieben.

6.36 Vollständige Belastungskennlinie der dreipulsigen Mittelpunktschaltung mit ungesteuerten Ventilen

Ein Sonderfall liegt vor, wenn die Ventile der Mittelpunktschaltung ungesteuert z. B. Dioden sind. Die Eigenschaften dieser Schaltung unterscheiden sich im Bereich der einfachen Kommutierung in keiner Weise

6.3 Kommutierungsinduktivitäten bei idealer Glättung 119

von den Eigenschaften der Mittelpunktschaltung mit gesteuerten Ventilen, die bei Vollaussteuerung $\alpha = 0$ betrieben werden. Erst wenn die Grenze zur mehrfachen Kommutierung überschritten wird — das geschieht in den beiden Schaltungen bei verschiedenen Werten des Gleichstrommittelwertes — treten grundsätzliche Unterschiede im Verhalten der beiden Schaltungen auf; diese Unterschiede sollen mit Hilfe der Abb. 6.28a und b erläutert werden.

In der Abb. 6.28a sind noch einmal die bereits bekannten Verhältnisse bei gesteuerten Ventilen dargestellt, die bei Vollaussteuerung $\alpha = 0$

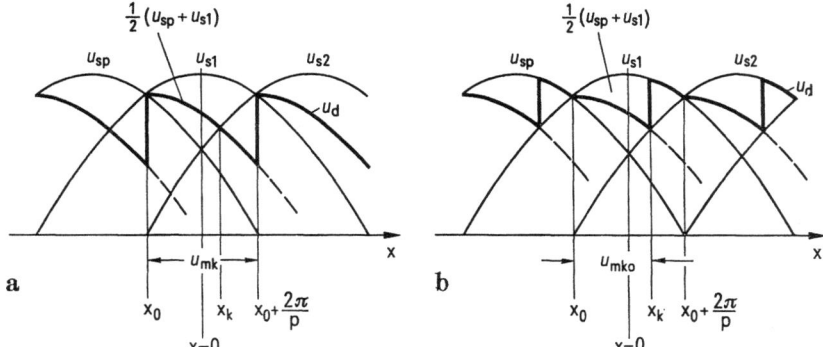

Abb. 6.28. Zeitverlauf der Gleichspannung u_d der dreipulsigen Mittelpunktschaltung Abb. 6.19 an der Grenze zwischen einfacher und mehrfacher Kommutierung. a) gesteuerte Ventile bei $\alpha = 0$; b) ungesteuerte Ventile.

an der Grenze der einfachen Kommutierung betrieben werden; die Überlappungszeit ist in diesem Falle nach Abschn. 6.33 durch $u_{mk} = 2\pi/3$ gegeben und für den zugehörigen Gleichstrom gilt nach (6.54) $I_{d,mk} = 2J_{cc}$
$\times (\sin \pi/3)^2 = 3J_c \sqrt{3}/4$.

In Abb. 6.28b sind die Verhältnisse dargestellt, die bei ungesteuerten Ventilen an der Grenze der einfachen Kommutierung auftreten. Im Zeitpunkt x_0 beginnen die Ventile V_p und V_1 mit der gemeinsamen Stromführung. Mit wachsendem Gleichstrom nimmt der Überlappungswinkel u_0 zu und umfaßt schließlich bei einem bestimmten Gleichstrom $I_{d,mk0}$ das gesamte Intervall x_0 bis x_k in Abb. 6.28b. In diesem Zeitintervall führen die Ventile V_p und V_1 das gemeinsame Potential $(u_{sp} + u_{s1})/2$. Im Zeitpunkt x_k beginnt das Potential u_{s2} des Ventiles V_2 das gemeinsame Potential $(u_{sp} + u_{s1})/2$ der Ventile V_p und V_1 zu überschreiten, so daß sich das ungesteuerte Ventil V_2 vom Zeitpunkt x_k an gemeinsam mit den Ventilen V_p und V_1 an der Stromführung beteiligen kann. Bei gesteuerten Ventilen und $\alpha = 0$ ist die Stromübernahme durch das Ventil V_2 im Zeitpunkt x_k nicht möglich, weil das Ventil V_2 erst im Zeitpunkt $x_0 + 2\pi/p$ durch die Steuerung zur Stromführung freigegeben wird (vgl. Abb. 6.28a).

Der Vergleich der Abb. 6.28a und b zeigt, daß der Überlappungswinkel u_{mk0} bei ungesteuerten Ventilen kleiner ist als der Überlappungswinkel u_{mk}, der sich bei gesteuerten Ventilen mit $\alpha = 0$ an der Grenze der einfachen Kommutierung einstellt.

Bei der Berechnung des Überlappungswinkels u_{mk0} und des zugehörigen Gleichstrommittelwertes $I_{d,mk0}$, bei dem die Mittelpunktschaltungen mit ungesteuerten Ventilen die Grenze zur Mehrfachkommutierung erreichen, bestimmt man zunächst den Zeitpunkt x_k, in dem sich die beiden Spannungen u_d und u_{s2} schneiden. Man erhält aus Abb. 6.28b zur Berechnung von x_k die Bestimmungsgleichung $(u_{sp} + u_{s1})/2 = u_{s2}$, die man folgendermaßen anschreiben kann:

$$\cos\left(x_k + \frac{2\pi}{p}\right) + \cos x_k = 2\cos\left(x_k - \frac{2\pi}{p}\right). \qquad (6.75)$$

Daraus folgt nach einer trigonometrischen Umwandlung:

$$\tan x_k = \frac{1}{3}\tan\frac{\pi}{p}, \qquad x_k = u_{mk0} - \frac{\pi}{p}. \qquad (6.76)$$

Aus der ersten Gl. (6.76) berechnet man x_k; daraus folgt mit der zweiten Gl. (6.76):

$$\cos u_{mk0} = \cos\frac{\pi}{p} \frac{1 - \frac{1}{3}\tan^2\frac{\pi}{p}}{\sqrt{1 + \frac{1}{9}\tan^2\frac{\pi}{p}}}. \qquad (6.77)$$

Mit (6.77) berechnet man aus (6.42) den zugehörigen Gleichstrom $I_{d,mk0}$:

$$I_{d,mk0} = J_{cc}\left(1 - \cos\frac{\pi}{p} \frac{1 - \frac{1}{3}\tan^2\frac{\pi}{p}}{\sqrt{1 + \frac{1}{9}\tan^2\frac{\pi}{p}}}\right). \qquad (6.78)$$

Durch die Gl. (6.76) bis (6.78) sind die Daten für den Betrieb an der Grenze der einfachen Kommutierung für den Fall ungesteuerter Ventile festgelegt.

Die Vorgänge, die bei ungesteuerten Ventilen im Bereich der Mehrfachkommutierung auftreten, sollen anschließend am Beispiel der dreipulsigen Mittelpunktschaltung erläutert werden.

In Abb. 6.29a sind die Ströme und Spannungen bei einfacher Kommutierung und in Abb. 6.29b an der Grenze zur Mehrfachkommutierung dargestellt. Aus (6.76), (6.78) und (6.64) erhält man mit $p = 3$ für den

6.3 Kommutierungsinduktivitäten bei idealer Glättung

Grenzfall Abb. 6.29b die folgenden Daten:

$$x_K = \frac{\pi}{6}, \quad u_{mk0} = \frac{\pi}{2}, \quad \frac{I_{d,mk0}}{3J_c} = \frac{1}{2\sqrt{3}}, \quad \frac{I_{d,mk}}{I_{d,mk0}} = \frac{3}{2}. \quad (6.79)$$

Der Grenzgleichstrom zur Mehrfachkommutierung ist demnach bei gesteuerten Ventilen um 50% größer als bei ungesteuerten Ventilen.

Sobald der Grenzwert $I_{d,mk0}$ des Laststromes überschritten wird, stellen sich die Verhältnisse nach Abb. 6.29c ein. Auf das Zeitintervall $x_0 = -\pi/3$ bis x_1, in dem V_1 und V_3 gemeinsam Strom führen und die Gleichspannung $u_d = (u_{s3} + u_{s1})/2$ liefern, folgt ein Intervall x_1 bis x_2, in dem alle drei Ventile an der Stromführung beteiligt sind, so daß nach (6.63) $u_d = (u_{s1} + u_{s2} + u_{s3})/3 = 0$ gilt; dieser Zustand bleibt aufrechterhalten, bis i_{s3} im Zeitpunkt x_2 den Wert Null erreicht. Von x_2 bis x_3 beteiligen sich nur noch die beiden Ventile V_1 und V_2 an der Stromführung, denn V_3 ist ab x_2 durch die negative Ventilspannung u_{v3} gesperrt. Dieser Zustand hält an, bis i_{s2} bei x_3 den Wert Null annimmt. Im Intervall x_2 bis x_3 gilt $u_d = (u_{s1} + u_{s2})/2$. Zwischen x_3 und $x_0 + 2\pi/3$ führt V_1 allein Strom; es gilt $u_d = u_{s1}$. Im natürlichen Zündzeitpunkt $x_0 + 2\pi/3$ nimmt V_2 wiederum die Stromführung auf und die Vorgänge wiederholen sich. Der Stromzacken von i_{s2} im Intervall x_1 bis x_3 wird Vorläufer genannt.

Der Bereich x_3 bis $x_0 + 2\pi/3$ in Abb. 6.29c, in dem V_1 allein Strom führt, wird mit wachsendem Laststrom kleiner und nimmt bei einem bestimmten Wert I_{dg} den Wert Null an; dieser Zustand ist in Abb. 6.29d dargestellt.

Wählt man den Laststrom größer als I_{dg}, dann treten — wie die Abb. 6.29e zeigt — wiederum andere Verhältnisse auf. Die charakteristischen Merkmale sind, daß die Momentanwerte der Ventilströme zu keinem Zeitpunkt mehr den Wert I_d erreichen.

Mit weiter wachsendem Gleichstrom I_d nimmt die gemeinsame Durchlaßzeit x_1 bis x_2 aller drei Ventile zu und umfaßt im Gleichstromkurzschluß ($R = 0$) die volle Periodenlänge 2π (Abb. 6.29f). Der zugehörige Kurzschlußgleichstrom I_{dK0} ergibt sich zwanglos aus der Belastungskennlinie für den Bereich der Mehrfachkommutierung, die anschließend berechnet wird; der Index 0 bei I_{dK0} soll auf die Verwendung ungesteuerter Ventile hinweisen.

Bei der Berechnung der Belastungskennlinie geht man genauso wie beim Betrieb mit gesteuerten Ventilen vor (vgl. Abschn. 6.35). Die Ventilströme in den Abb. 6.29a bis d, also im Gleichstromintervall $0 \leq I_d \leq I_{dg}$, besitzen trotz beträchtlicher Unterschiede im Zeitverlauf ein gemeinsames Merkmal, das am Ventilstrom i_{s1} aufgezeigt werden soll. Das Ventil V_1 führt in den Fällen Abb. 6.29a bis d zwischen x_0 und $x_0 + 2\pi/3$ Strom,

122 6 Mittelpunktschaltungen mit der Pulszahl p

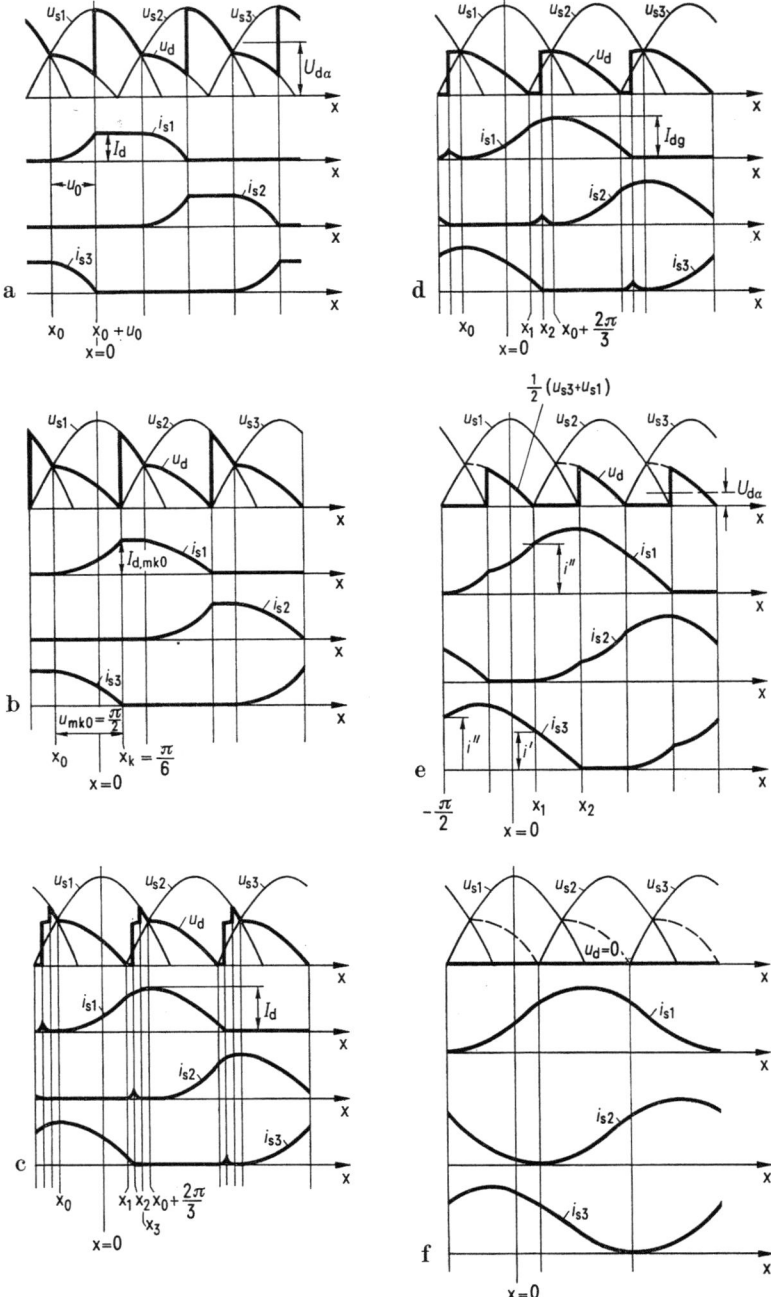

6.3 Kommutierungsinduktivitäten bei idealer Glättung

wobei der Ventilstrom i_{s1} bei x_0 den Momentanwert $i_{s1} = 0$ und bei $x_0 + 2\pi/3$ den Momentanwert $i_{s1} = I_d$ annimmt. In den Betriebszuständen Abb. 6.29a bis d gilt nach Abb. 6.19 zwischen x_0 und $x_0 + 2\pi/3$

$$u_d = u_{s1} - \omega L_c \frac{di_{s1}}{dx}. \tag{6.80}$$

Daraus berechnet man die Belastungskennlinie — genauso wie in Abschn. 6.32 — durch Integration über das Intervall x_0 bis $x_0 + 2\pi/3$ unter Berücksichtigung der Momentanwerte des Stromes i_{s1} an den Integrationsgrenzen x_0 und $x_0 + 2\pi/3$. Man erhält aus (6.80):

$$\frac{U_{d\alpha}}{U_{di}} = 1 - \sqrt{3}\,\frac{I_d}{3J_c}, \qquad 0 \leq I_d \leq I_{dg}. \tag{6.81}$$

Die Belastungskennlinie bei ungesteuerten Ventilen wird somit — wie der Vergleich mit (6.65) zeigt — durch dieselbe Gerade AB in Abb. 6.27 wie bei gesteuerten Ventilen und $\alpha = 0$ dargestellt.[1]

Die Berechnung der Belastungskennlinie im Gleichstrombereich I_{dg} bis I_{dk0} (entsprechend den Abb. 6.29d bis f) erfolgt auf demselben Wege wie im Falle gesteuerter Ventile (Abschn. 6.35). Man stellt zunächst an Hand der Abb. 6.29e fest, daß die Ventile V_1 und V_3 im Periodizitätsintervall $x = -\pi/2$ bis $x = -\pi/2 + 2\pi/3 = \pi/6$ gemeinsam Strom führen; diese Aussage gilt auch für die Grenzfälle in Abb. 6.29d und f. Deshalb gelten in diesem Bereich nach Abb. 6.19 die beiden Gleichungen

$$u_d = u_{s1} - \omega L_c \frac{di_{s1}}{dx}, \qquad u_d = u_{s3} - \omega L_c \frac{di_{s3}}{dx}. \tag{6.82}$$

Durch Integration der Gl. (6.82) über das Periodizitätsintervall $x = -\pi/2$ bis $x = \pi/6$ und nach Multiplikation mit $3/2\pi$ erhält man die folgenden

---

[1] Die Bezeichnung $U_{d\alpha}$ für den Lastspannungsmittelwert ist wegen des Index α eigentlich nur bei gesteuerten Ventilen gerechtfertigt. Damit aber die Belastungskennlinien für gesteuerte und ungesteuerte Ventile in Abb. 6.27 mit der gleichen Ordinatenvariablen eingezeichnet werden können, wurde die Bezeichnung $U_{d\alpha}$ auch für den Gleichspannungsmittelwert bei ungesteuerten Ventilen beibehalten.

Abb. 6.29. Zeitverlauf der elektrischen Größen der dreipulsigen Mittelpunktschaltung Abb. 6.19 bei idealer Glättung und ungesteuerten Ventilen. a) einfache Kommutierung; b) Grenzfall zwischen einfacher und mehrfacher Kommutierung; c) Ventilströme bei mehrfacher Kommutierung mit Vorläufer: $I_d < I_{dg}$; d) Ventilströme bei mehrfacher Kommutierung mit Vorläufer: $I_d = I_{dg}$; e) mehrfache Kommutierung ohne Vorläufer: $I_d > I_{dg}$; f) Kurzschlußbetrieb.

beiden Gleichungen für die Gleichspannungsmittelwerte:

$$U_{d\alpha} = \frac{1}{2}\sqrt{3}\,U_{di} - \frac{3}{2\pi}\omega L_c \int_{-\frac{\pi}{2}}^{\frac{\pi}{6}} di_{s1}, \qquad (6.83)$$

$$U_{d\alpha} = \qquad\qquad -\frac{3}{2\pi}\omega L_c \int_{-\frac{\pi}{2}}^{\frac{\pi}{6}} di_{s3}. \qquad (6.84)$$

Zur Auswertung der Integrale in (6.83), (6.84) entnimmt man aus Abb. 6.29e die Momentanwerte der Ströme i_{s1}, i_{s3} an den Integrationsgrenzen. Man erhält:

$$U_{d\alpha} = \frac{1}{2}\sqrt{3}\,U_{di} - \frac{3}{2\pi}\omega L_c i'', \qquad U_{d\alpha} = -\frac{3}{2\pi}\omega L_c (i' - i''). \qquad (6.85)$$

Im Zeitpunkt $x = \pi/6$ gilt nach Abb. 6.29e

$$I_d = i' + i''. \qquad (6.86)$$

Aus den drei Gln. (6.85), (6.86) eliminiert man die Größen i', i'' und findet für die Belastungskennlinie im Bereich der mehrfachen Kommutierung folgende Gleichung:

$$\frac{U_{d\alpha}}{U_{di}} = \frac{1}{\sqrt{3}}\left(1 - \frac{I_d}{3J_c}\right), \qquad I_{dg} \leqq I_d \leqq I_{dK0}. \qquad (6.87)$$

In Abb. 6.27 wird (6.87) durch die Gerade C'D' dargestellt.

Die vollständige Belastungskennlinie beim Betrieb mit ungesteuerten Ventilen wird nach Abb. 6.27 durch den geknickten Linienzug AE'D' beschrieben. Die zum Knickpunkt E' gehörenden Koordinaten erhält man durch Gleichsetzen der beiden Gln. (6.81) und (6.87); es folgt:

$$\frac{I_{dg}}{3J_c} = \frac{U_{d\alpha g}}{U_{di}} = \frac{1}{2}\left(\sqrt{3} - 1\right) = 0{,}366. \qquad (6.88)$$

Der Punkt F in Abb. 6.27, dem nach (6.79) der Strom $I_{d,mk0}/3J_c = 1/2\sqrt{3}$ = 0,29 zugeordnet ist, beschreibt den Übergang zwischen einfacher und mehrfacher Kommutierung bei ungesteuerten Ventilen; er liegt noch vor dem Knickpunkt E' der Belastungskennlinie. Der Kennlinienbereich zwischen F und E' umfaßt die Betriebszustände, in denen im Ventilstrom ein Vorläufer (vgl. Abb. 6.29c) auftritt.

6.4 Kommutierungsinduktivitäten bei unvollkommener Glättung

Den Kurzschlußstrom I_{dK0}, der sich bei ungesteuerten Ventilen einstellt, erhält man mit $U_{d\alpha} = 0$ aus der Gl. (6.87). Es folgt:

$$\frac{I_{dK0}}{3J_c} = 1, \quad J_c = \frac{\sqrt{2}\,U_s}{\omega L_c}. \tag{6.89}$$

Der Vergleich mit (6.73) zeigt, daß der Kurzschlußstrom I_{dK0} beim Betrieb mit ungesteuerten Ventilen im Verhältnis $I_{dK0}/I_{dK} = 2/\sqrt{3}$ größer ist als der Kurzschlußstrom I_{dK}, der sich bei gesteuerten Ventilen einstellt.

6.4 Einfluß der Kommutierungsinduktivitäten bei unvollkommener Glättung

Im vorangehenden Abschn. 6.3 wurde der Einfluß der Kommutierungsinduktivitäten bei idealer Glättung des Gleichstromes beschrieben. In der Praxis liegt jedoch stets unvollkommene Glättung vor, weil man eine unendlich große Glättungsinduktivität nicht realisieren kann. Aus diesem Grunde sollen die Eigenschaften der Schaltung Abb. 6.19 bei unvollkommener Glättung kurz beschrieben werden. Die Erläuterungen können kurz gehalten werden, weil ähnliche Betrachtungen bereits in Abschn. 3.4 für die zweipulsige Mittelpunktschaltung Abb. 3.10 durchgeführt wurden.

6.41 Zeitverlauf der Ströme im lückenden Betrieb bei unvollkommener Glättung

Im lückenden Betrieb gilt für die Schaltung Abb. 6.19 während der Stromführung des Ventiles V_1 der Ersatzschaltplan Abb. 6.20c. Daraus folgt für den Zeitverlauf des Stromes $i_{s1} = i_d$ die Differentialgleichung

$$\sqrt{2}\,U_s \cos x = u_{s1} = Ri_d + \omega(L + L_c)\frac{di_d}{dx}. \tag{6.90}$$

Diese Gleichung ist genauso wie in Abschn. 6.14 mit Hilfe der Anfangsbedingung $i_d(x_\alpha) = i_d(\alpha - \pi/p) = 0$ zu lösen. Damit erhält man für den Zeitverlauf des Ventilstromes i_{s1} und für die Durchlaßzeit τ_F

$$i_{s1} = \sqrt{2}\,I_1\left[\cos(x - \varphi_1) - \cos\left(\alpha - \frac{\pi}{p} - \varphi_1\right)\exp\left(-\varrho_1\left(x - \alpha + \frac{\pi}{p}\right)\right)\right], \tag{6.91}$$

$$I_1 = \frac{U_s}{\sqrt{R^2 + \omega^2(L + L_c)^2}}, \quad \varrho_1 = \frac{R}{\omega(L + L_c)} = \cot \varphi_1, \tag{6.92}$$

$$\cos\left(\alpha - \frac{\pi}{p} - \varphi_1 + \tau_F\right) = \cos\left(\alpha - \frac{\pi}{p} - \varphi_1\right)\exp(-\varrho_1 \tau_F). \tag{6.93}$$

Den Grenzsteuerwinkel α_{g1}, bei dem der lückende in den nichtlückenden Betrieb übergeht, bestimmt man nach (6.16) aus der Gleichung

$$\tan(\alpha_{g1} - \varphi_1) = \tanh\left(\varrho_1 \frac{\pi}{p}\right) \cot \frac{\pi}{p}. \tag{6.94}$$

Der Vergleich der Beziehungen (6.7), (6.9), (6.10), (6.12) und (6.16) mit den Gln. (6.90) bis (6.94) zeigt, daß der Zeitverlauf der Ströme in der Schaltung Abb. 6.1 (keine Kommutierungsinduktivitäten) und der Schaltung Abb. 6.19 (Kommutierungsinduktivitäten vorhanden) im Bereich des lückenden Betriebes den gleichen Gesetzen unterliegt. Dieselbe Aussage gilt für den Verlauf der Belastungskennlinien im Lückbetrieb und für die Lückgrenze. Man hat lediglich bei der Anwendung dieser Gleichungen auf die Schaltung Abb. 6.19 die Induktivität L durch $L + L_c$ zu ersetzen.

In der Abb. 6.31 ist eine Lückkurve der Schaltung Abb. 6.19 — mit den gleichen Koordinaten wie in der entsprechenden Abb. 6.17 — dargestellt. Aus dieser Lückkurve geht hervor, daß bei den Belastungskennlinien — wie bereits in Abschn. 6.22 ausführlich gezeigt wurde — zwischen den beiden Fällen $\alpha > \pi/2 - \pi/p$ und $\alpha < \pi/2 - \pi/p$ zu unterscheiden ist; im ersteren Fall besteht die Belastungskennlinie aus einem Teilbereich mit lückendem und einem Teilbereich mit nichtlückendem Betrieb, im zweiten Fall tritt nur nichtlückender Betrieb auf (Abb. 6.31).

6.42 Zeitverlauf der Ströme im nichtlückenden Betrieb bei unvollkommener Glättung

Im nichtlückenden Betrieb verursachen die Kommutierungsinduktivitäten L_c eine Überlappung zweier zeitlich aufeinanderfolgender Ventilströme, z. B. i_{sp} und i_{s1} (Abb. 6.30a). Im Anschluß an die Überlappung ist das Ventil V_1 allein stromführend (Abb. 6.30a). Die Abb. 6.30b zeigt den Verlauf der Summe i_d und der Differenz i_f der Ventilströme i_{sp}, i_{s1}:

$$i_d = i_{s1} + i_{sp}, \qquad i_f = i_{s1} - i_{sp}. \tag{6.95}$$

Aus (6.95) kann man zu gegebenen Werten von i_d und i_f die Ventilströme i_{sp}, i_{s1} berechnen:

$$i_{s1} = \frac{1}{2}(i_d + i_f), \qquad i_{sp} = \frac{1}{2}(i_d - i_f). \tag{6.96}$$

In der Abb. 6.30 werden die Ströme i_d und i_f mit dem Fußindex I bzw. II versehen, je nachdem, ob der Gleichstrom i_d von einem oder von zwei Ventilen geliefert wird.

6.4 Kommutierungsinduktivitäten bei unvollkommener Glättung

Im Kommutierungsintervall x_α bis $x_\alpha + u$ der Abb. 6.30 gilt der Ersatzschaltplan Abb. 6.20b. Der Laststrom i_{dII} wird von den beiden gemeinsam stromführenden Ventilen V_p und V_1 geliefert. Daraus folgen die

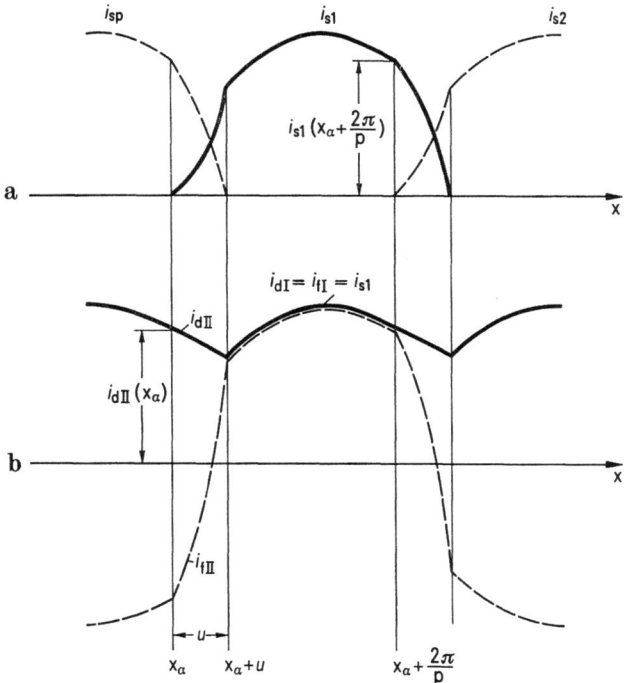

Abb. 6.30. Zur Berechnung des Zeitverlaufes der Ströme im nichtlückenden Betrieb bei unvollkommener Glättung.

beiden Differentialgleichungen

$$u_{sp} = Ri_{\mathrm{dII}} + \omega L \frac{di_{\mathrm{dII}}}{dx} + \omega L_c \frac{di_{sp}}{dx}, \tag{6.97}$$

$$u_{s1} = Ri_{\mathrm{dII}} + \omega L \frac{di_{\mathrm{dII}}}{dx} + \omega L_c \frac{di_{s1}}{dx}. \tag{6.98}$$

Aus der Summe bzw. aus der Differenz von (6.97) und (6.98) erhält man mit Hilfe von (6.95) die folgenden Beziehungen:

$$\frac{1}{2}(u_{s1} + u_{sp}) = Ri_{\mathrm{dII}} + \omega \left(L + \frac{1}{2}L_c\right) \frac{di_{\mathrm{dII}}}{dx}, \tag{6.99}$$

$$\frac{1}{2}(u_{s1} - u_{sp}) = \frac{1}{2}\omega L_c \frac{di_{\mathrm{fII}}}{dx}, \tag{6.100}$$

$$\frac{1}{2}(u_{s1} + u_{sp}) = \sqrt{2}\,U_s \cos\frac{\pi}{p} \cos\left(x + \frac{\pi}{p}\right), \tag{6.101}$$

$$\frac{1}{2}(u_{s1} - u_{sp}) = \sqrt{2}\,U_s \sin\frac{\pi}{p} \sin\left(x + \frac{\pi}{p}\right). \tag{6.102}$$

Die Lösungen der beiden Differentialgleichungen (6.99) und (6.100) lauten:

$$i_{dII} = \sqrt{2}\,I_2 \cos\left(x + \frac{\pi}{p} - \varphi_2\right) + C_1 \exp(-\varrho_2 x), \tag{6.103}$$

$$i_{fII} = -\frac{2\sqrt{2}\,U_s}{\omega L_c} \sin\frac{\pi}{p} \cos\left(x + \frac{\pi}{p}\right) + C_3, \tag{6.104}$$

$$I_2 = \frac{U_s \cos\dfrac{\pi}{p}}{\sqrt{R^2 + \omega^2\left(L + \dfrac{1}{2}L_c\right)^2}}, \quad \varrho_2 = \frac{R}{\omega\left(L + \dfrac{1}{2}L_c\right)} = \cot\varphi_2. \tag{6.105}$$

Mit Hilfe der Gln. (6.103), (6.104) kann man aus (6.96) den Zeitverlauf der Ventilströme i_{sp} und i_{s1} während der Kommutierungszeit berechnen.

Das Zeitintervall, in dem V_1 allein Strom führt, erstreckt sich nach Abb. 6.30 von $x_\alpha + u$ bis $x_\alpha + 2\pi/p$. In diesem Intervall gilt der Ersatzschaltplan Abb. 6.20c so daß der Zeitverlauf des Stromes $i_{dI} = i_{s1}$ durch die Differentialgleichung

$$u_{s1} = \sqrt{2}\,U_s \cos x = R i_{dI} + \omega(L + L_c)\frac{d i_{dI}}{dx} \tag{6.106}$$

gegeben ist. Die Lösung der Differentialgleichung (6.106) lautet

$$i_{dI} = i_{fI} = \sqrt{2}\,I_1 \cos(x - \varphi_1) + C_2 \exp(-\varrho_1 x), \tag{6.107}$$

$$I_1 = \frac{U_s}{\sqrt{R^2 + \omega^2(L + L_c)^2}}, \quad \varrho_1 = \frac{R}{\omega(L + L_c)} = \cot\varphi_1. \tag{6.108}$$

Im betrachteten Intervall $x_\alpha + u$ bis $x_\alpha + 2\pi/p$ gilt nach (6.96) für die Ventilströme $i_{s1} = i_{dI} = i_{fI}$ und $i_{sp} = 0$.

Zur Berechnung der Integrationskonstanten in (6.103), (6.104) und (6.107) entnimmt man aus Abb. 6.30 die folgenden Grenzbedingungen:

$$i_{dII}(x_\alpha + u) = i_{dI}(x_\alpha + u), \tag{6.109}$$

$$i_{dII}(x_\alpha) = i_{dI}\left(x_\alpha + \frac{2\pi}{p}\right), \tag{6.110}$$

$$i_{dII}(x_\alpha) = -i_{fII}(x_\alpha). \tag{6.111}$$

6.4 Kommutierungsinduktivitäten bei unvollkommener Glättung

Die beiden Grenzbedingungen (6.109) und (6.111) folgen aus der Forderung nach Stetigkeit des Stromverlaufes in den Zeitpunkten $x_\alpha + u$ und x_α, die Bedingung (6.110) erhält man aus dem periodischen Verlauf des Gleichstromes i_d.

Mit Hilfe der Grenzbedingungen (6.109) bis (6.111) können die Integrationskonstanten C_1, C_2, C_3 aus den Gln. (6.103), (6.104) und (6.107) berechnet werden. Damit ist — in Verbindung mit (6.103), (6.104), (6.107) — der Zeitverlauf der Ströme festgelegt.

Die Berechnung der Konstanten C_1, C_2, C_3 führt zu komplizierten Gleichungen und die Berechnung der Belastungskennlinien (vgl. Abschn. 6.43) ist exakt überhaupt nur auf graphischem oder numerischem Wege möglich. Beide Aufgaben vereinfachen sich, wenn man mit Hilfe der Relationen

$$\varrho = \frac{R}{\omega L} \ll 1, \qquad \frac{L_c}{L} \ll 1, \qquad \varrho u \ll 1 \qquad (6.112)$$

eine angenäherte Berechnung durchführt. Daß die Relationen in der Praxis fast immer erfüllt sind, wurde bereits im Abschn. 3.44 an Hand von (3.104) erläutert.

Bei der Berechnung der Integrationskonstanten C_1, C_2, C_3 verwendet man die mittlere Relation (6.112) und findet damit aus (6.105) und (6.108) die Näherungen

$$I_2 \approx I_1 \cos\frac{\pi}{p}, \qquad \varrho_2 \approx \varrho_1, \qquad \varphi_2 \approx \varphi_1. \qquad (6.113)$$

Als nächstes bestimmt man aus (6.103), (6.104), (6.107) mit Hilfe der Grenzbedingungen (6.109) bis (6.111) und mit den Näherungen (6.113) die Integrationskonstanten C_1, C_2, C_3. Das Ergebnis lautet:

$$C_1 = C_0 \left[\exp\left(-\varrho_1\left(\frac{2\pi}{p} - u\right)\right) \sin(\alpha + u - \varphi_1) + \sin(\alpha - \varphi_1) \right], \qquad (6.114)$$

$$C_2 = C_0 \left[\exp(\varrho_1 u) \sin(\alpha + u - \varphi_1) + \sin(\alpha - \varphi_1) \right], \qquad (6.115)$$

$$C_3 = 2 J_{cc} \cos\alpha - \sqrt{2} I_1 \cos\frac{\pi}{p} \cos(\alpha - \varphi_1) - C_1 \exp\left(-\varrho_1\left(\alpha - \frac{\pi}{p}\right)\right), \qquad (6.116)$$

$$C_0 = -\frac{\sqrt{2} I_1 \sin\frac{\pi}{p}}{1 - \exp\left(-\varrho_1 \frac{2\pi}{p}\right)} \exp\left(\varrho_1\left(\alpha - \frac{\pi}{p}\right)\right), \qquad J_{cc} = \frac{\sqrt{2} U_s}{\omega L_c} \sin\frac{\pi}{p}. \qquad (6.117)$$

Die Konstanten (6.114) bis (6.117) liefern in Verbindung mit (6.103), (6.104) und (6.107) den Zeitverlauf der Größen i_{dII} und i_{fII} und weiterhin mit (6.96) den Zeitverlauf der Ventilströme i_{sp} und i_{s1} während der Kommutierung.

Die Länge des Überlappungsintervalls u berechnet man nach Abb. 6.30 aus der Forderung, daß am Ende der Kommutierungszeit, also im Zeitpunkt $x_\alpha + u$ die Bedingung

$$i_{\mathrm{dII}}(x_\alpha + u) = i_{\mathrm{fII}}(x_\alpha + u) \tag{6.118}$$

erfüllt sein muß. Damit erhält man aus (6.118) als Bestimmungsgleichung für u

$$C_1 \exp\left(-\varrho_1\left(\alpha - \frac{\pi}{p}\right)\right)(1 + \exp(-\varrho_1 u)) = G(\alpha, \varrho_1, u), \tag{6.119}$$

$$G = 2 J_{cc}[\cos \alpha - \cos(\alpha + u)] - $$
$$-\sqrt{2} I_1 \cos \frac{\pi}{p}[\cos(\alpha - \varphi_1) + \cos(\alpha + u - \varphi_1)]. \tag{6.120}$$

Die Konstante C_1 in (6.119) ist durch den Ausdruck (6.114) festgelegt.

Mit Hilfe graphischer oder numerischer Methoden kann man aus (6.119) zu vorgegebenen Werten von R, L_c, L und α die zugehörige Überlappungszeit u berechnen; mit diesem Wert von u bestimmt man aus (6.114) bis (6.117) die Integrationskonstanten C_1, C_2, C_3 und damit aus (6.103), (6.104), (6.107) mit (6.96) den Zeitverlauf der Ströme.

6.43 Belastungskennlinien im Bereich einfacher Kommutierung bei unvollkommener Glättung

Im Abschn. 6.41 wurde bereits gezeigt, daß man zwischen den Fällen $\alpha < \pi/2 - \pi/p$ und $\alpha > \pi/2 - \pi/p$ zu unterscheiden hat. Zunächst wird der Verlauf einer Belastungskennlinie untersucht, die dem Falle $\alpha > \pi/2 - \pi/p$ entsprechend aus je einem Teilbereich lückenden und nichtlückenden Betriebes besteht. Der andere Betriebsfall $\alpha < \pi/2 - \pi/p$, bei dem nur nichtlückender Betrieb auftreten kann, wird anschließend beschrieben.

In den Abb. 6.17 und 6.31 ist der Abszissenpunkt A durch $KU_{\mathrm{di}}/\omega L$ bzw. durch $KU_{\mathrm{di}}/\omega(L + L_c)$ gegeben; er rückt also näher an die Ordinate, wenn man unter ansonsten gleichbleibenden Bedingungen von $L_c = 0$ zu $L_c \neq 0$ übergeht. Der Grenzpunkt Q_1'' in Abb. 6.31 liegt daher im Falle $L_c \neq 0$ ebenfalls etwas weiter links als der Punkt Q_1 im Falle $L_c = 0$ der Abb. 6.17. Da in der Praxis fast immer $L_c \ll L$ gilt, ist dieser Unterschied meistens unwesentlich. Die Lage des Leerlaufpunktes P_1

6.4 Kommutierungsinduktivitäten bei unvollkommener Glättung

hängt — wie in Abschn. 6.22 gezeigt wurde — nur von der Pulszahl p ab und ist daher in beiden Fällen $L_c = 0$ und $L_c \neq 0$ unverändert durch (6.23) festgelegt. Die Berechnung der Kennlinienpunkte zwischen den Grenzen P_1 und Q_1'' des lückenden Bereiches wurde bereits in Abschn. 3.18 am Beispiel der zweipulsigen Mittelpunktschaltung prinzipiell beschrieben, so daß eine Wiederholung unnötig ist.

Bei der Berechnung der Belastungskennlinie $Q_1''R_1''$ im nichtlückenden Bereich (Abb. 6.31) beachtet man, daß das Ventil V_1 zwischen x_α und $x_\alpha + 2\pi/p$ Strom führt (Abb. 6.30), so daß in diesem Intervall nach Abb. 6.19 die Beziehung

$$u_d = u_{s1} - \omega L_c \frac{d i_{s1}}{d x} \tag{6.121}$$

gilt. Durch Integration über das Intervall x_α bis $x_\alpha + 2\pi/p$ folgt aus (6.121) auf dem gleichen Wege wie in Abschn. 6.32

$$U_{d\alpha} = U_{di\alpha} - \frac{p}{2\pi} \omega L_c i_{s1}\left(x_\alpha + \frac{2\pi}{p}\right), \tag{6.122}$$

$$U_{di\alpha} = U_{di} \cos \alpha; \quad U_{di} = \sqrt{2} U_s \frac{p}{\pi} \sin \frac{\pi}{p}. \tag{6.123}$$

Aus der Abb. 6.30 entnimmt man folgende Beziehung zwischen den Momentanwerten:

$$i_{s1}\left(x_\alpha + \frac{2\pi}{p}\right) = i_{dII}(x_\alpha). \tag{6.124}$$

Damit folgt für den Gleichspannungsmittelwert $U_{d\alpha}$ aus (6.122)

$$U_{d\alpha} = U_{di} \cos \alpha - D, \quad D = \frac{p}{2\pi} \omega L_c i_{dII}(x_\alpha). \tag{6.125}$$

D ist der von den Kommutierungsinduktivitäten L_c verursachte Gleichspannungsverlust; er ist dem Momentanwert $i_{dII}(x_\alpha)$ des Gleichstromes im Zündzeitpunkt proportional.

Bei idealer Glättung gilt $i_{dII}(x_\alpha) = I_d$, so daß (6.125) in die Gl. (6.49) der Belastungskennlinie bei idealer Glättung übergeht.

An der Lückgrenze $I_d = I_{d,\text{lück}}$ gilt $i_d(x_\alpha) = 0$ und daher nach (6.125) $D = 0$ und weiter

$$U_{d\alpha} = U_{d,\text{lück}} = U_{di} \cos \alpha, \quad U_{di} = \sqrt{2} U_s \frac{p}{\pi} \sin \frac{\pi}{p}. \tag{6.126}$$

Zum Lückstrom $I_{d,\text{lück}}$ gehört deshalb in Abb. 6.31 der Punkt Q_1'' der Belastungskennlinie.

Aus der Beziehung (6.125) kann die Belastungskennlinie des Stromrichters nach Abb. 6.19 bei unvollkommener Glättung berechnet werden.

Man hat dazu den Momentanwert $i_{dII}(x_\alpha)$ in (6.125) mit Hilfe von drei Gleichungen, die anschließend abgeleitet werden, durch den Gleichstrommittelwert I_d auszudrücken.

Für den Gleichspannungsverlust D gilt nach (6.103), (6.113) und der zweiten Gl. (6.125) unter Berücksichtigung von (6.1) die Beziehung

$$D = \frac{p}{2\pi} \omega L_c \left[\sqrt{2} I_1 \cos \frac{\pi}{p} \cos(\alpha - \varphi_1) + C_1 \exp\left(-\varrho_1 \left(\alpha - \frac{\pi}{p}\right)\right) \right]. \tag{6.127}$$

Die Konstante C_1 ist durch die Gln. (6.114), (6.117) bestimmt. Darin tritt der Überlappungswinkel u auf, der durch die Beziehung (6.119) festgelegt ist

$$C_1 \exp\left(-\varrho_1\left(\alpha - \frac{\pi}{p}\right)\right)(1 + \exp(-\varrho_1 u)) = G(\alpha, \varrho_1, u). \tag{6.128}$$

Für C_1 und G gelten die Beziehungen (6.114), (6.120). Außerdem besteht zwischen dem Gleichstrommittelwert I_d und dem Gleichspannungsmittelwert die Beziehung

$$RI_d = U_{d\alpha}. \tag{6.129}$$

Die Beziehung (6.125) liefert zwar in Verbindung mit den drei Gln. (6.127) bis (6.129) die erforderlichen Gleichungen für die Berechnung der Belastungskennlinie, die Durchführung ist aber auf analytischem Wege explizit nicht möglich, sie erfordert daher den Einsatz eines Rechners.

Bei der Berechnung der Belastungskennlinie bestimmt man den Überlappungswinkel u aus (6.128), indem man einen Wert des Widerstandes R bei ansonsten konstant gehaltenen Werten vorgibt. Aus der Gl. (6.127) wird mit diesem Überlappungswinkel u und dem vorgegebenen Widerstand R der Gleichspannungsverlust D ermittelt. Dieses D liefert mit (6.125) den Gleichspannungsmittelwert $U_{d\alpha}$. Mit (6.129) bestimmt man nun für den vorgegebenen Widerstand R und dem berechneten $U_{d\alpha}$ den zugehörigen Gleichstrommittelwert I_d. Das Wertepaar $U_{d\alpha}$, I_d liefert nun einen Punkt der gesuchten Belastungskennlinie der Schaltung Abb. 6.19 bei unvollkommener Glättung $L \neq \infty$. Durch Vorgeben unterschiedlicher Werte von R erhält man auf diese Weise die Belastungskennlinien für den nichtlückenden Bereich.

6.44 Näherungsweise Berechnung der Belastungskennlinien im Bereich einfacher Kommutierung bei unvollkommener Glättung und nichtlückendem Betrieb

Unter der Annahme, daß die Relationen (6.112) erfüllt sind, kann man den Verlauf der Belastungskennlinien der Schaltung Abb. 6.19 bei unvollkommener Glättung näherungsweise berechnen. Bei dieser Näherungs-

6.4 Kommutierungsinduktivitäten bei unvollkommener Glättung

rechnung werden die am Ende des vorangehenden Abschnittes erläuterten Rechenvorgänge in der gleichen Reihenfolge angewendet.

Die Gl. (6.127) für den Spannungsverlust D kann mit (6.114) folgendermaßen angeschrieben werden:

$$D = \frac{p}{2\pi} \omega L_c \left[\sqrt{2} I_1 \cos \frac{\pi}{p} \cos (\alpha - \varphi_1) + H(\alpha, \varrho_1, u) \right], \quad (6.130)$$

$$H = -\frac{\sqrt{2} I_1 \sin \frac{\pi}{p}}{1 - \exp\left(-\varrho_1 \frac{2\pi}{p}\right)} \times$$
$$\times \left[\sin (\alpha - \varphi_1) + \exp\left(-\varrho_1 \left(\frac{2\pi}{p} - u\right)\right) \sin (\alpha + u - \varphi_1) \right]. \quad (6.131)$$

Die Gl. (6.119) für den Überlappungswinkel u kann auf folgende Form gebracht werden:

$$H\bigl(1 + \exp(-\varrho_1 u)\bigr) = G(\alpha, \varrho_1, u) \quad (6.132)$$

$$G = 2 J_{cc} \bigl(\cos \alpha - \cos (\alpha + u)\bigr) - \sqrt{2} I_1 \cos \frac{\pi}{p} \times$$
$$\times \bigl(\cos (\alpha - \varphi_1) + \cos (\alpha + u - \varphi_1)\bigr), \quad (6.133)$$

$$J_{cc} = \frac{\sqrt{2} U_s}{\omega L_c} \sin \frac{\pi}{p} = \frac{\pi}{p} \frac{U_{di}}{\omega L_c}, \qquad U_{di} = \sqrt{2} U_s \frac{p}{\pi} \sin \frac{\pi}{p}. \quad (6.134)$$

Man kann die Gln. (6.130), (6.132) nach den Größen ϱ_1 und u entwickeln. Unter der Voraussetzung (6.112) können in dieser Entwicklung die quadratischen Glieder ϱ_1^2, u^2 und $\varrho_1 u$, sowie die Glieder höherer Ordnung gegenüber den linearen Gliedern ϱ_1 und u vernachlässigt werden.

Im Anhang 2 wird gezeigt, daß diese Näherungsrechnung die folgenden beiden Näherungsgleichungen für die Beziehungen (6.130), (6.132) liefert:

$$D = \frac{p}{2\pi} \frac{\omega L_c}{R} U_{di} \cos \alpha \left(1 - \varrho_1 \frac{2\pi}{p} \Phi(\alpha, p) - \frac{1}{2} u \tan \alpha \right), \quad (6.135)$$

$$\frac{1}{2} u \tan \alpha = \frac{1 - \varrho_1 \frac{2\pi}{p} \Phi(\alpha, p)}{1 + \frac{2\pi}{p} \frac{R}{\omega L_c}}. \quad (6.136)$$

Darin bedeutet

$$\Phi(\alpha, p) = \frac{1}{2}\left(1 + \frac{p}{\pi} K \tan \alpha\right), \quad K = 1 - \frac{\pi}{p} \cot \frac{\pi}{p}. \quad (6.137)$$

Man eliminiert aus (6.135), (6.136) die Größe u und erhält für die gesuchte Näherung den Ausdruck

$$D = \frac{\dfrac{p}{2\pi} \dfrac{\omega L_c}{R} - \dfrac{L_c}{L + L_c} \Phi(\alpha, p)}{1 + \dfrac{p}{2\pi} \dfrac{\omega L_c}{R}} U_{\mathrm{di}} \cos \alpha. \quad (6.138)$$

In der Abb. 10.5 sind einige Werte von K für verschiedene Pulszahlen p zusammengestellt.

Die Näherungsgleichung (6.138) setzt man in (6.125) ein und eliminiert daraus mit Hilfe von (6.129) den Widerstand R. Man erhält damit eine Beziehung zwischen $U_{d\alpha}$ und I_d, die, nach $U_{d\alpha}$ aufgelöst, die folgende Näherungsgleichung für die Belastungskennlinie liefert:

$$U_{d\alpha} = \left(1 + \frac{L_c}{L + L_c} \Phi(\alpha, p)\right) U_{\mathrm{di}} \cos \alpha - \frac{p}{2\pi} \omega L_c I_d. \quad (6.139)$$

Den Einfluß des Steuerwinkels auf den Kennlinienverlauf erkennt man deutlicher, wenn der Gl. (6.139) folgende Form erteilt wird:

$$U_{d\alpha} = \left(1 + \frac{1}{2} \frac{L_c}{L + L_c}\right) U_{\mathrm{di}} \cos \alpha + \frac{L_c}{L + L_c} \frac{p}{2\pi} K U_{\mathrm{di}} \sin \alpha - \frac{p}{2\pi} \omega L_c I_d.$$
$$(6.140)$$

Der Vergleich mit (6.49) zeigt, daß die angenäherte Belastungskennlinie (6.139) in Abb. 6.31 durch eine Gerade $P_1''R_1''$ beschrieben wird; sie verläuft parallel zur Belastungskennlinie $P_1'R_1'$ bei idealer Glättung, liegt jedoch entsprechend dem Faktor $1 + \Phi(\alpha, p) L_c/(L + L_c)$ höher.

6.45 Vollständige Belastungskennlinien bei unvollkommener Glättung

In der Abb. 6.31 bedeutet P_1Q_1'' den Verlauf der Belastungskennlinie im lückenden Bereich bei unvollkommener Glättung und unter Berücksichtigung der Kommutierungsinduktivitäten L_c. Im Abschn. 6.41 wurde gezeigt, daß die Berechnung des Kennlinienstückes P_1Q_1'' in Abb. 6.31 auf eine bereits im Abschn. 6.22 gelöste Aufgabe zurückgeführt werden kann. Die Lage des Punktes P_1 ist durch (6.23) festgelegt und die Koordinaten des Punktes Q_1'' berechnet man aus dem Schnittpunkt der horizontalen Geraden $P_1'Q_1''$ — sie ist durch $U_{d\alpha} = U_{\mathrm{di}} \cos \alpha$ festgelegt — mit der in Abb. 6.31 gestrichelt eingezeichneten Lückgrenze.

6.4 Kommutierungsinduktivitäten bei unvollkommener Glättung   135

Für die Belastungskennlinie des nichtlückenden Bereiches wurde unter Berücksichtigung der Relationen (6.112) die Näherungsgleichung (6.139) gefunden; sie gilt — wie anschließend gezeigt wird — nur in einem hinreichend weit von der Lückgrenze entfernten Bereich des nichtlückenden Betriebes, z. B. im Punkt R_1'' der Abb. 6.31. Die Koordinaten des Punktes R_1'' können leicht aus der Näherungsgleichung (6.139) berechnet werden.

Zusammenfassend stellt man fest, daß man den Verlauf der Belastungskennlinie bei unvollkommener Glättung und $L_c \neq 0$ im Falle $\alpha > \pi/2 - \pi/p$ durch eine Verbindung der drei leicht zu errechnenden Punkte $P_1 Q_1'' R_1''$ bestimmen kann.

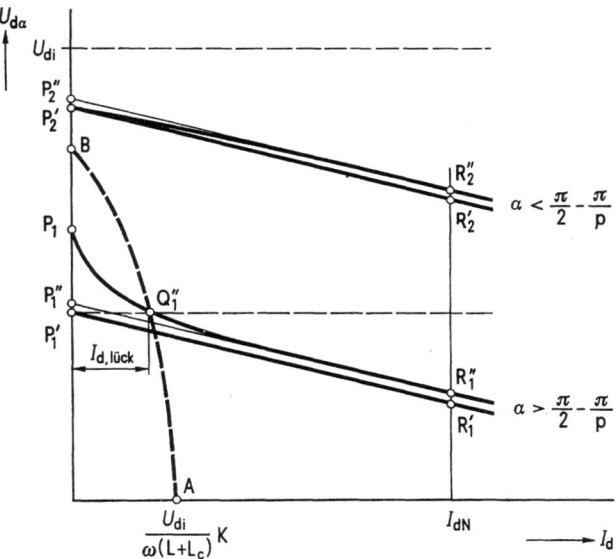

Abb. 6.31. Belastungskennlinien $P_2' R_2''$ und $P_1 Q_1'' R_1''$ der p-pulsigen Mittelpunktschaltung Abb. 6.19 bei unvollkommener Glättung und einfacher Kommutierung; Lückkurve (gestrichelt).

Im Falle $\alpha < \pi/2 - \pi/p$ verläuft die Belastungskennlinie voll im Bereich des nichtlückenden Betriebes. Der Leerlaufpunkt P_2' ist durch $U_{d\alpha} = U_{di} \cos \alpha$ gegeben. Bei hinreichend hohen Gleichströmen wird der Verlauf der Belastungskennlinie durch (6.139), also durch die Gerade $P_2'' R_2''$ in Abb. 6.31 beschrieben. Die Belastungskennlinie geht daher im Falle $\alpha < \pi/2 - \pi/p$ vom Punkt P_2' aus und nähert sich bei großen Strömen der Geraden $P_2'' R_2''$.

Die Näherungsgleichung (6.139) darf nur angewendet werden, wenn die Bedingungen (6.112) erfüllt sind; daher muß noch gezeigt werden, unter welchen Voraussetzungen die Relationen (6.112) in der Praxis gelten.

Die Gleichspannung u_d besteht nach Abb. 6.3 usw. aus einer Gleichkomponente und einer überlagerten Wechselkomponente, die mit Hilfe der Fourieranalyse durch eine Summe von Oberschwingungen dargestellt werden kann, die in bezug auf die Netzfrequenz die Ordnungszahlen $n = pk$ ($k = 1, 2, 3, \ldots$) aufweisen. Wenn auf die Last in Abb. 6.1 eine Spannungsoberschwingung mit dem Effektivwert U_n und der Ordnungszahl n einwirkt, dann fließt durch die Last ein Strom mit dem Effektivwert $J_\mathrm{n}^2 = U_\mathrm{n}^2/(R^2 + n^2\omega^2 L^2)$; bei der Induktivität $L = 0$ besitzt dieser Strom den Wert $J_0 = U_\mathrm{n}/R$. Durch die Verhältniszahl J_n/J_0 wird daher der von der Glättungsinduktivität L verursachte Glättungsgrad des Stromes

$$g = \frac{J_\mathrm{n}}{J_0} = \frac{\varrho}{\sqrt{n^2 + \varrho^2}} \approx \frac{\varrho}{n}, \quad n = pk, \quad (k = 1, 2, 3, \ldots). \quad (6.141)$$

beschrieben. Die Näherung in (6.141) kann angewendet werden, wenn die erste Relation in (6.112) erfüllt ist. Für den Wert $\varrho = 0{,}1$ erhält man z. B. aus (6.141) für die Grundschwingung ($k = 1$) bei der zweipulsigen Mittelpunktschaltung ($p = 2$) bereits einen Glättungsgrad von $g = 0{,}05$, der mit wachsender Ordnungszahl k und zunehmender Pulszahl p noch besser wird. Der Zahlenwert $\varrho = 0{,}1$ sichert somit bereits eine sehr gute Glättung des Gleichstromes.

Im Ausdruck (6.43) für den Überlappungswinkel u_0 bei Vollaussteuerung kann man die Größen I_d und J_{cc} mit Hilfe von (6.49), und (6.52) durch D_∞ und U_di ersetzen. Man erhält:

$$\sin^2 \frac{u_0}{2} = \frac{D_\infty}{U_\mathrm{di}} \approx \frac{1}{4} u_0^2. \quad (6.142)$$

Die Näherung in (6.142) gilt nach der ersten Gl. (1) des Anhanges 1 für hinreichend kleine Werte von $u_0/2$. Aus (6.142) folgt:

$$u_0 \approx 2\sqrt{\frac{D_\infty}{U_\mathrm{di}}}. \quad (6.143)$$

Der Fehler dieser Näherung ist durch

$$f = \frac{\sin^2 \dfrac{u_0}{2} - \left(\dfrac{u_0}{2}\right)^2}{\sin^2 \dfrac{u_0}{2}} \quad (6.144)$$

6.4 Kommutierungsinduktivitäten bei unvollkommener Glättung

gegeben. Für $u_0 = \pi/6$ ergibt sich daraus ein Fehler von $-2{,}3\%$ und bei $u_0 = \pi/3$ beträgt der Fehler $-9{,}7\%$. Für den relativen Gleichspannungsverlust $D_\infty/U_{\mathrm{di}} = 0{,}07$ erhält man aus (6.143) den Wert $u_0 = 30{,}3°$ und für den extrem hohen Wert $D_\infty/U_{\mathrm{di}} = 0{,}3$ — wie er z. B. beim Anschluß einer zweipulsigen Mittelpunktschaltung an ein einphasiges Bahnnetz auftreten kann — folgt $u_0 = 62{,}8°$.

Wenn $\varrho = 0{,}1$ und $u_0 = 60° = \pi/3$ gewählt wird, dann ist mit $\varrho u_0 = 0{,}10$ die dritte Relation in (6.112) auch unter den eben genannten, ziemlich extremen Verhältnissen noch gut erfüllt.

In der Verhältniszahl L_c/L können die beiden Induktivitäten mit Hilfe der zweiten Gl. (6.49) und der zweiten Gl. (6.10) eliminiert werden. Man erhält:

$$\frac{L_\mathrm{c}}{L} = \frac{\varrho D_\infty}{R I_\mathrm{d}} \frac{2\pi}{p}. \tag{6.145}$$

Nach Abb. 6.19 und nach (6.49) ist der Gleichspannungsmittelwert an der Last bei Vollaussteuerung $\alpha = 0$ durch $U_{\mathrm{d}\alpha} = R I_\mathrm{d} = U_{\mathrm{di}} - D_\infty$ gegeben. Man setzt diese Gleichung in den Nenner von (6.145) ein und findet mit der Näherung in (6.142)

$$\frac{L_\mathrm{c}}{L} = \frac{2\pi}{p} \frac{\varrho D_\infty}{U_{\mathrm{di}} - D_\infty} = \frac{\pi}{2p} \frac{\varrho u_0^2}{1 - \dfrac{D_\infty}{U_{\mathrm{di}}}}. \tag{6.146}$$

Wenn $\varrho u_0 \ll 1$ gilt, dann folgt auch $\varrho u_0^2 \ll 1$, sofern $u_0 \leq 1$ bleibt. Mit den extrem hohen Werten $u_0 = \pi/3$ und $D_\infty/U_{\mathrm{di}} = 0{,}3$ folgt mit $p = 2$ aus (6.146) der Wert $L_\mathrm{c}/L = 1{,}23\varrho$. Somit ist — vorausgesetzt, daß die erste Relation gilt — auch die mittlere Relation (6.112) gut erfüllt.

Zusammenfassend kann man feststellen: In der Umgebung des Nenngleichstromes sind praktisch immer die Größenrelationen $\varrho < 0{,}1$, $u_0 < \pi/3$ und $D_\infty/U_{\mathrm{di}} < 0{,}3$ erfüllt, so daß dann — wie eben gezeigt wurde — auch die drei Relationen (6.112) in der Umgebung des Nennstromes gelten.

Beim Überschreiten des Nenngleichstromes wird R und damit auch $\varrho = R/\omega L$ kleiner, der Überlappungswinkel wird dagegen größer und nimmt schließlich an der Grenze zur mehrfachen[1] Kommutierung nach Abschn. 6.33 den Wert $u_{\mathrm{mk}} = 2\pi/p$ an. Bei der dreipulsigen und insbesondere bei der zweipulsigen Mittelpunktschaltung kann daher der Überlappungswinkel u_0 bei hinreichend weiter Überschreitung des Nenn-

---

[1] Bei der zweipulsigen Mittelpunktschaltung beschreibt u_{mk} nach Abschn. 6.33 den Zustand, bei dem die beiden Ventile während der vollen Periode 2π Strom führen.

gleichstromes so groß werden, daß die Gültigkeit der dritten Relation in (6.112) in Frage gestellt werden kann.

Mit abnehmendem Gleichstrom I_d wird R und damit auch $\varrho = R/\omega L$ größer und erreicht schließlich im Leerlauf den Wert $\varrho = \infty$. Die Gültigkeit der ersten Relation (6.112) wird daher, sobald ein bestimmter Wert des Gleichstromes unterschritten wird, verletzt.

Man entnimmt aus diesen Überlegungen, daß die Relationen (6.112) bei allzu großen Überschreitungen oder Unterschreitungen des Nenngleichstromes nicht mehr gelten. Die Gültigkeit der Näherungsgleichung (6.139) beschränkt sich daher bei den meisten Anwendungen auf den Bereich in der Umgebung des Nenngleichstromes.

6.5 Ventilströme

Für die Beanspruchung der ventilseitigen Wicklungen des Transformators ist der Effektivwert $I_{v,\text{eff}}$, für die Beanspruchung der Ventile sind der Effektivwert und der Mittelwert I_v des Ventilstromes maßgebend; man muß also beide Werte kennen.

6.51 Mittelwert

Der Mittelwert I_d des Laststromes ist durch die Summe der Mittelwerte der p Ventilströme gegeben. Alle p Ventilströme besitzen wegen der Schaltungssymmetrie denselben Mittelwert I_v, so daß

$$\frac{I_v}{I_d} = \frac{1}{p} \tag{6.147}$$

gilt. Die Beziehung (6.147) zeigt, daß I_v/I_d vom Steuerwinkel α, von den Lastdaten L, R und von der Kommutierungsinduktivität L_c unabhängig ist und nur von der Pulszahl p beeinflußt wird.

6.52 Effektivwert

Im Abschn. 6.1 wurde gezeigt, daß der Zeitverlauf der Ventilströme der p-pulsigen Mittelpunktschaltung vom Steuerwinkel α und von den Lastdaten R, L abhängt (6.9), (6.15); Kommutierungsinduktivitäten, falls solche vorhanden sind, beeinflussen zusätzlich den Zeitverlauf. Der relative Effektivwert des Ventilstromes

$$\left(\frac{I_{v,\text{eff}}}{I_d}\right)^2 = \frac{1}{2\pi} \int_{x_\alpha}^{x_\alpha + \frac{2\pi}{p} + u} \left(\frac{i_{s1}}{I_d}\right)^2 dx \tag{6.148}$$

6.5 Ventilströme

hängt deshalb ebenfalls von diesen Größen ab, man erhält im allgemeinen Fall eine schwer zu diskutierende Funktion von α, R, L und L_c. Deshalb werden nur einige Sonderfälle erörtert.

Zunächst wird angenommen, daß keine Kommutierungsinduktivitäten vorhanden sind. Bei idealer Glättung ($L = \infty$) erhält man dann aus Abb. 6.11c und (6.148)

$$\frac{I_{v,\text{eff}}}{I_d} = \frac{1}{\sqrt{p}}. \tag{6.149}$$

Bei rein ohmscher Last ($L = 0$) und Vollaussteuerung ($\alpha = 0$) gilt zwischen $x = -\pi/p$ und $x = +\pi/p$ nach Abb. 6.7 für den Ventilstrom die Beziehung $R i_{s1} = \sqrt{2} U_s \cos x$ und für den Laststrommittelwert folgt $R I_d = U_{d1}$. Man erhält mit (6.148) und (6.18)

$$\frac{I_{v,\text{eff}}}{I_d} = \frac{1}{\sqrt{p}} \sqrt{\frac{\pi}{2p} \cdot \frac{\frac{\pi}{p} + \frac{1}{2} \sin \frac{2\pi}{p}}{\sin^2 \frac{\pi}{p}}}. \tag{6.150}$$

Der Wurzelausdruck in (6.150) gibt den Unterschied zum Effektivwert (6.149) bei idealer Glättung an; er beträgt für $p = 2$ etwa 1,11, für $p = 3$ etwa 1,02 und nimmt für $p \geqq 6$ in guter Näherung den Wert Eins an.

Bei idealer Glättung und Kommutierungsinduktivitäten in den Ventilzuleitungen berechnet man den Effektivwert $I_{v,\text{eff}}$ für Vollaussteuerung ($\alpha = 0$) aus dem Zeitverlauf des Ventilstromes i_{s1} in Abb. 6.21c; man erhält:

$$2\pi I_{v,\text{eff}}^2 = \int_{-\frac{\pi}{p}}^{-\frac{\pi}{p}+u_0} i_{s1}^2 \, dx + \int_{-\frac{\pi}{p}+u_0}^{\frac{\pi}{p}} I_d^2 \, dx + \int_{-\frac{\pi}{p}}^{-\frac{\pi}{p}+u_0} i_{sp}^2 \, dx. \tag{6.151}$$

In (6.151) wurde beachtet, daß i_{s1} zwischen π/p und $\pi/p + u_0$ denselben Zeitverlauf wie i_{sp} zwischen $-\pi/p$ und $-\pi/p + u_0$ aufweist; für i_{s1} und i_{sp} sind die Beziehungen (6.38), (6.39) einzusetzen. In (6.151) ersetzt man J_{cc} mit Hilfe von (6.42) durch u_0, so daß ein Ausdruck entsteht, der nur noch u_0 und p enthält. Man erhält nach längerer Zwischenrechnung

$$\frac{I_{v,\text{eff}}}{I_d} = \frac{1}{\sqrt{p}} \sqrt{1 - p\,\psi(u_0)}, \tag{6.152}$$

$$\psi(u_0) = \frac{(2 + \cos u_0) \sin u_0 - (1 + 2 \cos u_0) u_0}{2\pi (1 - \cos u_0)^2}. \tag{6.153}$$

Man bezeichnet die universelle, nur von u_0 abhängige Funktion $\psi(u_0)$ als Überlappungsfunktion. Durch Reihenentwicklung erhält man aus (6.153) folgende Näherung:[1]

$$\psi(u_0) = \frac{2u_0}{\pi \cdot 15}\left(1 + \frac{u_0^2}{85}\right). \qquad (6.154)$$

Die Überlappungsfunktion (6.153) gilt für den Fall der einfachen Kommutierung. In den meisten Fällen reicht die Genauigkeit der Näherung (6.154) — selbst wenn nur das lineare Glied verwendet wird — vollkommen aus. Der Wurzelausdruck in (6.152) beschreibt die von der Überlappung herrührende Verkleinerung des Effektivwertes $I_{v,\text{eff}}$ des Ventilstromes. Man erhält mit (6.154) in guter Näherung[1]

$$\frac{I_{v,\text{eff}}}{I_d} = \frac{1}{\sqrt{p}}\sqrt{1 - p\,\psi(u_0)} \approx \frac{1}{\sqrt{p}}\left(1 - \frac{pu_0}{15\pi}\right). \qquad (6.155)$$

(6.155) zeigt, daß der Effektivwert $I_{v,\text{eff}}$ bei den üblichen Betriebsverhältnissen nur wenig vom Überlappungswinkel beeinflußt wird.

---

[1] u_0 ist in (6.153), (6.154) im Bogenmaß einzusetzen.

7 Saugdrosselschaltungen

Die Pulszahl der Gleichspannung kann durch die Parallelschaltung oder durch die Reihenschaltung zweier oder mehrerer Mittelpunktschaltungen erhöht werden. Im Abschn. 7. werden als Beispiel für die Parallelschaltungen die Saugdrosselschaltungen und in Abb. 8 als Beispiel für die Reihenschaltungen die Brückenschaltungen beschrieben.

Bei den Saugdrosselschaltungen werden im einfachsten Falle zwei dreipulsige Mittelpunktschaltungen mit dem Schaltungswinkel $\delta = 0$ und $\delta = \pi/3$ über einen induktiven Spannungsteiler (Saugdrossel) parallel auf eine gemeinsame Gleichstromlast geschaltet (Abb. 7.1); man erhält eine sechspulsige Gleichspannung. Bei entsprechender Wahl der Schaltungswinkel können durch Parallelschalten mehrerer dreipulsiger Mittelpunktschaltungen auch Schaltungen mit zwölfpulsiger oder höherpulsiger Gleichspannung gebildet werden; ein Beispiel zeigen die Abb. 7.9 und 7.10.

Mit den Saugdrosselschaltungen Abb. 7.1 und 7.9 und mit den Brückenschaltungen Abb. 8.11 und 8.27 — sie werden in Abschn. 8. beschrieben — erzielt man in bezug auf die Last die gleichen Wirkungen; es ist daher eine Frage der Wirtschaftlichkeit, welche der beiden Schaltungen angewendet wird. In beiden Fällen setzt sich der Aufwand für den Stromrichter im wesentlichen aus den Kosten für den Stromrichtertransformator und für die Ventile einschließlich Zubehör zusammen. Im Abschn. 13. wird gezeigt, daß der Aufwand für den Stromrichtertransformator bei den Brückenschaltungen geringer als bei den Saugdrosselschaltungen ist, so daß bei Gleichheit der Ventilkosten der Brückenschaltung in der Regel der Vorzug zu geben ist. Bei der Anwendung von Halbleiterventilen unterscheidet sich der Aufwand für die Ventile und Zubehör bei den Saugdrosselschaltungen nicht wesentlich vom Aufwand bei den Brückenschaltungen. Bei der Anwendung von Halbleiterventilen wird man daher meistens der Brückenschaltung den Vorzug geben.

Anders liegen die Verhältnisse bei den Quecksilberdampfventilen. Der Aufwand für die Ventile ist in diesem Falle auf Grund der Aufbauprinzipien und des umfangreichen Zubehörs bei den Saugdrosselschaltungen beträchtlich geringer als bei den Brückenschaltungen. Diese Vorteile der Saugdrosselschaltungen kann in der Regel durch die günstigere Auslegung des Stromrichtertransformators der Brückenschaltungen nicht ausgeglichen werden. Bei der Anwendung von Quecksilberdampfventilen wird daher meistens der Saugdrosselschaltung der Vorzug gegeben.

Die Halbleiterventile haben die Quecksilberdampfventile vollkommen abgelöst. Der Saugdrosselschaltung kommt daher eine wesentlich geringere Bedeutung als vordem zu. Aus diesem Grunde wird die Beschreibung kurz gehalten und auf die Vorgänge bei Vollaussteuerung beschränkt. Zur weiteren Vereinfachung wird bei der Beschreibung der Saugdrosselschaltung ein ideal geglätteter Gleichstrom vorausgesetzt.

7.1 Zeitverlauf der Ströme und Spannungen bei Vollaussteuerung

In der Saugdrosselschaltung Abb. 7.1 werden die beiden ventilseitigen Dreiphasensterne I und II von derselben netzseitigen Wicklung gespeist. Zwischen den Sternpunkten m_1 und m_2 der ventilseitigen Teilsysteme ist eine Saugdrossel mit symmetrischen Wicklungshälften angeordnet. Die Last ist zwischen dem Kathodenstern K und dem Saugdrosselmittelpunkt m angeschlossen.

7.11 Parallelarbeit dreipulsiger Stromrichter

In Abb. 7.1 sind zwei dreipulsige Stromrichter in Mittelpunktschaltung dargestellt, deren ventilseitige Spannungssterne um $\pi/3$ gegeneinander phasenverschoben sind. In der Abb. 7.2a sind die Spannungen u_{s1}, u_{s3}, u_{s5} des einen Dreiphasensternes und die Spannungen u_{s2}, u_{s4}, u_{s6} des anderen Dreiphasensternes eingezeichnet. Die Gleichspannungen u_{dI} und u_{dII} der beiden dreipulsigen Mittelpunktschaltungen (Abb. 7.1) liefern in Abb. 7.2a den durch die aneinandergereihten Spannungskuppen beschriebenen vollausgezogenen bzw. gestrichelten Verlauf. Zwischen den beiden Sternpunkten m_1 und m_2 tritt die Spannungsdifferenz $u_{dI} - u_{dII}$ auf; sie wird durch die einfach schraffierte Fläche in Abb. 7.2a beschrieben.

Die Parallelarbeit der beiden dreipulsigen Stromrichter in Abb. 7.1 kann keinesfalls dadurch herbeigeführt werden, daß man die beiden Sternpunkte m_1, m_2 kurzschließt und mit dem Punkt m der gemeinsamen Last in Abb. 7.1 verbindet. Durch den Kurzschluß der beiden Sternpunkte m_1 und m_2 entsteht nämlich eine sechspulsige Mittelpunktschaltung; die Ventile führen dann zeitlich aufeinanderfolgend über 60° Strom und nicht über jeweils 120°, wie es bei der Parallelarbeit zweier dreipulsiger Mittelpunktschaltungen erforderlich wäre. Daraus folgt, daß

7.1 Ströme und Spannungen bei Vollaussteuerung

die Parallelarbeit zweier dreipulsiger Systeme durch die unmittelbare Parallelschaltung der Last mit den beiden Sternpunkten m_1, m_2 und dem gemeinsamen Kathodenpunkt K beider Mittelpunktschaltungen nicht herbeigeführt werden kann.

Zur Verwirklichung der Parallelarbeit muß durch geeignete Maßnahmen dafür gesorgt werden, daß die einfach schraffierte Potential-

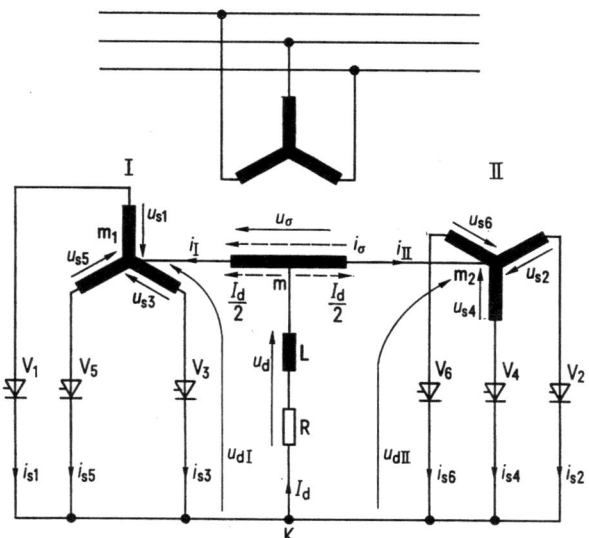

Abb. 7.1. Sechspulsige Saugdrosselschaltung.

differenz in Abb. 7.2a $u_{dI} - u_{dII}$ auch bei gemeinsamer Last aufrechterhalten wird. Wenn diese Voraussetzung erfüllt ist, bleibt der Potentialverlauf der Sternpunkte m_1 und m_2, und damit auch der Potentialverlauf der Ventilanoden gegenüber dem Bezugspunkt K der gleiche wie beim Einzelbetrieb der beiden dreipulsigen Mittelpunktschaltungen; dann ist aber auch die Durchlaßzeit der sechs Ventile — trotz der gemeinsamen Last — dieselbe wie bei der dreipulsigen Mittelpunktschaltung, nämlich 120°.

Unter den verschiedenen Möglichkeiten zur Sicherstellung der geforderten Potentialdifferenz zwischen den Sternpunkten hat die Saugdrosselschaltung Abb. 7.1 die größte praktische Bedeutung erlangt; sie wird in den folgenden Abschnitten beschrieben. Daß mit Hilfe von Glättungsdrosseln, Kommutierungsreaktanzen, usw., ähnliche Effekte erzielt werden können, soll nur am Rande vermerkt, aber nicht weiter diskutiert werden.

7.12 Saugdrosselspannung und Gleichspannung

Die Potentialdifferenz $u_{dI} - u_{dII}$ zwischen den Mittelpunkten m_1 und m_2 wird in der Saugdrosselschaltung Abb. 7.1 durch den Spannungsverlust u_σ an der Saugdrossel (Saugdrosselspannung) aufrechterhalten[1]; das

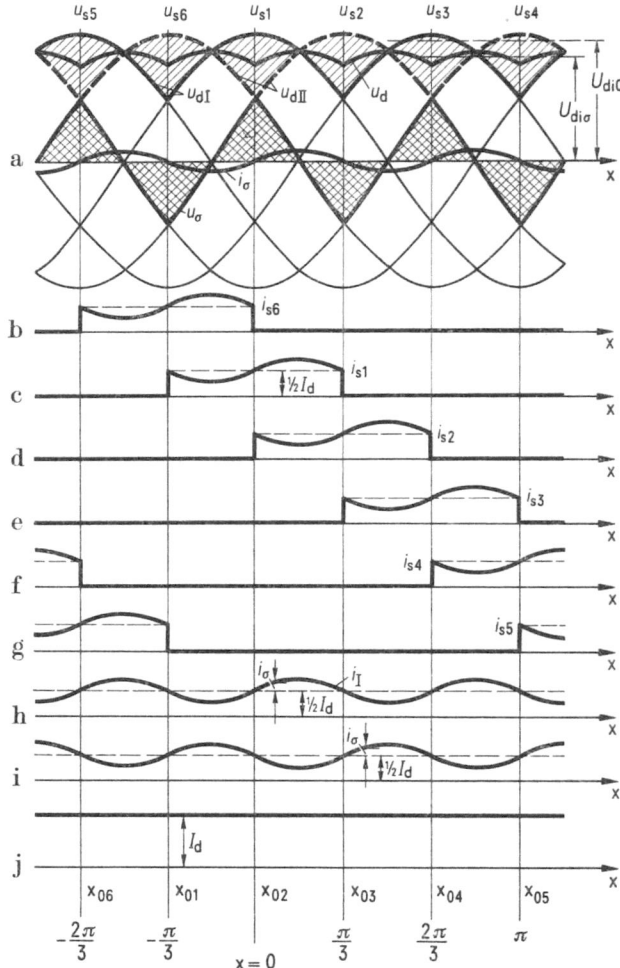

Abb. 7.2. Zeitverlauf der elektrischen Größen der sechspulsigen Saugdrosselschaltung Abb. 7.1 bei vollkommener Glättung ($L = \infty$) und Vollaussteuerung ($\alpha = 0$).

---

[1] In der Nähe des Leerlaufes kann die Saugdrossel die erforderliche Spannung nicht mehr aufbringen; dieser Sonderfall wird zunächst ausgeschlossen.

7.1 Ströme und Spannungen bei Vollaussteuerung

Potential des Saugdrosselmittelpunktes m bewegt sich dabei in der Mitte zwischen den Potentialen von m_1 und m_2, so daß die Lastspannung u_d durch den Mittelwert der beiden Teilspannungen u_{dI} und u_{dII} gegeben ist. Es gilt also

$$u_\sigma = u_{dI} - u_{dII} \tag{7.1}$$

$$u_d = \frac{1}{2}(u_{dI} + u_{dII}) \tag{7.2}$$

Die Lastspannung u_d ist somit nach (7.2) durch die zwischen u_{dI} und u_{dII} liegenden Spannungskuppen in Abb. 7.2a gegeben; die Saugdrosselspannung u_σ wird in Abb. 7.2a nach (7.1) durch die einfach schraffierte Fläche zwischen u_{dI} und u_{dII} beschrieben. In Abb. 7.2a ist die Saugdrosselspannung u_σ außerdem mit der Zeitachse als Bezugslinie aufgetragen; man erhält eine dreieckförmige, aus Sinusstücken zusammengesetzte Spannung dreifacher Netzfrequenz (doppelt schraffiert).

7.13 Saugdrosselstrom und Sternpunktströme

Die Saugdrossel besteht nach Abb. 7.3a aus einem geschlossenen Eisenkern mit zwei Wicklungen zu je N_σ Windungen. In den Wicklungen fließen die Sternpunktströme i_I und i_{II}; an jeder Wicklung liegt die Spannung $u_\sigma/2$.

Der Zusammenhang zwischen dem magnetischen Fluß φ_σ und der Durchflutung Θ_σ des Saugdrosselkernes (Drosselkennlinie) ist in Abb. 7.3b dargestellt. Durch diesen Zusammenhang wird die magnetische Leitfähigkeit Λ_σ des Eisenkernes und die zwischen den in Reihe geschalteten Wicklungen (Gesamtwindungszahl $2N_\sigma$) wirkende Induktivität L_σ (Saugdrosselinduktivität) beschrieben:

$$\Lambda_\sigma = \frac{d\varphi_\sigma}{d\Theta_\sigma}, \quad L_\sigma = (2N_\sigma)^2 \Lambda_\sigma. \tag{7.3}$$

Bei hinreichend kleiner Durchflutung verläuft die Drosselkennlinie nach Abb. 7.3b angenähert linear (Bereich OA); die magnetische Leitfähigkeit Λ_σ und die Saugdrosselinduktivität L_σ sind daher in diesem Bereich angenähert konstante Größen.

Zwischen den beiden Sternpunktströmen i_I und i_{II} bestehen nach dem Durchflutungssatz und dem Knotenpunktsatz (Abb. 7.3a) die beiden Beziehungen

$$i_I - i_{II} = \frac{\Theta_\sigma}{N_\sigma}, \quad i_I + i_{II} = I_d. \tag{7.4}$$

Mit Hilfe des Induktionsgesetzes und der Gln. (7.3), (7.4) kann die Saugdrosselspannung u_σ durch die Sternpunktströme i_I und i_{II} ausgedrückt werden:

$$u_\sigma = \omega 2 N_\sigma \frac{d\varphi_\sigma}{dx} = \omega 2 N_\sigma \Lambda_\sigma \frac{d\Theta_\sigma}{dx} = \omega L_\sigma \frac{d}{dx} \frac{i_I - i_{II}}{2}. \quad (7.5)$$

Andererseits stellt man fest, daß an den Wicklungsenden der Saugdrossel (Abb. 7.3a) die Wechselspannung u_σ wirkt, die somit einen Wechselstrom

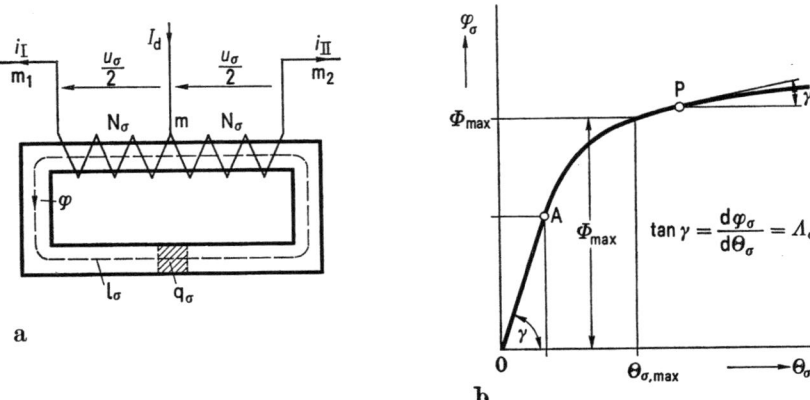

Abb. 7.3. Saugdrossel: a) Bezeichnungen; b) Magnetische Kennlinie des Saugdrosselkernes.

i_σ durch die Saugdrossel hervorruft

$$u_\sigma = \omega L_\sigma \frac{di_\sigma}{dx}. \quad (7.6)$$

i_σ wird Saugdrosselstrom genannt; der Zeitverlauf ist in Abb. 7.2a dargestellt.

Da es sich bei i_σ und u_σ um reine Wechselgrößen handelt, zeigt der Vergleich von (7.5) und (7.6), daß der Saugdrosselstrom i_σ mit den Sternpunktströmen i_I, i_{II} durch die Beziehung

$$i_\sigma = \frac{i_I - i_{II}}{2} \quad (7.7)$$

verknüpft ist. Aus der zweiten Gl. (7.4) und aus (7.7) kann man i_I, i_{II} ausrechnen; man erhält:

$$i_I = \frac{1}{2} I_d + i_\sigma, \quad i_{II} = \frac{1}{2} I_d - i_\sigma. \quad (7.8)$$

Die Sternpunktströme setzen sich nach (7.8) aus einer Gleichkomponente $I_d/2$ und dem überlagerten Saugdrosselstrom i_σ zusammen (vgl. Abb. 7.2h und i).

7.1 Ströme und Spannungen bei Vollaussteuerung

Bei der Berechnung des Saugdrosselstromes i_σ wird vom Zeitverlauf (Abb. 7.2a) der Saugdrosselspannung u_σ ausgegangen. Man findet durch Integration der Gl. (7.6) über das Intervall $x = -\pi/6$ bis $x = \pi/6$

$$i_\sigma\left(\frac{\pi}{6}\right) - i_\sigma\left(-\frac{\pi}{6}\right) = \int_{-\frac{\pi}{6}}^{\frac{\pi}{6}} \frac{u_\sigma}{\omega L_\sigma}\,dx = 2\int_0^{\frac{\pi}{6}} \frac{u_{s6}}{\omega L_\sigma}\,dx. \qquad (7.9)$$

Bei der Umwandlung des Spannungsintegrales in (7.9) wurde beachtet, daß nach Abb. 7.2a im Intervall $x = 0$ bis $x = \pi/6$ die Beziehung $u_\sigma = u_{s6}$ gilt.

Nach Abb. 7.2a geht u_σ bei $x = -\pi/6$ bzw. bei $x = \pi/6$ mit positivem bzw. negativem Differentialquotienten durch Null; an diesen Stellen liegt daher das negative bzw. das positive Maximum $i_{\sigma,\max}$ des Saugdrosselstromes i_σ. Daher gilt:

$$i_\sigma(-\pi/6) = -i_{\sigma,\max} \text{ und } i_\sigma(\pi/6) = i_{\sigma,\max}, \text{ also}$$

$$i_\sigma(\pi/6) - i_\sigma(-\pi/6) = 2i_{\sigma,\max}.$$

Außerdem kann man in (7.9) das Spannungsintegral über u_{s6} direkt berechnen, so daß man für das Maximum $i_{\sigma,\max}$ des Saugdrosselstromes folgenden Ausdruck

$$i_{\sigma,\max} = \frac{\sqrt{2}}{2}\frac{U_s}{\omega L_\sigma}\left(2 - \sqrt{3}\right) \qquad (7.10)$$

erhält.

7.14 Ventilströme

Zur Vereinfachung wird vorübergehend eine sehr große Saugdrosselinduktivität $L_\sigma \to \infty$ angenommen. Dann kann für den Saugdrosselstrom $i_\sigma \to 0$ gesetzt werden, so daß die Sternpunktströme i_I und i_II nach (7.8) reine Gleichströme mit dem Wert $I_d/2$ sind.

Zwei stromführende Ventile, z. B. V_6 und V_1, die verschiedenen Dreiphasensystemen in Abb. 7.1 angehören, können nicht miteinander kommutieren, denn die beiden Ventilströme i_{s6} und i_{s1} — sie vereinigen sich im Punkt K zum Gleichstrom $I_d = i_{s6} + i_{s1}$ — fließen jeweils durch eine Saugdrosselhälfte, also durch eine unendlich große Induktivität. Kommutierung bedeutet jedoch, daß der eine Ventilstrom zu Null wird und der andere Ventilstrom von Null aus anwächst. Die unendlich große Saugdrosselinduktivität erlaubt jedoch keine Stromänderung und verhindert daher die Kommutierung zwischen Ventilen verschiedener Dreiphasensysteme.

Aus diesen Überlegungen geht hervor, daß nur die Ventile V_1, V_3, V_5 des einen Dreiphasensystemes untereinander kommutieren können; dasselbe gilt für die Ventile V_2, V_4, V_6 des anderen Dreiphasensystemes. Man bezeichnet eine Ventilgruppe (z. B. die Ventile V_1, V_3, V_5) einer Schaltung, deren Ventile nur untereinander, aber nicht mit anderen Ventilen der Schaltung kommutieren können, als eine Kommutierungsgruppe. Die Saugdrosselschaltung Abb. 7.1 besteht demnach aus zwei Kommutierungsgruppen, die aus den Ventilen V_1, V_3, V_5 bzw. V_2, V_4, V_6 bestehen.

Der Gleichstrom $i_\mathrm{I} = I_\mathrm{d}/2$ bzw. $i_\mathrm{II} = I_\mathrm{d}/2$ fließt nach Abb. 7.1 über den Sternpunkt m_1 bzw. m_2 und über die zugehörigen Ventile zum Kathodensternpunkt K. Die Ventile der beiden Kommutierungsgruppen werden in den natürlichen Zündzeitpunkten x_{01} bis x_{06} gezündet und führen während $2\pi/3$ den Gleichstrom $I_\mathrm{d}/2$. Die beiden dreiphasigen Stromsysteme i_{s1}, i_{s3}, i_{s5} und i_{s2}, i_{s4}, i_{s6} sind um $\pi/3$ gegeneinander phasenverschoben. Daraus geht hervor, daß die Ventilströme in der zeitlichen Reihenfolge i_{s1}, i_{s2}, ... i_{s6} mit der Stromführung einsetzen und daß jeweils zwei Ventile verschiedener Kommutierungsgruppen während eines Intervalles $\pi/3$ gemeinsam Strom führen (Abb. 7.2). Die Kommutierung zwischen den Ventilen einer Kommutierungsgruppe erfolgt sprunghaft, weil die Ventilzuleitungen in Abb. 7.1 keine Kommutierungsinduktivitäten enthalten.

In Wirklichkeit ist die Saugdrosselinduktivität L_σ in der Praxis zwar sehr groß, aber keineswegs unendlich; der Saugdrosselstrom i_σ ist daher zwar klein, aber keineswegs Null. Deshalb ist den Gleichkomponenten der Ströme i_I und i_II nach (7.8) und Abb. 7.2h und i eine Wechselkomponente i_σ überlagert. Der Knotenpunktsatz liefert mit (7.8) für den Saugdrosselmittelpunkt die Beziehung $i_\mathrm{I} + i_\mathrm{II} = I_\mathrm{d}$ (vgl. dazu Abb. 7.2h und j), also die selbstverständliche Aussage, daß durch die unendlich große Lastinduktivität L kein Wechselstrom fließen kann. Der Wechselstrom i_σ schließt sich daher über die jeweils stromführenden Ventile und wird dem Rechteckverlauf der Ventilströme überlagert, der sich im Falle $i_\sigma = 0$ einstellen würde.

Bei großen Werten der Saugdrosselinduktivität L_σ wird der Saugdrosselstrom i_σ so klein, daß er nur in der Umgebung des Leerlaufes mit dem Gleichstrommittelwert I_d vergleichbar wird. Aus diesem Grunde kann i_σ bei hinreichend großen Werten des Gleichstromes gegenüber I_d vernachlässigt werden. Man erhält dann für den Mittelwert I_v und für den Effektivwert $I_\mathrm{v,eff}$ des Ventilstromes

$$\frac{I_\mathrm{v}}{I_\mathrm{d}} = \frac{1}{6}, \quad \frac{I_\mathrm{v,eff}}{I_\mathrm{d}} = \frac{1}{2\sqrt{3}}. \qquad (7.11)$$

7.2 Betrieb im kritischen Bereich

Der Faktor $\sqrt{3}$ im Nenner dieses Ausdruckes weist auf die für den dreipulsigen Betrieb charakteristische Durchlaßzeit von $2\pi/3$ hin; daß der Scheitelwert der Ventilströme nur die Hälfte des Laststromes I_d beträgt, kommt in dem Faktor 2 im Nenner zum Ausdruck.

7.2 Betrieb im kritischen Bereich

Beim Betrieb der Saugdrosselschaltung sind die Phasenspannungen $u_{s1}, u_{s2}, \ldots, u_{s6}$ und die Saugdrosselinduktivität L_σ als fest vorgegebene Größen zu betrachten. Damit sind die Saugdrosselspannung u_σ und der Saugdrosselstrom i_σ ebenfalls fest vorgegebene, von der Gleichstromlast unabhängige Größen. Diese Eigenschaft hat zur Folge, daß sich die Saugdrosselschaltung in der Nähe des Leerlaufes anders als bei hinreichend großen Gleichströmen verhält.

7.21 Saugdrosselspitze

Zur Erläuterung der Verhältnisse in der Nähe des Leerlaufes sind die Ventilströme i_{s1} und i_{s2} in Abb. 7.4a noch einmal dargestellt. Bei einer Verkleinerung des Laststromes I_d bleibt der Saugdrosselstrom i_σ in voller Höhe erhalten; deshalb treten bei einem bestimmten, mit I_{krit} bezeichneten Wert des Laststromes die Verhältnisse nach Abb. 7.4b ein. Man bezeichnet I_{krit} als kritischen Laststrom; I_{krit} ist durch den Scheitelwert $i_{\sigma,\max}$ des Saugdrosselstromes gegeben. Mit Abb. 7.4b und (7.10) gilt

$$I_{\text{krit}} = 2i_{\sigma,\max} = \frac{\sqrt{2}\,U_s}{\omega L_\sigma}\left(2 - \sqrt{3}\right). \tag{7.12}$$

Man bezeichnet den Bereich $I_d = 0$ bis $I_d = I_{\text{krit}}$ als kritischen Bereich des Saugdrosselbetriebes und den Betriebszustand $I_d \geq I_{\text{krit}}$ als den Bereich des normalen Saugdrosselbetriebes.

Beim Betrieb im kritischen Bereich, also bei Lastströmen $I_d \leq I_{\text{krit}}$ müßten die Ventilströme i_{s1} bzw. i_{s2} nach Abb. 7.4b in der Nähe des negativen Scheitelwertes von i_σ negative Momentanwerte annehmen, also in Sperrichtung fließen; dieser Betriebszustand ist wegen der Sperreigenschaft der Ventile nicht möglich. Die Saugdrosselschaltung geht daher, sobald der kritische Gleichstrom I_{krit} unterschritten wird, in einen anderen Betriebszustand über.

Beim Betrieb an der oberen Grenze $I_d = I_{\text{krit}}$ des kritischen Betriebes liegt gerade noch der in Abb. 7.2 beschriebene normale Saugdrosselbetrieb vor. Der Zeitverlauf der zugehörigen Gleichspannung u_d

ist in Abb. 7.2a stark ausgezogen und liefert den Mittelwert

$$U_{\text{di}\sigma} = \frac{3}{\pi} \sqrt{\frac{3}{2}}\, U_{\text{s}}. \qquad (7.13)$$

Der Index σ deutet auf die Saugdrosselschaltung hin. Man kann (7.13) durch Mittelwertbildung über den Zeitverlauf von u_{d} in Abb. 7.2a berechnen. Man findet diesen Wert aber auch unmittelbar aus der Überlegung, daß die Saugdrosselschaltung Abb. 7.1 durch Parallelschaltung zweier dreipulsiger Mittelpunktschaltungen entsteht, und somit den Mittelwert der dreipulsigen Mittelpunktschaltung liefern muß; man findet daher $U_{\text{di}\sigma}$, indem man in (6.18) $p = 3$ setzt.

An der unteren Grenze des kritischen Betriebes, also im Leerlauf $I_{\text{d}} = 0$, sind alle sechs Ventile und damit auch die Saugdrossel stromlos; man kann die Saugdrossel in diesem Falle durch eine direkte Verbindung der Mittelpunkte m_1 und m_2 in Abb. 7.1 ersetzen. Damit entsteht eine sechspulsige Mittelpunktschaltung, deren Leerlaufspannung u_{d} nach 7.2a aus den Kuppen der sechs Phasenspannungen besteht und nach (6.18) mit $p = 6$ den Mittelwert

$$U_{\text{di}} = \frac{3}{\pi} \sqrt{2}\, U_{\text{s}} \qquad (7.14)$$

liefert.

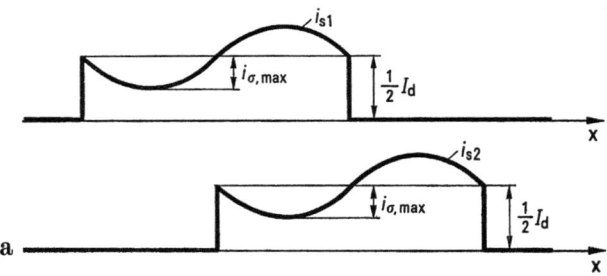

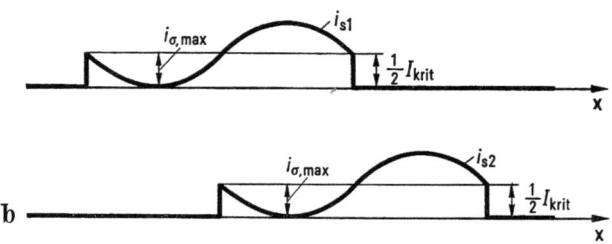

Abb. 7.4. Ventilströme der Saugdrosselschaltung Abb. 7.1. a) Normalbetrieb; b) Betrieb beim kritischen Gleichstrom I_{krit}.

7.2 Betrieb im kritischen Bereich

Die beiden Mittelwerte $U_{di\sigma}$ und U_{di}, die sich an den Grenzen des kritischen Betriebes einstellen, besitzen verschieden große numerische Werte, so daß — auf $U_{di\sigma}$ bezogen — zwischen $I_d = I_{krit}$ und $I_d = 0$ eine Spannungserhöhung

$$q = \frac{U_{di} - U_{di\sigma}}{U_{di\sigma}} = \frac{2}{\sqrt{3}} - 1 = 0{,}155 \qquad (7.15)$$

entsteht. Diese Verhältnisse werden in Abb. 7.5 durch den Zusammenhang zwischen dem Gleichstrommittelwert und dem Gleichspannungsmittelwert (Belastungskennlinie) beschrieben. Die Spannungserhöhung im kritischen Bereich wird „Saugdrosselspitze" genannt.

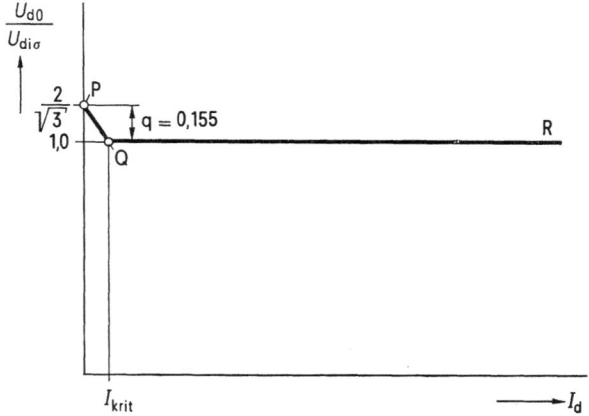

Abb. 7.5. Belastungskennlinie der Saugdrosselschaltung Abb. 7.1.

Dieser unerwünschte Spannungsanstieg wird am einfachsten durch die Anordnung eines Grundlastwiderstandes parallel zur Last zwischen den Punkten m und K in Abb. 7.1 beseitigt; er bleibt immer angeschlossen und wird so ausgelegt, daß er den kritischen Strom führt. Die Verlustleistung $U_{di\sigma} I_{krit}$ des Grundlastwiderstandes soll dabei möglichst klein sein; deshalb wird man fordern, daß I_{krit} klein gegenüber dem Nennlaststrom I_{dN} bleibt. Man erhält mit (7.12), (7.14)

$$\beta = \frac{I_{krit}}{I_{dN}} = \frac{U_{di}}{I_{dN}\, \omega L_\sigma} \frac{\pi}{3} \left(2 - \sqrt{3}\right). \qquad (7.16)$$

In der Praxis wählt man ωL_σ so groß, daß β hinreichend klein bleibt, z. B. einige Prozent nicht überschreitet.

7.22 Ungesteuerter Betrieb im kritischen Bereich

Der Betrieb im kritischen Bereich ist nach den Überlegungen des vorangehenden Abschn. dadurch gekennzeichnet, daß die Ventile nicht mehr während des vollen Intervalles $2\pi/3$ Strom führen, daß vielmehr eine Stromlücke in diesem Intervall auftritt. Diese Verhältnisse werden an Hand der Abb. 7.6 beschrieben.

An der unteren Grenze $I_d = 0$ des kritischen Bereiches ist die Saugdrossel stromlos und spannungslos, so daß sich die Saugdrosselschaltung wie eine sechspulsige Mittelpunktschaltung (Abb. 7.6 I) verhält. An der oberen Grenze bei $I_d = I_{krit}$ ist die Saugdrossel während des vollen Periodizitätsintervalles stromführend (vgl. Abb. 7.4b), so daß sich die Saugdrosselspannung voll ausbilden kann, also regulärer Saugdrosselbetrieb nach Abb. 7.2 vorliegt. In dem dazwischenliegenden Bereich $0 < I_d < I_{krit}$ stellen sich zwei verschiedene Betriebszustände ein, die an Hand der Abb. 7.6 II und 7.6 IV erläutert werden; die Verhältnisse nach Abb. 7.6 III treten an der Grenze zwischen diesen beiden Betriebszuständen bei $I_d = I_{krit}/2$ auf.

Bei der Beschreibung der beiden Betriebszustände nach Abb. 7.6 II und IV wird an die Überlegungen zu Beginn des Abschn. 7.14 angeknüpft. Dort wurde gezeigt, daß die Kommutierung zwischen zwei Ventilen z. B. V_6 und V_1, die verschiedenen Dreiphasensystemen angehören, bei einer unendlich großen Saugdrosselinduktivität grundsätzlich nicht möglich ist. Wenn dagegen eine endliche Saugdrosselinduktivität vorliegt, ist die Kommutierung zwischen zwei Ventilen verschiedener Dreiphasensysteme prinzipiell möglich, denn die endliche Saugdrosselinduktivität gestattet das Abklingen und Ansteigen der Ventilströme, so wie es der Stromübergang zwischen zwei Ventilen erfordert. Man muß also bei der Beschreibung der Vorgänge im kritischen Bereich die Kommutierung zwischen Ventilen verschiedener Dreiphasensysteme mit in die Betrachtungen einbeziehen.

Das Beispiel Abb. 7.6 II zeigt die Verhältnisse bei Gleichströmen unterhalb $I_{krit}/2$. Im natürlichen Zündzeitpunkt x_0 wird das Ventil V_1 gezündet, so daß der Strom von V_6 auf V_1 überwechselt. Die Saugdrossel liegt im Kommutierungskreis der Ventile V_6 und V_1 und verhindert den sprunghaften Stromübergang zwischen den beiden Ventilen; V_6 und V_1 müssen deshalb während der Überlappungszeit u_0 (Abb. 7.6 II) gemeinsam Strom führen. In diesem Zeitintervall gilt nach Abb. 7.1

$$u_{s1} = u_d + \frac{u_\sigma}{2}, \qquad u_{s6} = u_d - \frac{u_\sigma}{2}. \qquad (7.17)$$

7.2 Betrieb im kritischen Bereich

Beachtet man, daß während der Überlappungszeit $i_\mathrm{I} = i_{s1}$ und $i_\mathrm{II} = i_{s6}$ und weiterhin $i_{s1} + i_{s6} = I_\mathrm{d}$ gilt, dann folgt mit (7.5)

$$u_\sigma = \omega L_\sigma \frac{\mathrm{d}}{\mathrm{d}x} \frac{i_{s1} - i_{s6}}{2}, \quad \frac{\mathrm{d}i_{s1}}{\mathrm{d}x} + \frac{\mathrm{d}i_{s6}}{\mathrm{d}x} = 0. \tag{7.18}$$

Aus der Summe der beiden Gln. (7.17) erhält man die Gleichspannung u_d und aus der Differenz folgt in Verbindung mit (7.18) eine Differentialgleichung zur Berechnung des Ventilstromes i_{s1}

$$u_\mathrm{d} = \frac{1}{2}(u_{s1} + u_{s6}), \quad \frac{\omega L_\sigma}{2} \frac{\mathrm{d}i_{s1}}{\mathrm{d}x} = \frac{1}{2}(u_{s1} - u_{s6}). \tag{7.19}$$

Der Vergleich mit den für die einfache Kommutierung der Mittelpunktschaltung abgeleiteten Beziehungen (6.33), (6.34) zeigt, daß die Saugdrossel im vorliegenden Betriebsfall wie eine Kommutierungsinduktivität $L_\sigma/2$ wirkt, die in jeder Ventilzuleitung angeordnet ist; die Ergebnisse des Abschn. 6.31 können deshalb unmittelbar übertragen werden. Für die Kommutierungszeit u_0 in Abb. 7.6 II erhält man deshalb aus (6.42) mit $p = 6$ folgende Bestimmungsgleichung:

$$1 - \cos u_0 = \frac{I_\mathrm{d} \omega L_\sigma}{\sqrt{2}\, U_\mathrm{s}}. \tag{7.20}$$

Unter Berücksichtigung der Ergebnisse des Abschn. 6.31 folgt der Zeitverlauf der Ströme und Spannungen nach Abb. 7.6 II.

Der Zustand nach Abb. 7.6 II besteht so lange, bis der Überlappungswinkel den Wert $u_0 = \pi/6$ erreicht; dieser Grenzfall ist in Abb. 7.6 III dargestellt. Den Gleichstrom, der sich in diesem Grenzfall einstellt, berechnet man mit $u_0 = \pi/6$ aus (7.20). Man findet mit (7.12)

$$I_\mathrm{d} = \frac{1}{2}(2 - \sqrt{3}) \frac{\sqrt{2}\, U_\mathrm{s}}{\omega L_\sigma} = \frac{1}{2} I_\mathrm{krit}. \tag{7.21}$$

Im Bereich $0 \leq I_\mathrm{d} \leq I_\mathrm{krit}/2$ verhält sich die Saugdrosselschaltung Abb. 7.1 — wie eben gezeigt wurde — wie eine sechspulsige Mittelpunktschaltung mit Kommutierungsinduktivitäten $L_\sigma/2$ in den Ventilzuleitungen.

In der Abb. 7.6 IV sind die Verhältnisse dargestellt, die sich im Lastbereich $I_\mathrm{krit}/2 \leq I_\mathrm{d} \leq I_\mathrm{krit}$ einstellen. Das Periodizitätsintervall x_0 bis $x_0 + \pi/3$ besteht — wie am deutlichsten aus dem Zeitverlauf von u_d in Abb. 7.6 IVa hervorgeht — in diesem Fall aus drei Teilintervallen.

Das erste Teilintervall erstreckt sich in Abb. 7.6 IV vom natürlichen Zündzeitpunkt $x_0 = -\pi/6$ des Ventiles V_1 bis zum natürlichen Zündzeitpunkt $x = 0$ des Ventiles V_2. In diesem Teilbereich laufen die Vor-

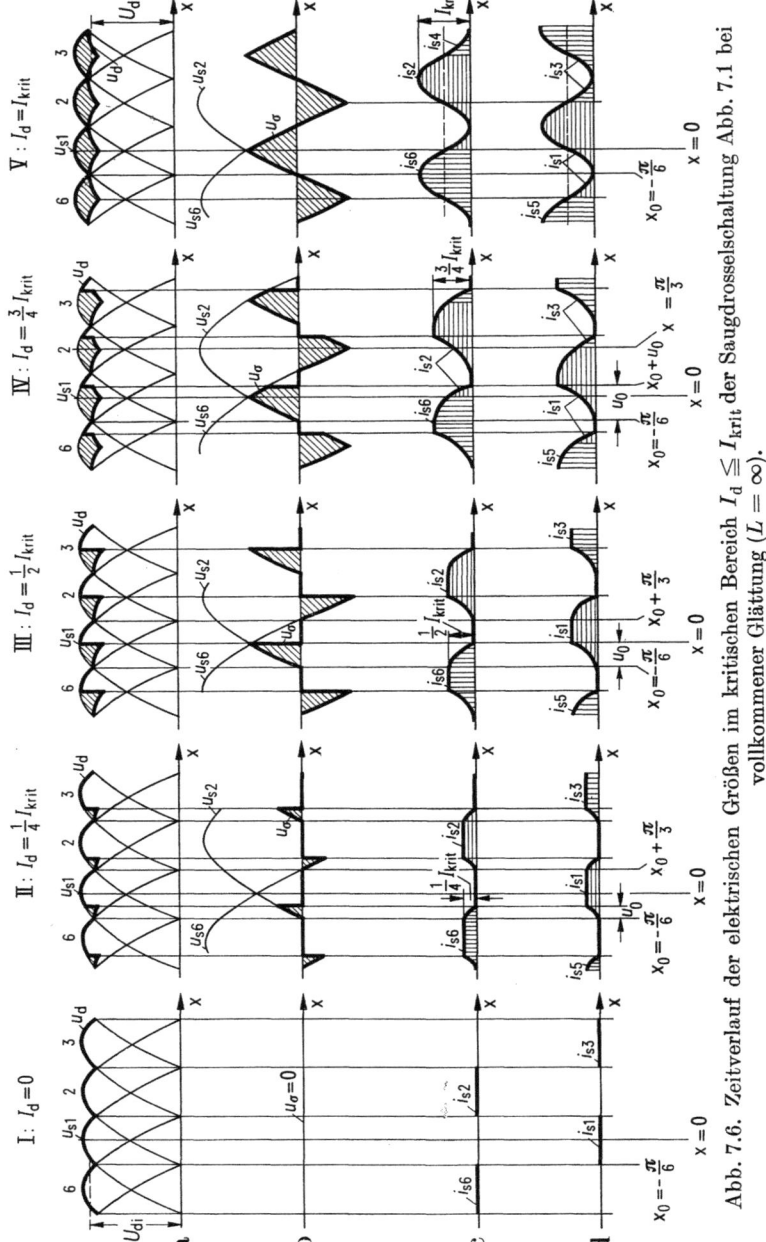

Abb. 7.6. Zeitverlauf der elektrischen Größen im kritischen Bereich $I_d \leqq I_{krit}$ der Saugdrosselschaltung Abb. 7.1 bei vollkommener Glättung ($L = \infty$).

7.2 Betrieb im kritischen Bereich

gänge genauso ab, wie während der Überlappungszeit u_0 in Abb. 7.6 II. Die Ventile V_1 und V_6 führen somit gemeinsam Strom und liefern nach (7.19) die Gleichspannung $u_d = (u_{s1} + u_{s6})/2$.

Zu Beginn des zweiten Teilintervalles wird das Ventil V_2 im Zeitpunkt $x = 0$ gezündet und löst das demselben Dreiphasensystem (Kommutierungsgruppe) zugehörende Ventil V_6 in der Stromführung ab; da in den Ventilzuleitungen der Ventile V_2 und V_6 nach Abb. 7.1 keine Induktivitäten vorhanden sind, erfolgt der Stromübergang von V_6 auf V_2 sprunghaft (vgl. Abb. 7.6 IV c). Beginnend bei $x = 0$ führen die beiden, verschiedenen Kommutierungsgruppen angehörenden Ventile V_1 und V_2 gemeinsam Strom. Dabei wirkt die halbe Saugdrosselinduktivität nach Abb. 7.1 als Kommutierungsinduktivität, so daß sich im betrachteten Teilintervall nach Abb. 7.6 IV a die Gleichspannung $u_d = (u_{s1} + u_{s2})/2$ einstellt. Dieses Teilintervall erstreckt sich von $x = 0$ bis $x_0 + u_0 = -\pi/6 + u_0$, in letzterem Zeitpunkt erreicht i_{s2} den Wert Null (vgl. Abb. 7.6 IV c).

Im dritten Teilintervall $x_0 + u_0$ bis $x_0 + \pi/3$ bleibt V_2 stromlos und V_1 führt allein den Laststrom $i_{s1} = I_d$. Für die Gleichspannung gilt in diesem Intervall $u_d = u_{s1}$ (vgl. Abb. 7.6 IV a, d).

Man kann zusammenfassen: Die Saugdrosselschaltung Abb. 7.1 verhält sich im Teilbereich $0 \leq I_d \leq I_{krit}/2$ bzw. $u_0 \leq \pi/6$ des kritischen Betriebes wie eine sechspulsige Mittelpunktschaltung mit Kommutierungsinduktivitäten $L_G/2$ in den Ventilzuleitungen; die Ventile führen dabei während der Zeitdauer $\pi/3 + u_0$ Strom. Im Teilbereich $I_{krit}/2 \leq I_d \leq I_{krit}$ bzw. $u_0 \leq \pi/6$ des kritischen Betriebes entstehen nach Abb. 7.6 IV c, d Vorläufer im Zeitverlauf der Ventilströme. Die Ventile werden in diesem Betriebszustand kurz nach der Zündung wieder stromlos und nehmen die Stromführung erst wieder nach einer Stromlücke auf (Abb. 7.6 IV c, d). Mit wachsendem Gleichstrom I_d wird diese Stromlücke kleiner und verschwindet schließlich nach Abb. 7.6 V c, d bei $I_d = I_{krit}$ vollständig, so daß sich die Stromführungszeit der Ventile — den Verhältnissen beim regulären Saugdrosselbetrieb entsprechend — auf das Intervall $2\pi/3$ ausweitet.

7.23 Kennlinienverlauf im kritischen Bereich

Mit Hilfe der Aussagen der Abb. 7.6 kann man den Verlauf $U_{d0} = U_{d0}(I_d)$ des Kennlinienstückes PQ in Abb. 7.5 berechnen.

Im kritischen Bereich, zwischen Leerlauf $I_d = 0$ und I_{krit} ist der Lastspannungsmittelwert $U_{d0}(I_d)$ nach Abb. 7.6a um den Mittelwert der schraffierten Flächen kleiner als der Mittelwert U_{di} der Spannungskuppen. Da die schraffierten Flächen durch die halbe Saugdrosselspannung u_σ gegeben sind, folgt

$$U_{d0}(I_d) = U_{di} - \frac{6}{2\pi} \int_{x_0}^{x_0+u_0} \frac{1}{2} u_\sigma \, dx. \qquad (7.22)$$

Differenziert man die Knotenpunktgleichung $i_I + i_{II} = I_d$, dann folgt mit (7.5) für die Saugdrosselspannung

$$u_\sigma = \omega L_\sigma \frac{di_I}{dx}. \qquad (7.23)$$

Damit erhält man aus (7.22)

$$U_{d0}(I_d) = U_{di} - \frac{3}{2\pi} \omega L_\sigma \int_{x_0}^{x_0+u_0} \frac{di_I}{dx} \, dx. \qquad (7.24)$$

Beachtet man bei der Integration, daß der Strom i_I nach Abb. 7.6 im Zeitpunkt x_0 mit dem Wert $i_I = 0$ beginnt und nach Ablauf des Intervalles u_0 im Zeitpunkt $x_0 + u_0$ den Wert $i_I = I_d$ erreicht, dann erhält man für den Lastspannungsmittelwert im kritischen Bereich

$$U_{d0}(I_d) = U_{di} - \frac{3}{2\pi} \omega L_\sigma I_d, \quad 0 \leq I_d \leq I_{krit}. \qquad (7.25)$$

Der zweite Summand beschreibt den von der Saugdrossel hervorgerufenen Gleichspannungsverlust. (7.25) liefert in Abb. 7.5 das Geradenstück PQ.

Sobald der Laststrom den kritischen Wert I_{krit} erreicht, nimmt $U_{d0}(I_d)$ den Wert $U_{di\sigma}$ an. Daraus folgt mit (7.13), (7.14) aus (7.25) eine Bestimmungsgleichung für I_{krit}

$$\frac{3\sqrt{3}}{2\pi} \sqrt{2} U_s = \frac{3}{\pi} \sqrt{2} U_s - \frac{3}{2\pi} \omega L_\sigma I_{krit}. \qquad (7.26)$$

Aus der Gl. (7.26) erhält man die in Abschn. 7.21 bereits auf anderem Wege gewonnene Beziehung (7.12) für den kritischen Strom I_{krit}.

Die Glättungsinduktivität L in Abb. 7.1 wird meistens so groß gewählt, daß beim Nennstrom I_{dN} unter Berücksichtigung wirtschaftlicher Gesichtspunkte eine möglichst gute Glättung des Gleichstromes erreicht wird; dann gelten die Aussagen der Abschn. 7.1 und die der Abb. 7.2 in sehr guter Näherung. Mit abnehmendem Gleichstrom wird die Glättung schlechter, bis der Gleichstrom schließlich in der Nähe des Leerlaufes zu lücken beginnt. Bei den gebräuchlichen Werten der Glättungsinduktivität L und der Saugdrosselinduktivität L_σ ist der kritische Strom I_{krit} dann bereits so klein, daß die Annahme einer sehr

7.3 Einfluß der Kommutierungsinduktivitäten 157

guten Glättung nicht mehr berechtigt ist. Die Verhältnisse in Abb. 7.6 und der daraus resultierende Kennlinienverlauf PQ in Abb. 7.5 stellt daher lediglich einen theoretisch denkbaren, aber praktisch nicht realisierbaren Grenzfall dar.

Im Abschn. 13.23 wird gezeigt, daß die an Hand der Abb. 7.6 gewonnenen Erkenntnisse bei der sechspulsigen Mittelpunktschaltung mit netzseitigem Stern des Stromrichtertransformators auch eine praktische Bedeutung besitzen.

7.3 Einfluß der Kommutierungsinduktivitäten (Belastungskennlinien)

Die Wirkung der Transformatorstreuung kann, wie bei der p-pulsigen Mittelpunktschaltung in erster Näherung durch Kommutierungsinduktivitäten L_c in den Ventilzuleitungen angenähert werden (Abb. 7.7). Die Kommutierungsinduktivitäten in den Ventilzuleitungen verhindern

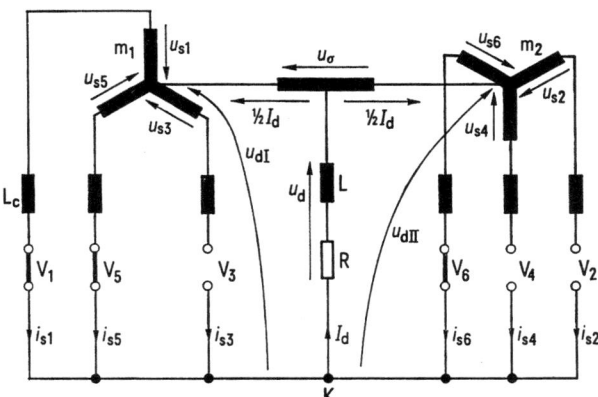

Abb. 7.7. Sechspulsige Saugdrosselschaltung mit Kommutierungsinduktivitäten L_c.

den sprunghaften Stromübergang zwischen den Ventilen desselben Dreiphasensystems (derselben Kommutierungsgruppe), so daß die Stromübergabe — aus denselben Gründen wie bei den Mittelpunktschaltungen — während einer gewissen Kommutierungszeit u stattfindet. Die Beschreibung der Vorgänge erfolgt für den normalen Saugdrosselbetrieb am Beispiel der Abb. 7.8.

Während der Kommutierungszeit x_0 bis $x_0 + u_0$ (Abb. 7.8) beteiligen sich die beiden Ventile V_5, V_1 der linken dreipulsigen Kommutierungsgruppe in Abb. 7.7 gemeinsam an der Stromführung, so daß zwischen den Punkten m_1 und K die Teilspannung $u_{dI} = (u_{s5} + u_{s1})/2$ entsteht. In der linken Kommutierungsgruppe führt im Anschluß an die Überlappungszeit das Ventil V_1 allein zwischen $x_0 + u_0$ und $x_0 + 2\pi/3$ den halben Gleichstrom $I_d/2$, so daß $u_{dI} = u_{s1}$ gilt. In der rechten Kommutierungsgruppe der Abb. 7.7 bleibt das Ventil V_6 allein während des vollen Periodizitätsintervalles x_0 bis $x = x_0 + \pi/3 = 0$ stromführend; deshalb wirkt in diesem Intervall zwischen den Punkten m_2 und K die Teilspannung

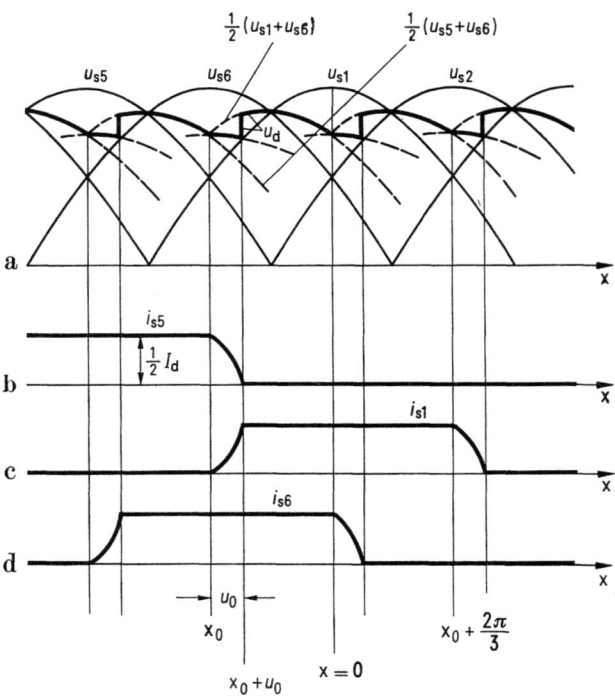

Abb. 7.8. Zeitverlauf der elektrischen Größen der Saugdrosselschaltung Abb. 7.7 bei vollkommener Glättung ($L = \infty$) und Vollaussteuerung $\alpha = 0$.

$u_{dII} = u_{s6}$. Die Spannung u_d an der Last setzt sich nach (7.2) aus den eben berechneten Teilspannungen u_{dI} und u_{dII} zusammen. Man erhält daher

$$u_d = \frac{1}{2}\left(\frac{u_{s1} + u_{s6}}{2} + \frac{u_{s5} + u_{s6}}{2}\right) \qquad u_d = \frac{1}{2}(u_{s1} + u_{s6}). \qquad (7.27)$$

Die erste Gl. (7.27) gilt im Überlappungsintervall x_0 bis $x_0 + u_0$, die zweite Gleichung im anschließenden Intervall $x_0 + u_0$ bis $x = x_0 + \pi/3 = 0$. Aus diesen beiden Beziehungen folgt der in Abb. 7.8a stark ausgezogene Verlauf von u_d.

7.4 Höherpulsige Saugdrosselschaltungen

Die Kommutierung zwischen den Ventilen V_5 und V_1 erfolgt nach den gleichen Gesetzen wie bei der dreipulsigen Mittelpunktschaltung. Man erhält daher den Zeitverlauf von i_{s1}, i_{s5} und den Überlappungswinkel u_0 aus den Gl. (6.38), (6.39), (6.42), indem man darin $p = 3$ wählt und I_d durch $I_d/2$ ersetzt

$$i_{s1} = J_{cc}\left(1 - \cos\left(x + \frac{\pi}{3}\right)\right), \qquad i_{s5} = \frac{1}{2}I_d - i_{s1}, \qquad (7.28)$$

$$1 - \cos u_0 = \frac{1}{2}\frac{I_d}{J_{cc}}, \qquad J_{cc} = \frac{U_s}{\omega L_c}\sqrt{\frac{3}{2}}. \qquad (7.29)$$

Der Verlauf der Ströme ist in Abb. 7.8b bis d eingezeichnet.

Die Gleichung für die Belastungskennlinien findet man auf die gleiche Weise wie den Zeitverlauf von i_{s1}, i_{s5}, indem man in (6.49), (6.50) $p = 3$ wählt und I_d durch $I_d/2$ ersetzt. Für die Belastungskennlinien der Saugdrosselschaltung Abb. 7.7 gilt daher

$$U_{d0} = U_{di\sigma} - \frac{3}{4\pi}\omega L_c I_d, \qquad (7.30)$$

$$D_\infty = \frac{3}{4\pi}\omega L_c I_d, \qquad U_{di\sigma} = \frac{3}{\pi}\sqrt{\frac{3}{2}}\,U_s. \qquad (7.31)$$

Weil die Saugdrosselschaltung aus der Parallelschaltung zweier dreipulsiger Mittelpunktschaltungen hervorgeht, ist der Spannungsverlust D_∞ nach (7.31) auch nur halb so groß wie bei der einfachen dreipulsigen Mittelpunktschaltung.

7.4 Höherpulsige Saugdrosselschaltungen

Abb. 7.9 zeigt eine zwölfpulsige Saugdrosselschaltung. Sie besteht aus zwei sechspulsigen Saugdrosselschaltungen, deren ventilseitige Spannungssysteme $u_{s1}, u_{s2}, \ldots, u_{s6}$ und $u'_{s1}, u'_{s2}, \ldots, u'_{s6}$ jeweils von einem Transformator erzeugt werden. Die beiden Transformatoren werden vom selben Netz gespeist und besitzen netzseitige Stern- bzw. Dreieckschaltung; die beiden ventilseitigen Spannungssterne sind deshalb um 30° gegeneinander phasenverschoben. Eine dritte Saugdrossel ist zwischen den Saugdrosselmittelpunkten m_{12} und m_{34} angeordnet und sorgt für die Parallelarbeit der beiden Saugdrosselsysteme auf dieselbe Last. Die Wirkungsweise ist im Prinzip dieselbe wie bei der sechspulsigen Saugdrosselschaltung, so daß einige kurze Hinweise zur Erläuterung genügen.

In Abb. 7.10a bzw. b sind die Spannungen u_s bzw. u_s' dargestellt; die Saugdrosselspannungen $u_{\sigma I}$ und $u_{\sigma II}$ der beiden Systeme sind durch die schraffierten Flächen hervorgehoben. Die beiden Spannungen u_{d1} und u_{d2}, die jedes der beiden Saugdrosselsysteme im Einzelbetrieb als

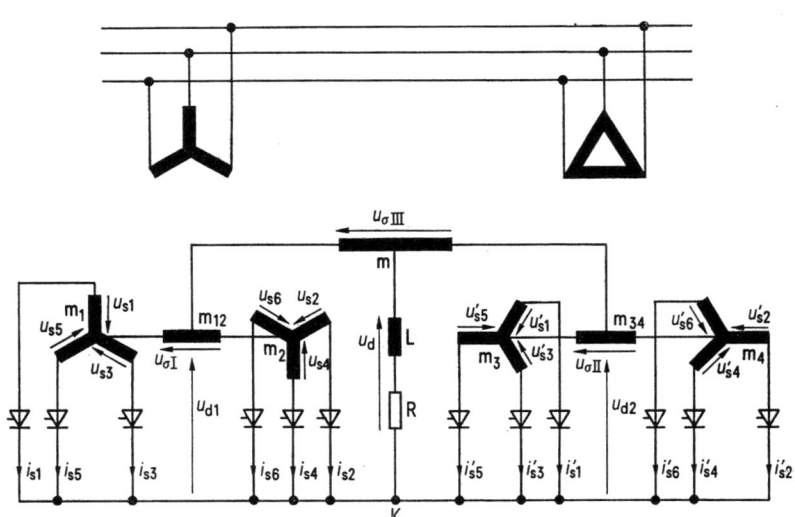

Abb. 7.9. Zwölfpulsige Saugdrosselschaltung.

Lastspannung liefern würde, sind in Abb. 7.10a und b stark ausgezogen dargestellt; die zugehörigen Ventilströme i_s und i_s' sind als horizontale Balken eingezeichnet.

Die Spannungen u_{d1} und u_{d2} sind in der Abb. 7.10c noch einmal gestrichelt bzw. strichpunktiert eingezeichnet. Dabei wurde der Nullpunkt unterdrückt, damit die schraffierte Fläche, die den Zeitverlauf der Spannung $u_{\sigma III}$ an der dritten Saugdrossel beschreibt, deutlich erkennbar wird. Man entnimmt daraus, daß $u_{\sigma III}$ die sechsfache Netzfrequenz besitzt. Die Last ist zwischen dem Mittelpunkt m der dritten Saugdrossel und dem Kathodensternpunkt K angeschlossen, so daß die Lastspannung u_d (vollausgezogen in Abb. 7.10c) in der Mitte zwischen u_{d1} und u_{d2} verläuft, also zwölfpulsigen Verlauf aufweist. Die Ventilströme sind in zeitlicher Reihenfolge in Abb. 7.10c als Balken dargestellt; man erkennt daraus, daß die Durchlaßzeit jedes Ventiles 120° beträgt und daß jeweils vier Ventile gleichzeitig Strom führen.

Durch Kombinationen von drei bzw. vier sechspulsigen Saugdrosselschaltungen können in Verbindung mit weiteren Saugdrosseln 18- und 24pulsige Saugdrosselschaltungen hergestellt werden.

7.4 Höherpulsige Saugdrosselschaltungen

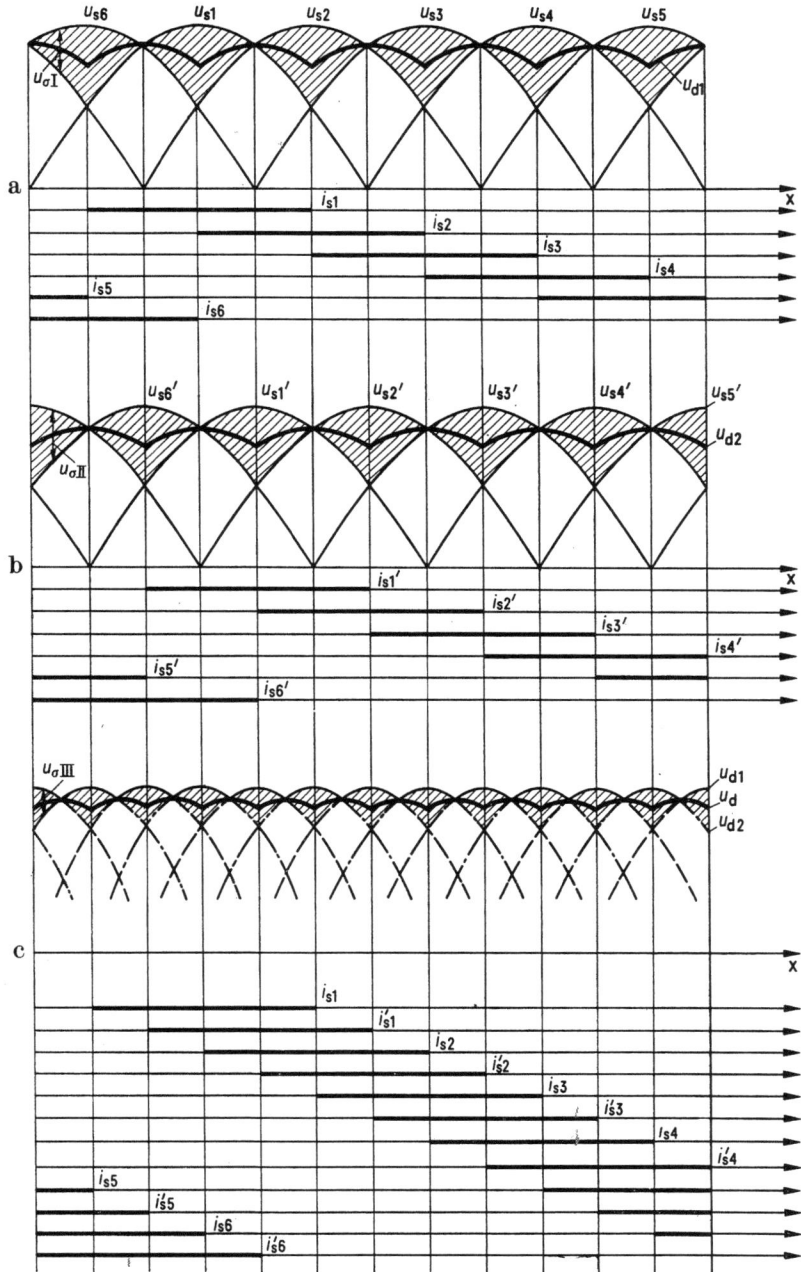

Abb. 7.10. Zeitverlauf der elektrischen Größen der zwölfpulsigen Saugdrosselschaltung.

8 Brückenschaltungen

Bei den Brückenschaltungen arbeiten zwei in Reihe geschaltete p-pulsige Mittelpunktschaltungen auf eine gemeinsame Last; in der Praxis sind nur die beiden Fälle $p = 2$ und $p = 3$ von Bedeutung. Im Falle $p = 2$ liefert die Brücke eine zweipulsige Gleichspannung (Abb. 8.3), im Falle $p = 3$ entsteht eine sechspulsige Gleichspannung (Abb. 8.12); man spricht daher im ersten Falle von einer zweipulsigen Brückenschaltung (Zweipulsbrücke) und im letzten Falle von einer sechspulsigen Brückenschaltung (Sechspulsbrücke oder Drehstrombrücke).

Die Brückenschaltungen können im Gegensatz zu den Mittelpunktschaltungen direkt, also ohne Stromrichtertransformator an das Netz angeschlossen werden; die Höhe der Gleichspannung ist dann jedoch durch die Netzspannung festgelegt. Wird eine davon abweichende Gleichspannung verlangt, dann muß zwischen Netz und Brücke ein Anpassungstransformator angeordnet werden.

An den ventilseitigen Strängen des Stromrichtertransformators der Brückenschaltungen sind jeweils zwei Ventile angeschlossen und zwar so, daß der positive Wicklungsstrom des Transformators durch das eine, der negative Strom durch das andere Ventil fließt; die ventilseitigen Transformatorstränge führen daher einen Wechselstrom. Bei den Mittelpunktschaltungen führen dagegen die ventilseitigen Wicklungen des Transformators nur in einer Richtung Strom. Die Brückenschaltungen gehören daher zu den Zweiwegschaltungen und die Mittelpunktschaltungen zu den Einwegschaltungen. Durch die Beanspruchung der ventilseitigen Wicklungen des Stromrichtertransformators der Zweiwegschaltungen in beiden Stromrichtungen wird der Transformator besser ausgenützt als bei den Einwegschaltungen. Aus diesem Grunde haben die Brückenschaltungen — seit mit den gesteuerten Halbleiterventilen (Thyristoren) leistungsfähige Einzelelemente zur Verfügung stehen — weitgehend die Saugdrosselschaltungen abgelöst.

8.1 Gemeinsame Eigenschaften der Brückenschaltungen

In Abb. 8.1a sind zwei Mittelpunktschaltungen dargestellt, deren Ausgangsspannungen u_{dI} und u_{dII} in Abb. 8.1b durch Verbindung der Punkte m_1 und m_2 in Reihe geschaltet sind und die Lastspannung u_d liefern. Die Spannungen u_{s1}, u_{s2}, ... der beiden Mittelpunktschaltungen sollen einander gleich sein, so daß zwischen den Punkten a, a' bzw. b, b' usw. der Abb. 8.1b keine Potentialdifferenz besteht. Entsprechende Wicklungen können deshalb zusammengelegt werden; daraus entsteht die Brückenschaltung Abb. 8.1c.

Zwei Ventile, die an demselben Netzleiter angeschlossen sind — sie liegen stets in Reihe zwischen dem Anodensternpunkt A und dem Kathodensternpunkt K — werden als Brückenzweig bezeichnet.

Das Laststrom i_d muß die beiden in Reihe geschalteten Ventilsterne in Abb. 8.1c, also mindestens je ein Ventil des Anodensternes und je ein Ventil des Kathodensternes durchfließen. Daraus folgt, daß die Kommutierung nur zwischen den Ventilen desselben Sternes erfolgen kann; jeder Ventilstern bildet also für sich — ähnlich wie bei der Saugdrosselschaltung — eine Kommutierungsgruppe.

Unter den von der Steuerung freigegebenen Ventilen des Kathodensternes übernimmt stets das Ventil mit dem höchsten Potential gegen den Spannungsmittelpunkt m (Abb. 8.1c) und beim Anodenstern das Ventil mit dem tiefsten Potential gegen m die Stromführung (Abschn. 2). Anders ausgedrückt: unter den von der Steuerung freigegebenen Ventilen der Brücke führen stets die im Potential am weitesten auseinanderliegenden Ventile Strom.

Die wichtigsten Zweipulsbrücken sind die vollgesteuerte Brücke (Abb. 8.2a), die halbgesteuerte Brücke mit einem ungesteuerten Brückenzweig (Abb. 8.7a) und die halbgesteuerte Brücke mit einem ungesteuerten Ventilstern (Abb. 8.9a). Die wichtigsten Sechspulsbrücken sind die vollgesteuerte Brücke (Abb. 8.11a) und die halbgesteuerte Brücke mit einen ungesteuerten Ventilstern (Abb. 8.24a).

8.2 Vollgesteuerte Zweipulsbrücke

Das Potential des Mittelpunktes m der vollgesteuerten zweipulsigen Brücke (Abb. 8.2a) ist in Abb. 8.3a durch die Zeitachse festgelegt. Der Zeitverlauf der Sternspannungen u_{s1}, u_{s2} legt den Verlauf der Ventilpotentiale gegenüber dem Mittelpunkt m fest.

Aus den Abb. 8.3 und 8.4 entnimmt man, daß die natürlichen Zündzeitpunkte der Ventile V_1, V_2 des Kathodensternes — dem Potentialverlauf entsprechend — bei $x_{01} = -\pi/2$ bzw. bei $x_{02} = \pi/2$ liegen; für die natürlichen Zündzeitpunkte der Ventile V_3, V_4 des Anodensternes

8 Brückenschaltungen

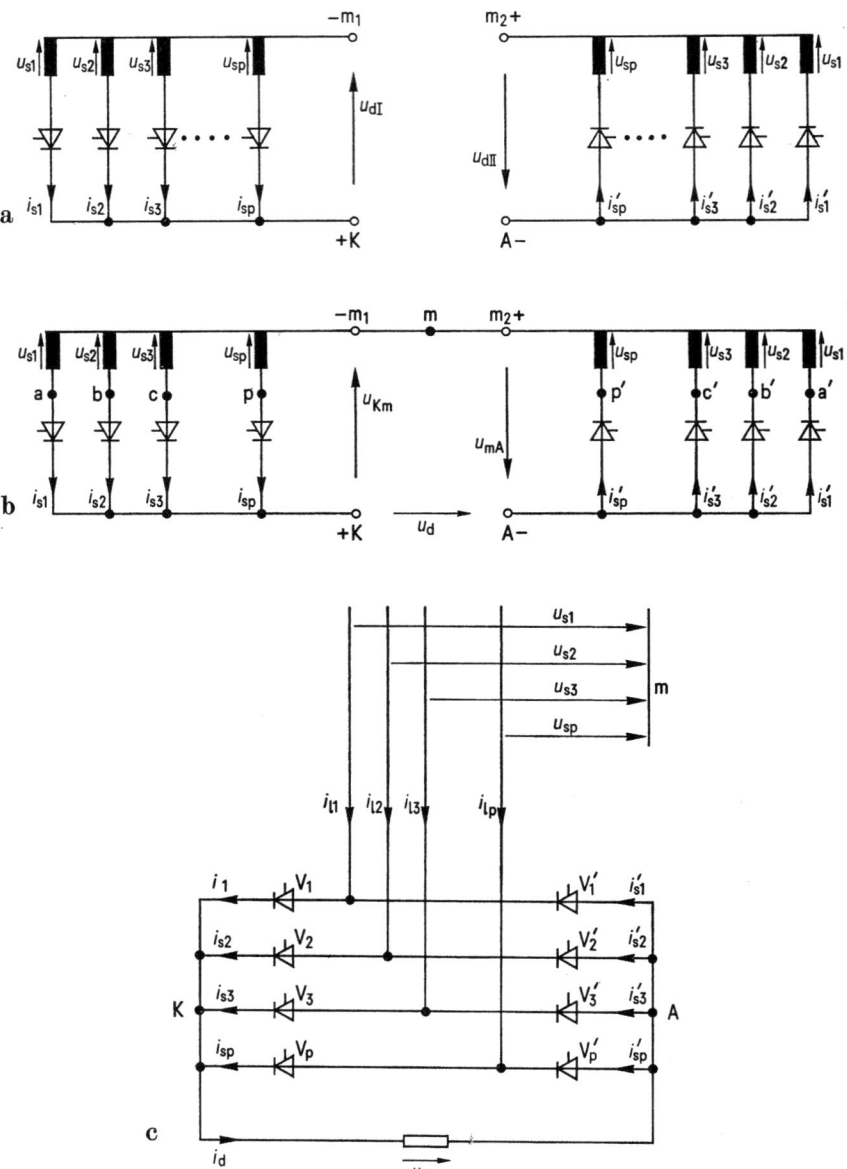

Abb. 8.1. Entstehung der Brückenschaltung aus der Reihenschaltung zweier Mittelpunktschaltungen. a) Mittelpunktschaltungen mit Kathodenstern bzw. Anodenstern; b) Reihenschaltung der beiden Mittelpunktschaltungen in Abb. 8.1 a; c) Zusammenlegung der beiden Mittelpunktschaltungen in Abb. 8.1b zu einer Brückenschaltung.

8.2 Vollgesteuerte Zweipulsbrücke

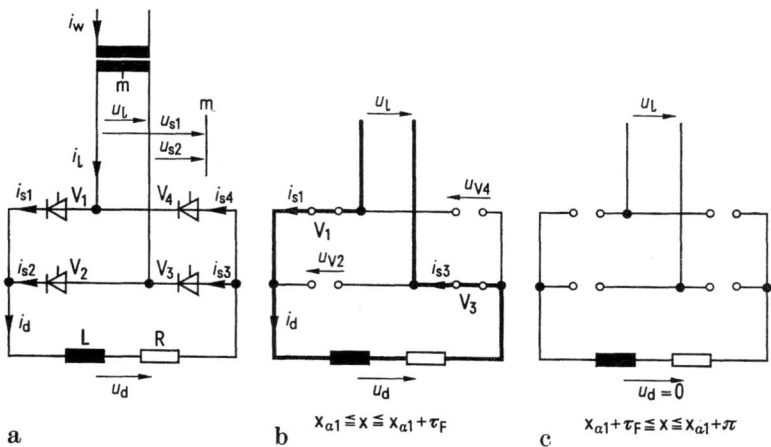

Abb. 8.2. Vollgesteuerte Zweipulsbrücke. a) Schaltung und Bezeichnungen; b), c) Ersatzschaltpläne.

gilt entsprechend $x_{03} = -\pi/2$ bzw. $x_{04} = \pi/2$. Bei symmetrisch gesteuerten Brücken sind die Zündzeitpunkte $x_{\alpha 1}$ bis $x_{\alpha 4}$ der vier Ventile um denselben Steuerwinkel α gegenüber den zugehörigen natürlichen Zündzeitpunkten x_{01} bis x_{04} phasenverschoben. Es gilt also nach Abb. 8.3

$$\alpha = x_{\alpha 1} - x_{01} = x_{\alpha 1} + \frac{\pi}{2}, \qquad x_{01} = -\frac{\pi}{2}. \tag{8.1}$$

Der Zeitverlauf der Ströme und Spannungen in der Zweipulsbrücke Abb. 8.2a ist einfach zu übersehen, so daß gleich der allgemeine Fall einer beliebig ohmsch-induktiven Last betrachtet wird. Man unterscheidet auch hier wie bei der zweipulsigen Mittelpunktschaltung zwischen lückendem und nichtlückendem Betrieb.

Die beiden Ventile V_1, V_3 werden nach Abb. 8.3 zum gleichen Zeitpunkt $x_{\alpha 1} = x_{\alpha 3} = x_\alpha$ gezündet; sie führen von da an bis zum Ablauf der Durchlaßzeit τ_F gemeinsam Strom, weil sie in diesem Zeitintervall die im Potential am weitesten auseinanderliegenden Ventile sind. Die beiden anderen Ventile V_2, V_4 sind in diesem Teilintervall gesperrt, weil an diesen Ventilen die negative Spannung $u_{v2} = -u_1$ bzw. $u_{v4} = -u_1$ anliegt. Von $x_{\alpha 1} = x_{\alpha 3}$ bis $x_{\alpha 1} + \tau_F$ gilt deshalb der Ersatzschaltplan Abb. 8.2b. Beim nichtlückenden Betrieb $\tau_F = \pi$ gilt Abb. 8.2b während des vollen Periodizitätsintervalles π (Abb. 8.4). Im lückenden Betrieb gilt Abb. 8.2b dagegen nur während der Durchlaßzeit $\tau_F < \pi$; im anschließenden Sperrintervall $\tau_S = \pi - \tau_F$ gilt der Ersatzschaltplan Abb. 8.2c.

Während der Stromführung der Ventile V_1, V_3 liegt an der Last die Spannung $u_d = u_{s1} - u_{s2} = u_1$. In Abb. 8.3a und 8.4a wird u_d daher durch die schraffierte Fläche veranschaulicht; außerdem ist u_d noch einmal mit der Zeitachse als Bezugslinie eingezeichnet.

Den Zeitverlauf des Stromes $i_d = i_{s1} = i_{s3} = i_1$ errechnet man aus dem Ersatzschaltplan Abb. 8.2b. Man erhält daraus eine Differentialgleichung vom gleichen Aufbau wie (3.4), (3.14) bei der zweipulsigen Mittelpunktschaltung (Abschn. 3.1), die auch mit den gleichen Grenzbedingungen (3.8), (3.18) zu lösen ist. Die für die zweipulsige Mittelpunktschaltung Abb. 3.1 abgeleiteten Gleichungen können daher unmittelbar übernommen werden; man hat darin lediglich U_s durch $U_1 = 2U_s$

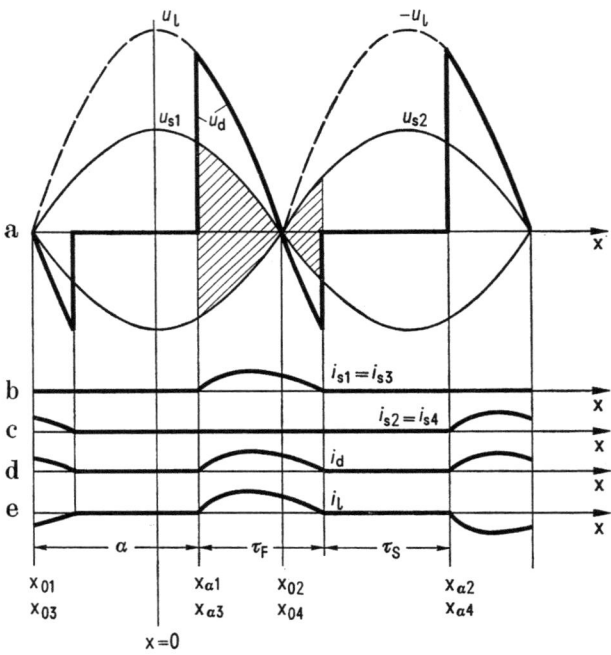

Abb. 8.3. Zeitverlauf der elektrischen Größen der vollgesteuerten Zweipulsbrücke Abb. 8.2 bei ohmsch-induktiver Last und lückendem Betrieb.

zu ersetzen. Man erhält daraus den in den Abb. 8.3 und 8.4 eingezeichneten Zeitverlauf der Ströme und Spannungen.

Aus den eben erläuterten Gründen gelten für die Steuerkennlinien der vollgesteuerten Zweipulsbrücke Abb. 8.2a dieselben Gesetzmäßigkeiten wie für die zweipulsige Mittelpunktschaltung Abb. 3.1. Die relativen Steuerkennlinien sind daher durch die Abb. 3.8 gegeben; man hat jedoch zum Unterschied zur zweipulsigen Mittelpunktschaltung in

8.2 Vollgesteuerte Zweipulsbrücke

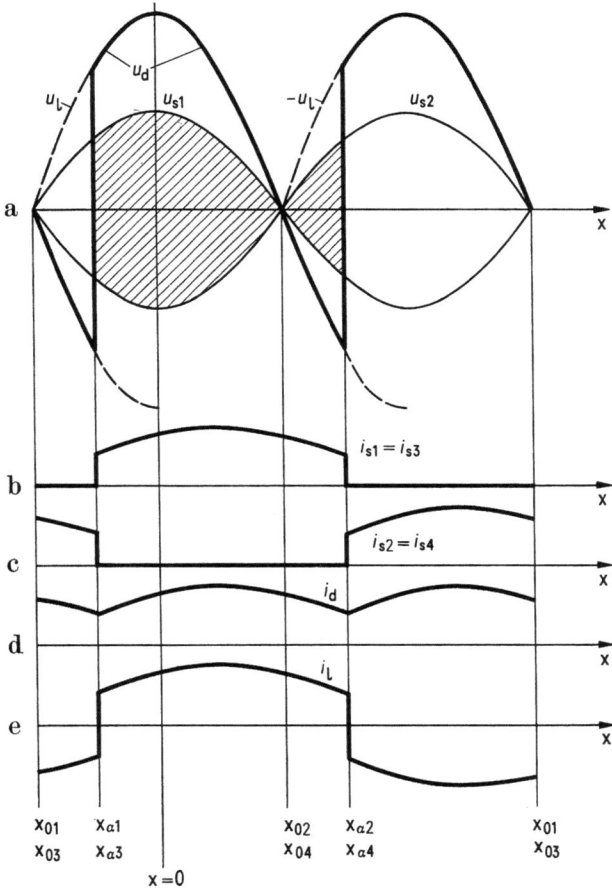

Abb. 8.4. Zeitverlauf der elektrischen Größen der vollgesteuerten Zweipulsbrücke Abb. 8.2 bei ohmsch-induktiver Last und nichtlückendem Betrieb.

Abb. 3.8 für U_{di} den Wert

$$U_{di} = \frac{2}{\pi}\sqrt{2}\,U_1 = \frac{2}{\pi}\,2\sqrt{2}\,U_s \tag{8.2}$$

zu setzen.

Die Wirkung der Streuinduktivitäten des Transformators kann in Abb. 8.5a durch die Induktivität L_c angenähert werden. Bei der Beschreibung des Einflusses der Induktivität L_c auf die Vorgänge in der zweipulsigen Brückenschaltung wird ideale Glättung ($L = \infty$) angenommen.

168   8 Brückenschaltungen

Ohne Induktivität in den Zuleitungen wechselt der Laststrom i_d im Zündzeitpunkt $x_{\alpha 1}$ sprunghaft vom Ventil V_2 auf das Ventil V_1 und der Leiterstrom i_1 ändert sprunghaft das Vorzeichen (Abb. 8.4e). Die Induktivität L_c verhindert den sprunghaften Vorzeichenwechsel von i_1 und damit den sprunghaften Stromübergang von V_2 auf V_1; dadurch wird ein stetiger Übergang des Laststromes von V_2 auf V_1, also eine gewisse

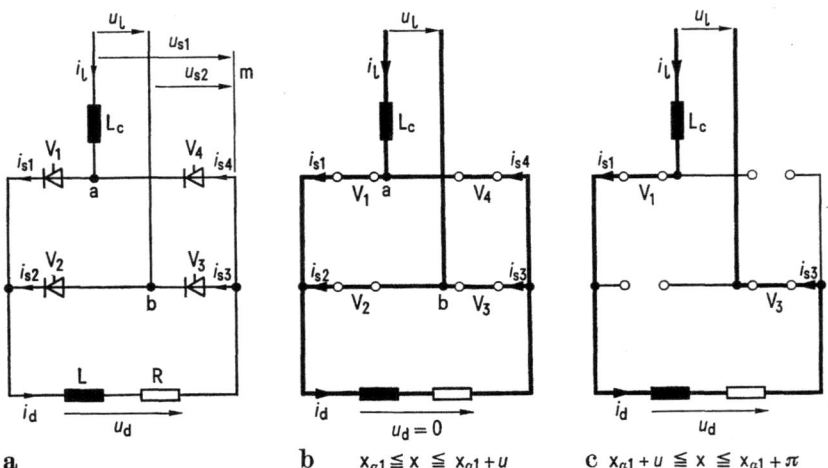

Abb. 8.5. Vollgesteuerte Zweipulsbrücke mit Kommutierungsinduktivitäten L_c.
a) Schaltung und Bezeichnungen; b), c) Ersatzschaltpläne.

Überlappungszeit u zwischen den Strömen i_{s1}, i_{s2} erzwungen. Weil das Ventil V_3 im selben Zeitpunkt $x_{\alpha 1}$ wie das Ventil V_1 von der Steuerung freigegeben wird, kommutieren die Ventile V_3, V_4 des Anodensternes in demselben Zeitintervall wie die Ventile V_1, V_2 des Kathodensternes. Aus diesen Überlegungen folgt, daß während der Überlappungszeit u der Ersatzschaltplan Abb. 8.5b, und in der anschließenden Zeit, in der die Ventile V_1, V_3 allein Strom führen, der Ersatzschaltplan Abb. 8.5c gilt.

Nach diesen Erläuterungen gelten in Abb. 8.6 und 8.5c während der alleinigen Stromführungszeit $x_{\alpha 1} + u$ bis $x_{\alpha 1} + \pi$ der Ventile V_1, V_3 die Beziehungen $u_d = u_l$ sowie $i_{s2} = i_{s4} = 0$ und daher $i_{s1} = i_{s3} = i_l = I_d$. Den Zeitverlauf der Ströme und Spannungen während der Kommutierungszeit u (Abb. 8.6) berechnet man aus der Abb. 8.5b.

Man nimmt in Abb. 8.5b in Reihe mit jedem der vier Ventile V_1 bis V_4 einen kleinen ohmschen Widerstand $R \to 0$ an. Dann folgt für die beiden Brückenzweige

$$Ri_{s1} + Ri_{s4} = Ri_{s2} + Ri_{s3}. \tag{8.3}$$

8.2 Vollgesteuerte Zweipulsbrücke

Der Knotenpunktsatz liefert

$$i_{s1} - i_{s4} = i_{s3} - i_{s2}. \tag{8.4}$$

Nach Division von (8.3) durch R folgt aus der Summe und aus der Differenz von (8.3), (8.4)

$$i_{s1} = i_{s3}, \quad i_{s2} = i_{s4}. \tag{8.5}$$

Zur Berechnung der Ströme i_{s1}, i_{s2} während der Kommutierung entnimmt man aus Abb. 8.5b die folgenden Gleichungen

$$u_1 = \omega L_c \frac{di_1}{dx}, \quad u_d = 0. \tag{8.6}$$

Mit dem Knotenpunktsatz und mit (8.5) folgt aus Abb. 8.5b

$$I_d = i_{s1} + i_{s2}, \quad i_1 = i_{s1} - i_{s4} = i_{s1} - i_{s2}. \tag{8.7}$$

Durch Differenzieren der beiden Gln. (8.7) folgt:

$$\frac{di_1}{dx} = \frac{di_{s1}}{dx} - \frac{di_{s2}}{dx} = 2\frac{di_{s1}}{dx}. \tag{8.8}$$

Man erhält aus (8.6) mit (8.8)

$$u_1 = \sqrt{2}\,U_1 \cos x = 2\omega L_c \frac{di_{s1}}{dx}, \quad U_1 = 2U_s. \tag{8.9}$$

Die Differentialgleichung (8.9) ist mit der Anfangsbedingung $i_{s1}(x_{\alpha 1})$ $= i_{s1}(\alpha - \pi/2) = 0$ zu lösen. Man erhält mit $x_{\alpha 1} = \alpha - \pi/2$ und mit (8.5), (8.7)

$$i_{s1} = i_{s3} = J_c(\sin x + \cos \alpha), \quad J_c = \frac{\sqrt{2}\,U_1}{2\omega L_c}, \tag{8.10}$$

$$i_{s2} = i_{s4} = I_d - J_c(\sin x + \cos \alpha). \tag{8.11}$$

Aus der zweiten Gl. (8.7) folgt:

$$i_1 = i_{s1} - i_{s2} = -I_d + 2J_c(\sin x + \cos \alpha). \tag{8.12}$$

Aus der Forderung $i_{s1}(x_{\alpha 1} + u) = i_{s1}(\alpha - \pi/2 + u) = I_d$ folgt eine Bestimmungsgleichung für den Überlappungswinkel u:

$$\cos \alpha - \cos(\alpha + u) = \frac{I_d}{J_c}. \tag{8.13}$$

Die Größe $J_c = \sqrt{2}\,U_1/2\omega L_c$ ist der Scheitelwert des Kurzschlußstromes, der im stationären Betriebszustand in den Ventilen der Schaltung Abb.

170   8 Brückenschaltungen

8.5b fließen würde. Der Scheitelwert des Leiterstromes i_l würde nämlich nach Abb. 8.5b den Wert $\sqrt{2}\,U_1/\omega L_c$ annehmen und da sich i_l in den Punkten a und b zu gleichen Teilen auf die beiden Ventile V_1, V_4 bzw. V_2, V_3 aufteilt, ist der Strom in den Ventilen durch die Hälfte, nämlich durch $\sqrt{2}\,U_1/2\omega L_c = J_c$ gegeben.

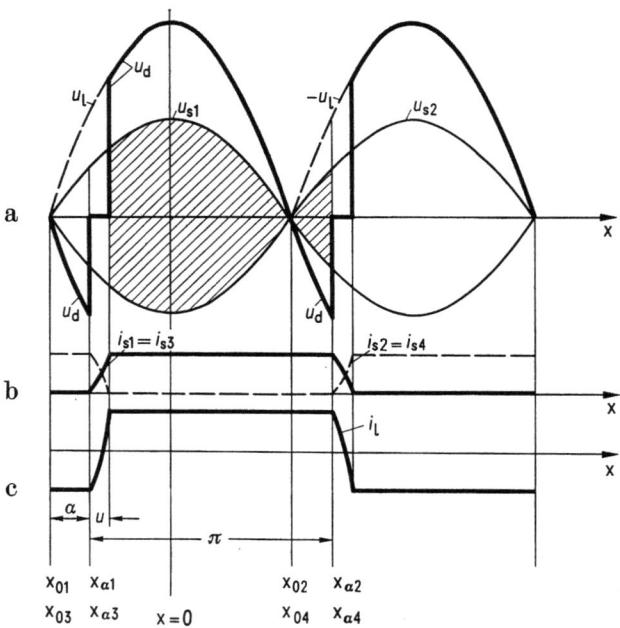

Abb. 8.6. Zeitverlauf der elektrischen Größen der vollgesteuerten Zweipulsbrücke Abb. 8.5 bei vollkommener Glättung ($L = \infty$).

In der Abb. 8.6 ist der Zeitverlauf der Ströme und Spannungen, der sich nach den vorangehenden Überlegungen in der Schaltung Abb. 8.5a einstellt, dargestellt.

Die Ventilströme $i_{s1} = i_{s3}$ und $i_{s2} = i_{s4}$ in Abb. 8.6b verlaufen genauso wie bei der zweipulsigen Mittelpunktschaltung in Abb. 3.13b und c. Den Mittelwert I_v des Ventilstromes erhält man deshalb mit $p = 2$ aus (6.147) und der Effektivwert $I_{v,\text{eff}}$ bei Vollaussteuerung $\alpha = 0$ geht mit $p = 2$ aus (6.152) hervor:

$$\frac{I_v}{I_d} = \frac{1}{2}, \qquad \frac{I_{v,\text{eff}}}{I_d} = \frac{1}{\sqrt{2}}\sqrt{1 - 2\psi(u_0)}. \qquad (8.14)$$

8.2 Vollgesteuerte Zweipulsbrücke

Aus dem Zeitverlauf Abb. 8.6c des ventilseitigen Leiterstromes i_1 berechnet man den zugehörigen Effektivwert I_1; man erhält:

$$\frac{I_1}{I_d} = \sqrt{1 - 4\psi(u_0)}. \tag{8.15}$$

Die Überlappungsfunktion $\psi(u_0)$ ist dabei durch (6.153) gegeben und den Überlappungswinkel u_0 bei Vollaussteuerung berechnet man mit $\alpha = 0$ aus (8.13).

Während der Überlappungszeit u gilt für die Lastspannung nach Abb. 8.5b $u_d = 0$; für die anschließende Stromführungszeit der Ventile V_1, V_3 folgt aus Abb. 8.5c die Beziehung $u_d = u_1 = u_{s1} - u_{s2}$. In Abb. 8.6a ist u_d durch die schraffierte Fläche veranschaulicht und außerdem mit der Zeitachse als Bezugslinie dargestellt. Der Mittelwert der schraffierten Fläche, also der Mittelwert von u_d in Abb. 8.6a wird mit $U_{d\alpha}$ bezeichnet.

Bei der Berechnung des Mittelwertes $U_{d\alpha}$ beachtet man, daß die Ventile V_1, V_3 von $x_{\alpha 1}$ bis $x_{\alpha 1} + \pi$ Strom führen und daß daher in diesem Intervall nach Abb. 8.5a die Beziehung

$$u_d = u_1 - \omega L_c \frac{di_l}{dx} \tag{8.16}$$

gilt. Durch Integration der Gl. (8.16) über das Intervall $x_{\alpha 1}$ bis $x_{\alpha 1} + \pi$ erhält man auf dem gleichen Wege wie in Abschn. 3.22 eine entsprechende Beziehung zwischen den Mittelwerten, nämlich die Belastungskennlinie

$$U_{d\alpha} \stackrel{?}{=} U_{di\alpha} - \frac{2}{\pi}\omega L_c I_d, \quad D_\infty = \frac{2}{\pi}\omega L_c I_d, \tag{8.17}$$

$$U_{di\alpha} = U_{di}\cos\alpha, \quad U_{di} = \frac{2\sqrt{2}}{\pi}U_1 = 2\left(\frac{2\sqrt{2}}{\pi}U_s\right). \tag{8.18}$$

Bei der Integration des zweiten Summanden in (8.16) wurde beachtet, daß nach Abb. 8.6c $i_1(x_{\alpha 1}) = -I_d$ und $i_1(x_{\alpha 1} + \pi) = I_d$ gilt. Der Vergleich von (8.17), (8.18) mit (3.57), (3.58) zeigt, daß die Spannung U_{di} und der Spannungsverlust D_∞ bei der Zweipulsbrücke Abb. 8.5a — entsprechend der Entstehung durch die Reihenschaltung zweier zweipulsiger Mittelpunktschaltungen mit den Sternspannungen U_s — doppelt so groß wie bei der zweipulsigen Mittelpunktschaltung ist.

Bezieht man $U_{d\alpha}$ auf U_{di}, dann folgt mit der zweiten Gl. (8.10) aus (8.17) durch Division mit U_{di}

$$\frac{U_{d\alpha}}{U_{di}} = \cos\alpha - \frac{1}{2}\frac{I_d}{J_c}. \tag{8.19}$$

Der Vergleich mit (3.59) zeigt, daß die relative Belastungskennlinie (8.19) der Zweipulsbrücke durch die gleiche Beziehung wie bei der zweipulsigen Mittelpunktschaltung gegeben ist.

8.3 Halbgesteuerte Zweipulsbrücke mit einem ungesteuerten Brückenzweig

In der Brückenschaltung Abb. 8.7a sind die mit dem einen Netzleiter verbundenen Ventile gesteuert, die zum anderen Netzleiter gehörenden Ventile sind ungesteuert.

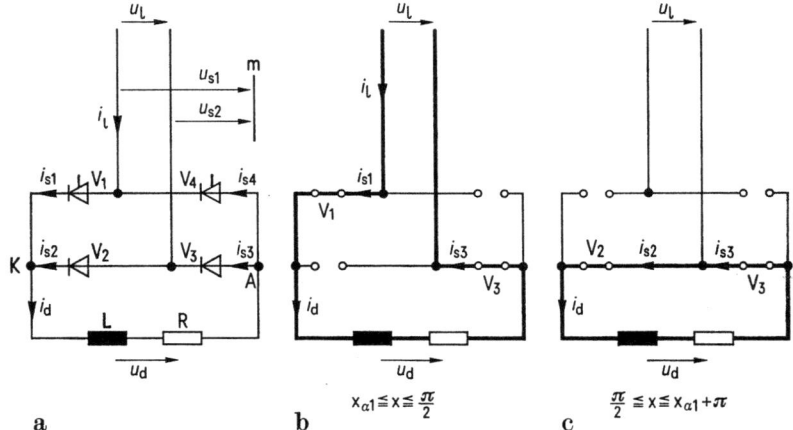

Abb. 8.7. Halbgesteuerte Zweipulsbrücke mit einem ungesteuerten Brückenzweig. a) Schaltung und Bezeichnungen; b), c) Ersatzschaltpläne.

Die Lage der natürlichen Zündzeitpunkte der vier Ventile ist dieselbe wie bei der vollgesteuerten Zweipulsbrücke (vgl. Abschn. 8.2); der Steuerwinkel α ist nach Abb. 8.8 durch die Beziehung (8.1) mit dem Zündzeitpunkt $x_{\alpha 1}$, $x_{\alpha 4}$ der gesteuerten Ventile V_1, V_4 verknüpft.

Vom Zündzeitpunkt $x_{\alpha 1}$ an führen die beiden Ventile V_1 und V_3 aus denselben Gründen wie bei der vollgesteuerten Zweipulsbrücke (vgl. Abschn. 8.2) gleichzeitig Strom; man erhält für das Intervall $x_{\alpha 1}$ bis $x = \pi/2$ den Ersatzschaltplan Abb. 8.7b. Bei $x = \pi/2$ wechselt u_l das Vorzeichen, so daß jetzt das Anodenpotential von V_2 über dem des Ventiles V_1 liegt. V_2 ist ungesteuert und kann daher bei $x = \pi/2$ den Strom übernehmen; da keine Induktivitäten in den Ventilzweigen und Brückenzuleitungen vorhanden sind, erfolgt dieser Stromübergang sprunghaft. Das Ventil V_3 führt den Strom bis $x_{\alpha 1} + \pi$ weiter, denn das zweite Ventil V_4 des Anodensternes ist bis dahin durch die Steuerung

8.3 Halbgesteuerte Zweipulsbrücke mit einem ungesteuerten Brückenzweig

gesperrt. Im Zeitintervall $x = \pi/2$ bis $x_{\alpha 1} + \pi$ gilt deshalb der Ersatzschaltplan Abb. 8.7c. Die beiden in Reihe geschalteten ungesteuerten Ventile V_2 und V_3 in Abb. 8.7c besitzen, wie der Vergleich mit Abb. 4.2b zeigt, im Intervall $x = \pi/2$ bis $x = x_{\alpha 1} + \pi$ dieselbe Wirkung wie das Freilaufventil in der zweipulsigen Mittelpunktschaltung Abb. 4.1.

Nach dem Zeitpunkt $x_{\alpha 1} + \pi$ wiederholen sich die Vorgänge mit entsprechender Vertauschung der Ventilfunktionen; dabei übernehmen dieselben Ventile V_2, V_3 die Funktionen des Freilaufventiles.

Bei der Berechnung des Zeitverlaufes der Ströme geht man von den Ersatzschaltplänen Abb. 8.7b und c aus. Im Zeitintervall $x_{\alpha 1}$ bis $\pi/2$ (Abb. 8.8) gilt der Ersatzschaltplan Abb. 8.7b und daher

$$u_1 = \sqrt{2}\, U_1 \cos x = R i_{s1} + \omega L \frac{d i_{s1}}{dx}, \qquad i_{s1} = i_{s3} = i_d. \tag{8.20}$$

Im Anschluß an dieses Intervall, also zwischen $x = \pi/2$ und $x_{\alpha 1} + \pi$, gilt der Ersatzschaltplan 8.7c; daraus folgt:

$$0 = R i_{s2} + \omega L \frac{d i_{s2}}{dx}, \qquad i_{s2} = i_{s3} = i_d. \tag{8.21}$$

Die beiden Differentialgleichungen (8.20), (8.21) sind nach Abb. 8.8 mit den Grenzbedingungen

$$i_{s1}\left(\frac{\pi}{2}\right) = i_{s2}\left(\frac{\pi}{2}\right), \qquad i_{s1}(x_{\alpha 1}) = i_{s2}(x_{\alpha 1} + \pi), \tag{8.22}$$

zu lösen. Man erhält für das Zeitintervall $x_{\alpha 1}$ bis $\pi/2$:

$$i_{s1} = i_{s3} = i_d = \sqrt{2}\, I \cos(x - \varphi) + C_1 \exp(-\varrho x), \tag{8.23}$$

$$i_{s2} = 0, \qquad i_{s4} = 0, \qquad i_1 = i_{s1}, \qquad u_d = u_1, \tag{8.24}$$

$$I = \frac{U_1}{\sqrt{R^2 + \omega^2 L^2}}, \qquad \varrho = \frac{R}{\omega L} = \cot \varphi. \tag{8.25}$$

Im Zeitintervall $x = \pi/2$ bis $x_{\alpha 1} + \pi$ gilt:

$$i_{s2} = i_{s3} = i_d = C_2 \exp(-\varrho x), \tag{8.26}$$

$$i_{s1} = 0, \qquad i_{s4} = 0, \qquad i_1 = 0, \qquad u_d = 0. \tag{8.27}$$

Für die Konstanten C_1, C_2 erhält man mit $x_{\alpha 1} = \alpha - \pi$ und mit Hilfe der Grenzbedingungen (8.22) die Ausdrücke

$$C_1 = \sqrt{2}\, I \, \frac{\sin \varphi - \exp(\varrho \alpha) \sin(\alpha - \varphi)}{1 - \exp(-\varrho \pi)} \exp\left(-\varrho \frac{\pi}{2}\right), \tag{8.28}$$

$$C_2 = \sqrt{2}\, I \, \frac{\sin \varphi - \exp(\varrho(\alpha - \pi)) \sin(\alpha - \varphi)}{1 - \exp(-\varrho \pi)} \exp\left(\varrho \frac{\pi}{2}\right). \tag{8.29}$$

174   8 Brückenschaltungen

In Abb. 8.8 sind die Ventilströme i_{s1} bis i_{s4}, der Leiterstrom $i_l = i_{s1} - i_{s4}$ und die Gleichspannung u_d entsprechend den Beziehungen (8.23) bis (8.27) dargestellt.

Abgesehen von den unterschiedlichen Scheitelwerten besitzt die Lastspannung u_d — wie der Vergleich von Abb. 8.8a und 4.3a zeigt — in der Zweipulsbrücke und in der zweipulsigen Mittelpunktschaltung denselben Zeitverlauf. Daraus folgt, daß beide Schaltungen dieselbe relative Steuerkennlinie nach (4.17) bzw. nach Abb. 4.5 besitzen. Bei der Berechnung

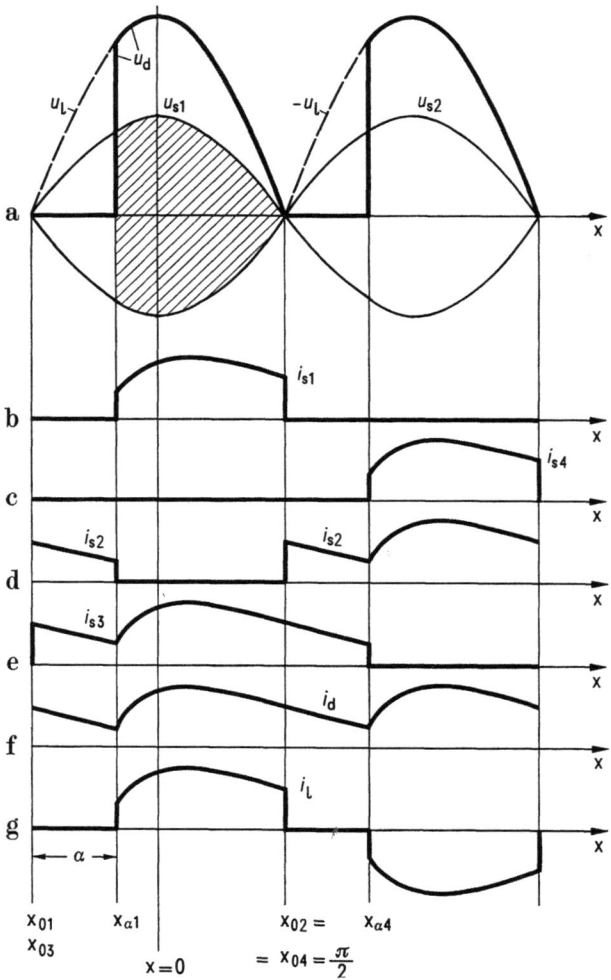

Abb. 8.8. Zeitverlauf der elektrischen Größen der Zweipulsbrücke Abb. 8.7 bei ohmsch-induktiver Last.

8.4 Halbgesteuerte Zweipulsbrücke mit einem ungesteuerten Ventilstern 175

des Lastspannungsmittelwertes $U_{d i \alpha}$ der Brückenschaltung hat man in (4.17) für U_{di} den Wert (8.2) einzusetzen.

8.4 Halbgesteuerte Zweipulsbrücke mit einem ungesteuerten Ventilstern

In der Brückenschaltung Abb. 8.9a sind die Ventile des Kathodensternes gesteuert, die Ventile des Anodensternes ungesteuert.

Die Lage der natürlichen Zündzeitpunkte der vier Ventile ist dieselbe wie bei der vollgesteuerten Zweipulsbrücke (Abschn. 8.2).

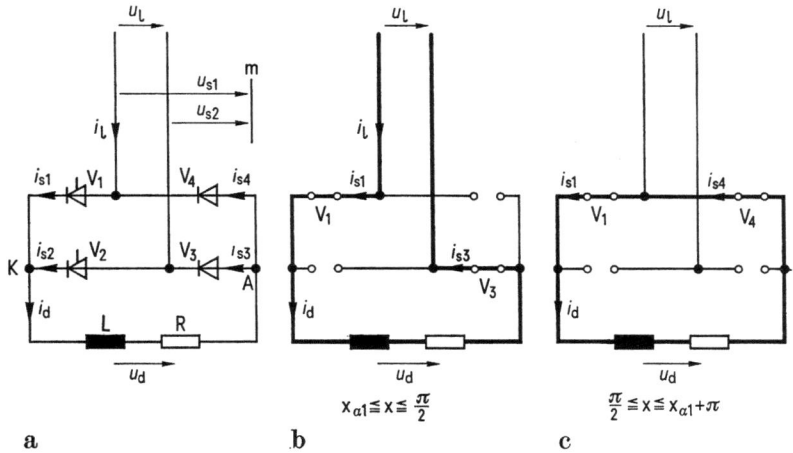

Abb. 8.9. Halbgesteuerte Zweipulsbrücke mit einem ungesteuerten Ventilstern. a) Schaltung und Bezeichnungen; b), c) Ersatzschaltpläne.

Der Steuerwinkel α ist nach Abb. 8.10 durch die Beziehung (8.1) mit den Zündzeitpunkten $x_{\alpha 1}$, $x_{\alpha 2}$ der gesteuerten Ventile V_1, V_2 verknüpft. Zwischen $x_{\alpha 1}$ und $x = \pi/2$ sind die beiden in Reihe geschalteten Ventile V_1 und V_3 aus denselben Gründen wie bei der vollgesteuerten Zweipulsbrücke (vgl. Abschn. 8.2) stromführend, so daß man für dieses Intervall den Ersatzschaltplan Abb. 8.9b erhält; er gilt jedoch nur bis zum natürlichen Zündzeitpunkt $x_{04} = \pi/2$ des ungesteuerten Ventiles V_4. Von da an liegt das Kathodenpotential des ungesteuerten Ventiles V_4 unter dem Kathodenpotential des ungesteuerten Ventiles V_3 derselben Kommutierungsgruppe. Der Strom geht deshalb bei x_{04} von V_3 auf V_4 über; da keine Kommutierungsinduktivitäten in Abb. 8.9a vorhanden sind, erfolgt der Stromübergang sprunghaft. Das Ventil V_2 bleibt durch die Steuerung bis $x_{\alpha 2}$ gesperrt, so daß V_1 bis $x_{\alpha 2}$ stromführend bleibt. Deshalb gilt zwischen $x = \pi/2$ und $x_{\alpha 2} = x_{\alpha 1} + \pi$ der Ersatzschaltplan Abb. 8.9c. Die beiden in Reihe geschalteten Ventile V_1 und V_4 übernehmen in diesem Intervall die Funktionen eines Freilaufventiles.

Den Stromverlauf im Zeitintervall $x_{\alpha 1}$ bis $\pi/2$ berechnet man aus dem Ersatzschaltplan Abb. 8.9b und für das Zeitintervall $\pi/2$ bis $x_{\alpha 1} + \pi$ aus dem Ersatzschaltplan Abb. 8.9c. Der Rechengang ist bis auf geringfügige Abweichungen der gleiche wie im Abschn. 4.2 bzw. 8.3 und wird daher nicht wiederholt. Man erhält als Ergebnis für das Intervall $x_{\alpha 1}$

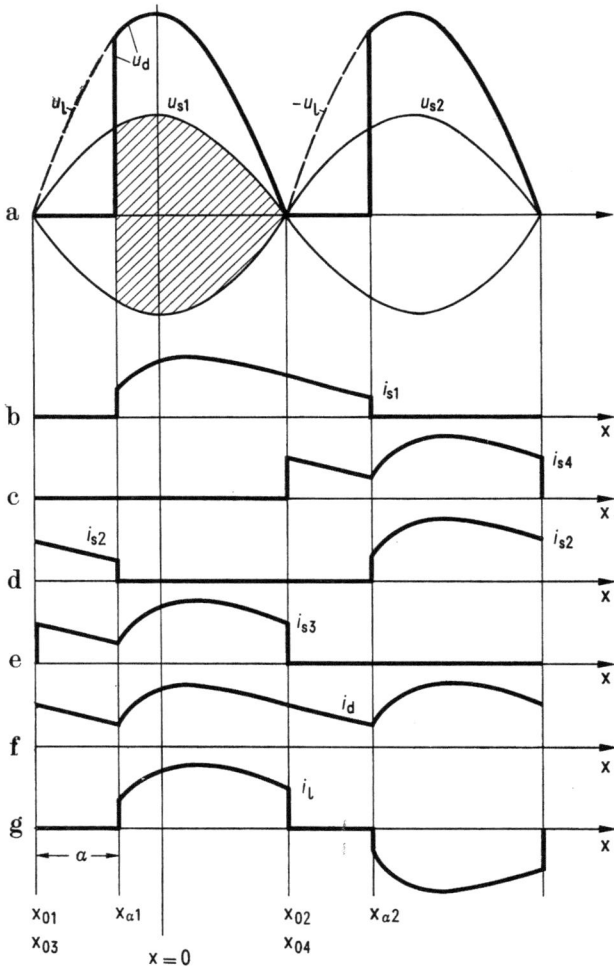

Abb. 8.10. Zeitverlauf der elektrischen Größen der Zweipulsbrücke Abb. 8.9 bei ohmsch-induktiver Last.

8.5 Vollgesteuerte Sechspulsbrücke

bis $\pi/2$

$$i_{s1} = i_{s3} = i_d = \sqrt{2}I \cos(x - \varphi) + C_1 \exp(-\varrho x), \qquad (8.30)$$

$$i_{s2} = 0, \quad i_{s4} = 0, \quad i_1 = i_{s1}, \quad u_d = u_1. \qquad (8.31)$$

Für I, φ und ϱ gilt (8.25). Für das Intervall $\pi/2$ bis $x_{\alpha 1} + \pi$ folgt:

$$i_{s4} = i_{s1} = i_d = C_2 \exp(-\varrho x), \qquad (8.32)$$

$$i_{s2} = 0, \quad i_{s3} = 0, \quad i_1 = 0, \quad u_d = 0. \qquad (8.33)$$

Für C_1, C_2 liefert die Durchführung der Rechnung wiederum die Ausdrücke (8.28), (8.29).

In der Abb. 8.10 sind die Ventilströme i_{s1} bis i_{s4}, der Leiterstrom $i_1 = i_{s1} - i_{s4}$ und die Gleichspannung u_d entsprechend den Beziehungen (8.30) bis (8.33) dargestellt. Der Vergleich der Gl. (8.23) bis (8.27) der Zweipulsbrücke mit einem ungesteuerten Brückenzweig mit den Gl. (8.30) bis (8.33) der Zweipulsbrücke mit einem ungesteuerten Ventilstern zeigt — unter Berücksichtigung der Gl. (8.28), (8.29) für die Integrationskonstanten — daß die Vorgänge in den entsprechenden Zeitintervallen der beiden Schaltungen genau durch die gleichen mathematischen Beziehungen dargestellt werden. Der Unterschied im Zeitverlauf der Ströme besteht — wie die Abb. 8.8 und 8.10 zeigen — lediglich darin, daß im Zeitintervall $\pi/2$ bis $x_{\alpha 1} + \pi$ in beiden Schaltungen verschiedene Ventile an der Stromführung beteiligt sind.

Aus den gleichen Gründen wie in Abschn. 8.3 ist die Steuerkennlinie der Zweipulsbrücke durch Abb. 4.5 bzw. durch (4.17) gegeben. Für U_{di} muß in (4.17) lediglich wieder der Wert nach (8.2) eingesetzt werden.

8.5 Vollgesteuerte Sechspulsbrücke

Die Sternspannungen u_{s1}, u_{s2}, u_{s3} der Sechspulsbrücke Abb. 8.11a sind in Abb. 8.12a dargestellt; sie beschreiben den Zeitverlauf der Anodenpotentiale des Kathodensternes und der Kathodenpotentiale des Anodensternes gegenüber dem Mittelpunkt m. Aus dem Potentialverlauf entnimmt man die Lage der natürlichen Zündzeitpunkte x_{01}, x_{03}, x_{05} der Ventile V_1, V_3, V_5 des Kathodensternes; sie fallen mit den Schnittpunkten der positiven Halbwellen von u_{s1}, u_{s2}, u_{s3} zusammen. Die natürlichen Zündzeitpunkte x_{02}, x_{04}, x_{06} der Ventile V_2, V_4, V_6 des Anodensternes sind durch die Schnittpunkte der negativen Halbwellen von u_{s1}, u_{s2}, u_{s3} gegeben. Bei symmetrisch gesteuerten Brücken sind die Zündzeitpunkte $x_{\alpha 1}$, $x_{\alpha 3}$, $x_{\alpha 5}$ bzw. $x_{\alpha 2}$, $x_{\alpha 4}$, $x_{\alpha 6}$ der sechs Ventile um denselben Steuerwinkel α gegenüber den zugehörenden natürlichen Zündzeitpunkten phasenverschoben. Nach Abb. 8.12 gilt deshalb

$$\alpha = x_{\alpha 1} - x_{01} = x_{\alpha 1} + \frac{\pi}{3}, \quad x_{01} = -\frac{\pi}{3}. \quad (8.34)$$

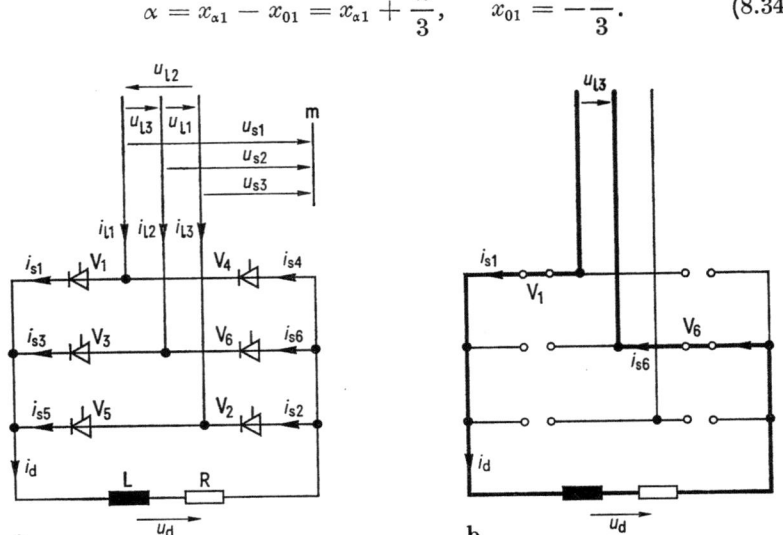

Abb. 8.11. Vollgesteuerte Sechspulsbrücke.
a) Schaltung und Bezeichnungen; b) Ersatzschaltplan.

8.51 Betrieb bei ohmscher Last

Zunächst wird der Sonderfall rein ohmscher Belastung an Hand der Abb. 8.12 und 8.13 untersucht.

Die Spannungen u_{s1}, u_{s2}, u_{s3} in Abb. 8.12 und 8.13 beschreiben den Verlauf der Anodenpotentiale der Ventile V_1, V_3, V_5 bzw. den Verlauf der Kathodenpotentiale der Ventile V_2, V_4, V_6 gegenüber dem Sternpunkt m. Aus dem Verlauf der Potentiale können jeweils jene Ventile entnommen werden, deren Anodenpotentiale und Kathodenpotentiale am weitesten auseinanderliegen, die also — falls sie von der Steuerung freigegeben sind — gleichzeitig die Stromführung übernehmen können. Im Intervall $x_{\alpha 1}$ bis $x_{\alpha 2}$ führen demnach die Ventile V_1 und V_6 gemeinsam Strom, denn das Potential von V_1 liegt im Potential am höchsten und das Potential des Ventiles V_6 am tiefsten. In diesem Intervall gilt der Ersatzschaltplan Abb. 8.11b. Im anschließenden Intervall $x_{\alpha 2}$ bis $x_{\alpha 3}$ führen die Ventile V_1 und V_2 bei einem entsprechenden Ersatzschaltplan gleichzeitig Strom.

Im Intervall $x_{\alpha 1}$ bis $x_{\alpha 2}$ ist die Lastspannung nach Abb. 8.12a und 8.11b durch $u_d = u_{13} = u_{s1} - u_{s2}$ und im Intervall $x_{\alpha 2}$ bis $x_{\alpha 3}$ durch

8.5 Vollgesteuerte Sechspulsbrücke

$u_\mathrm{d} = -u_{12} = -u_{s3} + u_{s1}$ gegeben; sie ist also durch die schraffierte Fläche in Abb. 8.12a veranschaulicht. Die Lastspannung u_d ist außerdem in Abb. 8.12a mit der Nullinie als Bezugslinie dargestellt; sie besteht aus den aneinandergereihten Kuppen des sechsphasigen Spannungssystemes u_{l1}, $-u_{l3}$, u_{l2}, $-u_{l1}$, u_{l3}, $-u_{l2}$, das aus den positiven und negativen Leiterspannungen hervorgeht. Die Pulszahl der Gleichspannung u_d

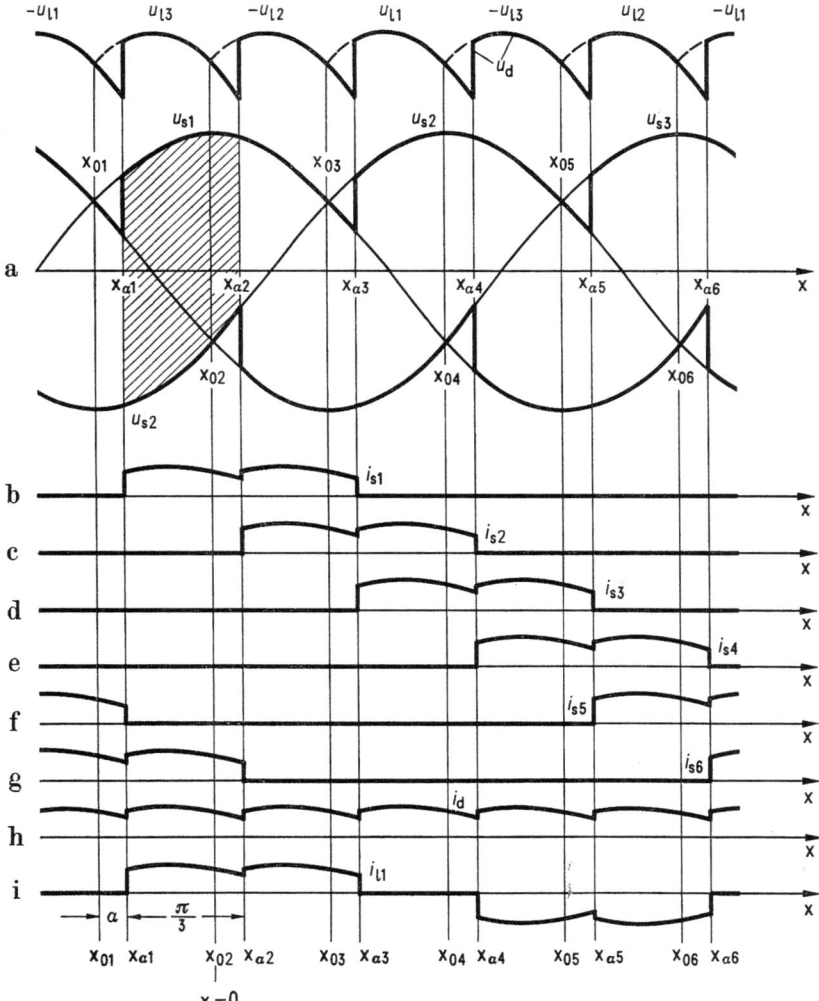

Abb. 8.12. Zeitverlauf der elektrischen Größen der Sechspulsbrücke Abb. 8.11 bei ohmscher Last und nichtlückendem Betrieb.

beträgt daher $p = 6$ und ist damit doppelt so groß wie die Phasenzahl des Netzes.

In Abb. 8.12 wurde der Steuerwinkel α so klein gewählt, daß u_d keine negative Werte annimmt, also nichtlückender Betrieb vorliegt. Die Ventilströme verlaufen bei ohmscher Last proportional zur Lastspannung (Abb. 8.12b bis g). Bei der zeitlichen Aufeinanderfolge der Ventilströme liegen die Verhältnisse ähnlich wie bei der sechspulsigen Saugdrosselschaltung (Abschn. 7.14, Abb. 7.2). Die Durchlaßzeit der einzelnen Ventile erstreckt sich über $2\pi/3$. Zeitlich in der Stromführung aufeinanderfolgende Ventile gehören stets verschiedenen Ventilsternen (Kommutierungsgruppen) an und die Phasenverschiebung zeitlich aufeinanderfolgender Ventilströme beträgt $\pi/3$. In Abb. 8.12h ist der Laststrom i_d dargestellt; Abb. 8.12i zeigt den Verlauf des Leiterstromes $i_{l1} = i_{s1} - i_{s4}$.

In Abb. 8.13 wurde der Zündzeitpunkt $x_{\alpha 1}$ des Ventiles V_1 so weit rechts gewählt, daß die Lastspannung $u_d = u_{l3}$ bereits vor dem Zündzeitpunkt $x_{\alpha 2}$ des zeitlich folgenden Ventiles V_2 durch Null geht. An den Spannungsnulldurchgang von u_{l3} schließt deshalb ein Intervall τ_S an, in dem der Ventilstrom i_{s1} negative Momentanwerte annehmen müßte. Wegen der Sperrwirkung der Ventile kann kein negativer Strom fließen, so daß der Laststrom i_d im Zeitintervall τ_S Null ist, also eine Lücke aufweist.

Im Zündzeitpunkt $x_{\alpha 2}$ wird das Ventil V_2 von der Steuerung freigegeben. Da das zugehörige Kathodenpotential — es wird nach Abb. 8.11a durch u_{s3} beschrieben — niedriger liegt als die Kathodenpotentiale der Ventile V_4, V_6 derselben Kommutierungsgruppe, kann sich V_2 ab $x_{\alpha 2}$ an der Stromführung beteiligen. In der Kommutierungsgruppe V_1, V_3, V_5 übernimmt das Ventil V_1 bei $x_{\alpha 2}$ abermals die Stromführung, denn das Ventil V_3 ist im Zeitpunkt $x_{\alpha 2}$ noch gesperrt und das Anodenpotential von V_5 — gekennzeichnet nach Abb. 8.11a durch die Spannung u_{s3} — liegt unter dem Anodenpotential von V_1. Voraussetzung für die Stromübernahme des Ventiles V_1 ist jedoch, daß es im Zeitpunkt $x_{\alpha 2}$ durch einen weiteren Zündimpuls wieder gezündet wird, oder — in der Realisierung meistens einfacher — daß dem Ventil V_1 bei $x_{\alpha 1}$ ein Zündimpuls zugeführt wird, der sich bis über den Zeitpunkt $x_{\alpha 2}$ hinaus erstreckt, also länger als $\pi/3$ anhält, so daß sich V_1 auch noch im Zeitpunkt $x_{\alpha 2}$ in Zündbereitschaft befindet. Nur wenn die Steuereinrichtung diese Forderung erfüllt, können sich die in Abb. 8.13 dargestellten Vorgänge einstellen.

Nach Abb. 8.13a geht der lückende Betrieb bei $x_{\alpha 1} = 0$, also nach (8.34) bei $\alpha = \pi/3$ in den nichtlückenden Betrieb über und bei $x_{\alpha 1} = \pi/3$, d. h. bei $\alpha = 2\pi/3$ wird der Lastspannungsmittelwert zu Null (Nullaussteuerung). Der nichtlückende Betrieb erstreckt sich demnach bei rein ohmscher Last über den Steuerwinkelbereich $0 \leq \alpha \leq \pi/3$ und der lückende Betrieb umfaßt den Bereich $\pi/3 \leq \alpha \leq 2\pi/3$.

8.5 Vollgesteuerte Sechspulsbrücke

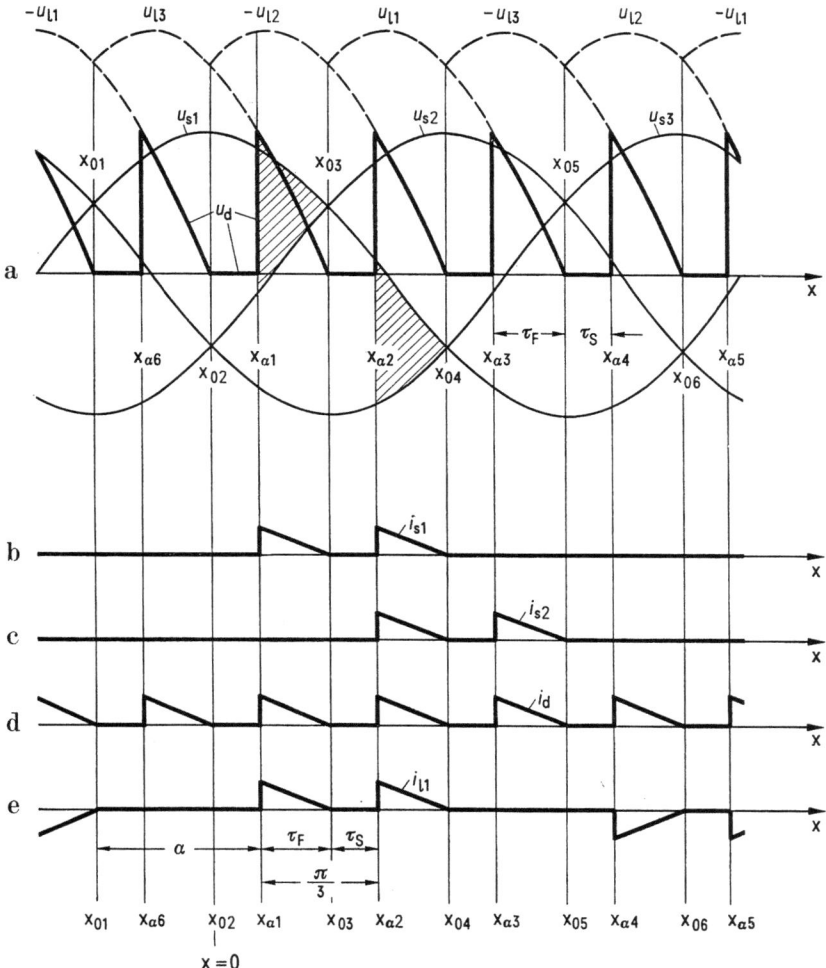

Abb. 8.13. Zeitverlauf der elektrischen Größen der Sechspulsbrücke Abb. 8.11 bei ohmscher Last und lückendem Betrieb.

Die Lastspannung u_d besitzt bei der Sechspulsbrücke Abb. 8.11a und bei der sechspulsigen Mittelpunktschaltung (Abb. 6.1 mit $p = 6$) — abgesehen von den unterschiedlichen Scheitelwerten $\sqrt{2}\,U_1$ und $\sqrt{2}\,U_s$ — denselben Zeitverlauf; das zeigt der Vergleich der Abb. 8.12a und 8.13a mit den Abb. 6.7a und 6.9a, wenn man darin $p = 6$ setzt. Daraus folgt, daß man für die Steuerkennlinie der Sechspulsbrücke 8.11a die Kurve $p = 6$ in Abb. 6.15 erhält. Den Lastspannungsmittelwert U_{di} der Sechspulsbrücke errechnet man mit $p = 6$ aus (6.18), indem man U_s durch U_1 ersetzt. Beachtet man außerdem, daß die Leiterspannung U_1 und die Sternspannung U_s der Sechspulsbrücke durch $U_1 = \sqrt{3}\,U_s$ verknüpft sind, dann erhält man aus (6.18)

$$U_{d1} = \frac{3}{\pi}\sqrt{2}\,U_1 = 2\left(\frac{3\sqrt{3}}{2\pi}\sqrt{2}\,U_s\right). \tag{8.35}$$

Der Klammerausdruck in (8.35) ist nach (6.18) der Gleichspannungsmittelwert der dreipulsigen Mittelpunktschaltung. Die Gleichung (8.35) sagt also aus, daß der Gleichspannungsmittelwert einer Sechspulsbrücke mit der ventilseitigen Sternspannung U_s, doppelt so groß ist wie der Gleichspannungsmittelwert einer dreipulsigen Mittelpunktschaltung mit der gleichen ventilseitigen Sternspannung U_s; diese Aussage entspricht der Entstehung der Sechspulsbrücke durch die Reihenschaltung zweier dreipulsiger Mittelpunktschaltungen.

8.52 Betrieb bei ohmsch-induktiver Last

Ohmsch-induktive Last bedeutet, daß der Lastparameter $R/\omega L$ beliebige positive Werte annehmen kann; zwischen Vollaussteuerung und Nullaussteuerung wird deshalb, ähnlich wie bei der p-pulsigen Mittelpunktschaltung (Abschn. 6.14), ein Bereich nichtlückenden und ein Bereich lückenden Betriebes durchlaufen.

Im lückenden Betrieb schließt nach Abb. 8.14 an den Zündzeitpunkt $x_{\alpha 1}$ des Ventiles V_1 die Durchlaßzeit τ_F an. Die Ventile V_1 und V_6 führen in diesem Zeitintervall gemeinsam Strom, weil von den von der Steuerung freigegebenen Ventilen das Ventil V_1 das höchste Anodenpotential und V_6 das niedrigste Kathodenpotential aufweist; es gilt daher der Ersatzschaltplan Abb. 8.11b. Die Berechnung des Zeitverlaufes von $i_{s1} = i_{s6} = i_d$ führt auf ähnliche Überlegungen wie im Abschn. 6.14 und wird deshalb nicht wiederholt. Man erhält für den lückenden Betrieb folgende Beziehung für den Zeitverlauf von i_{s1}:

$$i_{s1} = i_{s6} = i_d = \sqrt{2}\,\sqrt{3}\,I \times$$
$$\times \left[\cos\left(x + \frac{\pi}{6} - \varphi\right) - \cos\left(\alpha - \frac{\pi}{6} - \varphi\right)\exp\left(-\varrho\left(x - \alpha + \frac{\pi}{3}\right)\right)\right], \tag{8.36}$$

$$I = \frac{U_s}{\sqrt{R^2 + \omega^2 L^2}}, \qquad \varrho = \frac{R}{\omega L} = \cot\varphi. \tag{8.37}$$

8.5 Vollgesteuerte Sechspulsbrücke

Die Durchlaßzeit τ_F ist durch die Gleichung

$$\cos\left(\alpha - \frac{\pi}{6} - \varphi + \tau_F\right) = \cos\left(\alpha - \frac{\pi}{6} - \varphi\right) \exp(-\varrho \tau_F) \quad (8.38)$$

festgelegt.

Im Intervall $x_{\alpha 2}$ bis $x_{\alpha 3}$ (Abb. 8.14) wiederholen sich die Vorgänge bei gemeinsamer Stromführung der Ventile V_1 und V_2. Dabei muß die Steuerung — wie in Abschn. 8.51 ausgeführt wurde — so beschaffen sein, daß den Ventilen entweder ein Doppelimpuls mit dem Abstand $\pi/3$,

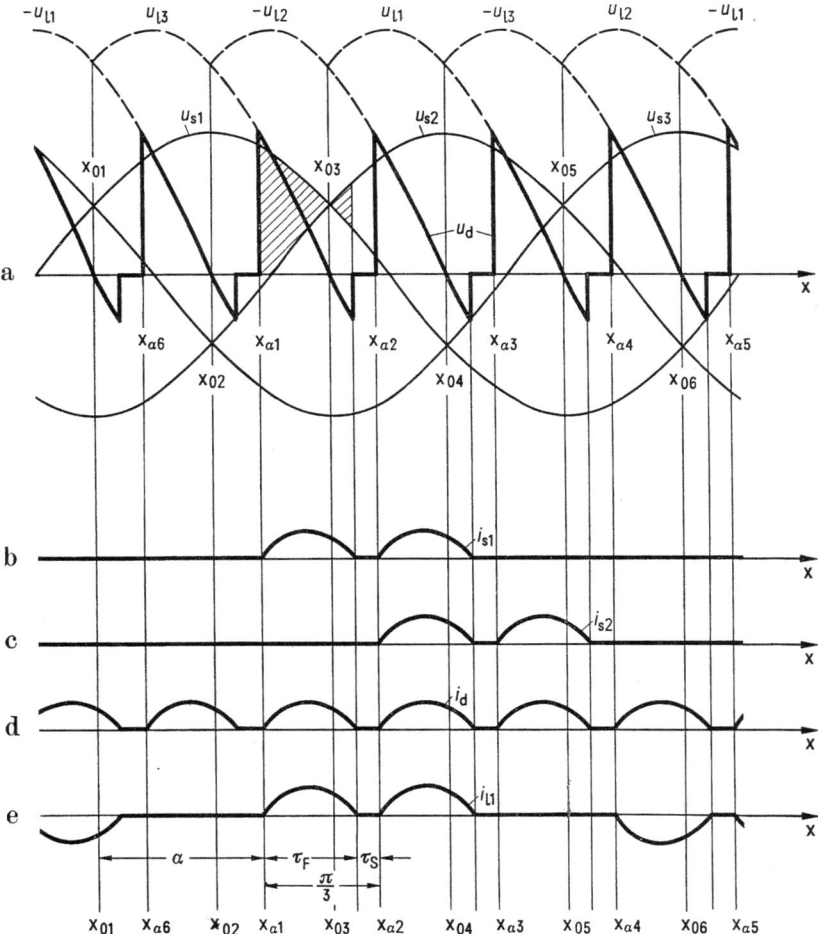

Abb. 8.14. Zeitverlauf der elektrischen Größen der Sechspulsbrücke Abb. 8.11 bei ohmsch-induktiver Last und lückendem Betrieb.

oder ein Einzelimpuls mit einer Länge von etwas mehr als $\pi/3$ Zeitdauer zugeführt wird.

Beim lückenden Betrieb (Abb. 8.14) wird die Durchlaßzeit τ_F größer, wenn der Steuerwinkel α unter ansonsten gleichbleibenden Bedingungen abnimmt. Bei einem bestimmten Grenzwinkel α_g wird schließlich die Durchlaßzeit $\tau_F = \pi/3$ und damit die Grenze zwischen lückendem und nichtlückendem Betrieb erreicht (Abb. 8.14). Man erhält mit $\tau_F = \pi/3$ aus (8.38) die folgende Bestimmungsgleichung für den Grenzwinkel α_g

$$\tan(\alpha_g - \varphi) = \sqrt{3} \tanh\left(\varrho \frac{\pi}{6}\right). \tag{8.39}$$

Die Beziehung (8.39) folgt außerdem mit $p = 6$ aus (6.16).

Im nichtlückenden Betrieb gilt der Ersatzschaltplan Abb. 8.11b während des vollen Intervalles $x_{\alpha 1}$ bis $x_{\alpha 1} + \pi/3$; dann stellen sich die Verhältnisse nach Abb. 8.15 ein. Die Berechnung des Zeitverlaufes von $i_{s1} = i_{s6} = i_d$ für das Zeitintervall $x_{\alpha 1}$ bis $x_{\alpha 1} + \pi/3$ erfolgt in Analogie zu den Überlegungen des Abschn. 6.14. Man erhält:

$$i_{s1} = i_{s6} = i_d = \sqrt{2}\sqrt{3}I \times$$

$$\times \left[\cos\left(\alpha + \frac{\pi}{6} - \varphi\right) - \frac{\sin(\alpha - \varphi)\exp\left(-\varrho\left(x - \alpha + \frac{\pi}{3}\right)\right)}{1 - \exp\left(-\varrho\frac{\pi}{3}\right)}\right]. \tag{8.40}$$

Im Intervall $x_{\alpha 2}$ bis $x_{\alpha 3}$ wiederholen sich die Vorgänge in entsprechender Weise bei gemeinsamer Stromführung der Ventile V_1 und V_2. Der Vergleich mit den Überlegungen des Abschn. 6.14 zeigt, daß sich die Sechspulsbrücke bei ohmsch-induktiver Last wie eine sechspulsige Mittelpunktschaltung verhält, deren sekundäres Sechsphasensystem aus den Spannungen $u_{11}, -u_{13}, u_{12}, -u_{11}, u_{13}, -u_{12}$ besteht. Man kann daher die Gln. (8.36) bis (8.40) unmittelbar aus den entsprechenden Gln. (6.9), (6.10), (6.12), (6.16), (6.15) der p-pulsigen Mittelpunktschaltung Abb. 6.1 ableiten. Da aber bei der sechspulsigen Mittelpunktschaltung im Durchlaßintervall x_α bis $x_\alpha + \tau_F$ nach Abb. 6.12a und 6.13a die Spannung $u_{s1} = \sqrt{2}U_s \cos x$ wirkt, bei der Sechspulsbrücke dagegen nach Abb. 8.14 und 8.15 die Spannung $u_{13} = \sqrt{2}U_1 \cos(x + \pi/6)$ auftritt (vgl. dazu die Ersatzschaltpläne Abb. 6.2a und 8.11b), hat man in den Gleichungen (6.9), (6.10), (6.12), (6.16), (6.15) bei der Anwendung auf die Sechspulsbrücke U_s durch $U_1 = \sqrt{3}U_s$ und x durch $x + \pi/p$ zu ersetzen und anschließend $p = 6$ anzuwenden. Der Zeitverlauf der Ströme i_{s1} und i_{s2}, der sich aus diesen Überlegungen bzw. direkt aus (8.36), (8.40) ergibt, ist in

8.5 Vollgesteuerte Sechspulsbrücke

den Abb. 8.14 und 8.15 für die beiden zeitlich aufeinanderfolgenden Ventilströme i_{s1} und i_{s2}, für den Laststrom i_d und für den Leiterstrom $i_{l1} = i_{s1} - i_{s4}$ dargestellt.

Die Lastspannung u_d der Sechspulsbrücke (Abb. 8.14a und 8.15a) besitzt — abgesehen von den unterschiedlichen Scheitelwerten $\sqrt{2}\,U_1$ und

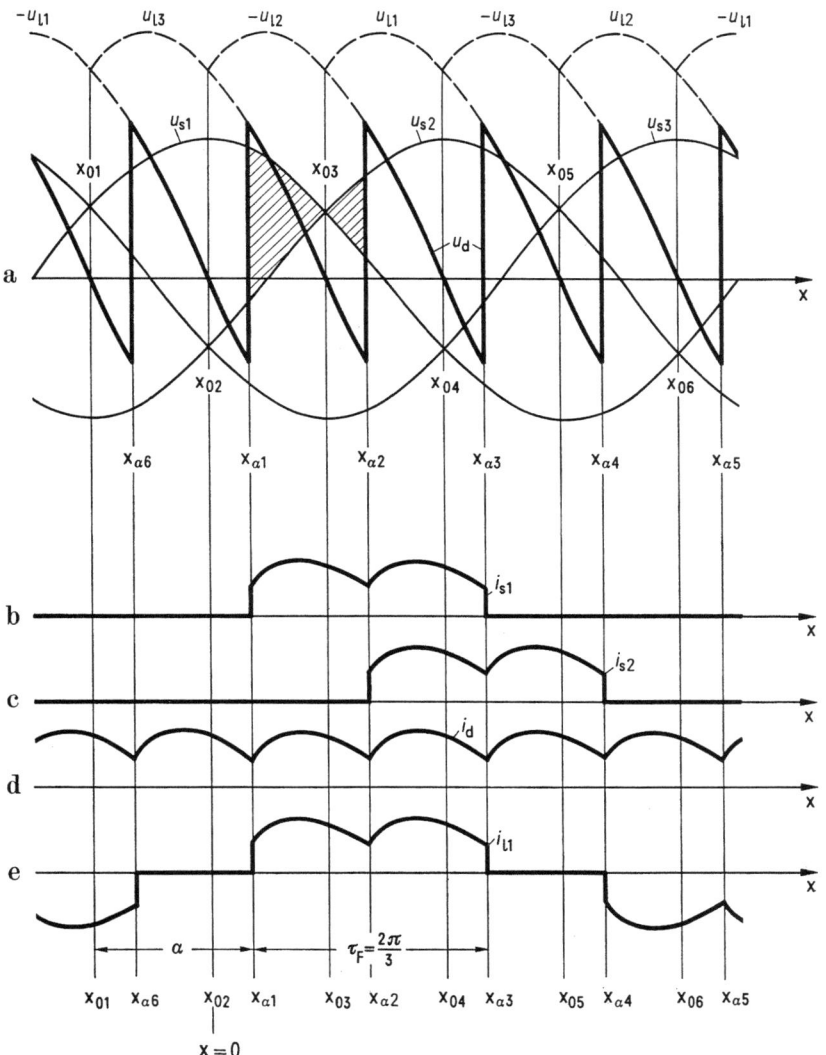

Abb. 8.15. Zeitverlauf der elektrischen Größen der Sechspulsbrücke Abb. 8.11 bei ohmsch-induktiver Last und nichtlückendem Betrieb.

$\sqrt{2}\,U_s$ — denselben Zeitverlauf wie in der sechspulsigen Mittelpunktschaltung (Abb. 6.12a und 6.13a); man erhält deshalb auch dieselben Steuerkennlinien wie in Abb. 6.16; allerdings ist dabei für U_{di} die Beziehung (8.35) zu verwenden.

8.6 Einfluß der Kommutierungsinduktivitäten bei der Sechspulsbrücke (ideale Glättung)

Meistens ist zwischen der Brückenschaltung Abb. 8.11a und dem Drehstromnetz ein Dreiphasentransformator angeordnet, dessen Streuinduktivitäten durch konzentrierte Kommutierungsinduktivitäten L_c in den Zuleitungen zur Brücke berücksichtigt werden können; die Berücksichtigung der Streuinduktivitäten führt deshalb auf die Schaltung Abb. 8.16a. Beim Betrieb der Schaltung Abb. 8.16a zwischen Leerlauf und Gleichstromkurzschluß werden — je nach der Größe des Steuerwinkels α — zwei oder drei Arbeitsbereiche mit unterschiedlichem Verhalten der Schaltung durchlaufen.

8.61 Vorgänge im ersten Arbeitsbereich (einfache Kommutierung)

Im ersten Arbeitsbereich sind die Gleichströme noch relativ klein im Vergleich zum Gleichstromkurzschlußstrom. Dieser Bereich umfaßt in den meisten Fällen den vollen Bereich zwischen Leerlauf und Nenngleichstrom.

Die Induktivitäten in Abb. 8.16a verhindern aus denselben Gründen wie bei der Zweipulsbrücke (Abschn. 8.2) den sprunghaften Stromübergang zwischen zeitlich aufeinanderfolgenden Ventilen derselben Kommutierungsgruppe. Im Zündzeitpunkt x_{a1} des Ventiles V_1 ist das zeitlich vorangehende Ventil V_5 derselben Kommutierungsgruppe stromführend und setzt die Stromführung gemeinsam mit V_1 während der darauffolgenden Überlappungszeit u fort (Abb. 8.17b und c). Der Summenstrom $I_d = i_{s1} + i_{s5}$ fließt als Ventilstrom $i_{s6} = I_d$ über die Last und das Ventil V_6 zum Netz zurück. Deshalb gilt während der Überlappungszeit u der Ersatzschaltplan Abb. 8.16b. Im Anschluß an die Überlappungszeit führen die Ventile V_1 und V_6 von $x_{a1} + u$ bis x_{a2} gemeinsam den Strom $i_{s1} = i_{s6} = I_d$.

Die Berechnung der Ströme i_{s1}, i_{s5}, der Gleichspannung u_d und der Kommutierungszeit während der gemeinsamen Stromführung der beiden Ventile V_1 und V_5 erfolgt auf ähnliche Weise wie bei der p-pulsigen Mittelpunktschaltung in Abschn. 6.31. Wegen dieser Analogie kann die Berechnung der Ströme und Spannungen kurz gehalten werden.

8.6 Kommutierungsinduktivitäten bei der Sechspulsbrücke

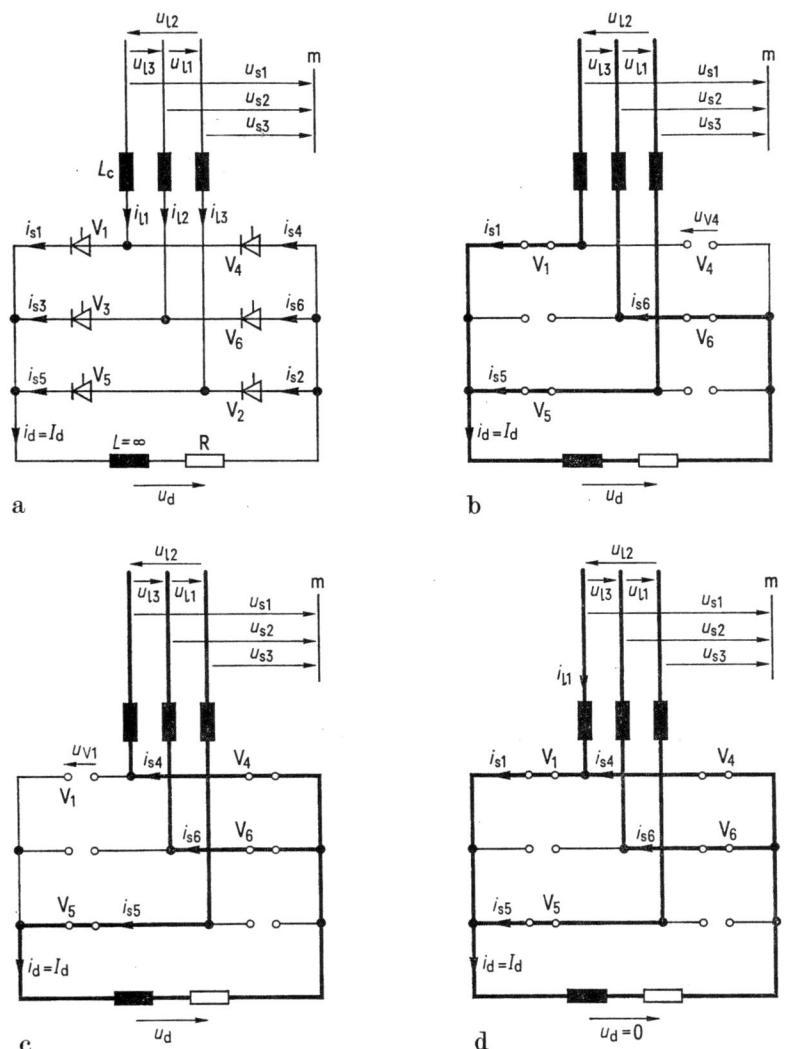

Abb. 8.16. Vollgesteuerte Sechspulsbrücke mit Kommutierungsinduktivitäten L_c. a) Schaltung und Bezeichnungen; b) bis d) Ersatzschaltpläne.

Während der Kommutierungszeit $x_{\alpha 1}$ bis $x_{\alpha 1} + u$ (Abb. 8.17) gilt der Ersatzschaltplan Abb. 8.16b; daraus folgen die Gleichungen

$$-u_{l1} = u_d + \omega L_c \frac{di_{s5}}{dx}, \qquad u_{l3} = u_d + \omega L_c \frac{di_{s1}}{dx}, \qquad (8.41)$$

$$I_d = i_{s1} + i_{s5} = i_{s6}. \qquad (8.42)$$

Bei den Gln. (8.41) wurde bereits berücksichtigt, daß wegen (8.42) $\mathrm{d}i_{s6}/\mathrm{d}x = 0$ gilt.

Aus der Summe bzw. der Differenz der Gln. (8.41) folgt unter Berücksichtigung der differenzierten Gl. (8.42)

$$u_\mathrm{d} = \frac{1}{2}(-u_{11} + u_{13}), \qquad (8.43)$$

$$\omega L_\mathrm{c} \frac{\mathrm{d}i_{s1}}{\mathrm{d}x} = \frac{1}{2}(u_{11} + u_{13}). \qquad (8.44)$$

Man kann in (8.43), (8.44) die Leiterspannungen u_l durch die Sternspannungen u_s ausdrücken. Man beachtet dabei, daß zwischen den Sternspannungen eines regulären Dreiphasensystems die Gleichung

$$u_{s1} + u_{s2} + u_{s3} = 0 \qquad (8.45)$$

besteht. Außerdem liest man aus der Abb. 8.16b die Beziehungen

$$u_{11} = u_{s2} - u_{s3}, \qquad u_{13} = u_{s1} - u_{s2} \qquad (8.46)$$

ab. Damit kann man den Gln. (8.43), (8.44) folgende Form geben:

$$u_\mathrm{d} = \frac{3}{2}(u_{s1} + u_{s3}) = -\frac{3}{2}u_{s2} = \frac{3}{2}\sqrt{2}\,U_\mathrm{s}\cos\left(x + \frac{\pi}{3}\right), \qquad (8.47)$$

$$\omega L_\mathrm{c} \frac{\mathrm{d}i_{s1}}{\mathrm{d}x} = \frac{1}{2}(u_{s1} - u_{s3}) = \sqrt{\frac{3}{2}}\,U_\mathrm{s}\cos\left(x - \frac{\pi}{6}\right). \qquad (8.48)$$

Die Differentialgleichung (8.48) ist nach Abb. 8.17c mit der Anfangsbedingung $i_{s1}(x_{\alpha 1}) = i_{s1}(\alpha - \pi/3) = 0$ zu lösen; man erhält mit (8.42):

$$i_{s1} = J_{cc}\left(\cos\alpha - \cos\left(x + \frac{\pi}{3}\right)\right), \qquad J_{cc} = \sqrt{\frac{3}{2}}\,\frac{U_\mathrm{s}}{\omega L_\mathrm{c}}, \qquad (8.49)$$

$$i_{s5} = I_\mathrm{d} - J_{cc}\left(\cos\alpha - \cos\left(x + \frac{\pi}{3}\right)\right). \qquad (8.50)$$

Eine Beziehung für den Überlappungswinkel u erhält man nach Abb. 8.17b aus (8.50) mit Hilfe der Forderung $i_{s5}(x_{\alpha 1} + u) = 0$:

$$\cos\alpha - \cos(\alpha + u) = \frac{I_\mathrm{d}}{J_{cc}} = \frac{I_\mathrm{d}\,\omega L_\mathrm{c}}{U_\mathrm{s}}\sqrt{\frac{2}{3}}. \qquad (8.51)$$

In der linken dreipulsigen Kommutierungsgruppe der Sechspulsbrücke wirkt nach Abb. 8.16b und nach (8.44), (8.48) im Kommutierungskreis der Ventile V_1 und V_5 die Spannung $u_{s1} - u_{s3} = u_{11} + u_{13}$; es liegen

8.6 Kommutierungsinduktivitäten bei der Sechspulsbrücke

daher die gleichen Verhältnisse wie bei der Kommutierung der dreipulsigen Mittelpunktschaltung vor. Man kann deshalb die Gln. (8.49) bis (8.51) auch direkt aus den entsprechenden Beziehungen (6.38) bis (6.40) herleiten, indem man darin $p = 3$ setzt.

Der Zeitverlauf der Gleichspannung u_d, der sich aus den vorstehenden Überlegungen ergibt, ist in Abb. 8.17a dargestellt. Die Abb. 8.17b bis 8.17i zeigen den Zeitverlauf der Ventilströme i_{s1} bis i_{s6} und der Leiterströme $i_{l1} = i_{s1} - i_{s4}$ und $i_{l2} = i_{s3} - i_{s6}$.

Der Ventilstrom i_{s1} verläuft bei der Sechspulsbrücke (Abb. 8.17c) genauso wie im Falle $p = 3$ bei der p-pulsigen Mittelpunktschaltung Abb. 6.21c. Deshalb erhält man den Mittelwert I_v und den Effektivwert $I_{v,\text{eff}}$ des Ventilstromes bei der Sechspulsbrücke mit $p = 3$ aus den Gln. (6.147), (6.152), (6.153):

$$\frac{I_v}{I_d} = \frac{1}{3}, \qquad \frac{I_{v,\text{eff}}}{I_d} = \frac{1}{\sqrt{3}}\sqrt{1 - 3\psi(u_0)}. \qquad (8.52)$$

Die zweite Gleichung in (8.52) gilt für Vollaussteuerung $\alpha = 0$; die erste Gleichung gilt dagegen für beliebige Werte des Steuerwinkels α. Aus dem Zeitverlauf des Leiterstromes i_{l1} in Abb. 8.17h erhält man für den zugehörigen Effektivwert die Beziehung

$$\frac{I_l}{I_d} = \sqrt{\frac{2}{3}}\sqrt{1 - 3\psi(u_0)}. \qquad (8.53)$$

Die Überlappungsfunktion $\psi(u_0)$ ist durch (6.153) gegeben. Den Überlappungswinkel u_0 berechnet man mit $\alpha = 0$ aus (8.51).

Nach (8.47) und Abb. 8.17a ist die Lastspannung u_d der Sechspulsbrücke während der Überlappungszeit u durch den Mittelwert zweier zeitlich aufeinanderfolgender Spannungen des Sechsphasensystemes $u_{11}, -u_{13}, u_{12}, -u_{11}, u_{13}, -u_{12}$ gegeben. In den an die Kommutierung anschließenden Zeitintervallen, in denen jeweils nur ein Ventil jeder Kommutierungsgruppe Strom führt, wird die Lastspannung u_d durch die zwischen den stromführenden Ventilen wirkende Leiterspannung bestimmt. Aus diesen Feststellungen resultiert der Verlauf der Lastspannung u_d nach Abb. 8.17a. Der Vergleich der Abb. 8.17a und 6.21a zeigt, daß der Zeitverlauf der Lastspannung u_d bei der Sechspulsbrücke und bei der sechspulsigen Mittelpunktschaltung den gleichen Gesetzen unterworfen ist.

Die Sechspulsbrücke entsteht durch Reihenschaltung zweier dreipulsiger Mittelpunktschaltungen. Deshalb sind die Spannungen U_{di} und D_∞ der Sechspulsbrücke doppelt so groß wie bei der dreipulsigen Mittelpunktschaltung. Man bestimmt die Werte U_{di} und D_∞ der dreipulsigen Mittelpunktschaltung, indem man in (6.18) und der zweiten Gl. (6.49)

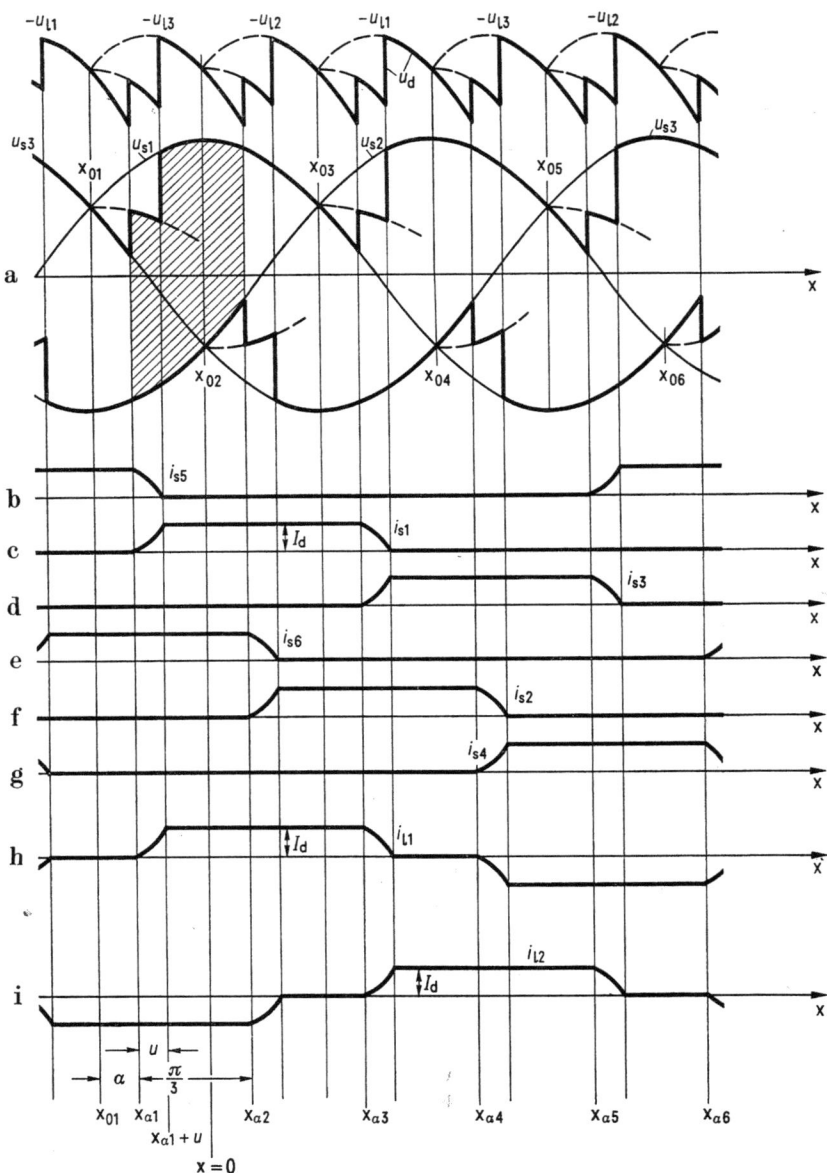

Abb. 8.17. Zeitverlauf der elektrischen Größen der Sechspulsbrücke Abb. 8.16 bei vollkommener Glättung und bei einfacher Kommutierung (Arbeitsbereich I).

8.6 Kommutierungsinduktivitäten bei der Sechspulsbrücke

$p = 3$ setzt. Damit findet man für die Belastungskennlinie der Sechspulsbrücke die Beziehungen

$$U_{d\alpha} = U_{di\alpha} - \frac{3}{\pi}\omega L_c I_d, \quad D_\infty = 2\left(\frac{3}{2\pi}\omega L_c I_d\right), \quad (8.54)$$

$$U_{di\alpha} = U_{di}\cos\alpha, \quad U_{di} = \frac{3}{\pi}\sqrt{2}U_1 = 2\left(\frac{3}{\pi}\sqrt{\frac{3}{2}}U_s\right). \quad (8.55)$$

Die Klammerausdrücke in den zweiten Gln. (8.54), (8.55) beschreiben die entsprechenden Werte der dreipulsigen Mittelpunktschaltung.

Bezieht man $U_{d\alpha}$ auf U_{di}, dann erhält man aus (8.54) mit (8.55) die relative Belastungskennlinie des Arbeitsbereiches I

$$\frac{U_{d\alpha}}{U_{di}} = \cos\alpha - \frac{1}{2}\frac{I_d}{J_{cc}}, \quad J_{cc} = \sqrt{\frac{3}{2}}\frac{U_s}{\omega L_c} = \frac{\sqrt{2}U_1}{2\omega L_c}. \quad (8.56)$$

Die Gl. (8.56) liefert in Abb. 8.23a für die Belastungskennlinien die parallele Geradenschar P'R', deren Gültigkeit jedoch — wie in den Abschn. 8.62 und 8.63 gezeigt wird — durch die Kurve $P_1R_1'SK$ begrenzt wird; der Gleichstrom im Grenzpunkt R' des Arbeitsbereiches I wird mit I_{dI} bezeichnet.

Der Zusammenhang zwischen I_d/J_{cc} und dem Überlappungswinkel u wird durch die Beziehung (8.51) beschrieben; sie kann in Übereinstimmung mit (6.41) auf die Form

$$\frac{I_d}{J_{cc}} = 2\sin\frac{u}{2}\sin\left(\alpha + \frac{u}{2}\right) \quad (8.57)$$

gebracht werden. In Abb. 8.23b ist die Beziehung (8.57) für die Werte $\alpha = 0°, 15°, 30°, 45°$ und $60°$ dargestellt. Um die Zuordnung des Überlappungswinkels zur Belastungskennlinie sicherzustellen, wurde in Abb. 8.23b für u dieselbe Abszisse wie bei der Belastungskennlinie gewählt, die positiven Werte von u wurden jedoch zur besseren Übersicht in Abb. 8.23b nach unten aufgetragen.

Mit zunehmendem Gleichstrom I_d wird der Überlappungswinkel u in Abb. 8.17 größer und erreicht schließlich nach Abb. 8.18 beim Gleichstrom I_{dI} den Wert $u = \pi/3$; in diesem Betriebszustand führt jedes der sechs Ventile während einer vollen Halbperiode π Strom. Man errechnet den Grenzstrom I_{dI} aus (8.57), indem man darin $u = \pi/3$ setzt. Die zugehörige Gleichspannung U_{dI} folgt aus (8.56), indem man darin I_d durch I_{dI} ersetzt. Man erhält:

$$\frac{I_{dI}}{J_{cc}} = \sin\left(\alpha + \frac{\pi}{6}\right), \quad \frac{2}{\sqrt{3}}\frac{U_{dI}}{U_{di}} = \cos\left(\alpha + \frac{\pi}{6}\right). \quad (8.58)$$

Man quadriert und addiert die beiden Gln. (8.58) und findet folgende Beziehung zwischen den Koordinaten I_{dI}, U_{dI} der Grenzpunkte R′

$$\left(\frac{I_{dI}}{J_{cc}}\right)^2 + \left(\frac{2}{\sqrt{3}}\frac{U_{dI}}{U_{di}}\right)^2 = 1. \tag{8.59}$$

(8.59) sagt aus, daß die Grenzpunkte R′ des Arbeitsbereiches I auf der Ellipse PR′K₅′ in Abb. 8.23a liegen, deren Halbachsen durch $\sqrt{3}/2$ bzw. durch 1 gegeben sind.

8.62 Vorgänge im zweiten Arbeitsbereich (spontane Zündverzögerung)

Der Arbeitsbereich II kann — wie die folgenden Überlegungen zeigen werden — nur dann auftreten, wenn für den Steuerwinkel $\alpha < \pi/6$ gewählt wird.

Zunächst wird nach Abb. 8.18 der Grenzfall $I_d = I_{dI}$ unter der Annahme $\alpha < \pi/6$ betrachtet. In diesem Grenzfall sind vor dem Zündzeitpunkt $x_{\alpha 1}$ des Ventiles V_1 die Ventile V_4, V_6 der einen und das Ventil V_5 der anderen Kommutierungsgruppe an der Stromführung beteiligt; vor $x_{\alpha 1}$ gilt daher der Ersatzschaltplan Abb. 8.16c.

Bei einer Vergrößerung des Gleichstromes I_d über den Grenzwert I_{dI} hinaus (Abb. 8.19) beginnt der Arbeitsbereich II. In diesem Betriebs-

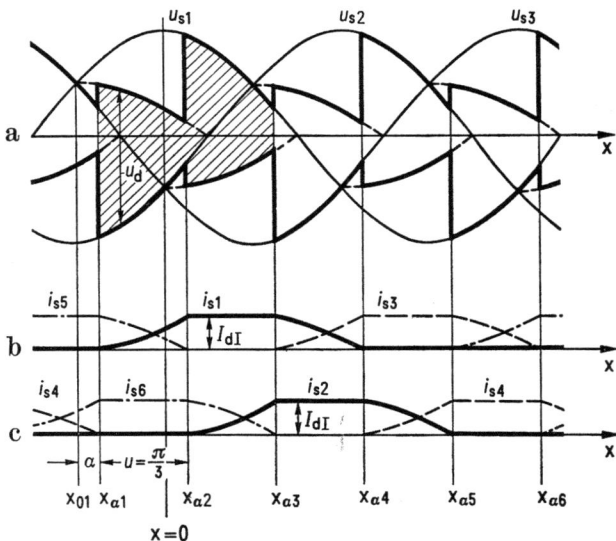

Abb. 8.18. Zeitverlauf der elektrischen Größen der Sechspulsbrücke Abb. 8.16 bei vollkommener Glättung im Grenzfall zwischen einfacher Kommutierung (Arbeitsbereich I) und dem Bereich spontaner Zündverzögerung (Arbeitsbereich II).

8.6 Kommutierungsinduktivitäten bei der Sechspulsbrücke

zustand hat der Ventilstrom i_{s4} nach Abb. 8.19c im Zündzeitpunkt $x_{\alpha 1}$ noch nicht den Wert Null erreicht; also gilt $u_{v4} = 0$. Daraus folgt nach Abb. 8.16c, daß am Ventil V_1 im Zeitpunkt $x_{\alpha 1}$ die negative Spannung $u_{v1} = -u_d$ liegt. Das Ventil V_1 ist daher bei $x_{\alpha 1}$ zwar schon von der Steuerung zur Stromführung freigegeben, bleibt aber noch durch die negative Ventilspannung $u_{v1} = -u_d$ gesperrt; der Ersatzschaltplan Abb. 8.16c gilt deshalb solange, bis der Strom i_{s4} im Zeitpunkt $x'_{\alpha 1}$ (Abb. 8.19c) zu Null geworden und damit die Kommutierung zwischen V_4 und V_6 abgeschlossen ist. Bei $x'_{\alpha 1}$ setzt das Ventil V_1 mit der Stromführung ein und übernimmt nach Abb. 8.19b gemeinsam mit V_5 die Stromführung; die Kommutierung der beiden Ventile erstreckt sich von $x'_{\alpha 1}$ bis $x'_{\alpha 2} = x'_{\alpha 1} + \pi/3$, also über den Kommutierungswinkel $u = \pi/3$.

Man stellt somit fest, daß der von der Steuerung festgelegte Steuerwinkel $\alpha = x_{\alpha 1} - x_{01}$ bei Gleichströmen $I_d > I_{dI}$ unwirksam wird und daß nach Abb. 8.19 an dessen Stelle der wirksame Steuerwinkel $\alpha' = x'_{\alpha 1} - x_{01}$ tritt. Der Steuerwinkel α' wächst bei gleichbleibendem Kommutierungswinkel $u = \pi/3$ mit zunehmendem Gleichstrom I_d an. Man bezeichnet diese Verschiebung des Zündzeitpunktes von $x_{\alpha 1}$ auf $x'_{\alpha 1}$ als spontane Zündverzögerung und den Zündwinkel α' als spontanen Steuerwinkel. Die spontane Zündverzögerung ist eine charakteristische Erscheinung des Arbeitsbereiches II.

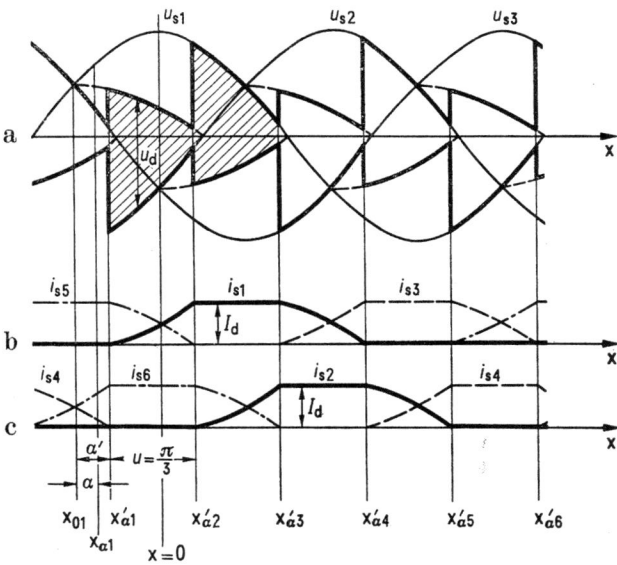

Abb. 8.19. Zeitverlauf der elektrischen Größen der Sechspulsbrücke Abb. 8.16 bei idealer Glättung im Bereich der spontanen Zündverzögerung (Arbeitsbereich II).

Im Arbeitsbereich II führen während der Kommutierung — genauso wie im Arbeitsbereich I — stets zwei Ventile der einen und ein Ventil der anderen Kommutierungsgruppe gleichzeitig Strom (vgl. Abb. 8.16b und c). Der Unterschied zwischen den beiden Arbeitsbereichen besteht lediglich darin, daß der Kommutierungswinkel u im Arbeitsbereich I nach (8.57) mit dem Gleichstrom I_d zunimmt (vgl. Abb. 8.23b) und im Bereich II dagegen den konstanten Wert $u = \pi/3$ beibehält; außerdem hat man im Bereich II den Steuerwinkel α durch α' zu ersetzen. Für den Arbeitsbereich II folgt daher aus (8.57) mit $\alpha = \alpha'$ und $u = \pi/3$ die Beziehung

$$\frac{I_d}{J_{cc}} = \sin\left(\alpha' + \frac{\pi}{6}\right), \qquad J_{cc} = \sqrt{\frac{3}{2}} \frac{U_s}{\omega L_c}. \qquad (8.60)$$

Im Zeitintervall $x'_{\alpha 1}$ bis $x'_{\alpha 2} = x'_{\alpha 1} + \pi/3$ der gemeinsamen Stromführung der beiden Ventile V_1 und V_5 in Abb. 8.16b gilt für den Zeitverlauf der Gleichspannung u_d nach Abb. 8.19a die Beziehung (8.47)

$$u_d = \frac{3}{2}(u_{s1} + u_{s3}) = \frac{3}{2}\sqrt{2}\, U_s \cos\left(x + \frac{\pi}{3}\right). \qquad (8.61)$$

Damit erhält man nach Abb. 8.19a für den zum spontanen Steuerwinkel α' gehörenden Gleichstrommittelwert $U'_{d\alpha}$, die Beziehung

$$U'_{d\alpha} = \frac{3}{\pi} \int_{x'_{\alpha 1}}^{x'_{\alpha 1}+\frac{\pi}{3}} u_d\, dx = \frac{3}{\pi} \int_{x'_{\alpha 1}}^{x'_{\alpha 1}+\frac{\pi}{3}} \frac{3}{2}\sqrt{2}\, U_s \cos\left(x + \frac{\pi}{3}\right) dx. \qquad (8.62)$$

Die Auswertung liefert mit $x'_{\alpha 1} = \alpha' - \pi/3$

$$\frac{U'_{d\alpha}}{U_{di}} = \frac{1}{2}\sqrt{3}\, \cos\left(\alpha' + \frac{\pi}{6}\right). \qquad (8.63)$$

Durch Quadrieren und Addieren der Gl. (8.60) (8.63) entsteht eine Beziehung zwischen $U'_{d\alpha}$ und I_d; nämlich die Belastungskennlinie des Bereiches II

$$\left(\frac{2}{\sqrt{3}} \frac{U'_{d\alpha}}{U_{di}}\right)^2 + \left(\frac{I_d}{J_{cc}}\right)^2 = 1. \qquad (8.64)$$

Der Vergleich von (8.64) und (8.59) zeigt, daß die Belastungskennlinie im Arbeitsbereich II durch die gleiche Ellipse $PR'K'_5$ in Abb. 8.23a beschrieben wird, die in Abschn. 8.61 für die Grenzpunkte des Arbeitsbereiches I erhalten wurde.

Der eben beschriebene Betriebszustand II bleibt solange bestehen bis der spontane Zündzeitpunkt $x'_{\alpha 1}$ mit wachsendem Gleichstrom so weit

8.6 Kommutierungsinduktivitäten bei der Sechspulsbrücke 195

nach rechts rückt, bis er mit dem Zeitpunkt $x = -\pi/6$ zusammen fällt; der spontane Steuerwinkel erreicht in diesem Falle den Wert $\alpha' = \pi/6$. Dieser Grenzfall — er ist in Abb. 8.20 dargestellt — tritt bei einem bestimmten Wert I_{dII} des Gleichstromes ein. Der Grenzzustand Abb. 8.20 wird durch die Daten $x'_{\alpha 1} = -\pi/6$ bzw. $\alpha' = \pi/6$ und $u = \pi/3$ beschrieben. Man erhält den Grenzstrom I_{dII} und die zugehörige Gleichspannung U_{dII}, indem man in (8.60), (8.63) $\alpha' = \pi/6$ setzt. Es folgt:

$$\frac{I_{\mathrm{dII}}}{J_{cc}} = \frac{1}{2}\sqrt{3}, \quad \frac{U_{\mathrm{dII}}}{U_{\mathrm{di}}} = \frac{1}{4}\sqrt{3}. \tag{8.65}$$

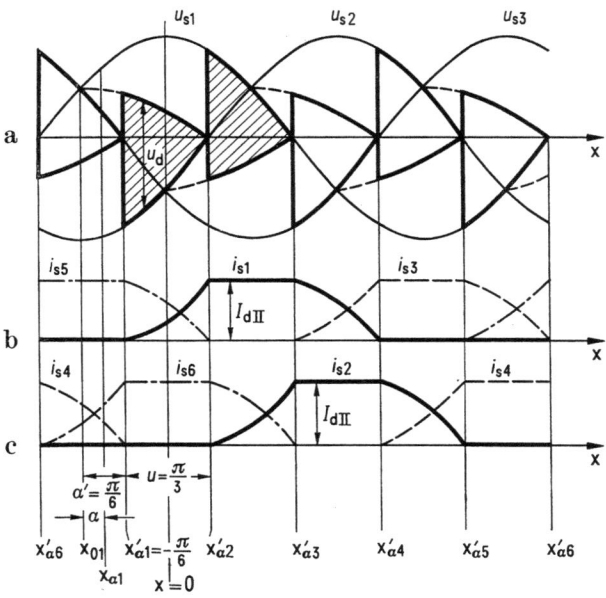

Abb. 8.20. Zeitverlauf der elektrischen Größen der Sechspulsbrücke Abb. 8.16 bei vollkommener Glättung im Grenzfall zwischen spontaner Zündverzögerung (Arbeitsbereich II) und Doppelkommutierung (Arbeitsbereich III).

Die Koordinaten (8.65) der oberen Grenze des Arbeitsbereiches II sind vom Steuerwinkel α unabhängig; sie beschreiben in Abb. 8.23a den Kennlinienpunkt S.

Die Belastungskennlinie im Arbeitsbereich II wird nach den vorangehenden Überlegungen durch einen Ellipsenbogen beschrieben, dessen Verlauf durch die Gl. (8.64) gegeben ist und dessen Endpunkte durch die Koordinaten (8.58), (8.65) festgelegt sind. Beim Beispiel $\alpha = 15°$ umfaßt die Belastungskennlinie des Arbeitsbereiches II den Ellipsenbogen $R_2'S$ in Abb. 8.23a.

Der Kommutierungswinkel u behält im Bereich II den konstanten Wert $u = \pi/3$ bei, so daß der Verlauf von u z. B. beim Steuerwinkel $\alpha = 15°$ in Abb. 8.23b durch die horizontale Strecke $R_2'S$ beschrieben wird.

In der Abb. 8.23b ist neben dem Kommutierungswinkel u, die durch die Beziehung (8.60) festgelegte Abhängigkeit des spontanen Steuerwinkels α' vom Gleichstrom I_d dargestellt. Man erhält in bezug auf die Ordinate in Abb. 8.23b eine um $\pi/6$ voreilende Sinuslinie, von der jedoch nur das vollausgezogene Stück $R_1'S$ auf den Arbeitsbereich II entfällt.

Der Arbeitsbereich II besitzt — wie aus den Koordinaten (8.58), (8.65) der Grenzpunkte hervorgeht — bei $\alpha = 0$ die größte Ausdehnung; er erstreckt sich daher über den Ellipsenbogen $R_1'S$ der Abb. 8.23a. Mit wachsendem Steuerwinkel α wird der Ellipsenbogen kürzer, bis schließlich bei $\alpha = \pi/6$ der Grenzpunkt R_3' (Abb. 8.23a) mit dem Grenzpunkt S zusammenfällt und damit der Arbeitsbereich II auf Null zusammenschrumpft.

8.63 Vorgänge im dritten Arbeitsbereich (doppelte Kommutierung)

Bei der Erläuterung der Vorgänge im Arbeitsbereich III wird ein Steuerwinkel $\alpha > \pi/6$ angenommen. Man gelangt in diesem Fall — z. B. entlang des Kennlinienteiles $P_4'R_4'$ in Abb. 8.23a — im Punkt R_4' der Grenzellipse (8.59) direkt vom Arbeitsbereich I in den Arbeitsbereich III. Die Abb. 8.21 zeigt den Zeitverlauf der Ströme und Spannungen im Punkt R_4' der Bereichsgrenze (Abb. 8.23a). Bei der Darstellung der Gleichspannung u_d in Abb. 8.21a wurden Spannungsflächen verschiedenen Vorzeichens in entgegengesetzter Richtung schraffiert; die zugehörigen Mittelwerte I_{dI} und U_{dI} sind durch (8.58) gegeben.

Sobald der Grenzstrom I_{dI}, also z. B. der Kennlinienpunkt R_4' in Abb. 8.23a in Richtung zu höheren Gleichströmen überschritten wird, beginnt der Arbeitsbereich III. Die Vorgänge in diesem Bereich werden an Hand der Abb. 8.22 beschrieben.

Im Zündzeitpunkt $x_{\alpha 1}$ des Ventiles V_1 hat der Ventilstrom i_{s4} noch nicht den Wert Null erreicht. Deshalb schließt an $x_{\alpha 1}$ ein Kommutierungsintervall u' an, in dem die Ventile V_4, V_6 der einen Kommutierungsgruppe neben den Ventilen V_1, V_5 der anderen Kommutierungsgruppe gemeinsam Strom führen; man bezeichnet diesen Zustand als doppelte Kommutierung. Während der Doppelkommutierung, also im Intervall $x_{\alpha 1}$ bis $x_{\alpha 1} + u'$ der Abb. 8.22 gilt der Ersatzschaltplan Abb. 8.16d; daraus geht hervor, daß die drei Spannungen u_{s1}, u_{s2}, u_{s3} während der Doppelkommutierung über die Induktivitäten L_c kurzgeschlossen sind. Im Zeitintervall u' gilt daher $u_d = 0$ (Abb. 8.16d).

8.6 Kommutierungsinduktivitäten bei der Sechspulsbrücke

Im anschließenden Zeitabschnitt $x_{\alpha 1} + u'$ bis $x_{\alpha 2} = x_{\alpha 1} + \pi/3$ liegt der bereits in Abschn. 8.61 beschriebene Fall der einfachen Kommutierung vor. Die Ventile V_1 und V_5 führen in diesem Intervall weiterhin gemeinsam Strom und das Ventil V_6 führt allein den Gleichstrom $I_d = i_{s6}$. Deshalb gilt zwischen $x_{\alpha 1} + u'$ und $x_{\alpha 2}$ der Ersatzschaltplan Abb. 8.16 b.

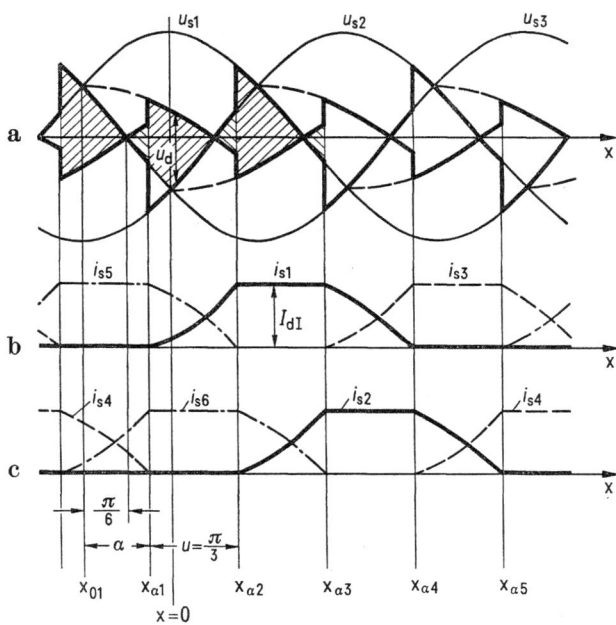

Abb. 8.21. Zeitverlauf der elektrischen Größen der Sechspulsbrücke Abb. 8.16 bei vollkommener Glättung im Grenzfall zwischen einfacher Kommutierung (Arbeitsbereich I) und Doppelkommutierung (Arbeitsbereich III).

Aus der Abb. 8.22 entnimmt man, daß die Zeitdauer u' der Doppelkommutierung mit zunehmendem Gleichstrom I_d größer wird. Bei einem bestimmten Gleichstrom $I_{dK\alpha}$ werden schließlich die beiden verschieden schraffierten Spannungszeitflächen in Abb. 8.22a gleich groß, so daß der Gleichspannungsmittelwert $U_{d\alpha} = 0$ erreicht wird, also der Fall des Gleichstromkurzschlusses eintritt. Aus der Abb. 8.22a entnimmt man $\tau_1 = \pi/2 - \alpha - u'$ und $\tau_2 = \alpha - \pi/6$ und weiterhin die Aussage, daß im Kurzschlußfall $U_{d\alpha} = 0$ die Bedingung $\tau_1 = \tau_2$ erfüllt sein muß. Daraus folgt für die Zeitdauer u_K' der Doppelkommutierung im Kurzschlußfall die Beziehung

$$u_K' = \frac{2\pi}{3} - 2\alpha. \tag{8.66}$$

Der zugehörige Kurzschlußstrom $I_{\mathrm{dK}\alpha}$ — er wird in Abb. 8.23a durch den Kennlinienpunkt K_4' beschrieben — ergibt sich zwanglos aus der Belastungskennlinie des Arbeitsbereiches III, die anschließend berechnet wird.

Bei der Berechnung der Belastungskennlinie im Arbeitsbereich III geht man davon aus, daß die drei Ventile V_1, V_5, V_6 nach Abb. 8.22b, c während des vollen Periodizitätsintervalles $x_{\alpha 1}$ bis $x_{\alpha 2} = x_{\alpha 1} + \pi/3$ Strom führen. In diesem Intervall gelten dann — unabhängig davon, ob die anderen Ventile der Schaltung Abb. 8.16a Strom führen oder stromlos sind — nach Abb. 8.16b die beiden Gleichungen

$$u_{13} = u_{\mathrm{d}} - \omega L_{\mathrm{c}} \frac{\mathrm{d}}{\mathrm{d}x}(i_{12} - i_{11}), \tag{8.67}$$

$$u_{11} = -u_{\mathrm{d}} - \omega L_{\mathrm{c}} \frac{\mathrm{d}}{\mathrm{d}x}(i_{13} - i_{12}). \tag{8.68}$$

Man entnimmt außerdem aus den Abb. 8.22 und 8.16b, daß in dem betrachteten Intervall $x_{\alpha 1}$ bis $x_{\alpha 2}$ folgende Beziehungen zwischen den Strömen bestehen:

$$i_{11} = i_{\mathrm{s}1} - i_{\mathrm{s}4}, \quad i_{12} = -i_{\mathrm{s}6}, \quad i_{13} = i_{\mathrm{s}5}. \tag{8.69}$$

Damit erhält man aus (8.67), (8.68) zwei Gleichungen für u_{d}:

$$u_{\mathrm{d}} = \sqrt{2}\,\sqrt{3}\,U_{\mathrm{s}} \cos\left(x + \frac{\pi}{6}\right) + \omega L_{\mathrm{c}} \frac{\mathrm{d}}{\mathrm{d}x}(i_{\mathrm{s}4} - i_{\mathrm{s}1} - i_{\mathrm{s}6}), \tag{8.70}$$

$$u_{\mathrm{d}} = -\sqrt{2}\,\sqrt{3}\,U_{\mathrm{s}} \sin x - \omega L_{\mathrm{c}} \frac{\mathrm{d}}{\mathrm{d}x}(i_{\mathrm{s}5} + i_{\mathrm{s}6}). \tag{8.71}$$

Die Gln. (8.70), (8.71) gelten, wie schon vordem erwähnt wurde, während des vollen Periodizitätsintervalles $x_{\alpha 1}$ bis $x_{\alpha 2} = x_{\alpha 1} + \pi/3$. Man erhält daher den Gleichspannungsmittelwert $U_{\mathrm{d}\alpha}$, indem man (8.70), (8.71) über das Intervall $x_{\alpha 1}$ bis $x'_{\alpha 1} + \pi/3$ integriert und mit $3/\pi$ multipliziert. Man erhält mit (8.34)

$$U_{\mathrm{d}\alpha} = U_{\mathrm{di}} \cos \alpha + \frac{3}{\pi} \omega L_{\mathrm{c}} \int_{x_{\alpha 1}}^{x_{\alpha 1}+\frac{\pi}{3}} \mathrm{d}(i_{\mathrm{s}4} - i_{\mathrm{s}1} - i_{\mathrm{s}6}), \tag{8.72}$$

$$U_{\mathrm{d}\alpha} = -U_{\mathrm{di}} \sin\left(\alpha - \frac{\pi}{6}\right) - \frac{3}{\pi} \omega L_{\mathrm{c}} \int_{x_{\alpha 1}}^{x_{\alpha 1}+\frac{\pi}{3}} \mathrm{d}(i_{\mathrm{s}5} + i_{\mathrm{s}6}). \tag{8.73}$$

8.6 Kommutierungsinduktivitäten bei der Sechspulsbrücke

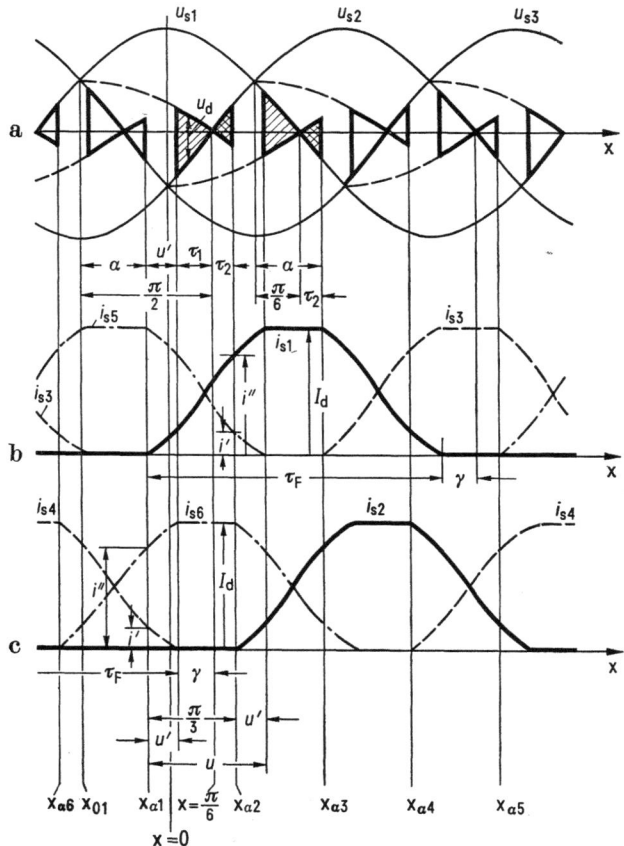

Abb. 8.22. Zeitverlauf der elektrischen Größen der Sechspulsbrücke Abb. 8.16 bei vollkommener Glättung bei Doppelkommutierung (Arbeitsbereich III).

Zur Auswertung der Integrale in (8.72), (8.73) entnimmt man aus Abb. 8.22b, c die Momentanwerte der Ströme an den Intervallgrenzen $x_{\alpha 1}$ und $x_{\alpha 1} + \pi/3$. Damit folgt:

$$U_{d\alpha} = U_{di} \cos \alpha - \frac{3}{\pi} \omega L_c (I_d + i'), \tag{8.74}$$

$$U_{d\alpha} = -U_{di} \sin\left(\alpha - \frac{\pi}{6}\right) + \frac{3}{\pi} \omega L_c (i'' - i'). \tag{8.75}$$

Da die Summe der Ströme i_{s1} und i_{s5} nach Abb. 8.16a, d und 8.22b im Intervall $x_{\alpha 1}$ bis $x_{\alpha 2}$ stets den Gleichstrom I_d liefern muß, gilt nach

Abb. 8.22b im Zeitpunkt x_{a2} die Beziehung

$$I_d = i' + i''. \tag{8.76}$$

Aus den drei Gln. (8.74) bis (8.76) kann man die Augenblickswerte i', i'' eliminieren. Man erhält mit (8.35) und der zweiten Gleichung (8.49) die gesuchte Belastungskennlinie des Arbeitsbereiches III

$$\frac{U_{d\alpha}}{U_{di}} = \sqrt{3}\,\cos\left(\alpha - \frac{\pi}{6}\right) - \frac{3}{2}\frac{I_d}{J_{cc}}. \tag{8.77}$$

Die Gl. (8.77) beschreibt in Abb. 8.23a eine parallele Geradenschar mit α als Parameter; zwei dieser Geraden, nämlich $R_4'K_4'$ für $\alpha = 45°$ und SK für den Grenzfall $\alpha = 30°$ sind in Abb. 8.23a eingezeichnet. Am Beispiel der beiden Kennlinien $P_2'R_2'$SK für $\alpha = 15°$ und $P_1'R_1'$SK für $\alpha = 0$ wird deutlich, daß alle Belastungskennlinien des Steuerbereiches $0 \leq \alpha \leq \pi/6$ in den Kennlinienpunkt S einmünden und von da an gemeinsam entlang der Grenzgerade verlaufen.

Den relativen Kurzschlußstrom $I_{dK\alpha}/J_{cc}$ bestimmt man mit $U_{d\alpha} = 0$ aus (8.77). Man erhält:

$$\frac{I_{dK\alpha}}{J_{cc}} = \frac{2}{\sqrt{3}}\cos\left(\alpha - \frac{\pi}{6}\right). \tag{8.78}$$

Zu $\alpha = 45°$ gehört z. B. der Kurzschlußpunkt K_4' in Abb. 8.23a. Die Belastungskennlinien aus dem Steuerbereich $0 \leq \alpha \leq \pi/6$ besitzen den gemeinsamen Kurzschlußpunkt K in Abb. 8.23a. Den zugehörigen Kurzschlußstrom berechnet man mit $\alpha = \pi/6$ aus (8.78) und erhält $I_{dK0}/J_{cc} = 2/\sqrt{3}$.

Bei der Berechnung der Abhängigkeit der Doppelkommutierungszeit u' von der Größe des Gleichstromes I_d geht man von den Vorgängen bei der einfachen Kommutierung im Zeitintervall $x_{a1} + u'$ bis $x_{a1} + \pi/3$ der Abb. 8.22a aus. Die Gleichspannung u_d ist in diesem Intervall, wie bereits im Abschn. 8.61 gezeigt wurde, durch die Gl. (8.47) gegeben. Da im vorangehenden Intervall x_{a1} bis $x_{a1} + u'$ wegen der Doppelkommutierung $u_d = 0$ gilt, erhält man nach Abb. 8.22a und mit (8.47) folgende Beziehung für den Gleichspannungsmittelwert:

$$U_{d\alpha} = \frac{3}{\pi}\int_{x_{a1}+u'}^{x_{a1}+\frac{\pi}{3}} \frac{3}{2}\sqrt{2}\,U_s\cos\left(x + \frac{\pi}{3}\right)dx. \tag{8.79}$$

Mit (8.34) und (8.35) erhält man aus (8.79)

$$\frac{U_{d\alpha}}{U_{di}} = \frac{\sqrt{3}}{2}\left(\cos\left(\alpha - \frac{\pi}{6}\right) - \sin(\alpha + u')\right). \tag{8.80}$$

8.6 Kommutierungsinduktivitäten bei der Sechspulsbrücke

Aus den beiden Gln. (8.77), (8.80) eliminiert man $U_{d\alpha}/U_{d1}$ und erhält

$$\frac{I_d}{J_{cc}} = \frac{1}{\sqrt{3}}\left(\cos\left(\alpha - \frac{\pi}{6}\right) + \sin(\alpha + u')\right). \tag{8.81}$$

(8.81) ist die gesuchte Beziehung zwischen dem Gleichstrom I_d und der Zeitdauer u' der Doppelkommutierung.

Die Länge u der gesamten Kommutierungszeit der Ventile einer Kommutierungsgruppe ist im Arbeitsbereich III nach Abb. 8.22 durch

$$u = \frac{\pi}{3} + u' \tag{8.82}$$

gegeben. Damit folgt aus (8.81) eine Beziehung zwischen u und I_d

$$\frac{I_d}{J_{cc}} = \frac{1}{\sqrt{3}}\left(\sin\left(\alpha + u - \frac{\pi}{3}\right) + \cos\left(\alpha - \frac{\pi}{6}\right)\right). \tag{8.83}$$

In der Abb. 8.23b ist (8.83) für die beiden Werte $\alpha = 30°$ und $\alpha = 45°$ dargestellt; man erhält die Kurvenstücke $R_3'K$ und $R_4'K_4'$. Die Koordinaten $I_{dK\alpha}$ und $u_K = u_K' + \pi/3$ der Punkte K und K_4' in Abb. 8.23b erhält man mit $\alpha = 30°$ bzw. 45° aus (8.78) und (8.66).

Die Ergebnisse der Abschn. 8.61 bis 8.63 sind in der Abb. 8.23 an Hand der vollständigen Belastungskennlinien zusammenfassend dargestellt. Man unterscheidet demnach die beiden Fälle $\alpha \leqq \pi/6$ und $\alpha \geqq \pi/6$.

Im Fall $\alpha \leqq \pi/6$ werden in Abb. 8.23 zwischen Leerlauf und Kurzschluß nacheinander die Arbeitsbereiche I bis III durchlaufen. Den drei Arbeitsbereichen entsprechen beim Beispiel $\alpha = 15°$ die Teilstücke $P_2'R_2'$ sowie $R_2'S$ und SK der Belastungskennlinie in Abb. 8.23a und die entsprechenden Teilstücke OR_2' sowie $R_2'S$ und SK der Kennlinie für den Überlappungswinkel u in Abb. 8.23b; der spontane Steuerwinkel α' kommt erst mit Beginn des Arbeitsbereiches II, also im Punkt R_2' zur Wirkung und wird daher durch den Linienzug $R_2'SK$ in Abb. 8.23b beschrieben. Der Arbeitsbereich II besitzt bei Vollaussteuerung $\alpha = 0$ die größte Ausdehnung; er umfaßt dann den Ellipsenbogen R_1' und S in der Abb. 8.23a; mit wachsendem α wird der Arbeitsbereich II kleiner und schrumpft schließlich bei $\alpha = \pi/6$ auf den Wert Null zusammen.

Im Falle $\alpha > \pi/6$ erstreckt sich der Arbeitsbereich I zwischen den Punkten $P_4'R_4'$ der Abb. 8.23a und geht beim Überschreiten des Punktes R_4' bzw. des zugehörigen Gleichstromes I_{dI} direkt in den Arbeitsbereich III über, der sich von R_4' bis zum Kurzschlußpunkt K_4' ausdehnt. Die Belastungskennlinie wird durch die geknickte Gerade $P_4'R_4'K_4'$ in Abb. 8.23a beschrieben und der Überlappungswinkel u ist durch den Linienzug $OR_4'K_4'$ in Abb. 8.23b gegeben.

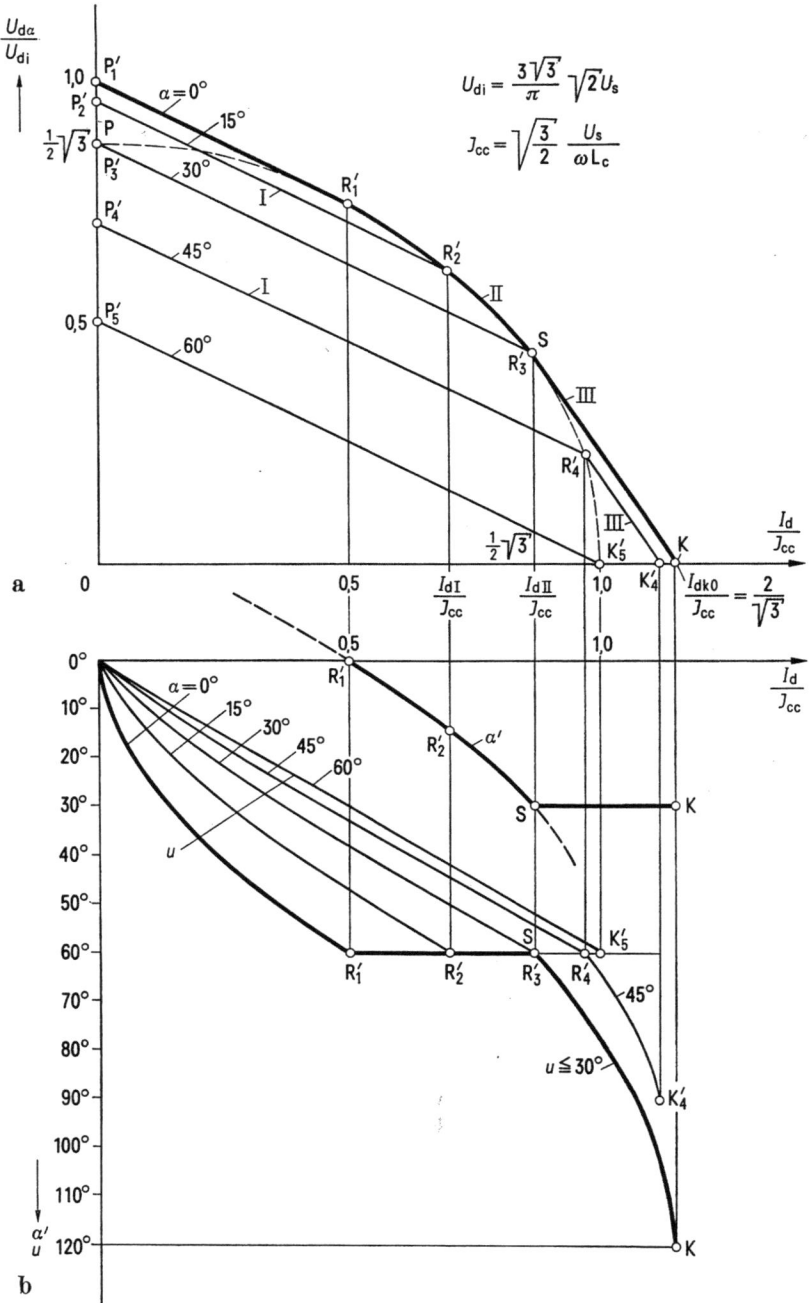

8.7 Halbgesteuerte Sechspulsbrücke mit einem ungesteuerten Ventilstern

In der Sechspulsbrücke Abb. 8.24a besteht der eine Ventilstern aus gesteuerten, der andere aus ungesteuerten Ventilen. Die natürlichen Zündzeitpunkte sind deshalb dieselben wie bei der voll gesteuerten Sechspulsbrücke (Abschn. 8.5). Für den Steuerwinkel α gilt daher (8.34). $x_{\alpha 1}$, $x_{\alpha 3}$, $x_{\alpha 5}$ sind die Zündzeitpunkte der gesteuerten Ventile; für die Zündzeitpunkte der ungesteuerten Ventile gilt $x_{02} = 0$, $x_{04} = 2\pi/3$, $x_{06} = 4\pi/3$ (Abb. 8.25a). Bei der Beschreibung der Schaltung Abb. 8.24a müssen — wie sich zeigen wird — zwei Steuerwinkelbereiche, nämlich $0 \leqq \alpha \leqq \pi/3$ und $\pi/3 \leqq \alpha \leqq \pi$ unterschieden werden.

8.71 Steuerbereich $0 \leqq \alpha \leqq \pi/3$

In Abb. 8.25 sind die Verhältnisse bei beliebiger ohmsch-induktiver Last für den Steuerwinkelbereich $0 \leqq \alpha \leqq \pi/3$ dargestellt. Im Zeitpunkt $x_{\alpha 1}$ kommutiert der Strom vom Ventil V_5 auf das Ventil V_1. Von da an führen die in Reihe liegenden Ventile V_1 und V_6 gemeinsam Strom, weil sie im Potential am weitesten auseinander liegen; es gilt daher der Ersatzschaltplan Abb. 8.24b.

Dieser Zustand erstreckt sich nur bis zum natürlichen Zündzeitpunkt x_{02} des ungesteuerten Ventiles V_2, also über das Intervall $x_{\alpha 1}$ bis x_{02} (Abb. 8.25). Im natürlichen Zündzeitpunkt x_{02} kommutiert das Ventil V_6 auf das Ventil V_2, weil von da an die Ventile V_1, V_2 im Potential am weitesten auseinander liegen. Daraus folgt der Ersatzschaltplan Abb. 8.24c. Das Ventil V_3 erlangt erst im Zeitpunkt $x_{\alpha 3}$ durch die Steuerung die Fähigkeit zur Stromführung, so daß der Zustand nach Abb. 8.24c zwischen x_{02} und $x_{\alpha 3}$ aufrecht erhalten bleibt. In den auf $x_{\alpha 3}$ folgenden Periodizitätsintervallen wiederholen sich die Vorgänge mit entsprechender Vertauschung der Ventilfunktionen.

Aus der Abb. 8.25 geht hervor, daß die Durchlaßzeit $\tau_F = 2\pi/3$ der Ventile aus zwei verschieden langen Teilintervallen besteht; beim Ventilstrom i_{s1} sind es nach Abb. 8.25c die Teilintervalle $x_{\alpha 1}$ bis x_{02} und x_{02}

Abb. 8.23. Betriebskennlinien der Sechspulsbrücke Abb. 8.16 bei vollkommener Glättung. a) Belastungskennlinien mit dem Steuerwinkel α als Parameter; b) Kommutierungswinkel u und spontane Zündverzögerung α' in Abhängigkeit vom relativen Gleichstrom I_d/J_{cc}.

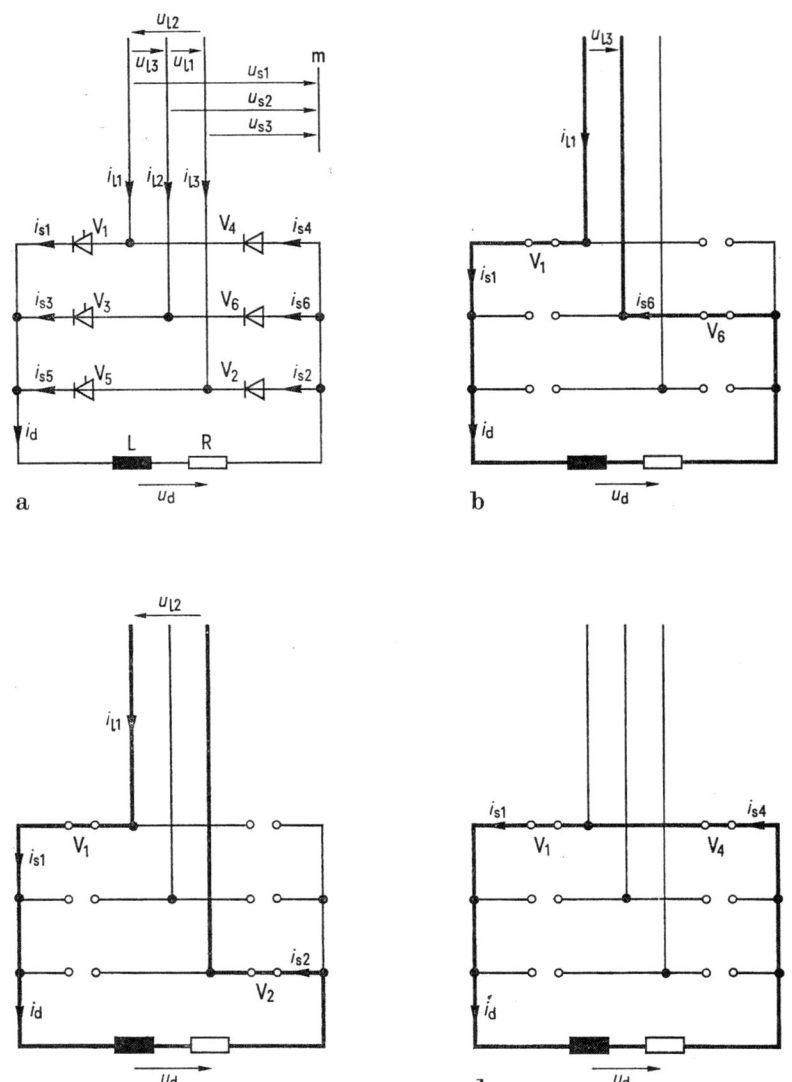

Abb. 8.24. Halbgesteuerte Sechspulsbrücke mit einem ungesteuerten Ventilstern.
a) Schaltung und Bezeichnungen; b) bis d) Ersatzschaltpläne.

bis $x_{\alpha 3} = x_{\alpha 1} + 2\pi/3$. Man erkennt diese Unsymmetrie besonders deutlich im zugehörigen Verlauf der Gleichspannung u_d (Abb. 8.25a). Bei der vollgesteuerten Brücke Abb. 8.11a sind die Teilintervalle dagegen sowohl der Länge als auch der Strom- und Spannungsform nach gleich (Abb. 8.12).

8.7 Halbgesteuerte Sechspulsbrücke mit einem ungesteuerten Ventilstern

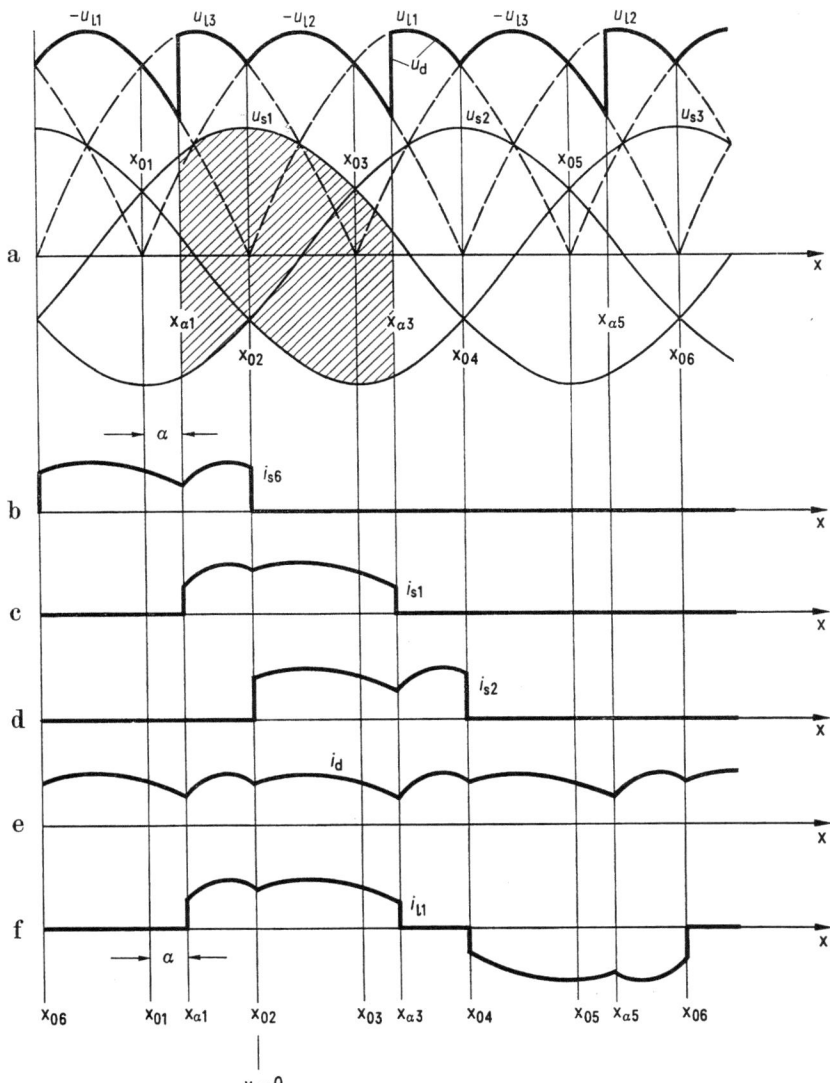

Abb. 8.25. Zeitverlauf der elektrischen Größen der Sechspulsbrücke Abb. 8.24 bei ohmsch-induktiver Last im Steuerbereich $0 \leqq \alpha \leqq \pi/3$.

Zur Berechnung des Zeitverlaufes der Ströme genügt die Betrachtung der Verhältnisse in den beiden Teilintervallen $x_{\alpha 1}$ bis x_{02} und x_{02} bis $x_{\alpha 3}$ der Abb. 8.25. Im Teilintervall $x_{\alpha 1}$ bis x_{02} gilt der Ersatzschaltplan

Abb. 8.24b und daher die Differentialgleichung

$$u_{13} = R i_{s6} + \omega L \frac{d i_{s6}}{dx}, \qquad i_{s6} = i_{s1} = i_d = i_{11}. \tag{8.84}$$

Für das anschließende Teilintervall x_{02} bis $x_{a3} = x_{a1} + 2\pi/3$ folgt aus Abb. 8.24c

$$-u_{12} = R i_{s2} + \omega L \frac{d i_{s2}}{dx}, \qquad i_{s2} = i_{s1} = i_d = i_{11}. \tag{8.85}$$

Die Lösungen lauten:

$$i_{s6} = \sqrt{6}\, I \cos\left(x + \frac{\pi}{6} - \varphi\right) + C_1 \exp(-\varrho x), \tag{8.86}$$

$$i_{s2} = \sqrt{6}\, I \cos\left(x - \frac{\pi}{6} - \varphi\right) + C_2 \exp(-\varrho x), \tag{8.87}$$

$$I = \frac{U_s}{\sqrt{R^2 + \omega^2 L^2}}, \qquad \varrho = \frac{R}{\omega L} = \cot\varphi. \tag{8.88}$$

Die Integrationskonstanten C_1, C_2 sind mit Hilfe der Grenzbedingungen

$$i_{s6}(x_{02}) = i_{s2}(x_{02}), \qquad i_{s6}(x_{a1}) = i_{s2}\left(x_{a1} + \frac{2\pi}{3}\right) \tag{8.89}$$

zu bestimmen. Die erste Grenzbedingung (8.89) erhält man aus der Forderung, daß der Gleichstrom i_d (wegen der Induktivität L im Lastkreis) bei der Kommutierung von V_6 auf V_2 im Zeitpunkt x_{02} stetig verlaufen muß. Die zweite Grenzbedingung (8.89) folgt aus dem periodischen Verlauf des Gleichstromes i_d, also aus der Gleichheit der Augenblickswerte in den Zeitpunkten x_{a1} und $x_{a1} + 2\pi/3$ (Abb. 8.25).

Aus den Gln. (8.86) bis (8.89) bestimmt man die Integrationskonstanten C_1 und C_2. Man erhält:

$$C_1 = \sqrt{6}\, I \frac{\sin\varphi - \exp\left(\varrho\left(\alpha + \frac{\pi}{3}\right)\right)\sin(\alpha - \varphi)}{1 - \exp\left(-\varrho\frac{2\pi}{3}\right)} \exp\left(-\varrho\frac{2\pi}{3}\right), \tag{8.90}$$

$$C_2 = \sqrt{6}\, I \frac{\sin\varphi - \exp\left(\varrho\left(\alpha - \frac{\pi}{3}\right)\right)\sin(\alpha - \varphi)}{1 - \exp\left(-\varrho\frac{2\pi}{3}\right)}. \tag{8.91}$$

Durch Einsetzen von (8.90), (8.91) in die Lösungen (8.86), (8.87) findet man den Zeitverlauf von i_{s6} und i_{s2}. Damit erhält man mit Hilfe der zweiten Gleichungen in (8.84), (8.85) den Zeitverlauf der übrigen Ströme im Periodizitätsintervall $x_{\alpha 1}$ bis $x_{\alpha 3} = x_{\alpha 1} + 2\pi/3$ (Abb. 8.25).

Im Grenzfall $\alpha = \pi/3$ fällt der Zündzeitpunkt $x_{\alpha 1}$ des Ventiles V_1 mit dem natürlichen Zündzeitpunkt x_{02} des Ventiles V_2 zusammen. Die Lastspannung u_d erreicht dann im Zündzeitpunkt des Folgeventiles jeweils den Augenblickswert Null. Damit ist die Grenze des Steuerwinkelbereiches $0 \leq \alpha \leq \pi/3$, in dem die Verhältnisse nach Abb. 8.25 gelten, erreicht.

8.72 Steuerbereich $\pi/3 \leq \alpha \leq \pi$ (Freilaufwirkung)

Die Verhältnisse im Steuerwinkelbereich $\pi/3 \leq \alpha \leq \pi$ sind in Abb. 8.26 dargestellt. Vom Zündzeitpunkt $x_{\alpha 1}$ bis x_{04} führen die beiden Ventile V_1 und V_2 gemeinsam Strom, denn sie sind in diesem Zeitintervall die im Potential am weitesten auseinanderliegenden nichtgesperrten Ventile. Deshalb gilt der Ersatzschaltplan Abb. 8.24c. Im Zeitpunkt x_{04} setzt — ähnlich wie bei der zweipulsigen Mittelpunktschaltung mit Freilaufventil (Abschn. 4.2) — ein anderer Betriebszustand ein. Der Strom kommutiert bei x_{04} vom Ventil V_2 auf das im Kathodenpotential am tiefsten liegende ungesteuerte Ventil V_4. Die beiden anderen ungesteuerten Ventile V_2 und V_6 des Anodensternes bleiben von da an, weil im Kathodenpotential höher liegend, gesperrt. Die beiden gesteuerten Ventile V_3, V_5 des Kathodensternes bleiben bis $x_{\alpha 3}$ bzw. $x_{\alpha 5}$ durch die Steuerung gesperrt, so daß V_1 die Stromführung nach dem Zeitpunkt x_{04} gemeinsam mit dem neu einsetzenden Ventil V_4 (Abb. 8.26c, d) fortsetzt. Im Intervall x_{04} bis zum Ende des Periodizitätsintervalles bei $x_{\alpha 3} = x_{\alpha 1} + 2\pi/3$ gilt daher der Ersatzschaltplan Abb. 8.24d. Die beiden in Reihe geschalteten Ventile V_1 und V_4 übernehmen dabei die Funktion eines Freilaufventiles.

Vom Zeitpunkt $x_{\alpha 3}$ an wiederholen sich die Vorgänge mit entsprechender Vertauschung der Ventilfunktionen. Die Freilaufwirkung wird dabei im nächsten Intervall von den Ventilen V_3, V_6 und im darauffolgenden Intervall von V_5, V_2 wahrgenommen.

Eine gedankliche Vergrößerung des Zündwinkels α in Abb. 8.26a zeigt, daß die Nullaussteuerung erreicht wird, wenn der Zündzeitpunkt $x_{\alpha 1}$ bis zum natürlichen Zündzeitpunkt $x_{04} = 2\pi/3$ des ungesteuerten Ventiles V_4 verschoben wird. Dieser Zustand wird nach Abb. 8.26a beim Steuerwinkel $\alpha = x_{04} - x_{01} = \pi$ erreicht.

Bei der Berechnung des Zeitverlaufes der Ströme betrachtet man die Zeitintervalle $x_{\alpha 1}$ bis x_{04} und x_{04} bis $x_{\alpha 3} = x_{\alpha 1} + 2\pi/3$ in Abb. 8.26. Im Intervall $x_{\alpha 1}$ bis x_{04} gilt — wie eben gezeigt wurde — der Ersatzschaltplan

Abb. 8.24c, und daher die Differentialgleichung

$$-u_{12} = R i_{s2} + \omega L \frac{\mathrm{d}i_{s2}}{\mathrm{d}x}, \qquad i_{s2} = i_{s1} = i_{d} = i_{11}. \tag{8.92}$$

Im anschließenden Intervall x_{04} bis $x_{\alpha 3} = x_{\alpha 1} + 2\pi/3$ gilt der Ersatzschaltplan Abb. 8.24d und daher die Differentialgleichung

$$0 = R i_{s4} + \omega L \frac{\mathrm{d}i_{s4}}{\mathrm{d}x}, \qquad i_{s4} = i_{s1} = i_{d}. \tag{8.93}$$

Die Lösungen der Differentialgleichungen (8.92), (8.93) lauten

$$i_{s2} = \sqrt{6}\, I \cos\left(x - \frac{\pi}{6} - \varphi\right) + C' \exp\left(-\varrho x\right), \tag{8.94}$$

$$i_{s4} = C'' \exp\left(-\varrho x\right). \tag{8.95}$$

Aus der Forderung nach stetigem Zeitverlauf des Gleichstromes i_d im Zeitpunkt x_{04} und aus der periodischen Wiederholung des Gleichstromverlaufes i_d nach Ablauf des Intervalles $2\pi/3$ folgen aus Abb. 8.26 die Grenzbedingungen

$$i_{s2}(x_{04}) = i_{s4}(x_{04}), \qquad i_{s2}(x_{\alpha 1}) = i_{s4}\left(x_{\alpha 1} + \frac{2\pi}{3}\right), \tag{8.96}$$

mit deren Hilfe man aus (8.94), (8.95) die Integrationskonstanten C' und C'' berechnet. Man erhält mit $x_{\alpha 1} = \alpha - \pi/3$ und $x_{04} = 2\pi/3$ aus (8.94) bis (8.96)

$$C' = \sqrt{6}\, I\, \frac{\sin\varphi - \exp\left(\varrho\left(\alpha - \frac{\pi}{3}\right)\right)\sin(\alpha - \varphi)}{1 - \exp\left(-\varrho\,\frac{2\pi}{3}\right)}, \tag{8.97}$$

$$C'' = \sqrt{6}\, I\, \frac{\sin\varphi - \exp\left(\varrho(\alpha - \pi)\right)\sin(\alpha - \varphi)}{1 - \exp\left(-\varrho\,\frac{2\pi}{3}\right)} \exp\left(\varrho\,\frac{2\pi}{3}\right). \tag{8.98}$$

Durch Einsetzen von (8.97), (8.98) in (8.94), (8.95) findet man den Zeitverlauf von i_{s2} und i_{s4}; damit folgt mit den zweiten Gln. (8.92), (8.93) der Zeitverlauf der übrigen Ströme im Zeitintervall $x_{\alpha 1}$ bis $x_{\alpha 3}$.

Nach diesen Überlegungen ergeben sich für den Steuerbereich $\pi/3 \leqq \alpha \leqq \pi$ der Sechspulsbrücke Abb. 8.24a die in Abb. 8.26 dargestellten Verhältnisse. Man erkennt daraus, daß die Lastspannung u_d im Steuerwinkelbereich $\pi/3 \leqq \alpha \leqq \pi$, wie bei der dreipulsigen Mittelpunktschaltung mit ohmscher Last verläuft.

8.7 Halbgesteuerte Sechspulsbrücke mit einem ungesteuerten Ventilstern

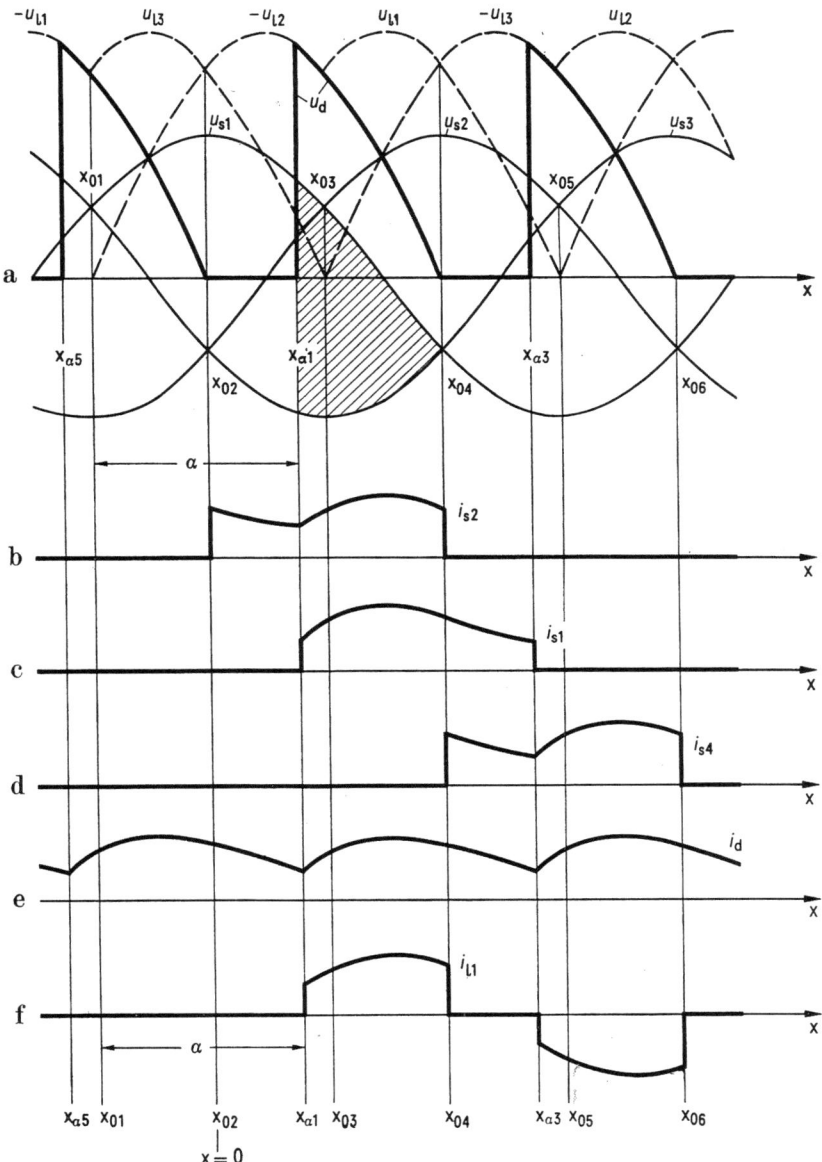

Abb. 8.26. Zeitverlauf der elektrischen Größen der Sechspulsbrücke Abb. 8.24 bei ohmsch-induktiver Last im Steuerbereich $\pi/3 \leqq \alpha \leqq \pi$.

8.73 Steuerkennlinien

Den Gleichspannungsmittelwert $U_{di\alpha}$ berechnet man für den Steuerbereich $0 \leq \alpha \leq \pi/3$ aus dem Zeitverlauf von u_d nach Abb. 8.25 und für den Steuerbereich $\pi/3 \leq \alpha \leq \pi$ aus dem Zeitverlauf von u_d nach Abb. 8.26. Nach Abb. 8.25 gilt im Steuerbereich $0 \leq \alpha \leq \pi/3$

$$U_{di\alpha} = \frac{3}{2\pi} \int_{x_{\alpha_1}}^{0} u_{13}\, dx + \frac{3}{2\pi} \int_{0}^{x_{\alpha_1}+\frac{2\pi}{3}} -u_{12}\, dx, \quad 0 \leq \alpha \leq \frac{\pi}{3}, \quad (8.99)$$

und aus Abb. 8.26 folgt für den Steuerbereich $\pi/3 \leq \alpha \leq \pi$

$$U_{di\alpha} = \frac{3}{2\pi} \int_{x_{\alpha_1}}^{\frac{2\pi}{3}} -u_{12}\, dx, \quad \frac{\pi}{3} \leq \alpha \leq \pi. \quad (8.100)$$

Die Auswertung der Integrale (8.99), (8.100) führt in beiden Fällen auf die gleiche Beziehung für die Steuerkennlinie

$$\frac{U_{di\alpha}}{U_{di}} = \frac{1}{2}(1 + \cos\alpha), \quad U_{di} = \frac{3\sqrt{3}}{\pi}\sqrt{2}\,U_s = \frac{3}{\pi}\sqrt{2}\,U_1. \quad (8.101)$$

(8.101) gilt im gesamten Steuerwinkelbereich $0 \leq \alpha \leq \pi$. Man erhält also bei der Sechspulsbrücke mit einem ungesteuerten Ventilstern dieselbe Steuerkennlinie wie bei der zweipulsigen Mittelpunktschaltung mit Freilaufventil (Abb. 4.5).

8.8 Erhöhung der Pulszahl durch Kombination mehrerer Brückenschaltungen

Die beiden Mittelpunktschaltungen, aus denen die Brückenschaltung nach Abb. 8.1 hervorgeht, bestimmen die Pulszahl der Brückengleichspannung. Bei gleichen Schaltungswinkeln der beiden in Reihe geschalteten Mittelpunktschaltungen — wie z. B. bei der Zweipulsbrücke (Abb. 8.2a) — ist die Pulszahl der Brückengleichspannung gleich der Pulszahl der Mittelpunktschaltungen. Wenn sich die Schaltwinkel der beiden Mittelpunktschaltungen jedoch um π/p unterscheiden — wie z. B. bei der Sechspulsbrücke (Abb. 8.11a) — dann wird die Pulszahl der Brückengleichspannung doppelt so groß wie die der Mittelpunktschaltungen, aus denen sie entsteht.

Die Erhöhung der Pulszahl der Brückengleichspannung über $p = 6$ hinaus kann zwar durch Vergrößerung der Pulszahl der in Reihe ge-

8.8 Erhöhung der Pulszahl durch Komb. mehrerer Brückenschaltungen 211

schalteten Mittelpunktschaltungen in Abb. 8.1c erreicht werden, in der Praxis greift man aber kaum auf diese Möglichkeit zurück, weil die Erhöhung der Pulszahl der Brückengleichspannung auf einfachere Weise durch die Reihenschaltung zweier oder mehrerer Brücken mit geeignetem Schaltungswinkel erreicht werden kann.

In Abb. 8.27 sind zwei Sechspulsbrücken mit den Gleichspannungen u_{dI} und u_{dII} in Reihe geschaltet. Die Schaltungswinkel der beiden Brücken

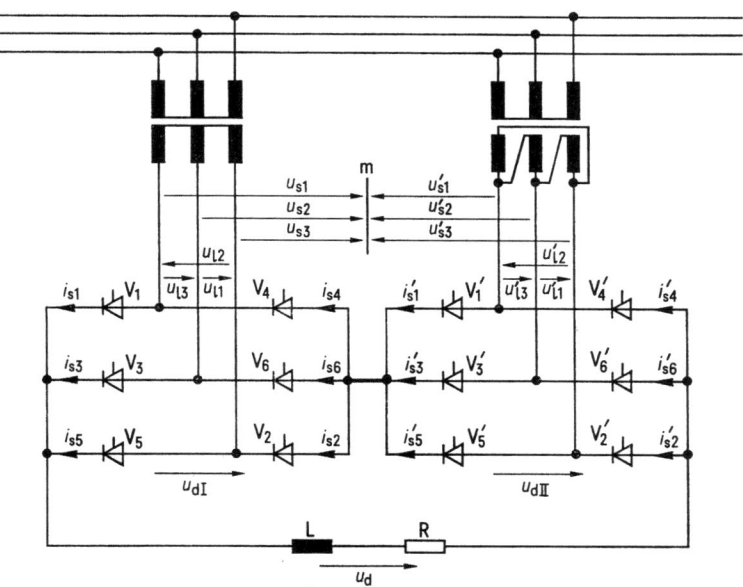

Abb. 8.27. Stromrichter mit der Pulszahl $p = 12$, dargestellt durch die Reihenschaltung zweier Sechspulsbrücken.

unterscheiden sich — bedingt durch die Schaltungsart der Transformatoren — um $\pi/6$. Bei der Beschreibung der Wirkungsweise dieser Reihenschaltung werden die einfachsten Verhältnisse vorausgesetzt, nämlich Vollaussteuerung ($\alpha = 0$) und ideale Glättung ($L = \infty$).

In Abb. 8.28a und b sind die Leiterspannungen u_{l1}, u_{l2}, u_{l3} bzw. u'_{l1}, u'_{l2}, u'_{l3} und die dazu gehörenden Sternspannungen u_{s1}, u_{s2}, u_{s3} bzw. u'_{s1}, u'_{s2}, u'_{s3} dargestellt; sie bestimmen den Potentialverlauf der Ventile gegenüber dem gemeinsamen Sternpunkt m in Abb. 8.27; außerdem bestimmen sie die Lage der natürlichen Zündzeitpunkte (vgl. Abschn. 8.5). In den Abb. 8.27 und 8.28 sind die Ventile, die Ventilströme und die natürlichen Zündzeitpunkte der Brücke I mit V bzw. i_s und x_0, bei der Brücke II entsprechend mit V' bzw. i_s', bzw. x_0' bezeichnet. Bei Vollaussteuerung sind die Lastspannungen u_{dI} und u_{dII} der einzelnen Brücken

212　　　　　　　　　　　　　　　　　　　　　8 Brückenschaltungen

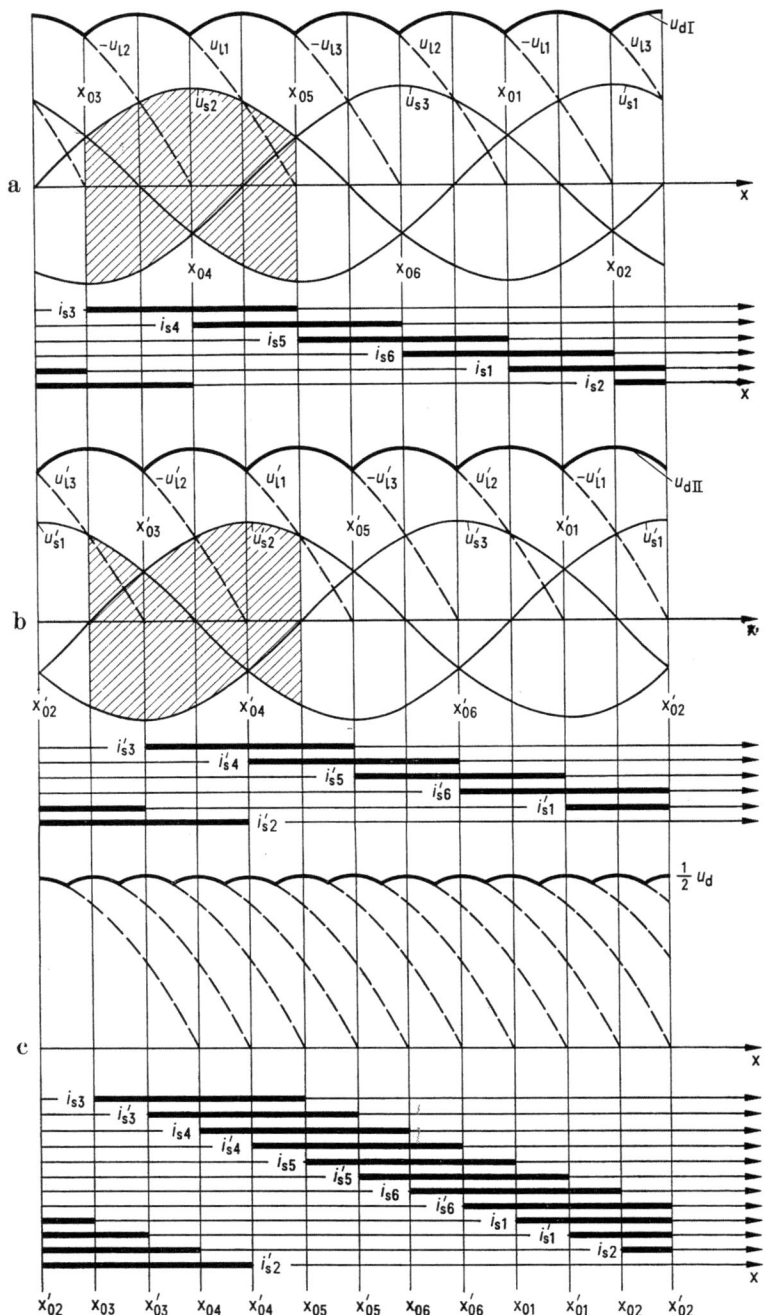

8.8 Erhöhung der Pulszahl durch Komb. mehrerer Brückenschaltungen

durch die schraffierte Fläche in Abb. 8.28a und b gegeben. Den zeitlichen Verlauf der Lastspannungen u_{dI} und u_{dII} mit der Zeitachse als Bezugslinie erhält man durch Aneinanderreihen der Kuppen der positiven und negativen Leiterspannungen (Abb. 8.28a und b). Der Verlauf der Sternspannungen in Abb. 8.28a zeigt, daß die Ventile V_3, V_2 der Brücke I im Zeitintervall x_{03} bis x_{04} im Potential am weitesten auseinanderliegen, also gemeinsam Strom führen; bei der Brücke II sind es nach Abb. 8.28b die Ventile V_3' und V_2' im Intervall x_{03}' bis x_{04}'. Die Beteiligung der Ventile an der Stromführung wiederholt sich in entsprechender Weise in den folgenden Intervallen.

Für die beiden in Reihe geschalteten Brücken Abb. 8.27 erhält man nach diesen Überlegungen die in Abschn. 8.28c dargestellten Verhältnisse. Die Addition der beiden um $\pi/6$ gegeneinander phasenverschobenen sechspulsigen Teilspannungen u_{dI} und u_{dII} liefert die zwölfpulsige Summenspannung $u_d = u_{dI} + u_{dII}$. Der Laststrom i_d kann in Abb. 8.27 nur fließen, wenn vier in Reihe angeordnete Ventile gleichzeitig Strom führen. Im Zeitabstand von $\pi/6$ kommutiert jeweils eines dieser vier Ventile auf ein bis dahin stromloses Ventil; die Durchlaßzeit des einzelnen Ventiles beträgt $2\pi/3$. Daraus entsteht die in Abb. 8.28 dargestellte Zeitfolge der Ventilströme der beiden in Reihe geschalteten Brücken.

Die Analogien zur zwölfpulsigen Saugdrosselschaltung (Abb. 7.9) und (7.10) sind unverkennbar; der Unterschied besteht darin, daß bei der Saugdrosselschaltung der Laststrom durch die Parallelschaltung zweier sechspulsiger Saugdrosselschaltungen, bei der Brückenschaltung dagegen die Lastspannung durch Reihenschaltung zweier sechspulsiger Brücken verdoppelt wird.

In der Praxis verwendet man die Reihenschaltung Abb. 8.27 insbesondere, wenn hohe Lastspannungsmittelwerte gefordert werden; ein wichtiges Beispiel ist die Hochspannungsgleichstromübertragung. Bei manchen Anwendungen genügt die Absenkung des Lastspannungsmittelwertes durch die Steuerung von 100% bei Vollaussteuerung auf 50% dieses Wertes; in diesen Fällen verwendet man vorteilhaft die Reihenschaltung einer gesteuerten und einer ungesteuerten Sechspulsbrücke. Auch andere Kombinationen von Sechspulsbrücken sind denkbar. Man kann z. B. zwei sechspulsige Brückenschaltungen, deren Speisespannungen um 30° gegeneinander phasenverschoben sind, über eine Saugdrossel parallel schalten; auch in diesem Falle erhält man eine zwölfpulsige Gleichspannung und eine zwölfpulsige Rückwirkung auf das Netz.

Abb. 8.28. Zeitverlauf der elektrischen Größen bei der Reihenschaltung zweier Sechspulsbrücken.

9 Wechselrichterbetrieb

Beim Gleichrichterbetrieb (Abschn. 3., 4 und 6 bis 8) wird dem Netz Wirkleistung entnommen und auf der Gleichstromseite als Gleichstromleistung

$$P_\mathrm{d} = U_{\mathrm{d}\alpha} I_\mathrm{d} \tag{9.1}$$

an die Last abgegeben. Entsprechend den Vereinbarungen in Abschn. 2 wird dem Gleichspannungsmittelwert $U_{\mathrm{d}\alpha}$ und dem Gleichstrommittelwert I_d beim Gleichrichterbetrieb die positive Zählrichtung zugeordnet, so daß die Gleichstromleistung im Gleichrichterbetrieb nach (9.1) positives Vorzeichen besitzt.

Bei der umgekehrten Energierichtung, nämlich beim Energietransport von der Gleichstromseite ins Drehstromnetz muß P_d das Vorzeichen umkehren. Wegen der Sperrwirkung der Ventile ist der Gleichstrom I_d eines Stromrichters stets positiv, so daß die Vorzeichenumkehr der Leistung P_d nach (9.1) nur durch die Umkehr des Vorzeichens der Gleichspannung $U_{\mathrm{d}\alpha}$ verwirklicht werden kann. Man bezeichnet den Betriebszustand des Stromrichters, bei dem der Energietransport in umgekehrter Richtung wie beim Gleichrichterbetrieb erfolgt, als Wechselrichterbetrieb, weil die Umkehr des Energieflusses nur durch den Wechsel des Vorzeichens der Gleichspannung realisiert werden kann.

9.1 Allgemeine Aussagen zum Wechselrichterbetrieb

Wechselrichterbetrieb ist nicht bei jeder Stromrichterschaltung und bei jeder Belastung möglich. Die Voraussetzungen dazu sollen zusammengestellt werden. Darüber hinaus werden einige Vereinfachungen diskutiert, mit deren Hilfe man den Wechselrichterbetrieb auch rechnerisch recht einfach beschreiben kann.

9.11 Voraussetzungen für den Wechselrichterbetrieb

Nicht jede Stromrichterschaltung erlaubt einen Wechselrichterbetrieb. Alle Schaltungen mit Freilaufventilen (z. B. Abb. 4.1) oder mit Freilaufwirkung (z. B. Abb. 8.7, 8.9. 8.24) sind dadurch gekennzeichnet, daß keine negativen Werte der Gleichspannung u_d auftreten können. Bei negativen Augenblickswerten von u_d tritt nämlich das Freilaufventil, bzw. der entsprechende Brückenzweig in Funktion und schließt die Last kurz. Bei diesen Schaltungen kann daher kein negativer Lastspannungsmittelwert, also kein Wechselrichterbetrieb auftreten. Solche Schaltungen werden daher von den weiteren Überlegungen über den Wechselrichterbetrieb ausgeschlossen.

Wechselrichterbetrieb bedeutet einen Energietransport von der Gleichstromseite ins Wechselstromnetz und erfordert daher in jedem Falle eine Energiequelle auf der Gleichstromseite.

Diese Energiequelle kann unendlich ergiebig sein — z. B. eine eingeprägte Spannungsquelle oder Stromquelle — sie kann aber auch einen endlichen Energieinhalt aufweisen, wie z. B. eine stromführende Induktivität (magnetische Energie) oder eine spannungsführende Kapazität (elektrische Energie). Eine unendlich große stromführende Induktivität wirkt dabei wie eine beliebig ergiebige eingeprägte Stromquelle, eine unendlich große spannungsführende Kapazität wie eine eingeprägte Spannungsquelle beliebiger Ergiebigkeit. Aus diesen Feststellungen geht hervor, daß bei einem Stromrichter mit rein ohmscher Last kein Wechselrichterbetrieb möglich ist.

Bei der Beschreibung des Gleichrichterbetriebs in den Abschn. 3 und 6 bis 8 wurde angenommen, daß die Last aus der Reihenschaltung eines ohmschen Widerstandes R und einer Induktivität L, also einer Energiequelle besteht. Damit ist in diesen Schaltungen — sofern solche mit Freilaufwirkung ausgeschlossen werden — grundsätzlich auch Wechselrichterbetrieb möglich.

Zunächst wird vorausgesetzt, daß die Induktivität L endlich ist und daher nur eine begrenzte Energiemenge enthält, die durch den Wechselrichterbetrieb ins Wechselstromnetz zurückgeliefert wird. In der Praxis tritt dieser Vorgang beim Entregen großer Magnetwicklungen, z. B. der Erregerwicklungen elektrischer Maschinen oder der Magnete von Teilchenbeschleunigern, usw., auf. Beim Wechselrichterbetrieb wird dann in jedem Periodizitätsintervall ein Teil des Energieinhaltes der Induktivität im ohmschen Widerstand der Last verbraucht, ein Teil wird ins Wechselstromnetz zurückgeliefert, so daß am Ende jedes Intervalles andere Verhältnisse als zu Beginn vorliegen. Es handelt sich daher um keinen stationären Prozeß, sondern um einen Abklingvorgang, dessen Verlauf von Intervall zu Intervall berechnet werden muß. Ein entsprechender Anklingvorgang läuft beim Gleichrichterbetrieb ab, wenn der Stromrichter auf die stromlose endliche Induktivität L geschaltet wird.

Obwohl der eben beschriebene, nichtstationäre Wechselrichterbetrieb für manche Anwendungen der Praxis wichtig ist, wird auf die nichtstationären Vorgänge im einzelnen nicht eingegangen. Die weitere Beschreibung des Wechselbetriebes wird sich vielmehr — ebenso wie bei der Beschreibung des Gleichrichterbetriebes in den vorangehenden Abschnitten — auf die stationären Vorgänge beschränken.

Ein stationärer Wechselrichterbetrieb setzt voraus, daß auf der Lastseite eine unendlich ergiebige Energiequelle vorhanden ist, die den Leistungsfluß von der Gleichstromseite ins Wechselstromnetz beliebig lange aufrechterhalten kann. Eine Schaltung, die diese Bedingung erfüllt, ist in Abb. 9.1 dargestellt; sie kann, wie die folgenden Beispiele zeigen, auf verschiedene Anwendungen zurückgeführt werden.

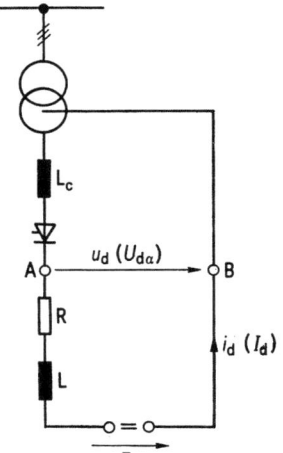

Abb. 9.1. Stromrichter mit einer Gleichspannungsquelle E auf der Gleichstromseite.

Die Gleichspannungsquelle E kann in Abb. 9.1 als die Spannung einer Gleichstromnebenschlußmaschine aufgefaßt werden; der ohmsche Widerstand R stellt dann den relativ kleinen Ankerwiderstand der Maschine dar und die Induktivität L setzt sich aus der Ankerinduktivität und der Glättungsinduktivität zusammen.

Die Gleichspannung E kann aber auch als die Spannung einer Batterie gedeutet werden; der ohmsche Widerstand R stellt dann den Ladewiderstand und die Induktivität L die Glättungsdrossel dar.

Wenn der Gleichspannung der Wert $E = 0$ erteilt wird, liegt der Betriebsfall vor, der bereits in den Abschn. 3 und 6 bis 8 für den Gleichrichterbetrieb beschrieben wurde. Der Energievorrat auf der Gleichstrom-

9.1 Allgemeine Aussagen 217

seite ist in diesem Falle endlich, so daß im Wechselrichterbetrieb der vordem bereits beschriebene, nichtstationäre Energierücktransport ins Wechselstromnetz stattfindet.

9.12 Vereinfachungen

Bei der Beschreibung des Gleichrichterbetriebes in den Abschn. 3 und 6 bis 8 wurde angenommen, daß die Last aus der Reihenschaltung eines ohmschen Widerstandes R und einer Induktivität L besteht. Bei der Berechnung der elektrischen Größen dieser Schaltungen hat sich gezeigt, daß die Gleichungen für den zeitlichen Verlauf der Ströme und Spannungen aus Kreisfunktionen und Exponentialfunktionen aufgebaut sind; diese Gleichungen bilden den Ausgangspunkt für die Bestimmung der Betriebskennlinien, wie z. B. Belastungskennlinien, Steuerkennlinien, usw. An dieser Aussage ändert sich nichts, wenn der Reihenschaltung eines ohmschen Widerstandes R und einer Induktivität L nach Abb. 9.1 noch eine Gleichspannungsquelle E hinzugefügt wird.

Bei der Berechnung der Betriebskennlinien verursachen die Exponentialfunktionen — wie die Ausführungen der Abschn. 3 und 6 bis 8 zeigen — beträchtliche Schwierigkeiten. Diese Schwierigkeiten wurden im Falle der Abb. 9.1 noch vergrößert, weil zu den Größen R und L die Gleichspannung E als weiterer Parameter hinzutritt. Es ist daher notwendig, nach praktisch vertretbaren Näherungen Ausschau zu halten, die zu einer Vereinfachung bei der analytischen Behandlung der Schaltungen führen.

Die rechnerischen Schwierigkeiten verschwinden weitgehend im Sonderfall $R/\omega L = 0$. Die Exponentialfunktionen gehen nämlich mit $R/\omega L = 0$ in zeitlich unabhängige Konstante über und erlauben dann eine einfache Berechnung des Zeitverlaufes der Ströme und Spannungen und der Betriebskennlinien.

Für die Verwirklichung des Sonderfalles $R/\omega L = 0$ bieten sich zwei Möglichkeiten an:

Man vernachlässigt alle ohmschen Widerstände: $R = 0$,

oder

man wählt eine unendlich große Glättungsdrossel (ideale Glättung): $L = \infty$.

Im Falle $R = 0$ entsteht aus Abb. 9.1 die einfachere Schaltung 9.2a; sie wird im Abschn. 10 ausführlich beschrieben. Der Fall $L = \infty$ führt auf die Schaltung Abb. 9.2b, deren Eigenschaften in den folgenden Abschn. 9.2 bis 9.4 erläutert werden.

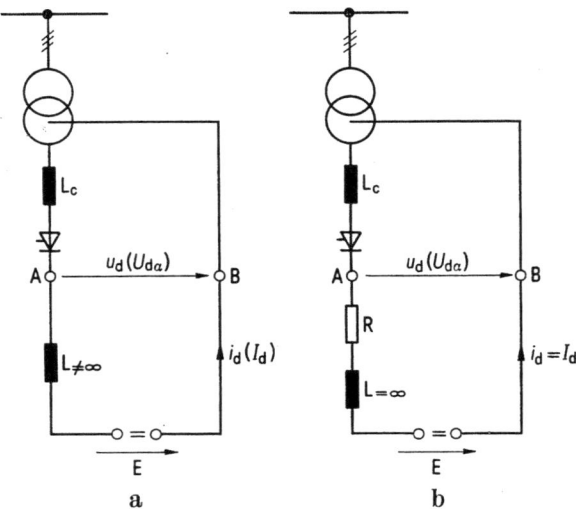

Abb. 9.2. Vereinfachte Stromrichterschaltung.
a) widerstandsloser Lastkreis ($R = 0$) und unvollkommene Glättung ($L \neq \infty$);
b) Widerstand im Lastkreis ($R \neq 0$) und vollkommene Glättung ($L = \infty$).

9.2 Schaltungsreduktion bei idealer Glättung

Ausgangspunkt der folgenden Betrachtung ist der Sonderfall $L = \infty$, also die Schaltung Abb. 9.2b. Diese Schaltung — sie ist in Abb. 9.3a noch einmal dargestellt — kann mit Hilfe einfacher Schaltungsreduktionen in die elektrisch gleichwertigen, aber einfacheren Schaltungen Abb. 9.3b oder c übergeführt werden.

In der Schaltung Abb. 9.3a kann der Spannungsverlust des zeitlich konstanten Gleichstromes I_d am Widerstand R durch eine fiktive Gleichspannungsquelle $E^* = RI_d$ ersetzt werden. Dann wirkt auf der Gleichspannungsseite die fiktive Gleichspannung

$$E' = E + E^* = E + RI_d. \qquad (9.2)$$

Man kann daher die Schaltung Abb. 9.3a elektrisch gleichwertig durch die Schaltung Abb. 9.3c ersetzen.

In entsprechender Weise kann die Spannungsquelle E in Abb. 9.3a durch einen Widerstand $R^* = E/I_d$ ersetzt werden, so daß in der Schaltung Abb. 9.3b der fiktive Lastwiderstand

$$R' = R + R^* = R + \frac{E}{I_d} \qquad (9.3)$$

9.2 Schaltungsreduktion bei idealer Glättung

wirkt. Aus der Abb. 9.3a entsteht dann die elektrisch gleichwertige Schaltung Abb. 9.3b.

Die drei Schaltungen in Abb. 9.3 sind — sofern die Reduktionsgleichungen (9.2), (9.3) erfüllt sind — elektrisch gleichwertig. Der Vorteil der reduzierten Schaltungen Abb. 9.3b und c besteht darin, daß sie bei gleichen elektrischen Eigenschaften nur zwei Parameter, nämlich R', L bzw. E', L auf der Lastseite enthalten, im Gegensatz zur Original-

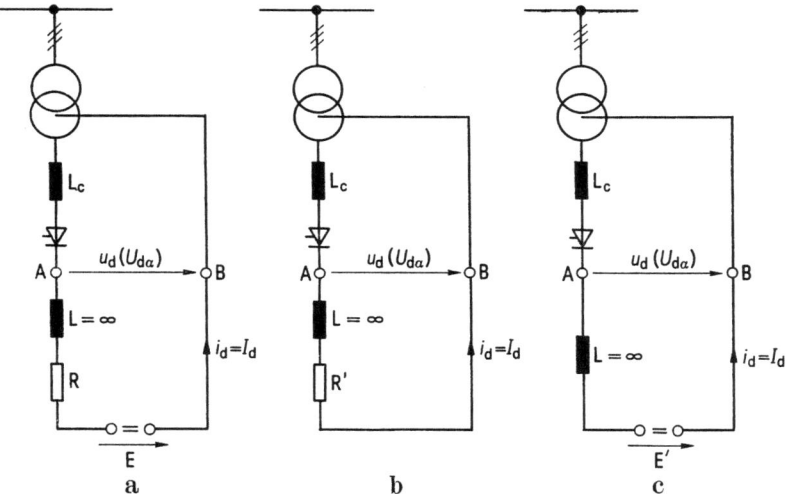

Abb. 9.3. Schaltungsreduktion bei idealer Glättung ($L = \infty$). a) Grundschaltung; b) Ersatzschaltplan mit R' als fiktivem Lastwiderstand; c) Ersatzschaltplan mit E' als fiktiver Gleichspannungsquelle.

schaltung Abb. 9.3a, in der drei Parameter R, L und E auf der Lastseite auftreten.

Die Vorgänge in der Schaltung Abb. 9.3b wurden bereits bei der Behandlung des Gleichrichterbetriebes in den Abschn. 3 und 6 bis 8 ausführlich beschrieben. Diese Ergebnisse gelten daher auch für die elektrisch gleichwertigen Schaltungen Abb. 9.3a und c und beschreiben somit auch den Einfluß einer Gleichspannung E auf den Gleichrichterbetrieb mit idealer Glättung.

Die für den Gleichrichterbetrieb mit idealer Glättung in den Abschn. 3 und 6 bis 8 gewonnenen Ergebnisse werden im vorliegenden Abschn. 9 an Hand der Schaltung Abb. 9.3b auf den Wechselrichterbetrieb ausgeweitet.

9.3 Wechselrichterbetrieb bei idealer Glättung und ohne Kommutierungsinduktivitäten

Die prinzipiellen Eigenschaften des Wechselrichterbetriebes werden am Beispiel des Betriebes mit idealer Glättung und ohne Kommutierungsinduktivitäten erläutert, Ausgangspunkt der Überlegungen ist daher die Schaltung Abb. 9.3 mit $L_c = 0$.

9.31 Steuerkennlinien und Symmetrie-Eigenschaften des Wechselrichterbetriebes

Bei fehlenden Kommutierungsinduktivitäten ($L_c = 0$) ist der zwischen den Klemmen AB der Schaltung Abb. 9.3 wirkende Gleichspannungsmittelwert $U_{d\alpha}$ mit der ideellen Gleichspannung $U_{di\alpha}$ identisch. Da außerdem ideale Glättung ($L = \infty$), also nichtlückender Betrieb vorausgesetzt wird, besteht die Gleichspannung u_d nach Abb. 9.4 aus aneinandergereihten, angeschnittenen Sinuskuppen. Die beiden Größen $U_{d\alpha}$, $U_{di\alpha}$ sind daher beim Betrieb mit idealer Glättung und ohne Kommutierungsinduktivitäten nach (6.20) durch das cos-Gesetz

$$U_{d\alpha} = U_{di\alpha} = U_{di} \cos \alpha, \qquad L_c = 0, \qquad L = \infty \qquad (9.4)$$

mit dem Steuerwinkel α verknüpft. Bei einer p-pulsigen Mittelpunktschaltung ist U_{di} durch die Beziehung (6.18) gegeben.

Im Steuerbereich $0 \leq \alpha \leq \pi/2$ besitzt der Gleichspannungsmittelwert $U_{d\alpha} = U_{di\alpha}$ nach (9.4) und Abb. 9.4 positive Werte, die zwischen $U_{di\alpha} = U_{di}$ und $U_{di\alpha} = 0$ liegen; man bezeichnet diesen Betriebszustand als Gleichrichterbetrieb.

Bei einer Vergrößerung des Steuerwinkels α über $\alpha = \pi/2$ hinaus in den Bereich $\alpha = \pi/2$ bis $\alpha = \pi$ gelten dieselben Gesetzmäßigkeiten des

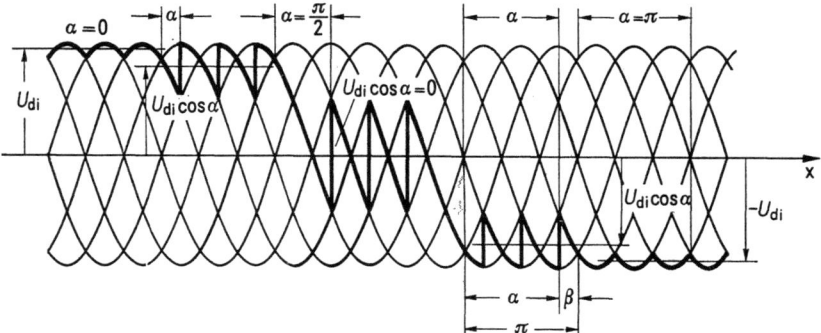

Abb. 9.4. Gleichspannungsverlauf beim Gleichrichterbetrieb und beim Wechselrichterbetrieb.

9.3 Betrieb bei idealer Glättung und ohne Kommutierungsinduktivitäten 221

Stromüberganges zwischen den Ventilen wie im Gleichrichterbetrieb. Das jeweils von der Steuerung freigegebene Ventil mit dem höchsten Potential übernimmt die Stromführung (vgl. Abschn. 2). Nach Abb. 9.4 erhält man im Steuerwinkelbereich $\alpha = \pi/2$ bis $\alpha = \pi$ negative Lastspannungsmittelwerte zwischen $U_{di\alpha} = 0$ und $U_{di\alpha} = -U_{di}$. Dieser Betriebszustand wird Wechselrichterbetrieb genannt, weil der Leistungsfluß im Stromrichter mit dem Vorzeichen des Gleichspannungsmittelwertes die Richtung wechselt.

Aus den vorangehenden Überlegungen folgt, daß die Beziehung (9.4) für den Gleichrichterbetrieb und für den Wechselrichterbetrieb, also im Steuerintervall $0 \leq \alpha \leq \pi$ gilt. Die Gleichung (9.4) liefert somit die

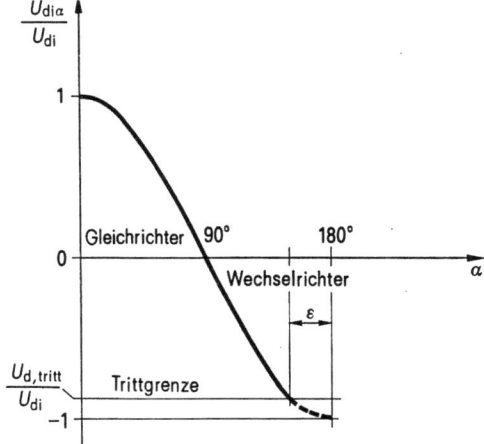

Abb. 9.5. Steuerkennlinie im Gleichrichterbetrieb und im Wechselrichterbetrieb.

Steuerkennlinie Abb. 9.5 des Stromrichters Abb. 9.3 für den Gleichrichterbetrieb und den Wechselrichterbetrieb.

Manchmal verwendet man zur Beschreibung der Wechselrichteraussteuerung anstelle des Steuerwinkels α nach Abb. 9.4 den Steuerwinkel β. Zwischen α und β besteht nach Abb. 9.4 die Beziehung

$$\beta = \pi - \alpha. \qquad (9.5)$$

In dieser Bezeichnungsweise bedeutet $\beta = 0$ Vollaussteuerung des Wechselrichterbetriebes.

Zwischen dem Gleichrichterbetrieb und dem Wechselrichterbetrieb besteht eine Symmetriebeziehung, die an Hand der Abb. 9.6 erläutert werden soll. Dazu werden zwei Stromrichter angenommen, von denen der eine mit dem Steuerwinkel $\alpha_1 < \pi/2$ im Gleichrichterbetrieb, und der andere mit dem Steuerwinkel $\alpha_2 > \pi/2$ im Wechselrichterbetrieb arbeitet; die zugehörigen Gleichspannungsmittelwerte werden mit $U_{di\alpha1}$ bzw. mit $U_{di\alpha2}$ bezeichnet. Aus Abb. 9.6 liest man eine einfache, bei den Umkehrstromrichtern (Abschn. 11) häufig verwendete Symmetrieeigenschaft zwischen den Gleichspannungen im Gleichrichterbetrieb und im Wechselrichterbetrieb ab. Sie lautet: Wenn zwischen dem Steuerwinkel α_1, eines als Gleichrichter betriebenen Stromrichters, und dem Steuerwinkel α_2, eines als Wechselrichter arbeitenden Stromrichters, die Beziehung

$$\alpha_1 + \alpha_2 = \pi \tag{9.6}$$

besteht, dann sind die Lastspannungsmittelwerte $U_{di\alpha1}$ und $U_{di\alpha2}$ der beiden Stromrichter dem Betrag nach gleich, besitzen aber verschiedene Vorzeichen. Dann gilt also:

$$U_{di\alpha1} = -U_{di\alpha2}. \tag{9.7}$$

Diese Aussage wird unmittelbar aus der Gleichheit der schraffierten Flächen in Abb. 9.6 erschlossen.

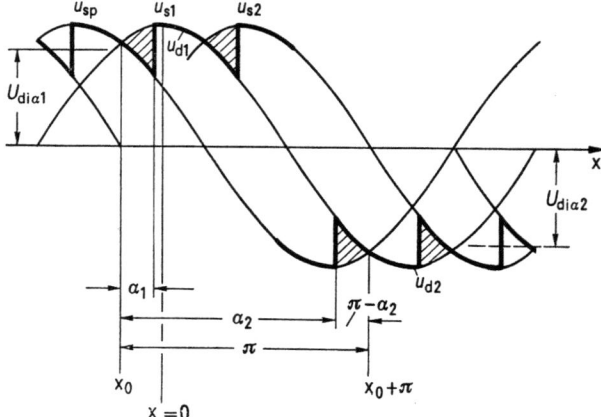

Abb. 9.6. Symmetrieeigenschaften zwischen Gleichrichterbetrieb und Wechselrichterbetrieb.

Wenn nach (9.5) anstelle des Steuerwinkels α_2 des Wechselrichters der Steuerwinkel $\beta = \pi - \alpha_2$ verwendet wird, dann geht die Symmetriebedingung (9.6) in die Form

$$\alpha_1 = \pi - \alpha_2 = \beta \tag{9.8}$$

über.

9.3 Betrieb bei idealer Glättung und ohne Kommutierungsinduktivitäten 223

9.32 Wechselrichtertrittgrenze ohne Kommutierungsinduktivitäten

Die Wechselrichtertrittgrenze beschreibt einen Grenzfall, bei dessen Überschreitung der normale Wechselrichterbetrieb in einen anderen Betriebszustand übergeht. Dieser neue Betriebszustand — er wird als Wechselrichterkippen bezeichnet — verursacht einen kurzschlußartigen Anstieg des Gleichstromes, also eine schwere Betriebsstörung, die zu einer Abschaltung des Stromrichters durch den Überstromschutz führt.

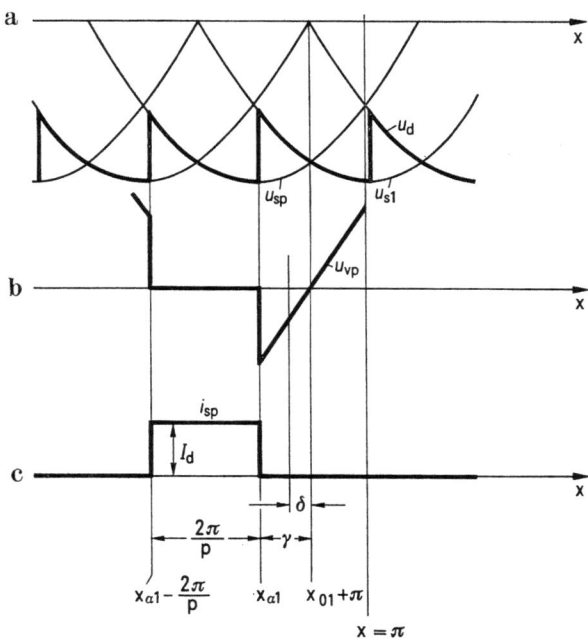

Abb. 9.7. Zeitverlauf der elektrischen Größen in der Nähe der Wechselrichtervollaussteuerung $\alpha = \pi$ unter der Voraussetzung $L_c^v = 0$ und $L = \infty$.

In der Abb. 9.7a ist der Zeitverlauf der Gleichspannung u_d in der Nähe der Vollaussteuerung des Wechselrichterbetriebes dargestellt. Die Abb. 9.7b zeigt den Zeitverlauf der Spannung $u_{vp} = u_{sp} - u_d$ am Ventil V_p (vgl. Abschn. 6.13) und Abb. 9.7c stellt den Zeitverlauf des Ventilstromes i_{sp} dar. Das Zeitintervall γ, in dem das Ventil V_p durch die negativen Momentanwerte von u_{vp} gesperrt wird (Abb. 9.7b) nimmt mit wachsendem Steuerwinkel α, also mit zunehmender Rechtsverschiebung des Zündzeitpunktes $x_{\alpha 1}$ ab und erreicht schließlich bei der Vollaussteuerung $\alpha = \pi$ bzw. $x_{\alpha 1} = x_{01} + \pi = \pi - \pi/p$ des Wechselrichters den Wert Null. An Hand der Abb. 9.8 soll gezeigt werden, daß die Wechselrichtertrittgrenze im Sonderfall $L = \infty$, $L_c = 0$ beim Steuerwinkel $\alpha = \pi$ erreicht wird.

In der Abb. 9.8 läuft bis zum Zündzeitpunkt $x_{\alpha 1}$ des Ventiles V_1 normaler Wechselrichterbetrieb ab. Dabei werden die Ventile — wie am Beispiel des Ventiles V_p und der Ventilspannung u_{vp} (Abb. 9.8b) gezeigt wird — nach jeder Zündung während des anschließenden Intervalles γ durch die negative Ventilspannung wieder gesperrt.

Es sei nun angenommen, daß nach dem Zündzeitpunkt $x_{\alpha 1}$ des Ventiles V_1 eine Einwirkung auf die Steuerung in der Weise erfolgt, daß der Zündzeitpunkt $x_{\alpha 2}$ des folgenden Ventiles V_2 von $x_{\alpha 2} = x_{\alpha 1} + 2\pi/p$ auf den Zeitpunkt $x'_{\alpha 2} = x_{01} + \pi + 2\pi/p = \pi + \pi/p$ der Vollaussteuerung des Wechselrichterbetriebes verlegt wird. Dadurch schrumpft das zur Sperrung des Ventiles V_1 erforderliche Intervall der Ventilspannung u_{v1} auf $\gamma = 0$ zusammen. Das Ventil V_1 wird demnach bei $x'_{\alpha 2}$ nicht mehr gesperrt und übernimmt anstelle des in der natürlichen Zündzeitfolge vorgesehenen Ventiles V_2 über den Zeitpunkt $x'_{\alpha 2}$ hinaus die Stromführung; deshalb gilt nach Abb. 9.8c $u_{v1} = 0$ auch nach dem Zeitpunkt $x'_{\alpha 2}$. Durch den eben beschriebenen Eingriff in die Steuerung wird die natürliche Zündzeitfolge der Ventile gestört und damit das Wechselrichterkippen eingeleitet. Die Trittgrenze des Wechselrichters wird somit bei der Vollaussteuerung $\alpha = \pi$ des Wechselrichterbetriebes erreicht.

9.33 Gleichstromverlauf beim Wechselrichterkippen ohne Berücksichtigung der Kommutierungsinduktivitäten

Bei der Berechnung des Gleichstromverlaufes beim Wechselrichterkippen muß man von der bisherigen Annahme idealer Glättung abgehen und eine endliche Glättungsinduktivität $L \neq \infty$ annehmen. Eine unendlich große Induktivität im Lastkreis verbietet nämlich jede zeitliche Änderung des Gleichstromes, so daß der ideal geglättete Gleichstrom I_d auch beim Kippen weiterfließen würde. Die rechnerische Beschreibung des Zeitverlaufes von i_d beim Kippen vereinfacht sich noch weiter, wenn man den Widerstand R im Lastkreis vernachlässigt. Aus diesem Grunde wird der Berechnung des Gleichstromes i_d beim Kippen die Schaltung nach Abb. 9.8e zugrunde gelegt.

Links vom Anfangszeitpunkt $x'_{\alpha 2}$ des Wechselrichterkippens, also während des normalen Wechselrichterbetriebes, besteht die Gleichspannung u_d im nichtlückenden Betrieb nach Abb. 9.8a aus aneinandergereihten, angeschnittenen Sinuskuppen. Rechts vom Einsatzzeitpunkt $x'_{\alpha 2} = \pi + \pi/p$ des Kippens gilt dagegen $u_{v1} = 0$, also nach Abb. 9.8e bzw. nach Abb. 6.1

$$u_d = u_{s1} = \sqrt{2}\, U_s \cos x. \tag{9.9}$$

9.3 Betrieb bei idealer Glättung und ohne Kommutierungsinduktivitäten

Beim Einsatz des Kippens im Zeitpunkt $x'_{\alpha 2}$, ist deshalb der Zeitverlauf der Gleichspannung u_d durch die starkausgezogene Kurve in Abb. 9.8a gegeben.

Während des normalen Wechselrichterbetriebes, der nach Abb. 9.8d bis zum Zeitpunkt $x'_{\alpha 2} = \pi + \pi/p$ gilt, besitzt der Gleichstrom i_d wegen der unvollkommenen Glättung in Abb. 9.8e eine gewisse Welligkeit, also einen periodischen Verlauf mit dem Wiederholungsintervall $2\pi/p$[1]. Der Momentanwert, der sich beim Beginn des Kippens bei $x'_{\alpha 2} = \pi + \pi/p$ einstellt, wird mit $i_\mathrm{d}(x'_{\alpha 2})$ bezeichnet.

Vom Zeitpunkt $x'_{\alpha 2}$ an gilt $u_\mathrm{v1} = 0$, so daß der Zeitverlauf des Gleichstromes i_d während des Kippens nach Abb. 9.8e bzw. nach Abb. 6.1 durch die Differentialgleichung

$$u_\mathrm{d} = \sqrt{2}\,U_\mathrm{s} \cos x = E + \omega L \frac{\mathrm{d}i_\mathrm{d}}{\mathrm{d}x} \tag{9.10}$$

und die zugehörige allgemeine Lösung durch

$$i_\mathrm{d} = -\frac{E}{\omega L} x + \frac{\sqrt{2}\,U_\mathrm{s}}{\omega L} \sin x + C \tag{9.11}$$

gegeben ist. Man berechnet aus (9.11) die Integrationskonstante c mit Hilfe der Feststellung, daß der Gleichstrom im Zeitpunkt $x'_{\alpha 2}$ des Beginnes des Kippens den Momentanwert $i_\mathrm{d} = i_\mathrm{d}(x'_{\alpha 2}) = i_\mathrm{d}(\pi + \pi/p)$ besitzt. Damit erhält man aus (9.11) für den Zeitverlauf des Gleichstromes i_d beim Kippen die Beziehung

$$i_\mathrm{d} = i_\mathrm{d}(x'_{\alpha 2}) + \frac{E}{\omega L}(x'_{\alpha 2} - x) + \frac{\sqrt{2}\,U_\mathrm{s}}{\omega L}\left(\sin x + \sin \frac{\pi}{p}\right). \tag{9.12}$$

Aus der Abb. 9.8e entnimmt man mit Hilfe von (9.4), (9.5), daß zwischen den Gleichspannungsmittelwerten E und $U_{\mathrm{d}\alpha}$ die Beziehung

$$E = U_{\mathrm{d}\alpha} = U_{\mathrm{d}i} \cos \alpha = -U_{\mathrm{d}i} \cos \beta \tag{9.13}$$

gilt. Damit erhält man aus (9.12)

$$i_\mathrm{d} = i_\mathrm{d}(x'_{\alpha 2}) - \frac{U_{\mathrm{d}i} \cos \beta}{\omega L}(x'_{\alpha 2} - x) + \frac{\sqrt{2}\,U_\mathrm{s}}{\omega L}\left(\sin x + \sin \frac{\pi}{p}\right). \tag{9.14}$$

Die ersten beiden Summanden in (9.14) liefern in Abb. 9.8d die Gerade a, b. Dieser Geraden ist der Klammerausdruck in (9.14) überlagert, so daß

---
[1] Lediglich das letzte Intervall $x_{\alpha 1}$ bis $x'_{\alpha 2}$ des Normalbetriebes in Abb. 9.8 ist — wegen der Verschiebung des Zündzeitpunktes des Ventiles V_2 — etwas länger als $2\pi/p$.

9 Wechselrichterbetrieb

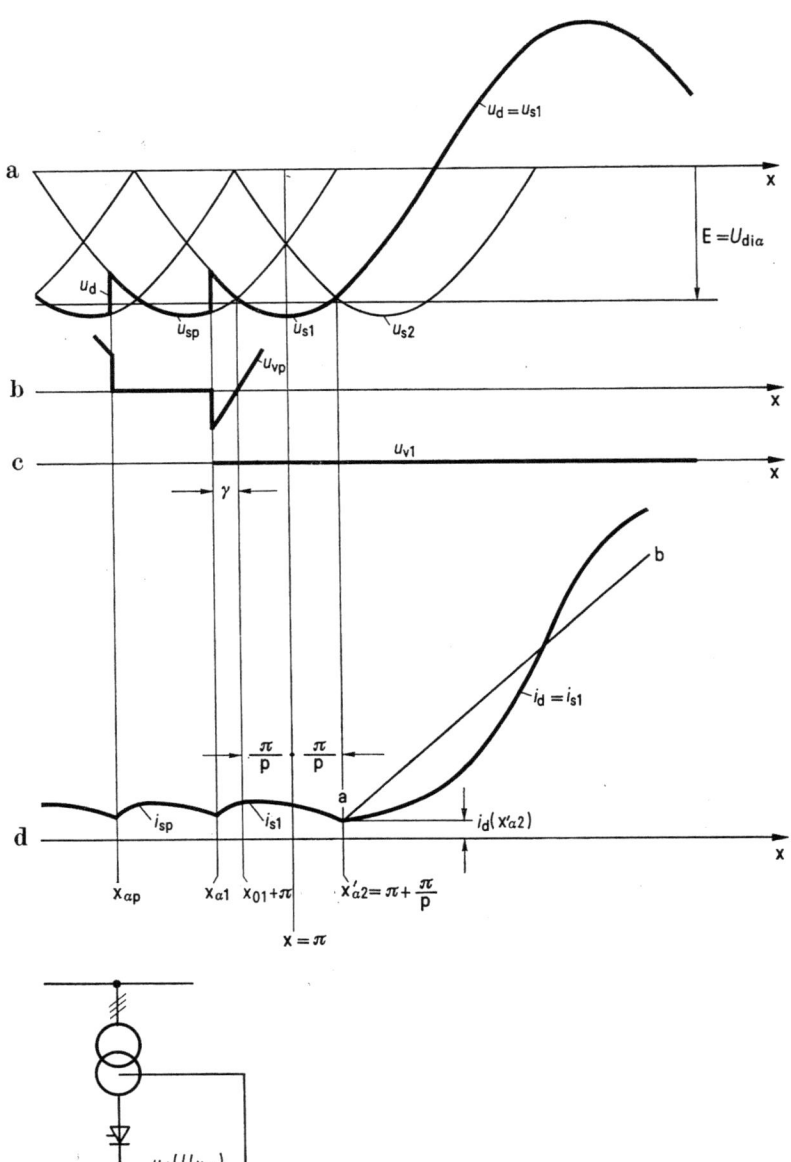

man für den Kippstrom i_d den stark ausgezogenen Zeitverlauf in Abb. 9.8d erhält. Der Kippstrom steigt somit bei $R = 0$ mit der Zeit beliebig hoch an und führt zur Auslösung des Überstromschutzes.

9.4 Wechselrichterbetrieb der p-pulsigen Mittelpunktschaltung mit Kommutierungsinduktivitäten bei idealer Glättung

Die Kommutierungsinduktivitäten verursachen im Wechselrichterbetrieb — genauso wie im Gleichrichterbetrieb — Überlappungen der Ventilströme und einen Gleichspannungsverlust (vgl. Abschn. 3 und 6 bis 8). Darüber hinaus wird die Wechselrichtertrittgrenze durch die Zeitdauer der Überlappung weitgehend mitbestimmt.

Bei der Beschreibung des Wechselrichterbetriebes der p-pulsigen Mittelpunktschaltungen wird von der Schaltung Abb. 9.9 ausgegangen.

9.41 Zeitverlauf der Ströme und Verlauf der Belastungskennlinien im Wechselrichterbetrieb bei einfacher Kommutierung

In den Abschn. 6.31 und 6.32 wurde der Zeitverlauf der Ströme und Spannungen und der Gleichspannungsverlust berechnet, der in der Mittelpunktschaltung Abb. 9.9 im Gleichrichterbetrieb und bei einfacher

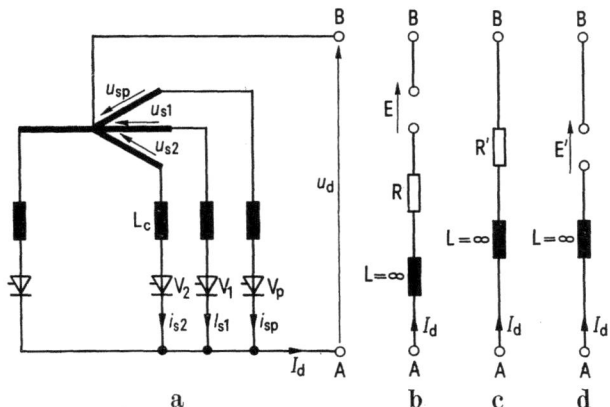

Abb. 9.9. p-pulsige Mittelpunktschaltung mit Kommutierungsinduktivitäten L_c bei idealer Glättung.

Abb. 9.8. Wechselrichterkippen ($L_c = 0$ und $L = \infty$).
a) bis d) Zeitverlauf der elektrischen Größen; e) Schaltplan zur Berechnung des Stromverlaufes von i_d.

Kommutierung auftritt. Man kann diese Ausführungen unmittelbar auf den Wechselrichterbetrieb übertragen, denn die Überlegungen des Abschn. 9.31 haben gezeigt, daß der Übergang vom Gleichrichterbetrieb zum Wechselrichterbetrieb bei der Mittelpunktschaltung Abb. 9.9 lediglich darin besteht, daß der Steuerwinkel α über den zur Nullaussteuerung $U_{d\alpha} = 0$ gehörenden Wert weiter vergrößert wird. Deshalb gelten alle in den Abschn. 6.31 und 6.32 abgeleiteten Gleichungen auch für den Wechselrichterbetrieb der Schaltung Abb. 9.9. Die drei Arten der Belastung nach Abb. 9.9b, c, d sind — wie aus (9.2) (9.3) hervorgeht — elektrisch gleichwertig.

Der Zeitverlauf der elektrischen Größen im Gleichrichterbetrieb (Abb. 9.10), im Wechselrichterbetrieb (Abb. 9.12) und in dem dazwischen liegenden Grenzfall $U_{d\alpha} = 0$ (Abb. 9.11) wird durch dieselben Gln. (6.33), (6.34) und (6.38), (6.39) beschrieben. Bei der Betrachtung der Ventilströme, z. B. i_{s1} und i_{sp} in Abb. 9.10 und 9.12 stellt man fest, daß die Krümmung des Zeitverlaufes während der Kommutierung wechselt, wenn man vom Gleichrichterbetrieb zum Wechselrichterbetrieb übergeht.

In den Abb. 9.10 und 9.12 wird der Überlappungswinkel u durch die Beziehung (6.40), (6.41) oder (6.53) beschrieben. Im Falle der Nullaussteuerung $U_{d\alpha} = 0$, also an der Grenze zwischen Gleichrichterbetrieb und Wechselrichterbetrieb (Abb. 9.11) ist der zugehörige Überlappungswinkel u_n durch die Beziehung (6.44) festgelegt. Man entnimmt aus Abb. 9.11, daß der zur Nullaussteuerung gehörende Steuerwinkel durch $\alpha_n = \pi/2 = u_n/2$ gegeben ist und somit kleiner ist als der Steuerwinkel $\alpha = \pi/2$, der nach Abb. 9.4 bei fehlenden Kommutierungsinduktivitäten erforderlich ist.

Die Gleichung der Belastungskennlinien im Bereich einfacher Kommutierung ist durch (6.49) gegeben

$$U_{d\alpha} = U_{di\alpha} - \frac{p}{2\pi} \omega L_c I_d, \qquad D_\infty = \frac{p}{2\pi} \omega L_c I_d, \qquad (9.15)$$

$$U_{di\alpha} = U_{di} \cos \alpha, \qquad U_{di} = \sqrt{2} U_s \frac{p}{\pi} \sin \frac{\pi}{p}. \qquad (9.16)$$

Abb. 9.10. Zeitverlauf der elektrischen Größen der p-pulsigen Mittelpunktschaltung Abb. 9.9 im Gleichrichterbetrieb $U_{d\alpha} > 0$.

Abb. 9.11. Zeitverlauf der elektrischen Größen der p-pulsigen Mittelpunktschaltung Abb. 9.9 bei Nullaussteuerung $U_{d\alpha} = 0$.

Abb. 9.12. Zeitverlauf der elektrischen Größen der p-pulsigen Mittelpunktschaltung Abb. 9.9 im Wechselrichterbetrieb $U_{d\alpha} < 0$.

9.4 p-pulsige Mittelpunktschaltung mit Kommutierungsinduktivitäten

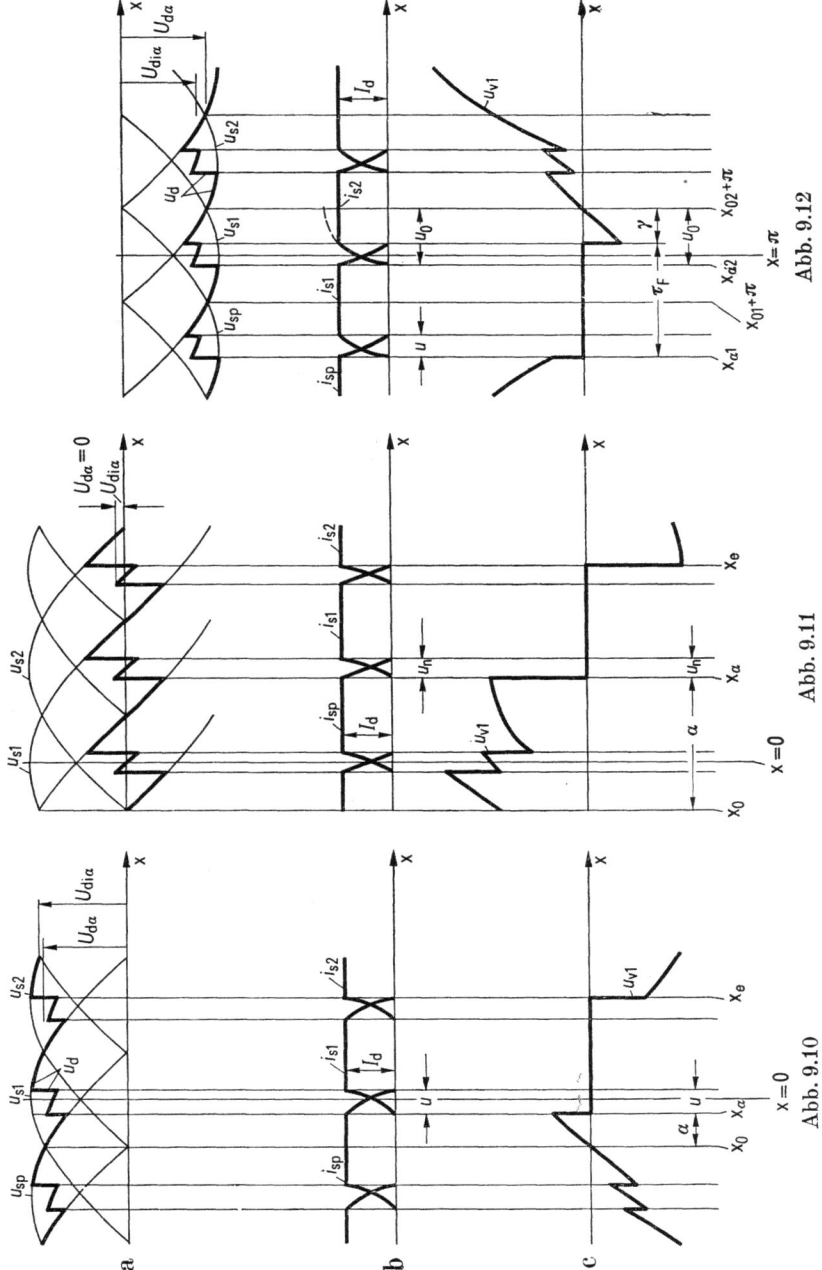

Abb. 9.10 Abb. 9.11 Abb. 9.12

Die Beziehung (9.15) gilt gemeinsam für den Gleichrichterbetrieb und für den Wechselrichterbetrieb.

Der Gleichspannungsverlust D_∞ besitzt wegen der Sperrwirkung der Ventile im Gleichrichterbetrieb und im Wechselrichterbetrieb stets positives Vorzeichen. Dagegen wechselt die ideelle Gleichspannung $U_{di\alpha}$ das Vorzeichen, sobald der Steuerwinkel α_n und damit die Grenze zwischen Gleichrichterbetrieb und Wechselrichterbetrieb überschritten wird. Daraus folgt nach Abb. 9.10a bis 9.12a, daß der Betrag des zwischen den Klemmen AB der Schaltung Abb. 9.9 wirkenden Gleichspannungsmittelwertes $U_{d\alpha}$ im Gleichrichterbetrieb (Abb. 9.10a) um den Spannungsverlust D_∞ kleiner, im Wechselrichterbetrieb (Abb. 9.12a) dagegen um D_∞ größer ist als der Betrag des jeweiligen ideellen Spannungsmittelwertes $U_{di\alpha}$.

Im Abschn. 9.43 wird gezeigt, daß der eben beschriebene Betriebszustand der einfachen Kommutierung mit wachsendem Gleichstrom durch die Wechselrichtertrittgrenze oder durch den Übergang zur mehrfachen Kommutierung begrenzt wird.

9.42 Einfluß der Kommutierungsinduktivitäten auf die Wechselrichtertrittgrenze

In der Abb. 9.13a ist der Zeitverlauf der Spannung u_{v1} am Ventil V_1 der p-pulsigen Mittelpunktschaltung Abb. 9.9 dargestellt. Während der Durchlaßzeit τ_F gilt $u_{v1} = 0$ und außerhalb der Durchlaßzeit ist die Ventilspan-

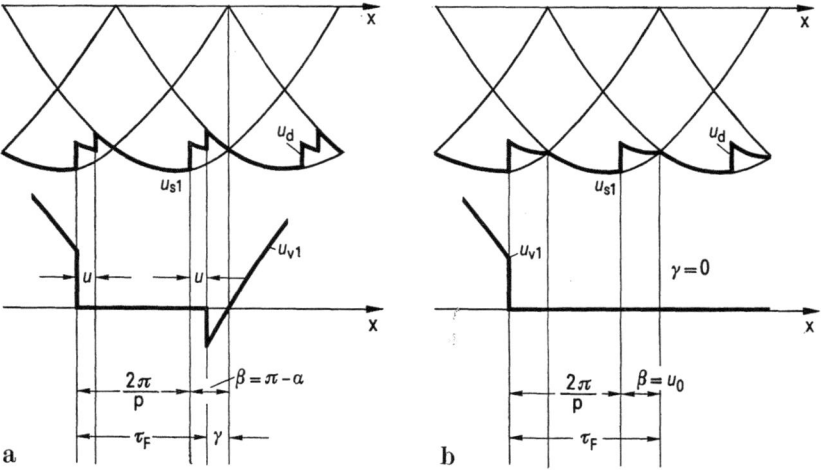

Abb. 9.13. Einfluß der Kommutierungsinduktivitäten L_c auf die Wechselrichtertrittgrenze. a) Zustand kurz vor der Trittgrenze; b) Zustand an der Trittgrenze.

9.4 p-pulsige Mittelpunktschaltung mit Kommutierungsinduktivitäten

nung u_{v1} wegen $i_{s1} = 0$ nach Abb. 9.9 durch $u_{v1} = u_{s1} - u_d$ gegeben. Man entnimmt daraus, daß am Ende der Durchlaßzeit τ_F ein Intervall von der Länge γ anschließt (Abb. 9.13a), in dem u_{v1} negative Werte besitzt und daher die Sperrung des Ventiles V_1 herbeiführt.

Bei vorgegebenem Steuerwinkel α wird die Durchlaßzeit τ_F mit wachsendem Gleichstrom I_d größer (vgl. Abschn. 6.3), das Intervall γ in Abb. 9.13a wird damit kleiner und erreicht schließlich nach Abb. 9.13b bei einem bestimmten Gleichstrom I_d den Wert Null. Das vom Zustand $\gamma = 0$ zuerst betroffene Ventil wird dann nicht mehr gelöscht und leitet — wie im Abschn. 9.33 bereits erläutert wurde — das Kippen des Wechselrichters ein.

Die Wirkung der Kommutierungsinduktivitäten besteht somit darin, daß man den Wechselrichter mit hinreichend großen Gleichströmen, also durch entsprechende Belastung oder Überlastung an die Trittgrenze heranführen kann; diese Aussage gilt auch bei mehrfacher Kommutierung.

9.43 Grenze zwischen einfacher und mehrfacher Kommutierung

Im Bereich der einfachen Kommutierung sind die Belastungskennlinien durch (6.51) und der Kommutierungswinkel u durch (6.53) gegeben:

$$\frac{U_{d\alpha}}{U_{di}} = \cos \alpha - \frac{1}{2} \frac{I_d}{J_{cc}}, \quad U_{di} = \sqrt{2} U_s \frac{p}{\pi} \sin \frac{\pi}{p}, \qquad (9.17)$$

$$\frac{U_{d\alpha}}{U_{di}} = \cos (\alpha + u) + \frac{1}{2} \frac{I_d}{J_{cc}}, \quad J_{cc} = \frac{\sqrt{2} U_s}{\omega L_c} \sin \frac{\pi}{p}. \qquad (9.18)$$

Die Belastungskennlinien bei einfacher Kommutierung werden nach (9.17) durch die parallele Geradenschar (α als Parameter) in Abb. 9.14 dargestellt.

Für den Sonderfall der Vollaussteuerung $\alpha = 0$ folgt aus (9.17), (9.18)

$$\frac{U_{d\alpha}}{U_{di}} = 1 - \frac{1}{2} \frac{I_d}{J_{cc}}, \qquad (9.19)$$

$$\frac{U_{d\alpha}}{U_{di}} = \cos u_0 + \frac{1}{2} \frac{I_d}{J_{cc}}. \qquad (9.20)$$

Durch (9.19) wird in Abb. 9.14 die Gerade Ac beschrieben. Mit wachsendem Gleichstrom I_d wird u_0 größer und nimmt an der Grenze zur mehrfachen Kommutierung im Kennlinienpunkt E (Abb. 9.14) den Wert $u_0 = 2\pi/p$ an (vgl. Abschn. 6.33). Die Koordinaten des Grenzpunktes E der einfachen Kommutierung erhält man mit $u_0 = 2\pi/p$ aus (9.19), (9.20); sie sind daher durch die Beziehungen

$$\frac{U_{d\alpha}}{U_{di}} = \frac{1}{2}\left(1 + \cos\frac{2\pi}{p}\right), \quad \frac{I_d}{J_{cc}} = 1 - \cos\frac{2\pi}{p} \qquad (9.21)$$

gegeben.

Einfache Kommutierung im Wechselrichterbetrieb ist nach Abb. 9.12 sichergestellt, wenn der Steuerwinkel α hinreichend nahe bei der theoretischen Vollaussteuerung $\alpha = \pi$ des Wechselrichterbetriebes liegt. In Abb. 9.12c schließt an die Durchlaßzeit τ_F des Ventiles V_1 ein Intervall γ an, in dem die Ventilspannung u_{v1} negative Augenblickswerte besitzt, also die Sperrung des Ventiles V_1 herbeiführt. Bei festgehaltenem Steuerwinkel α wird γ mit wachsendem Gleichstrom I_d kleiner und erreicht schließlich den Wert $\gamma = 0$. Bei einer weiteren Vergrößerung des Gleichstromes I_d müßte sich die Stromführung des Ventiles V_1 über den Zeitpunkt $x = x_{02} + \pi$ (Abb. 9.12c) hinaus, also in den Bereich positiver Augenblickswerte von u_{v1} erstrecken, so daß der Wechselrichter kippen würde; $\gamma = 0$ beschreibt somit die Wechselrichtertrittgrenze.

Der gestrichelt eingezeichnete Zeitverlauf des Ventilstromes i_{s2} in Abb. 9.12b stellt sich beim Betrieb an der Trittgrenze $\gamma = 0$ ein; der zugehörige Überlappungswinkel nimmt dabei den Wert u_0 an, den man bei voll ausgesteuertem Wechselrichterbetrieb erhält. Beim Betrieb an der Trittgrenze gilt nach Abb. 9.12 außerdem $u_0 = \beta$, so daß man in Verbindung mit (9.5) feststellt, daß beim Betrieb an der Trittgrenze stets

$$u_0 = \beta = \pi - \alpha \qquad (9.22)$$

gilt.

Mit (9.22) folgt aus (9.18) eine Gleichung, die den Zusammenhang zwischen $U_{d\alpha}$ und I_d beim Betrieb an der Trittgrenze beschreibt:

$$\frac{U_{d\alpha}}{U_{di}} = -1 + \frac{1}{2}\frac{I_d}{J_{cc}}. \qquad (9.23)$$

Der Vergleich mit (9.19) zeigt, daß die Gl. (9.23) für die Trittgrenze durch die Gerade ac in Abb. 9.14 beschrieben wird; sie verläuft in bezug auf die Abszisse symmetrisch zur Geraden Ac.

Mit abnehmendem Steuerwinkel α wird der Überlappungswinkel u_0, der sich nach (9.22) beim Betrieb an der Trittgrenze ergibt, größer und erreicht schließlich bei $\alpha = \pi - 2\pi/p$ den Wert $u_0 = 2\pi/p$. In diesem Betriebszustand, der in Abb. 9.14 durch den Punkt e beschrieben wird, fällt die Trittgrenze mit der Grenze zwischen einfacher und mehrfacher Kommutierung zusammen. Die Koordinaten des Grenzpunktes e in Abb. 9.14 erhält man mit $\alpha = \pi - 2\pi/p$ und $u_0 = 2\pi/p$ aus den Gln. (9.17),

9.4 p-pulsige Mittelpunktschaltung mit Kommutierungsinduktivitäten 233

(9.18); sie sind demnach durch die Beziehungen

$$\frac{U_{d\alpha}}{U_{di}} = -\frac{1}{2}\left(1 + \cos\frac{2\pi}{p}\right), \quad \frac{I_d}{J_{cc}} = 1 - \cos\frac{2\pi}{p} \quad (9.24)$$

gegeben. Der Vergleich mit (9.21) zeigt, daß der durch die Koordinaten (9.24) beschriebene Kennlinienpunkt e in Abb. 9.14 in bezug auf die Abszisse symmetrisch zum Kennlinienpunkt E liegt.

Die Grenze zwischen einfacher und mehrfacher Kommutierung, also der Bogen zwischen den Punkten E und e in Abb. 9.14, wird nach Abschn. 6.33 durch die Ellipsengleichung (6.58)

$$2\frac{\left(\dfrac{U_{d\alpha}}{U_{di}}\right)^2}{1 + \cos\dfrac{2\pi}{p}} + \frac{1}{2}\frac{\left(\dfrac{I_d}{J_{cc}}\right)^2}{1 - \cos\dfrac{2\pi}{p}} = 1, \quad (9.25)$$

$$U_{di} = \sqrt{2}\,U_s\frac{p}{\pi}\sin\frac{\pi}{p}, \quad J_{cc} = \frac{\sqrt{2}\,U_s}{\omega L_c}\sin\frac{\pi}{p} \quad (9.26)$$

beschrieben. Die Endpunkte E bzw. e der Geradenstücke AE bzw. ae in Abb. 9.14 sind zugleich Punkte der Ellipse (9.25), wie man durch Einsetzen der Koordinaten (9.21) bzw. (9.24) in (9.25) zeigt.

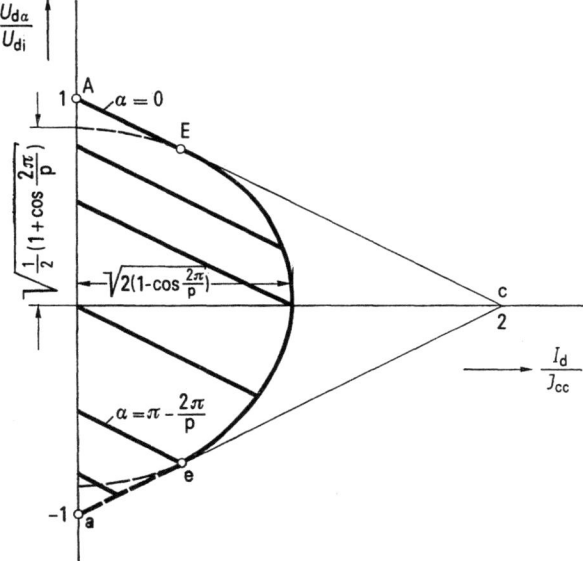

Abb. 9.14. Belastungskennlinien der p-pulsigen Mittelpunktschaltung Abb. 9.9 bei einfacher Kommutierung und Grenze zwischen einfacher und mehrfacher Kommutierung.

Aus den vorangehenden Überlegungen geht hervor, daß der gesamte Steuerwinkelbereich $0 \leqq \alpha \leqq \pi$ in zwei Teile mit unterschiedlichem Betriebsverhalten aufgeteilt werden kann. Dem Ellipsenbogen Ee in Abb. 9.14 ist der Steuerbereich

$$0 \leqq \alpha \leqq \pi - \frac{2\pi}{p} \qquad (9.27)$$

zugeordnet. In diesem Steuerwinkelbereich finden die in den Ellipsenbogen Ee einmündenden Belastungskennlinien des Bereiches einfacher Kommutierung ihre Fortsetzung jenseits des Ellipsenbogens Ee im Bereich der mehrfachen Kommutierung. Zur Trittgrenze ea gehört der Steuerwinkelbereich

$$\pi - \frac{2\pi}{p} \leqq \alpha \leqq \pi. \qquad (9.28)$$

In diesem Steuerbereich finden die Belastungskennlinien des Bereiches einfacher Kommutierung keine Fortsetzung jenseits der Trittgrenze ea, weil es dann zu einer Abschaltung des Stromrichters kommen würde.

Es verbleibt noch die Aufgabe, den Kennlinienverlauf im Bereich der mehrfachen Kommutierung, also jenseits des Ellipsenbogens Ee der Abb. 9.14, zu bestimmen. Da die allgemeine, für beliebige Pulszahl p geltende Lösung der Aufgabe außerordentlich aufwendig und schwer überschaubar ist, wird im folgenden Abschn. nur ein Beispiel, nämlich die dreipulsige Mittelpunktschaltung Abb. 9.15 beschrieben.

9.44 Vollständige Belastungskennlinien der dreipulsigen Mittelpunktschaltung

Bei der Beschreibung der Belastungskennlinien der dreipulsigen Mittelpunktschaltung Abb. 9.15 im Gleichrichterbetrieb und im Wechselrichterbetrieb werden nach Abb. 9.17 die relativen Koordinaten $U_{d\alpha}/U_{di}$ und $I_d/3J_c$ verwendet; es bedeutet:

$$U_{di} = \frac{3\sqrt{3}}{2\pi} \sqrt{2} U_s, \qquad 3J_c = I_{dK0} = 3 \frac{\sqrt{2} U_s}{\omega L_c}. \qquad (9.29)$$

I_{dK0} ist nach Abb. 6.27 und nach (6.89) der Kurzschußgleichstrom der dreipulsigen Mittelpunktschaltung mit ungesteuerten Ventilen. Die drei Arten der Belastung nach Abb. 9.15b, c, d sind — wie aus (9.2) (9.3) hervorgeht — elektrisch gleichwertig.

Unter Berücksichtigung der relativen Stromkoordinate $I_d/3J_c$ findet man mit $p = 3$ aus (9.17), (9.18) die folgenden Gleichungen für die Belastungskennlinien und für den Überlappungswinkel im Bereich der ein-

9.4 p-pulsige Mittelpunktschaltung mit Kommutierungsinduktivitäten

fachen Kommutierung:

$$\frac{U_{d\alpha}}{U_{di}} = \cos\alpha - \sqrt{3}\,\frac{I_d}{3J_c}, \qquad U_{di} = \frac{3\sqrt{3}}{2\pi}\sqrt{2}\,U_s, \qquad (9.30)$$

$$\frac{U_{d\alpha}}{U_{di}} = \cos(\alpha + u) + \sqrt{3}\,\frac{I_d}{3J_c}, \qquad J_c = \frac{\sqrt{2}\,U_s}{\omega L_c}. \qquad (9.31)$$

Die Gl. (9.30) liefert in Abb. 9.17 mit α als Parameter die zu AC parallelen Geraden. Die Gl. (9.31) beschreibt ebenfalls eine Geradenschar, die mit $\alpha + u$ als Parameter parallel zu aC verläuft; diese Geradenschar wurde jedoch in Abb. 9.17 nicht eingezeichnet.

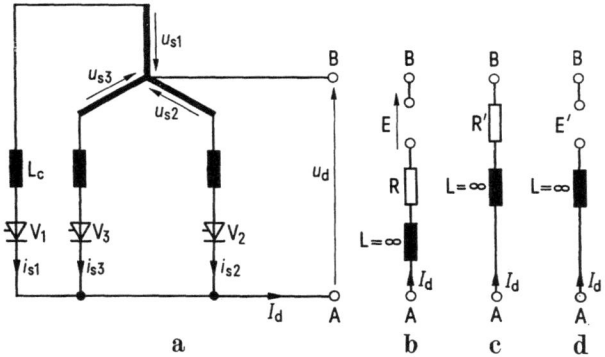

Abb. 9.15. Dreipulsige Mittelpunktschaltung mit Kommutierungsinduktivitäten L_c.

Die Gln. (9.30), (9.31) gelten — wie im vorangehenden Abschn. 9.43 gezeigt wurde — nur in dem durch den Linienzug AEea und der Ordinate abgegrenzten Bereich der Abb. 9.17. Man berechnet die drei Teile AE, ae und Ee dieses Linienzuges aus den Gln. (9.19), (9.23) und (9.25).

Für die Kennlinie AE bei Vollaussteuerung $\alpha = 0$ folgt mit $p = 3$ aus (9.19)

$$\frac{U_{d\alpha}}{U_{di}} = 1 - \sqrt{3}\,\frac{I_d}{3J_c}. \qquad (9.32)$$

Die Gl. für die Trittgrenze geht aus (9.23) mit $p = 3$ hervor:

$$\frac{U_{d\alpha}}{U_{di}} = -1 + \sqrt{3}\,\frac{I_d}{3J_c}. \qquad (9.33)$$

Für die Grenzlinie Ee zwischen einfacher und mehrfacher Kommutierung erhält man aus (9.25) mit $p = 3$ die Gleichung eines Kreises mit dem

Radius 1/2:

$$\left(\frac{U_{d\alpha}}{U_{di}}\right)^2 + \left(\frac{I_d}{3J_c}\right)^2 = \left(\frac{1}{2}\right)^2. \tag{9.34}$$

Die drei Gln. (9.32) bis (9.34) beschreiben in Abb. 9.17 den Linienzug AEea.

Die in den Kreisbogen Ee der Abb. 9.17 einmündenden Kennlinien finden rechts von dem Kreisbogen ihre Fortsetzung im Bereich der mehrfachen Kommutierung. Die Vorgänge, die dabei ablaufen, werden an Hand der Abb. 9.16 beschrieben.

Die Abb. 9.16a zeigt zunächst die Gleichspannung u_d und die Ventilströme i_{s1}, i_{s2}, i_{s3} während der einfachen Kommutierung. Bei festgehaltenem Steuerwinkel α wird der Überlappungswinkel u mit wachsendem Gleichstrom I_d größer und erreicht in Abb. 9.16b beim Übergang von der einfachen zur mehrfachen Kommutierung den Wert $u = 2\pi/3$.

Wenn der Gleichstrom I_d den Wert überschreitet, der sich an der Grenze zwischen einfacher und mehrfacher Kommutierung einstellt, dann treten die Verhältnisse nach Abb. 9.16c ein. Im Zündzeitpunkt x_α des Ventiles V_1 hat der Ventilstrom i_{s2} noch nicht den Wert Null und i_{s3} noch nicht den Wert I_d erreicht. Deshalb schließt an x_α ein Intervall u' an, in dem alle drei Ventile gemeinsam Strom führen. In diesem Intervall ist die Gleichspannung u_d nach (6.63) durch $u_d = (u_{s1} + u_{s2} + u_{s3})/3 = 0$ gegeben. An den Zeitpunkt $x_\alpha + u'$ schließt bis $x_\alpha + 2\pi/3$ ein Intervall einfacher Kommutierung an, in dem die Ventile V_3 und V_1 gemeinsam Strom führen; in diesem Intervall ist die Gleichspannung durch $u_d = (u_{s1} + u_{s3})/2$ gegeben.

Bei der Berechnung der Belastungskennlinien der dreipulsigen Mittelpunktschaltung Abb. 9.15 im Bereich der mehrfachen Kommutierung geht man davon aus, daß die beiden Ventile V_1 und V_3 nach Abb. 9.16c während des vollen Periodizitätsintervalles x_α bis $x_\alpha + 2\pi/3$ gemeinsam Strom führen. Deshalb gelten in diesem Intervall nach Abb. 9.15 die beiden Gleichungen

$$u_d = u_{s1} - \omega L_c \frac{di_{s1}}{dx}, \qquad u_d = u_{s3} - \omega L_c \frac{di_{s3}}{dx}. \tag{9.35}$$

Durch Integration der beiden Gln. (9.35) über das Periodizitätsintervall x_α bis $x_\alpha + 2\pi/3$ und nach Multiplikation mit $3/2\pi$ erhält man die folgenden beiden Beziehungen für den Gleichspannungsmittelwert $U_{d\alpha}$:

$$U_{d\alpha} = U_{di} \cos \alpha - \frac{3}{2\pi} \omega L_c \int_{x_\alpha}^{x_\alpha + \frac{2\pi}{3}} di_{s1}, \tag{9.36}$$

9.4 p-pulsige Mittelpunktschaltung mit Kommutierungsinduktivitäten

$$U_{d\alpha} = -U_{di} \cos\left(\alpha - \frac{\pi}{3}\right) - \frac{3}{2\pi} \omega L_c \int_{x_\alpha}^{x_\alpha + \frac{2\pi}{3}} di_{s3}. \tag{9.37}$$

Zur Auswertung der Integrale in (9.36), (9.37) entnimmt man aus Abb. 9.16c die Momentanwerte der Ströme an den Intervallgrenzen x_α und $x_\alpha + 2\pi/3$. Damit folgt aus (9.36), (9.37)

$$U_{d\alpha} = U_{d\alpha} \cos \alpha - \frac{3}{2\pi} \omega L_c i'', \tag{9.38}$$

$$U_{d\alpha} = -U_{di} \cos\left(\alpha - \frac{\pi}{3}\right) - \frac{3}{2\pi} \omega L_c (i' - i''). \tag{9.39}$$

Weiterhin entnimmt man aus Abb. 9.16c, daß im Zeitpunkt $x_\alpha + 2\pi/3$ die Beziehung

$$I_d = i' + i'' \tag{9.40}$$

gilt. Aus den drei Gln. (9.38) bis (9.40) kann man i' und i'' eliminieren. Man erhält dann mit den zweiten Gln. (9.30), (9.31) für die gesuchten Belastungskennlinien im Bereich der mehrfachen Kommutierung die Beziehung

$$\frac{U_{d\alpha}}{U_{di}} = \frac{1}{\sqrt{3}} \left(\sin\left(\frac{\pi}{3} - \alpha\right) - \frac{I_d}{3J_c} \right). \tag{9.41}$$

Die Gl. (9.41) gilt bei der dreipulsigen Mittelpunktschaltung nach (9.27) nur im Steuerwinkelbereich $0 \leq \alpha \leq \pi/3$; sie liefert also eine parallele Geradenschar, die von den beiden Geraden ED$_0$ und ee' in Abb. 9.17 begrenzt wird. Später wird gezeigt, daß die Trittgrenze im Bereich der mehrfachen Kommutierung durch die Gerade e'D$_0$ in Abb. 9.17 gegeben ist. Die Gl. (9.41) gilt daher nur in dem durch den Linienzug ED$_0$ e' eE abgegrenzten Bereich der Abb. 9.17.

Bei der Berechnung der Wechselrichtertrittgrenze im Bereich der mehrfachen Kommutierung stellt man zunächst fest, daß die Spannung am Ventil V$_1$ nach Abb. 9.15a durch $u_{v1} = u_{s1} - u_d$ gegeben ist. Man entnimmt aus Abb. 9.16c weiter, daß u_{v1} im Zeitintervall γ, das an die Stromführungszeit τ_F des Ventiles V$_1$ anschließt, negative Werte besitzt, also die Sperrung von V$_1$ sicherstellt. Im Zeitpunkt $x = 3\pi/2$ geht u_{v1} durch Null und wechselt von negativen zu positiven Augenblickswerten. Das Intervall γ wird mit wachsendem Gleichstrom kleiner und erreicht schließlich den Wert $\gamma = 0$. Wird der Gleichstrom weiter gesteigert, dann erstreckt sich die Stromführung des Ventiles V$_1$ bis in den Bereich positiver Augenblickswerte von u_{v1}, so daß der Wechselrichter kippt.

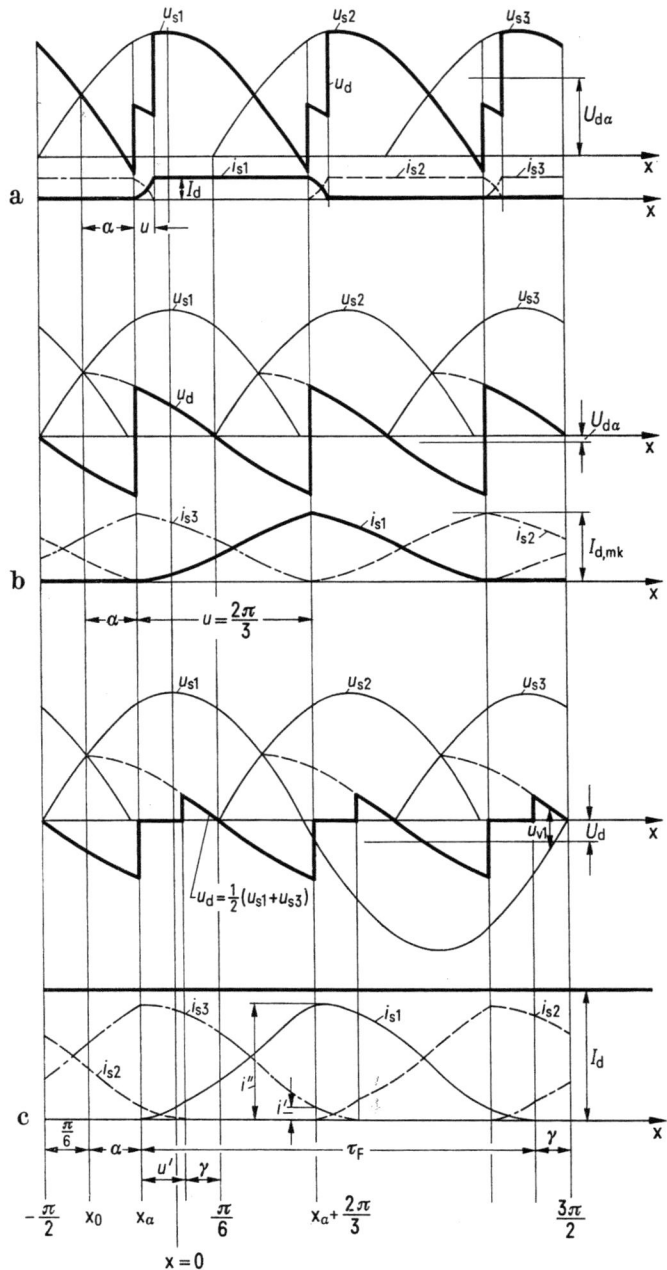

9.4 p-pulsige Mittelpunktschaltung mit Kommutierungsinduktivitäten

Die Wechselrichtertrittgrenze wird demnach durch den Betriebszustand $\gamma = 0$ beschrieben.

An der Wechselrichtertrittgrenze $\gamma = 0$ erstreckt sich das Zeitintervall, in dem $u_d = 0$ gilt, von x_α bis $x = \pi/6$. Im anschließenden Intervall $x = \pi/6$ bis $x_\alpha + 2\pi/3$ besitzt u_d nach Abb. 9.16c nur negative Augenblickswerte. Da im letzten Intervall einfache Kommutierung zwischen V_1 und V_3 stattfindet, ist die Gleichspannung durch

$$u_d = \frac{1}{2}(u_{s1} + u_{s3}) = -\frac{1}{2}u_{s2} = -\frac{1}{2}\sqrt{2}\,U_s \cos\left(x - \frac{2\pi}{3}\right) \quad (9.42)$$

gegeben. Daraus folgt mit (6.1) für den Gleichspannungsmittelwert an der Trittgrenze

$$\frac{U_{d\alpha}}{U_{di}} = -\frac{3}{2\pi}\frac{1}{2}\frac{\sqrt{2}\,U_s}{U_{di}}\int_{\frac{\pi}{6}}^{x_\alpha + \frac{2\pi}{3}} \cos\left(x - \frac{2\pi}{3}\right) dx = \frac{1}{2\sqrt{3}}\left(\sin\left(\frac{\pi}{3} - \alpha\right) - 1\right). \quad (9.43)$$

Die Beziehung (9.41) zwischen der Gleichspannung $U_{d\alpha}$ und dem Gleichstrom I_d gilt allgemein, also auch an der Trittgrenze, so daß man durch Eliminieren des Steuerwinkels α aus den Beziehungen (9.41), (9.43) die folgende Gleichung für die Wechselrichtertrittgrenze im Bereich der mehrfachen Kommutierung erhält:

$$\frac{U_{d\alpha}}{U_{di}} = -\frac{1}{\sqrt{3}}\left(1 - \frac{I_d}{3J_c}\right). \quad (9.44)$$

Die Gl. (9.44) wird in Abb. 9.17 durch die gestrichelte Gerade D′b′ dargestellt, die jedoch — wie mit $p = 3$ aus (9.27) hervorgeht — nur im Steuerwinkelintervall $0 \leq \alpha \leq \pi/3$, also nur zwischen den Punkten D_0 und e′ in Abb. 9.17 gilt. Der Vergleich der Gl. (9.44) für die Trittgrenze mit der Gl. (6.87) für die Belastungskennlinie der dreipulsigen Mittelpunktschaltung mit ungesteuerten Ventilen (Gerade D′b in Abb. 9.17) zeigt, daß diese beiden Geraden in Abb. 9.17 in bezug auf die Abszisse, spiegelbildlich zueinander verlaufen.

Abb. 9.16. Zeitverlauf der elektrischen Größen der dreipulsigen Mittelpunktschaltung Abb. 9.15 bei idealer Glättung. a) einfache Kommutierung; b) Grenzfall zwischen einfacher und mehrfacher Kommutierung; c) mehrfache Kommutierung.

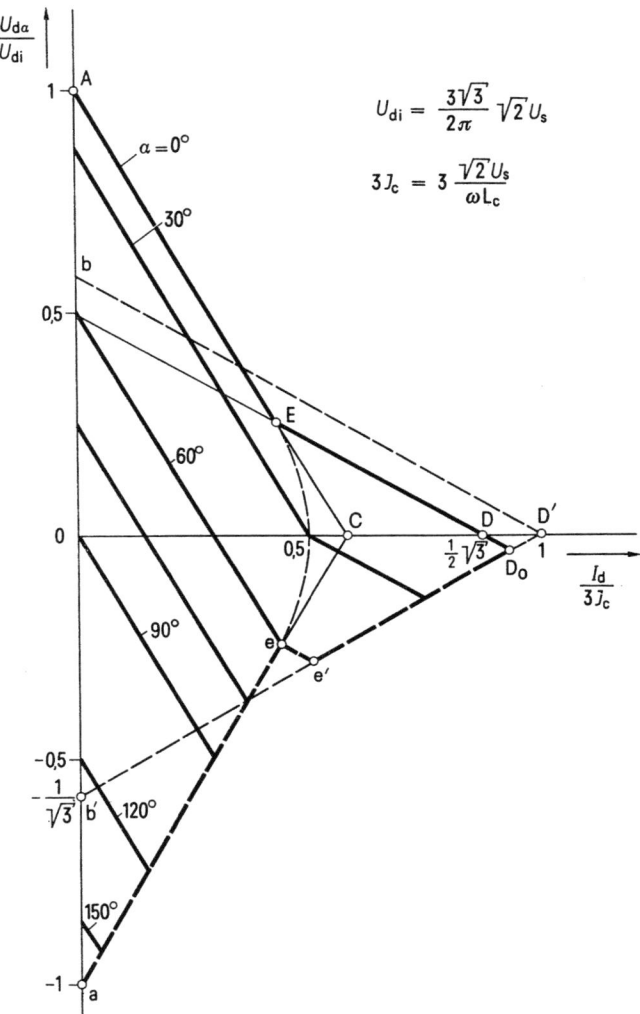

Abb. 9.17. Vollständige Belastungskennlinien der dreipulsigen Mittelpunktschaltung Abb. 9.15 und Wechselrichtertrittgrenze aee'D$_0$.

Man stellt an Hand der Abb. 9.17 zusammenfassend fest, daß die vom Linienzug AEeaA umschlossene Fläche den Bereich der einfachen Kommutierung und die vom Linienzug ED$_0$e'eE umschlossene Fläche den Bereich der mehrfachen Kommutierung umfaßt; die Wechselrichtertrittgrenze wird in Abb. 9.17 durch den gestrichelten Linienzug D$_0$e'ea beschrieben.

9.5 Wechselrichterbetrieb der sechspulsigen Brückenschaltung mit Kommutierungsinduktivitäten bei idealer Glättung

Im Abschn. 8.6 wurde das Verhalten der sechspulsigen Brückenschaltung Abb. 8.16a im Gleichrichterbetrieb ($U_{d\alpha} \geqq 0$) beschrieben. Diese Überlegungen sollen auf den Wechselrichterbetrieb, also auf die untere Halbebene $U_{d\alpha} \leqq 0$ der Abb. 8.23a erweitert werden.

Beim Wechselrichterbetrieb der sechspulsigen Brückenschaltung Abb. 8.16a kann — ebenso wie im Gleichrichterbetrieb (Abschn. 8.6) — einfache Kommutierung oder Doppelkommutierung auftreten. Bei der Berechnung der Belastungskennlinien (8.56) für die einfache Kommutierung und der Belastungskennlinien (8.77) für den Bereich der Doppelkommutierung wurde die Größe des Steuerwinkels α keiner Beschränkung unterworfen. Deshalb gelten diese Gleichungen auch für den Wechselrichterbetrieb, so daß die zugehörigen Kennlinien in die untere Halbebene der Abb. 9.20 verlängert werden können. Man hat daher lediglich die Gültigkeitsgrenze dieser Kennlinien im Wechselrichterbetrieb, also die Trittgrenze festzulegen. In Abb. 9.20 ist die Trittgrenze, deren Berechnung anschließend durchgeführt wird, durch den gestrichelten Linienzug $P_1''R_1''S'K$ dargestellt.

Zunächst wird der Teilbereich $P_1''R_1''$ der Trittgrenze in Abb. 9.20, der sich an die ideale Vollaussteuerung $\alpha = \pi$ des Wechselrichterbetriebes anschließt, bestimmt. Dazu wurde in Abb. 9.18 der Zeitverlauf der Ströme und Spannungen für einen Steuerwinkel α in der Nähe der Wechselrichtervollaussteuerung $\alpha = \pi$ dargestellt. Man entnimmt daraus, daß im Anschluß an die Durchlaßzeit des Ventiles V_5 (Abb. 9.18b) ein Zeitintervall anschließt, in dem nur die beiden Ventile V_1 und V_6 den zeitlich konstanten Strom $i_{s1} = i_{s6} = I_d$ führen. In diesem Zeitintervall gilt nach Abb. 8.16a für den Spannungsumlauf, bestehend aus den Ventilen V_1, V_5 und der Leiterspannung u_{12} die Beziehung

$$u_{v5} = u_{12} = u_{s3} - u_{s1}. \tag{9.45}$$

Das Ventil V_5 wird daher im Zeitpunkt $x_{\alpha 1} + u$ durch den negativen Augenblickswert der Ventilspannung $u_{v5} = u_{12}$ gesperrt. An den Zeitpunkt $x_{\alpha 1} + u$ schließt bis $x = \pi/2 + \pi/6 = 2\pi/3$ ein Intervall γ an, in dem die Ventilspannung u_{v5} negativ bleibt; bei $x = 2\pi/3$ wechselt u_{v5} das Vorzeichen zu positiven Werten.

Mit wachsendem Gleichstrom I_d wird in Abb. 9.18a, b das Zeitintervall γ kleiner und erreicht schließlich den Wert $\gamma = 0$. Bei einer weiteren Vergrößerung von I_d würde sich die Stromführung von i_{s5} bis in den Bereich positiver Werte von u_{v5} erstrecken; der Wechselrichter würde kippen. Der Betriebszustand $\gamma = 0$ beschreibt somit die Wechselrichtertrittgrenze. Bei $\gamma = 0$ gilt nach Abb. 9.18c die Beziehung $\alpha + u = \pi$.

Damit folgt aus (8.51)

$$\cos\alpha + 1 = \frac{I_d}{J_{cc}}, \qquad J_{cc} = \sqrt{\frac{3}{2}}\,\frac{U_s}{\omega L_c}. \tag{9.46}$$

Außerdem gilt während der einfachen Kommutierung die Gl. (8.56) für die Belastungskennlinien

$$\frac{U_{d\alpha}}{U_{di}} = \cos\alpha - \frac{1}{2}\frac{I_d}{J_{cc}}, \qquad U_{di} = \frac{3\sqrt{3}}{\pi}\sqrt{2}\,U_s. \tag{9.47}$$

Aus den beiden Gln. (9.46), (9.47) eliminiert man den Steuerwinkel α und erhält für die Trittgrenze die Gleichung

$$\frac{U_{d\alpha}}{U_{di}} = -1 + \frac{1}{2}\frac{I_d}{J_{cc}}, \qquad \frac{2\pi}{3} \leq \alpha \leq \pi. \tag{9.48}$$

(9.48) beschreibt in Abb. 9.20 das Geradenstück $P_1''R_1''$.

Setzt man in (9.47) $\alpha = 0$, dann folgt mit

$$\frac{U_{d\alpha}}{U_{di}} = 1 - \frac{1}{2}\frac{I_d}{J_{cc}} \tag{9.49}$$

die Belastungskennlinie bei Vollaussteuerung im Gleichrichterbetrieb. Der Vergleich von (9.48) und (9.49) zeigt, daß die Trittgrenze $P_1''R_1''$ des Wechselrichterbetriebes in bezug auf die Abszisse symmetrisch zur Belastungskennlinie bei Vollaussteuerung $\alpha = 0$ des Gleichrichterbetriebes verläuft.

Wenn dem Steuerwinkel α bzw. dem Zündzeitpunkt $x_{\alpha 1}$ in Abb. 9.18 der Wert $\alpha = 2\pi/3$ bzw. $x_{\alpha 1} = \pi/3$ erteilt und außerdem der Betrieb $\gamma = 0$ an der Trittgrenze vorausgesetzt wird, dann erstreckt sich die Überlappungszeit der Ströme i_{s1} und i_{s5} von $x_{\alpha 1} = \pi/3$ bis $x = 2\pi/3$; für den Überlappungswinkel u gilt dann $u = 2\pi/3 - \pi/3 = \pi/3$. Dieser Betriebszustand stellt sich im Kennlinienpunkt R_1'' der Abb. 9.20 ein. Das Teilstück $P_1''R_1''$ der Trittgrenze umfaßt deshalb den Steuerwinkelbereich

$$\frac{2\pi}{3} \leq \alpha \leq \pi. \tag{9.50}$$

Sobald der Grenzpunkt R_1'' (Abb. 9.20) durch die Wahl eines Steuerwinkels $\alpha < 2\pi/3$ überschritten wird, stellt sich im anschließenden Teilbereich R_1'' bis S' ein neuer Betriebszustand ein, der durch die Abb. 9.19 beschrieben wird.

In der Abb. 9.19 ist der Zeitverlauf der Ströme und Spannungen bei einfacher Kommutierung für einen Steuerwinkel aus dem Bereich

9.5 Sechspulsige Brückenschaltung mit Kommutierungsinduktivitäten 243

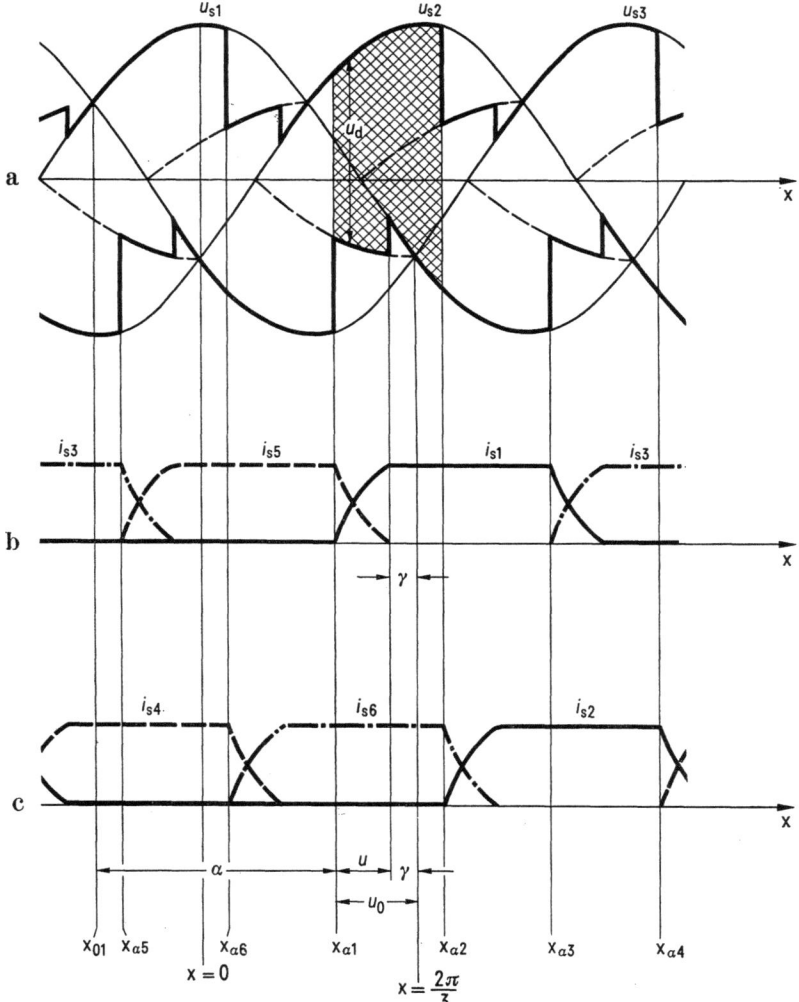

Abb. 9.18. Zeitverlauf der elektrischen Größen der Sechspulsbrücke Abb. 8.16 bei idealer Glättung im Steuerwinkelbereich $2\pi/3 \leqq \alpha \leqq \pi$.

$\alpha = 2\pi/3$ bis $\alpha = \pi/2$ dargestellt. In diesem Betriebszustand werden die Belastungskennlinien und der Überlappungswinkel durch die Gln. (8.56), (8.57) beschrieben; beide Gleichungen gelten sowohl für den Gleichrichterbetrieb als auch für den Wechselrichterbetrieb.

Wenn in der Abb. 9.19 der Gleichstrom I_d bei festgehaltenem Steuerwinkel α vergrößert wird, wächst auch der Überlappungswinkel und erreicht schließlich den Wert $u = \pi/3$. Bei einer weiteren Steigerung des Gleichstromes I_d wird schließlich ein Zustand erreicht, bei dem die Stromführung des Ventiles V_5 bei $x_{\alpha 1} + \pi/3 = x_{\alpha 2}$ (Abb. 9.19b) noch nicht beendet wäre, so daß sich für i_{s5} der gepunktete Zeitverlauf in Abb. 9.19b einstellen würde. Nach dem Zeitpunkt x_e wären dann nur noch die Ventile V_1, V_2, V_6 stromführend, so daß nach Abb. 8.16a $u_{v5} = -u_d$ folgen würde. Im Zeitpunkt x_e und in dem anschließenden Zeitintervall besitzt u_d negative und u_{v5} daher positive Augenblicks-

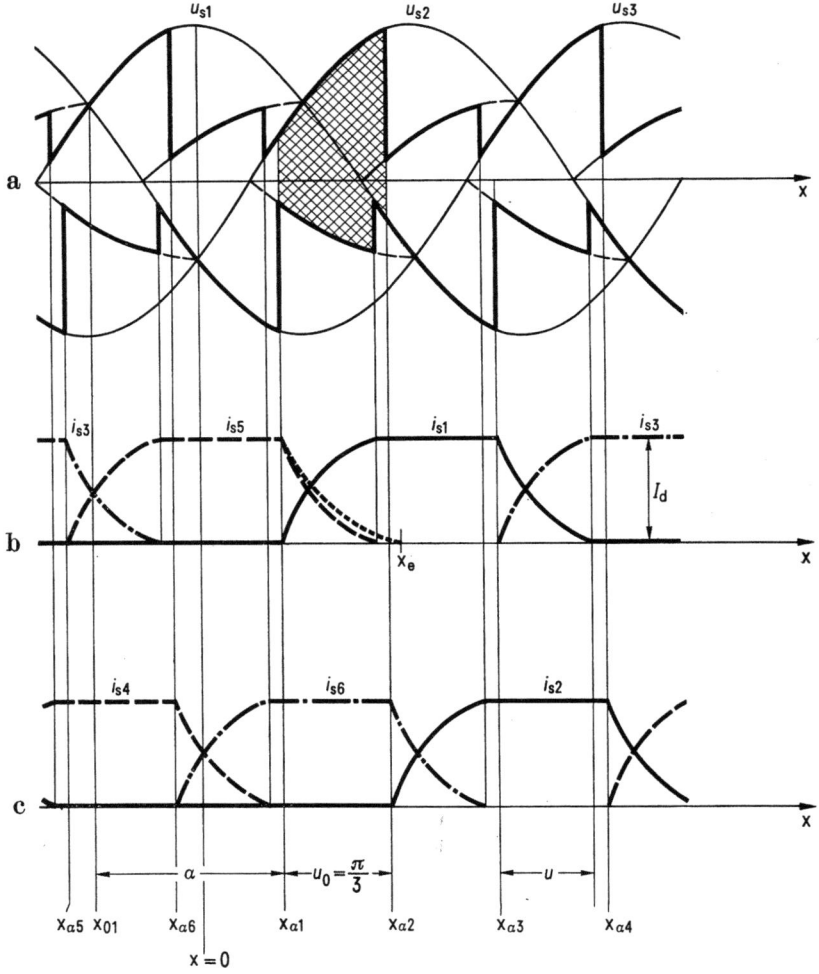

Abb. 9.19. Zeitverlauf der elektrischen Größen der Sechspulsbrücke Abb. 8.16 bei idealer Glättung im Steuerwinkelbereich $\pi/2 \leqq \alpha \leqq 2\pi/3$.

9.5 Sechspulsige Brückenschaltung mit Kommutierungsinduktivitäten

werte. Das Ventil V_5 würde daher bei x_e die Stromführung wieder aufnehmen und das Kippen des Wechselrichters einleiten. Daraus folgt, daß die Trittgrenze des Wechselrichterbetriebes beim Betrieb im Steuerwinkelbereich $\alpha = 2\pi/3$ bis $\alpha = \pi/2$ bei $u = \pi/3$, also beim Übergang von der Einfachkommutierung zur Doppelkommutierung erreicht wird.

Die Grenze zwischen Einfachkommutierung und Doppelkommutierung wurde in Abschn. 8.61 berechnet und führt auf die Ellipsengleichung (8.59)

$$\left(\frac{I_d}{J_{cc}}\right)^2 + \left(\frac{2}{\sqrt{3}}\frac{U_{d\alpha}}{U_{di}}\right)^2 = 1. \tag{9.51}$$

Die Gl. (9.51) beschreibt daher den Verlauf der Trittgrenze zwischen den Punkten R_1'' und S' der Abb. 9.20. Dem Kennlinienpunkt R_1'' ist — wie bereits gezeigt wurde — der Steuerwinkel $\alpha = 2\pi/3$ zugeordnet, der zum Kennlinienpunkt S' gehörende Steuerwinkel muß dagegen erst bestimmt werden.

Wenn der Steuerwinkel α in Abb. 9.19 unter der Voraussetzung $u = \pi/3$ auf den Wert $\alpha = \pi/2$ verkleinert, bzw. der Zündzeitpunkt $x_{\alpha 1}$ auf den Wert $x_{\alpha 1} = \pi/6$ zurückverlegt wird, dann resultiert aus (8.56) eine Belastungskennlinie, die in Abb. 9.20 in den Kennlinienpunkt S' einmündet. Das Teilstück $R_1''S'$ der Trittgrenze umfaßt deshalb den Steuerwinkelbereich

$$\frac{\pi}{2} \leqq \alpha \leqq \frac{2\pi}{3}. \tag{9.52}$$

Sobald der Grenzpunkt S' durch die Wahl eines Steuerwinkels $\alpha < \pi/2$ überschritten wird, findet im anschließenden Teilbereich $S'K$ der Trittgrenze Doppelkommutierung statt; dieser Betriebszustand wurde bereits in Abschn. 8.63 an Hand der Abb. 8.22 beschrieben.

In der Abb. 8.22 sind die Vorgänge bei der Doppelkommutierung im Gleichrichterbetrieb für einen Steuerwinkel aus dem Bereich

$$\frac{\pi}{6} \leqq \alpha \leqq \frac{\pi}{2} \tag{9.53}$$

dargestellt. Wenn der Gleichstrom I_d in Abb. 8.22 bei festgehaltenem Steuerwinkel α vergrößert wird, nimmt der Überlappungswinkel u' zu. Dabei bleibt die negative (doppelt schraffierte) Spannungsfläche in Abb. 8.22a konstant und die positive (einfach schraffierte) Spannungsfläche wird kleiner, bis schließlich bei negativen Werten von $U_{d\alpha}$ der Wechselrichterbetrieb eintritt.

Für die Belastungskennlinien, die bei dem eben beschriebenen Vorgang durchlaufen werden, wurde im Abschn. 8.63 die Gleichung (8.77)

berechnet:
$$\frac{U_{d\alpha}}{U_{dl}} = \sqrt{3}\cos\left(\alpha - \frac{\pi}{6}\right) - \frac{3}{2}\frac{I_d}{J_{cc}}. \qquad (9.54)$$

Die Beziehung (9.54) liefert in Abb. 9.20 eine zu SK parallele Geradenschar, die an der gestrichelt eingezeichneten Grenzlinie SS' zwischen einfacher und doppelter Kommutierung beginnt und in die noch zu berechnende Trittgrenze S'K einmündet. Für die zum Steuerwinkel $\alpha = \pi/6$ gehörende Belastungskennlinie folgt aus (9.54) die Gleichung

$$\frac{U_{d\alpha}}{U_{dl}} = \sqrt{3} - \frac{3}{2}\frac{I_d}{J_{cc}}. \qquad (9.55)$$

Die Gl. (9.55) liefert in Abb. 9.20 die Grenzgerade SK.

Bei der Berechnung der Trittgrenze S'K in Abb. 9.20 geht man von der Ventilspannung, z. B. des Ventiles V_4 in Abb. 8.16a, aus. Die Abb. 8.22c zeigt, daß der Ventilstrom i_{s4} im Zeitpunkt $x_{\alpha 1} + u'$ zu Null wird und daß daran ein Intervall anschließt, in dem nur die Ventile V_1, V_5 und V_6 Strom führen. In diesem Intervall gilt daher der Ersatzschaltplan Abb. 8.16b; daraus folgt $u_{v4} = -u_d$. Die Gleichspannung u_d ist nach Abb. 8.22a in dem an den Zeitpunkt $x_{\alpha 1} + u'$ anschließenden Intervall γ positiv, so daß das Ventil V_4 im Zeitpunkt $x_{\alpha 1} + u'$ gesperrt wird.

Mit wachsendem Gleichstrom wird γ kleiner und erreicht schließlich den Wert $\gamma = 0$. Bei einer weiteren Vergrößerung des Gleichstromes I_d würde der Wechselrichter kippen. An der Trittgrenze $\gamma = 0$ erstreckt sich das Intervall, in dem $u_d = 0$ gilt, nach Abb. 8.22a von $x_{\alpha 1}$ bis $x = \pi/6$; daran schließt ein Intervall von $x = \pi/6$ bis $x_{\alpha 1} + \pi/3$ an, in dem u_d nur negative Augenblickswerte besitzt und mit (8.34) den negativen Mittelwert

$$\frac{U_{d\alpha}}{U_{dl}} = \frac{3}{\pi}\frac{3}{2}\frac{\sqrt{2}U_s}{U_{dl}}\int_{\frac{\pi}{6}}^{x_{\alpha 1}+\frac{\pi}{3}}\cos\left(x + \frac{\pi}{3}\right)dx = \frac{\sqrt{3}}{2}\left(\cos\left(\alpha - \frac{\pi}{6}\right) - 1\right) \qquad (9.56)$$

liefert.

Die Beziehung (9.54) für die Belastungskennlinien im Bereich der Doppelkommutierung gilt auch an der Trittgrenze. Man findet daher die Gleichung für die Trittgrenze, indem man α aus den beiden Gln. (9.54), (9.56) eliminiert. Man erhält

$$\frac{U_{d\alpha}}{U_{dl}} = -\sqrt{3} + \frac{3}{2}\frac{I_d}{J_{cc}}. \qquad (9.57)$$

9.5 Sechspulsige Brückenschaltung mit Kommutierungsinduktivitäten

(9.57) liefert im Kennlinienfeld Abb. 9.20 die Gerade S'K. Der Vergleich der Gln. (9.55) und (9.57) zeigt, daß die beiden Geraden S'K und SK in Abb. 9.20 symmetrisch zur Abszisse verlaufen.

Die Abb. 9.20 stellt die vollständigen Belastungskennlinien der sechspulsigen Brückenschaltung einschließlich der Trittgrenze $P_1''R_1''S'K$ und der Grenze S'S zwischen einfacher und doppelter Kommutierung dar.

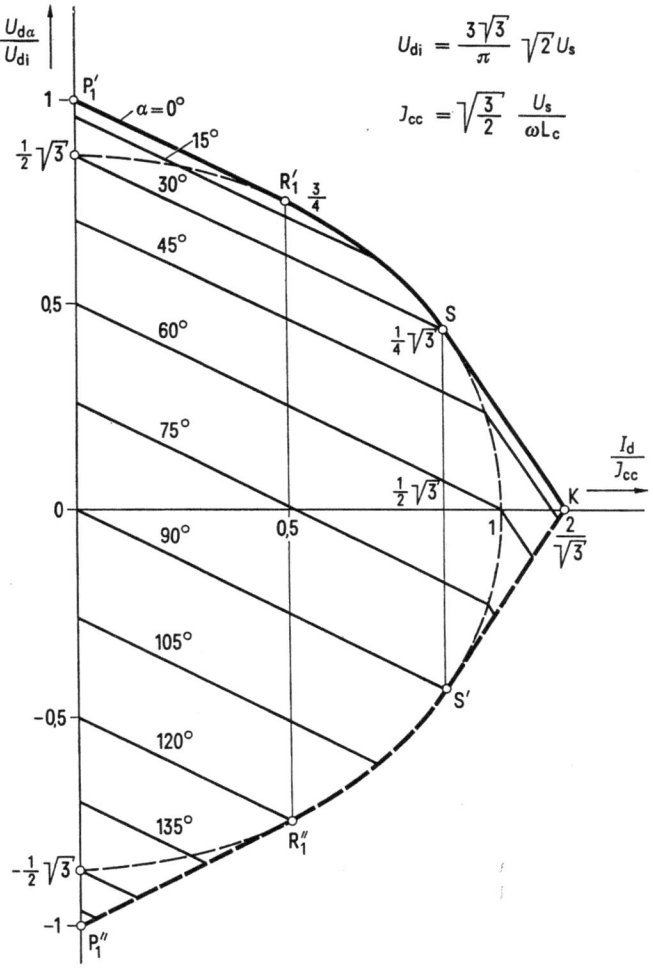

Abb. 9.20. Vollständige Belastungskennlinien der Sechspulsbrücke Abb. 8.16 bei idealer Glättung und Wechselrichtertrittgrenze $P_1''R_1''S'K$.

9.6 Einfluß der realen Ventileigenschaften auf die Wechselrichtertrittgrenze

In den Abschn. 9.3 bis 9.5 wurde bei der Ableitung der Erscheinungen an der Trittgrenze angenommen, daß das Ventil im gleichen Augenblick, in dem der Ventilstrom zu Null wird, seine Sperrfähigkeit wieder gewinnt; diese Eigenschaft besitzen nur die idealen Ventile. Bei realen Ventilen muß man dagegen noch die Begriffe Freiwerdezeit und Schonzeit mit berücksichtigen.

9.61 Freiwerdezeit und Schonzeit

Bei den idealen Ventilen wird die Sperrfähigkeit unmittelbar nach dem Nulldurchgang des Ventilstromes wiederhergestellt. Bei den realen Ventilen schließt dagegen an den Stromnulldurchgang eine gewisse Freiwerdezeit an, bevor das Ventil seine Sperrfähigkeit wieder gewinnt; in diesem Zeitintervall muß die Ventilspannung negativ sein. Wenn vor Ablauf der Freiwerdezeit eine positive Spannung am Ventil auftritt, nimmt das Ventil sofort wieder die Stromführung auf und der Wechselrichter kippt.

Die Freiwerdezeit ist eine Eigenschaft der Ventile; ihre Größe hängt, abgesehen von Herstellungstoleranzen, in gewissem Umfang von den Betriebsbedingungen, wie z. B. der Betriebstemperatur, usw., ab. In der Praxis des Wechselrichterbetriebes verwendet man daher zweckmäßigerweise anstelle der Freiwerdezeit den Begriff der Schonzeit. Die Schonzeit δ setzt sich aus der Freiwerdezeit und einem zusätzlichen Sicherheitsintervall zusammen, das so groß bemessen wird, daß das Ventil auch unter den ungünstigsten Bedingungen nach dem Stromnulldurchgang die Sperrfähigkeit wieder gewinnt. Früher wurde anstelle des Begriffes Schonzeit auch die Bezeichnung Respektabstand verwendet.

Bei idealen Ventilen und ohne Kommutierungsinduktivitäten wird die Wechselrichtertrittgrenze nach Abb. 9.7b dann erreicht, wenn der Zündzeitpunkt x_{a1} des Ventiles V_1 in den Zeitpunkt $x_{01} + \pi$ — entsprechend dem Betriebszustand $\gamma = 0$ — verlagert wird. Bei Berücksichtigung der Schonzeit δ wird die Wechselrichtertrittgrenze dagegen bereits erreicht, wenn der Zündzeitpunkt x_{a1} des Ventiles V_1 in den Zeitpunkt $x_{01} + \pi - \delta$ verlagert wird; dann reicht nämlich das verbleibende Intervall $\gamma - \delta$ negativer Werte der Ventilspannung gerade noch zur Wiederherstellung der Sperrfähigkeit des Ventiles V_p aus. Die theoretische Trittgrenze wird daher bei idealen Ventilen und fehlenden Kommutierungsinduktivitäten von $\alpha = \pi$ auf den Wert $\alpha = \pi - \delta$ bei realen Ventilen zurückgenommen.

9.6 Einfluß der realen Ventileigenschaften auf die Wechselrichtertrittgrenze

9.62 Wechselrichterkippen unter Berücksichtigung der Kommutierungsinduktivitäten und der Schonzeit

Am Beispiel der Abb. 9.21 soll der Gleichstromverlauf beim Kippen des Wechselrichterbetriebes unter Berücksichtigung der Kommutierungsinduktivitäten und der Schonzeit beschrieben werden. In dieser Schaltung werden die ohmschen Widerstände vernachlässigt, so daß $U_{d\alpha} = E$ gilt. Aus den zu Beginn des Abschn. 9.33 dargelegten Gründen muß in Abb. 9.21 eine endlich große Induktivität L, also unvollkommene Glättung des Gleichstromes angenommen werden.

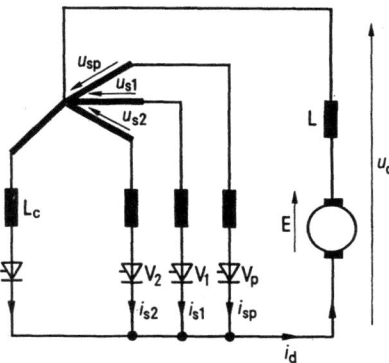

Abb. 9.21. p-pulsige Mittelpunktschaltung mit Kommutierungsinduktivitäten L_c.

In der Abb. 9.22 sind links vom Zeitpunkt $x_{\alpha 2}$ die Verhältnisse beim normalen Wechselrichterbetrieb dargestellt; das Zeitintervall γ der negativen Ventilspannung ist nur ein wenig größer als die Schonzeit δ (Abb. 9.22a), so daß die Sperrung der Ventile nach dem Nulldurchgang des Ventilstromes zwar sichergestellt ist, der Wechselrichter jedoch nahe an der Trittgrenze arbeitet.

Nach dem Zeitpunkt $x_{\alpha 2}$ wird eine Erhöhung des Gleichstromes, z. B. durch einen Laststoß angenommen. Daraus resultiert eine Vergrößerung des Überlappungswinkels und damit eine Verkleinerung des Intervalles γ. Bei hinreichender Erhöhung des Gleichstromes wird γ kleiner als die Schonzeit δ (Abb. 9.22b), so daß das Ventil V_1 im Zeitpunkt x_k die Stromführung wieder aufnimmt (Abb. 9.22c). Im Zeitpunkt x_k setzt somit das Wechselrichterkippen ein.

Anschließend an den Zeitpunkt x_k kommutieren die beiden Ventile V_1 und V_2 miteinander, bis schließlich im Zeitpunkt $x_k + u_{dyn}$ der Ventilstrom i_{s2} zu Null wird (Abb. 9.22c). Während des Überlappungswinkels u_{dyn} verläuft die Gleichspannung u_d nach Abb. 9.22a zwischen den Spannungen u_{s1} und u_{s2} der beiden an der Kommutierung beteiligten

Ventile. Anschließend an den Zeitpunkt $x_k + u_{dyn}$ führt das Ventil V_1 allein den kurzschlußartig ansteigenden Gleichstrom $i_d = i_{s1}$; die Gleichspannung ist dabei durch $u_d = u_{s1}$ gegeben (Abb. 9.22a, c). Der eben beschriebene Kippvorgang soll anschließend an Hand der Anordnung Abb. 9.21 berechnet werden.

Während der gemeinsamen Stromführung der beiden Ventile V_1, V_2, also im Zeitintervall x_k bis $x_k + u_{dyn}$, gelten nach Abb. 9.21 die beiden

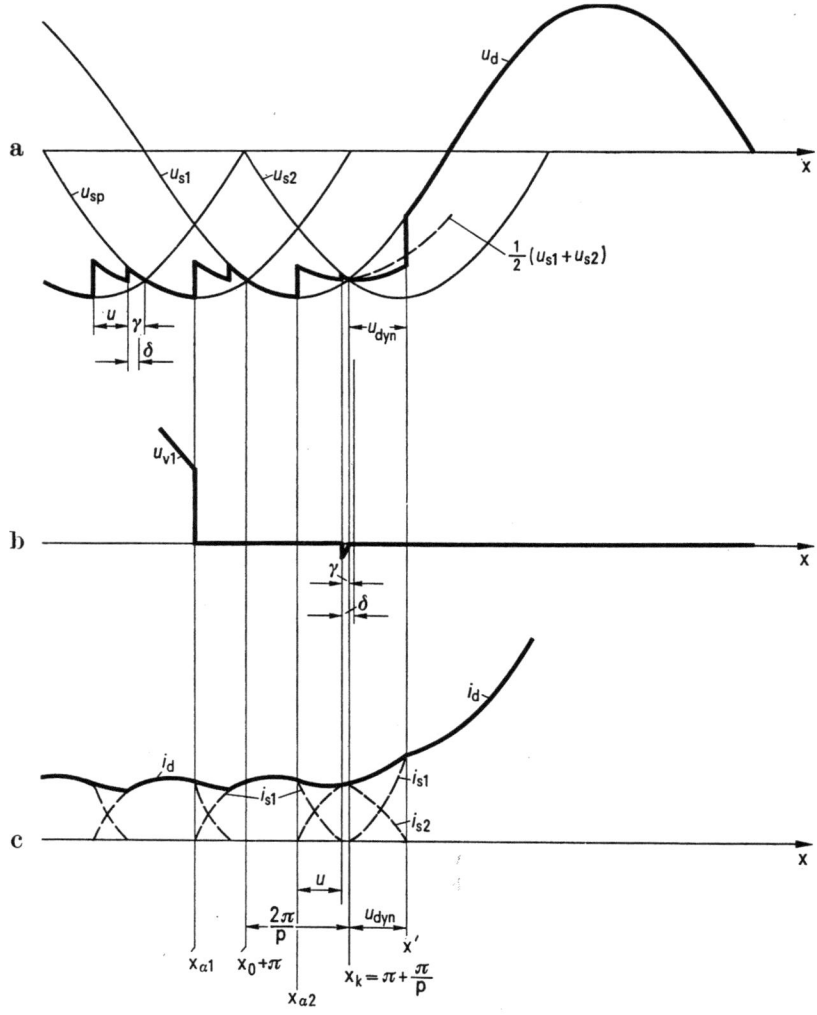

Abb. 9.22. Zeitverlauf der elektrischen Größen der p-pulsigen Mittelpunktschaltung Abb. 9.21 beim Wechselrichterkippen.

9.6 Einfluß der realen Ventileigenschaften auf die Wechselrichtertrittgrenze 251

Gleichungen
$$u_{s1} = E + \omega L \frac{di_d}{dx} + \omega L_c \frac{di_{s1}}{dx}, \quad (9.58)$$

$$u_{s2} = E + \omega L \frac{di_d}{dx} + \omega L_c \frac{di_{s2}}{dx}. \quad (9.59)$$

Mit Hilfe von
$$i_d = i_{s1} + i_{s2}, \quad i_f = i_{s1} - i_{s2} \quad (9.60)$$

folgt aus der Summe bzw. der Differenz der beiden Gln. (9.58), (9.59)

$$\frac{1}{2}(u_{s1} + u_{s2}) = \sqrt{2}\,U_s \cos\frac{\pi}{p} \cos\left(x - \frac{\pi}{p}\right) = E + \omega\left(L + \frac{1}{2}L_c\right)\frac{di_d}{dx}, \quad (9.61)$$

$$u_{s1} - u_{s2} = -2\sqrt{2}\,U_s \sin\frac{\pi}{p} \sin\left(x - \frac{\pi}{p}\right) = \omega L_c \frac{di_f}{dx}. \quad (9.62)$$

Aus der Abb. 9.22c und aus (9.60) entnimmt man mit $x_k = \pi + \pi/p$, daß die Differentialgleichungen (9.61), (9.62) mit den Anfangsbedingungen

$$i_d = i_d\left(\pi + \frac{\pi}{p}\right) = i_d(x_k), \quad i_f = i_f\left(\pi + \frac{\pi}{p}\right) = -i_d(x_k), \quad (9.63)$$

zu lösen sind; $i_d(x_k)$ ist der Momentanwert des Gleichstromes beim Beginn des Kippens im Zeitpunkt x_k. Man erhält die Lösungen

$$i_d = i_d(x_k) + \frac{E}{\omega\left(L + \frac{1}{2}L_c\right)}(x_k - x) + i', \quad (9.64)$$

$$i' = \frac{\sqrt{2}\,U_s}{\omega\left(L + \frac{1}{2}L_c\right)} \cos\frac{\pi}{p} \sin\left(x - \frac{\pi}{p}\right), \quad (9.65)$$

$$i_f = -i_d(x_k) + i'', \quad (9.66)$$

$$i'' = \frac{2\sqrt{2}\,U_s}{\omega L_c} \sin\frac{\pi}{p}\left(\cos\left(x - \frac{\pi}{p}\right) + 1\right). \quad (9.67)$$

Die Abb. 9.23 zeigt, wie sich die Ströme i_d und i_f aus den drei Komponenten der Gl. (9.64) bzw. aus den zwei Komponenten der Gl. (9.66) zusammensetzen; dabei ist zu beachten, daß E im Wechselrichterbetrieb eine negative Größe ist. Nach (9.60) ist der Zeitverlauf von i_{s1} durch die halbe Summe, der Zeitverlauf von i_{s2} durch die halbe Differenz der beiden Größen i_d und i_f gegeben; der Zeitverlauf von i_{s1} und i_{s2} ist in Abb. 9.23 ebenfalls (gestrichelt) eingezeichnet.

Die beiden Gln. (9.64), (9.66) gelten solange, bis der Ventilstrom $i_{s2} = (i_d - i_f)/2$ im Zeitpunkt $x_k + u_{\mathrm{dyn}}$ (Abb. 9.23) den Wert Null

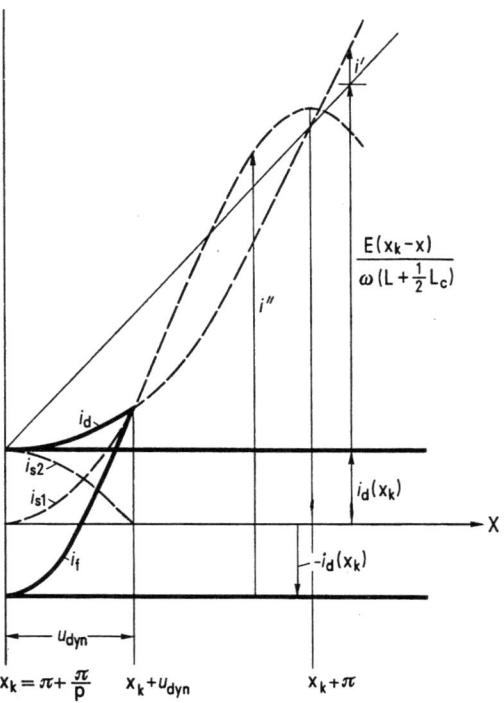

Abb. 9.23. Bestimmung des Gleichstromes i_d beim Wechselrichterkippen aus den drei Summanden der Gleichung (9.72).

erreicht hat, bzw. die beiden Ströme i_d und i_f einander gleich geworden sind; u_{dyn} wird als dynamischer Überlappungswinkel bezeichnet. Man berechnet u_{dyn} mit Hilfe von (9.60) und der beiden Gln. (9.64), (9.66) aus der Bestimmungsgleichung

$$i_d(x_k + u_{\mathrm{dyn}}) = i_f(x_k + u_{\mathrm{dyn}}), \qquad x_k = \pi + \frac{\pi}{p}. \tag{9.68}$$

Der dynamische Überlappungswinkel u_{dyn} ist nach Abb. 9.22 wegen des anwachsenden Gleichstromes i_d größer als der Überlappungswinkel u, der sich im vorangehenden stationären Betrieb einstellt.

9.6 Einfluß der realen Ventileigenschaften auf die Wechselrichtertrittgrenze

Während der dynamischen Kommutierung gilt (9.61). Nach Abb. 9.21 kann (9.61) folgendermaßen angeschrieben werden:

$$u_d = E + \omega L \frac{di_d}{dx} = \frac{1}{2}(u_{s1} + u_{s2}) - \frac{1}{2}\omega L_c \frac{di_d}{dx}. \qquad (9.69)$$

Die Gleichspannung u_d ist somit während der dynamischen Kommutierung durch den Mittelwert der beiden an der Kommutierung beteiligten Spannungen u_{s1} und u_{s2}, abzüglich eines Spannungsanteiles, der vom unvollkommen geglätteten Gleichstrom verursacht wird, gegeben. In Abb. 9.22a ist der Zeitverlauf von u_d eingezeichnet.

Vom Zeitpunkt $x_k + u_{dyn}$ an führt das Ventil V_1 allein den Gleichstrom $i_d = i_{s1}$. In diesem Zustand gilt nach Abb. 9.21 die Differentialgleichung

$$u_{s1} = \sqrt{2}\, U_s \cos x = E + \omega(L + L_c)\frac{di_d}{dx}. \qquad (9.70)$$

Man löst diese Differentialgleichung nach Abb. 9.22 und $x' = x_k + u_{dyn}$ mit der Anfangsbedingung

$$i_d = i_d(x_k + u_{dyn}) = i_d(x'), \qquad x_k = \pi + \frac{\pi}{p}, \qquad (9.71)$$

und erhält als Ergebnis:

$$i_d = \frac{\sqrt{2}\,U_s}{\omega(L+L_c)}(\sin x - \sin x') + \frac{E}{\omega(L+L_c)}(x' - x) + i_d(x'). \qquad (9.72)$$

Man berechnet $i_d(x')$ nach Abb. 9.22 aus der Beziehung (9.64), indem man darin $x = x' = x_k + u_{dyn}$ setzt. Den Wert für u_{dyn} erhält man aus (9.68). In der Abb. 9.22 ist der gemäß (9.72) an den Zeitpunkt x' anschließende Zeitverlauf von i_d eingezeichnet.

Aus der Abb. 9.22 geht hervor, daß der Gleichstrom i_d nach dem Beginn des Kippvorganges im Zeitpunkt x_k sehr rasch ansteigt, so daß der Stromrichter durch die Schutzeinrichtung abgeschaltet wird.

III Stromrichter für Gleichstromantriebe

Ein wichtiges Beispiel der Antriebstechnik ist in Abb. 10.1 dargestellt. Eine Gleichstrommaschine G wird über einen Umformer U (gestrichelt umrandet) vom Drehstromnetz gespeist und treibt eine Arbeitsmaschine A an. Der Umformer hat die Aufgabe, Energie vom Drehstromnetz ins Gleichstromnetz zu übertragen und zu steuern, oder Energie in umgekehrter Richtung vom Gleichstromnetz ins Drehstromnetz zurückzuliefern. Man kann diese Aufgabe mit Hilfe eines Maschinenumformers (Abb. 10.1a) oder mit Hilfe eines oder mehrerer Stromrichter (Abb. 10.1b) lösen; im letzten Fall spricht man von einem stromrichtergespeisten Antrieb oder kurz von einem Stromrichterantrieb.

Stromrichter besitzen gegenüber Maschinenumformern den Vorteil des besseren Wirkungsgrades, sie erfordern keine Fundamente und haben keine der Wartung oder dem Verschleiß unterworfenen Teile. In vielen Fällen ist außerdem die sehr kurze Anregelzeit, die mit Stromrichtern erreichbar ist, ausschlaggebend für die Anwendung.

Die Eigenschaften der Stromrichterantriebe werden in den Abschn. 10 und 11 beschrieben.

10 Gleichrichterbetrieb und Wechselrichterbetrieb mit Gegenspannung

Bei den Stromrichtern für Gleichstromantriebe besteht die Last auf der Gleichstromseite nach Abb. 10.1b aus einer Gleichstromnebenschlußmaschine G und einer Glättungsinduktivität L. Die Größe der Glättungsinduktivität richtet sich nach der Höhe der Stromoberwellen, die von der Gleichstrommaschine dauernd vertragen werden. Mit R ist der Ankerwiderstand der Gleichstrommaschine bezeichnet und L_c sind Kommutierungsinduktivitäten in den Ventilzuleitungen. Da nur die Vorgänge bei einfacher Kommutierung betrachtet werden, beschreiben die Induktivitäten L_c nach Abschn. 12 und 14 den Einfluß der Netzinduktivitäten und der Transformatorstreuungen. Alle übrigen Widerstände und Induktivitäten, die unter realen Bedingungen auftreten, werden vernachlässigt.

10.1 Allgemeine Aussagen über den Stromrichterbetrieb mit Gegenspannung

In Abb. 10.1b liefert die Gleichstromnebenschlußmaschine eine Gegenspannung, die kontinuierlich zwischen positiven und negativen Werten verändert werden kann. Zur Beschreibung der Vorgänge in Abb. 10.1b werden zunächst die Begriffe Leistungsquadranten und Betriebskennlinien erläutert.

10.11 Leistungsquadranten

Zwischen der inneren Spannung E der Gleichstromnebenschlußmaschine (Gegen-EMK) und der Drehzahl n bzw. zwischen dem Maschinengleichstrom I_d und dem Drehmoment M bestehen die Beziehungen

$$E = k_1 n, \qquad I_d = k_2 M. \tag{10.1}$$

Die Faktoren k_1 und k_2 können bei einer vorgegebenen Maschine und konstanter Erregung in einem weiten Betriebsbereich angenähert als konstante Größen betrachtet werden. Die Drehzahl n ist nach Vorzeichen

(Drehrichtung) und Höhe durch die Maschinenspannung E, das Drehmoment M durch das Vorzeichen (Antrieb oder Bremsung) und die Höhe des Stromes I_d festgelegt. Bei einer idealen Maschine besitzt der Ankerwiderstand und die Ankerinduktivität den Wert Null, so daß die innere Spannung E mit der Klemmenspannung der Maschine identisch wird.

Die in Abb. 10.1 von der Gleichstrommaschine G auf die Arbeitsmaschine A übertragene mechanische Leistung P_{mech} ist mit (10.1) durch

$$P_{\text{mech}} = E I_d = k_1 k_2 n M \tag{10.2}$$

gegeben. Bei positivem Vorzeichen von P_{mech} (Motorbetrieb) wird die Arbeitsmaschine von der Gleichstrommaschine angetrieben; bei negativem Vorzeichen (Generatorbetrieb) treibt die Arbeitsmaschine A, z. B. beim Bremsen, die Gleichstrommaschine an.

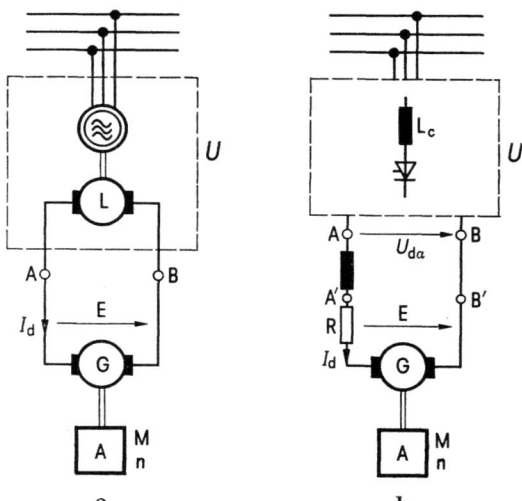

Abb. 10.1. Umformung von Wechselstrom in Gleichstrom und umgekehrt.
a) Maschinenumformer; b) Stromrichter.

Der Betriebszustand der Gleichstrommaschine G in Abb. 10.1 wird durch den Betrag und das Vorzeichen von E und I_d, also durch einen Punkt Q in einem der vier Quadranten der Abb. 10.2 festgelegt. In den Quadranten I und III besitzen die Drehzahl n und das Moment M, also die Spannung E und der Strom I_d das gleiche Vorzeichen; die Maschine nimmt die Gleichstromleistung $P_d = E I_d$ aus dem Drehstromnetz auf, sie wird also angetrieben. In den Quadranten II und IV haben Drehzahl und Moment, also auch Spannung und Strom, entgegengesetzte Vorzeichen, so daß für die Gleichstromleistung $P_d = -E I_d$ gilt; die Gleich-

.1 Allgemeine Aussagen

strommaschine liefert Leistung an das Drehstromnetz, sie wird z. B. abgebremst.

Beim Vierquadrantenbetrieb muß die Gleichstrommaschine G in Abb. 10.1 mit kontinuierlich einstellbaren positiven und negativen Strömen und Spannungen versorgt werden. Diese Forderung wird bei einem Maschinenumformer durch entsprechende Änderung und Richtungsumkehr der Erregung der Maschine L in Abb. 10.1a erfüllt.

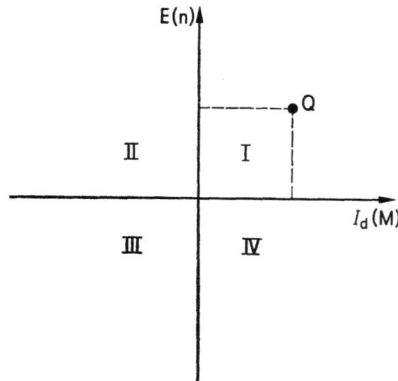

Abb. 10.2. Leistungsquadranten.

Bei der Umformung mit Hilfe von Stromrichtern hat man dagegen zu beachten, daß die Sperrwirkung der Ventile keine Stromumkehr, sondern nur eine Spannungsumkehr durch den Übergang zwischen Gleichrichterbetrieb und Wechselrichterbetrieb zuläßt. Ein einzelner Stromrichter kann daher nur wahlweise im Leistungsquadranten I und IV oder II und III betrieben werden. Die Vorgänge, die beim Betrieb eines einzelnen Stromrichters in einem der beiden Quadrantenpaare auftreten, werden im vorliegenden Abschn. 10 untersucht.

Falls die Aufgabenstellung den Betrieb in allen vier Leistungsquadranten der Abb. 10.2 oder aber in den Quadranten I und II bzw. in den Quadranten III und IV erfordert, muß dafür gesorgt werden, daß der Gleichstrom seine Richtung umkehren kann. In Abschn. 11 wird beschrieben, daß man dazu entweder einen Stromrichter und einen Umschalter, oder aber zwei Stromrichter, für jede Richtung des Gleichstromes einen, braucht.

10.12 Betriebskennlinien

Man kann in Abb. 10.1b den Lastspannungsmittelwert $U_{d\alpha}$ (Klemmenspannung) des Stromrichters bei festgehaltenem Zündzeitpunkt x_α, bzw. Steuerwinkel α für verschiedene Werte des Laststrommittelwertes I_d

messen. Diese Messung liefert einen Zusammenhang zwischen $U_{d\alpha}$ und I_d mit x_α bzw. α als Parameter, der als Belastungskennlinie des Stromrichters bezeichnet wird; man kann dafür formal $U_{d\alpha} = f(I_d, \alpha)$ schreiben. Die Abb. 10.12 zeigt den Verlauf der Belastungskennlinien.

Zwischen der inneren Spannung E und dem Gleichstrom I_d besteht bei fest vorgegebenem Zündzeitpunkt x_α bzw. Steuerwinkel α ebenfalls ein Zusammenhang, für den die Beziehung $E = F(I_d, \alpha)$ angeschrieben werden kann. Da die Größen E bzw. I_d nach (10.1) der Drehzahl n bzw. dem Drehmoment M der angetriebenen Arbeitsmaschine A proportional sind, spricht man auch von der Drehzahl-Drehmomentkennlinie, oder kurz von der Drehzahlkennlinie der Maschine.

Die Belastungskennlinien des Stromrichters und die Drehzahlkennlinien der Maschine können unter dem Oberbegriff Betriebskennlinien des Stromrichterantriebes zusammengefaßt werden.

In der Abb. 10.1b beschreibt R den Ankerwiderstand und E die innere Spannung der Gleichstromnebenschlußmaschine. Zwischen den Punkten A'B' wirkt daher die Klemmenspannung der Maschine; sie ist mit dem Gleichspannungsmittelwert $U_{d\alpha}$ des Stromrichters identisch, weil an der Induktivität L keine Gleichkomponente auftreten kann. Nach Abb. 10.1b besteht zwischen den Gleichspannungen $U_{d\alpha}$ und E die Beziehung

$$E = U_{d\alpha} - RI_d. \tag{10.3}$$

Daraus geht hervor, daß es ausreicht, wenn man die Belastungskennlinien $U_{d\alpha} = f(I_d, \alpha)$ oder die Drehzahlkennlinien $E = F(I_d, \alpha)$ berechnet, weil man mit Hilfe von (10.3) aus einer Kennlinie unmittelbar die jeweils andere Kennlinie berechnen kann.

Im Falle idealer Glättung ($L = \infty$) des Gleichstromes sind die Belastungskennlinien des Stromrichters Abb. 10.1b im Bereich der einfachen Kommutierung nach Abschn. 9.43 durch die parallele Geradenschar (9.17) gegeben; in Abb. 10.12 ist eine solche Gerade $b_0 c_0$ dargestellt. Bei unvollkommener Glättung ($L \neq \infty$) stellt sich dagegen der Verlauf $Q_\infty a'b'c'$ ein, der insbesondere in der Nähe des Leerlaufes beträchtlich vom Verlauf $b_0 c_0$ bei idealer Glättung abweicht; diese Abweichung besteht vornehmlich in einem kräftigen Anstieg des Gleichspannungsmittelwertes beim Übergang von relativ kleinen Lastströmen zum Leerlauf. Mit diesem unerwünschten Spannungsanstieg muß bei Stromrichterantrieben immer gerechnet werden, falls keine Grundlast vorhanden ist. Bei Maschinenumformern treten solche Spannungserhöhungen im Leerlauf niemals auf, weil die Maschinenkennlinie — ähnlich wie beim Stromrichter mit idealer Glättung — stets durch eine Gerade, entsprechend $b_0 c_0$ in Abb. 10.12 gegeben ist.

10.2 Wirkungsweise des Stromrichterbetriebes mit Gegenspannung bei kleinen Gleichströmen

Die Wirkungsweise eines Stromrichters mit einer Gegenspannung im Lastkreis wurde für den Sonderfall idealer Glättung des Gleichstromes bereits im Abschn. 9 für den Wechselrichterbetrieb und für den Gleichrichterbetrieb beschrieben. In der Praxis liegt dagegen stets eine endlich große Glättungsinduktivität vor, so daß der Gleichstrom — wie gezeigt werden soll — bei hinreichend kleinen Mittelwerten des Gleichstromes I_d zu lücken beginnt. Die Voraussetzung eines ideal oder zumindest hinreichend geglätteten Gleichstromes ist dann nicht erfüllt, so daß die Ergebnisse des Abschn. 9 für kleine Gleichstrommittelwerte nicht angewendet werden dürfen.

Gewöhnlich wird die Glättungsinduktivität so groß gewählt, daß der Gleichstrom erst bei kleinen Werten, also in der Nähe des Leerlaufes zu lücken beginnt; dann ist der Einfluß des Spannungsverlustes RI_d am Ankerwiderstand in Abb. 10.1b gering und verschwindet im Leerlauf

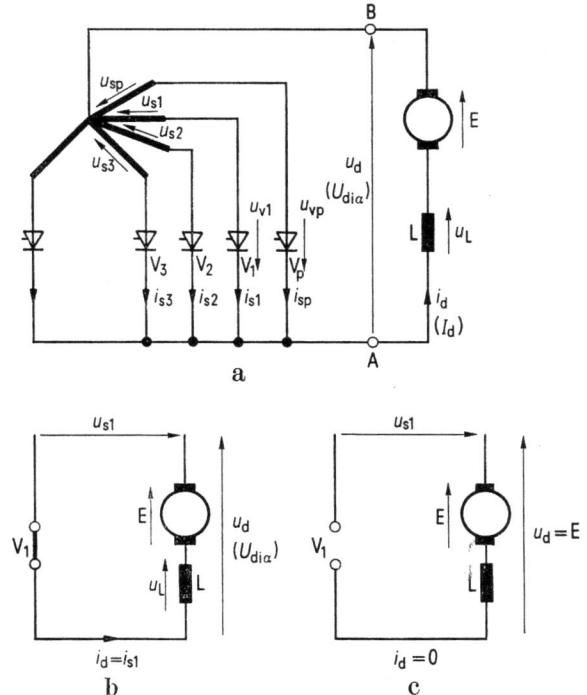

Abb. 10.3. p-pulsige Mittelpunktschaltung mit Gegenspannung.
a) Schaltung; b), c) Ersatzschaltpläne.

vollkommen. Man kann daher, solange sich die Überlegungen auf hinreichend kleine Gleichströme beschränken, in Abb. 10.1b in guter Näherung $R = 0$ setzen.

Aus den gleichen Gründen wie beim Ankerwiderstand R verursachen auch die Kommutierungsinduktivitäten in Abb. 10.1b bei hinreichend kleinen Gleichströmen keinen nennenswerten Gleichspannungsverlust, so daß man im Bereich kleiner Ströme außerdem $L_c = 0$ setzen kann.

Zur Beschreibung des Einflusses der Gegenspannung auf den Stromrichterbetrieb bei unvollkommener Glättung kann daher für den Bereich hinreichend kleiner Gleichströme die vereinfachte Schaltung Abb. 10.3a herangezogen werden. In der Abb. 10.3a wird eine p-pulsige Mittelpunktschaltung angenommen. Diese Festlegung erfolgt vor allem aus didaktischen Gründen, weil die Vorgänge bei den Mittelpunktschaltungen anschaulicher erklärt werden können als bei den Brückenschaltungen, denen bei der praktischen Anwendung allerdings in vielen Fällen der Vorzug gegeben wird.

In der vereinfachten Schaltung Abb. 10.3a gilt wegen $R = 0$ die Gleichung $U_{di\alpha} = E$. Es wird vereinbart, daß für die zwei identischen Gleichspannungen im vorliegenden Abschn. 10.2 die Bezeichnung E verwendet wird und daß die Schreibweise $U_{di\alpha}$ nur dann herangezogen wird, wenn es dem besseren Verständnis der Darstellung nützt.

10.21 Betrieb bei unwirksamer Steuerung (spontane Zündverzögerung)

In Abb. 10.4 sind die Sternspannungen $u_{s1}, u_{s2}, \ldots, u_{sp}$ und die positive Maschinenspannung $E = U_{di\alpha}$ dargestellt. Außerdem ist der Zeitpunkt x_α eingezeichnet, in dem das Ventil V_1 von der Steuerung freigegeben wird; der zugehörige Steuerwinkel α wird vom natürlichen Zündzeitpunkt $x_0 = -\pi/p$ an gezählt und beträgt nach (6.1)

$$\alpha = x_\alpha + \frac{\pi}{p}, \quad x_0 = -\frac{\pi}{p}. \qquad (10.4)$$

Man entnimmt aus Abb. 10.3a und 10.4a, daß an dem Ventil V_1 im Intervall x_α bis x_α' die negative Ventilspannung $u_{v1} = u_{s1} - E$ auftritt, die im Zeitpunkt x_α' von negativen zu positiven Augenblickswerten durch Null geht. Deshalb kann das Ventil V_1 die Stromführung erst im Zeitpunkt x_α' übernehmen, obwohl es bereits bei x_α von der Steuerung zur Stromübernahme freigegeben wurde.

Man stellt somit fest, daß der von der Steuerung vorgegebene Steuerwinkel $\alpha = x_\alpha + \pi/p$ wirkungslos wird (unwirksame Steuerung) und an seine Stelle der Steuerwinkel

$$\alpha' = x_\alpha' + \frac{\pi}{p} \qquad (10.5)$$

10.2 Wirkungsweise bei kleinen Gleichströmen

tritt. Der Steuerwinkel α' wird mit wachsender Gleichspannung E größer und erreicht nach Abb. 10.4a bei $E = \sqrt{2}\,U_s$ den Höchstwert $\alpha' = \pi/p$.

Man bezeichnet die Verschiebung des Zeitpunktes der Stromübernahme von x_α nach x_α' (Abb. 10.4a) — in Analogie zu den im Abschn. 8.62 beschriebenen Vorgängen — als spontane Zündverzögerung und den Steuerwinkel α' als spontanen Steuerwinkel. Bei der sechspulsigen Brückenschaltung wird die spontane Zündverzögerung durch den wachsenden Gleichstrom I_d und im vorliegenden Fall durch die wachsende Gleichspannung E verursacht.

Man bestimmt nach Abb. 10.4a den spontanen Zündzeitpunkt x_α' aus der Bedingung $u_{v1}(x_\alpha') = u_{s1}(x_\alpha') - E = 0$. Beachtet man, daß wegen $R = 0$ auch $E = U_{d1\alpha}$ gilt, dann erhält man die folgende Bestimmungsgleichung für x_α':

$$\cos x_\alpha' = \frac{E}{\sqrt{2}\,U_s} = \frac{U_{d1\alpha}}{\sqrt{2}\,U_s}. \tag{10.6}$$

(10.6) liefert für x_α' zwei Lösungen gleichen Betrages, aber mit verschiedenem Vorzeichen; nach Abb. 10.4a ist x_α' durch die Lösung mit dem negativen Vorzeichen gegeben.

Der Zustand nach Abb. 10.4a wird als Betrieb bei spontaner Zündverzögerung oder als Betrieb mit unwirksamer Steuerung bezeichnet. Die gleichen Verhältnisse wie bei unwirksamer Steuerung stellen sich ein, wenn die Stromrichterschaltung Abb. 10.3a aus ungesteuerten Ventilen besteht.

Während der Durchlaßzeit τ_{F0} der Ventile (Abb. 10.4a) gilt der Ersatzschaltplan Abb. 10.3b und während der Sperrzeit τ_{S0} gilt Abb. 10.3c. Während der Durchlaßzeit τ_{F0} folgt aus Abb. 10.3b

$$u_L = u_{s1} - E, \quad u_d = E + u_L = u_{s1}. \tag{10.7}$$

Während der Sperrzeit τ_{S0} gilt nach Abb. 10.3c

$$u_L = 0, \quad i_d = 0, \quad u_d = E. \tag{10.8}$$

Mit Hilfe der Gln. (10.7), (10.8) wurden in der Abb. 10.4 die Spannungen u_L und u_d eingezeichnet. Die einfach schraffierte positive und die doppelt schraffierte negative Spannungsfläche von u_L müssen einander gleich sein, da es sich um eine reine Wechselspannung handelt. Die positive Fläche von u_L ist durch u_{s1} und E eindeutig vorgegeben, so daß man über die gleich große negative Fläche die Länge der Durchlaßzeit τ_{F0} abschätzen kann.

Der spontane Zündzeitpunkt x_α' wird in Abb. 10.4a mit abnehmender Gleichspannung E nach links verlagert. Mit wachsenden Beträgen der positiven und negativen Spannungsflächen von u_L wird τ_{F0} größer und

262 10 Gleich- und Wechselrichterbetrieb mit Gegenspannung

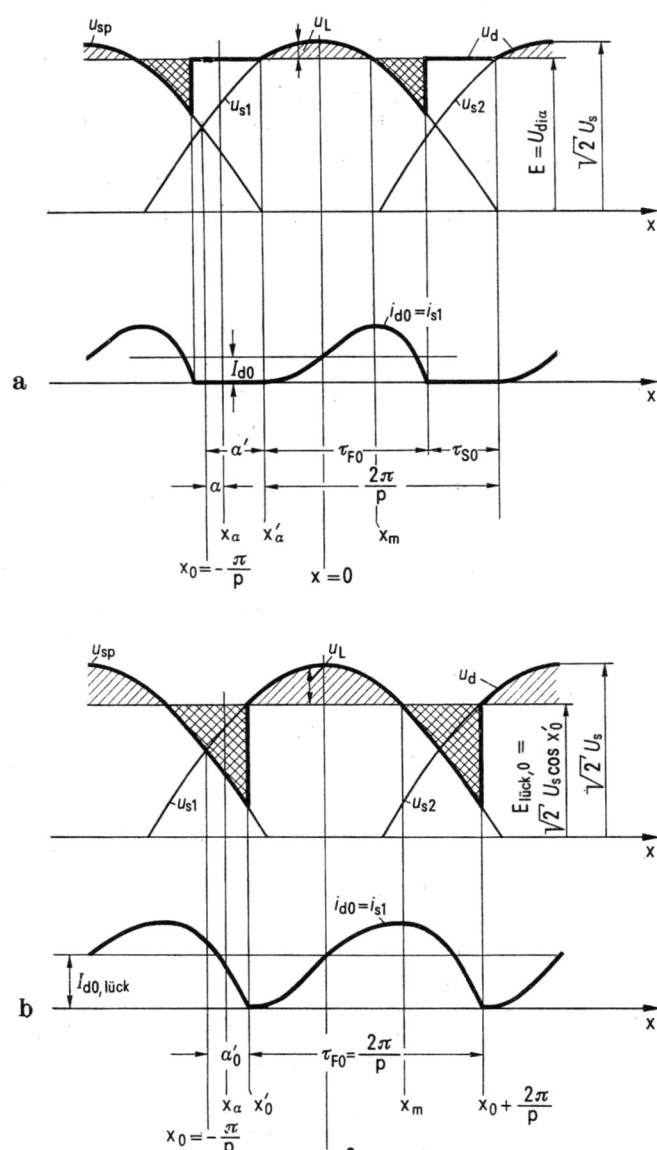

Abb. 10.4. Zeitverlauf der elektrischen Größen in der p-pulsigen Mittelpunktschaltung Abb. 10.3a bei kleinen Gleichströmen und spontaner Zündverzögerung (unwirksame Steuerung). a) lückender Betrieb; b) Betrieb an der Lückgrenze.

10.2 Wirkungsweise bei kleinen Gleichströmen

umfaßt schließlich nach Abb. 10.4b bei einer bestimmten Spannung $E_{\text{lück},0}$ das volle Periodizitätsintervall $2\pi/p$; der zugehörige natürliche Zündzeitpunkt wird mit x_0' bezeichnet. Mit der Spannung $E_{\text{lück},0}$ wird nach Abb. 10.4b die Grenze zwischen lückendem und nichtlückendem Betrieb erreicht.

Aus der Abb. 10.4b entnimmt man unmittelbar

$$E_{\text{lück},0} = \sqrt{2}\, U_s \cos x_0' = \sqrt{2}\, U_s \cos\left(\alpha_0' - \frac{\pi}{p}\right), \tag{10.9}$$

$$\alpha_0' = x_0' + \frac{\pi}{p}. \tag{10.10}$$

Außerdem ist $E_{\text{lück},0}$ im Grenzfall der Abb. 10.4b durch den Mittelwert über u_{s1} in den Grenzen $x_0' = \alpha_0' - \pi/p$ bis $x_0' + 2\pi/p = \alpha_0' + \pi/p$ gegeben

$$E_{\text{lück},0} = \frac{p}{2\pi} \int_{-\frac{\pi}{p}+\alpha_0'}^{\frac{\pi}{p}+\alpha_0'} u_{s1}\, \mathrm{d}x = \sqrt{2}\, U_s \frac{p}{\pi} \sin\frac{\pi}{p} \cos\alpha_0'. \tag{10.11}$$

Durch Gleichsetzen der Beziehungen (10.9), (10.11) erhält man eine Bestimmungsgleichung für α_0', die nach α_0' aufgelöst die Beziehung

$$\tan\alpha_0' = \frac{p}{\pi} K, \quad K = 1 - \frac{\pi}{p}\cot\frac{\pi}{p}, \tag{10.12}$$

p =	2	3	6	12	∞
α_0'	32°29'	20°40'	10°4'	5°1'	0°
x_0'	-57°31'	-39°20'	-19°56'	-9°59'	0°
$\cos\alpha_0'$	0,846	0,936	0,985	0,996	1
$\dfrac{E_{\text{lück},0}}{\sqrt{2}\,U_s}$	0,537	0,774	0,940	0,985	1
$\dfrac{I_{do,\text{lück}}}{p\sqrt{2}\,I}$	0,171	0,038	0,0026	0,00017	0
G	0,637	0,827	0,955	0,989	1
H	0,318	0,109	0,0148	0,00189	0
K	1,00	0,395	0,093	0,023	0

Abb. 10.5. Charakteristische Größen beim Betrieb der p-pulsigen Mittelpunktschaltung mit Gegenspannung (Abb. 10.3a) für verschiedene Pulszahlen.

liefert. In der Tabelle Abb. 10.5 sind die Größen α_0', x_0', K und $E_{\text{lück},0}/\sqrt{2}\,U_s$ sowie $\cos\alpha_0'$ für verschiedene Werte von p zusammengestellt.

Der Zeitverlauf von i_d und der Mittelwert I_d des Gleichstromes wird — um Wiederholungen zu vermeiden — im folgenden Abschnitt gemeinsam für den Betrieb mit wirksamer und unwirksamer Steuerung abgeleitet.

10.22 Betrieb bei wirksamer Steuerung

In der Abb. 10.6a wird angenommen, daß der spontane Zündzeitpunkt x_α' vor dem Zündzeitpunkt x_α liegt ($x_\alpha' < x_\alpha$). In diesem Falle könnte das Ventil V_1 zwar bereits bei x_α' die Stromführung übernehmen, es bleibt jedoch zunächst noch durch die Steuerung gesperrt und wird erst im Zeitpunkt x_α zur Stromführung freigegeben.

Beginnend mit dem Zeitpunkt x_α gilt der Ersatzschaltplan Abb. 10.3b. Man erhält die Differentialgleichung

$$\sqrt{2}\,U_s \cos x - E = \omega L \frac{di_d}{dx}, \qquad i_d = i_{s1}. \qquad (10.13)$$

Da vor dem Zeitpunkt x_α eine Stromlücke liegt, ist (10.13) mit der Grenzbedingung $i_d(x_\alpha) = 0$ zu lösen. Das Ergebnis für den Zeitverlauf des Stromes i_d lautet

$$i_d = \sqrt{2}\,I\left(\sin x - \sin x_\alpha - (x - x_\alpha)\cos x_\alpha'\right), \qquad (10.14)$$

$$I = \frac{U_s}{\omega L}, \qquad \cos x_\alpha' = \frac{E}{\sqrt{2}\,U_s}. \qquad (10.15)$$

Nach Abb. 10.6a muß am Ende der Durchlaßzeit $i_d(x_\alpha + \tau_F) = 0$ gelten. Daraus folgt mit (10.14) eine Bestimmungsgleichung für τ_F:

$$\sin(x_\alpha + \tau_F) - \sin x_\alpha = \tau_F \cos x_\alpha' = \tau_F \frac{E}{\sqrt{2}\,U_s}. \qquad (10.16)$$

τ_F hängt von x_α und $E/\sqrt{2}\,U_s$, nicht dagegen von der Glättungsinduktivität L ab. Der Zeitverlauf des Laststromes nach (10.14) ist in Abb. 10.6a eingezeichnet.

Für die Spannung an der Drosselspule L in Abb. 10.3a gilt $u_L = \omega L\, di_d/dx$. Daraus geht hervor, daß der Stromanstieg im Zeitpunkt x_α durch den Momentanwert $u_L(x_\alpha) = u_{s1}(x_\alpha) - E$ und der Stromabfall in $x_\alpha + \tau_F$ durch $u_L(x_\alpha + \tau_F)$ gegeben ist; der Stromanstieg bei x_α verläuft demnach weniger steil, als der Stromabfall bei $x_\alpha + \tau_F$. Außerdem folgt, daß im Strommaximum $u_L = 0$ gilt. Damit sind die drei, in Abb. 10.6a eingezeichneten Tangenten an den Zeitverlauf von i_d ge-

10.2 Wirkungsweise bei kleinen Gleichströmen

geben, mit deren Hilfe der Verlauf von i_d auch ohne weitere Rechnung einigermaßen zuverlässig abgeschätzt werden kann.

Aus der Abb. 10.6a entnimmt man, daß die schraffierte Fläche mit abnehmender Gleichspannung E größer und die Durchlaßzeit τ_F länger wird, bis schließlich bei einem bestimmten Spannungswert $E_{\text{lück}}$ (Abb. 10.6b) die Grenze $\tau_F = 2\pi/p$ zwischen lückendem und nichtlückendem Betrieb erreicht wird.

Aus (10.14) berechnet man den Laststrommittelwert

$$I_d = \frac{p}{2\pi} \int_{x_\alpha}^{x_\alpha + \tau_F} i_d \, dx. \tag{10.17}$$

Die Auswertung liefert mit (10.16)

$$\frac{I_d}{p\sqrt{2}I} = \frac{1}{2\pi}\left(\cos x_\alpha - \cos(x_\alpha + \tau_F)\right) - \frac{\tau_F}{4\pi}\left(\sin x_\alpha + \sin(x_\alpha + \tau_F)\right). \tag{10.18}$$

Mit Hilfe von (10.16) kann τ_F in (10.18) auf numerischem oder graphischem Wege durch $E/\sqrt{2}U_s$ ersetzt werden. So entsteht aus (10.18) eine Funktion $I_d = \psi(E, \alpha)$, also die Umkehrfunktion der Drehzahlkennlinie $E = F(I_d, \alpha)$; sie ist wegen $R = 0$ mit der Belastungskennlinie $U_{d\alpha} = f(I_d, \alpha)$ des Stromrichters (vgl. Abschn. 10.12) identisch.

Die Gln. (10.14) bis (10.18) gelten für $x_\alpha' < x_\alpha$, also für den Betrieb bei wirksamer Steuerung. Die entsprechenden Beziehungen für den Betrieb mit ungesteuerten Ventilen oder bei unwirksamer Steuerung (Abb. 10.4a) erhält man aus den Gln. (10.14) bis (10.18), indem man darin x_α durch x_α' ersetzt. Es folgt:

$$i_{d0} = \sqrt{2}I\left(\sin x - \sin x_\alpha' - (x - x_\alpha')\cos x_\alpha'\right), \tag{10.19}$$

$$\sin(x_\alpha' + \tau_{F0}) - \sin x_\alpha' = \tau_{F0}\cos x_\alpha' = \frac{E}{\sqrt{2}U_s}\tau_{F0}, \tag{10.20}$$

$$\frac{I_{d0}}{p\sqrt{2}I} = \frac{1}{2\pi}\left(\cos x_\alpha' - \cos(x_\alpha' + \tau_{F0})\right) - \frac{\tau_{F0}}{4\pi}\left(\sin x_\alpha' + \sin(x_\alpha' + \tau_{F0})\right). \tag{10.21}$$

Der Index 0 bei i_{d0}, τ_{F0}, I_{d0} soll auf den Betrieb mit ungesteuerten Ventilen oder unwirksamer Steuerung hinweisen. In Abb. 10.4a ist der Zeitverlauf von i_{d0} nach (10.19) dargestellt.

Die Spannung $u_L = \omega L \, di_d/dx$ besitzt nach Abb. 10.4a bei $x = x_\alpha'$ den Wert Null, so daß der Strom i_{d0} bei x_α' mit einer horizontalen Tangente einsetzt. Für den Stromabfall bei $x_\alpha' + \tau_{F0}$ und für das Strommaximum gelten die gleichen Überlegungen wie zu Abb. 10.6a.

Die Entscheidung, wann der Betriebszustand nach Abb. 10.4a eintritt und wann die Verhältnisse nach Abb. 10.6a auftreten, wird vorerst zurückgestellt und erst bei der Beschreibung der Belastungskennlinien in Abschn. 10.25 wieder aufgenommen; zunächst genügt die Feststellung, daß beide Betriebszustände, nämlich der Betrieb mit wirksamer Steuerung (Abb. 10.6a) und der Betrieb mit unwirksamer Steuerung (Abb. 10.4a) möglich sind und daß beide dem Bereich des lückenden Betriebes angehören.

Die Verhältnisse an der Lückgrenze werden im folgenden Abschn. 10.23 eingehend beschrieben. Zuvor soll jedoch noch auf eine besondere Eigentümlichkeit des lückenden Betriebes, nämlich auf die strombegrenzende Wirkung der periodisch wiederkehrenden Einschaltvorgänge hingewiesen werden.

Aus der Voraussetzung $R = 0$ folgt, daß die beiden im Gleichstromkreis des Stromrichterantriebes Abb. 10.3a wirkenden Gleichspannungen, nämlich die Klemmenspannung $U_{d1\alpha}$ des Stromrichters und die Spannung E einander gleich sind, so daß die resultierende Gleichspannung $U_{d1\alpha} - E$ des Lastkreises den Wert Null ergibt; dennoch ist im lückenden Betrieb dem Wert Null der resultierenden Gleichspannung ein durch die Gln. (10.18) und (10.21) eindeutig definierter Laststrommittelwert I_d zugeordnet. Die Begrenzung des Laststromes erfolgt dabei durch periodisches Einschalten (Durchlaßzeit) und Ausschalten (Sperrzeit) der Last durch die Ventile des Stromrichters und durch die Begrenzung des dabei entstehenden Einschwingvorganges (10.14) bzw. (10.19) durch die Lastinduktivität L.

Ebenfalls strombegrenzend wirkt ein Widerstand R im Lastkreis (Abb. 10.1b), denn er beeinflußt den Zeitverlauf der periodisch wiederkehrenden Einschaltvorgänge in dem Sinn, daß die Durchlaßzeit und der Gleichstrommittelwert nach Maßgabe der Zeitkonstante $R/\omega L$ verkleinert wird.

10.23 Betrieb an der Lückgrenze

Der Zeitverlauf der Lastspannung u_d an der Lückgrenze ist in Abb. 10.4b für unwirksame Steuerung und in Abb. 10.6b für den Fall wirksamer Steuerung dargestellt.

Bei wirksamer Steuerung erhält man für den Gleichspannungsmittelwert $E_{\text{lück}}$ an der Lückgrenze die Beziehung

$$\frac{E_{\text{lück}}}{\sqrt{2}\,U_s} = \frac{p}{2\pi} \int_{-\frac{\pi}{p}+\alpha}^{\frac{\pi}{p}+\alpha} \cos x \, dx = \frac{U_{d1\alpha}}{\sqrt{2}\,U_s} = G \cos \alpha, \qquad (10.22)$$

10.2 Wirkungsweise bei kleinen Gleichströmen

$$G = \frac{U_{di}}{\sqrt{2}\,U_s} = \frac{p}{\pi}\sin\frac{\pi}{p}, \qquad \alpha = x_\alpha + \frac{\pi}{p}. \tag{10.23}$$

Für U_{di} gilt die Beziehung (6.18). Der Gleichspannungsmittelwert $E_{\text{lück}}$ an der Lückgrenze beim Steuerwinkel α ist nach (10.22) mit dem Gleichspannungsmittelwert $U_{di\alpha}$ identisch, der sich beim gleichen Steuerwinkel im nichtlückenden Betrieb einstellt.

Den zu $E_{\text{lück}}$ gehörenden Laststrommittelwert $I_{d,\text{lück}}$ an der Lückgrenze erhält man mit $\tau_F = 2\pi/p$ aus (10.18). Es folgt:

$$\frac{I_{d,\text{lück}}}{p\sqrt{2}\,I} = H\sin\left(x_\alpha + \frac{\pi}{p}\right) = H\sin\alpha, \qquad I = \frac{U_s}{\omega L} \tag{10.24}$$

$$H = \frac{1}{\pi}\left(\sin\frac{\pi}{p} - \frac{\pi}{p}\cos\frac{\pi}{p}\right) = \frac{I_{d,90}}{p\sqrt{2}\,I}. \tag{10.25}$$

Man eliminiert aus (10.22), (10.24) den Steuerwinkel α und findet, daß der Zusammenhang zwischen $E_{\text{lück}}$ und $I_{d,\text{lück}}$ — also die Lückgrenze — durch die Beziehung

$$\frac{\left(\dfrac{E_{\text{lück}}}{\sqrt{2}\,U_s}\right)^2}{G^2} + \frac{\left(\dfrac{I_{d,\text{lück}}}{p\sqrt{2}\,I}\right)^2}{H^2} = 1 \tag{10.26}$$

also durch die Ellipse ABm in Abb. 10.10 beschrieben wird; die Hauptachsen mit der Länge $2G$ bzw. $2H$ fallen in Abb. 10.10 mit der Ordinate, bzw. mit der Abszisse zusammen. Die numerischen Werte von G und H sind in Abb. 10.5 für einige Pulszahlen p zusammengestellt; daraus geht hervor, daß H sehr schnell mit wachsender Pulszahl p abnimmt. Bei festgehaltenen Werten von p und I erreicht $I_{d,\text{lück}}$ nach (10.24), (10.25) bei $\alpha = \pi/2$ den Höchstwert $I_{d,90} = p\sqrt{2}\,IH$.

Den Zeitverlauf des Laststromes i_d an der Lückgrenze bestimmt man aus (10.14). Man hat dabei zu beachten, daß wegen (10.15) und (10.22) an der Lückgrenze $\cos x_\alpha' = G\cos(x_\alpha + \pi/p) = G\cos\alpha$ gilt. Damit folgt aus (10.14) der gesuchte Zeitverlauf

$$i_d = \sqrt{2}\,I\left(\sin x - \sin x_\alpha - G(x - x_\alpha)\cos\left(x_\alpha + \frac{\pi}{p}\right)\right). \tag{10.27}$$

In Abb. 10.6b ist der Zeitverlauf von i_d nach (10.27) dargestellt. Die entsprechende Beziehung für ungesteuerte Ventile bzw. für den Fall unwirksamer Steuerung geht aus (10.27) hervor, indem man darin $x_\alpha = x_\alpha'$ setzt; den zugehörigen Zeitverlauf von i_{d0} zeigt Abb. 10.4b.

268   10 Gleich- und Wechselrichterbetrieb mit Gegenspannung

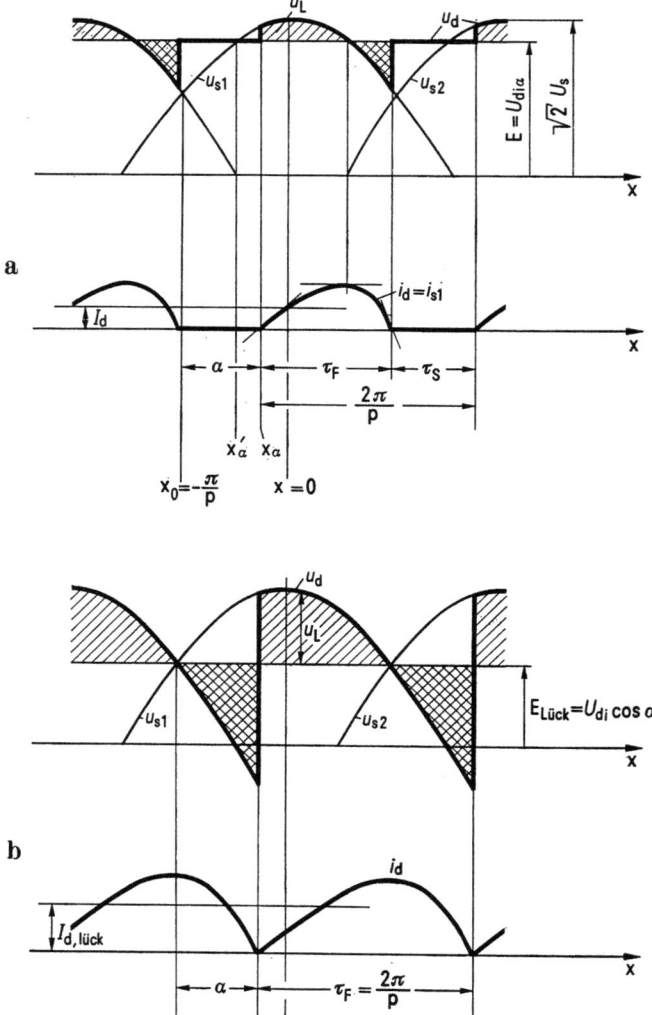

Abb. 10.6. Zeitverlauf der elektrischen Größen in der p-pulsigen Mittelpunktschaltung Abb. 10.3a bei kleinen Gleichstromen und bei wirksamer Steuerung. a) lückender Betrieb; b) Grenzfall zwischen lückendem und nichtlückendem Betrieb.

Der Betriebszustand nach Abb. 10.4b tritt ein, wenn ungesteuerte Ventile, oder gesteuerte Ventile mit $x_\alpha \leqq x_0{'}$, d. h. mit unwirksamer Steuerung, an der Lückgrenze betrieben werden. Die zugehörigen Mittel-

10.2 Wirkungsweise bei kleinen Gleichströmen

werte der Gleichspannung und des Gleichstromes erhalten zur Kennzeichnung dieses besonderen Betriebsfalles den Fußindex 0 und werden mit $E_{\text{lück},0}$ bzw. $I_{\text{d0,lück}}$ bezeichnet.

Man erhält diese Werte, indem man in (10.22) und (10.24) x_a durch x_0' bzw. α durch α_0' ersetzt:

$$\frac{E_{g0}}{\sqrt{2}\,U_s} = G \cos \alpha_0' = G \cos\left(x_0' + \frac{\pi}{p}\right), \tag{10.28}$$

$$\frac{I_{\text{d0,lück}}}{p\sqrt{2}\,I} = H \sin \alpha_0' = H \sin\left(x_0' + \frac{\pi}{p}\right). \tag{10.29}$$

Die beiden Größen (10.28), (10.29) liefern in Abb. 10.10 den Ellipsenpunkt Q_p. Beide Größen hängen, wie aus (10.23), (10.25), (10.12) hervorgeht, nur von p ab. Die numerischen Werte von (10.28), (10.29) sind in Abb. 10.5 für verschiedene Pulszahlen p zusammengestellt.

Die Gln. (10.22), (10.24) beschreiben zwar in Abb. 10.10 mathematisch eine Vollellipse, aber nur den Punkten des Ellipsenbogens mQ_p der rechten Halbebene können physikalisch realisierbare Zustände des Lückbetriebes zugeordnet werden. Die Halbellipse in der linken Halbebene der Abb. 10.10 muß wegen der Sperrwirkung der Ventile ($I_d > 0$) außer Betracht bleiben. Weiterhin stellt man an Hand der Abb. 10.4 und 10.6 fest, daß bei Maschinenspannungen $E > E_{\text{lück},0}$ nur noch lückender Betrieb auftreten kann, so daß die Ellipsenpunkte oberhalb des Punktes Q_p in Abb. 10.10 ebenfalls nicht mehr zur Lückgrenze gehören. Daraus geht hervor, daß der Teil mBQ_p der rechten Halbellipse den geometrischen Ort aller Punkte darstellt, in denen der Stromrichterantrieb Abb. 10.3a an der Grenze zwischen lückendem und nichtlückendem Betrieb arbeitet.

10.24 Betrieb im nichtlückenden Bereich

Beim Übergang von der Lückgrenze in den nichtlückenden Bereich erfährt der Zeitverlauf der Lastspannung u_d keine weitere Veränderung, weil eine Vergrößerung der Durchlaßzeit über das Periodizitätsintervall hinaus nicht möglich ist (Abb. 10.7). Bei einer über $2\pi/p$ hinausgehenden Durchlaßzeit müßte nämlich eine Überlappung zeitlich aufeinanderfolgender Ventilströme vorhanden sein, die aber — da keine Anodeninduktivitäten angenommen wurden — nicht auftreten kann. Die Gleichspannung u_d wird daher an der Lückgrenze und im anschließenden Bereich des nichtlückenden Betriebes durch den Zeitverlauf nach Abb. 10.4b bzw. Abb. 10.6b beschrieben. Der Gleichspannungsmittelwert ist daher im nichtlückenden Betrieb und an der Lückgrenze durch dieselbe Beziehung

$$E = E_{\text{lück}} = U_{\text{di}\alpha} = U_{\text{di}} \cos\alpha, \qquad U_{\text{di}} = \sqrt{2}\, U_s \frac{p}{\pi} \sin\frac{\pi}{p} \qquad (10.30)$$

gegeben.

Bei ununterbrochen fließendem Gleichstrom, also im nichtlückenden Betrieb, entfällt die beim lückenden Betrieb (Abschn. 10.22) beschriebene, strombegrenzende Wirkung der periodischen Einschalt- und Ausschaltvorgänge, es verbleibt allein die Möglichkeit der Strombegrenzung durch den ohmschen Widerstand R. Mit der Vereinfachung $R = 0$ entfällt auch diese Wirkung, so daß man den Zeitverlauf des Laststromes i_d und den zugehörigen Mittelwert I_d nur auf einem Umweg bestimmen kann.

Der Zeitverlauf des Laststromes i_d ist bei nichtlückendem Betrieb durch dieselbe Differentialgleichung (10.13) wie im lückenden Betrieb gegeben. Die Lösung lautet

$$i_d = \sqrt{2}\, I \sin x - \frac{E}{\omega L} x + C, \qquad I = \frac{U_s}{\omega L}. \qquad (10.31)$$

Die aus Periodizitätsgründen naheliegende Anwendung der Grenzbedingung $i_d(x_\alpha) = i_d(x_\alpha + 2\pi/p)$ zur Bestimmung der Integrationskonstante C erweist sich als ungeeignet, weil dabei — wegen der Annahme $R = 0$ — die Größe C weggekürzt wird.

Die Integrationskonstante C wird deshalb auf einem Umweg bestimmt. Dazu wird zunächst angenommen, daß der Momentanwert $i_d(x_\alpha)$ des Laststromes i_d im Zündzeitpunkt x_α einen bestimmten Wert I_{00} besitzt (Abb. 10.7). Damit kann C aus (10.31) mit Hilfe der Grenzbedingung $i_d(x_\alpha) = I_{00}$ berechnet werden; man erhält als Lösung für i_d

$$i_d = \sqrt{2}\, I \left(\sin x - \sin x_\alpha - G(x - x_\alpha) \cos\left(x_\alpha + \frac{\pi}{p}\right) \right) + I_{00}. \qquad (10.32)$$

Der Vergleich mit (10.27) zeigt, daß der Klammerausdruck in (10.32) den Zeitverlauf von i_d an der Lückgrenze darstellt. Der Zeitverlauf von i_d im nichtlückenden Betrieb besteht demnach aus dem Zeitverlauf an der Lückgrenze und einer additiven Gleichkomponente I_{00}, deren Größe durch den Momentanwert des Laststromes im Zündzeitpunkt gegeben ist (vgl. Abb. 10.6b und 10.7).

Um die physikalische Bedeutung der Gleichkomponente I_{00} zu erkennen, bildet man aus (10.32) durch Integration über das Zeitintervall x_α bis $x_\alpha + 2\pi/p$ den Mittelwert I_d. Daraus folgt:

$$I_d = I_{d,\text{lück}} + I_{00}, \qquad I_{00} = i_d(x_\alpha). \qquad (10.33)$$

10.2 Wirkungsweise bei kleinen Gleichströmen

Demnach bedeutet I_{00} den zusätzlichen Anteil des Laststrommittelwertes I_d, der beim Übergang von der Lückgrenze zu irgendeinem Punkt des nichtlückenden Betriebes zum Strom $I_{d,\text{lück}}$ hinzutritt.

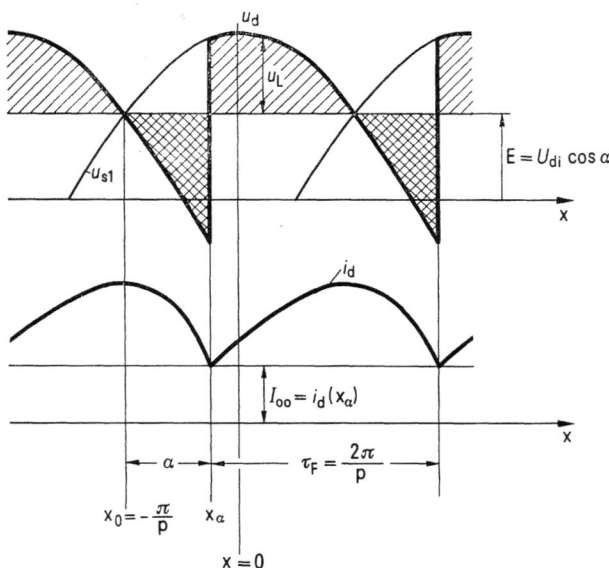

Abb. 10.7. Zeitverlauf der elektrischen Größen der p-pulsigen Mittelpunktschaltung Abb. 10.3a bei nichtlückendem Betrieb.

Um festzustellen, welchen Wert I_{00} annimmt, wird in Abb. 10.3a in Reihe mit der Induktivität L vorübergehend ein beliebig kleiner ohmscher Widerstand R angenommen; dann ist die Maschinenspannung E nicht mehr mit der Gleichrichterspannung $U_{di\alpha}$ identisch, sondern unterscheidet sich davon um den Spannungsverlust RI_d, so daß der Gleichstrom durch die Beziehung $I_d = (U_{di\alpha} - E)/R$ festgelegt ist. Damit folgt aus (10.33):

$$I_{00} = i_d(x_a) = \frac{U_{di\alpha} - E}{R} - I_{d,\text{lück}}. \qquad (10.34)$$

Kehrt man mit $R \to 0$ zur ursprünglichen Annahme zurück, dann nähern sich $U_{di\alpha}$ und E beliebig, so daß R und $(U_{di\alpha} - E)$ gleichzeitig dem Wert Null zustreben. Der erste Summand in (10.34) geht damit in die unbestimmte Form 0/0 über, der beliebige Werte zugeordnet werden können; da aber I_d positiv ist und im nichtlückenden Betrieb größer als $I_{d,\text{lück}}$ sein muß, folgt daraus $I_{00} \geqq 0$.

Die wertmäßig unbestimmte Aussage $I_{00} \gtreqqless 0$ bedeutet, daß sich im nichtlückenden Betrieb zu einem konstanten Lastspannungsmittelwert

$$E = U_{di\alpha} = U_{di} \cos \alpha, \; I_d > 0 \qquad (10.35)$$

beliebige positive Gleichströme einstellen können. Die Belastungskennlinien des nichtlückenden Bereiches sind deshalb in Abb. 10.10 gemäß (10.35) durch parallele Geraden zur Abszisse gegeben.

10.25 Verlauf der Belastungskennlinien bei kleinen Gleichströmen

In den Abschn. 10.21, 10.22 und 10.24 wurden die Vorgänge bei unwirksamer Steuerung, bei wirksamer Steuerung und bei nichtlückendem Betrieb an Hand der Abb. 10.4, 10.6 und 10.7 beschrieben. Der Verlauf der Belastungskennlinien in den genannten drei Bereichen wird — in der angegebenen Reihenfolge — durch die Gln. (10.20), (10.21) und (10.16), (10.18) sowie (10.35) beschrieben. Gezeigt werden soll, wie man durch Aneinanderreihen dieser Betriebszustände bzw. der zugehörigen Teilkennlinien die vollständigen Belastungskennlinien der Anordnung Abb. 10.3a erhält.

Zuerst wird der Verlauf der Belastungskennlinie der Schaltung Abb. 10.3a bei ungesteuerten Ventilen beschrieben. Im lückenden Betrieb kann nur der Betriebszustand unwirksamer Steuerung nach Abb. 10.4a auftreten. Man entnimmt aus Abb. 10.4a, daß sich dieser Betriebszustand über den Spannungsbereich $E = \sqrt{2}\,U_s$ bis $E = E_{\text{lück},0} = \sqrt{2}\,U_s \cos x_0'$ erstreckt und damit den Bereich zwischen Leerlauf und der Lückgrenze umfaßt. Die Belastungskennlinie bei ungesteuerten Ventilen wird daher im lückenden Bereich durch (10.20), (10.21) beschrieben und liefert das Kennlinienstück $Q_\infty Q_p$ in Abb. 10.10. Im anschließenden nichtlückenden Bereich liegt der Betriebszustand nach Abb. 10.7 vor; die Belastungskennlinie wird deshalb — wie in Abschn. 10.24 gezeigt wurde — in diesem Bereich durch die Gleichung (10.35) — in der $\alpha = \alpha_0'$ zu setzen ist — beschrieben und liefert in Abb. 10.10 die parallel zur Abszisse verlaufende Gerade $Q_p R$; die numerischen Werte der Koordinaten des Punktes Q_p können aus der Tabelle Abb. 10.5 entnommen werden. Der Verlauf der Belastungskennlinie wird somit durch den Linienzug $Q_\infty Q_p R$ in Abb. 10.10 beschrieben.

Bei der Beschreibung der Belastungskennlinien der Anordnung Abb. 10.3a mit gesteuerten Ventilen hat man zwischen dem Fall $x_\alpha < 0$ nach Abb. 10.8 und dem Fall $x_\alpha > 0$ nach Abb. 10.9 zu unterscheiden. Die untereinander gezeichneten Betriebszustände in den Abb. 10.8 und 10.9 sind bei jeweils festgehaltenem Zündzeitpunkt x_α so geordnet, daß die Maschinenspannung $E = U_{di\alpha}$ von oben nach unten kleiner wird.

10.2 Wirkungsweise bei kleinen Gleichströmen

Zunächst wird der Fall $x_\alpha < 0$ (Abb. 10.8) beschrieben. Aus den Abb. 10.8a und b entnimmt man, daß die Steuerung im Spannungsbereich $E = \sqrt{2}\,U_s$ bis $E = \sqrt{2}\,U_s \cos x_\alpha$ unwirksam ist. Die Belastungskennlinie verläuft deshalb in diesem Spannungsintervall — es erstreckt sich in Abb. 10.10 von Q_∞ bis a — genauso wie bei ungesteuerten Ventilen und ist deshalb durch die Beziehungen (10·20), (10.21) gegeben. Der Kennlinienpunkt a wird in Abb. 10.10 durch den Schnittpunkt der horizontalen Geraden $E/\sqrt{2}\,U_s = \cos x_\alpha$ mit der bereits berechneten Kennlinie $Q_\infty Q_p$ bestimmt. Die Abb. 10.8b bis d zeigen, daß im Spannungsbereich $E = \sqrt{2}\,U_s \cos x_\alpha$ bis $E = U_{di} \cos(x_\alpha + \pi/p) = U_{di} \cos\alpha$ Betrieb mit wirksamer Steuerung vorliegt. In diesem Spannungsintervall ist die Belastungskennlinie deshalb durch (10.16), (10.18) gegeben und liefert das Kennlinienstück ab in Abb. 10.10. Der Kennlinienpunkt b beschreibt den Betrieb an der Lückgrenze. An die Lückgrenze b schließt der nichtlückende Bereich nach Abb. 10.8d, e an; die Belastungskennlinie ist dann nach Abschn. 10.24 und (10.35) durch die horizontale Gerade bc in Abb. 10.10 gegeben. Im Falle $x_\alpha < 0$ werden daher die drei Betriebszustände unwirksame Steuerung, wirksame Steuerung und nichtlückender Betrieb mit abnehmender Spannung E in der Reihenfolge der Abb. 10.8a bis e durchlaufen. Die Belastungskennlinie bei $x_\alpha < 0$ wird daher durch den Linienzug Q_∞abc in Abb. 10.10 beschrieben.

Im Falle $x_\alpha > 0$ stellt man zunächst an Hand der Abb. 10.9a und b fest, daß sich der Stromrichter im Spannungsbereich $E \geq \sqrt{2}\,U_s \cos x_\alpha$ im Leerlauf befindet. Im anschließenden Bereich $E = \sqrt{2}\,U_s \cos x_\alpha$ bis $E = E_{lück} = U_{di} \cos\alpha$ liegt nach Abb. 10.9b bis d Betrieb mit wirksamer Steuerung vor; die Belastungskennlinie wird in diesem Spannungsintervall durch die Gln. (10.16), (10.18) beschrieben und liefert in Abb. 10.10 das Linienstück de. An die Lückgrenze e schließt der nichtlückende Betrieb nach Abb. 10.9e an, dem der Ausdruck (10.35), also die horizontale Gerade ef in Abb. 10.10 als Belastungskennlinie zugeordnet ist. Die Belastungskennlinie im Falle $x_\alpha > 0$ ist daher durch den Linienzug def in Abb. 10.10 gegeben; Betrieb mit unwirksamer Steuerung kann dabei nicht auftreten.

Der Linienzug Q_∞kl in Abb. 10.10 liefert die Belastungskennlinie für den Grenzfall $x_\alpha = 0$. Die gestrichelte Gerade mn beschreibt die theoretische Trittgrenze des Wechselrichterbetriebes.

Schließlich folgt aus den vorangehenden Überlegungen, daß die Fläche in Abb. 10.10, deren Umrandung durch die Ordinate, dem Kennlinienstück $Q_\infty Q_p$ und dem Ellipsenstück Q_pm beschrieben wird, alle Betriebspunkte des lückenden Betriebes umfaßt; die Punkte des nichtlückenden Betriebes liegen innerhalb der Fläche, die links vom Ellipsenstück Q_pm, oben und unten von den Geraden Q_pR und m, n begrenzt

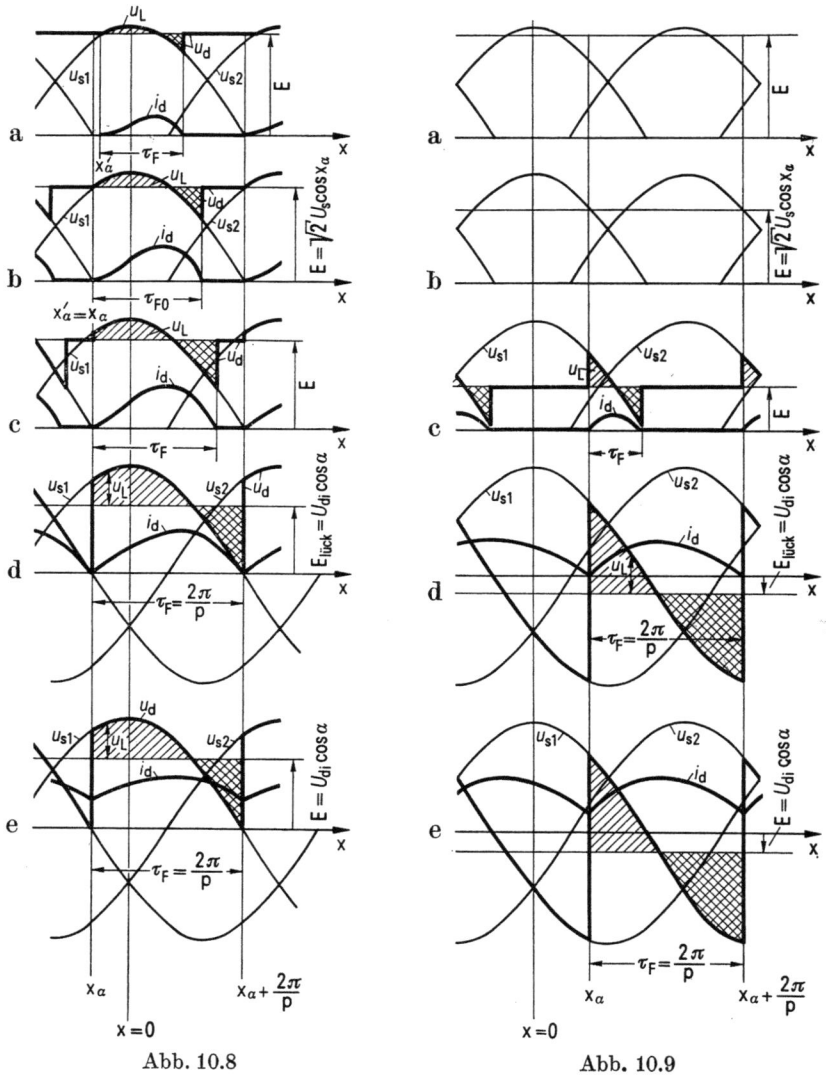

Abb. 10.8. Zeitverlauf der elektrischen Größen der p-pulsigen Mittelpunktschaltung Abb. 10.3a bei einem Zündzeitpunkt $x_\alpha < 0$ und bei abnehmender Gleichspannung E von a nach e.

Abb. 10.9. Zeitverlauf der elektrischen Größen der p-pulsigen Mittelpunktschaltung Abb. 10.3a bei einem Zündzeitpunkt $x_\alpha > 0$ und bei abnehmender Gleichspannung E von a nach e.

10.2 Wirkungsweise bei kleinen Gleichströmen

wird. Die Punkte des Ellipsenstückes mQ_p beschreiben den Betrieb an der Lückgrenze und die Punkte des Kurvenstückes $Q_\infty Q_p$ den Betrieb mit ungesteuerten Ventilen.

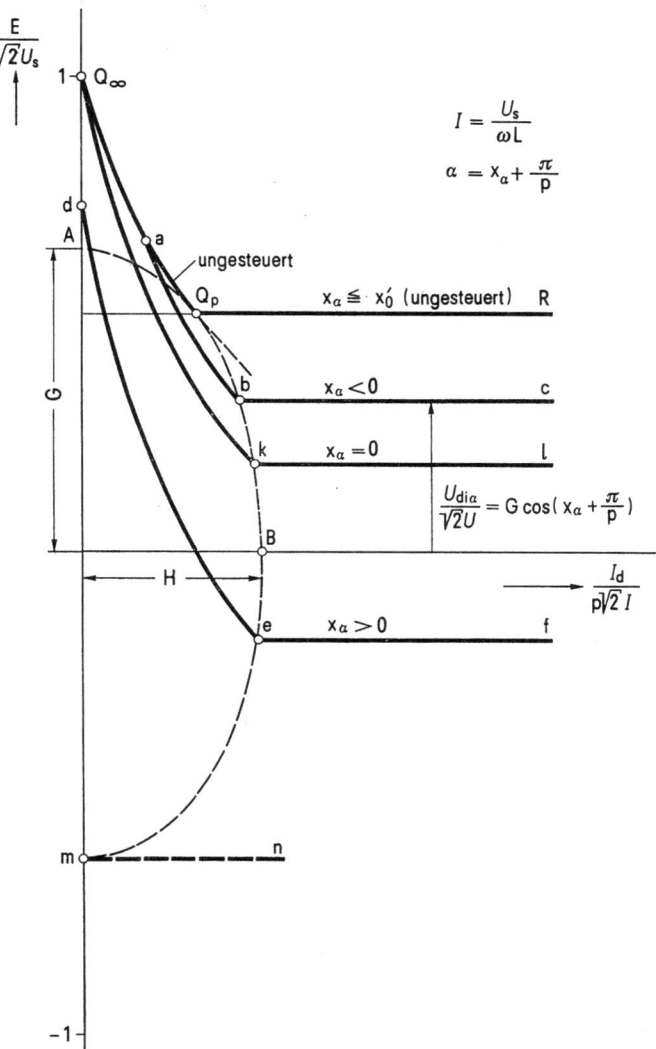

Abb. 10.10. Belastungskennlinien der p-pulsigen Mittelpunktschaltung Abb. 10.3a bei kleinen Gleichströmen und Lückgrenze (gestrichelt).

10.3 Wirkungsweise des Stromrichterbetriebes mit Gegenspannung bei hohen Gleichströmen

Unter hohen Gleichströmen wird der Betrieb in der Nähe des Nennstromes verstanden. Ein Lücken des Gleichstromes kann also bei den folgenden Überlegungen ausgeschlossen werden. Einfache Kommutierung wird vorausgesetzt.

Beim Betrieb der Anordnung Abb. 10.1b im Bereich des Nenngleichstromes kann man den Gleichspannungsverlust am Ankerwiderstand R und den von den Kommutierungsinduktivitäten L_c hervorgerufenen Gleichspannungsverlust — im Gegensatz zu den im Abschn. 10.2 beschriebenen Vorgängen bei kleinem Gleichstrom (Bereich des Lückens) — nicht mehr vernachlässigen. Man muß daher bei diesen Überlegungen

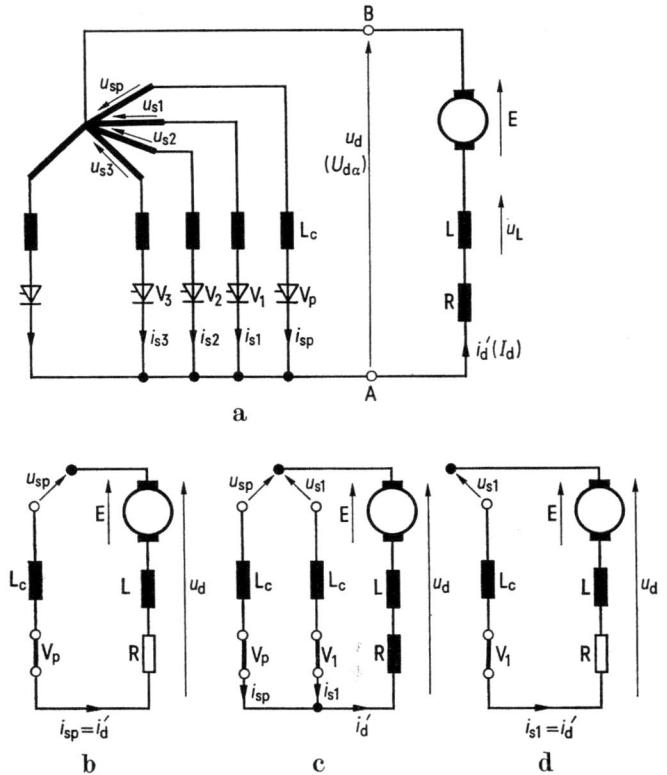

Abb. 10.11. p-pulsige Mittelpunktschaltung mit Kommutierungsinduktivitäten L_c bei unvollkommener Glättung ($L \neq \infty$). a) Schaltung; b) bis d) Ersatzschaltpläne.

10.3 Wirkungsweise bei hohen Gleichströmen

anstatt von der Anordnung Abb. 10.3a von der Schaltung Abb. 10.11a ausgehen.

Die Berechnung des Zeitverlaufes der Ströme und der Belastungskennlinien des Stromrichters in Abb. 10.11a kann man — wie anschließend gezeigt wird — weitgehend auf die bereits in den Abschn. 6.42 und 6.43 für $E = 0$ gefundenen Ergebnisse zurückführen.

Beim nichtlückenden Betrieb der Schaltung Abb. 10.11a besteht das Periodizitätsintervall — genauso wie bei dem im Abschn. 6.4 an Hand der Abb. 6.30 beschriebenen Sonderfall $E = 0$ — aus einem Überlappungsintervall und einem daran anschließenden Intervall, in dem nur ein Ventil Strom führt. Zur Unterscheidung werden im vorliegenden Abschn. 10.3 der Gleichstrom und der Überlappungswinkel bei $E = 0$ (Abb. 6.19) mit i_d bzw. u und im Fall $E \neq 0$ (Abb. 10.11a) mit i_d' bzw. u^* bezeichnet. In gleicher Weise wie in Abschn. 6.42 unterscheidet man im folgenden durch den Fußindex II bzw. I, ob es sich um ein Zeitintervall handelt, in dem zwei Ventile oder nur ein Ventil Strom führen (Abb. 6.30).

Im Intervall $x_\alpha + u$ bis $x_\alpha + 2\pi/p$, in dem das Ventil V_1 allein Strom führt, gilt der Ersatzschaltplan Abb. 10.11d. Mit $i_{dI}' = i_{s1}$ folgt daraus die Differentialgleichung

$$u_{s1} = Ri_{dI}' + \omega(L + L_c)\frac{di_{dI}'}{dx} + E. \qquad (10.36)$$

Während der Überlappungszeit x_α bis $x_\alpha + u$ gilt der Ersatzschaltplan Abb. 10.11c. Daraus folgen die Gleichungen

$$u_{sp} = Ri_{dII}' + \omega L \frac{di_{dII}'}{dx} + \omega L_c \frac{di_{sp}}{dx} + E, \qquad (10.37)$$

$$u_{s1} = Ri_{dII}' + \omega L \frac{di_{dII}'}{dx} + \omega L_c \frac{di_{s1}}{dx} + E, \qquad (10.38)$$

$$i_{dII}' = i_{s1} + i_{sp}, \qquad i_{fII}' = i_{s1} - i_{sp}. \qquad (10.39)$$

Die Lösung der Differentialgleichungen (10.36) bis (10.38) erfolgt auf dem gleichen Wege wie in Abschn. 6.42 im Falle $E = 0$. Auch die Grenzbedingungen (6.109) bis (6.111) bleiben dieselben:

$$i_{dII}'(x_\alpha + u) = i_{dI}'(x_\alpha + u), \qquad (10.40)$$

$$i_{dII}'(x_\alpha) = i_{dI}'\left(x_\alpha + \frac{2\pi}{p}\right), \qquad (10.41)$$

$$i_{dII}'(x_\alpha) = -i_{fII}'(x_\alpha). \qquad (10.42)$$

Die Durchführung dieser Rechnung liefert als Ergebnis:

$$i'_{\mathrm{dI}} = i_{\mathrm{dI}} - \frac{E}{R}, \quad i'_{\mathrm{dII}} = i_{\mathrm{dII}} - \frac{E}{R}, \quad i'_{\mathrm{fII}} = i_{\mathrm{fII}} + \frac{E}{R}. \quad (10.43)$$

Die Größen i_{dI}, i_{dII}, i_{fII} in den Gln. (10.43) beschreiben den Zeitverlauf der Ströme für den Fall $E = 0$; sie wurden bereits im Abschn. 6.42 berechnet und sind durch die Gln. (6.103), (6.104), (6.107) gegeben. Die Konstanten, die in diesen Gleichungen auftreten, werden durch die Beziehungen (6.105), (6.108) und (6.113) bis (6.117) beschrieben. Man erhält demnach den Zeitverlauf der Ströme i'_{dI}, i'_{dII}, i'_{fII}, indem man von den bereits für $E = 0$ errechneten Strömen i_{dI}, i_{dII}, i_{fII} die Konstante E/R abzieht bzw. hinzufügt. Damit ist die Berechnung der Ströme i'_{dI}, i'_{dII}, i'_{fII} auf eine bereits gelöste Aufgabe zurückgeführt.

Bei der Berechnung des Überlappungswinkels u^* geht man analog zu (6.118) von der Bedingung

$$i'_{\mathrm{dII}}(x_\alpha + u^*) = i'_{\mathrm{fII}}(x_\alpha + u^*) \quad (10.44)$$

aus. Mit (10.43) folgt daraus

$$i_{\mathrm{dII}}(x_\alpha + u^*) = i_{\mathrm{fII}}(x_\alpha + u^*) + 2\frac{E}{R}. \quad (10.45)$$

Aus (10.45) folgt mit (6.103), (6.104) und (6.113) die Bestimmungsgleichung für u^*

$$C_1 \exp\left(-\varrho_1\left(\alpha - \frac{\pi}{p}\right)\right)(1 + \exp(-\varrho_1 u^*)) = G(\alpha, \varrho_1, u^*) + 2\frac{E}{R}. \quad (10.46)$$

Die Größen C_1 und G sind durch (6.114), (6.117) bzw. (6.120) festgelegt.

Bei der Berechnung der Belastungskennlinien geht man genauso wie im Abschn. 6.43 vor. Man erhält für das Periodizitätsintervall x_α bis $x_\alpha + 2\pi/p$, in dem das Ventil V_1 Strom führt, aus Abb. 10.11a die Gleichung

$$u_{\mathrm{d}} = u_{\mathrm{s}1} - \omega L_{\mathrm{c}} \frac{\mathrm{d}i_{\mathrm{s}1}}{\mathrm{d}x}. \quad (10.47)$$

Berücksichtigt man, daß in Analogie zu (6.124) und zu Abb. 6.30 die Beziehung

$$i_{\mathrm{s}1}\left(x_\alpha + \frac{2\pi}{p}\right) = i'_{\mathrm{dII}}(x_\alpha) \quad (10.48)$$

gilt, dann erhält man durch Mittelwertbildung über die Beziehung (10.47) eine entsprechende Gleichung zu (6.125):

$$U_{\mathrm{d}\alpha} = U_{\mathrm{d}i} \cos \alpha - D', \quad D' = \frac{p}{2\pi} \omega L_{\mathrm{c}} i'_{\mathrm{dII}}(x_\alpha). \quad (10.49)$$

10.3 Wirkungsweise bei hohen Gleichströmen

D' ist der von der Kommutierungsinduktivität L_c in der Schaltung Abb. 10.11a verursachte Gleichspannungsverlust bei $E \neq 0$.

Für D' findet man aus (10.49) und der zweiten Gl. (10.43) mit Hilfe von (6.103), (6.113) folgende Beziehung:

$$D' = \frac{p}{2\pi} \omega L_c \left[\sqrt{2} I_1 \cos \frac{\pi}{p} \cos(\alpha - \varphi_1) + C_1 \exp\left(-\varrho_1 \left(\alpha - \frac{\pi}{p}\right)\right) - \frac{E}{R} \right]. \tag{10.50}$$

Dazu tritt die Beziehung (10.46) für den Überlappungswinkel u^*:

$$C_1 \exp\left(-\varrho_1\left(\alpha - \frac{\pi}{p}\right)\right)(1 + \exp(-\varrho_1 u^*)) = G(\alpha, \varrho_1, u^*) + 2\frac{E}{R}. \tag{10.51}$$

Außerdem besteht zwischen $U_{d\alpha}$ und I_d nach Abb. 10.11a die Beziehung

$$RI_d = U_{d\alpha} - E. \tag{10.52}$$

Aus den Beziehungen (10.49) bis (10.52) kann auf dem am Ende des Abschn. 6.43 beschriebenen Wege ein Rechnerprogramm abgeleitet werden, mit dessen Hilfe die Belastungskennlinien der Schaltung Abb. 10.11a bei unvollkommener Glättung berechnet werden können.

Wenn die Relationen (6.112) erfüllt sind, kann aus den Beziehungen (10.49) bis (10.52) auf dem gleichen Wege wie in Abschn. 6.44 eine Näherungsgleichung für die Belastungskennlinie abgeleitet werden. Man kann die Beziehungen (10.50), (10.51) nach dem Vorgang in Abschn. 6.44 auf die folgende Form bringen:

$$D' = D - \frac{p}{2\pi} \frac{\omega L_c}{R} E, \tag{10.53}$$

$$H(1 + \exp(-\varrho_1 u^*)) = G + 2\frac{E}{R}. \tag{10.54}$$

Die Funktionen D, H und G sind durch (6.130), (6.131), (6.133), (6.134) gegeben, wobei u durch u^* zu ersetzen ist.

Wie in Abschn. 6.44 entwickelt man die beiden Gleichungen (10.53), (10.54) mit Hilfe der Näherungen (1) bis (6) des Anhanges 2 bis zu den linearen Gliedern in ϱ_1 und u^*. Aus diesen beiden Beziehungen eliminiert man u^* und erhält die Näherungsgleichung

$$D' = D - \frac{\dfrac{p}{2\pi}\dfrac{\omega L_c}{R} E}{1 + \dfrac{p}{2\pi}\dfrac{\omega L_c}{R}}. \tag{10.55}$$

Für D gilt die Beziehung (6.138). Man setzt (10.55) in (10.49) ein und eliminiert dann R mit Hilfe von (10.52); als Ergebnis erhält man die gesuchte Näherungsgleichung für die Belastungskennlinien der Schaltung Abb. 10.11a bei unvollkommener Glättung und bei Gleichströmen in der Nähe des Nennstromes:

$$U_{d\alpha} = \left(1 + \frac{L_c}{L + L_c} \Phi\right) U_{di} \cos \alpha - \frac{p}{2\pi} \omega L_c I_d, \qquad (10.56)$$

$$\Phi = \frac{1}{2}\left(1 + \frac{p}{\pi} K \tan \alpha\right), \qquad K = 1 - \frac{\pi}{p} \cot \frac{\pi}{p}. \qquad (10.57)$$

Den Einfluß des Steuerwickels erkennt man besser, wenn der Gl. (10.56) die Form

$$U_{d\alpha} = \left(1 + \frac{1}{2} \frac{L_c}{L + L_c}\right) U_{di} \cos \alpha + \frac{L_c}{L + L_c} \frac{p}{2\pi} K U_{di} \sin \alpha - \frac{p}{2\pi} \omega L_c I_d \qquad (10.58)$$

gegeben wird.

Der Vergleich der Beziehungen (10.56) (10.58) und (6.140) zeigt, daß man in den beiden Fällen $E = 0$ und $E \neq 0$ dieselbe Gleichung für die angenäherte Belastungskennlinie erhält, daß die Höhe der Maschinenspannung E den Kennlinienverlauf nicht beeinflußt. Bei idealer Glättung $L = \infty$ geht (10.56) in die Beziehung (6.49) über.

10.4 Vollständige Belastungskennlinien beim Stromrichterbetrieb mit Gegenspannung

Die Belastungskennlinie Q_∞abc in Abb. 10.12 wurde der Abb. 10.10 entnommen, sie gilt für $R = 0$ und $L_c = 0$ bei $L \neq \infty$. Die Größen R und L_c der Schaltung Abb. 10.11 sind zwar von Null verschieden, aber meistens so klein, daß der Gleichspannungsverlust, den sie verursachen, bei kleinen Gleichströmen vernachlässigt werden kann.

Bei der Berechnung der Belastungskennlinien der Anordnung Abb. 10.11a für hohe Gleichströme muß man R und L_c mit berücksichtigen, weil der von diesen Größen dann verursachte Gleichspannungsverlust nicht mehr vernachlässigt werden kann. Die Näherungsrechnung liefert in Abschn. 10.3 die Gl. (10.56) für die Belastungskennlinie, die in Abb. 10.12 durch die Gerade b″c′ dargestellt wird. Bei idealer Glättung $L = \infty$ geht die Gerade b″c′ in die Gerade b_0c_0 über. Der Unterschied besteht darin, daß die Gerade b_0c_0 exakt zwischen Leerlauf $I_d = 0$ und der Grenze zur mehrfachen Kommutierung gilt, die Gerade b″c′ dagegen den Kennlinienverlauf nur bei hohen Gleichströmen — z. B. in der

10.4 Vollständige Belastungskennlinien

Umgebung des Punktes c' (Abb. 10.12) — mit hinreichender Genauigkeit wiedergibt.

Die beiden eben beschriebenen Näherungen liefern in Abb. 10.12 für kleine Gleichströme den Verlauf $Q_\infty abc$ und für hohe Gleichströme den Verlauf $b''c'$ für die Belastungskennlinie. Die tatsächliche Belastungskennlinie $Q_\infty a'b'c'$ liegt zwischen diesen beiden Näherungskennlinien.

Wenn der Steuerwinkel soweit vergrößert wird, daß der Stromrichter im nichtlückenden Betrieb als Wechselrichter arbeitet, stellt sich in Abb. 10.12 der zu den Kennlinien $Q_\infty a'b'c'$ und b_0c_0 analoge Verlauf $de'f'$ und e_0f_0 ein.

In der Abb. 10.12 ist die Lückgrenze ABm unter der Annahme $R = 0$ und $L_c = 0$ und die Lückgrenze $AB'm$ unter der Annahme $R \neq 0$ und $L_c \neq 0$ eingezeichnet. Im ersten Fall wird die Lückgrenze

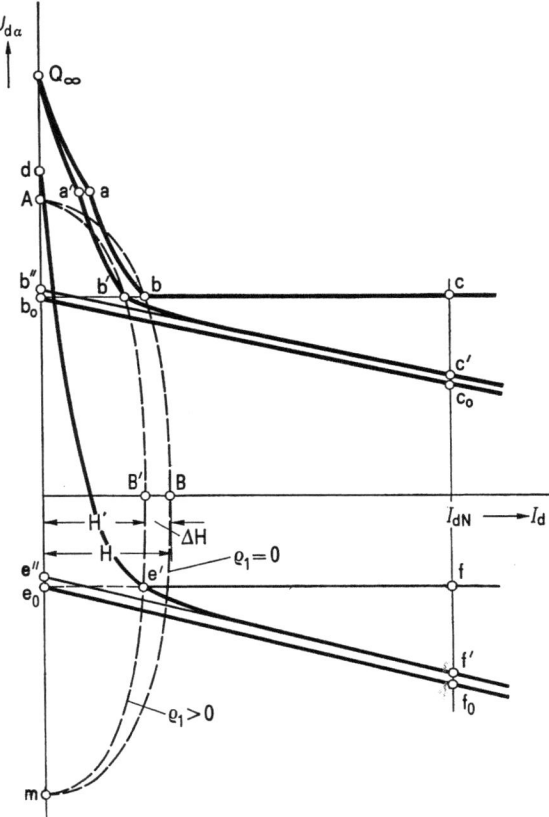

Abb. 10.12. Vollständige Belastungskennlinien der p-pulsigen Mittelpunktschaltung Abb. 10.11.

durch die Ellipsengleichung (10.26) beschrieben, im zweiten Fall ist sie durch eine komplizierte Funktion gegeben. Diese Funktion kann man bei kleinen Werten von ΔH, ohne großen Fehler, durch eine Ellipse ersetzen deren Gleichung aus (10.26) hervorgeht, indem man darin H durch $H - \Delta H$ ersetzt. Die Berechnung der Veränderung ΔH des ohnehin sehr kleinen Wertes von H hat wenig praktische, sondern höchstens methodische Bedeutung und wird daher in den Anhang 3 verwiesen. Man erhält als Ergebnis

$$\frac{\Delta H}{H} = 1 - \frac{\pi}{p} \frac{1}{1 + \varrho_1^2} \frac{\varrho_1 \coth\left(\varrho_1 \frac{\pi}{p}\right) - \cot \frac{\pi}{p}}{1 - \frac{\pi}{p} \cot \frac{\pi}{p}}. \qquad (10.59)$$

Zwei Extremfälle sollen einen Einblick in die Größe der Veränderung $\Delta H/H$ geben. Im Falle $p = 2$ und $\varrho_1 = 2$ erhält man $\Delta H/H = 0{,}37$ und für $p = 12$ und $\varrho_1 = 0{,}1$ folgt $\Delta H/H = 0{,}0046$. Man kann somit, falls erforderlich, aus (10.59) die von der Berücksichtigung der Größen $R \neq 0$ und $L_c \neq 0$ hervorgerufene Verlagerung des Kennlinienpunktes b nach b' (Abb. 10.12) berechnen. Man erhält damit einen genaueren Einblick über den Kennlinienverlauf $Q_\infty a'b'$ im Lückbereich.

Die Näherung (10.56) für den Kennlinienverlauf bei hohen Strömen gilt nur, wenn in Abb. 10.11a die drei Relationen (6.112) erfüllt sind. Diese Voraussetzung muß in der Praxis nicht immer erfüllt sein.

Beim Einsatz einer adaptiven Regelung und einer Gleichstrommaschine, die eine Belastung mit entsprechend hohen Gleichstromoberwellen zuläßt, kann die Glättungsinduktivität L klein gehalten oder gegebenenfalls ganz fortgelassen werden. Dann sind die Voraussetzungen (6.112) fast nie erfüllt, so daß man die Belastungskennlinien aus den Gln. (10.49) bis (10.52) mit Hilfe eines Rechners ermitteln müßte. Die genaue Kenntnis der Belastungskennlinien ist jedoch in diesem Betriebsfall nicht erforderlich, weil der Istwert der Stromrichterspannung $U_{d\alpha}$, oder der zur Maschinendrehzahl proportionalen Spannung $E = U_{d\alpha} - RI_d$ mit Hilfe der Regelung selbsttätig mit einem vorgegebenen festen Sollwert oder mit einem vorgegebenen Sollprogramm in Übereinstimmung gebracht wird; die Spannungserhöhung, insbesondere im lückenden Bereich, wird dabei ausgeregelt.

Die Aufwendungen für eine adaptive Regelung nehmen nur wenig mit der Leistung der Gleichstrommaschine ab; auch die Aufwendungen für die Oberwellenfestigkeit der Gleichstrommaschine liegen bei kleinen Maschinenleistungen relativ höher als bei großen Leistungen. Daraus folgt, daß sich die Aufwendungen für die adaptive Regelung und für die Oberwellenfestigkeit der Gleichstrommaschine nur bei hinreichend großen Maschinenleistungen lohnen.

10.4 Vollständige Belastungskennlinien

Bei kleinen Gleichstromleistungen ist die Verwendung einer hinreichend großen Glättungsinduktivität L in Abb. 10.11a meistens wirtschaftlicher als eine adaptive Regelung und die Verwendung einer oberwellenfesten Gleichstrommaschine. Die Glättungsinduktivität L muß bei dieser Betriebsart so groß gewählt werden, daß der Lückbereich — gekennzeichnet durch H in Abb. 10.12 und durch (10.25) — möglichst klein wird; dann kann der unerwünschte Gleichspannungsanstieg im Lückbereich (Abb. 10.12) durch die Anordnung einer Grundlast parallel zur Gleichstromlast in Abb. 10.11a vermieden werden; der Aufwand für die Grundlast nimmt mit der Verkleinerung des Lückbereiches, also mit wachsender Glättungsinduktivität L, ab. Die Gleichstromoberwellen sind bei dieser Betriebsart meistens so klein, daß man in der Regel normale Gleichstrommaschinen (ungeblechte Ständer) verwenden kann.

Beim Betrieb des Stromrichters Abb. 10.11a mit einer großen Glättungsinduktivität L und ohne Regelung sind die Spannungen $U_{d\alpha}$ bzw. E zwangsläufig durch die Belastungskennlinien (Abb. 10.12) mit dem Gleichstrom I_d, also mit der Belastung des Stromrichters verknüpft; man ist deshalb bei dieser Betriebsart an einer möglichst genauen Kenntnis des Verlaufes der Belastungskennlinie interessiert. Wegen der großen Glättungsinduktivität L, die dann notwendig ist, sind die Relationen (6.112) meistens erfüllt, so daß man die Näherung (10.56) und damit den angenäherten Verlauf $Q_\infty a'b'c'$ der Belastungskennlinie in Abb. 10.12 anwenden darf.

11 Umkehrstromrichter

Ein Umkehrstromrichter besteht nach Abb. 11.1 aus zwei einzelnen Stromrichtern, die wahlweise als Gleichrichter oder als Wechselrichter betrieben werden können und ständig zur Stromführung bereit sind; dann kann die Last mit Gleichströmen beider Richtungen versorgt werden. Der Umkehrstromrichter erlaubt somit, genauso wie der Maschinenumformer in Abb. 11.4a, den Betrieb in allen vier Leistungs-

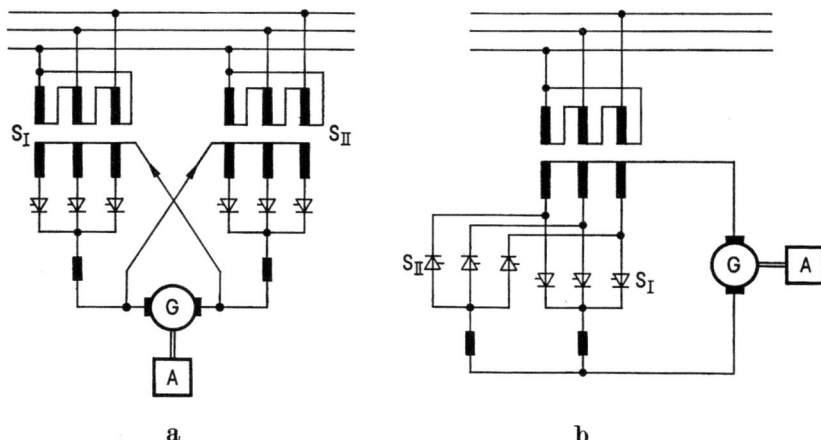

Abb. 11.1. Umkehrstromrichter. a) Kreuzschaltung; b) Gegenparallelschaltung.

quadranten der Abb. 11.4b. Die Abb. 11.1 zeigt zwei Beispiele für den Umkehrstromrichter, nämlich eine Anordnung der beiden Stromrichter in Kreuzschaltung (Abb. 11.1a) und eine in Gegenparallelschaltung (Abb. 11.1b).

In der Praxis verwendet man bei den Umkehrstromrichtern fast stets Stromrichter mit der Pulszahl $p = 6$ oder höher (vgl. Abschn. 11.5). Da aber die Beschreibung der Vorgänge bei dreipulsigen Stromrichtern besonders einfach und übersichtlich ist, wird bei der Erklärung der

11 Umkehrstromrichter

Wirkungsweise von einem Umkehrstromrichter in Kreuzschaltung ausgegangen, der nach Abb. 11.2 aus zwei dreipulsigen Mittelpunktschaltungen besteht.

In Abb. 11.2 sind neben den elektrischen Größen die Kommutierungsinduktivitäten L_c, die Glättungsinduktivitäten L und die Ankerkreisinduktivität L_a eingezeichnet. Der Ankerwiderstand und die Wider-

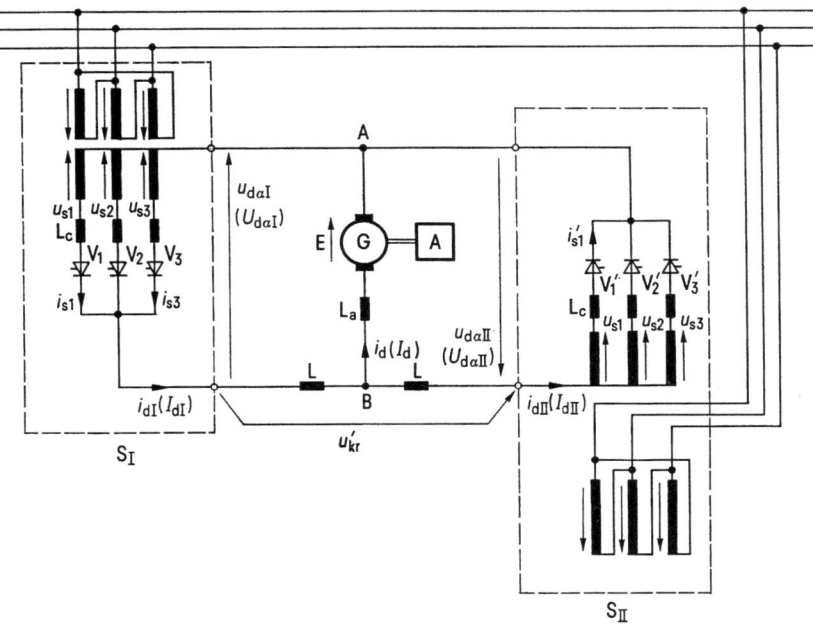

Abb. 11.2. Umkehrstromrichter in Kreuzschaltung, bestehend aus zwei Stromrichtern in dreipulsiger Mittelpunktschaltung.

stände der Glättungsinduktivitäten, die man in Reihe mit der Induktivität L_a bzw. mit den Induktivitäten L einzeichnen müßte, werden vernachlässigt. Diese Näherung ist erlaubt, da der überwiegende Teil der Gleichspannungsverluste von den Kommutierungsinduktivitäten L_c herrührt.

Die beiden Schaltungen in Abb. 11.1a und 11.2 unterscheiden sich durch den Schaltungswinkel δ der beiden Gleichspannungen. In Abb. 11.1a besitzen beide Gleichspannungen denselben Schaltungswinkel δ, in Abb. 11.2 unterscheiden sich die beiden Schaltungswinkel um 60°.

11.1 Prinzipielle Eigenschaften des Umkehrstromrichters

Im Abschn. 11.11 wird die Arbeitsweise eines Maschinenumformers im Vierquadrantenbetrieb kurz erläutert. Im Vergleich dazu wird im Abschn. 11.12 die prinzipielle Wirkungsweise des Umkehrstromrichters beschrieben. Im Abschn. 11.13 werden die Stromrichterkennlinien beim Betrieb des Umkehrstromrichters erläutert. Die Begriffe Kreisstrom und Kreisspannung werden im Abschn. 11.14 eingeführt.

11.11 Wirkungsweise des Maschinenumformers

Die Abb. 11.3a zeigt den Zusammenhang zwischen dem Drehmoment M und der Drehzahl n der Arbeitsmaschine am Beispiel des Hochfahrens und Bremsens eines Motors mit Schwungmasse beim Betrieb in beiden Richtungen der Drehzahl und des Drehmomentes.

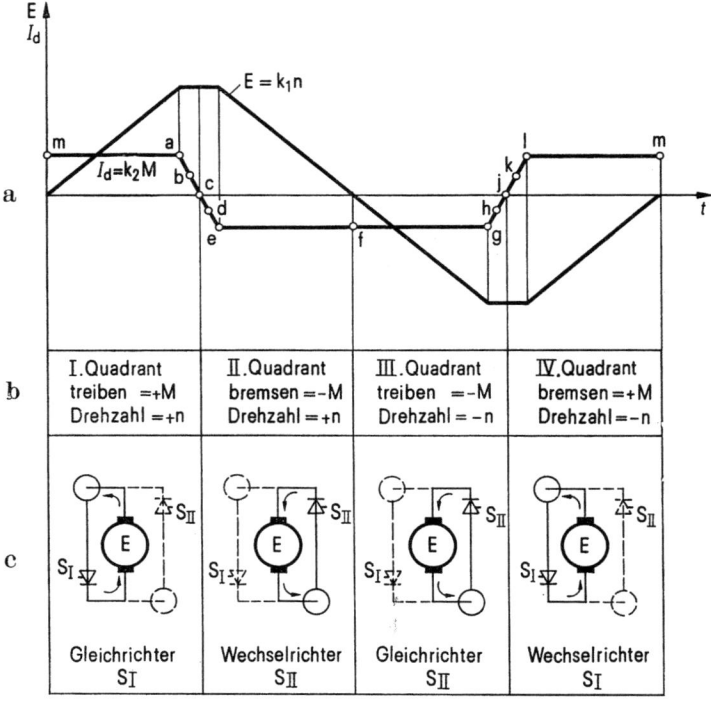

Abb. 11.3. Wirkungsweise des Umkehrstromrichters.
a) Drehmoment M und Drehzahl n bei einem Arbeitszyklus; b) Betriebsart in den vier Leistungsquadranten; c) vereinfachte Ersatzschaltpläne für die vier Leistungsquadranten.

11.1 Prinzipielle Eigenschaften

Man kann diese Aufgabe mit Hilfe eines Maschinenumformers lösen. Der Maschinenumformer besteht beispielsweise nach Abb. 11.4a aus einer Synchronmaschine S_Y und einer fremderregten Gleichstrommaschine F (Leonard-Umformer). Darin bedeutet R_a die Summe der Ankerwiderstände der beiden Maschinen F und G, so daß die Gleichspannung E, die der Maschine G zugeführt wird, nach Abb. 11.4a durch

$$E = E_0 - R_a I_d \tag{11.1}$$

gegeben ist. Die Gl. (11.1) beschreibt in Abb. 11.4b eine parallele Geradenschar mit E_0 als Parameter. Die Leerlaufspannung E_0 ist der Größe und dem Vorzeichen nach durch den Erregerstrom der Gleichstromnebenschlußmaschine F festgelegt.

Im Kennlinienfeld der Abb. 11.4b wird jedem Zeitpunkt des Arbeitszyklus Abb. 11.3a ein bestimmtes Wertepaar E, I_d, also ein bestimmter Kennlinienpunkt zugeordnet. Der Arbeitszyklus wird daher in dem Kennlinienfeld durch einen Linienzug beschrieben, der die Punkte a bis m verbindet.

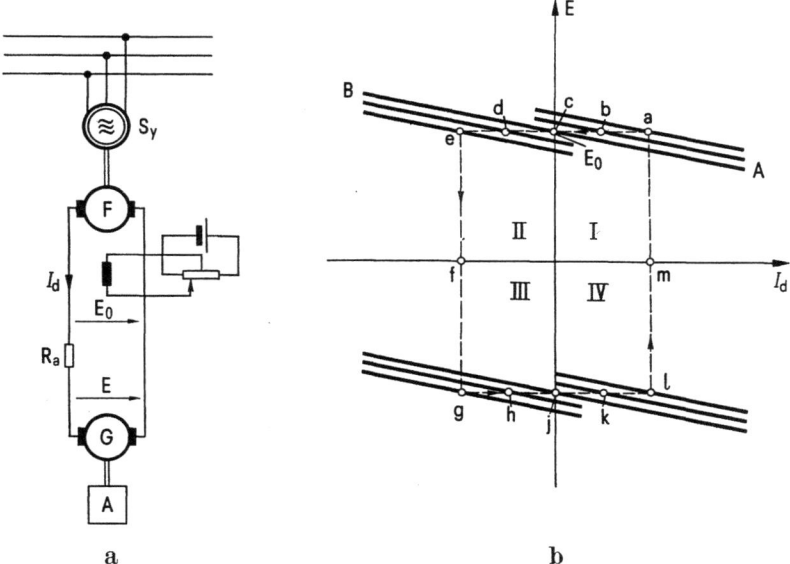

Abb. 11.4. Maschinenumformer. a) Ersatzschaltplan; b) Kennlinienfeld.

11.12 Wirkungsweise des Umkehrstromrichter

Bei einem Umkehrstromrichter (Abb. 11.2) müssen die beiden Teilstromrichter durch Einwirkung auf die Steuerung so betrieben werden, daß sie der Gleichstrommaschine G in jedem Zeitpunkt die nach Abb. 11.3a angeforderten Spannungen und Ströme in geeigneter Größe und Richtung liefern.

Im ersten Teil des Zyklus der Abb. 11.3a wird der Gleichstrommotor G bei positiver Drehrichtung und positivem Drehmoment vom Stillstand bis auf einen Drehzahlhöchstwert hochgefahren. Dazu muß der Umkehrstromrichter einen positiven Maschinenstrom und eine positive Maschinenspannung (Betrieb im Leistungsquadranten I) liefern. Diese Aufgabe kann auf Grund der Durchlaßrichtung der Ventile nur vom Stromrichter S_I im Gleichrichterbetrieb übernommen werden (Abb. 11.3b und c).

Im zweiten Teil des Arbeitszyklus wird der Gleichstrommotor G bei positiver Drehrichtung durch ein negatives Drehmoment bis zum Stillstand gebremst. Dazu muß der Umkehrstromrichter bei positiver Maschinenspannung einen negativen Maschinenstrom liefern (Betrieb im Leistungsquadranten II). Der für diesen Betriebszustand angeforderte negative Maschinenstrom kann auf Grund der Ventilrichtwirkung nur vom Stromrichter S_{II} geliefert werden; um eine positive Maschinenspannung abzugeben, muß S_{II} im Wechselrichterbetrieb gefahren werden (Abb. 11.3b und c).

Im dritten und vierten Teil des Arbeitszyklus wiederholen sich die Vorgänge mit vertauschten Vorzeichen der Größen n und M und mit vertauschten Funktionen der Stromrichter S_I und S_{II}. Im dritten Teil des Zyklus wird S_{II} als Gleichrichter (Leistungsquadrant III) betrieben und im vierten Teil befindet sich S_I im Wechselrichterbetrieb (Leistungsquadrant IV).

In Abb. 11.3c ist jeweils der Teilstromrichter, der den Maschinenstrom liefert, voll ausgezogen, der andere gestrichelt dargestellt.

Die beiden Teilstromrichter lösen einander beim Richtungswechsel des Maschinenstromes, also in den Leerlaufpunkten c, j der Abb. 11.3a in der Stromführung ab. Dieser Stromübergang soll, wie bei einem Maschinenumformer, stetig, ohne stromlose Pause, erfolgen. Diese Forderung ist sicher dann erfüllt, wenn der Gleichstrommaschine bei $I_d = 0$ vom stromabgebenden und vom stromaufnehmenden Teilstromrichter die gleiche Maschinenspannung angeboten wird. Deshalb muß bei der Stromübergabe der eine Teilstromrichter als Gleichrichter, der andere als Wechselrichter betrieben werden. Diese für den Betrieb des Umkehrstromrichters grundsätzlich notwendige Forderung kann auf verschiedene Weise durch geeignete Einwirkung auf die Steuerung der beiden Teilstromrichter erfüllt werden.

11.13 Stromrichterkennlinien beim Betrieb des Umkehrstromrichters

Der Stromrichter S_I in Abb. 11.2 bietet der Gleichstrommaschine die Spannung E_I, der Stromrichter S_{II} die Spannung E_{II} an; wenn die

11.1 Prinzipielle Eigenschaften

Maschine gemeinsam von beiden Teilstromrichtern gespeist wird, gilt $E_I = E_{II}$. Da die ohmschen Widerstände vernachlässigt wurden, folgt aus Abb. 11.2 $E_I = U_{daI}$ und $E_{II} = -U_{daII}$.

Den Zusammenhang zwischen den Gleichspannungsmittelwerten U_{daI}, U_{daII} und den Gleichströmen I_{dI}, I_{dII} beim Betrieb des Umkehrstromrichters Abb. 11.2, also die Belastungskennlinien der beiden Teilstromrichter, können gemessen oder berechnet werden; dabei treten die Steuerwinkel α_I, α_{II} als Parameter auf. Für die Belastungskennlinien kann man somit formal

$$E_I = U_{daI}(I_{dI}, \alpha_I), \quad E_{II} = -U_{daII}(I_{dII}, \alpha_{II}) \tag{11.2}$$

schreiben.

In der Abb. 11.5 sind die Belastungskennlinien (11.2) der beiden Teilstromrichter für einen bestimmten Betriebsfall in einem Koordinaten-

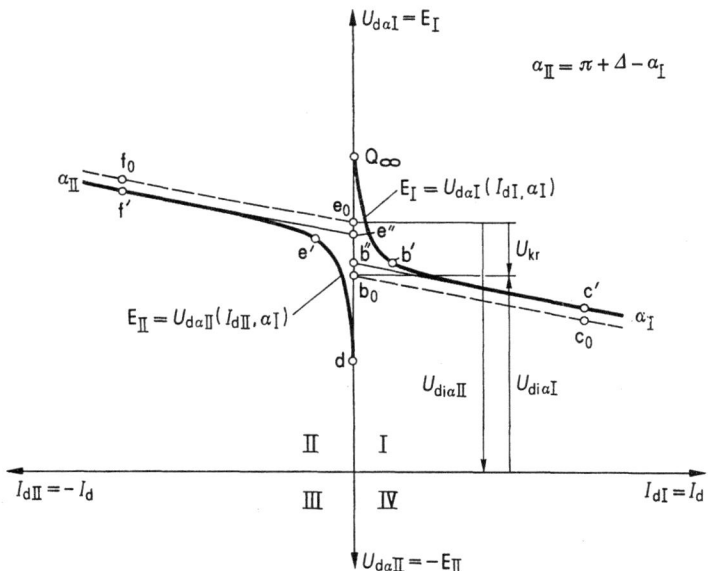

Abb. 11.5. Belastungskennlinien beim Einzelbetrieb der beiden Teilstromrichter in Abb. 11.2 für den Betriebsfall $\alpha_I + \alpha_{II} = \pi + \Delta; \Delta > 0$.

system mit der Maschinenspannung E als Ordinate und dem Maschinenstrom I_d als Abszisse eingezeichnet. In dieser Darstellung werden die Größen E_I, I_{dI} — wie es auch den Pfeilrichtungen in Abb. 11.2 entspricht — den positiven Werten und die Größen E_{II}, I_{dII} den negativen Werten der Maschinenspannung E bzw. des Maschinenstromes I_d zugeordnet.

Bei der Belastung eines einzelnen Stromrichters durch eine Gleichstrommaschine besitzen die Belastungskennlinien nach Abschn. 10.4 und Abb. 10.12 im Gleichrichterbetrieb den Verlauf $Q_\infty b'c'$ und im Wechselrichterbetrieb den Verlauf $de'f'$. Diese beiden Kennlinien sind noch einmal in Abb. 11.5 eingezeichnet. Die Geraden $b_0 c_0$ und $f_0 e_0$ sind die Belastungskennlinien bei idealer Glättung $L = \infty$ der Gleichströme i_{dI} und i_{dII}. Die beiden Punkte b_0 und e_0 sind deshalb durch die Gleichspannungsmittelwerte

$$U_{\mathrm{diaI}} = U_{\mathrm{di}} \cos \alpha_{\mathrm{I}}, \qquad U_{\mathrm{diaII}} = U_{\mathrm{di}} \cos \alpha_{\mathrm{II}}, \qquad U_{\mathrm{di}} = \frac{3}{\pi} \sqrt{\frac{3}{2}} U_{\mathrm{s}} \quad (11.3)$$

festgelegt.

In der Abb. 11.5 wurden die beiden Steuerwinkel α_{I} und α_{II} der Stromrichter S_{I} und S_{II} in Abb. 11.2 so gewählt, daß der Punkt e_0 ein wenig über dem Punkt b_0 liegt. Dann gilt

$$U_{\mathrm{kr}} = U_{\mathrm{diaI}} + U_{\mathrm{diaII}} < 0 \quad (11.4)$$

wobei U_{kr} als ideelle Kreisspannung bezeichnet wird (Abschn. 11.14).

Damit die Forderung (11.4) erfüllt ist, muß der Steuerwinkelsumme $\alpha_{\mathrm{I}} + \alpha_{\mathrm{II}}$ nach Abschn. 9.31 und Abb. 9.6 die Bedingung

$$\alpha_{\mathrm{I}} + \alpha_{\mathrm{II}} = \pi + \Delta, \qquad \Delta > 0 \quad (11.5)$$

auferlegt werden. Aus den Gl. (11.3) bis (11.5) folgt

$$\frac{U_{\mathrm{kr}}}{U_{\mathrm{di}}} = \cos \alpha_{\mathrm{I}} + \cos(\pi + \Delta - \alpha_{\mathrm{I}}) = -2 \sin \frac{\Delta}{2} \sin\left(\alpha_{\mathrm{I}} - \frac{\Delta}{2}\right). \quad (11.6)$$

Der Abstand zwischen den Punkten e_0 und b_0 in Abb. 11.5 wurde klein gewählt, so daß auch der Betrag von U_{kr} und damit nach (11.6) auch die Abweichung Δ klein ist. Für kleine Werte von Δ kann man an Stelle von (11.6) die Näherung

$$\frac{U_{\mathrm{kr}}}{U_{\mathrm{di}}} = -\Delta \sin \alpha_{\mathrm{I}} \quad (11.7)$$

verwenden.

In den Abschn. 9.42 und 9.62 wurde an Hand der Abb. 9.13 und 9.22 gezeigt, daß der Wechselrichter bereits kippt, bevor die Vollaussteuerung von 180° erreicht ist. Bei der Anwendung wird daher die höchste Wechselrichteraussteuerung auf etwa 150° begrenzt, so daß nur etwa 85% des maximal bei Vollaussteuerung möglichen Wertes ausgenutzt werden kann. Dementsprechend wird die höchste Aussteuerung des Gleichrichters auf etwa 30° begrenzt.

Bei hinreichend großen Gleichströmen des nichtlückenden Betriebes wird die Belastungskennlinie eines Stromrichters nach Abschn. 10.3 durch die Gl. (10.58) beschrieben. Beachtet man, daß bei kleinen Werten

11.1 Prinzipielle Eigenschaften

von Δ nach (11.5) die Näherung $\sin \alpha_{II} = \sin(\pi + \Delta - \alpha_I) \approx \sin \alpha_I$ gilt, dann erhält man aus (10.58) unter Berücksichtigung, daß $E_I = U_{d\alpha I}$ und $E_{II} = -U_{d\alpha II}$ gilt, für die beiden Steuerwinkel α_I und α_{II} die folgenden Gleichungen:

$$E_I = E_{I0} - \frac{3}{2\pi} \omega L_c I_{dI}, \tag{11.8}$$

$$E_{II} = E_{II0} + \frac{3}{2\pi} \omega L_c I_{dII}, \tag{11.9}$$

$$E_{I0} = \left(1 + \frac{1}{2}\frac{L_c}{L+L_c}\right) U_{d\alpha I} + \frac{L_c}{L+L_c} \frac{3K}{2\pi} U_{di} \sin \alpha_I, \tag{11.10}$$

$$E_{II0} = -\left(1 + \frac{1}{2}\frac{L_c}{L+L_c}\right) U_{d\alpha II} - \frac{L_c}{L+L_c} \frac{3K}{2\pi} U_{di} \sin \alpha_I, \tag{11.11}$$

$$K = 1 - \frac{\pi}{p}\cot\frac{\pi}{p} = 1 - \frac{\pi}{3\sqrt{3}}; \quad U_{di} = \sqrt{2}\,U_s \frac{3}{\pi}\frac{1}{2}\sqrt{3}, \quad p = 3. \tag{11.12}$$

Die beiden Gl. (11.8), (11.9) liefern in Abb. 11.5 die beiden Geraden $c'b''$ und $f'e''$.

Bei gleichzeitiger Stromführung der beiden Teilstromrichter in Abb. 11.2 tragen beide zum Maschinenstrom bei. Der Verlauf der Stromrichterkennlinien unterscheidet sich dann, wie am Beispiel der Abb. 11.19 später gezeigt wird, von den Kennlinien der Abb. 11.5, die unter der Annahme errechnet wurden, daß die Gleichstrommaschine nur von einem Stromrichter gespeist wird. Die Näherungsgeraden $c'b''$ und $f'e''$ für hohe Gleichströme (Abb. 11.5) können jedoch auch bei gemeinsamer Stromführung beider Teilstromrichter angenähert verwendet werden, wenn der eine Teilstromrichter einen sehr hohen Beitrag zum Maschinenstrom liefert und der Strom des anderen Stromrichters demgegenüber klein bleibt.

11.14 Kreisstrom und Kreisspannung

Bei abgeschalteter Gleichstrommaschine entsteht aus Abb. 11.2 der einfache Ersatzschaltplan Abb. 11.6a. Darin gilt

$$u'_{kr} = u_{d\alpha I} + u_{d\alpha II}, \quad U_{d\alpha I} + U_{d\alpha II} = 0. \tag{11.13}$$

$u_{d\alpha I}$, $u_{d\alpha II}$ und $U_{d\alpha I}$, $U_{d\alpha II}$ sind die meßbaren Klemmenspannungen der Teilstromrichter in Abb. 11.2. Da an der Induktivität $2L$ der Abb. 11.2

und 11.6a keine Gleichspannung auftreten kann, gilt nach (11.13) $U_{d_aI} + U_{d_aII} = 0$.

Wenn der eine Teilstromrichter in Abb. 11.2 als Gleichrichter, der andere als Wechselrichter gesteuert wird, verursacht die Spannung u'_{kr} in Abb. 11.2 bzw. 11.6a einen Strom i_{kr}. Die Ventile in Abb. 11.2 bewirken, daß i_{kr} nur in einer Richtung fließen kann, also eine Gleichkomponente I_{kr} besitzt. Man bezeichnet u'_{kr} als Kreisspannung und i_{kr} als Kreisstrom, weil beide Größen nur in dem aus beiden Teilstromrichtern bestehendem äußeren Stromkreis der Abb. 11.2 wirken.

Im Sonderfall des lückenden Betriebes der beiden Stromrichter bei abgeschalteter Gleichstrommaschine kann die Schaltung Abb. 11.2 auf die Form Abb. 11.6b gebracht werden. Darin bedeutet

$$u_{kr} = u_{dI} + u_{dII}, \qquad U_{kr} = U_{d_iaI} + U_{d_iaII}. \qquad (11.14)$$

u_{dI}, u_{dII} und U_{d_iaI}, U_{d_iaII} sind die ideellen Gleichspannungen der Teilstromrichter, also jene Spannungen, die bei $L_c = 0$ im nichtlückenden Betrieb an den Klemmen der Teilstromrichter auftreten würden; für U_{d_iaI}, U_{d_iaII} gilt daher (11.3). Beispiele für den Zeitverlauf von u_{dI}, u_{dII} und u_{kr} zeigen die Abb. 11.9, 11.10 und 11.12.

Bei lückendem Betrieb fließt der Strom i_{kr} im Verlauf eines Periodizitätsintervalles jeweils nur durch ein Ventil des Stromrichters S_I und ein Ventil des Stromrichters S_{II}, so daß diese beiden in Reihe geschalteten Ventile in Abb. 11.6b durch das ungesteuerte Ventil V mit der Ventilspannung u_v ersetzt werden können. Während der Durchlaßzeit des Ventiles V gilt $u_v = 0$ und während der Sperrzeit $u_v \neq 0$. Für die Mittelwerte gilt daher nach Abb. 11.6b die Beziehung $U_v = U_{kr}$.

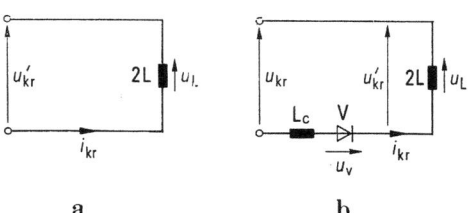

Abb. 11.6. Ersatzschaltpläne des Umkehrstromrichters Abb. 11.2 bei abgeschalteter Gleichstrommaschine.

Der Kreisstrom belastet die Teilstromrichter in Abb. 11.2, liefert jedoch keinen Beitrag zum Maschinenstrom I_d; er ist also eigentlich eine unerwünschte Größe. Er kann z. B. durch geeignete Einwirkung auf die Steuerung der beiden Teilstromrichter unterdrückt oder aber zugelassen werden. Man spricht dann von kreisstromfreiem Betrieb (Abschn. 11.2)

11.2 Kreisstromfreier Betrieb

oder von kreisstrombehaftetem Betrieb (Abschn. 11.3 und 11.4). Beide Betriebsarten haben ihre Vorteile und Nachteile, die bei der Beschreibung des Betriebsverhaltens in den Abschn. 11.2 und 11.4 aufgezeigt werden.

11.2 Kreisstromfreier Betrieb

Die Entstehung des Kreisstromes wird verhindert, wenn man dafür sorgt, daß während der Stromführung eines Teilstromrichters der jeweils andere mit Sicherheit gesperrt ist, also stromlos bleibt. Beim kreisstromfreien Betrieb wirkt daher jeweils nur ein Teilstromrichter auf die Gleichstrommaschine ein, so daß stets die in Abschn. 10.4 beschriebenen und in Abb. 11.5 dargestellten Belastungskennlinien bzw. deren Näherungsgleichungen (11.8), (11.9) für hohe Gleichströme gelten.

In der Abb. 11.7 sind die beiden Belastungskennlinien aus Abb. 11.5 noch einmal eingezeichnet, jedoch so, daß die beiden Punkte b″ und e″ der Abb. 11.5 gemeinsamen zum Punkt m der Abb. 11.7 zusammenfallen und die beiden Näherungsgeraden für hohe Gleichströme somit zu einer durchgehenden Geraden c′mf′ fluchten. Damit sich der Zustand nach Abb. 11.7 einstellt, muß in Abb. 11.5 $E_{I0} = E_{II0}$ gesetzt werden. Daraus folgt mit (11.10) bis (11.12) für kleine Werte von Δ nach kurzer

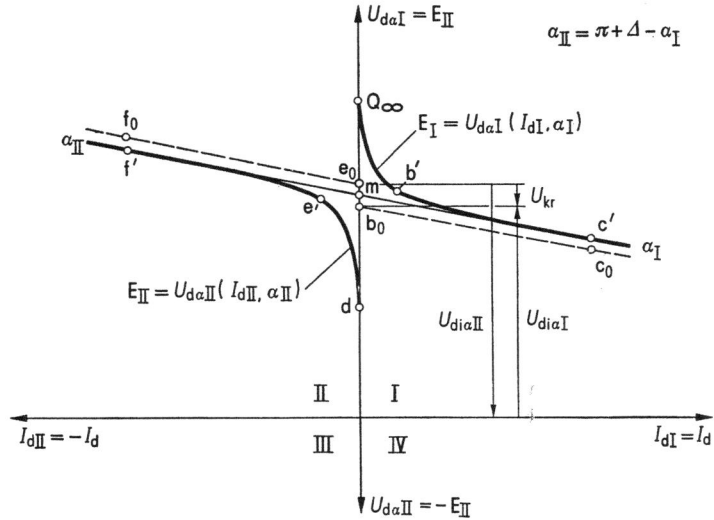

Abb. 11.7. Belastungskennlinien der beiden Teilstromrichter in Abb. 11.2; die Gleichung (11.15) ist erfüllt, so daß die Näherungsgeraden für große Gleichströme zu einer durchgehenden Geraden f′mc′ fluchten.

Zwischenrechnung die Näherung

$$\frac{U_{kr}}{U_{dl}} = -\frac{1}{\sqrt{3}} \frac{L_c}{L + \frac{3}{2}L_c} \left(\frac{3\sqrt{3}}{\pi} - 1\right) \sin \alpha_I. \tag{11.15}$$

Da L_c/L in der Praxis stets sehr klein ist, gilt das gleiche nach (11.15) für den Betrag von U_{kr}/U_{dl}. Aus (11.15) und (11.7) folgt weiter, daß U_{kr} im Fall der Abb. 11.7 negativ und Δ positiv ist.

Beim kreisstromfreien Betrieb muß während der Stromführung des einen Teilstromrichters der jeweils andere stromlos sein. Da ein Teilstromrichter stets gesperrt, also stromlos ist, wenn ihm keine Steuerimpulse zugeführt werden, kommt man beim kreisstromfreien Betrieb mit nur einer Steuereinrichtung für beide Teilstromrichter aus in der Weise, daß die Steuereinrichtung immer dem jeweils stromführenden Teilstromrichter zugeschaltet wird und der andere Teilstromrichter daher in Ermangelung von Zündimpulsen gesperrt bleibt. Bei der Stromumkehr muß dann die Steuereinrichtung vom stromabgebenden auf den stromaufnehmenden Teilstromrichter umgeschaltet werden; diese Aufgabe kann mit elektronischen Schaltern leicht gelöst werden.

Durch die Bedingung (11.15) wird zwar in den Kennlinienstücken c'b' und f'e' des nichtlückenden Bereiches der Abb. 11.7 eine hinreichende Annäherung an den erwünschten Kennlinienverlauf des Maschinenumformers (Abb. 11.4b) erreicht, im lückenden Bereich b'Q$_\infty$ bzw. e'd weichen dagegen die Stromrichterkennlinien außerordentlich stark vom erwünschten linearen Verlauf c'mf' ab. Ein linearer Kennlinienübergang im lückenden Betrieb, etwa entlang der Geraden c'mf' kann nur durch eine Veränderung des Steuerwinkels, also durch einen Übergang von einer gestrichelten Kennlinie der Abb. 11.8 zu einer anderen erreicht werden. Man löst diese Aufgabe mit den Mitteln der Steuerungs- und Regelungstechnik.

Im Kennlinienpunkt m der Abb. 11.8 muß die Stromumkehr, also die Stromübernahme durch den anderen Teilstromrichter erfolgen. Bei der Stromumkehr wird, sobald der Gleichstrom des stromführenden Teilstromrichters den Wert Null erreicht, von einer Kommandostufe ein Signal abgegeben; dieses Signal unterbindet weitere Steuerimpulse und sperrt den bis dahin stromführenden Teilstromrichter. Während einer gewissen Zeit bleiben beide Teilstromrichter gesperrt. Der eben noch stromführende Teilstromrichter gewinnt in dieser Zeit seine Sperrfähigkeit wieder (Schonzeit) und die Steuerung wird durch die Kommandostufe vom stromabgebenden auf den stromaufnehmenden Teilstromrichter umgeschaltet. Der Steuerwinkel des aufnehmenden Teilstromrichters wird so eingestellt, daß sich nach Freigabe der Gittersteuerung die gleiche Leerlaufspannung wie beim stromabgebenden Teilstrom-

11.2 Kreisstromfreier Betrieb

richter einstellt. Erst nach Ablauf dieser Vorgänge, die eine gewisse Zeit erfordern, in der die Maschine stromlos bleibt, wird die Maschine mit einem Strom in umgekehrter Richtung beliefert. Man erkennt daraus, daß der kreisstromfreie Betrieb eines Umkehrstromrichters vornehmlich ein Problem der Steuer- und Regelungstechnik ist.

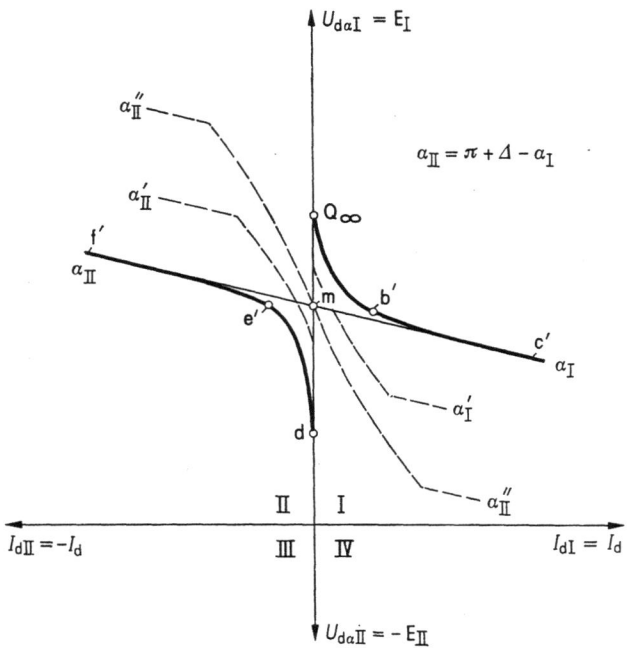

Abb. 11.8. Stromrichtungsumkehr beim kreisstromfreien Betrieb durch geeignete Veränderung der Steuerwinkel.

Der eben beschriebene kreisstromfreie Betrieb hat den Vorteil, daß keine kreisstrombedingten Zusatzverluste auftreten und kein zusätzlicher Blindleistungsbedarf entsteht. Außerdem ist von Vorteil, daß nur eine Steuereinrichtung für zwei Stromrichter notwendig ist. Dieser Vorteil tritt insbesondere bei Stromrichtern kleiner Leistung ins Gewicht, weil der Steueraufwand mit abnehmender Antriebsleistung nur wenig kleiner wird.

Beim kreisstromfreien Betrieb muß beim Umschalten der Steuereinrichtung von einem Teilstromrichter auf den anderen eine Totzeit von einigen Millisekunden in Kauf genommen werden, die aber nur in Einzelfällen aus regelungstechnischen Gründen unerwünscht ist. In den Abschn. 11.3 und 11.4 wird gezeigt, daß man höchsten Ansprüchen an die

Geschwindigkeit bei der Stromumkehr dann genügen kann, wenn man einen begrenzten Kreisstrom zuläßt.

11.3 Eigenschaften des Kreisstromes

Bei abgeschalteter Gleichstrommaschine gilt nach Abb. 11.2 für die Momentanwerte und für die Mittelwerte der Ströme die Aussage $i_{kr} = i_{dI} = i_{dII}$ und $I_{kr} = I_{dI} = I_{dII}$. Wenn dagegen der Maschinenleerlauf $I_d = 0$ bei eingeschalteter Maschine herbeigeführt wird — das entspricht der Praxis — dann gilt zwar für die Mittelwerte ebenfalls $I_{kr} = I_{dI} = I_{dII}$, die Momentanwerte liefern dagegen im Knotenpunkt B der Abb. 11.2 einen reinen Wechselstrom $i_d = i_{dI} - i_{dII}$, der durch den Anker der Gleichstrommaschine fließt und dessen Größe durch die Induktivitäten L und L_a begrenzt wird. Mit $L_a = \infty$ werden die beiden Fälle identisch, denn es gilt beide Male im Maschinenleerlauf $i_d = 0$.

Im folgenden wird der Kreisstrom bei abgeschalteter Maschine berechnet, weil die Rechnung einfacher ist und die Ergebnisse übersichtlicher sind.

11.31 Bedingungen für die Steuerwinkelsumme

Beim kreisstrombehafteten Betrieb des Umkehrstromrichters wird der eine Teilstromrichter nach Abschn. 11.12 als Gleichrichter, der andere als Wechselrichter betrieben. Beide Teilstromrichter sollen dabei so gesteuert werden, daß der Gleichstrommaschine bei der Stromumkehr, also im Maschinenleerlauf $I_d = 0$, von beiden Teilstromrichtern der gleiche Gleichspannungsmittelwert E_0 angeboten wird. Diese Bedingung wird — abgesehen von Nebeneffekten — erfüllt, wenn man der Steuerwinkelsumme die Bedingung $\alpha_I + \alpha_{II} = \pi$ auferlegt. Dann gilt nach Abschn. 9.31 und Abb. 9.4 $U_{diaI} + U_{diaII} = 0$, so daß die beiden Teilstromrichter ideelle Gleichspannungsmittelwerte liefern, die dem Betrag nach gleich, dem Vorzeichen nach aber verschieden sind.

In der Praxis muß mit Belastungsänderungen, Netzschwankungen und dynamischen Regelabweichungen gerechnet werden, so daß die exakte Bedingung $\alpha_I + \alpha_{II} = \pi$ bei der Anwendung nicht eingehalten werden kann. Aus diesem Grunde soll das Verhalten des Kreisstromes unter der Steuerbedingung

$$\alpha_I + \alpha_{II} = \pi + \Delta, \quad \Delta \gtreqless 0 \qquad (11.16)$$

untersucht werden. Die Abweichung Δ bleibt, den Betriebsschwankungen entsprechend, relativ klein gegenüber π.

11.3 Eigenschaften des Kreisstromes

Im Abschn. 11.4 wird weiterhin gezeigt, daß die Größe Δ nicht nur den Kreisstrom, sondern auch den Verlauf der Kennlinien des Umkehrstromrichters beeinflußt.

11.32 Der Kreisstrom an der Lückgrenze

Besonders einfach und übersichtlich wird die Berechnung des Kreisstromes unter der Steuerbedingung

$$\alpha_\text{I} + \alpha_\text{II} = \pi. \tag{11.17}$$

Aus (11.17) folgt nach (9.6), (9.7) die Beziehung

$$U_{\text{di}\alpha\text{I}} + U_{\text{di}\alpha\text{II}} = 0. \tag{11.18}$$

Später wird sich herausstellen, daß bei der Steuerbedingung (11.17) der Grenzfall zwischen lückendem und nichtlückendem Zeitverlauf des Kreisstromes, unabhängig von den Werten der beiden Steuerwinkel α_I, α_II vorliegt.

Die ideellen Spannungen u_{dI}, u_{dII} des Gleichrichters S_I bzw. des Wechselrichters S_II besitzen unter der Steuerbedingung (11.17) den Zeitverlauf nach Abb. 11.9a, b bzw. 11.10a, b, je nachdem, ob der Steuerwinkel α_I dem Bereich $0 \leqq \alpha_\text{I} \leqq \pi/3$ oder dem Bereich $\pi/3 \leqq \alpha_\text{I} \leqq \pi/2$ angehört. Daraus folgt mit (11.14) der in Abb. 11.9c bzw. 11.10c dargestellte Zeitverlauf der ideellen Kreisspannung u_kr.

Zunächst wird der Zeitverlauf des Kreisstromes im Steuerbereich $0 \leqq \alpha_\text{I} \leqq \pi/3$ aus dem Zeitverlauf der Kreisspannung nach Abb. 11.9c berechnet. Bei diesen Überlegungen wird der Nullpunkt der Zeitzählung — entgegen den bisherigen Gepflogenheiten — in den Schnittpunkt der beiden Spannungen u_s3 und u_s1, also in den Nulldurchgang der Spannung u_kr in Abb. 11.9c verlegt.

Aus dem Zeitintervall $x = -\alpha_\text{I}$ bis $x = \alpha_\text{I}$ der Abb. 11.9 wird ein Zeitpunkt x herausgegriffen. In diesem Zeitpunkt führt das Ventil V_3 des Gleichrichters S_I in Abb. 11.2 und das Ventil V_1' das Wechselrichters S_II den Kreisstrom i_kr; er fließt in dem Stromkreis, bestehend aus den Spannungen u_s3, $-u_\text{s1}$, den Ventilen V_3, V_1' und den Induktivitäten $2L$ und $2L_c$. In diesem Betriebszustand gilt daher für i_kr der Ersatzschaltplan Abb. 11.6b und die Kreisspannung u_kr ist durch $u_\text{kr} = u_\text{dI} + u_\text{dII} = u_\text{s3} - u_\text{s1}$, also durch

$$u_\text{kr} = u_\text{s3} - u_\text{s1} = -\sqrt{2}\sqrt{3}\, U_\text{s} \sin x \tag{11.19}$$

gegeben.

Solange der Kreisstrom durch die beiden Ventile V_3 und V_1' der Abb. 11.2 bzw. durch das Ventil V in Abb. 11.6b fließt, gilt $u_\text{v} = 0$ und daher nach Abb. 11.6b oder 11.2 die Differentialgleichung

$$u_{kr} = -\sqrt{2}\sqrt{3}\,U_s \sin x = 2\omega(L + L_c)\frac{di_{kr}}{dx}. \qquad (11.20)$$

Vom Zeitpunkt $x = \alpha_I$ bis $x = -\alpha_I + 2\pi/3$ gilt $u_{kr} = 0$ und $i_{kr} = 0$.

Der Kreisstrom i_{kr} besitzt bei $x = -\alpha_I$ den Augenblickswert Null, so daß die Differentialgleichung (11.20) mit der Anfangsbedingung

$$i_{kr}(-\alpha_I) = 0 \qquad (11.21)$$

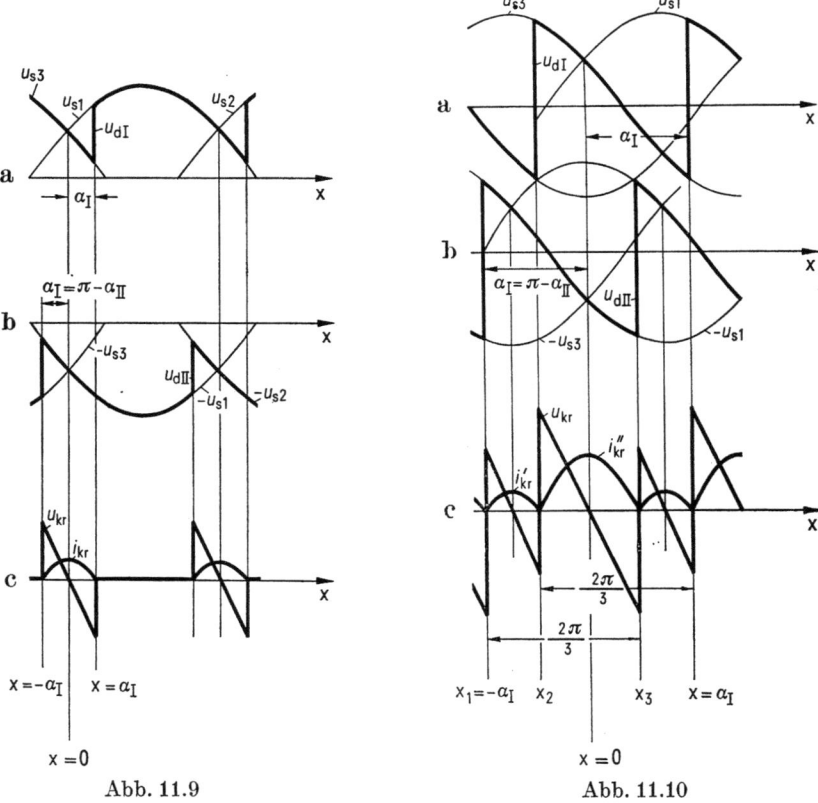

Abb. 11.9. Zeitverlauf des Kreisstromes i_{kr} und der Kreisspannung u_{kr} des Umkehrstromrichters Abb. 11.2 bei der Steuerbedingung $\alpha_I + \alpha_{II} = \pi$ im Steuerbereich $0 \leq \alpha_I \leq \pi/3$.

Abb. 11.10. Zeitverlauf des Kreisstromes i_{kr} und der Kreisspannung u_{kr} des Umkehrstromrichters Abb. 11.2 bei der Steuerbedingung $\alpha_I + \alpha_{II} = \pi$ im Steuerbereich $\pi/3 \leq \alpha_I \leq \pi/2$.

11.3 Eigenschaften des Kreisstromes

zu lösen ist. Man erhält als Lösung:

$$i_{kr} = \sqrt{\frac{3}{2}} \frac{U_s}{\omega(L + L_c)} (\cos x - \cos \alpha_I). \tag{11.22}$$

Der Zeitverlauf von i_{kr} nach (11.22) ist in Abb. 11.9c eingezeichnet.

Aus dem Zeitverlauf (11.22) des Kreisstromes berechnet man den zugehörigen Mittelwert I_{kr}. Bezieht man I_{kr} auf die Größe $\sqrt{2}\,U_s/2\omega(L + L_c)$, dann folgt:

$$\frac{I_{kr} 2\omega(L + L_c)}{\sqrt{2}\,U_s} = \frac{3}{2\pi} \int_{-\alpha_I}^{\alpha_I} \frac{i_{kr}\, 2\omega(L + L_c)}{\sqrt{2}\,U_s}\, \mathrm{d}x = \frac{3\sqrt{3}}{\pi} (\sin \alpha_I - \alpha_I \cos \alpha_I). \tag{11.23}$$

Die Gl. (11.23) liefert im Steuerwinkelbereich $0 \leq \alpha_I \leq \pi/3$ der Abb. 11.11 den Kennlinienverlauf 2.

Im Steuerbereich $\pi/3 \leq \alpha_I \leq \pi/2$ besteht die Kreisspannung u_{kr} nach Abb. 11.10c während des Periodizitätsintervalles aus zwei aneinander anschließende Spannungszacken. Der Kreisstrom wird in diesen beiden Teilintervallen nach Abb. 11.10c mit i'_{kr} bzw. mit i''_{kr} bezeichnet.

Nach Abb. 11.10c fließt im Zeitintervall x_1 bis x_2 der Strom i'_{kr}. In diesem Intervall gilt nach Abb. 11.6b die Differentialgleichung

$$u_{kr} = -\sqrt{2}\,\sqrt{3}\, U_s \sin\left(x + \frac{\pi}{3}\right) = 2\omega(L + L_c)\frac{\mathrm{d}i'_{kr}}{\mathrm{d}x}. \tag{11.24}$$

Im anschließenden Zeitintervall x_2 bis x_3 tritt nach Abb. 11.10c der Strom i''_{kr} auf, dessen Zeitverlauf nach Abb. 11.6b durch die Differentialgleichung

$$u_{kr} = -\sqrt{2}\,\sqrt{3}\, U_s \sin x = 2\omega(L + L_c)\frac{\mathrm{d}i''_{kr}}{\mathrm{d}x} \tag{11.25}$$

beschrieben wird.

Die Anfangs- und Endzeitpunkte x_1, x_2, x_3 der beiden Spannungszacken sind nach Abb. 11.10c durch die Gleichungen

$$x_1 = -\alpha_I, \qquad x_2 = \alpha_I - \frac{2\pi}{3}, \qquad x_3 = -\alpha_I + \frac{2\pi}{3} \tag{11.26}$$

mit dem Steuerwinkel α_I verknüpft.

Die Differentialgleichung (11.24) ist nach Abb. 11.10c und (11.26) mit der Anfangsbedingung

$$i'_{kr}(x_1) = i'_{kr}(-\alpha_I) = 0 \tag{11.27}$$

zu lösen und für die Differentialgleichung (11.25) gilt die Anfangsbedingung

$$i_{\mathrm{kr}}''(x_2) = i_{\mathrm{kr}}''\left(\alpha_\mathrm{I} - \frac{2\pi}{3}\right) = 0. \tag{11.28}$$

Mit (11.27), (11.28) erhält man die folgenden Lösungen für die Differentialgleichungen (11.24), (11.25):

$$i_{\mathrm{kr}}' = \sqrt{\frac{3}{2}} \frac{U_\mathrm{s}}{\omega(L+L_\mathrm{c})}\left(\cos\left(x+\frac{\pi}{3}\right) - \cos\left(\alpha_\mathrm{I} - \frac{\pi}{3}\right)\right), \quad x_1 \leq x \leq x_2, \tag{11.29}$$

$$i_{\mathrm{kr}}'' = \sqrt{\frac{3}{2}} \frac{U_\mathrm{s}}{\omega(L+L_\mathrm{c})}\left(\cos x - \cos\left(\alpha_\mathrm{I} - \frac{2\pi}{3}\right)\right), \quad x_2 \leq x \leq x_3. \tag{11.30}$$

In der Abb. 11.10c ist der Zeitverlauf von i_{kr}' und i_{kr}'' dargestellt.

Für den auf die Größe $\sqrt{2}\,U_\mathrm{s}/2\omega(L+L_\mathrm{c})$ bezogenen Mittelwert I_{kr} des Kreisstromes gilt

$$\frac{I_{\mathrm{kr}} 2\omega(L+L_\mathrm{c})}{\sqrt{2}\,U_\mathrm{s}} = \frac{3}{2\pi}\int_{x_1}^{x_2}\frac{i_{\mathrm{kr}}' 2\omega(L+L_\mathrm{c})}{\sqrt{2}\,U_\mathrm{s}}\,\mathrm{d}x + \frac{3}{2\pi}\int_{x_2}^{x_3}\frac{i_{\mathrm{kr}}'' 2\omega(L+L_\mathrm{c})}{\sqrt{2}\,U_\mathrm{s}}\,\mathrm{d}x. \tag{11.31}$$

Die Auswertung der Integrale in (11.31) liefert mit (11.29), (11.30) und (11.26) nach einer Zwischenrechnung die folgende Gleichung für den relativen Kreisstrommittelwert:

$$\frac{I_{\mathrm{kr}} 2\omega(L+L_\mathrm{c})}{\sqrt{2}\,U_\mathrm{s}} = \frac{3\sqrt{3}}{\pi}\left(\left(1-\frac{\pi}{2\sqrt{3}}\right)\sin\alpha_\mathrm{I} + \left(\frac{\pi}{2}-\alpha_\mathrm{I}\right)\cos\alpha_\mathrm{I}\right). \tag{11.32}$$

Die Gl. (11.32) wird für den Steuerbereich $\pi/3 \leq \alpha_\mathrm{I} \leq \pi/2$ der Abb. 11.11 durch die Kennlinie 2 dargestellt.

Im Steuerwinkelbereich $\pi/2 \leq \alpha_\mathrm{I} \leq \pi$ vertauschen die beiden Teilstromrichter ihre Funktionen als Gleichrichter und Wechselrichter, so daß die Kennlinie 2 nach Abb. 11.11 in diesem Bereich symmetrisch zum Bereich $0 \leq \alpha_\mathrm{I} \leq \pi/2$ verläuft.

Die eben berechnete Kreisstromkennlinie 2 in Abb. 11.11 gilt für zwei dreipulsige Mittelpunktschaltungen, deren Transformatoren nach Abb. 11.2 um 60° verschiedene Schaltungswinkel aufweisen. Bei gleichen Schaltungswinkeln der Transformatoren nach Abb. 11.1a erhält man ähnlich die Kreisstromkennlinie 1 in Abb. 11.11. Die Kreisstromkennlinie 3 in Abb. 11.11 tritt bei einem Umkehrstromrichter auf, der aus

11.3 Eigenschaften des Kreisstromes

zwei Teilstromrichtern in sechspulsiger Mittelpunktschaltung mit gleichen Schaltungswinkeln besteht.

Aus dem Zeitverlauf des Kreisstromes i_{kr} in den Abb. 11.9c und 11.10c leitet man ab, daß sich bei der Steuerbedingung (11.17) der Grenzfall zwischen lückendem und nichtlückendem Kreisstrom einstellt. Diese

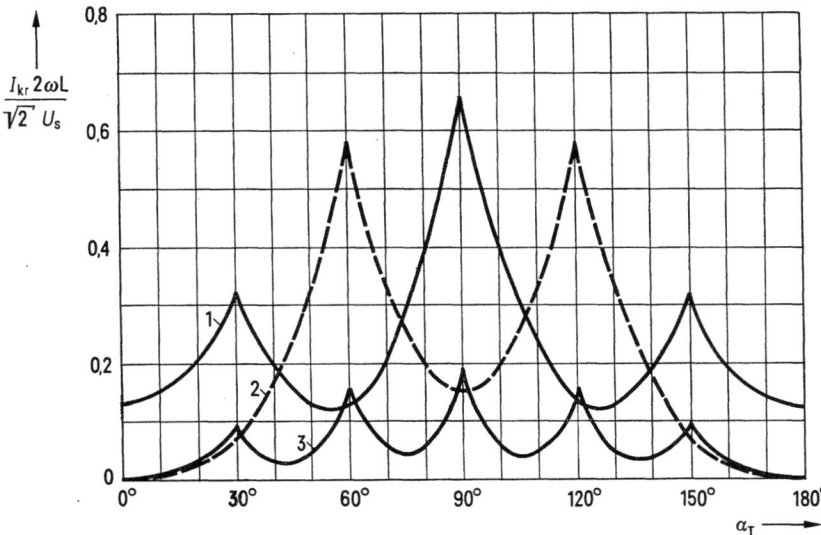

Abb. 11.11. Bezogene Mittelwerte des Kreisstromes in Abhängigkeit vom Steuerwinkel α_I und bei der Steuerbedingung $\alpha_I + \alpha_{II} = \pi$. 1 Schaltung nach Abb. 11.1a (gleiche Schaltungswinkel der Teilstromrichter); 2 Schaltung nach Abb. 11.2 (Schaltungswinkel der Teilstromrichter um $\pi/3$ verschieden); 3 Sechspulsige Mittelpunktschaltung und Sechspulsbrücke (gleiche Schaltungswinkel).

Behauptung ist für den zur Abb. 11.10c gehörenden Steuerwinkelbereich $\pi/3 \leq \alpha_I \leq \pi/2$ unmittelbar einleuchtend. Das Ventil V in Abb. 11.6b ist nämlich während des vollen Periodizitätsintervalles stromführend, so daß $u_v = 0$ gilt; außerdem wird der Augenblickswert des Kreisstromes in den Zeitpunkten x_1, x_2, x_3 zu Null, so daß Stromlücken gerade noch vermieden werden.

Für den zur Abb. 11.9c gehörenden Steuerbereich $0 \leq \alpha_I \leq \pi/3$ gilt die gleiche Behauptung wie für Abb. 11.10c. Die Ventilspannung u_v besitzt im Intervall $x = -\alpha_I$ bis $x = \alpha_I$ der Abb. 11.9c den Wert Null, weil das Ventil V in Abb. 11.6b Strom führt. Im anschließenden Intervall $x = \alpha_I$ bis zum Ende $x = -\alpha_I + 2\pi/3$ des Periodizitätsintervalles gilt $u_{kr} = 0$ und $i_{kr} = 0$, also auch $u_L = 0$ und daher $u_v = 0$. Die Ventilspannung besitzt somit ebenfalls während des vollen Periodizitätsintervalles den Wert $u_v = 0$. Die Tatsache, daß im Intervall $x = \alpha_I$ bis $x = -\alpha_I + 2\pi/3$ die Aussage $u_v = 0$ gilt, kann auch dahingehend gedeutet werden, daß in diesem Intervall ein beliebig kleiner, jedoch positiver Strom i_{kr} fließt. Daraus geht hervor, daß die Stromlücke in Abb. 11.9c bei der Steuerbedingung (11.17) soeben erreicht wird, also der Grenzfall zwischen lückendem und nichtlückendem Kreisstrom vorliegt.

11.33 Lückender Kreisstrom

Von den drei denkbaren Steuerbedingungen (11.16) soll als nächstes der Fall

$$\alpha_I + \alpha_{II} = \pi + \Delta, \quad \Delta > 0 \tag{11.33}$$

betrachtet werden. Nach Abb. 9.6 folgt aus (11.33) die Aussage

$$U_{diaI} + U_{diaII} = U_{kr} < 0. \tag{11.34}$$

Es wird sich herausstellen, daß der Kreisstrom unter der Steuerbedingung (11.33) lückt.

Bei Steuerwinkeln aus dem Bereich $0 \leq \alpha_I \leq \pi/3$ ist die Kreisspannung u_{kr} im Zeitintervall $x = -\alpha_I + \Delta$ bis $x = \alpha_I$ der Abb. 11.12b durch die Beziehung (11.19) gegeben. In Abb. 11.12a ist die Kreisspannung u_{kr} aus Abb. 11.9c noch einmal eingezeichnet. Der Vergleich von Abb. 11.12b und 11.12a zeigt, daß der Spannungszacken bei $\alpha_I + \alpha_{II} = \pi + \Delta$ um Δ verzögert gegenüber der Kreisspannung u_{kr} bei $\alpha_I + \alpha_{II} = \pi$ einsetzt.

Während der Stromführung des Ventiles V der Abb. 11.6b, also im Zeitintervall $x = -\alpha_I + \Delta$ bis $x = \alpha_I - \Delta$ der Abb. 11.12b, gilt nach Abb. 11.6b die Differentialgleichung (11.20); sie ist mit der Anfangsbedingung $i_{kr}(-\alpha_I + \Delta) = 0$ zu lösen und liefert für den Zeitverlauf von i_{kr} die Gleichung

$$i_{kr} = \sqrt{\frac{3}{2}} \frac{U_s}{\omega(L + L_c)} \left(\cos x - \cos(\alpha_I - \Delta) \right). \tag{11.35}$$

Der Zeitverlauf von i_{kr} gemäß (11.35) ist in Abb. 11.12b eingezeichnet.

Während der Stromführung des Ventiles V in Abb. 11.6b gilt $u_v = 0$ und daher $u_L = u_{kr}$, so daß u_L in Abb. 11.12b durch die einfach schraffierten Flächen beschrieben wird; diese Flächen müssen, da u_L eine reine Wechselspannung ist, einander gleich sein. Anschließend an die Stromführung gilt vom Zeitpunkt $x = \alpha_I - \Delta$ der Abb. 11.12b bis ans Ende $x = -\alpha_I + 2\pi/3$ des Periodizitätsintervalles die Aussage $i_{kr} = 0$ und daher $u_L = 0$, so daß aus Abb. 11.6b $u_v = u_{kr}$ folgt. Die Ventilspannung u_v wird somit durch die doppelt schraffierte Fläche in Abb. 11.12b be-

11.3 Eigenschaften des Kreisstromes

schrieben, so daß für den Mittelwert

$$U_v = \frac{3}{2\pi} \int_{\alpha_I - \Delta}^{\alpha_I} u_{kr}\, dx \qquad (11.36)$$

gilt.

Zum Mittelwert U_{kr} der Kreisspannung liefern die beiden einfach schraffierten Flächen in Abb. 11.12b wegen der Flächengleichheit und wegen des verschiedenen Vorzeichens keinen Beitrag. Der Mittelwert U_k

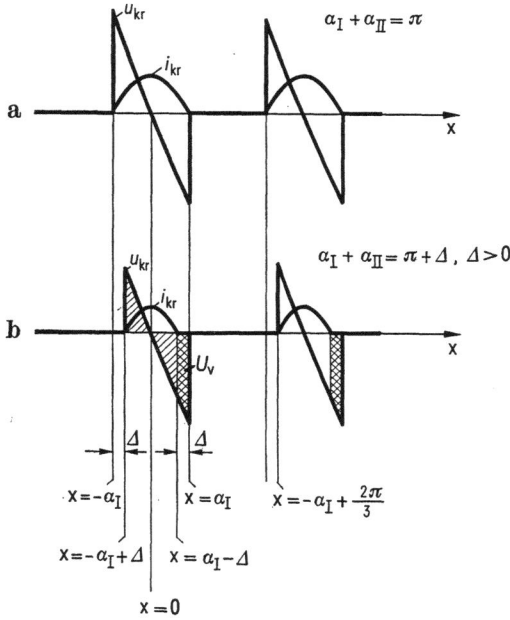

Abb. 11.12. Zeitverlauf des Kreisstromes i_{kr} und der Kreisspannung u_{kr} des Umkehrstromrichters Abb. 11.2 im Steuerbereich $0 \leq \alpha_I \leq \pi/3$ bei der Steuerbedingung $\alpha_I + \alpha_{II} = \pi + \Delta$ und $\Delta > 0$ (lückender Kreisstrom).

wird daher durch die doppelt schraffierte Fläche bestimmt und ist daher nach (11.36) dem Mittelwert U_v der Ventilspannung gleich. Die gleiche Aussage liest man unmittelbar aus der Abb. 11.6b ab. Man beachte dabei, daß u_L den Mittelwert Null liefert, so daß nach dem Kirchhoffschen Gesetz unmittelbar die bereits erwähnte Aussage $U_{kr} = U_v$ folgt.

Aus dem Zeitverlauf der Ventilspannung u_v in Abb. 11.12b erkennt man, daß es sich um einen lückenden Zeitverlauf des Kreisstromes handelt; die Stromführung wird nämlich im Zeitintervall $x = \alpha_I - \Delta$ bis $x = \alpha_I$, in dem eine negative Ventilspannung u_v auf das Ventil einwirkt, in jedem Falle unterbrochen.

Den Kreisstrommittelwert I_{kr} bei der Steuerbedingung (11.33) berechnet man aus

$$I_{kr} = \frac{3}{2\pi} \int_{-\alpha_I + \Delta}^{\alpha_I - \Delta} i_{kr}\, dx. \qquad (11.37)$$

Die Auswertung liefert mit (11.35)

$$\frac{I_{kr}\, 2\omega(L + L_c)}{\sqrt{2}\, U_s} = \frac{3\sqrt{3}}{\pi} \left(\sin(\alpha_I - \Delta) - (\alpha_I - \Delta)\cos(\alpha_I - \Delta)\right). \qquad (11.38)$$

Man entnimmt aus (11.38), daß man für $\Delta = \alpha_I$ den Wert $I_{kr} = 0$ erhält. In der Abb. 11.13 ist der Verlauf des relativen Kreisstrommittelwertes

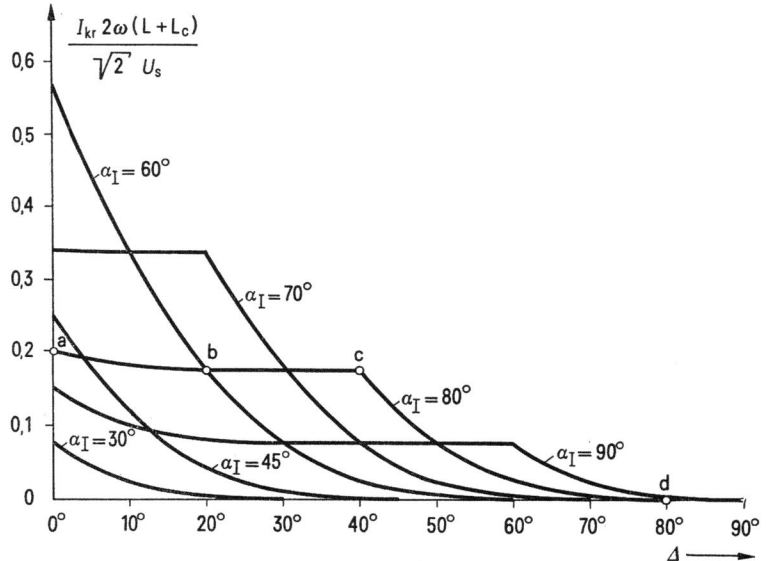

Abb. 11.13. Relativer Kreisstrommittelwert des Umkehrstromrichters Abb. 11.2 in Abhängigkeit von Δ mit dem Steuerwinkel α_I als Parameter bei der Steuerbedingung $\alpha_I + \alpha_{II} = \pi + \Delta;\, \Delta > 0$.

(11.38) in Abhängigkeit von Δ für die Steuerwinkel $\alpha_I = 30°, 45°, 60°$ dargestellt.

Im Steuerwinkelbereich $\pi/3 \leq \alpha_I \leq \pi/2$ wird die Abhängigkeit des relativen Kreisstromes von Δ durch etwas kompliziertere Gesetze als im Intervall $0 \leq \alpha_I \leq \pi/3$ beschrieben. Man unterscheidet dabei drei Fälle, die am Beispiel der Abb. 11.14 und 11.15 erläutert werden sollen. In beiden Abbildungen bedeutet x_2 den durch den Steuerwinkel α_I vor-

11.3 Eigenschaften des Kreisstromes

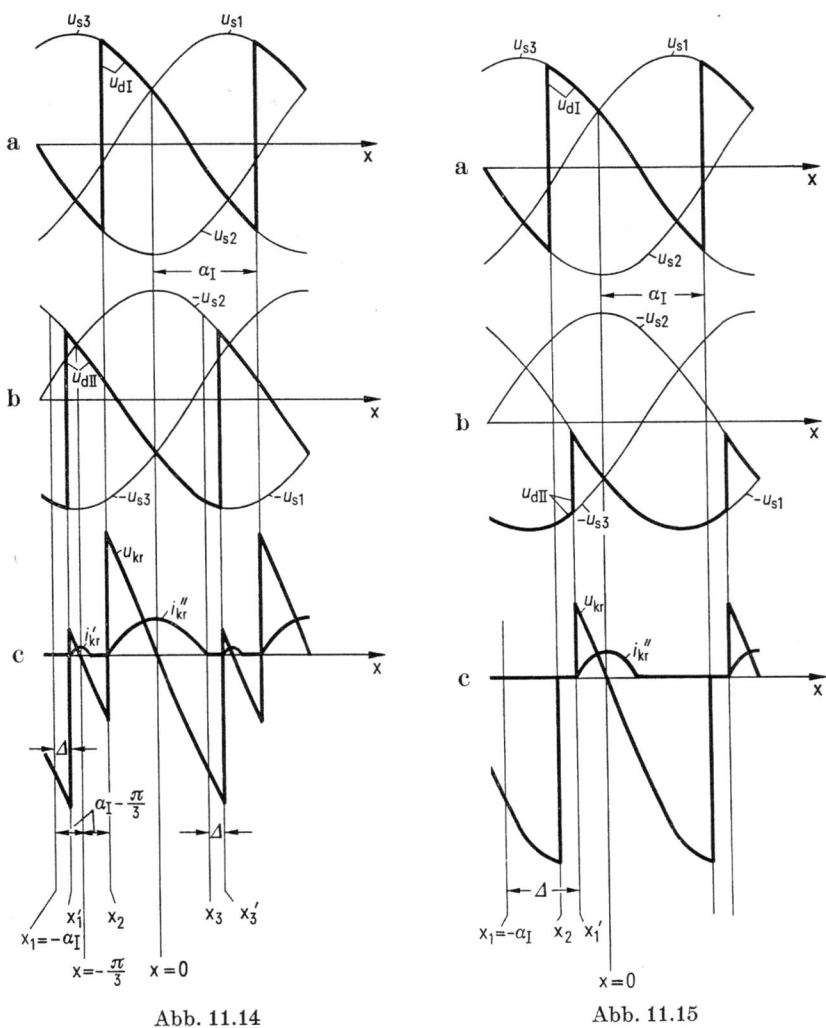

Abb. 11.14.   Abb. 11.15

Abb. 11.14. Zeitverlauf des Kreisstromes i_{kr} und der Kreisspannung u_{kr} des Umkehrstromrichters Abb. 11.2 im Steuerwinkelbereich $\pi/3 \leq \alpha_I \leq \pi/2$ bei der Steuerbedingung $\alpha_I + \alpha_{II} = \pi + \varDelta$ und $0 \leq \varDelta \leq \alpha_I - \pi/3$
(lückender Kreisstrom).

Abb. 11.15. Zeitverlauf des Kreisstromes i_{kr} und der Kreisspannung u_{kr} des Umkehrstromrichters Abb. 11.2 im Steuerwinkelbereich $\pi/3 \leq \alpha_I \leq \pi/2$ bei der Steuerbedingung $\alpha_I + \alpha_{II} = \pi + \varDelta$ und $2\alpha_I - 2\pi/3 \leq \varDelta \leq \alpha_I$
(lückender Kreisstrom).

gegebenen Zündzeitpunkt des Gleichrichterventiles V_3 in Abb. 11.2. Der Zündzeitpunkt $x_1' = -\alpha_I + \varDelta$ des Wechselrichterventiles V_1' wird bei fest vorgegebenem Steuerwinkel α_I durch $\varDelta$ festgelegt.

In der Abb. 11.14 wurde $\varDelta$ so gewählt, daß der Zündzeitpunkt x_1' des Wechselrichterventiles V_1' vor dem Zeitpunkt $x = -\pi/3$ liegt. Der Kreisstrom setzt sich in diesem Falle aus einem von $\varDelta$ unabhängigen Beitrag des Stromes i_{kr}'' und einem von i_{kr}' herrührenden Anteil zusammen, der mit zunehmendem $\varDelta$ kleiner wird. Der letztgenannte Anteil erreicht beim Wert $\varDelta = -\pi/3 - x_1 = \alpha_I - \pi/3$ den Wert Null. Dem Intervall $0 \leq \varDelta \leq \alpha_I - \pi/3$ ist daher in Abb. 11.13 ein Kennlinienstück zugeordnet, das im Falle $\alpha_I = 80°$ von a nach b verläuft.

Wählt man $\varDelta$ so groß, daß sich der Zündzeitpunkt x_1' des Wechselrichterventiles V_1' rechts von $x = -\pi/3$ im Intervall $-\pi/3 \leq x \leq x_2$ befindet, dann liegt an den in Reihe geschalteten Ventilen V_3 und V_1' der Abb. 11.2 bzw. am Ventil V des Ersatzschaltplanes Abb. 11.6b die negative Kreisspannung u_{kr} und verhindert die Stromführung bis zum Zeitpunkt x_2. In diesem Betriebszustand, der sich nach Abb. 11.14 über das Intervall $\alpha_I - \pi/3 \leq \varDelta \leq 2\alpha_I - 2\pi/3$ erstreckt, gilt $i_{kr}' = 0$, so daß der Kreisstrommittelwert I_{kr} allein durch den Beitrag des Teilstromes i_{kr}'' bestimmt wird. Auf die Kennlinie $\alpha_I = 80°$ der Abb. 11.13 angewendet, bedeutet diese Aussage, daß der Kreisstrommittelwert I_{kr} im Bereich $\alpha_I - \pi/3 \leq \varDelta \leq 2\alpha_I - 2\pi/3$, also entlang des Kennlinienstückes bc konstant bleibt und durch den Mittelwert von i_{kr}'' gegeben ist.

In der Abb. 11.15 wurde $\varDelta$ so groß gewählt, daß der Zündzeitpunkt x_1' des Wechselrichterventiles V_1' rechts vom Zündzeitpunkt x_2 des Gleichrichterventiles V_3 liegt. Die beiden in Reihe geschalteten Ventile V_1' und V_3 der Abb. 11.2 bzw. das Ventil V des Ersatzschaltplanes Abb. 11.6b können daher erst im Zeitpunkt x_1' mit der Stromführung beginnen. Aus dem Zeitverlauf von i_{kr}'' in Abb. 11.15c erhält man den zugehörigen Mittelwert I_{kr} des Kreisstromes; er nimmt mit wachsendem $\varDelta$ ab und wird bei $\varDelta = \alpha_I$ zu Null. Dieser Betriebszustand wird in Abb. 11.13 für den Steuerwinkel $\alpha_I = 80°$ durch das Kennlinienstück cd beschrieben.

11.34 Nichtlückender Kreisstrom

Die dritte Steuermöglichkeit nach (11.16) lautet

$$\alpha_I + \alpha_{II} = \pi + \varDelta, \quad \varDelta < 0. \tag{11.39}$$

Nach Abb. 9.6 folgt daraus die Aussage

$$U_{diaI} + U_{diaII} = U_{kr} > 0. \tag{11.40}$$

11.3 Eigenschaften des Kreisstromes

Anschließend wird gezeigt, daß der Kreisstrom unter der Steuerbedingung (11.39) nichtlückend verläuft er soll zum Unterschied, zum Verlauf bei lückendem Betrieb mit i'_{kr} bezeichnet werden.

Für einen Steuerwinkel aus dem Bereich $0 \leqq \alpha_I \leqq \pi/3$ ist in Abb. 11.16a noch einmal die ideelle Kreisspannung u_{kr} eingezeichnet. Es wird angenommen, daß der Umkehrstromrichter Abb. 11.2 stromlos ist und im Zeitpunkt $x = -\alpha_I - \varDelta$ eingeschaltet wird. Man findet den Zeit-

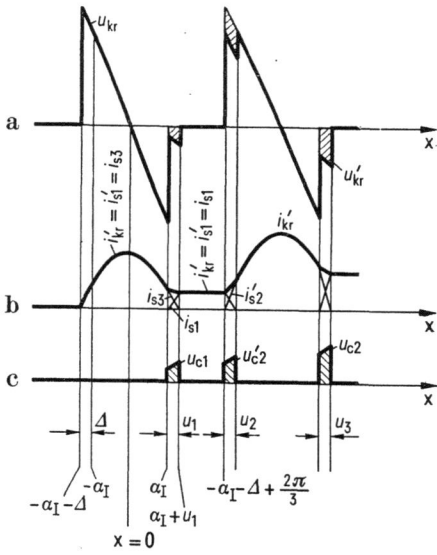

Abb. 11.16. Zeitverlauf des Kreisstromes i'_{kr} und der Kreisspannung u'_{kr} beim Einschalten des Umkehrstromrichters Abb. 11.2; Steuerwinkelbereich $0 \leqq \alpha_I \leqq \pi/3$ bei der Steuerbedingung $\alpha_I + \alpha_{II} = \pi + \varDelta$ mit $\varDelta < 0$ (nichtlückender Kreisstrom).

verlauf des Kreisstromes i'_{kr} im Intervall $x = -\alpha_I - \varDelta$ bis $x = \alpha_I$ der Abb. 11.16b durch Lösen der Differentialgleichung (11.20) mit der Anfangsbedingung $i'_{kr}(-\alpha_I - \varDelta) = 0$.

Aus der Abb. 11.9a, b entnimmt man, daß der Kreisstrom im Zeitintervall $x = -\alpha_I - \varDelta$ bis $x = \alpha_I$ von den Ventilen V_3 und V_1' des Umkehrstromrichters in Abb. 11.2 geführt wird. Im Zeitpunkt $x = \alpha_I$ (Abb. 11.9a) wird das Ventil V_1 des Gleichrichters S_I von der Steuerung freigegeben. Das Ventil V_3 hat jedoch nach Abb. 11.16b die Stromführung im Zeitpunkt $x = \alpha_I$ noch nicht beendet, so daß von da an die Ventile V_3 und V_1 gemeinsam Strom führen.

Am Ende der Überlappungszeit u_1 nehmen die Ventilströme die Momentanwerte $i_{s3}(\alpha_I + u_1) = 0$ und $i_{s1} = i_{s1}(\alpha_I + u_1)$ an. Im Anschluß an $\alpha_I + u_1$ gilt $u_{kr} = 0$ und daher nach (11.20)

$$\frac{di'_{kr}}{dx} = 0, \quad i_{kr} = \text{konst.}, \quad i'_{kr} = i_{s1} = i'_{s1}. \tag{11.41}$$

i_{kr} verläuft somit bis $-\alpha_I - \Delta + 2\pi/3$ zeitlich konstant.

Im Zeitpunkt $x = -\alpha_I - \Delta + 2\pi/3$ wird nach Abb. 11.9b das Ventil V_2' des Wechselrichters S_{II} in Abb. 11.2 von der Steuerung freigegeben. Da der Strom $i_{kr} = i'_{s1}$ in diesem Zeitpunkt von Null verschieden ist, schließt ein Überlappungsintervall u_2 an (Abb. 11.16).

Der eben beschriebene Vorgang wiederholt sich im Anschluß an den Zeitpunkt $x = -\alpha_I - \Delta + \dfrac{2\pi}{3} + u_2$ und führt zu einem stufenweisen Anstieg des Kreisstromes von einem Periodizitätsintervall zum anderen. Mit dem wachsenden Kreisstrom nimmt auch die Länge der aufeinanderfolgenden Überlappungsintervalle zu. Während der Überlappungszeiten entstehen an den stromdurchflossenen Kommutierungsinduktivitäten des Gleichrichters und des Wechselrichters in Abb. 11.2 Spannungsverluste u_c bzw. u_c', die, wie die schraffierten Flächen in Abb. 11.16c zeigen, ebenfalls mit dem Kreisstrom anwachsen.

In der Abb. 11.6a und 11.16a wurde die auf die Induktivitäten 2L des Umkehrstromrichters Abb. 11.2 einwirkende Kreisspannung mit u'_{kr} bezeichnet; sie unterscheidet sich von der ideellen Kreisspannung u_{kr} um die Spannungsverluste u_c und u_c' an den Kommutierungsinduktivitäten des Gleichrichters und des Wechselrichters. Es gilt also

$$u'_{kr} = u_{kr} - u_c - u_c'. \tag{11.42}$$

Man erhält daher u'_{kr} in Abb. 11.16a, indem man die schraffierten Flächen aus Abb. 11.16c von der ideellen Kreisspannung u_{kr} abzieht.

Die schraffierten Flächen werden in Abb. 11.16a von der positiven Halbwelle der ideellen Kreisspannung u_{kr} abgezogen, sie wird verkleinert und der negativen Halbwelle zugefügt, sie wird vergrößert. Dadurch wird der Gleichspannungsmittelwert der Spannung u'_{kr} von einem Periodizitätsintervall zum anderen kleiner, bis er schließlich im stationären Endzustand den Wert Null erreicht; u'_{kr} ist dann eine reine Wechselspannung, so daß im Ersatzschaltplan Abb. 11.6a keine Gleichspannungskomponente mehr auftritt.

In der Abb. 11.17 sind die Verhältnisse im stationären Zustand schematisch dargestellt. Damit die stark ausgezogene Spannung u'_{kr} den Mittelwert Null liefert, müssen die zu den Spannungsverlusten u_c und u_c' gehörenden schraffierten Spannungszeitflächen einander gleich sein und den Betrag $U_{kr}/2$ zu den Mittelwerten der beiden Halbwellen der ideellen Kreisspannung u_{kr} beitragen.

11.3 Eigenschaften des Kreisstromes

Aus diesen Ausführungen geht hervor, daß der Kreisstrom unter der Steuerbedingung (11.39) nichtlückend verläuft.

Die Berechnung der Spannung u'_{kr} und des Kreisstromes i'^*_{kr} bzw. I'_{kr} in Abb. 11.17 ist kompliziert und unübersichtlich. Da außerdem der Betriebsfall (11.39) in der Praxis vermieden wird, soll auf die Berechnung

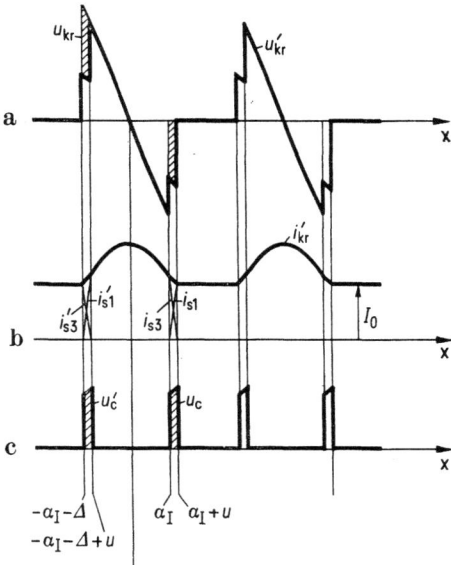

Abb. 11.17. Zeitverlauf des Kreisstromes i'_{kr} und der Kreisspannung u'_{kr} im stationären Betrieb des Umkehrstromrichters Abb. 11.2; Steuerwinkelbereich $0 \leq \alpha_I \leq \pi/3$ bei der Steuerbedingung $\alpha_I + \alpha_{II} = \pi + \Delta$ mit $\Delta^* < 0$ (nichtlückender Betrieb).

verzichtet und statt dessen eine Näherungsbetrachtung durchgeführt werden.

Der Kreisstrom i'_{kr} in Abb. 11.17b kann in einen zeitlich konstanten Teil I_0 und in einen überlagerten zeitlich veränderlichen Teil i_{kr} mit dem Mittelwert I_{kr} — der bereits im Abschn. 11.32 berechnet wurde — zerlegt werden, so daß für den Mittelwert I'_{kr} die Aussage

$$I'_{kr} = I_0 + I_{kr} \qquad (11.43)$$

gilt.

Während der Überlappungszeit $x = \alpha_I$ bis $x = \alpha_I + u$ (Abb. 11.17) ist das Ventil V_1 des Gleichrichters S_I stromführend, so daß nach Abb. 11.2 die Gleichung

$$u_{dI} = u_{s1} - \omega L_c \frac{di_{s1}}{dx} \qquad (11.44)$$

gilt. Daraus folgt durch Mittelwertbildung

$$U_{daI} = U_{diaI} - \frac{3}{2\pi} \omega L_c \int_{\alpha_I}^{\alpha_I+u} \frac{di_{s1}}{dx} dx. \qquad (11.45)$$

Nach Abb. 11.17b erreicht i_{s1} im Zeitpunkt $\alpha_I + u$ den Augenblickswert I_0, so daß aus (11.45) die Gleichung

$$U_{daI} = U_{diaI} - \frac{3}{2\pi} \omega L_c I_0 \qquad (11.46)$$

folgt. Auf die gleiche Weise kann eine entsprechende Beziehung

$$U_{daII} = U_{diaII} - \frac{3}{2\pi} \omega L_c I_0 \qquad (11.47)$$

für den Wechselrichter S_{II} abgeleitet werden.

Auf die Summe der beiden Gln. (11.46), (11.47) wendet man die Beziehung (11.13) an und findet

$$I_0 = \frac{\pi}{3} \frac{U_{diaI} + U_{diaII}}{\omega L_c} = \frac{\pi}{3} \frac{U_{kr}}{\omega L_c}. \qquad (11.48)$$

Man multipliziert (11.48) mit $\sqrt{3}\,\omega(L+L_c)/U_{di}$ und findet

$$\frac{I_0\, 2\omega(L+L_c)}{\sqrt{2}\,U_s} = \sqrt{3}\, \frac{U_{kr}}{U_{di}} \left(1 + \frac{L}{L_c}\right), \qquad U_{di} = \sqrt{2}\, U_s \frac{3}{\pi} \frac{1}{2} \sqrt{3}. \qquad (11.49)$$

Man eliminiert U_{kr}/U_{di} mit Hilfe von (11.7) und setzt dann (11.49) in (11.43) ein. Es folgt:

$$\frac{I'_{kr}\, 2\omega(L+L_c)}{\sqrt{2}\,U_s} = -\sqrt{3}\left(1 + \frac{L}{L_c}\right) \Delta \sin \alpha_I + \frac{I_{kr}\, 2\omega(L+L_c)}{\sqrt{2}\,U_s}. \qquad (11.50)$$

Da Δ nach (11.39) negativ ist, besitzt der erste Summand in (11.50) positives Vorzeichen.

Die Gl. (11.50) wird am Beispiel der Abb. 11.18 diskutiert. Aus der Abb. 11.13 wurde die Kurve für den Kreisstrommittelwert I_{kr} für $\alpha_I = 45°$ entnommen und in einem anderen Maßstab noch einmal in Abb. 11.18 eingezeichnet. Diese Kurve wird durch die Gl. (11.50) zu negativen Werten von Δ fortgesetzt.

Der erste Summand von (11.50) liefert z. B. mit $L_c/L = 0{,}1$ und $\alpha_I = 45°$ die Ursprungsgerade I_0 in Abb. 11.18. Der zweite Summand I_{kr} wurde nicht berechnet. Man kann aber annehmen, daß I_{kr} in dem

11.4 Kreisstrombehafteter Betrieb

betrachteten Bereich kleiner negativer Werte von Δ nicht allzusehr von dem Wert bei $\Delta = 0$ abweichen wird. Mit dieser Annahme erhält man für I'_{kr} in Abb. 11.18 die vollausgezogene Kennlinie, die etwa parallel zur Ursprungsgeraden I_0 verläuft.

Die Abb. 11.18 zeigt, daß der Kreisstrommittelwert mit negativen Werten von Δ sehr schnell ansteigt und bereits bei kleinen Werten von Δ

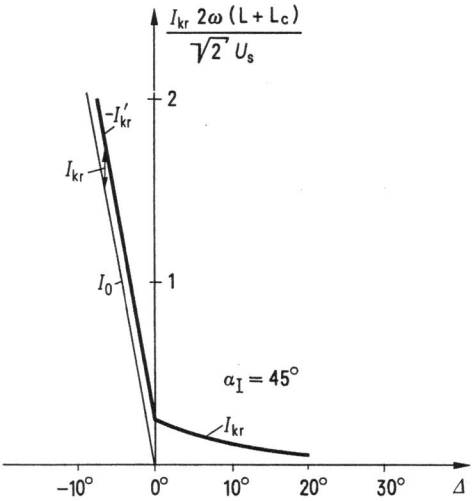

Abb. 11.18. Verlauf des bezogenen Kreisstrommittelwertes in Abhängigkeit von Δ beim Betrieb des Umkehrstromrichters Abb. 11.2 beim Steuerwinkel $\alpha_I = 45°$ unter der Steuerbedingung $\alpha_I + \alpha_{II} = \pi + \Delta$ und $\Delta \gtreqless 0$.

den Nennstrom übersteigen kann, so daß die Anlage abgeschaltet wird. Der Betrieb mit negativen Werten von Δ wird in der Praxis daher möglichst vermieden. Ähnliche Überlegungen gelten für den Steuerwinkelbereich $\pi/3 \leqq \alpha_I \leqq \pi/2$.

11.4 Kreisstrombehafteter Betrieb

Der Kreisstrom kann nur fließen, wenn den beiden Teilstromrichtern in Abb. 11.2 vom Drehstromnetz entsprechende Ströme zugeführt werden. Vernachlässigt man die ohmschen Widerstände, dann wirken auf der Gleichstromseite bei abgeschalteter Gleichstrommaschine nur die Induktivitäten L und L_c. Dem Netz wird daher zur Aufrechterhaltung des Kreisstromes eine Blindleistung entnommen.

Berücksichtigt man ohmsche Widerstände in Abb. 11.2, dann verursacht der Kreisstrom an diesen Widerständen Wirkverluste; dem

Drehstromnetz wird dann zusätzlich zur Blindleistung auch noch eine entsprechende Wirkleistung entnommen.

Der Kreisstrom hat somit zwei unerwünschte Eigenschaften; er belastet den Stromrichter, ohne einen Beitrag zum Maschinenstrom zu leisten, und beansprucht das Netz durch Blindleistungsentnahme. Trotz dieser Nachteile ist es, wie im Abschn. 11.4 gezeigt wird, oft nützlich, einen Kreisstrom zuzulassen.

Der Kreisstrom tritt bereits beim Maschinenleerlauf $I_d = 0$ auf und wirkt daher wie eine Grundlast der beiden Stromrichter in der Weise, daß der Gleichrichter dem Netz Blindleistung entnimmt, die über den Wechselrichter wieder ins Netz zurückgeliefert wird.

11.41 Prinzipielle Kennlinieneigenschaften beim kreisstrombehafteten Betrieb

Beim kreisstrombehafteten Betrieb werden beide Stromrichter in Abb. 11.2 gleichzeitig gesteuert; sie können daher gemeinsam Strom führen und liefern dann gemeinsam den Maschinenstrom

$$I_d = I_{dI} - I_{dII}. \tag{11.51}$$

Bei der gemeinsamen Stromführung beider Stromrichter verlaufen die Stromrichterkennlinien (11.2) anders als bei der Speisung der Gleichstrommaschine durch einen einzelnen Stromrichter (Abb. 11.5). Man kann die Stromrichterkennlinien des kreisstrombehafteten Betriebes messen oder berechnen. Die gleichzeitige Stromführung beider Stromrichter erschwert jedoch die Berechnung des Kennlinienverlaufes beträchtlich, so daß darauf verzichtet wird und nur eine qualitative Kennlinienbeschreibung gegeben wird.

Im Kennlinienpunkt c' der Abb. 11.19 bzw. 11.21 ist I_{dI} bereits so groß, daß I_{dII} demgegenüber nicht mehr sehr ins Gewicht fällt, so daß nach (11.51) in guter Näherung $I_d \approx I_{dI}$ gilt. Der Umkehrstromrichter verhält sich somit im Punkt c' angenähert so, als ob die Gleichstrommaschine allein vom Gleichrichter S_I in Abb. 11.2 gespeist würde. Eine entsprechende Aussage gilt für den Kennlinienpunkt f' im Quadranten II der Abb. 11.19 bzw. 11.21. Daraus folgt, daß die Stromrichterkennlinien bei hohen Gleichströmen I_{dI} und I_{dII} auch bei gleichzeitiger Stromführung beider Stromrichter durch die Gln. (11.8), (11.9) bzw. durch die zugehörigen Geraden $c'b''$ und $f'e''$ in Abb. 11.19 und 11.21 beschrieben werden können.

Bei hinreichend hohen Gleichspannungen E geht der Gleichrichter S_I vom Kennlinienpunkt Q_∞ an aufwärts (Abb. 11.19 bzw. 11.21) in den Leerlauf $I_{dI} = 0$ über. In entsprechender Weise befindet sich der Wechselrichter S_{II} bei Gleichspannungswerten E, die unterhalb des Punktes d

11.4 Kreisstrombehafteter Betrieb

liegen, im Leerlauf $I_{dII} = 0$. Die zu den Leerlaufpunkten Q_∞ bzw. d gehörenden Spannungen sind so groß bzw. so klein, daß sie im Normalbetrieb des Umkehrstromrichters nicht auftreten.

Bei den sehr kleinen Strömen I_{dI} bzw. I_{dII} des lückenden Betriebes biegen die Kennlinien in Abb. 11.19 und 11.21 sehr stark zu den Leerlauf-

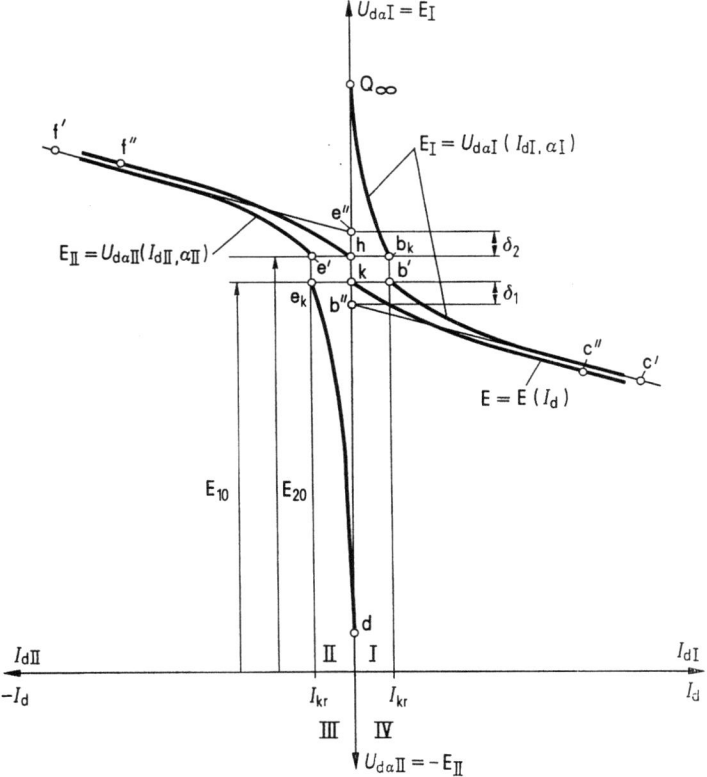

Abb. 11.19. Kennlinien des Umkehrstromrichters Abb. 11.2 mit der Steuerbedingung $\alpha_I + \alpha_{II} > \pi$ (lückender Kreisstrom).

punkten Q_∞ bzw. d ab. Der Kennlinienverlauf ist in diesem Bereich zwar qualitativ ähnlich, aber quantitativ verschieden von den entsprechenden Kennlinienstücken der Abb. 11.5.

Der Maschinenstrom $I_d = I_{dI} - I_{dII}$ wird beim kreisstrombehafteten Betrieb gemeinsam von beiden Stromrichtern geliefert.

Die Maschinenkennlinie $E = E(I_d)$ erhält man aus (11.51) mit Hilfe der Belastungskennlinien (11.2) der Stromrichter. Man bestimmt zu einem vorgegebenen Wert E aus den Belastungskennlinien (11.2) die zugehörigen Ströme I_{dI} und I_{dII} und berechnet daraus nach (11.51) den Gleichstrom I_d. Zusammengehörende Werte von E und I_d werden in Abb. 11.19 bzw. 11.21 eingetragen und liefern die gesuchte Maschinenkennlinie $E = E(I_d)$.

11.42 Kennlinienverlauf bei $\alpha_I + \alpha_{II} > \pi$

In der Abb. 11.19 sind die beiden Näherungsgeraden $c'b''$ und $f'e''$ für hohe Werte der Gleichströme I_{dI}, I_{dII} den Gln. (11.8), (11.9) entsprechend eingezeichnet. Bei der Entlastung des Gleichrichters S_I von hohen Werten des Stromes I_{dI} im Kennlinienpunkt c' bis zum Kreisstrom $I_{dI} = I_{kr}$ im Kennlinienpunkt b' wird das Kennlinienstück $c'b'$ durchlaufen. Da der Kreisstrom im vorliegenden Fall $\Delta > 0$ lückt, liegt der Kennlinienpunkt b' nicht mehr auf der Geraden $c'b''$. Die zum Kennlinienpunkt b', also zum Kreisstrom $I_{dI} = I_{kr}$, gehörende Maschinenspannung wird mit E_{10} bezeichnet.

Wenn der Gleichrichter S_I den Kreisstrom führt, befindet sich die Gleichstrommaschine im Leerlauf $I_d = 0$. Der Wechselrichter S_{II} muß daher nach (11.51) ebenfalls den Kreisstrom $I_{dII} = I_{kr}$ führen. Daraus geht hervor, daß dem Maschinenleerlauf, also der Spannung E_{10}, die drei Kennlinienpunkte $b'e_k$ und k zugeordnet sind.

Aus den beiden Kennlinienstücken $c'b'$ und de_k berechnet man mit Hilfe von (11.51) auf dem am Ende des Abschn. 11.41 angegebenen Wege die zugehörige Maschinenkennlinie $c''k$ in Abb. 11.19.

Die gleichen Überlegungen für den Wechselrichter S_{II} führen zu den Stromrichterkennlinien $f'e'$ und $Q_\infty b_k$, sowie zur Maschinenkennlinie $f''h$. Man erkennt daraus, daß die Gleichstrommaschine in diesem Falle bei der Maschinenspannung E_{20} in den Leerlauf $I_d = 0$ übergeht.

Die Maschinenkennlinien $c''k$ und $f''h$ zeigen, daß der Gleichstrommaschine im Leerlauf $I_d = 0$ bei festgehaltenen Steuerwinkeln und passenden Werten von $\Delta > 0$ zwei verschiedene Leerlaufspannungen E_{10} und E_{20} angeboten werden, je nachdem, von welchem Quadranten man sich dem Leerlauf nähert. Der Übergang vom Kennlinienpunkt k nach h und umgekehrt (Abb. 11.19), also der Stromrichtungswechsel, wird nach Abb. 11.20 mit Hilfe der Steuerung durchgeführt.

In der Abb. 11.20 sind die beiden, zu den Steuerwinkeln α_I und $\alpha_{II} = -\alpha_I + \pi + \Delta$ bei $\Delta > 0$ gehörenden Teile $c''k$ und hf'' der Maschinenkennlinie aus Abb. 11.19 noch einmal — und zwar wegen der besseren Übersichtlichkeit als Geraden — eingezeichnet; das Kennlinienstück hf'' ist stark ausgezogen und das Kennlinienstück $c''k$ ist stark gestrichelt dargestellt. Daneben zeigt Abb. 11.20 noch einige Kennlinien für andere Steuerwinkel α_I', α_{II}' und α_I'', α_{II}''.

11.4 Kreisstrombehafteter Betrieb

Bei der Entlastung des Wechselrichters S_{II} wird in Abb. 11.20 das zugehörende Kennlinienstück von f″ bis h durchlaufen. Damit anschließend der Maschinenstrom I_d umkehren kann, muß der Steuerwinkel α_I des Gleichrichters S_I auf den Wert $\alpha_I{'}$ gebracht werden. Das gestrichelte

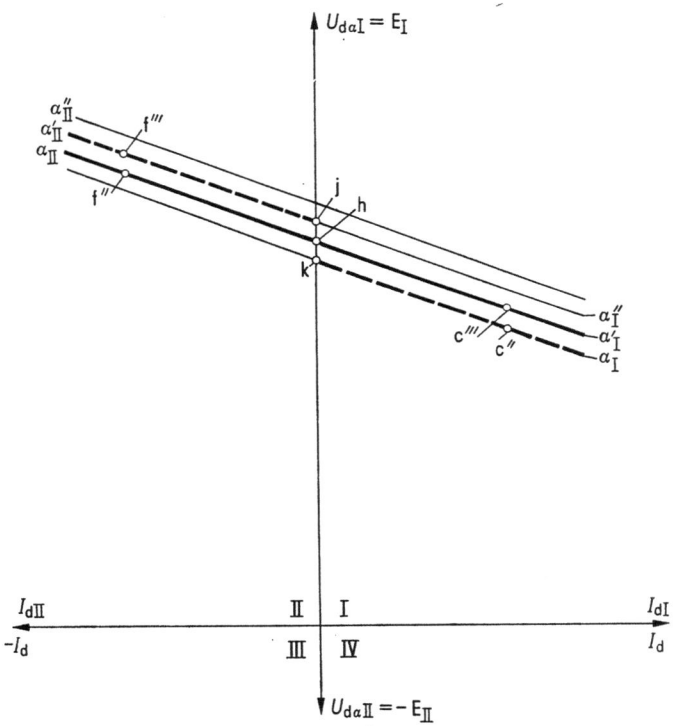

Abb. 11.20. Kennlinien des Umkehrstromrichters Abb. 11.2 mit der Steuerbedingung $\alpha_I + \alpha_{II} > \pi$; Stromrichtungsumkehr durch Veränderung der Steuerwinkel (lückender Kreisstrom).

Kennlinienstück kc″ wird dadurch in die Lage des vollausgezogenen Kennlinienstückes hc‴ angehoben, so daß jetzt der Maschinenstrom I_d im Punkt h kontinuierlich vom Wechselrichter II auf den Gleichrichter I übergehen kann. Bei anschließender Belastung des Gleichrichters S_I wird das Kennlinienstück hc‴ durchlaufen. Die Kennlinie f″h des Wechselrichters S_{II} verschiebt sich dabei, falls Δ festgehalten wird, in die neue, gestrichelt eingezeichnete Lage f‴j. Man erhält somit unter Hinnahme der Steuerwinkeländerung von α_I auf $\alpha_I{'}$ im Maschinenleerlauf den kontinuierlichen Kennlinienverlauf f″hc‴, also einen Verlauf ähnlich wie bei einem Maschinenumformer.

Zur Änderung des Steuerwinkels α_I auf den Wert α_I' braucht man eine gewisse Zeit, so daß die Stromumkehr theoretisch mit einer gewissen Zeitverzögerung erfolgt. In der Praxis hält man jedoch die Abweichung Δ und damit den Abstand der Punkte k und h in Abb. 11.20, bzw. den Abstand von α_I zu α_I' so klein, daß diese Zeitverzögerung keine Rolle spielt und daher — im Gegensatz zum kreisstromfreien Betrieb — von einer verzögerungsfreien Stromumkehr gesprochen werden kann.

Der Abstand $E_{20} - E_{10}$ zwischen den beiden Punkten h und k in Abb. 11.19 hängt, wie gezeigt wird, von Δ ab. Den Punkten b″ und e″ sind die Spannungen E_{I0} und E_{II0} zugeordnet, die durch die Beziehungen (11.10), (11.11) festgelegt sind. Man findet für E_{10} und E_{20} aus Abb. 11.19 die folgenden Gleichungen:

$$E_{10} = E_{I0} + \delta_1, \qquad E_{20} = E_{II0} - \delta_2. \tag{11.52}$$

Aus den Gln. (11.52) folgt für kleine Werte von Δ mit (11.10), (11.11), (11.12) und mit (11.7) die Näherung

$$\frac{E_{20} - E_{10}}{U_{di}} = \left(\left(1 + \frac{1}{2}\frac{L_c}{L + L_c}\right)\Delta - \frac{1}{\sqrt{3}}\frac{L_c}{L + L_c}\left(\frac{3\sqrt{3}}{\pi} - 1\right)\right)$$
$$\times \sin\alpha_I - \frac{\delta_1 + \delta_2}{U_{di}}. \tag{11.53}$$

Man erkennt aus (11.53), daß die Differenz $E_{20} - E_{10}$ bei hinreichend großen positiven Werten von Δ positiv ist, so daß der Punkt h, wie in Abb. 11.19 angenommen wurde, über dem Punkt k liegt.

Nach (11.53) gibt es einen Wert $\Delta = \Delta_g$, bei dem die Differenz $E_{20} - E_{10}$ zu Null wird. Die Punkte k und h in Abb. 11.19 fallen dann zusammen, so daß die beiden Teile c″k und f″h der Maschinenkennlinie auch ohne Einwirkung auf die Steuerung stetig ineinander übergehen. Der Grenzfall $\Delta = \Delta_g$ geht mit $E_{20} - E_{10} = 0$ aus (11.53) hervor:

$$\Delta_g = \frac{1}{\sqrt{3}}\frac{L_c}{L + \frac{3}{2}L_c}\left(\frac{3\sqrt{3}}{\pi} - 1 + \sqrt{3}\left(1 + \frac{L}{L_c}\right)\frac{\delta_1 + \delta_2}{U_{di}\sin\alpha_I}\right). \tag{11.54}$$

Δ_g ist nach (11.54) stets positiv, so daß die Steuerbedingung $\alpha_I + \alpha_{II} > \pi$ vorliegt. Der Umkehrstromrichter arbeitet daher bei $\Delta = \Delta_g$ nach Abb. 11.13 im Bereich relativ kleiner Kreisströme. Wie groß $\Delta_g > 0$ ist, hängt nach (11.54) weitgehend von den durch den Kennlinienverlauf vorgegebenen Größen δ_1 und δ_2 ab.

11.43 Kennlinienverlauf bei $\alpha_I + \alpha_{II} < \pi$

In der Abb. 11.21 sind die Näherungsgeraden c'b" und f'e" für hohe Gleichströme I_{dI} und I_{dII} nach (11.8), (11.9) eingetragen. Der Gleichrichter S_I führt bei der Maschinenspannung $E = E_0$ im Kennlinienpunkt b' den Kreisstrom $I_{dI} = I_{kr}$. Da die Steuerbedingung $\Delta < 0$ vorgegeben ist, besitzt der Kreisstrom nach Abschn. 11.34 nichtlückenden Verlauf, der nach Abb. 11.16 hohe Werte annehmen kann. Deshalb liegt der Kennlinienpunkt b' praktisch auf der Näherungsgeraden c'b".

Wenn der Gleichrichter S_I den Kreisstrom $I_{dI} = I_{kr}$ führt, befindet sich die Gleichstrommaschine im Leerlauf $I_d = 0$, so daß der Wechselrichter S_{II} wegen (11.51) ebenfalls den Kreisstrom $I_{dII} = I_{kr}$ bei der Maschinenspannung $E = E_0$ führt. Dem Maschinenleerlauf sind deshalb die drei Kennlinienpunkte b', m und e' zugeordnet.

Aus den Belastungskennlinien Q_∞b'c' und de'f' der Abb. 11.21 bestimmt man mit Hilfe von (11.51) auf dem am Ende des Abschn. 11.41

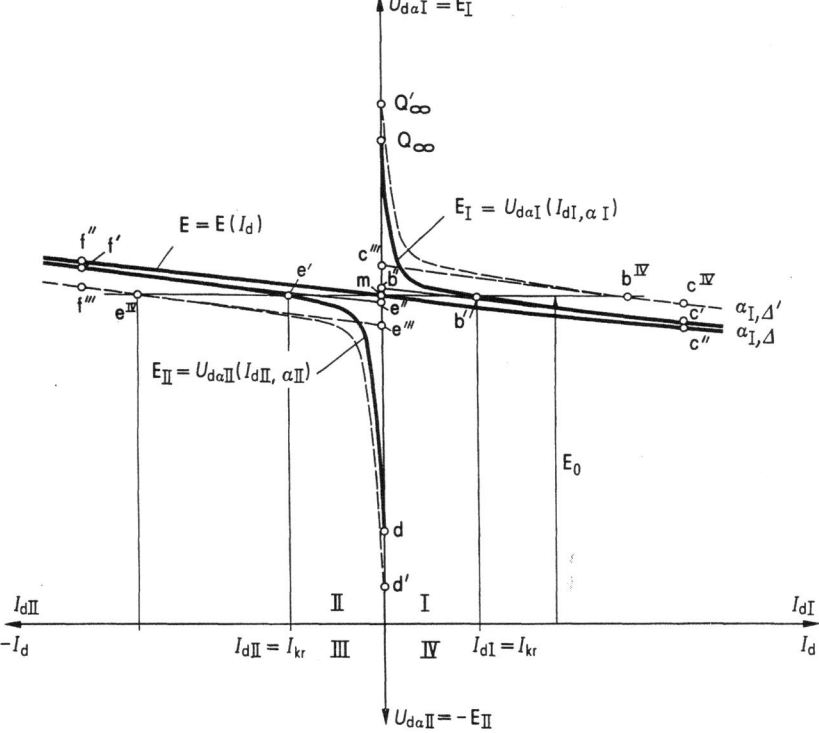

Abb. 11.21. Kennlinien des Umkehrstromrichters Abb. 11.2 mit der Steuerbedingung $\alpha_I + \alpha_{II} < \pi$ (nicht lückender Kreisstrom).

beschriebenen Wege die Maschinenkennlinie f″mc″ in Abb. 11.21; sie besitzt einen ähnlichen Verlauf wie die Kennlinie eines Maschinenumformers. Eine Zeitverzögerung bei der Umkehr der Stromrichtung findet nicht statt.

Der Abstand $E_{I0} - E_{II0}$ der Punkte b″ und e″ in Abb. 11.21 hängt, wie gezeigt werden soll, von der Größe $\Delta < 0$ ab. Man findet für diese Differenz aus (11.10), (11.11) für kleine Werte von Δ die Näherung

$$\frac{E_{I0} - E_{II0}}{U_{di}} = \left(\frac{1}{\sqrt{3}} \frac{L_c}{L + L_c}\left(\frac{3\sqrt{3}}{\pi} - 1\right) - \left(1 + \frac{1}{2}\frac{L_c}{L + L_c}\right)\Delta\right)\sin\alpha_I. \tag{11.55}$$

Aus (11.55) folgt, daß $E_{I0} - E_{II0}$ im Fall $\alpha_I + \alpha_{II} < \pi$, also $\Delta < 0$ stets positiv ist, also b″ über e″ liegt.

Die Differenz $E_{I0} - E_{II0}$ nimmt nach (11.55) mit wachsendem Betrag $\Delta < 0$ zu. Damit schieben sich die Belastungskennlinien der Teilstromrichter in Abb. 11.21 bei festgehaltener Leerlaufspannung E_0 der Maschine in die gestrichelten Lagen auseinander. Dadurch wird der Kreisstrom vom Wert im Punkt b′ auf den Wert im Punkt b^{IV} vergrößert. Bei flach verlaufenden Stromrichterkennlinien verursachen daher bereits geringfügige Veränderungen von $\Delta < 0$ beträchtliche Änderungen des Kreisstromes. Diese Aussage geht ebenfalls aus der Kreisstromkennlinie in Abb. 11.18 hervor.

11.44 Betriebseigenschaften des kreisstrombehafteten Umkehrstromrichters

Die Ausführungen zu den Abb. 11.19 und 11.21 in den Abschn. 11.42 und 11.43 haben gezeigt, daß der Kreisstrom beim Maschinenleerlauf eine Grundlast für die beiden Teilstromrichter der Abb. 11.2 darstellt. Mit Hilfe dieser Grundlast kann der in Abb. 11.20 und 11.21 eingezeichnete kontinuierliche, fast lineare Verlauf der Maschinenkennlinie verwirklicht werden. Bei einer in der Praxis normalerweise erforderlichen Größe der Glättungsdrosseln ergibt sich bei sechspulsigen Stromrichtern ein höchster Wert des Kreisstromes von 10 bis 20% des Nennstromes. Bei dreipulsigen Stromrichtern wäre dieser Wert entsprechend größer. Bei belasteter Maschine führt der eine Teilstromrichter den Nennstrom und den Kreisstrom, der andere nur den Kreisstrom.

Der Kreisstrom wird eigentlich nur gebraucht, wenn der Betrag des Maschinenstromes kleiner als der kritische Strom ist; er könnte daher bei größeren Gleichströmen abgeschaltet werden, um die Wirkverluste in den Ventilen und im Transformator sowie die Blindleistungsentnahme aus dem Drehstromnetz zu reduzieren. In der Praxis wird der Kreisstrom über einen Regelkreis in Abhängigkeit vom Gleichstrom so geführt, daß er bei kleinen Gleichströmen den erforderlichen Wert erreicht und bei hohen Strömen nur sehr kleine Werte annehmen kann. Den Kreisstrom verkleinert man dabei in der Weise, daß der Steuerwinkel des kreisstromführenden Teilstromrichters in einer solchen Richtung verändert wird, daß der positive Wert $\varDelta > 0$ größer wird. Dann nimmt der Kreisstrom nach Abb. 11.18 ab.

In der Praxis wird man für den Bereich, in dem ein Kreisstrom erwünscht ist, aus den nachstehend angeführten Gründen im allgemeinen die Steuerbedingung $\alpha_I + \alpha_{II} = \pi + \varDelta$ mit $\varDelta > 0$ anwenden.

Der Betrieb mit $\varDelta < 0$ führt nach Abb. 11.18 bereits bei einem kleinen Betrag von $\varDelta$ zu einem ziemlich hohen Kreisstrom. Vergrößerungen von $|\varDelta|$ durch Belastungsschwankungen, Netzspannungsschwankungen oder dynamische Regelabweichungen können den Kreisstrom so stark vergrößern, daß die Anlage abgeschaltet werden muß. Aus diesem Grunde wird der Betrieb bei $\varDelta < 0$, obwohl er nach Abb. 11.21 eine einwandfreie Maschinenkennlinie liefert, bei den Anwendungen nie in Betracht gezogen.

Für den Betrieb bei $\varDelta = 0$ gilt das gleiche wie für $\varDelta < 0$, wenn die Schwankungen und Regelstöße starke Abweichungen nach $\varDelta < 0$ hervorrufen. Dazu kommt noch, daß die plötzliche Änderung der Steilheit der Kreisstromkennlinie bei $\varDelta = 0$ in Abb. 11.18 große Schwierigkeiten bei der Stabilisierung der Regelkreise zur Folge hat. Aus diesen Gründen ist bei $\varDelta = 0$ kaum ein stabiler Betrieb möglich.

Wenn dagegen ein hinreichend großer Wert $\varDelta > 0$ gewählt wird, bleibt der Kreisstrom nach Abb. 11.18 auch bei Schwankungen und Regelstößen klein und die Unstetigkeit der Kennliniensteilheit bei $\varDelta = 0$ bleibt außerhalb des Arbeitsbereiches. Man muß dann allerdings nach Abb. 11.19 einen kleinen Kennliniensprung beim Maschinenleerlauf in Kauf nehmen, der durch die Regelung ausgeglichen werden muß. In der Praxis wird der Kreisstrom so geregelt, daß sein Wert bei kleinem Laststrom unabhängig vom Aussteuerungsgrad konstant bleibt, so daß $\varDelta$ innerhalb des Steuerwinkelbereiches seinen Wert zwar ändert, aber nie kleiner als 0 wird.

11.5 Umkehrstromrichterschaltungen

In der Praxis werden fast immer Umkehrstromrichter verwendet, die aus zwei sechspulsigen Stromrichtern bestehen. Einige dieser Schaltungen sollen angegeben werden, ohne daß jedoch auf Einzelheiten eingegangen wird.

11.51 Mittelpunktschaltung

Die beiden Teilstromrichter der Kreuzschaltung in Abb. 11.1a besitzen gleiche Schaltungswinkel. In der Kreuzschaltung Abb. 11.2 sind die zwei Teilstromrichter mit unterschiedlichem Schaltungswinkel eingezeichnet. Man kann die beiden netzseitigen Wicklungen zu einer gemeinsamen Wicklung zusammenlegen und diese gemeinsam mit den ventilseitigen Wicklungen auf einem gemeinsamen Eisenkern unterbringen. Bei dem Umkehrstromrichter in Gegenparallelschaltung nach Abb. 11.1b kommt man mit einem Transformator mit nur zwei Wicklungen aus. Der Transformatoraufwand für den Umkehrstromrichter nach Abb. 11.1b ist also geringer als für die Anordnungen nach Abb. 11.1a und Abb. 11.2.

Die gleichen Aussagen gelten für die Kreuzschaltung und Gegenparallelschaltung mit zwei sechspulsigen Stromrichtern in Mittelpunktschaltung. Bei Mittelpunktschaltungen wird man daher grundsätzlich die Gegenparallelschaltung wegen des geringeren Transformatoraufwandes bevorzugen.

11.52 Saugdrosselschaltung

Die Abb. 11.22 zeigt einen Umkehrstromrichter in Gegenparallelschaltung, der aus zwei sechspulsigen Saugdrosselschaltungen besteht. Die Saugdrosselspannungen der beiden Teilstromrichter besitzen unter-

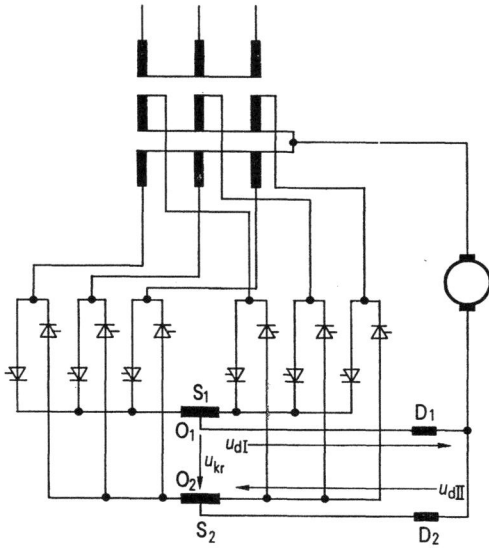

Abb. 11.22. Umkehrstromrichter in Gegenparallelschaltung, bestehend aus zwei sechspulsigen Saugdrosselschaltungen.

11.5 Umkehrstromrichterschaltungen

schiedlichen Zeitverlauf, so daß zwei Saugdrosseln S_1 und S_2 benötigt werden.

An den beiden in Reihe geschalteten Glättungsdrosseln, also zwischen den Mittelpunkten O_1 und O_2 der beiden Saugdrosseln, wirkt die Kreisspannung $u_{kr} = u_{dI} + u_{dII}$ und verursacht einen Kreisstrom. Dieser Kreisstrom wirkt wie eine Grundlast der beiden Teilstromrichter und verhindert, daß die Gleichströme der beiden Teilstromrichter im Maschinenleerlauf den kritischen Strom der Saugdrosselschaltungen (vgl. Abschn. 7.21) unterschreiten. Dadurch wird ein praktisch geradliniger Kennlinienübergang bei der Stromumkehr sichergestellt.

Wie bei den Mittelpunktschaltungen zeichnet sich auch bei den Saugdrosselschaltungen die Gegenparallelschaltung gegenüber der Kreuzschaltung durch einen geringeren Aufwand für den Transformator aus.

11.53 Brückenschaltung

In den Abb. 11.23 und 11.24 sind zwei Umkehrstromrichter dargestellt, die jeweils aus zwei Sechspulsbrücken bestehen. In der Abb. 11.23 handelt es sich um einen Umkehrstromrichter in Kreuzschaltung und in Abb. 11.24 ist eine Gegenparallelschaltung dargestellt.

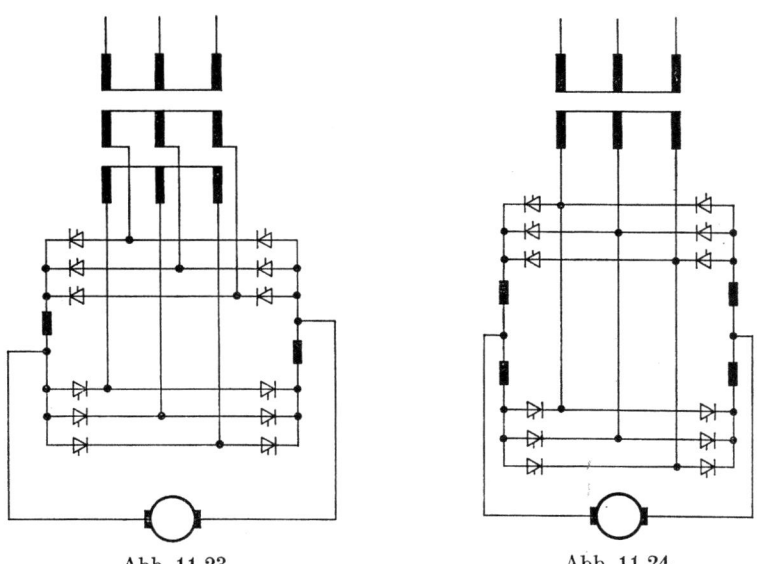

Abb. 11.23   Abb. 11.24

Abb. 11.23. Umkehrstromrichter in Kreuzschaltung, bestehend aus zwei Sechspulsbrücken.

Abb. 11.24. Umkehrstromrichter in Gegenparallelschaltung, bestehend aus zwei Sechspulsbrücken.

In der Kreuzschaltung Abb. 11.23 tritt ein Kreisstrom auf, der dem Verlauf der Kurve 3 für den sechspulsigen Betrieb in Abb. 11.11 entspricht. Dieser Kreisstrom ist relativ klein, so daß der Aufwand für die beiden Glättungsdrosseln relativ gering ist. Die Schaltung erfordert einen Transformator mit drei Wicklungen.

Die Gegenparallelschaltung in Abb. 11.24 braucht nur einen Transformator mit zwei Wicklungen, besitzt aber dafür einen Nachteil gegenüber der Kreuzschaltung Abb. 11.23, weil in der Abb. 11.24 zwei Kreisstromwege möglich sind. Die beiden Kreisströme werden von je einem dreipulsigen Spannungssystem hervorgerufen und besitzen daher einen Verlauf entsprechend der Kurve 2 in Abb. 11.11. Zur Begrenzung der beiden Kreisströme sind in Abb. 11.24 vier Glättungsdrosseln notwendig. Weil der von einem dreipulsigen System herrührende Kreisstrom nach Abb. 11.11 bei gleicher Glättung größer als bei einem sechspulsigen System ist, müssen die vier Glättungsdrosseln der Abb. 11.24 größer als die zwei Glättungsdrosseln der Abb. 11.23 sein.

Für den kreisstromfreien Betrieb bietet sich die Drehstrombrückenschaltung mit antiparallelen Ventilen nach Abb. 11.25 an. Diese Schaltung verwendet man mit Vorteil dann, wenn die Verzögerungszeit von etwa 1—5 Millisekunden bei der Stromumkehr (vgl. Abschn. 11.2) in Kauf genommen werden kann. Der Umkehrstromrichter Abb. 11.25 für den kreisstromfreien Betrieb erfordert einen geringeren Aufwand als die kreisstrombehaftete Schaltung in Abb. 11.23. Man braucht in Abb. 11.25 nur einen Steuersatz, der Transformator hat nur zwei Wicklungen und außerdem bringt die einfachere Schaltung insbesondere bei großen Leistungen Einsparungen in der Leitungsverlegung. Wenn die Gleichstrom-

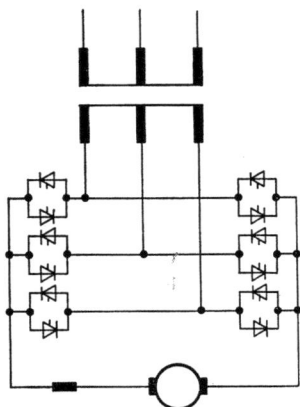

Abb. 11.25. Umkehrstromrichter, bestehend aus einer Drehstrombrückenschaltung mit gegenparallelen Ventilen (kreisstromfreier Betrieb).

11.5 Umkehrstromrichterschaltungen

maschine für höhere Gleichstromwelligkeit ausgelegt ist, können auch die Glättungsdrosseln entsprechend klein gehalten werden oder im Grenzfall fortgelassen werden. Die vom Kreisstrom verursachten Zusatzverluste und der zusätzliche Blindleistungsbedarf entfallen ebenfalls.

11.54 Ankerkreisumschaltung und Feldkreisumschaltung

Zwei weitere Möglichkeiten des Vierquadrantenbetriebes mit Stromrichtern sind die Ankerumschaltung nach Abb. 11.26 und die Feldumkehr nach Abb. 11.27.

Bei der Ankerkreisumschaltung verwendet man nach Abb. 11.26 einen Stromrichter für Zweiquadrantenbetrieb und einen Polwender im Ankerkreis. Der Polwender darf nur beim Maschinenstrom Null betätigt werden. Dieser Umschaltvorgang wird praktisch in gleicher Weise wie bei dem im Abschn. 11.2 beschriebenen kreisstromfreien Betrieb vorgenommen, so daß man die gleiche Umschaltlogik verwenden kann. Als Polwender kann ein spezielles Schaltgerät verwendet werden; es muß dann, um die Umschaltzeit möglichst klein zu halten, so konstruiert sein, daß der Kontaktweg kurz und die zu bewegenden Massen klein sind. Bei kleinen Leistungen können handelsübliche Schütze verwendet werden. Die Umschaltzeiten, die man bei der Ankerkreisumschaltung erreicht, liegen zwischen 100 und 200 ms. Wegen der mechanischen Abnützung ist die Ankerkreisumschaltung nur bei Anwendungen mit relativ geringer Schalthäufigkeit zu empfehlen.

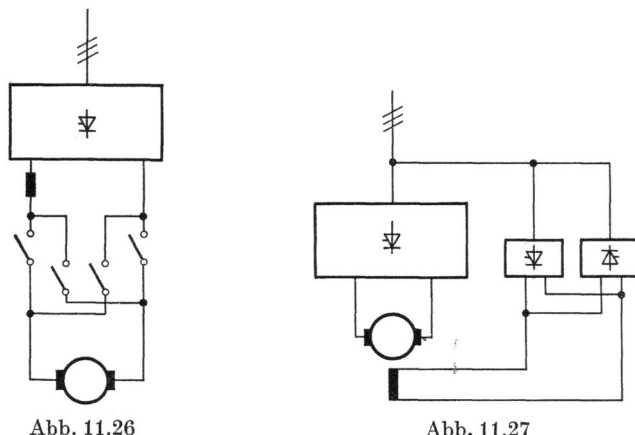

Abb. 11.26   Abb. 11.27

Abb. 11.26. Umkehrantrieb mit einem Stromrichter und Stromumkehr durch einen Polwendeschalter im Ankerkreis.

Abb. 11.27. Umkehrantrieb mit einem Stromrichter zur Ankerspeisung und einem Umkehrstromrichter zur Feldumkehr.

Die Richtungsumkehr des Ankerstromes kann nach Abb. 11.27 auch durch Umpolen des Erregerstromes der Gleichstrommaschine erreicht werden. Zur Richtungsumkehr des Feldstromes kann man nach Abb. 11.27 einen Umkehrstromrichter verwenden. Man braucht dazu eine Umschaltlogik von der gleichen Art wie in Abschn. 11.2 beim kreisstromfreien Betrieb. Grundsätzlich kann man den Feldstrom auch mit Hilfe eines Polwenders wie in Abb. 11.26 umschalten. Die Umschaltzeiten liegen wegen der hohen Zeitkonstante der Erregerwicklung, insbesondere bei Maschinen hoher Leistung, zwischen 200 und 600 ms. Durch eine geeignet hohe Übererregungsspannung können diese Zeiten verkleinert werden.

IV Stromrichtertransformatoren am Drehstromnetz

In den Wicklungen der Stromrichtertransformatoren fließen nichtsinusförmige Ströme; diese Transformatoren verhalten sich deshalb im allgemeinen anders als solche, die im gewöhnlichen Netzbetrieb mit sinusförmigen Strömen und Spannungen betrieben werden.

In den Abschn. 12 bis 14 wird der Betrieb der Stromrichtertransformatoren an einem realen Drehstromnetz beschrieben; dabei wird vor allem auf drei Probleme eingegangen. Im Abschn. 12 werden die Grundgesetze für den Betrieb der Stromrichtertransformatoren an einem realen Drehstromnetz abgeleitet und einige Ersatzschaltpläne angegeben. Von diesen Ergebnissen ausgehend, wird im Abschn. 13 der Zeitverlauf der primären Wicklungsströme und Leiterströme bei Vernachlässigung der Netzinduktivitäten und der Streuinduktivitäten des Transformators bestimmt und daraus die Bauleistung des Transformators berechnet. Im Abschn. 14 wird — ebenfalls von den Ergebnissen des Abschn. 12 ausgehend — der Zeitverlauf der Transformatorspannungen unter Berücksichtigung der Netzinduktivitäten und der Streuinduktivitäten des Transformators beschrieben; dabei wird ideale Glättung des Gleichstromes und einfache Kommutierung angenommen.

Die Ausführungen der Abschn. 12 bis 14 beschränken sich auf die sechs Transformatoren Abb. 12.1 für die Mittelpunktschaltungen und die Saugdrosselschaltungen und auf die vier Transformatoren Abb. 12.2 der Sechspulsbrücken.

Bei den Überlegungen der Abschn. 12.1 bis 12.4 wird stets angenommen, daß alle Wicklungen eines Transformators die gleiche Windungszahl N besitzen. Diese Annahme vereinfacht die Schreibweise der Gleichungen, ohne daß die Allgemeingültigkeit der Aussagen dadurch eingeschränkt wird. Im Abschn. 12.5 werden die wichtigsten Ergebnisse der Abschn. 12.1 bis 12.4 unter Berücksichtigung unterschiedlicher Windungszahlen N_1 und N_2 der netzseitigen und ventilseitigen Wicklungen zusammengestellt.

12 Grundgleichungen und Ersatzschaltungen der Stromrichtertransformatoren am Drehstromnetz

Ideale Transformatoren und ideale Netze sind nicht realisierbar, weil die Transformatorwicklungen stets ohmsche Widerstände und Streuinduktivitäten enthalten, die Permeabilität des Eisens immer endlich ist und die Eisenverluste niemals Null sind, außerdem enthalten die Netzzuleitungen stets ohmsche Widerstände, Induktivitäten und Kapazitäten. Die unter der Annahme eines idealen Netzes und eines idealen Transformators abgeleiteten Vorgänge im Stromrichterbetrieb unterscheiden sich von den Verhältnissen, die unter den realen Bedingungen der Praxis auftreten. Um den Verhältnissen unter realen Bedingungen hinreichend Rechnung zu tragen, genügt in den meisten Fällen die Berücksichtigung der Streuinduktivitäten des Transformators und der Netzinduktivitäten; alle Nebeneffekte treten gegenüber dem Einfluß dieser Induktivitäten zurück[1] und werden daher auch weiterhin vernachlässigt.

Die Transformatorstreuung berücksichtigt man nach Abb. 12.3 durch ventilseitige und netzseitige Streuinduktivitäten L_s und L_p, die den entsprechenden Wicklungen vorgeschaltet sind. Die Netzinduktivitäten faßt man als konzentrierte Induktivitäten L_n auf, die in den Zuleitungen zwischen Netz und Transformator angeordnet sind. In dieser vereinfachten Darstellung besteht der reale Transformator Abb. 12.3 aus einem idealen Transformator, dessen Wicklungen konzentrierte netzseitige und ventilseitige Streuinduktivitäten L_p und L_s vorgeschaltet sind; das reale Drehstromnetz wird durch die Reihenschaltung eines idealen Netzes (sinusförmige und symmetrische Spannungen) mit konzentrierten Netzinduktivitäten L_n dargestellt.

12.1 Grundgesetze

Der naheliegende Weg, nämlich die Eigenschaften der zehn Dreiphasentransformatoren der Abb. 12.1 und 12.2 der Reihe nach zu beschreiben,

---

[1] Bei längeren verkabelten Netzzuleitungen können die Netzkapazitäten den Stromrichterbetrieb stark beeinflussen; auf diese Probleme wird aber bei den weiteren Betrachtungen nicht eingegangen.

12.1 Grundgesetze

würde zu einer fortlaufenden Wiederholung der gemeinsamen Gesetzmäßigkeiten führen. Deshalb wird im folgenden ein Weg beschritten, der eine gemeinsame Beschreibung der Stromrichtertransformatoren Abb. 12.1 und 12.2 gestattet.

12.11 Reduktion der Aufgabenstellung

Die zehn Transformatoren Abb. 12.1 und Abb. 12.2 haben eine Reihe gemeinsamer Eigenschaften, die in der Anordnung Abb. 12.3 zusammengestellt sind. Alle Transformatoren besitzen einen dreischenkligen Eisenkern mit den Schenkelflüssen φ_1, φ_2, φ_3. Jeder der zehn Transformatoren hat eine netzseitige Wicklung mit drei Strängen, denen jeweils eine Induktivität L_p vorgeschaltet ist, und eine oder zwei ventilseitige Wicklungen mit drei Strängen und je einer vorgeschalteten Induktivität L_s. Die Schaltung der Wicklungen — ob Stern oder Dreieck — ist noch nicht festgelegt, so daß für die Ströme und Spannungen in Abb. 12.3 die neutralen Fußindices P bzw. p verwendet werden. Erst wenn die Schaltung der Wicklungen — wie z. B. in den Abb. 12.6 und 12.7 — festliegt, werden für die netzseitigen und ventilseitigen Leiterspannungen und

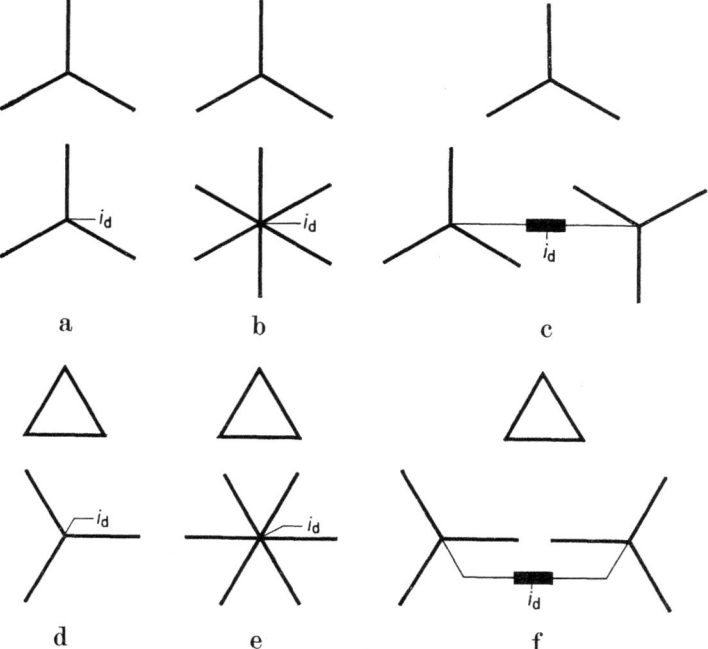

Abb. 12.1. Transformatoren der Mittelpunktschaltungen und der Saugdrosselschaltungen. a) bis c) netzseitiger Stern; d) bis f) netzseitiges Dreieck.

Leiterströme die Fußindices L, l, für die netzseitigen und ventilseitigen Sternspannungen die Indices S, s, und für die netzseitigen und ventilseitigen Wicklungsströme der Dreieckschaltungen die Indices W, w verwendet.

Bei der Bezifferung in Abb. 12.3 wird allen Strängen, die auf dem gleichen Schenkel angeordnet sind, die gleiche Zahl als Fußindex, z. B.

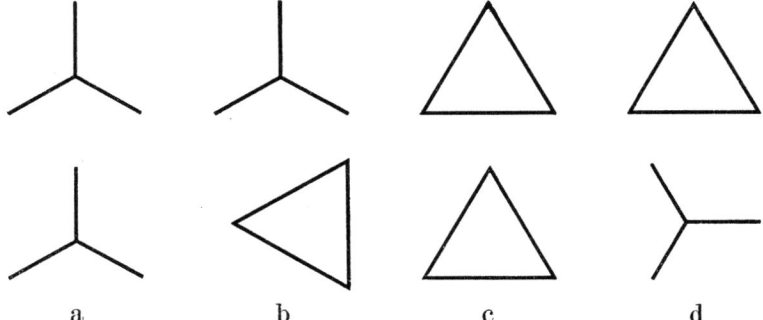

Abb. 12.2. Transformatoren der sechspulsigen Brückenschaltungen.

u_{P1}, u_{p1}, u'_{p1} zugeordnet. Die Winkelnacheilungen der drei Spannungssysteme u_{p1}, u_{p2}, u_{p3} und u'_{p1}, u'_{p2}, u'_{p3} sowie u_{P1}, u_{P2}, u_{P3}, die dabei entstehen, sind im Zeigerdiagramm der Abb. 12.3 dargestellt. Diese Bezifferung der ventilseitigen Strangspannungen weicht zwar von der in den Abschn. 3 bis 11 verwendeten Bezifferung ab, sie ermöglicht jedoch erst die gemeinsame Beschreibung der zehn Transformatoren Abb. 12.1 und Abb. 12.2; darüber hinaus führt sie zu einer symmetrischen Schreibweise der Gleichungen, die eine besonders übersichtliche Darstellung der Vorgänge erlaubt.

Die Gesetzmäßigkeiten, die man für den bewickelten dreischenkligen Kern Abb. 12.3 errechnet, gelten, wegen der eben aufgezählten gemeinsamen Eigenschaften, auch gemeinsam für alle Transformatoren Abb. 12.1 und 12.2. Setzt man in den Ergebnissen der Rechnung die Wicklungsströme und Wicklungsspannungen der unteren drei Stränge in Abb. 12.3 zu Null, dann wird diese Wicklung wirkungslos und kann entfallen; es entsteht dann aus der Abb. 12.3 ein Transformator mit nur einer ventilseitigen Wicklung, entsprechend den Transformatoren in Abb. 12.1a, d und in Abb. 12.2a bis d.

Bei der Beschreibung der Stromrichtertransformatoren ist man leicht geneigt, stillschweigend Gesetze zu akzeptieren, die nur beim Netzbetrieb der Transformatoren, also nur im Sonderfall symmetrischer Dreiphasensysteme mit sinusförmigem Strom- und Spannungsverlauf gelten. Die

12.1 Grundgesetze

Folge davon sind Fehlschlüsse, die zu einer unrichtigen Beurteilung der Eigenschaften der Stromrichtertransformatoren führen können.

Man muß daher bei der Beschreibung der Eigenschaften der Stromrichtertransformatoren von dem allgemeinen Fall ausgehen, daß sich die

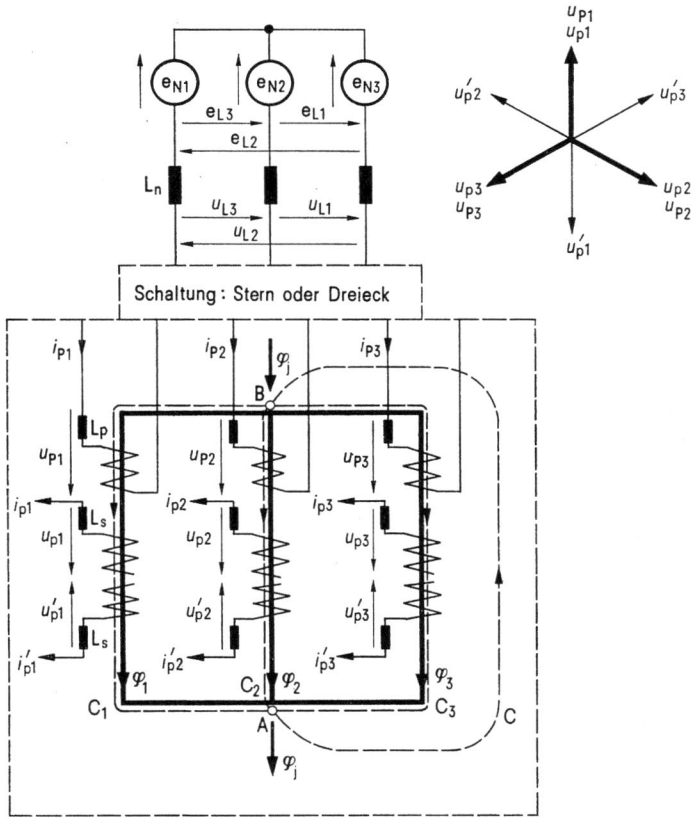

Abb. 12.3. Anordnung zur Beschreibung der gemeinsamen Eigenschaften der Transformatoren in Abb. 12.1 und 12.2.

Schenkelflüsse φ_1, φ_2, φ_3 des Transformators (Abb. 12.3) im Joch zum Summenfluß (Jochfluß φ_j)

$$\varphi_j = \varphi_1 + \varphi_2 + \varphi_3 \qquad (12.1)$$

vereinigen. Der Jochfluß φ_j schließt sich von einem zum anderen Joch über den Außenraum. Nur wenn die netzseitigen und ventilseitigen dreiphasigen Strom- und Spannungssysteme in Abb. 12.3 reguläre Dreiphasensysteme sind (vgl. Abschn. 2), dann gilt für den Jochfluß φ_j —

so folgt aus der Lehre von den Wechselströmen — in jedem Zeitpunkt $\varphi_j = 0$. Die Voraussetzung sinusförmiger Ströme ist nicht erfüllt, wenn die Anordnung Abb. 12.3 als Stromrichtertransformator betrieben wird; die Ventilseite wird dann nämlich — nach den Abschn. 3 bis 11 — mit nichtsinusförmigen Strömen belastet. Man muß deshalb bei der Beschreibung der Stromrichtertransformatoren von der Annahme ausgehen, daß der Jochfluß φ_j im allgemeinen Fall von Null verschieden ist.

Der Jochfluß φ_j fließt nach Abb. 12.3 dem einen Joch zu, verteilt sich auf die drei Schenkel des Transformators und tritt bei dem anderen Joch aus. Bei überschlägigen Betrachtungen kann der magnetische Widerstand der drei Transformatorschenkel trotz verschieden langer Eisenwege angenähert gleichgesetzt werden, so daß sich φ_j zu etwa 1/3 auf die drei Schenkel aufteilt. Man kann deshalb jeden der drei Schenkelflüsse φ_1, φ_2, φ_3 als die Summe zweier Teilflüsse auffassen:

$$\varphi_1 = \varphi_{10} + \frac{\varphi_j}{3}, \qquad \varphi_2 = \varphi_{20} + \frac{\varphi_j}{3}, \qquad \varphi_3 = \varphi_{30} + \frac{\varphi_j}{3}. \qquad (12.2)$$

Den Teilflüssen φ_{10}, φ_{20}, φ_{30} ist jeweils ein Drittel des Jochflusses φ_j überlagert. Bildet man aus (12.2) die Summe $\varphi_1 + \varphi_2 + \varphi_3$ der Schenkelflüsse, dann zeigt der Vergleich mit (12.1), daß die Teilflüsse stets die Bedingung

$$\varphi_{10} + \varphi_{20} + \varphi_{30} = 0 \qquad (12.3)$$

erfüllen müssen.

Den Schenkelflüssen φ_1, φ_2, φ_3 ist im Eisen des Transformators eine Feldstärke $h_{\text{fe},1} = \varphi_1/\mu q$ usw. zugeordnet; q ist der Eisenquerschnitt des Schenkels und μ die Permeabilität des Eisens und h der Betrag des Vektors $\boldsymbol{h}$. Da ein vernachlässigbar kleiner Magnetisierungsstrom, d. h. $\mu \to \infty$ vorausgesetzt wird, sind auch die Feldstärken $\boldsymbol{h}_{\text{fe}}$ im Eisen vernachlässigbar klein. Im Außenraum ist dem Jochfluß ein magnetisches Feld $\boldsymbol{h}_a$ zugeordnet, dessen Verlauf in Abb. 12.4 schematisch dargestellt ist.

12.12 Beziehungen zwischen den Wicklungsströmen

In Abb. 12.3 sind drei geschlossene Linienzüge CC_1, CC_2 und CC_3 gestrichelt eingezeichnet. Das gemeinsame Linienstück C aller drei Umläufe liegt im Außenraum, verläuft also vollkommen durch die Luft (Permeabilität μ_0), oder durch den Ölkessel. Die Feldstärke im Außenraum wird mit $\boldsymbol{h}$ bezeichnet. Die drei Teilstücke C_1, C_2, C_3 verlaufen im Eisen (Permeabilität μ); die zugehörigen Feldstärken sind mit $\boldsymbol{h}_{\text{fe},1}$, $\boldsymbol{h}_{\text{fe},2}$, $\boldsymbol{h}_{\text{se},3}$ bezeichnet.

12.1 Grundgesetze

Durch Anwendung des Durchflutungssatzes auf die drei geschlossenen Umläufe CC_1, CC_2, CC_3 erhält man die Gleichungen

$$\int_C \boldsymbol{h}_a \, d\boldsymbol{l} + \int_{C_1} \boldsymbol{h}_{\text{fe},1} \, d\boldsymbol{l} = N(i_{P1} - i_{p1} + i'_{p1}), \tag{12.4}$$

$$\int_C \boldsymbol{h}_a \, d\boldsymbol{l} + \int_{C_2} \boldsymbol{h}_{\text{fe},2} \, d\boldsymbol{l} = N(i_{P2} - i_{p2} + i'_{p2}), \tag{12.5}$$

$$\int_C \boldsymbol{h}_a \, d\boldsymbol{l} + \int_{C_3} \boldsymbol{h}_{\text{fe},3} \, d\boldsymbol{l} = N(i_{P3} - i_{p3} + i'_{p3}). \tag{12.6}$$

Darin bedeutet $\boldsymbol{h}\,d\boldsymbol{l}$ das skalare Produkt der Vektoren $\boldsymbol{h}$ und $d\boldsymbol{l}$.

Die an den netzseitigen Wicklungen der Abb. 12.3 wirkenden Spannungen u_{P1}, u_{P2}, u_{P3} erzeugen nach dem Induktionsgesetz in den Schenkeln die Schenkelflüsse φ_1, φ_2, φ_3, denen die magnetischen Feldstärken $h_{\text{fe},1} = \varphi_1/q\mu$ usw. zugeordnet sind. Weil die Permeabilität μ des Eisens sehr groß ist ($\mu \to \infty$), werden die Feldstärken $\boldsymbol{h}_{\text{fe}}$ in den Schenkeln vernachlässigbar klein, so daß man in den Beziehungen (12.4) bis (12.6) das zweite Integral auf der linken Seite vernachlässigen kann. Man erhält aus (12.4) bis (12.6):

$$\Theta_j = N(i_{P1} - i_{p1} + i'_{p1}), \tag{12.7}$$

$$\Theta_j = N(i_{P2} - i_{p2} + i'_{p2}), \tag{12.8}$$

$$\Theta_j = N(i_{P3} - i_{p3} + i'_{p3}), \tag{12.9}$$

$$\Theta_j = \int_C \boldsymbol{h}_a \, d\boldsymbol{l} = \int_A^B \boldsymbol{h}_a \, d\boldsymbol{l}. \tag{12.10}$$

Die Gln. (12.7) bis (12.10) zeigen, daß die Durchflutungen der drei Transformatorschenkel einander zwar in jedem Zeitpunkt gleich sind, im allgemeinen Fall aber einen von Null verschiedenen Wert Θ_j ergeben; man bezeichnet Θ_j gelegentlich auch als Restdurchflutung oder Restamperewindungen.

Aus den Gln. (12.7) bis (12.10) können die gesuchten Beziehungen zwischen den Wicklungsströmen der Anordnung Abb. 12.3 abgeleitet werden. Mit den Abkürzungen

$$i_\text{I} = i_{p1} + i_{p2} + i_{p3}, \quad i_\text{II} = i'_{p1} + i'_{p2} + i'_{p3}, \quad i_\text{III} = i_{P1} + i_{P2} + i_{P3} \tag{12.11}$$

für die Summen der Wicklungsströme erhält man durch Addition der drei Gln. (12.7) bis (12.9)

$$3\frac{\Theta_j}{N} = i_\text{III} - i_\text{I} + i_\text{II}. \tag{12.12}$$

Bei den Transformatoren Abb. 12.1 bedeuten i_I und i_II die ventilseitigen Sternpunktströme. Außerdem stellt man fest, daß in der Gl. (12.12) bei netzseitiger Sternschaltung $i_\text{III} = 0$ gilt.

Für die netzseitigen Wicklungsströme erhält man aus (12.7) bis (12.9) mit Hilfe von (12.12) die Beziehungen

$$i_\text{P1} = i_\text{p1} - i'_\text{p1} + \frac{\Theta_\text{j}}{N} = i_\text{p1} - i'_\text{p1} + \frac{1}{3}(i_\text{III} - i_\text{I} + i_\text{II}), \quad (12.13)$$

$$i_\text{P2} = i_\text{p2} - i'_\text{p2} + \frac{\Theta_\text{j}}{N} = i_\text{p2} - i'_\text{p2} + \frac{1}{3}(i_\text{III} - i_\text{I} + i_\text{II}), \quad (12.14)$$

$$i_\text{P3} = i_\text{p3} - i'_\text{p3} + \frac{\Theta_\text{j}}{N} = i_\text{p3} - i'_\text{p3} + \frac{1}{3}(i_\text{III} - i_\text{I} + i_\text{II}). \quad (12.15)$$

Die Gln. (12.12) bis (12.15) sind die gesuchten Beziehungen zwischen den Wicklungsströmen der Anordnung Abb. 12.3.

Nimmt man an, daß der Zeitverlauf der ventilseitigen Wicklungsströme bekannt ist, dann treten in den Gln. (12.13) bis (12.15) die vier unbekannten Größen i_P1, i_P2, i_P3 und Θ_j auf. Zur Berechnung dieser Größen braucht man noch eine vierte Gleichung; diese vierte Gleichung kann erst angegeben werden, wenn über die Schaltungsart der netzseitigen Wicklungen — Stern oder Dreieck — entschieden ist.

12.13 Jochleitfähigkeit

Zwischen dem Jochfluß φ_j und der magnetischen Spannung Θ_j besteht eine Beziehung, die an Hand der Abb. 12.4 ermittelt werden soll.

Das Linienintegral auf der rechten Seite von (12.10) ist die magnetische Spannung, die zwischen den Jochpunkten A und B der Abb. 12.4 wirkt. Die Feldlinien des Außenraumes münden, da $\mu \to \infty$ vorausgesetzt wurde, senkrecht in die Jochoberflächen; die Vektoren $\boldsymbol{h}_\text{a}$ und $d\boldsymbol{l}$ stehen deshalb entlang der gestrichelten Verbindungslinie der Punkte A und A' in Abb. 12.4 senkrecht aufeinander und ergeben den Wert Null für das skalare Produkt $\boldsymbol{h}_\text{a} d\boldsymbol{l}$. Daraus folgt aber, daß das Linienintegral von A nach A' entlang des gestrichelten Weges, also die magnetische Spannung zwischen A und A' ebenfalls Null ist. Die Punkte auf der Jochoberfläche befinden sich deshalb auf dem gleichen magnetischen Potential; die Jochoberflächen sind daher magnetische Äquipotentialflächen.

Der Integrationsweg C, über den das Linienintegral (12.10) gebildet wird, verbindet die beiden Äquipotentialflächen A und B in Abb. 12.4 und verläuft vollkommen im Außenraum. Weil der Außenraum wirbelfrei ist, liefert das Linienintegral (12.10) für beliebige, vollkommen im

12.1 Grundgesetze

Außenraum verlaufende Verbindungslinien C der beiden Äquipotentialflächen (Jochflächen) stets denselben Wert Θ_j.

Die zwischen den beiden Jochflächen A und B wirkende Jochspannung Θ_j treibt den Jochfluß durch den Außenraum, von dem einen zum anderen Joch. Der Außenraum bedeutet für den Jochfluß einen magnetischen Widerstand $1/\Lambda_j$ bzw. eine Leitfähigkeit Λ_j. Die magnetische Leitfähigkeit Λ_j soll berechnet werden.

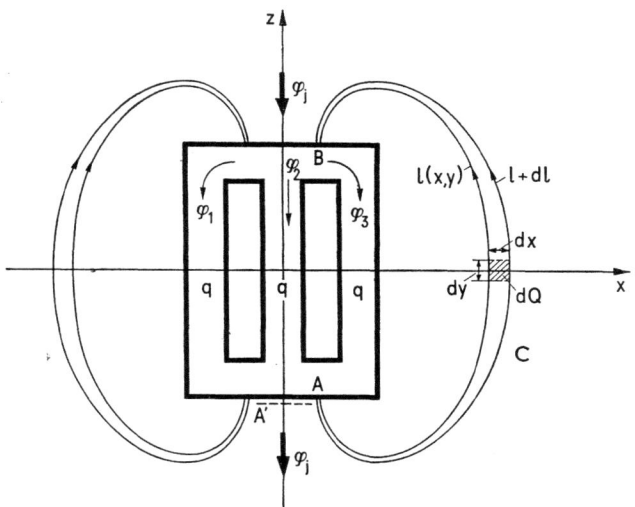

Abb. 12.4. Feldbild zur Ermittlung der Jochleitfähigkeit.

In der Abb. 12.4 ist die x-Achse in der Zeichenebene und die y-Achse senkrecht dazu angeordnet, so daß die xy-Ebene senkrecht zur Zeichenebene steht. In der xy-Ebene wird ein außerhalb der Eisenquerschnitte gelegenes Flächenelement $dQ = dx\, dy$ (in Abb. 12.4 schraffiert angedeutet) vorgegeben. Die Feldlinien, die durch die Fläche dQ treten, bilden eine „Feldröhre"; in der Abb. 12.4 ist eine solche Feldröhre — gekennzeichnet durch die beiden Feldlinien mit der Länge $l(x, y)$ und $l + dl$ — dargestellt. Der Querschnitt der Feldröhre ändert sich entlang des Verlaufes der begrenzenden Feldlinien, der Fluß $d\varphi_j$, der den Querschnitt der Feldröhre durchsetzt, bleibt aber an jeder Stelle derselbe. Für den von der Feldröhre umfaßten Fluß $d\varphi_j$ gilt daher

$$d\varphi_j = \mu_0 h_a(x, y)\, dx\, dy. \tag{12.16}$$

μ_0 ist die Permeabilität der Luft; $h_a(x, y)$ ist die Feldstärke im Punkt x, y der oben festgelegten xy-Ebene.

Bei der Berechnung der magnetischen Spannung Θ_j kann in (12.10) eine Feldlinie als Integrationsweg C gewählt werden. Da die Feldstärke entlang einer Feldlinie konstant ist, folgt aus (12.10)

$$\Theta_j = h_a(x, y) \cdot l(x, y). \tag{12.17}$$

$l(x, y)$ ist die Länge der Feldlinie, die den Punkt x, y der xy-Ebene in Abb. 12.4 durchstößt und über die das Linienintegral (12.10) gebildet wird. In der Schreibweise (12.17) kommt zum Ausdruck, daß die Länge $l(x, y)$ und die zugeordnete Feldstärke $h_a(x, y)$ Funktionen des Ortes x, y sind, in denen die betrachtete Feldlinie die xy-Ebene durchstößt; das Produkt beider, nämlich die magnetische Spannung Θ_j, ist dagegen unabhängig vom Ort.

Aus (12.16), (12.17) kann man h_a eliminieren und durch die von den Ortskoordinaten x, y unabhängige Größe Θ_j ersetzen:

$$d\varphi_j = \frac{\mu_0 \, dx \, dy}{l(x, y)} \Theta_j. \tag{12.18}$$

Aus (12.18) berechnet man den Jochfluß φ_j:

$$\varphi_j = \Theta_j \int \frac{\mu_0}{l(x, y)} \, dx \, dy. \tag{12.19}$$

Unterstellt man streuungslose Wicklungen, dann erhält man aus (12.19) den Jochfluß φ_j durch Integration über die gesamte xy-Ebene, abzüglich der drei Schenkelquerschnitte. Man kann (12.19) abgekürzt auch folgendermaßen anschreiben:

$$\varphi_j = \Theta_j \Lambda_j, \tag{12.20}$$

$$\Lambda_j = \mu_0 \int \frac{dx \, dy}{l(x, y)}, \qquad L_j = \left(\frac{N}{3}\right)^2 \Lambda_j. \tag{12.21}$$

Λ_j ist die gesuchte magnetische Leitfähigkeit des Außenraumes. Die Beziehung (12.20) zwischen φ_j und Θ_j entspricht dem Ohmschen Gesetz. Die Induktivität L_j ist eine fiktive Größe, die bei der Darstellung der Ersatzschaltpläne des Stromrichtertransformators nützlich ist.

Zur Berechnung der Leitfähigkeit Λ_j aus (12.21) muß die Länge $l(x, y)$ der magnetischen Feldlinien zwischen den Jochen, also der Verlauf des magnetischen Feldes im Außenraum bekannt sein. Der Verlauf des Feldes hängt nicht nur von den magnetischen Eigenschaften und von den Abmessungen des Transformators ab, er wird vielmehr weitgehend von der Umgebung mitbestimmt. So erhält man z. B. unterschiedliche Feldbilder und daher unterschiedliche Werte der Jochleitfähigkeiten desselben Transformatorkernes, je nachdem, ob er in Luft oder in einem

Kessel aus Eisen angeordnet ist. Im letzteren Fall wird der Jochfluß nach Möglichkeit den Weg durch die Kesselwand nehmen, also ein anderes Feldbild und damit eine andere Leitfähigkeit Λ_j als ohne Kessel liefern.

12.14 Beziehungen zwischen den Wicklungsspannungen

Der Fluß φ_1 induziert nach dem Induktionsgesetz in allen drei Strängen des Schenkels 1 der Abb. 12.3 die gleiche Spannung $\omega N \mathrm{d}\varphi_1/\mathrm{d}x$; die Gleichheit der Wicklungsspannungen folgt aus der Annahme gleicher Windungszahl N für alle Stränge. Die Wicklungsspannung $\omega N \mathrm{d}\varphi_1/\mathrm{d}x$ besteht nach (12.2) aus zwei Teilen

$$\omega N \frac{\mathrm{d}\varphi_1}{\mathrm{d}x} = \omega N \frac{\mathrm{d}\varphi_{10}}{\mathrm{d}x} - u_j, \qquad u_j = -\omega N \frac{\mathrm{d}}{\mathrm{d}x}\left(\frac{\varphi_j}{3}\right). \tag{12.22}$$

Durch die Vorzeichenwahl in (12.22) wird der vom Jochfluß $\varphi_j/3$ induzierte Anteil u_j (Jochspannung) in bezug auf $\omega N \mathrm{d}\varphi_{10}/\mathrm{d}x$ als Spannungsverlust aufgefaßt.

Die Jochspannung u_j kann mit (12.20), (12.21) und (12.12) folgendermaßen angeschrieben werden:

$$u_j = -\omega L_j \frac{\mathrm{d}}{\mathrm{d}x}\left(\frac{3\Theta_j}{N}\right) = -\omega L_j \frac{\mathrm{d}}{\mathrm{d}x}(i_{\mathrm{III}} - i_{\mathrm{I}} + i_{\mathrm{II}}). \tag{12.23}$$

Die in den Strängen induzierte Spannung $\omega N \mathrm{d}\varphi_1/\mathrm{d}x$ wird durch die Spannungsverluste an den Streuinduktivitäten L_p und L_s zu den Wicklungsspannungen u_{P1}, u_{p1}, u'_{p1} ergänzt. Man erhält nach Abb. 12.3:

$$u_{P1} = \omega N \frac{\mathrm{d}\varphi_{10}}{\mathrm{d}x} - u_j + \omega L_p \frac{\mathrm{d}i_{P1}}{\mathrm{d}x}, \tag{12.24}$$

$$u_{p1} = \omega N \frac{\mathrm{d}\varphi_{10}}{\mathrm{d}x} - u_j - \omega L_s \frac{\mathrm{d}i_{p1}}{\mathrm{d}x}, \tag{12.25}$$

$$u'_{p1} = -\omega N \frac{\mathrm{d}\varphi_{10}}{\mathrm{d}x} + u_j - \omega L_s \frac{\mathrm{d}i'_{p1}}{\mathrm{d}x}. \tag{12.26}$$

Entsprechende Gleichungen erhält man für die Wicklungsspannungen der beiden anderen Schenkel.

Aus den Gln. (12.24) bis (12.26) erhält man durch Subtraktion der ersten und zweiten bzw. durch Addition der ersten und letzten Beziehung die folgenden Ausdrücke für die ventilseitigen Spannungen:

$$u_{p1} = u_{P1} - \omega L_p \frac{\mathrm{d}i_{P1}}{\mathrm{d}x} - \omega L_s \frac{\mathrm{d}i_{p1}}{\mathrm{d}x}, \tag{12.27}$$

$$u'_{p1} = -u_{P1} + \omega L_p \frac{\mathrm{d}i_{P1}}{\mathrm{d}x} - \omega L_s \frac{\mathrm{d}i'_{p1}}{\mathrm{d}x}. \tag{12.28}$$

Entsprechende Gleichungen gelten für die anderen beiden Schenkel. Die Gln. (12.27), (12.28) sagen aus, daß die ventilseitigen Wicklungsspannungen u_{p1}, u'_{p1} aus der netzseitigen Spannung u_{P1} unter Berücksichtigung der Spannungsverluste an den Streuinduktivitäten — das sind die letzten zwei Summanden in (12.27), (12.28) — hervorgehen.

Aus (12.24) und den entsprechenden Gleichungen für u_{P2} und u_{P3} kann die Spannungssumme $u_{P1} + u_{P2} + u_{P3}$ gebildet werden. Man erhält mit (12.23), (12.3):

$$u_{P1} + u_{P2} + u_{P3} = \omega L_P \frac{d}{dx} i_{III} - 3u_j$$

$$= \omega(L_p + 3L_j) \frac{d}{dx} i_{III} - 3\omega L_j \frac{d}{dx}(i_I - i_{II}). \qquad (12.29)$$

Die gleichen Überlegungen führen zu folgenden Ausdrücken für die ventilseitigen Spannungssummen:

$$u_{p1} + u_{p2} + u_{p3} = -\omega(L_s + 3L_j)\frac{di_I}{dx} + 3\omega L_j \frac{d}{dx}(i_{III} + i_{II}), \qquad (12.30)$$

$$u'_{p1} + u'_{p2} + u'_{p3} = -\omega(L_s + 3L_j)\frac{di_{II}}{dx} - 3\omega L_j \frac{d}{dx}(i_{III} - i_I). \qquad (12.31)$$

In den Gln. (12.29) bis (12.31) können die drei Spannungssummen und die drei Stromsummen als unbekannte Größen aufgefaßt werden. Die Anzahl dieser insgesamt sechs Unbekannten verringert sich auf drei, sobald die Schaltungsart der Wicklungen festgelegt ist; denn bei der Sternschaltung eines Wicklungssystemes wird die zugehörige Summe der Wicklungsströme, bei der Dreieckschaltung die zugehörige Summe der Wicklungsspannungen zu Null. Mit Hilfe der Gln. (12.29) bis (12.31) können somit, sobald die Schaltungsart der Wicklungen festgelegt ist, die von Null verschiedenen Stromsummen und Spannungssummen berechnet werden.

Bei der Ableitung der Beziehungen zwischen den Wicklungsströmen in Abschn. 12.12 und zwischen den Wicklungsspannungen in Abschn 12.14 wurde keine Voraussetzung über die Anzahl der gleichzeitig stromführenden Ventile gemacht, so daß die Gleichungen für beliebig viele stromführende Ventile gelten. Beim Stromrichterbetrieb ist die gesamte Periodenlänge in eine Anzahl aufeinanderfolgender Teilintervalle unterteilt, in denen jeweils verschieden viele Ventile gleichzeitig Strom führen. Die in diesen Teilabschnitten geltenden Beziehungen gehen aus den Gleichungen der Abschn. 12.12 und 12.14 hervor, indem man darin die Ströme der nichtstromführenden Ventile zu Null setzt.

12.2 Verkettete Drosselspulen

Für die Anordnung Abb. 12.3, bestehend aus einem regulären Drehstromnetz e_{N1}, e_{N2}, e_{N3}, den Netzinduktivitäten L_n und dem mit netzseitigen und ventilseitigen Streuinduktivitäten L_p, L_s versehenen Stromrichtertransformator, werden in den nächsten Abschnitten 12.3 und 12.4 einfache Ersatzschaltpläne abgeleitet. Als Vorbereitung dazu werden die Eigenschaften der verketteten Drosselspulen in Abb. 12.5a bis c beschrieben.

Die sechs Stränge der verketteten Dreischenkeldrossel in Abb. 12.5a sollen die gleiche Windungszahl N_k und die drei Schenkel des Eisenkernes die gleiche mittlere Eisenweglänge l_k aufweisen. Unter diesen Voraussetzungen besitzen die drei Schenkel des Drosselkernes dieselbe magnetische Leitfähigkeit Λ_k

$$\Lambda_k = \frac{\mu_k q_k}{l_k}, \qquad L_k = N_k{}^2 \Lambda_k. \tag{12.32}$$

μ_k, q_k bedeuten die Permeabilität des Eisens bzw. den Eisenquerschnitt der drei Schenkel.

Die Spannungen e_1, e_2, e_3 in Abb. 12.5a sollen ein reguläres Dreiphasensystem bilden; dann gilt

$$e_1 + e_2 + e_3 = 0. \tag{12.33}$$

Aus der Abb. 12.5a und dem Induktionsgesetz folgt $e_1 = u_1 = \omega N_k\, d\varphi_1/dx$ usw. Daraus geht hervor, daß die von den Spannungen e_1, e_2, e_3 hervorgerufenen Flüsse φ_1, φ_2, φ_3 die Bedingung

$$\varphi_1 + \varphi_2 + \varphi_3 = K \tag{12.34}$$

erfüllen müssen; K ist eine zeitlich unveränderliche Konstante.

Der Durchflutungssatz liefert für die beiden gestrichelt eingezeichneten geschlossenen Wege in Abb. 12.5a die Beziehungen

$$\int_B^A \boldsymbol{h}_1\, dl - \int_A^B \boldsymbol{h}_2\, dl = N_k\,(i_1 - i_1{}' - i_2 + i_2{}'), \tag{12.35}$$

$$\int_B^A \boldsymbol{h}_2\, dl - \int_A^B \boldsymbol{h}_3\, dl = N_k\,(i_2 - i_2{}' - i_3 + i_3{}'). \tag{12.36}$$

Die Feldstärken $h_1 = \varphi_1/q_k\mu_k$ usw. sind innerhalb der jeweiligen langgestreckten Schenkel räumlich konstant, so daß man für die linken Seiten von (12.35) bzw. (12.36) $l_k(h_1 - h_2)$ bzw. $l_k(h_2 - h_3)$ erhält. Damit nehmen die Gln. (12.35), (12.36) unter Berücksichtigung von

(12.32) die Form

$$\varphi_1 - \varphi_2 = N_k \Lambda_h \bigl(i_1 - i_1' - (i_2 - i_2')\bigr) \qquad (12.37)$$

$$\varphi_2 - \varphi_3 = N_k \Lambda_k \bigl(i_2 - i_2' - (i_3 - i_3')\bigr) \qquad (12.38)$$

an.

Aus den drei Gln. (12.34) und (12.37), (12.38) berechnet man die Flüsse φ_1, φ_2, φ_3; daraus erhält man mit Hilfe des Induktionsgesetzes $u_1 = \omega N_k \, \mathrm{d}\varphi_1/\mathrm{d}x$ usw. folgende Beziehungen zwischen den Wicklungsspannungen und den Wicklungsströmen:

$$u_1 = -u_1' = \omega L_k \frac{\mathrm{d}}{\mathrm{d}x}\left(i_1 - i_1' - \frac{i_\mathrm{I} - i_\mathrm{II}}{3}\right), \qquad (12.39)$$

$$i_\mathrm{I} = i_1 + i_2 + i_3, \qquad i_\mathrm{II} = i_1' + i_2' + i_3'. \qquad (12.40)$$

Aus (12.39) folgen die entsprechenden Gleichungen für u_2, u_2' und u_3, u_3', indem man den Index 1 durch die Indices 2 bzw. 3 vertauscht.

In der Abb. 12.5b ist eine Dreischenkeldrossel mit drei Wicklungen dargestellt. Die Beziehungen zwischen den zugehörigen Spannungen u_1, u_2, u_3 und den Strömen i_1, i_2, i_3 erhält man, indem man in (12.39), (12.40) $i_1' = 0$, $i_2' = 0$ und $i_3' = 0$ setzt:

$$u_1 = \omega L_k \frac{\mathrm{d}}{\mathrm{d}x}\left(i_1 - \frac{1}{3}i_\mathrm{I}\right), \qquad L_k = N_k^2 \Lambda_k, \qquad (12.41)$$

$$i_\mathrm{I} = i_1 + i_2 + i_3. \qquad (12.42)$$

Aus (12.41) gehen die Spannungen u_2 bzw. u_3 hervor, indem man den Index 1 durch die Indices 2 bzw. 3 ersetzt.

Die Zweischenkeldrossel Abb. 12.5c hat einen Eisenkern mit der gesamten Eisenlänge l_h, dem Eisenquerschnitt q_h und der Permeabilität μ_h. Die beiden in Reihe geschalteten Wicklungen haben die gleiche Windungszahl N_h und werden von dem gleichen Fluß φ durchsetzt; die beiden Wicklungsspannungen u_j sind deshalb einander gleich. Aus dem Induktionsgesetz und aus dem auf den gestrichelten Umlauf in Abb. 12.5c angewendeten Durchflutungssatz folgt:

$$u_j = \omega N_h \frac{\mathrm{d}\varphi}{\mathrm{d}x}, \qquad \oint \boldsymbol{h}_{\mathrm{fe}} \, \mathrm{d}\boldsymbol{l} = h_{\mathrm{fe}}' l_h = N_h (i_\mathrm{I} - i_\mathrm{II}). \qquad (12.43)$$

Mit Hilfe von $\varphi = q_h \mu_h h_{\mathrm{fe}}$ findet man aus den beiden Gln. (12.43) folgende Beziehung für die Wicklungsspannungen:

$$u_j = \omega L_h \frac{\mathrm{d}}{\mathrm{d}x}(i_\mathrm{I} - i_\mathrm{II}), \qquad L_h = N_h^2 \Lambda_h, \qquad \Lambda_h = \frac{\mu_h q_h}{l_h}. \qquad (12.44)$$

12.2 Verkettete Drosselspulen

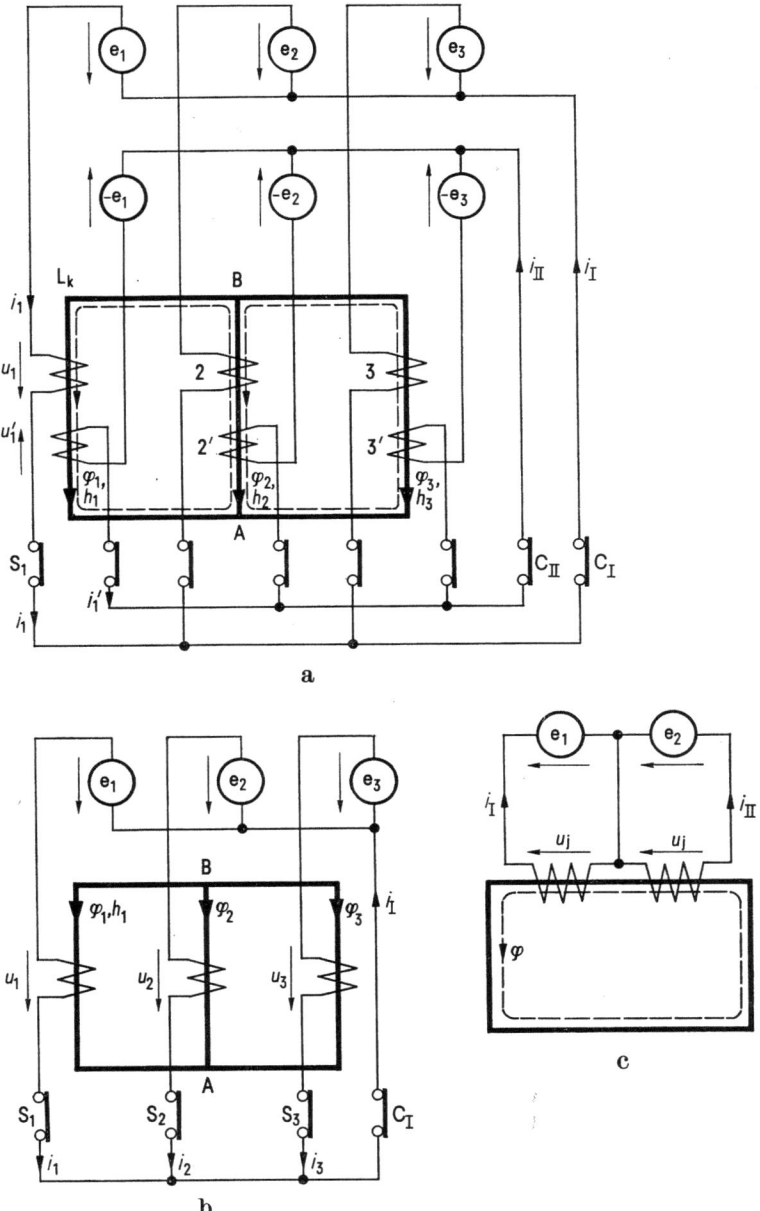

Abb. 12.5. Ersatzschaltpläne zur Ermittlung der Eigenschaften verketteter Drosselspulen. a) Dreischenkeldrosselspule mit sechs Wicklungen; b) Dreischenkeldrosselspule mit drei Wicklungen; c) Zweischenkeldrosselspule mit zwei Wicklungen.

(12.44) beschreibt die Abhängigkeit der Wicklungsspannungen u_j der Drosselspule Abb. 12.5c von den Wicklungsströmen i_I und i_{II}.

Die Beziehungen (12.39), (12.41), (12.44) für die Wicklungsspannungen der Drosselspulen in Abb. 12.5 gelten, wenn alle Schalter S und C geschlossen sind. Die Beziehungen für den Fall, daß einer oder mehrere Schalter geöffnet sind, folgen aus den Gln. (12.39), (12.41), (12.44), indem man darin die entsprechenden Ströme zu Null setzt.

Aus den Gln. (12.39), (12.41), (12.44) geht hervor, daß die Beziehungen zwischen den Spannungen und Strömen der Drosselspulen in Abb. 12.5 allein durch die Angabe der Induktivität L_k bzw. L_h beschrieben werden.

12.3 Reduktionsgleichungen und Ersatzschaltpläne für die Mittelpunktschaltungen und die Saugdrosselschaltung

Die Unterschiede und Gemeinsamkeiten der zehn Stromrichtertransformatoren in Abb. 12.1 und 12.2 werden besonders deutlich herausgestellt, wenn die netzseitigen Größen (Netzspannungen u_P und netzseitige Wicklungsströme i_P) auf die Ventilseite reduziert werden. Mathematisch bedeutet diese Aufgabe, daß in den Gln. (12.27), (12.28) die Größen u_{P1} und i_{P1} durch die entsprechende Spannung des idealen Netzes und durch die ventilseitigen Wicklungsströme zu ersetzen sind. Als Ergebnis dieser Substitution erhält man die Reduktionsgleichungen der Transformatoren.

Bei der Ableitung der Reduktionsgleichungen in den folgenden Abschn. 12.31 bis 12.33 sind — wie bereits am Ende des Abschn. 12.14 gezeigt wurde — keine Annahmen über die Anzahl der gleichzeitig stromführenden Ventile erforderlich; man erhält daher Reduktionsgleichungen, die allgemein, d. h. für beliebig viele, gleichzeitig stromführende Ventile gelten. Das volle Periodizitätsintervall besteht aus einer Anzahl von Teilintervallen, in denen jeweils verschieden viele Ventile gemeinsam Strom führen. Deshalb gehört zu jedem Teilintervall eine bestimmte Reduktionsgleichung, die aus der abzuleitenden allgemeinen Reduktionsgleichung dadurch hervorgeht, daß man darin die Ströme der nicht stromführenden Ventile zu Null setzt.

12.31 Ableitung der Reduktionsgleichungen

Die drei Transformatoren in Abb. 12.1a bis c sind netzseitig und ventilseitig im Stern geschaltet. Mit dieser Festlegung und mit der entsprechenden Anpassung an die Bezeichnungsweise der elektrischen Größen bei netzseitigem und ventilseitigem Stern, geht die Anordnung Abb. 12.3 in den Transformator Abb. 12.6 über. Aus dem Transformator Abb. 12.6

12.3 Mittelpunktschaltungen und Saugdrosselschaltung

entstehen die Anordnungen Abb. 12.1a bis c, wenn in Abb. 12.6 die untere ventilseitige Wicklung fortgelassen wird (Abb. 12.1a) oder die beiden ventilseitigen Sternpunkte direkt kurzgeschlossen werden (Abb. 12.1b) bzw. mit den Saugdrosselenden verbunden werden (Abb. 12.1c). Nach diesen Festlegungen werden somit die drei Transformatoren Abb. 12.1a bis c gemeinsam durch den Transformator 12.6 dargestellt.

Alle Aussagen und Gesetze, die für die Anordnung Abb. 12.3 im Abschn. 12.1 abgeleitet wurden, gelten im gleichen Umfang für den Transformator Abb. 12.6. Für die ventilseitigen Spannungen u_{s1}, u'_{s1} folgt somit aus (12.27), (12.28) unter Berücksichtigung der für die netzseitige und ventilseitige Sternschaltung festgelegten Schreibweise:

$$u_{s1} = u_{S1} - \omega L_p \frac{di_{L1}}{dx} - \omega L_s \frac{di_{s1}}{dx}, \qquad (12.45)$$

$$u'_{s1} = -u_{S1} + \omega L_p \frac{di_{L1}}{dx} - \omega L_s \frac{di'_{s1}}{dx}. \qquad (12.46)$$

Als weitere Gesetzmäßigkeiten treten die Knotenpunktgleichungen der drei Wicklungen in Abb. 12.6 hinzu:

$$i_I = i_{s1} + i_{s2} + i_{s3}, \quad i_{II} = i'_{s1} + i'_{s2} + i'_{s3}, \quad i_{III} = i_{L1} + i_{L2} + i_{L3} = 0. \qquad (12.47)$$

In den beiden Gln. (12.45), (12.46) ersetzt man — wie im Anhang 4 im einzelnen gezeigt wird — mit Hilfe von (12.47) die Spannung u_S durch die Spannung e_{N1} des idealen Netzes und den Strom i_{L1} durch die ventilseitigen Ströme. Das Ergebnis lautet nach Anhang 4:

$$u_{s1} = e_{N1} - \omega(L_n + L_p)\frac{dj_1}{dx} - \omega L_j \frac{dj_2}{dx} - \omega L_s \frac{di_{s1}}{dx}, \qquad (12.48)$$

$$u'_{s1} = -e_{N1} + \omega(L_n + L_p)\frac{dj_1}{dx} + \omega L_j \frac{dj_2}{dx} - \omega L_s \frac{di'_{s1}}{dx}, \qquad (12.49)$$

$$j_1 = i_{s1} - i'_{s1} - \frac{i_I - i_{II}}{3}, \qquad j_2 = i_I - i_{II}. \qquad (12.50)$$

Die Gln. für u_{s2}, u_{s3} bzw. für u'_{s2}, u'_{s3} gehen aus (12.48) bis (12.50) hervor, wenn darin der Zahlenindex 1 durch 2 oder 3 ersetzt wird.

In den Gln. (12.48), (12.49) werden die ventilseitigen Sternspannungen durch die Netzspannungen und die ventilseitigen Ströme des Transformators ausgedrückt; es sind also die gesuchten Reduktionsgleichungen des Transformators Abb. 12.6.

Die drei Transformatoren in Abb. 12.1d bis f sind netzseitig im Dreieck und ventilseitig im Stern geschaltet. Aus den gleichen Gründen, wie bei den Transformatoren Abb. 12.1a bis c, entsteht aus der Abb. 12.3

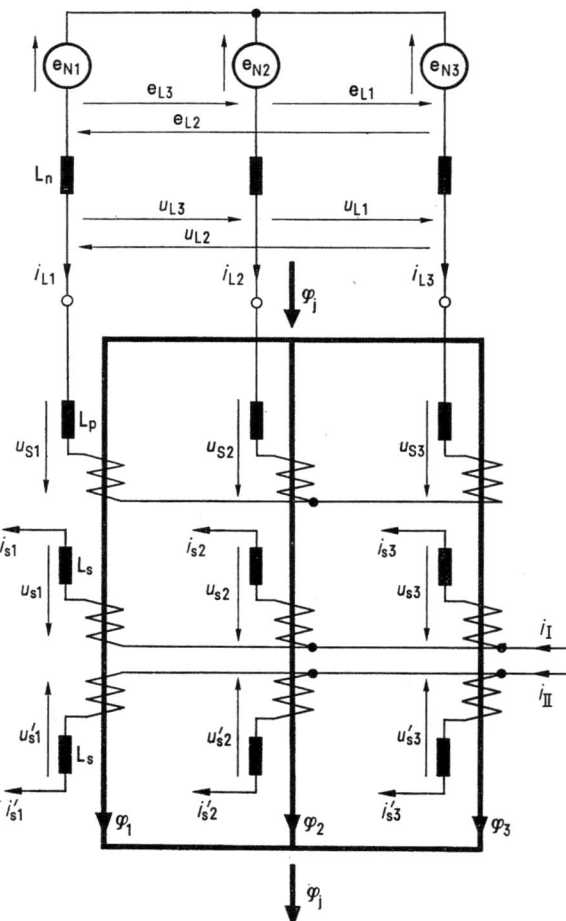

Abb. 12.6. Drehstromnetz und Transformator der Mittelpunktschaltungen und der Saugdrosselschaltung; netzseitiger Stern.

der Transformator Abb. 12.7, der die Eigenschaften der Transformatoren Abb. 12.1d bis f beschreibt.

Die Gleichungen, die in Abschn. 12.1 für die Anordnung Abb. 12.3 abgeleitet wurden, gelten auch für den Transformator Abb. 12.7. Für die ventilseitigen Spannungen u_{s1}, u'_{s1} in Abb. 12.7 gelten nach (12.27), (12.28) — unter Berücksichtigung der für die vorliegenden Wicklungs-

12.3 Mittelpunktschaltungen und Saugdrosselschaltung

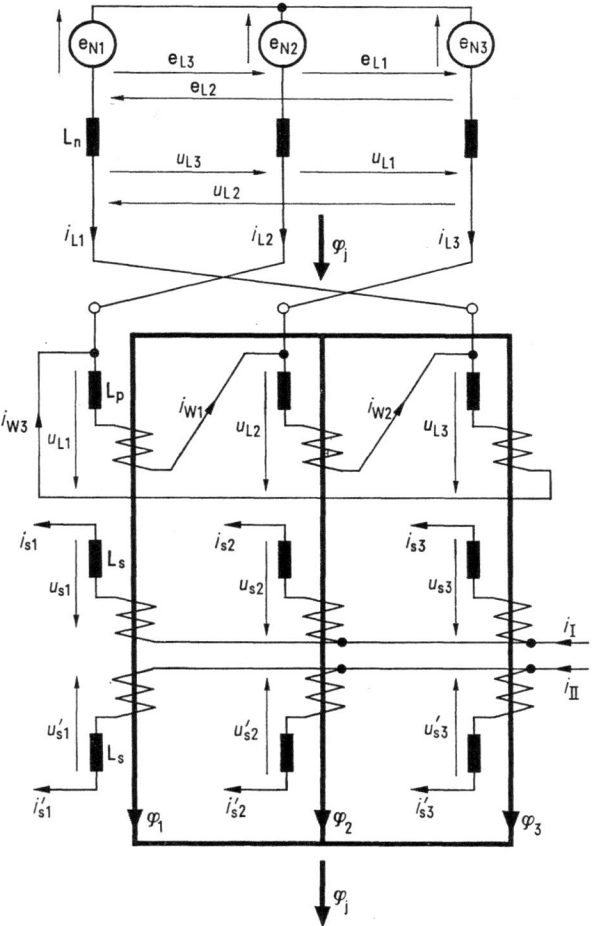

Abb. 12.7. Drehstromnetz und Transformator der Mittelpunktschaltungen und der Saugdrosselschaltung; netzseitiges Dreieck.

schaltungen festgelegten Bezeichnungen — die Gleichungen

$$u_{s1} = u_{L1} - \omega L_p \frac{di_{W1}}{dx} - \omega L_s \frac{di_{s1}}{dx}, \qquad (12.51)$$

$$u'_{s1} = -u_{L1} + \omega L_p \frac{di_{W1}}{dx} - \omega L_s \frac{di'_{s1}}{dx}. \qquad (12.52)$$

Dazu liefern die Knotenpunktgleichungen für die ventilseitigen Sternpunkte und die Maschengleichung für das netzseitige Dreieck drei weitere Gleichungen:

$$i_\mathrm{I} = i_\mathrm{s1} + i_\mathrm{s2} + i_\mathrm{s3}, \quad i_\mathrm{II} = i'_\mathrm{s1} + i'_\mathrm{s2} + i'_\mathrm{s3}, \quad u_\mathrm{L1} + u_\mathrm{L2} + u_\mathrm{L3} = 0. \tag{12.53}$$

In den beiden Gln. (12.51), (12.52) ersetzt man — wie im Anhang 5 gezeigt wird — die Spannung u_L1 durch die Leiterspannung e_L1 des idealen Netzes und den netzseitigen Wicklungsstrom i_W1 durch die ventilseitigen Ströme. Das Ergebnis lautet nach Anhang 5:

$$u_\mathrm{s1} = e_\mathrm{L1} - \omega(3L_\mathrm{n} + L_\mathrm{p})\frac{\mathrm{d}j_1}{\mathrm{d}x} - \frac{\omega L_\mathrm{p}}{3(1+\lambda)}\frac{\mathrm{d}j_2}{\mathrm{d}x} - \omega L_\mathrm{s}\frac{\mathrm{d}i_\mathrm{s1}}{\mathrm{d}x}, \tag{12.54}$$

$$u'_\mathrm{s1} = -e_\mathrm{L1} + \omega(3L_\mathrm{n} + L_\mathrm{p})\frac{\mathrm{d}j_1}{\mathrm{d}x} + \frac{\omega L_\mathrm{p}}{3(1+\lambda)}\frac{\mathrm{d}j_2}{\mathrm{d}x} - \omega L_\mathrm{s}\frac{\mathrm{d}i'_\mathrm{s1}}{\mathrm{d}x}, \tag{12.55}$$

$$\lambda = \frac{L_\mathrm{p}}{3L_\mathrm{j}}. \tag{12.56}$$

Die Größen j_1 und j_2 sind durch (12.50) festgelegt. Die Gleichungen für u_s2, u_s3 bzw. für u'_s2, u'_s3 erhält man, wenn in (12.54) bzw. in (12.55) der Zahlenindex 1 durch 2 oder 3 vertauscht wird.

In den Gln. (12.54), (12.55) — und in den entsprechenden Gleichungen für u_s2, u_s3 bzw. u'_s2, u'_s3 — werden die ventilseitigen Sternspannungen durch die Netzspannungen und durch die ventilseitigen Transformatorströme ausgedrückt; es sind also die gesuchten Reduktionsgleichungen für die Anordnung Abb. 12.7.

Die Betrachtung der Reduktionsgleichungen (12.48), (12.49) und (12.54), (12.55) zeigt, daß man diese beiden Gleichungssysteme zu einem gemeinsamen Gleichungssystem zusammenfassen kann:

$$u_\mathrm{s1} = e_1 - \omega L_\mathrm{k}\frac{\mathrm{d}j_1}{\mathrm{d}x} - \omega L_\mathrm{h}\frac{\mathrm{d}j_2}{\mathrm{d}x} - \omega L_\mathrm{s}\frac{\mathrm{d}i_\mathrm{s1}}{\mathrm{d}x}, \tag{12.57}$$

$$u'_\mathrm{s1} = -e_1 + \omega L_\mathrm{k}\frac{\mathrm{d}j_1}{\mathrm{d}x} + \omega L_\mathrm{h}\frac{\mathrm{d}j_2}{\mathrm{d}x} - \omega L_\mathrm{s}\frac{\mathrm{d}i'_\mathrm{s1}}{\mathrm{d}x}. \tag{12.58}$$

Die Größen j_1 und j_2 sind durch (12.50) festgelegt. In der Form (12.57), (12.58) gelten die Reduktionsgleichungen gemeinsam für alle sechs Transformatoren der Abb. 12.1. Man hat dazu den Größen e_1 L_k, L_h bei den drei Transformatoren mit netzseitigem Stern (Abb. 12.1a bis c) nach (12.48), (12.49) die Werte

$$e_1 = e_\mathrm{N1}, \quad e_2 = e_\mathrm{N2}, \quad e_3 = e_\mathrm{N3}, \tag{12.59}$$

$$L_\mathrm{k} = L_\mathrm{n} + L_\mathrm{p}, \quad L_\mathrm{h} = L_\mathrm{j}, \tag{12.60}$$

12.3 Mittelpunktschaltungen und Saugdrosselschaltung

und den drei Transformatoren mit netzseitigem Dreieck (Abb. 12.1d bis f) nach (12.54), (12.55) die Werte

$$e_1 = e_{L1}, \qquad e_2 = e_{L2}, \qquad e_3 = e_{L3}, \tag{12.61}$$

$$L_k = 3L_n + L_p, \qquad L_h = \frac{L_p}{3(1+\lambda)}, \qquad \lambda = \frac{L_p}{3L_j} \tag{12.62}$$

zu erteilen.

Aus den Gln. (12.57) bis (12.62) geht hervor, daß zwischen den Transformatoren mit netzseitiger Sternschaltung und netzseitiger Dreieckschaltung nur ein quantitativer Unterschied besteht, der bei vorgegebener Netzspannung und bei vorgegebenen Werten der Induktivitäten L_n, L_p, L_j, L_s durch die Beziehungen (12.59) bis (12.62) festgelegt ist.

12.32 Ersatzschaltpläne

Die Reduktionsgleichungen (12.57), (12.58) können — wie an einigen Beispielen gezeigt werden soll — durch verschiedene Ersatzschaltpläne gedeutet werden.

Als erstes Beispiel wird der Schaltplan Abb. 12.8a betrachtet. Die sechs Wicklungen einer verketteten dreischenkeligen Drosselspule werden von den beiden regulären Dreiphasensystemen e_1, e_2, e_3 und $-e_1$, $-e_2$, $-e_3$ gespeist; zwischen den beiden Sternpunkten ist außerdem eine zweischenkelige Drosselspule angeordnet.

Für die Spannungen u_{s1} und u'_{s1} gelten nach Abb. 12.8a folgende Beziehungen:

$$u_{s1} = e_1 - u_1 - u_j - \omega L_c \frac{di_{s1}}{dx}, \tag{12.63}$$

$$u'_{s1} = -e_1 - u_1' + u_j - \omega L_c \frac{di'_{s1}}{dx}. \tag{12.64}$$

Im Abschn. 12.2 wurde an Hand der Anordnungen in Abb. 12.5a und c gezeigt, daß für die Spannungen u_1 und u_1' der dreischenkeligen Drosselspule und für die Spannung u_j der zweischenkeligen Drosselspule die Beziehungen (12.39), (12.44) gelten. Wenn man diese Gleichungen in (12.63), (12.64) einsetzt, werden sie mit den Reduktionsgleichungen (12.57), (12.58) identisch. Daraus geht hervor, daß die Abb. 12.8a einen gemeinsamen Ersatzschaltplan für die sechs Transformatoren der Abb. 12.1 darstellt; den Induktivitäten L_k, L_h der Drosselspulen sowie den Spannungen e_1, e_2, e_3 der Abb. 12.8a hat man bei netzseitigem Stern (Abb. 12.1a bis c) lediglich die Werte nach (12.59), (12.60) und bei netzseitigem Dreieck die Werte (12.61), (12.62) zu erteilen. Mit $i'_{s1} = i'_{s2} = i'_{s3} = 0$ und $i_{II} = 0$ geht aus Abb. 12.8a der entsprechende Ersatzschaltplan für die Transformatoren Abb. 12.1a und d für die dreipulsige Mittelpunktschaltung hervor.

Durch den Übergang von den Originalschaltungen Abb. 12.6 und 12.7 zum Ersatzschaltplan Abb. 12.8a werden die vier, die Vorgänge beeinflussenden Größen L_n, L_p, L_s, L_j auf die drei Größen L_k, L_h, L_s reduziert. In der Tabelle der Abb. 12.8c sind die Werte, die man den Spannungen e_1, e_2, e_3 und den Induktivitäten L_k, L_h erteilen muß, damit die Ersatzschaltung Abb. 12.8a mit den entsprechenden Transformatoren der ersten Zeile in Abb. 12.8c elektrisch gleichwertig wird, noch einmal angegeben. Außerdem ist in Abb. 12.8c das Verhältnis E/U_s zwischen dem Effektivwert E der Netzsternspannungen und dem Effektivwert U_s der ventilseitigen Sternspannungen beim Übersetzungsverhältnis 1 ebenfalls für die einzelnen Schaltungen eingetragen.

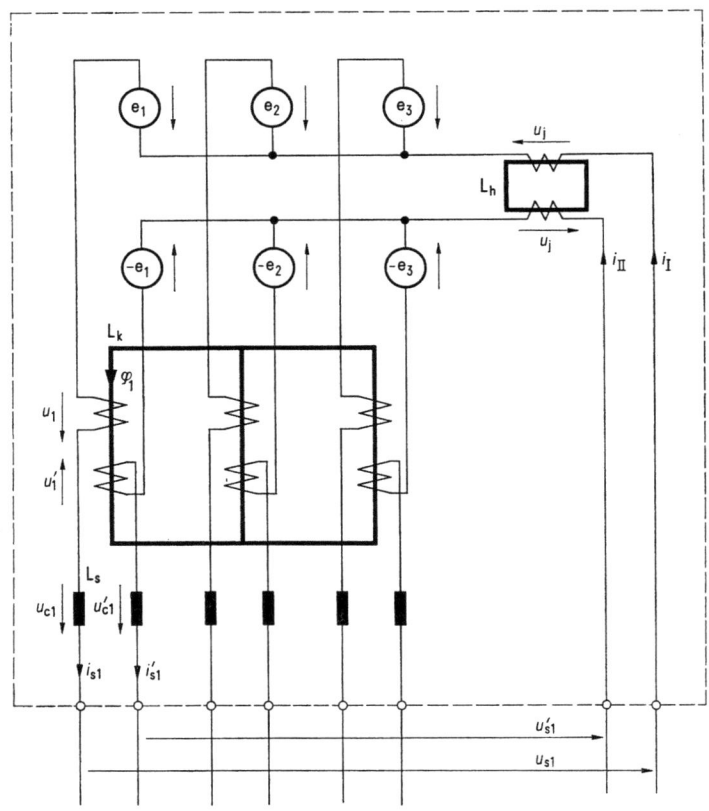

a

Abb. 12.8a

12.3 Mittelpunktschaltungen und Saugdrosselschaltung

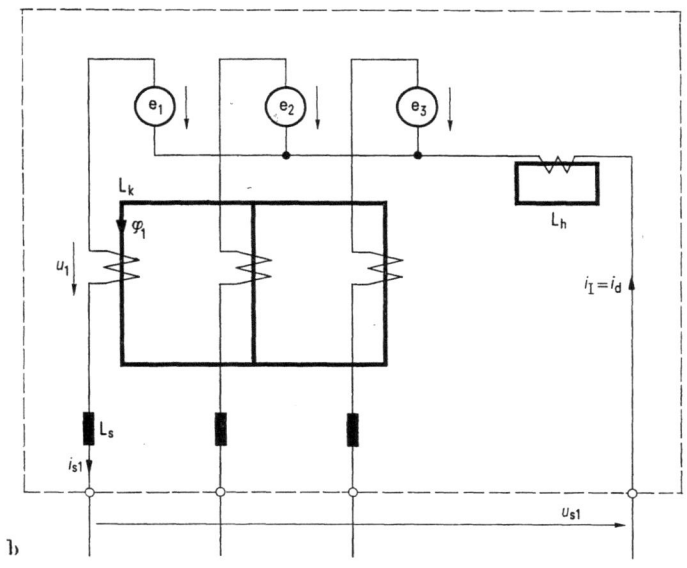

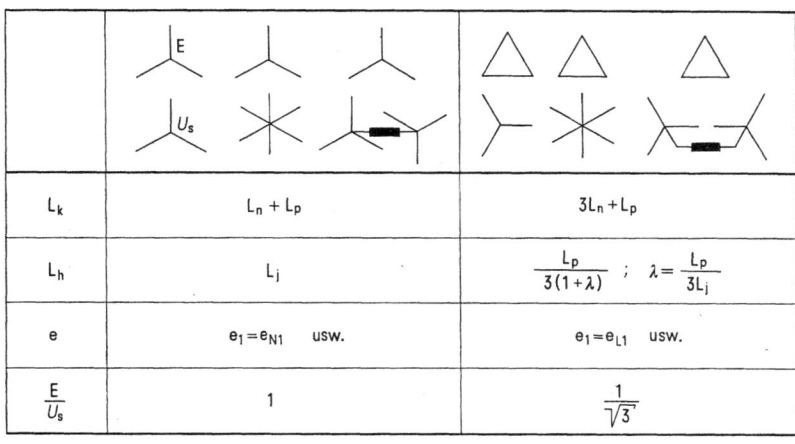

Abb. 12.8. Ersatzschaltpläne für das Netz und für die Transformatoren der Mittelpunktschaltungen und der Saugdrosselschaltungen. a) sechspulsige Mittelpunktschaltungen und Saugdrosselschaltungen; b) dreipulsige Mittelpunktschaltungen; c) Zusammenhang zwischen den Größen der Ersatzschaltpläne Abb. 12.8a, b und den Größen der Originalschaltungen Abb. 12.6 und 12.7.

Die Anordnung Abb. 12.8a ist keinesfalls der einzig mögliche Ersatzschaltplan für die Transformatoren der Mittelpunktschaltungen und der Saugdrosselschaltung. Man kann nämlich die Summanden in den Reduktionsgleichungen (12.57), (12.58) auch auf andere Weise zusammenfassen und den Gleichungen damit eine andere Form geben; dieser geänderten Form können auch andere Ersatzschaltpläne zugeordnet werden. Diese Möglichkeiten sollen jedoch nicht allgemein diskutiert, sondern nur am Beispiel der Transformatoren Abb. 12.1a und d für die dreipulsige Mittelpunktschaltung erläutert werden.

Bei den zwei Transformatoren Abb. 12.1a und d für die dreipulsige Mittelpunktschaltung hat man in den Reduktionsgleichungen (12.57), (12.58) $i'_{s1} = i'_{s2} = i'_{s3} = 0$ sowie $i_{II} = 0$ und $i_I = i_d$ zu setzen. Damit wird die untere Wicklung in Abb. 12.6 und 12.7 sowie im zugehörigen Ersatzschaltplan Abb. 12.8a stromlos und kann daher fortgelassen werden. Man erhält daher für die beiden Transformatoren Abb. 12.1a und d aus (12.57), (12.58) die Reduktionsgleichungen

$$u_{s1} = e_1 - \omega L_k \frac{d}{dx}\left(i_{s1} - \frac{1}{3} i_d\right) - \omega L_h \frac{di_d}{dx} - \omega L_s \frac{di_{s1}}{dx}, \quad (12.65)$$

$$u'_{s1} = -e_1 + \omega L_k \frac{d}{dx}\left(i_{s1} - \frac{1}{3} i_d\right) + \omega L_h \frac{di_d}{dx} - \omega L_s \frac{di'_{s1}}{dx}. \quad (12.66)$$

Der zugehörige Ersatzschaltplan ist durch Abb. 12.8b gegeben. Die Größen e_1, L_k, L_h sind beim Transformator Abb. 12.1a durch die Beziehungen (12.59), (12.60) und beim Transformator Abb. 12.1d durch die Gln. (12.61), (12.62) festgelegt.

Durch Umstellung der Summanden gewinnt man aus (12.65) folgende Reduktionsgleichung:

$$u_{s1} = e_1 - \omega L_c \frac{di_{s1}}{dx} - \omega L' \frac{di_d}{dx}, \quad (12.67)$$

$$L_c = L_k + L_s, \qquad L' = L_h - \frac{1}{3} L_k. \quad (12.68)$$

Dieselbe Gl. (12.67) liest man aus der Abb. 12.9a ab. Daraus geht hervor, daß die Abb. 12.9a einen Ersatzschaltplan für die beiden Transformatoren Abb. 12.1a und d darstellt. Für die Induktivitäten L_c und L' gilt nach (12.59), (12.60) bei netzseitigem Stern (Abb. 12.1a):

$$e_1 = e_{N1}, \qquad L_c = L_n + L_p + L_s, \qquad L' = L_j - \frac{1}{3}(L_n + L_p). \quad (12.69)$$

Bei netzseitigem Dreieck (Abb. 12.1d) folgt für L_c und L' nach (12.61), (12.62):

$$e_1 = e_{L1}, \qquad L_c = 3L_n + L_p + L_s, \qquad L' = -L_n - L_p \frac{\lambda}{3(1+\lambda)}. \quad (12.70)$$

12.3 Mittelpunktschaltungen und Saugdrosselschaltung

In der Tabelle Abb. 12.9b sind die zu den beiden Transformatoren Abb. 12.1a und d gehörenden Werte von e_1, L_c, L' und E/U_s zusammengestellt.

Die beiden Ersatzschaltpläne Abb. 12.8b und 12.9a beschreiben trotz unterschiedlichen Aufbaues den gleichen Sachverhalt und gelten für eine beliebige Anzahl gleichzeitig stromführender Ventile. Der Ersatzschaltplan Abb. 12.9a bietet den besonderen Vorteil, daß die Wirkung der Streuinduktivitäten und der Netzinduktivitäten durch konzentrierte, ventilseitig angeordnete Induktivitäten L_c in den Ventilzuleitungen und

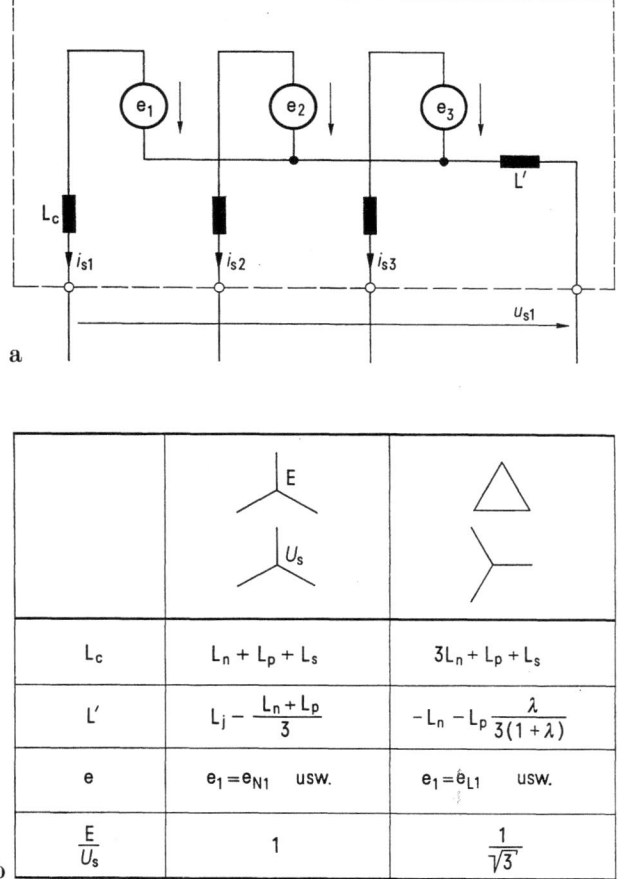

Abb. 12.9. Dreipulsige Mittelpunktschaltungen. a) Ersatzschaltplan für das Drehstromnetz und den Transformator; b) Zusammenhang zwischen den Größen des Ersatzschaltplanes Abb. 12.9a und den Größen der Ausgangsschaltungen Abb. 12.6 und 12.7.

durch eine zusätzliche Induktivität L' im Gleichstromkreis beschrieben werden kann. Damit können die Verhältnisse, die in der dreipulsigen Mittelpunktschaltung bei mehrfacher Kommutierung auftreten, auf die Vorgänge bei der einfachen Kommutierung zurückgeführt werden.

Für die Stromrichtertransformatoren der sechspulsigen Saugdrosselschaltung und der sechspulsigen Mittelpunktschaltung läßt sich ein ähnlicher, für beliebige Mehrfachkommutierung geltender Ersatzschaltplan, der auf der Ventilseite nur konzentrierte Induktivitäten enthält, nicht angeben. Eine Betrachtung der zugehörigen Reduktionsgleichungen (12.57), (12.58) und (12.50) zeigt nämlich sofort, daß die Kopplung der beiden ventilseitigen Wicklungen über die jeweils gemeinsamen Transformatorschenkel eine entsprechende Kopplung der ventilseitigen Ströme erfordert; mit konzentrierten ventilseitigen Induktivitäten allein kann aber diese Forderung nicht erfüllt werden.

Bei der Anwendung des Ersatzschaltplanes Abb. 12.8a bzw. der zugehörigen Gln. (12.57), (12.58), (12.50) auf den Betrieb der Stromrichtertransformatoren im Bereich der mehrfachen Kommutierung muß beachtet werden, daß sich die volle Periodenlänge 2π aus einer Anzahl von Teilintervallen zusammensetzt, in denen verschieden viele Ventile gleichzeitig gemeinsam Strom führen. In jedem dieser Teilintervalle gilt ein Ersatzschaltplan, der aus Abb. 12.8a hervorgeht, indem darin die im betrachteten Intervall stromführenden Ventile durch einen geschlossenen und die stromlosen Ventile durch einen geöffneten Kontakt ersetzt werden; die zugehörigen Reduktionsgleichungen folgen aus (12.57), (12.58), (12.50) und aus den entsprechenden Gleichungen für u_{s2}, u'_{s2} und u_{s3}, u'_{s3}, indem man darin den Ventilströmen der stromlosen Ventile den Wert Null erteilt. Man erhält damit für jedes Teilintervall ein System von Differentialgleichungen, das aus soviel Gleichungen besteht, als stromführende Ventile im betrachteten Teilintervall vorhanden sind.

Wenn die volle Periodenlänge 2π bei dem betrachteten Betriebszustand des Stromrichters aus n Teilintervallen besteht, dann liefern die Reduktionsgleichungen (12.57), (12.58), (12.50) n Systeme von Differentialgleichungen. Dazu tritt noch eine Differentialgleichung, die den Zusammenhang zwischen der Gleichspannung u_d und dem Laststrom i_d beschreibt. Die Anfangsbedingungen zur Lösung dieser n Systeme von Differentialgleichungen leitet man aus der Forderung ab, daß die Ventilströme und der Gleichstrom an den Grenzen der Teilintervalle ohne Sprung, also stetig ineinander übergehen müssen und die Momentanwerte der Ströme am Anfang und am Ende der Periode 2π beim stationären Betrieb einander gleich sein müssen.

Die Lösung dieser Differentialgleichungen ist nur in den einfachsten Fällen auf analytischem Wege sinnvoll (z. B. bei einfacher Kommutierung und idealer Glättung), in allen anderen Fällen muß ein Rechner

12.3 Mittelpunktschaltungen und Saugdrosselschaltung

herangezogen werden. Der Ersatzschaltplan Abb. 12.8a bzw. die Reduktionsgleichungen (12.57), (12.58), (12.50) und die entsprechenden Gleichungen für u_{s2}, u'_{s2} und u_{s3}, u'_{s3} bilden dabei in Verbindung mit den eben beschriebenen Anfangsbedingungen den Ausgangspunkt für die Erstellung des Rechnerprogrammes.

12.33 Wirkung des Jochflusses

Im Abschn. 12.1 wurde gezeigt, daß bei den Transformatoren der Abb. 12.1 ein Jochfluß auftreten kann, der nach der zweiten Gl. (12.22) und nach (12.23) in den Wicklungen eine Spannung

$$u_j = -\omega N \frac{\mathrm{d}}{\mathrm{d}x} \frac{\varphi_j}{3} = -\omega L_j \frac{\mathrm{d}}{\mathrm{d}x} (i_{III} - i_I + i_{II}), \qquad (12.71)$$

$$\varphi_j = \frac{1}{3} \Lambda_j N (i_{III} - i_I + i_{II}) \qquad (12.72)$$

induziert.

Bei den drei Transformatoren Abb. 12.1a bis c mit netzseitigem Stern gilt nach der letzten Gl. (12.47) $i_{III} = 0$, so daß man für die Jochspannung u_j aus (12.71) die Beziehung

$$u_j = -\omega N \frac{\mathrm{d}}{\mathrm{d}x} \frac{\varphi_j}{3} = \omega L_j \frac{\mathrm{d}}{\mathrm{d}x} (i_I - i_{II}), \qquad (12.73)$$

$$\varphi_j = -\frac{1}{3} \Lambda_j N (i_I - i_{II}) \qquad (12.74)$$

erhält.

Bei den drei Transformatoren mit netzseitigem Dreieck (Abb. 12.1d bis f) bestimmt man die Jochspannung u_j, indem man $\mathrm{d}i_{III}/\mathrm{d}x$ mit Hilfe der Gl. (7) des Anhanges (5) aus (12.71) eliminiert, so daß man die Beziehungen

$$u_j = -\omega N \frac{1}{3} \frac{\mathrm{d}\varphi_j}{\mathrm{d}x} = \frac{1}{1+\lambda} \frac{\omega L_p}{3} \frac{\mathrm{d}}{\mathrm{d}x} (i_I - i_{II}), \qquad (12.75)$$

$$\varphi_j = \frac{1}{3} \Lambda_j N (i_{III} - i_I + i_{II}), \qquad \lambda = \frac{L_p}{3 L_j} \qquad (12.76)$$

erhält.

Bei netzseitigem Stern werden die Jochspannung u_j und der Jochfluß φ_j nach (12.73), (12.74) allein durch L_j bzw. Λ_j bestimmt. Die Jochinduktivität L_j ist jedoch — wie im Abschn. 12.13 erläutert wurde — durch den Transformatorkern und dessen Umgebung festgelegt, ist also eine Größe, die nur geringfügig beeinflußt werden kann. Deshalb bestehen bei netzseitigem Stern nur beschränkte Möglichkeiten, die unerwünschte Jochspannung u_j klein zu halten.

Bei netzseitigem Dreieck gelten für die Jochspannung u_j und für den Jochfluß φ_j die Gln. (12.75), (12.76). Die Jochspannung u_j wird demnach mit L_p kleiner und liefert mit $L_p \to 0$ den Wert $u_j = 0$ und $\varphi_j = $ konst. In der Praxis ist L_p meistens klein, so daß die Spannung u_j nicht sehr ins Gewicht fällt (vgl. dazu (12.94) in Abschn. 12.5).

Unter der Voraussetzung $L_j \neq 0$ und $L_p \neq 0$ kann die Jochspannung nach (12.73), (12.75) nur dann den Wert $u_j = 0$ und daher der Jochfluß den Wert $\varphi_j = $ konst. annehmen, wenn in jedem Zeitpunkt $i_I - i_{II}$ = konst. gilt. Ein Beispiel dafür ist der Betrieb der Saugdrosselschaltungen bei idealer Glättung und vernachlässigbarem Saugdrosselstrom i_σ. Dann gilt nach Abschn. 7 in jedem Zeitpunkt $i_I = I_d/2$ und $i_{II} = I_d/2$, also $i_I - i_{II} = 0$. Ein weiteres Beispiel ist der Betrieb der dreipulsigen Mittelpunktschaltung bei idealer Glättung; dann gilt stets $i_I = I_d$ und $i_{II} = 0$, also $i_I - i_{II} = I_d$.

Im allgemeinen Fall ist die Differenz $i_I - i_{II}$ zeitlich veränderlich, so daß nach (12.73), (12.75) eine veränderliche Jochspannung u_j entsteht und daher auch ein zeitlich veränderlicher Jochfluß vorhanden ist. Aus den Ersatzschaltplänen Abb. 12.6 und 12.7 für die Mittelpunktschaltungen und Saugdrosselschaltungen mit netzseitigem Stern oder Dreieck geht hervor, daß die Ströme i_I und i_{II} jeweils von einer dreipulsigen Mittelpunktschaltung geliefert werden; sie besitzen daher, ebenfalls wie die Differenz $i_I - i_{II}$, eine Grundschwingung dreifacher Netzfrequenz. Die Jochspannung u_j und der damit verknüpfte Jochfluß φ_j verlaufen daher nach (12.73), (12.75) ebenfalls mit der dreifachen Netzfrequenz.

Die Messung der Streuinduktivitäten L_p, L_s des Transformators erfordert zwar besondere Meßverfahren, also einen gewissen Aufwand; dafür kann man aber mit Hilfe der Reduktionsgleichungen (12.57), (12.58) und der Beziehungen (12.60), (12.62) den Einfluß der beiden Induktivitäten L_p und L_s auf den Stromrichterbetrieb getrennt erfassen.

Oft stehen jedoch die Einzelwerte L_p und L_s nicht zur Verfügung, sondern es ist nur die aus der Kurzschlußmessung des Transformators abgeleitete Kurzschlußreaktanz ωL_K bekannt. Die Induktivität L_K beschreibt dabei eine der Kurzschlußschaltung des Transformators entsprechende Wirkung der Teilinduktivitäten L_p und L_s. In diesem Falle berücksichtigt man die gemeinsame Wirkung der Induktivitäten L_p und L_s näherungsweise durch Induktivitäten L_K in den Ventilzuleitungen.

Wenn auch die Daten einer Kurzschlußmessung nicht zur Verfügung stehen, kann man in der Näherung noch einen Schritt weiter gehen und die Streuinduktivitäten L_p und L_s vollkommen vernachlässigen. Mit

12.3 Mittelpunktschaltungen und Saugdrosselschaltung

dieser Vereinfachung treten die Wirkungen des Jochflusses — wie in Abschn. 13 gezeigt wird — besonders deutlich in Erscheinung.

Beide Näherungen haben gemeinsam, daß die netzseitigen Streuinduktivitäten L_p entfallen, also $L_p = 0$ gilt. Aus (12.75) folgt somit $u_j = 0$ und $\varphi_j = $ konst. Für die beiden Näherungsschaltungen gilt daher bei netzseitigem Dreieck die Aussage, daß die Jochspannung grundsätzlich stets Null ist und der Jochfluß daher zeitlich konstant verläuft.

Der Jochfluß schließt sich von einem Joch zum anderen (Abb. 12.4), bei Öltransformatoren mit Vorzug über die Kesselwände. In allen Metallteilen, die der Jochfluß durchsetzt, werden von der Wechselkomponente — sie besitzt die dreifache Netzfrequenz — Wirbelströme induziert; in den Eisenteilen treten zu den Wirbelstromverlusten noch zusätzlich Ummagnetisierungsverluste hinzu. Der größte Teil dieser Zusatzverluste entfällt auf die Kesselwände, denn die Wirbelströme können sich in den dicken Kesselblechen nahezu ungehindert ausbreiten und die Ummagnetisierungsverluste sind bei den üblichen Kesselblechen sehr hoch.

Bei kleinen Werten der Wechselkomponente des Jochflusses — das sind z. B. nach (12.75) die Transformatoren mit netzseitiger Dreieckschaltung und kleinen Werten von L_p — sind die von den Wirbelströmen und der Ummagnetisierung hervorgerufenen Zusatzverluste und die daraus resultierende Erwärmung relativ gering. Bei anderen Transformatorschaltungen kann die Wechselkomponente des Jochflusses — wie in Abschn. 13.23 am Beispiel der sechspulsigen Mittelpunktschaltung mit netzseitigem Stern Abb. 12.1b gezeigt wird — so groß werden, daß die von den Zusatzverlusten in den Kesselwänden herrührende Erwärmung zur Auslösung des Transformatorschutzes führen würde. Bei solchen Schaltungen darf man daher nur Trockentransformatoren verwenden, weil dabei die hauptsächlichen Verlustquellen in den Kesselwänden entfallen und daher keine gefährliche Temperaturerhöhung auftritt.

Die Gleichkomponente des Jochflusses verursacht zwar weder unmittelbare Verluste, noch werden Spannungen in den Transformatorwicklungen induziert; sie bewirkt jedoch bei einem realen Transformator eine Vormagnetisierung des Kernes und führt damit zu einem mit der Vormagnetisierung sehr rasch ansteigenden zusätzlichen Magnetisierungsstrom und zu dessen unerwünschten Auswirkungen, wie z. B. erhöhter Magnetisierung oder Unsymmetrien.

Diese Betrachtungen haben gezeigt, daß sich der Jochfluß vornehmlich in der Erhöhung der Verluste, in der Vergrößerung des Magnetisierungsstromes und in einer zusätzlichen, in den Transformatorwicklungen induzierten Jochspannung u_j auswirkt. Die beiden erstgenannten Effekte, nämlich die Erhöhung der Verluste und des Magnetisierungsstromes können mit Hilfe der Anordnungen Abb. 12.3 bzw. 12.6 und 12.7 nicht beschrieben werden, weil bei diesen vereinfachten Transformatormodellen

Verlustfreiheit und ein vernachlässigbar kleiner Magnetisierungsstrom vorausgesetzt wurde; lediglich der dritte Effekt, die Induktionswirkung des Jochflusses in den Transformatorwicklungen kann an Hand der Jochspannung u_j mit Hilfe der genannten Modelle beschrieben werden.

12.4 Reduktionsgleichungen und Ersatzschaltpläne für die sechspulsigen Brückenschaltungen

In Abb. 12.10 sind die vier Transformatoren der sechspulsigen Brückenschaltungen mit den Netzinduktivitäten und Netzspannungen dargestellt. Diese vier Transformatoren können unmittelbar auf den Grundtypus Abb. 12.3 zurückgeführt werden. Man hat in Abb. 12.3 lediglich die untere ventilseitige Wicklung fortzulassen.

Die Beziehungen (12.29), (12.30) nehmen dann mit $i_{II} = 0$ folgende Form an:

$$u_{P1} + u_{P2} + u_{P3} = \omega(L_p + 3L_j)\frac{\mathrm{d}}{\mathrm{d}x}i_{III} - 3\omega L_j\frac{\mathrm{d}i_I}{\mathrm{d}x}, \qquad (12.77)$$

$$u_{p1} + u_{p2} + u_{p3} = 3\omega L_j\frac{\mathrm{d}}{\mathrm{d}x}i_{III} - \omega(L_s + 3L_j)\frac{\mathrm{d}i_I}{\mathrm{d}x}. \qquad (12.78)$$

Die Gln. (12.77), (12.78) enthalten vier Unbekannte, nämlich die Summen der netzseitigen und ventilseitigen Wicklungsspannungen und die Summen der netzseitigen und ventilseitigen Wicklungsströme. Durch die Festlegung einer der vier Schaltungen in Abb. 12.10 nehmen zwei der insgesamt vier Summen den Wert Null an, so daß man aus (12.77), (12.78) die jeweils beiden anderen Summen berechnen kann. Diese Rechnung wird im Anhang 6 durchgeführt; sie zeigt, daß die Spannungssummen und die Stromsummen bei allen vier Transformatoren der Abb. 12.10 den Wert Null ergeben, so daß stets die Beziehungen

$$i_{III} = i_{P1} + i_{P2} + i_{P3} = 0, \qquad i_I = i_{p1} + i_{p2} + i_{p3} = 0, \qquad (12.79)$$

$$u_{P1} + u_{P2} + u_{P3} = 0, \qquad u_{p1} + u_{p2} + u_{p3} = 0 \qquad (12.80)$$

gelten. Bei der Ableitung der Beziehungen (12.79), (12.80) wurden keine besonderen Annahmen über den Zeitverlauf der Wechselspannungen und Wechselströme getroffen; sie gelten deshalb auch für den nichtsinusförmigen Stromverlauf, der sich beim Stromrichterbetrieb einstellt.

Aus (12.79), (12.80) kann man weitere Schlußfolgerungen ziehen. Da $i_{II} = 0$ gilt, folgt mit (12.79) aus (12.12) und (12.20) die Aussage $\Theta_j = 0$ und $\varphi_j = 0$; bei den Transformatoren der Brückenschaltung tritt somit kein Jochfluß auf. Mit $\Theta_j = 0$ folgt aus (12.13) bis (12.15):

$$i_{P1} = i_{p1}, \qquad i_{P2} = i_{p2}, \qquad i_{P3} = i_{p3}. \qquad (12.81)$$

12.4 Sechspulsige Brückenschaltungen

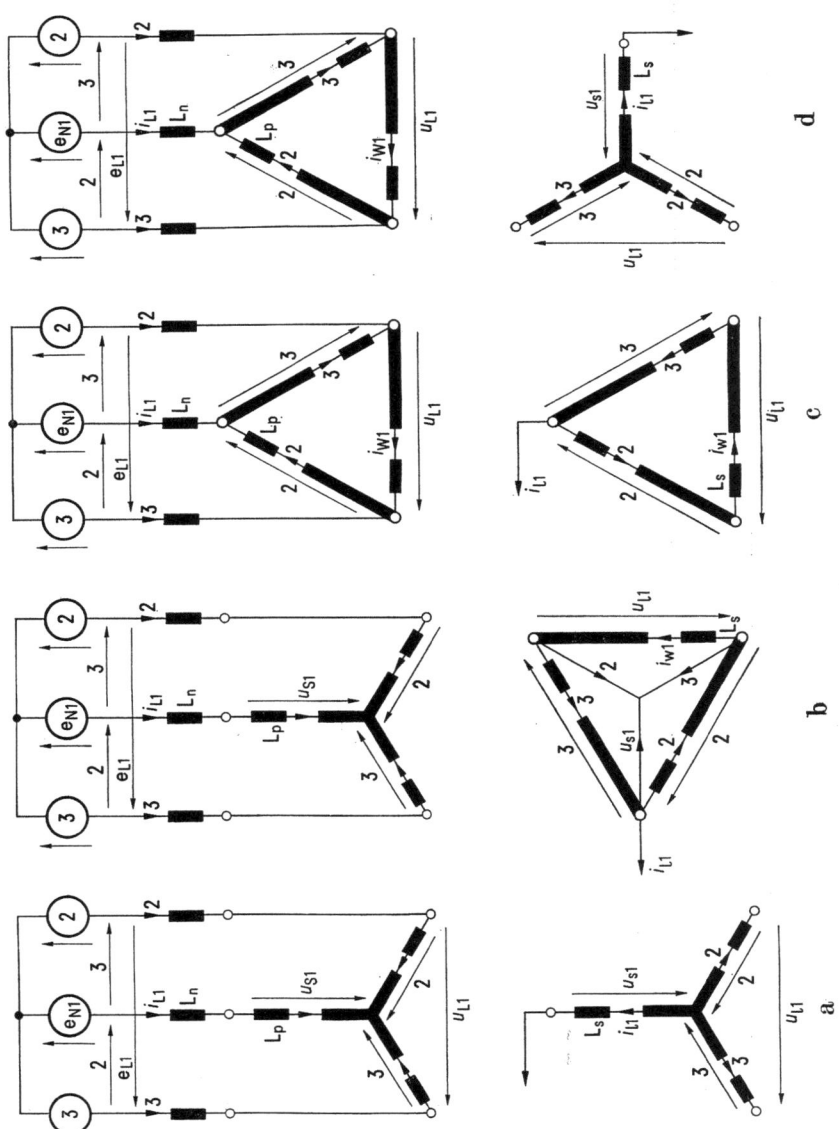

Abb. 12.10. Transformatoren der sechspulsigen Brückenschaltung.

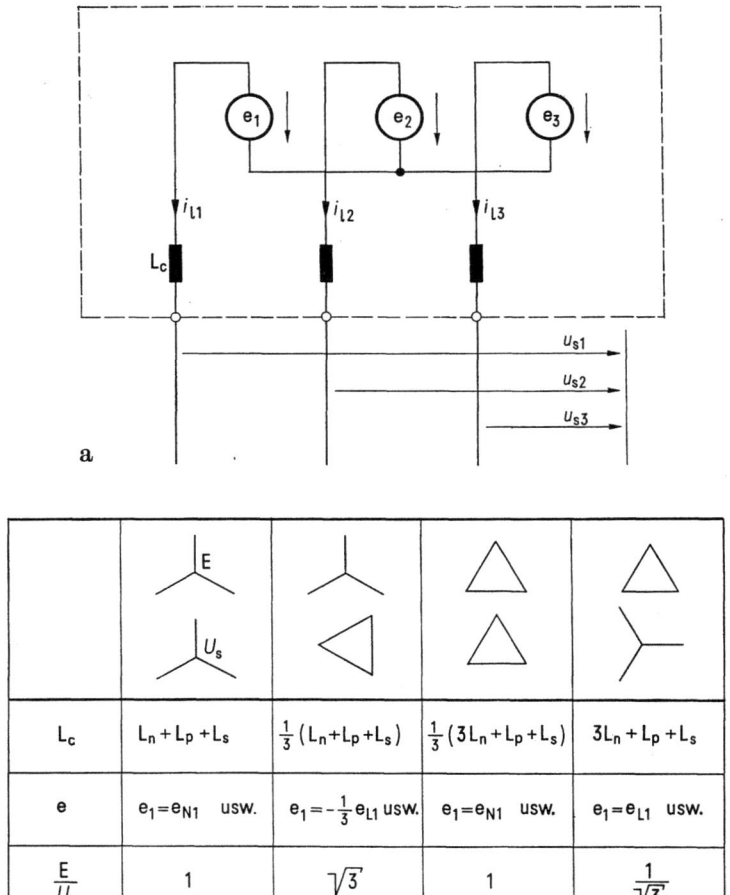

12.4 Sechspulsige Brückenschaltungen

Bei den Transformatoren der sechspulsigen Brückenschaltung sind somit die ventilseitigen und netzseitigen Wicklungsströme einander in jedem Zeitpunkt gleich. Die Gl. (12.27) zwischen den ventilseitigen und netzseitigen Wicklungsspannungen kann mit (12.81) auf die Form

$$u_{p1} = u_{P1} - \omega(L_p + L_s)\frac{di_{p1}}{dx} \qquad (12.82)$$

gebracht werden.

Bei der Ableitung der Reduktionsgleichungen werden die netzseitigen Sternspannungen der vier Transformatoren in Abb. 12.10 durch die Spannungen des idealen Netzes und durch ventilseitige Leiterströme ersetzt. Man erhält aus (12.80), wie im Anhang 7 gezeigt wird, für alle vier Transformatoren die gemeinsame Reduktionsgleichung

$$u_{s1} = e_1 - \omega L_c \frac{di_{l1}}{dx}. \qquad (12.83)$$

Die Werte, die man in (12.83) den Größen e_1 und L_c bei den einzelnen Transformatoren zu erteilen hat, sind in der Tabelle Abb. 12.11b zusammengestellt. Entsprechende Gleichungen für u_{s2}, u_{s3} folgen aus (12.83), indem man darin den Index 1 durch 2 bzw. 3 vertauscht.

Bei der Ableitung der Reduktionsgleichungen wurde angenommen, daß die Transformatoren der Abb. 12.10 vom selben Netz (Effektivwert E der Netzsternspannung) gespeist werden und daß die Wicklungen unabhängig von der Art der Schaltung stets dieselbe Windungszahl N (Übersetzungsverhältnis 1) besitzen. Der Effektivwert U_s der ventilseitigen Sternspannungen ist deshalb bei den vier Transformatoren der Abb. 12.10 verschieden.

Aus der Gl. (12.83) entnimmt man, daß den vier Transformatoren der Abb. 12.10 mit dem Drehstromnetz der gemeinsame Ersatzschaltplan Abb. 12.11a zugeordnet werden kann; die Werte für e_1 und L_c sind durch die Tabelle Abb. 12.11b gegeben. Man entnimmt daraus, daß die Wirkung der drei Induktivitäten L_n, L_p, L_s beim Betrieb mit einfacher Kommutierung und beim Betrieb mit Doppelkommutierung durch eine einzige Kommutierungsinduktivität L_c in den Ventilzuleitungen beschrieben werden kann.

←─────────────────────────────────

Abb. 12.11. Sechspulsige Brückenschaltung.
a) Ersatzschaltplan für das Drehstromnetz und den Transformator; b) Zusammenhang zwischen den Größen des Ersatzschaltplanes Abb. 12.11a und den Größen der Originalschaltungen Abb. 12.10; c) wie unter b, jedoch mit den Windungszahlen N_1 bzw. N_2 auf der Netzseite bzw. der Ventilseite.

12.5 Reduktionsgleichungen und Ersatzschaltpläne bei verschiedenen Windungszahlen auf der Netzseite und Ventilseite

Bei den Überlegungen der Abschn. 12.1 bis 12.4 wurden aus Gründen der einfacheren Schreibweise gleiche Windungszahlen N bei den netzseitigen und ventilseitigen Wicklungen der Stromrichtertransformatoren in Abb. 12.1 und 12.2 angenommen. Mit dieser Annahme wurde für die Schaltungen Abb. 12.1 der gemeinsame Ersatzschaltplan Abb. 12.8a und die zugehörigen Reduktionsgleichungen (12.57), (12.58) mit den Daten (12.59), (12.60) für netzseitigen Stern und (12.61), (12.62) für netzseitiges Dreieck abgeleitet; für die Transformatoren der sechspulsigen Brückenschaltungen in Abb. 12.2 wurde der gemeinsame Ersatzschaltplan Abb. 12.11a mit der zugehörigen Reduktionsgleichung (12.83) und den Daten in Abb. 12.11b gefunden.

In der Praxis ist dagegen die netzseitige Windungszahl N_1 fast immer von der ventilseitigen Windungszahl N_2 verschieden.

Führt man die Überlegungen der Abschn. 12.1 bis 12.4 noch einmal für verschiedene netzseitige und ventilseitige Windungszahlen durch, dann erhält man für die Transformatoren der Mittelpunktschaltungen und der Saugdrosselschaltung in Abb. 12.1 denselben Ersatzschaltplan Abb. 12.8a und dieselben Reduktionsgleichungen (12.57), (12.58) wie bei gleichen Windungszahlen:

$$u_{s1} = e_1 - \omega L_k \frac{dj_1}{dx} - \omega L_h \frac{dj_2}{dx} - \omega L_s \frac{di_{s1}}{dx}, \quad (12.84)$$

$$u'_{s1} = -e_1 + \omega L_k \frac{dj_1}{dx} + \omega L_h \frac{dj_2}{dx} - \omega L_s \frac{di'_{s1}}{dx}, \quad (12.85)$$

$$j_1 = i_{s1} - i'_{s1} - \frac{i_I - i_{II}}{3}, \quad j_2 = i_I - i_{II}. \quad (12.86)$$

Die auf der Ventilseite wirkende Jochspannung u_j bzw. die Jochinduktivität L_j ist nach (12.22) und (12.21) durch

$$u_j = -\omega N_2 \frac{d}{dx}\left(\frac{\varphi_j}{3}\right) = -\omega L_j \frac{d\varphi}{dx}\left(\frac{3\Theta_j}{N_2}\right), \quad L_j = \left(\frac{N_2}{3}\right)^2 \Lambda_j \quad (12.87)$$

gegeben.

Bei netzseitigem Stern und unterschiedlichen Windungszahlen gelten für die Größen e_1, e_2, e_3 und L_k, L_h an Stelle von (12.59), (12.60) die Be-

12.5 Verschiedene Windungszahlen auf der Netz- und Ventilseite

ziehungen

$$e_1 = \frac{N_2}{N_1} e_{N1}, \qquad e_2 = \frac{N_2}{N_1} e_{N2}, \qquad e_3 = \frac{N_2}{N_1} e_{N3}, \qquad (12.88)$$

$$L_k = \left(\frac{N_2}{N_1}\right)^2 (L_n + L_p), \qquad L_h = L_j. \qquad (12.89)$$

Bei netzseitigem Dreieck hat man in (12.84), (12.85) an Stelle von (12.61), (12.62) die Werte

$$e_1 = \frac{N_2}{N_1} e_{L1}, \qquad e_2 = \frac{N_2}{N_1} e_{L2}, \qquad e_3 = \frac{N_2}{N_1} e_{L3}, \qquad (12.90)$$

$$L_k = \left(\frac{N_2}{N_1}\right)^2 (3L_n + L_p), \qquad L_h = \frac{\left(\frac{N_2}{N_1}\right)^2 L_p}{3(1+\lambda)}, \qquad \lambda = \left(\frac{N_2}{N_1}\right)^2 \frac{L_p}{3L_j}, \qquad (12.91)$$

einzusetzen.

Für die auf der Ventilseite wirkende Jochspannung u_j und für den Jochfluß φ_j erhält man bei den Mittelpunktschaltungen und der Saugdrosselschaltung mit netzseitigem Stern aus (12.73), (12.74) die Beziehungen

$$u_j = -\omega N_2 \frac{\mathrm{d}}{\mathrm{d}x} \frac{\varphi_j}{3} = \omega L_j \frac{\mathrm{d}}{\mathrm{d}x} (i_I - i_{II}), \qquad L_j = \left(\frac{N_2}{3}\right)^2 \Lambda_j, \qquad (12.92)$$

$$\varphi_j = -\frac{1}{3} \Lambda_j N_2 (i_I - i_{II}). \qquad (12.93)$$

Für die gleichen Schaltungen bei netzseitigem Dreieck folgt aus (12.75), (12.76):

$$u_j = -\omega N_2 \frac{\mathrm{d}}{\mathrm{d}x} \frac{\varphi_j}{3} = \frac{1}{1+\lambda} \left(\frac{N_2}{N_1}\right)^2 \frac{\omega L_p}{3} \frac{\mathrm{d}}{\mathrm{d}x} (i_I - i_{II}), \qquad (12.94)$$

$$\varphi_j = \frac{1}{3} \Lambda_j \big(N_1 i_{III} - N_2(i_I - i_{II})\big), \qquad \lambda = \left(\frac{N_2}{N_1}\right)^2 \frac{L_p}{3L_j}. \qquad (12.95)$$

Der Vergleich von (12.92) und (12.94) zeigt, daß das Übersetzungsverhältnis N_2/N_1 nur bei der netzseitigen Dreieckschaltung auf die Höhe der Jochspannung u_j einwirkt; in diesem Falle ist u_j bei $(N_2/N_1)^2 \ll 1$ meistens vernachlässigbar klein.

Für die Transformatoren der sechspulsigen Brückenschaltungen in Abb. 12.2 erhält man bei Berücksichtigung der verschiedenen Windungszahlen auf der Netzseite und auf der Ventilseite den gleichen Ersatzschaltplan Abb. 12.11a und die gleiche Reduktionsgleichung (12.83)

$$u_{s1} = e_1 - \omega L_c \frac{di_{11}}{dx} \qquad (12.96)$$

wie bei gleichen Windungszahlen. Lediglich den Werten e_1, e_2, e_3 und L_c hat man bei verschiedenen Windungszahlen an Stelle der Daten in Abb. 12.11b andere Werte zu erteilen; diese Werte sind in der Tabelle Abb. 12.11c zusammengestellt.

13 Netzseitige Ströme der Stromrichtertransformatoren; Bauleistung

Bei den Überlegungen des vorliegenden Abschn. 13 werden die Netzinduktivitäten L_n und die Streuinduktivitäten L_p, L_s der Stromrichtertransformatoren vernachlässigt; nur der Einfluß der Jochinduktivität L_j wird berücksichtigt. Bei dieser vereinfachenden Annahme können die Gesetzmäßigkeiten der netzseitigen Ströme und der Einfluß des Jochflusses auf den Stromrichterbetrieb besonders leicht überschaubar dargestellt werden. Die wichtigsten Ergebnisse sind in den Tabellen der Abb. 13.9 und 13.10 zusammengestellt.

13.1 Bauleistung der Stromrichtertransformatoren

Die Gleichspannung u_d und der Gleichstrom i_d des Stromrichters bestehen im allgemeinen aus einer Gleichkomponente $U_{d\alpha}$ bzw. I_d und einer überlagerten Wechselkomponente u_w bzw. i_w. Die Wirkleistung auf der Gleichstromseite ist daher durch

$$P_{dw} = \frac{1}{2\pi}\int_0^{2\pi} u_d i_d \, dx = P_d + P_w, \qquad (13.1)$$

$$P_d = U_{d\alpha}I_d, \qquad P_w = \frac{1}{2\pi}\int_0^{2\pi} i_w u_w \, dx \qquad (13.2)$$

gegeben. P_d wird als Gleichstromleistung bezeichnet und P_w beschreibt den von den Gleichspannungsoberwellen und Gleichstromoberwellen herrührenden Anteil der Wirkleistung P_{dw}. Bei idealer Glättung des Gleichstromes ($i_w = 0$) gilt $P_w = 0$, so daß die Wirkleistung und die Gleichstromleistung einander gleich sind. Die Gleichstromleistung (Wirkleistung) bei Vollaussteuerung $\alpha = 0$, bei ideal geglättetem Nennstrom I_{dN} und ohne Kommutierungsinduktivitäten wird mit

$$P_{dl} = U_{dl}I_{dN} \qquad (13.3)$$

bezeichnet.

Die netzseitige bzw. ventilseitige Wicklungsleistung des Stromrichtertransformators ist durch die Summe der Produkte der Effektivwerte von Strom und Spannung aller netzseitigen bzw. aller ventilseitigen Wicklungen gegeben. Die Summe der Wicklungsleistungen ist ein Maß für die Erwärmung des Transformators und darf daher einen durch die maximal zulässige Temperatur festgelegten Höchstwert nicht überschreiten. Die halbe Summe dieser höchstzulässigen Wicklungsleistungen wird Transformatorbauleistung P_T genannt.

Bei der Berechnung der Bauleistung der Stromrichtertransformatoren darf man gleiche Windungszahlen aller Wicklungen (Übersetzungsverhältnis 1) annehmen, denn das Übersetzungsverhältnis wird, falls es von 1 verschieden ist, in den Produkten für die Wicklungsleistungen wieder weggekürzt, so daß man denselben Wert wie für das Übersetzungsverhältnis 1 erhält. Bezeichnet man den Effektivwert der netzseitigen und ventilseitigen Wicklungsspannungen beim Übersetzungsverhältnis 1 mit U_p, den Effektivwert der netzseitigen bzw. ventilseitigen Wicklungsströme mit I_P bzw. I_p, dann folgt für die Bauleistung P_T des Transformators:

$$P_T = \frac{U_p}{2}(QI_P + qI_p). \tag{13.4}$$

In (13.4) bedeutet Q bzw. q die Anzahl der netzseitigen bzw. der ventilseitigen Stränge.

In der Praxis bezieht man die Bauleistung P_T des Stromrichtertransformators meistens auf die Gleichstromleistung P_{di}, die man dem angeschlossenen Stromrichter bei Nennbetrieb, Vollaussteuerung und idealer Glättung entnehmen kann. Man erhält aus (13.4), (13.3):

$$\frac{P_T}{P_{di}} = \frac{1}{2}\frac{U_p}{U_{di}}\left(Q\frac{I_P}{I_{dN}} + q\frac{I_p}{I_{dN}}\right). \tag{13.5}$$

In der Zeile 7 der Tabelle in Abb. 13.9 und 13.10 sind die numerischen Werte für P_T/P_{di} — wie sie sich aus den folgenden Berechnungen ergeben werden — für die jeweils in der Zeile 1 dargestellten Stromrichtertransformatoren zusammengestellt.

Die Scheinleistung der netzseitigen Wicklung des Stromrichtertransformators beim Nennbetrieb wird als Nennleistung

$$P_{LN} = QU_pI_P \tag{13.6}$$

des Stromrichtertransformators bezeichnet. Für die Scheinleistung der ventilseitigen Wicklung beim Nennbetrieb gilt

$$P_{LV} = qU_pI_p. \tag{13.7}$$

13.2 Mittelpunkt- und Saugdrosselschaltung: Netzseitiger Stern

In (13.6), (13.7) bedeuten I_P und I_p die Effektivwerte der Strangströme, die beim Nennbetrieb des Stromrichters auftreten. Das Verhältnis zwischen ventilseitiger und netzseitiger Scheinleistung der Wicklungen wird nach (13.6), (13.7) durch

$$\gamma = \frac{P_{LV}}{P_{LN}} = \frac{q}{Q} \frac{I_p}{I_P} \qquad (13.8)$$

beschrieben.

Bei den vier Transformatoren der sechspulsigen Brückenschaltung — das sind die Spalten b bis e in Abb. 13.10 — gilt $q = Q = 3$ und aus (12.81) folgt $I_p = I_P$. Damit erhält man aus (13.8) die Aussage $\gamma = 1$. Für den Transformator der zweipulsigen Brückenschaltung in der Spalte a der Abb. 13.10 gilt $q = Q = 1$ und $I_p = I_P$, also nach (13.8) ebenfalls $\gamma = 1$. Die Aussage $\gamma = 1$ für die fünf Transformatoren der Brückenschaltungen (Abb. 13.10) wurde ohne irgendwelche Annahmen über den Zeitverlauf des Gleichstromes abgeleitet; sie gelten daher, unabhängig davon, wie gut der Gleichstrom geglättet ist.

Für die Transformatoren der Zeile 1 in Abb. 13.9 kann das Verhältnis q/Q der Anzahl der ventilseitigen und netzseitigen Stränge direkt aus der Schaltung des Stromrichtertransformators entnommen werden. Das Verhältnis I_p/I_P der Effektivwerte hängt dagegen von der Art der Transformatorschaltung und vom Zeitverlauf, also von der Glättung des Gleichstromes ab. In den folgenden Abschnitten werden die Effektivwerte I_p und I_P für die einzelnen Transformatoren für den Fall idealer Glättung des Gleichstromes berechnet. Daraus erhält man mit (13.8) die in der Zeile 6 der Abb. 13.9 eingetragenen Werte von γ.

In den Gln. (13.4) bis (13.8) bedeuten I_p bzw. I_P die schaltungsneutralen Bezeichnungen für die Effektivwerte der ventilseitigen bzw. netzseitigen Strangströme.

13.2 Netzseitige Ströme und Bauleistung der Mittelpunktschaltungen und der Saugdrosselschaltung: Netzseitiger Stern

Der Ersatzschaltplan Abb. 12.8a gilt gemeinsam für alle drei Transformatoren Abb. 13.9b bis d. Da diese Transformatoren netzseitig im Stern geschaltet sind, muß man den Spannungen e_1, e_2, e_3 und den Induktivitäten L_k und L_h die Werte nach (12.59), (12.60) erteilen. Da aber $L_n = L_p = L_s = 0$ vorausgesetzt wurde, folgt aus (12.60) $L_k = 0$ und $L_h = L_j$, so daß in Abb. 12.8a die Induktivitäten L_s und die Dreischenkeldrossel entfallen. Man erhält damit den einfachen Ersatzschaltplan Abb. 13.1b für die Saugdrosselschaltung, Abb. 13.2b für die sechspulsige Mittelpunktschaltung und Abb. 13.4b für die dreipulsige Mittelpunktschaltung. Die Einwirkung des Jochflusses auf den Stromrichterbetrieb wird in diesen Ersatzschaltplänen durch die Induktivität L_j beschrieben.

13.21 Berechnung der netzseitigen Ströme und der Jochdurchflutung bei netzseitigem Stern

Bei der Berechnung der Leiterströme i_{L1}, i_{L2}, i_{L3} der Jochdurchflutung Θ_j und der Jochspannung u_j geht man von den allgemein gültigen Gesetzen des Abschn. 12.1 aus und berücksichtigt dabei die für netzseitige und ventilseitige Sternschaltung festgelegte Bezeichnungsweise der elektrischen Größen. Als weitere Aussage tritt die Knotenpunktgleichung des netzseitigen Sternes

$$i_{\mathrm{III}} = i_{L1} + i_{L2} + i_{L3} = 0 \tag{13.9}$$

hinzu. Mit Hilfe dieser Aussagen kann man Gleichungen für den Zeitverlauf von i_{L1}, Θ_j und u_j ableiten, die gemeinsam für alle drei Transformatoren Abb. 13.9b bis d gelten. Die Berechnung und die Diskussion des Zeitverlaufes wird in den anschließenden Abschn. 13.22 bis 13.24 getrennt für diese drei Transformatoren durchgeführt.

Mit der Knotenpunktgleichung (13.9) erhält man aus (12.12), (12.23) folgende Beziehungen für die Jochdurchflutung Θ_j und für die Jochspannung u_j:

$$\frac{\Theta_j}{N} = -\frac{1}{3}(i_\mathrm{I} - i_\mathrm{II}), \qquad u_j = \omega L_j \frac{\mathrm{d}}{\mathrm{d}x}(i_\mathrm{I} - i_\mathrm{II}). \tag{13.10}$$

Die beiden Sternpunktströme i_I und i_II liefern bei den drei Schaltungen Abb. 13.9b bis d den Gleichstrom

$$i_\mathrm{d} = i_\mathrm{I} + i_\mathrm{II}, \tag{13.11}$$

$$i_\mathrm{I} = i_{s1} + i_{s2} + i_{s3}, \qquad i_\mathrm{II} = i'_{s1} + i'_{s2} + i'_{s3}. \tag{13.12}$$

Mit der ersten Gl. (13.10) berechnet man aus (12.13) den netzseitigen Wicklungsstrom i_{L1}:

$$i_{L1} = i_{s1} - i'_{s1} - \frac{1}{3}(i_\mathrm{I} - i_\mathrm{II}). \tag{13.13}$$

Die Gln. (13.10) und (13.13) sind die gesuchten Lösungen, denn sie drücken den Zeitverlauf der unbekannten Größen Θ_j, u_j und i_{L1} durch die ventilseitigen Ströme aus; entsprechende Beziehungen erhält man für i_{L2} und i_{L3}.

Bei der Ableitung der Gln. (13.10) bis (13.13) wurden — wie die Überlegungen des Abschn. 12.1 zeigen — keine Annahmen über die Belastung

13.2 Mittelpunkt- und Saugdrosselschaltung: Netzseitiger Stern 365

auf der Gleichstromseite getroffen; diese Aussagen gelten daher bei beliebiger Belastung des Gleichstromkreises. Die Berechnung des Zeitverlaufes des Gleichstromes und der Ventilströme der Schaltungen Abb. 13.1b, 13.2b und 13.4b wurden in den Abschn. 6, 7, 9 und 10 für verschiedene Belastungsarten des Gleichstromkreises beschrieben; besonders einfache Verhältnisse ergeben sich dabei bei idealer Glättung des Gleichstromes. Man kann daher den Zeitverlauf der Ventilströme i_s, i_s' in diesen Schaltungen als berechenbar, also als bekannte Größen ansehen, mit deren Hilfe aus (13.10) und (13.13) der Zeitverlauf der gesuchten Größen Θ_j, u_j und i_{L1} berechnet werden kann.

13.22 Saugdrosselschaltung mit netzseitigem Stern

Aus der Abb. 12.8a entsteht für die Saugdrosselschaltung mit netzseitigem Stern (Abb. 13.1a) der Ersatzschaltplan Abb. 13.1b. Der Jochfluß wirkt daher wie eine zusätzliche Saugdrossel mit der Saugdrosselspannung $2u_j$. Die Spannung u_σ der tatsächlichen Saugdrossel ist durch (7.5) gegeben und die Spannung $2u_j$ an der fiktiven Saugdrossel erhält man aus (12.73):

$$u_\sigma = \omega L_\sigma \frac{\mathrm{d}}{\mathrm{d}x} \frac{i_\mathrm{I} - i_\mathrm{II}}{2}, \qquad 2u_j = 4\omega L_j \frac{\mathrm{d}}{\mathrm{d}x} \frac{i_\mathrm{I} - i_\mathrm{II}}{2}, \qquad i_\sigma = \frac{i_\mathrm{I} - i_\mathrm{II}}{2}. \tag{13.14}$$

Man kann den Ersatzschaltplan Abb. 13.1b als eine normale Saugdrosselschaltung mit den regulären ventilseitigen Spannungssternen e_1, e_2, e_3 bzw. $-e_1$, $-e_2$, $-e_3$ auffassen, zwischen deren Sternpunkten m_1 und m_2 die Saugdrosselspannung $u_\sigma' = u_\sigma + 2u_j$ wirkt. Aus (13.14) erhält man:

$$u_\sigma' = u_\sigma + 2u_j = \omega L_\sigma \left(1 + \frac{4L_j}{L_\sigma}\right) \frac{\mathrm{d}i_\sigma}{\mathrm{d}x} \tag{13.15}$$

Der Vergleich von (7.6) und (13.15) zeigt, daß der Jochfluß wie eine Vergrößerung der Saugdrosselinduktivität von L_σ auf $L_\sigma + 4L_j$ wirkt. In der Praxis ist $4L_j$ stets sehr viel kleiner als L_σ, so daß die Vergrößerung der Saugdrosselinduktivität durch die Wirkungen des Jochflusses unbedeutend bleibt. Aus den gleichen Gründen ist u_σ' nur geringfügig größer als u_σ; die Differenz $u_\sigma' - u_\sigma = 2u_j$ ist deshalb sehr klein.

Nach Abb. 13.1b gilt für die Sternspannung u_{s1} mit (13.14)

$$u_{s1} = e_{N1} - u_j = e_{N1} - 2\omega L_j \frac{\mathrm{d}i_\sigma}{\mathrm{d}x}. \tag{13.16}$$

Die Sternspannung u_{s1} unterscheidet sich demnach um den Spannungsverlust u_j (dreifache Netzfrequenz) von der sinusförmigen Spannung e_{N1};

allerdings ist der Unterschied gering, weil L_j — wie bereits gezeigt wurde — in der Praxis sehr klein ist.

Für den Zeitverlauf des netzseitigen Leiterstromes i_{L1} und für die Jochdurchflutung Θ_j/N erhält man aus (13.10) und (13.13) mit Hilfe von (13.14) die Beziehungen

$$i_{L1} = i_{s1} - i'_{s1} - \frac{2}{3} i_\sigma, \quad \frac{\Theta_j}{N} = -\frac{2}{3} i_\sigma. \quad (13.17)$$

Da der Jochfluß nur eine geringfügige Vergrößerung der Saugdrosselinduktivität von L_σ auf $L_\sigma + 4L_j$ bewirkt, wird auch der Saugdrosselstrom i_σ und der Leiterstrom i_{L1} nur wenig durch den Jochfluß verändert.

Diese Überlegungen zeigen, daß die Einwirkung des Jochflusses auf die Eigenschaften der Saugdrosselschaltung mit ventilseitigem Stern klein ist, wenn — wie fast immer in der Praxis — $L_\sigma \gg L_j$ gilt.

Im einfachen Fall idealer Glättung des Gleichstromes besitzen die Ventilströme — wie aus der Abb. 7.2 hervorgeht — den Zeitverlauf nach Abb. 13.1c bis h. Daraus berechnet man mit Hilfe von (13.17) den Zeitverlauf des Primärstromes i_{L1} und der Jochdurchflutung Θ_j/N; das Ergebnis ist in den Abb. 13.1j und k eingezeichnet.

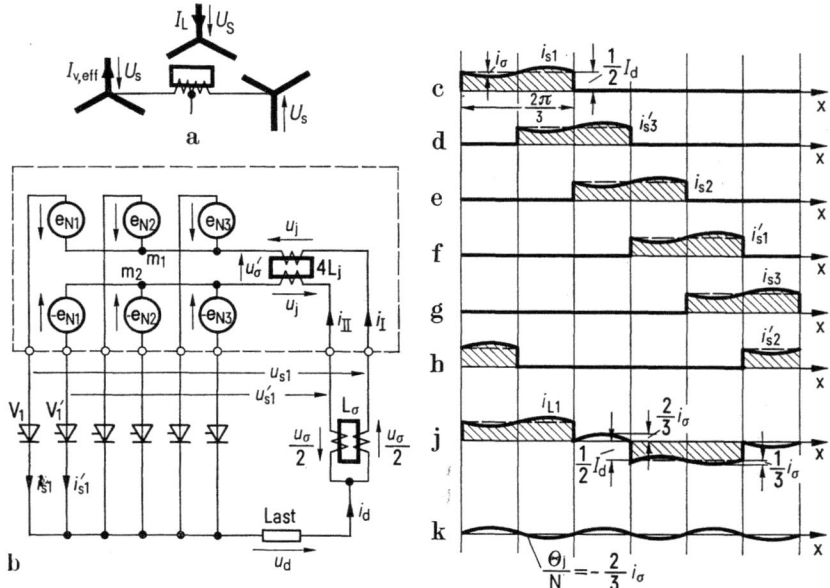

Abb. 13.1. Saugdrosselschaltung mit netzseitigem Stern.
a) Transformator und Saugdrossel; b) Ersatzschaltplan; c) bis k) Zeitverlauf der Ströme und der Jochdurchflutung bei vollkommener Glättung.

13.2 Mittelpunkt- und Saugdrosselschaltung: Netzseitiger Stern

In den Abb. 13.1c bis j kann der Saugdrosselstrom i_σ nach Abschn. 7.14 vernachlässigt werden, sofern der Gleichstrommittelwert I_d in hinreichender Nähe des Nennwertes I_{dN} liegt. Den Effektivwert $I_{v,\text{eff}}$ des Ventilstromes und den Effektivwert I_L des Leiterstromes kann man dann sehr leicht aus dem Zeitverlauf der Abb. 13.1c bis h und aus der Abb. 13.1j berechnen. Man erhält:

$$\frac{I_{v,\text{eff}}}{I_d} = \frac{I_p}{I_d} = \frac{1}{2\sqrt{3}} = 0{,}289, \qquad \frac{I_L}{I_d} = \frac{I_P}{I_d} = \frac{1}{\sqrt{6}} = 0{,}408. \qquad (13.18)$$

Zwischen dem Effektivwert U_s der ventilseitigen Sternspannung und dem Gleichspannungsmittelwert $U_{di\sigma}$ bei Vollaussteuerung besteht nach (7.13) die Beziehung

$$\frac{U_{di\sigma}}{U_s} = \frac{U_{di\sigma}}{U_p} = \frac{3}{\pi}\sqrt{\frac{3}{2}} = 1{,}17. \qquad (13.19)$$

Bei der Schreibweise der Gln. (13.18), (13.19) wurde beachtet, daß die Effektivwerte des Ventilstromes $I_{v,\text{eff}}$ und des ventilseitigen Wicklungsstromes identisch sind; dasselbe gilt für die Effektivwerte des netzseitigen Leiterstromes I_L und des netzseitigen Wicklungsstromes sowie für den Effektivwert der ventilseitigen Strangspannung U_s und der ventilseitigen Wicklungsspannung.

Mit Hilfe der Beziehungen (13.18), (13.19) berechnet man aus (13.5) die relative Bauleistung P_T/P_{di} und aus (13.8) das Verhältnis γ der ventilseitigen und der netzseitigen Wicklungsscheinleistungen:

$$\frac{P_T}{P_{di}} = \frac{\pi}{6}\left(1 + \sqrt{2}\right) = 1{,}26, \qquad \gamma = \sqrt{2} = 1{,}41. \qquad (13.20)$$

Zum Vergleich mit den anderen Schaltungen wurden die Werte (13.20) in die Tabelle der Abb. 13.9 eingetragen.

13.23 Sechspulsige Mittelpunktschaltung mit netzseitigem Stern

Aus der Abb. 12.8a entsteht für die sechspulsige Mittelpunktschaltung mit netzseitigem Stern der Ersatzschaltplan Abb. 13.2b. Darin wirkt der Jochfluß wie eine Saugdrossel mit der Spannung $2u_j$; die zugehörige Saugdrosselinduktivität besitzt nach (12.73) und (7.5) den Wert $4L_j$. Bei idealer Glättung des Gleichstromes ist der kritische Strom I_{krit} der Schaltung Abb. 13.2b nach (7.12) durch

$$I_{\text{krit}} = \frac{\sqrt{2}\,U_s}{4\omega L_j}\left(2 - \sqrt{3}\right) \qquad (13.21)$$

gegeben. In der Praxis ist $4L_j$ meistens sehr klein, so daß I_{krit} nach (13.21) sehr groß wird. Bei den weiteren Überlegungen zur Schaltung Abb. 13.2b wird von der Annahme ausgegangen, daß $I_{krit} \geqq 2I_{dN}$ ist.

Unter der Voraussetzung $I_{krit} \geqq 2I_{dN}$ läuft der Nennbetrieb der Schaltung Abb. 13.2b in der ersten Hälfte des kritischen Bereiches des Saugdrosselbetriebes ab. In diesem Betriebszustand verhält sich die Schaltung Abb. 13.2b — wie bereits in Abschn. 7.22 an Hand der Abb. 7.6 II gezeigt wurde — wie eine aus sechs Ventilen bestehende Kommutierungsgruppe bei einfacher Kommutierung, also wie eine sechspulsige Mittelpunktschaltung; der Jochfluß ruft dabei die gleichen Wirkungen wie Kommutierungsinduktivitäten von der Größe $2L_j$ in den Ventilzuleitungen hervor.

Die Belastungskennlinie, die sich bei $I_{krit} \geqq 2I_{dN}$ einstellt, ist in Abb. 13.3 durch den Linienzug PRS dargestellt. Zum Vergleich ist die Belastungskennlinie PQS der normalen Saugdrosselschaltung gestrichelt mit eingezeichnet. Der Verlauf des Kennlinienstückes PR ist durch die Gleichung (7.25) gegeben, wobei L_σ durch $4L_j$ zu ersetzen ist. Dieses Kennlinienstück beschreibt den von der Saugdrosselspitze herrührenden Gleichspannungsverlust $D_\infty = \omega 4 L_j I_d \, 3/2\pi$ in Abb. 13.3. Für den Gleichspannungsverlust D_∞ liest man aus Abb. 13.3 die Beziehung $D_\infty = (U_{di} - U_{di\sigma}) I_d/I_{krit}$ ab; U_{di} ist durch (7.14) und $U_{di\sigma}$ durch (7.13) gegeben. Damit erhält man für den Gleichspannungsverlust D_N beim Nenngleichstrom I_{dN}

$$\frac{D_N}{U_{di}} = \frac{U_{di} - U_{di\sigma}}{U_{di}} \frac{I_{dN}}{I_{krit}} = \left(1 - \frac{1}{2}\sqrt{3}\right) \frac{I_{dN}}{I_{krit}} = 0{,}134 \frac{I_{dN}}{I_{krit}}. \tag{13.22}$$

Wenn der Nennstrom I_{dN} genau den halben Wert des kritischen Stromes besitzt, folgt aus (13.22), daß der vom Jochfluß verursachte relative Gleichspannungsverlust etwa $D_N/U_{di} = 0{,}067$ beträgt.

In den Abb. 13.2c bis h ist der zeitliche Verlauf der Ventilströme mit den vom Jochfluß verursachten Überlappungen für den Fall idealer Glättung des Gleichstromes dargestellt. Daraus berechnet man mit Hilfe von (13.13) den Leiterstrom i_{L1} und mit Hilfe der ersten Gl. (13.10) die Jochdurchflutung Θ_j/N; der Zeitverlauf ist in den Abb. 13.2j und k dargestellt.

Aus dem Zeitverlauf der Jochdurchflutung Θ_j/N in Abb. 13.2k berechnet man mit Hilfe von (13.10) bzw. (12.23) die Jochspannung $u_j = -\omega L_j \, d(3\Theta_j/N)/dx$; damit findet man aus Abb. 13.2b für die ventilseitige Wicklungsspannung u_{s1} die Beziehung $u_{s1} = e_{N1} - u_j$. Aus dem Zeitverlauf von Θ_j/N (Abb. 13.2k) geht hervor, daß u_j bei $L = \infty$ nur während der Kommutierungszeit von Null verschieden ist, also aus einer Aufeinanderfolge positiver und negativer Spannungszacken besteht. Diese Spannungszacken wirken sich im Zeitverlauf der Wicklungs-

13.2 Mittelpunkt- und Saugdrosselschaltung: Netzseitiger Stern

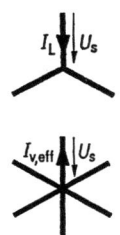

a

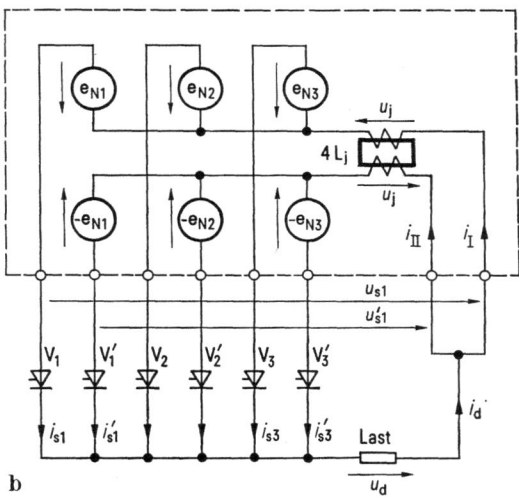

b

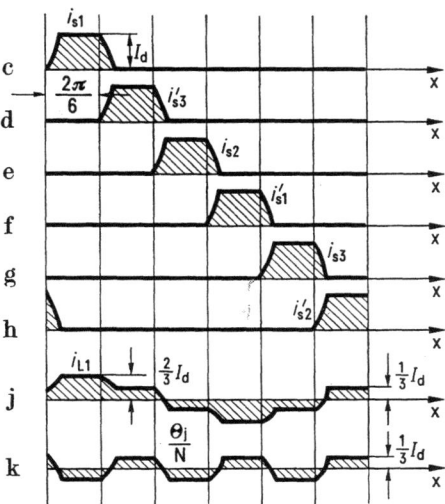

Abb. 13.2. Sechspulsige Mittelpunktschaltung mit netzseitigem Stern.

a) Transformator; b) Ersatzschaltplan; c) bis k) Zeitverlauf der Ströme und der Jochdurchflutung bei vollkommener Glättung.

spannung u_{s1} als sprunghafte positive und negative Abweichungen von der Sinusform e_{N1} aus. Auf diese als Kommutierungszacken bezeichneten Spannungseinbrüche wird im Abschn. 14 näher eingegangen.

Der Zeitverlauf in Abb. 13.2k zeigt, daß die Jochdurchflutung Θ_j/N mit dreifacher Netzfrequenz verläuft und einen gegenüber I_d nicht mehr vernachlässigbaren Scheitelwert $I_d/3$ besitzt. Der entsprechend hohe Jochfluß φ_j besitzt ebenfalls dreifache Netzfrequenz.

Bei Öl- oder Clophentransformatoren würde sich der Jochfluß dreifacher Netzfrequenz mit Vorzug über die Kesselwände schließen und zu

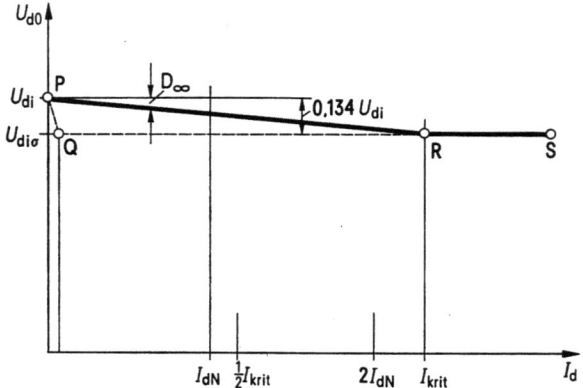

Abb. 13.3. Einfluß des Jochflusses auf die Belastungskennlinie der sechspulsigen Mittelpunktschaltung mit netzseitigem Stern bei vollkommener Glättung.

einer beträchtlichen Erwärmung des Transformators durch die Wirbelstromverluste und Hystereseverluste im Kesselblech führen. In den meisten Fällen würden dann die Schutzeinrichtungen des Transformators ansprechen und zu einer Abschaltung der Anlage führen. Die Anwendung der sechspulsigen Mittelpunktschaltung mit netzseitigem Stern bleibt daher auf Trockentransformatoren beschränkt, bei denen die vom Jochfluß verursachten Zusatzverluste nur in dem aus verlustarmen Eisen aufgebauten Transformatorkern auftreten und daher in Grenzen bleiben.

Bei der Berechnung der Effektivwerte der Wicklungsströme aus dem Zeitverlauf der Abb. 13.2 kann man die Überlappung zwischen den Ventilströmen ohne allzu großen Fehler vernachlässigen (vgl. 6.152). Man erhält dann für den Effektivwert $I_{v,\text{eff}}$ des Ventilstromes (des ventilseitigen Wicklungsstromes I_p) und für den Effektivwert I_L des netzseitigen Leiterstromes (des netzseitigen Wicklungsstromes I_P) die Beziehungen

$$\frac{I_{v,\text{eff}}}{I_d} = \frac{I_p}{I_d} = \frac{1}{\sqrt{6}} = 0{,}408, \qquad (13.23)$$

13.2 Mittelpunkt- und Saugdrosselschaltung: Netzseitiger Stern

$$\frac{I_\mathrm{L}}{I_\mathrm{d}} = \frac{I_\mathrm{P}}{I_\mathrm{d}} = \frac{\sqrt{2}}{3} = 0{,}471. \qquad (13.24)$$

Zwischen dem Effektivwert U_s der ventilseitigen Sternspannung (der ventilseitigen Wicklungsspannung U_p) und dem Gleichspannungsmittelwert U_di besteht nach (6.18) die Beziehung

$$\frac{U_\mathrm{di}}{U_\mathrm{s}} = \frac{U_\mathrm{di}}{U_\mathrm{p}} = \frac{3\sqrt{2}}{\pi} = 1{,}35. \qquad (13.25)$$

Mit Hilfe der Beziehungen (13.23) bis (13.25) erhält man aus (13.5) und (13.8) die relative Bauleistung $P_\mathrm{T}/P_\mathrm{di}$ und das Verhältnis γ der ventilseitigen und netzseitigen Wicklungsscheinleistungen:

$$\frac{P_\mathrm{T}}{P_\mathrm{di}} = \frac{\pi}{6}\left(1+\sqrt{3}\right) = 1{,}43, \quad \gamma = \sqrt{3} = 1{,}73. \qquad (13.26)$$

Den Vergleich mit den übrigen Schaltungen entnimmt man aus der Zusammenstellung Abb. 13.9.

Der Ausdruck (13.26) gilt nur dann in guter Näherung, wenn der Überlappungswinkel u_0 hinreichend klein bleibt. Diese Voraussetzung trifft zu, wenn der kritische Strom — wie bei den vorangehenden Betrachtungen — die Bedingung $I_\mathrm{krit} \geqq 2I_\mathrm{dN}$ erfüllt; dann gilt nämlich nach Abb. 7.6 II stets $u_0 < \pi/6$. Wenn dagegen die Jochinduktivität $4L_\mathrm{j}$ so groß ist, daß der kritische Strom nach (13.21) deutlich kleiner als der Nennstrom wird, dann tritt beim Nennstrom I_dN normaler Saugdrosselbetrieb nach Abb. 7.2 auf; dann gilt für die relative Bauleistung der Ausdruck (13.20).

13.24 Dreipulsige Mittelpunktschaltung mit netzseitigem Stern

Aus der Abb. 12.8b entsteht für die dreipulsige Mittelpunktschaltung mit ventilseitigem Stern (Abb. 13.4a) der Ersatzschaltplan Abb. 13.4b. Der Jochfluß wirkt demnach wie eine zusätzliche Induktivität L_j im Gleichstromkreis. Ein Betrieb mit rein ohmscher Last ist bei dieser Schaltung nicht möglich, weil die stets vorhandene Jochinduktivität wie eine induktive Grundlast des Gleichstromkreises wirkt.

Bei der Berechnung der Größen Θ_j, u_j und i_L1 hat man in den Beziehungen (13.10), (13.13) $i'_\mathrm{s1} = i'_\mathrm{s2} = i'_\mathrm{s3} = 0$ zu setzen, weil bei der dreipulsigen Mittelpunktschaltung nur ein ventilseitiges Dreiphasensystem mit den ventilseitigen Strömen i_s1, i_s2, i_s3 vorhanden ist; daraus folgt $i_\mathrm{d} = i_\mathrm{I} = i_\mathrm{s1} + i_\mathrm{s2} + i_\mathrm{s3}$.

Der Gleichstrom i_d besteht bei unvollkommener Glättung aus einer Gleichkomponente I_d und einer überlagerten Wechselkomponente i_w:

$$i_d = I_d + i_w. \qquad (13.27)$$

Bei idealer Glättung wird i_w zu Null. Aus der ersten Gl. (13.10) und aus (13.13) folgt mit (13.27):

$$\frac{\Theta_j}{N} = -\frac{1}{3}(I_d + i_w), \qquad i_{L1} = i_{s1} - \frac{1}{3}(I_d + i_w). \qquad (13.28)$$

Durch die Gleichkomponente $-I_d/3$ der Jochdurchflutung wird der Transformator vormagnetisiert; die Wechselkomponente $-i_w/3$ verursacht einen Jochfluß dreifacher Netzfrequenz und daher entsprechende Zusatzverluste.

Die Jochspannung u_j berechnet man mit (13.27) aus der zweiten Gl. (13.10) und für die Wicklungsspannung u_{s1} erhält man $u_{s1} = e_{N1} - u_j$ aus der Abb. 13.4b. Damit folgt:

$$u_j = \omega L_j \frac{di_w}{dx}, \qquad u_{s1} = e_{N1} - \omega L_j \frac{di_w}{dx}. \qquad (13.29)$$

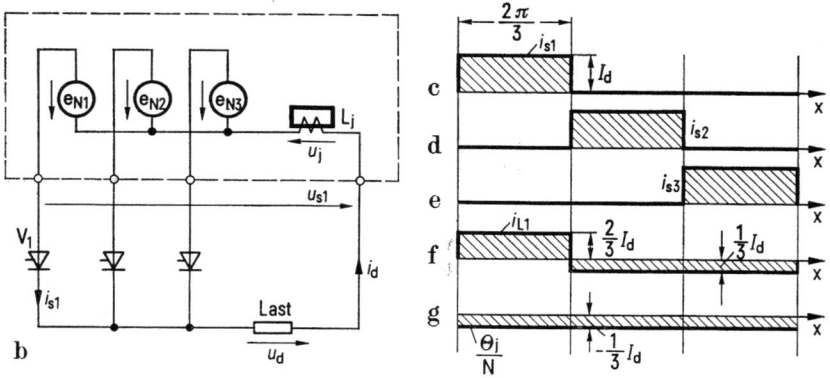

Abb. 13.4. Dreipulsige Mittelpunktschaltung mit netzseitigem Stern.
a) Transformator; b) Ersatzschaltplan; c) bis g) Zeitverlauf der Ströme und des Jochflusses bei vollkommener Glättung.

13.2 Mittelpunkt- und Saugdrosselschaltung: Netzseitiger Stern

Da die Wechselkomponente i_w des Gleichstromes i_d bei der dreipulsigen Mittelpunktschaltung die dreifache Netzfrequenz besitzt, gilt nach der ersten Gl. (13.29) das gleiche für u_j; die Wicklungsspannung weicht somit — wie die zweite Gl. (13.29) zeigt — um den Spannungsverlust u_j von der Sinusform e_{N1} ab.

In den Abb. 13.4c bis e sind die Ventilströme i_{s1}, i_{s2}, i_{s3} für den Sonderfall idealer Glättung eingezeichnet. Daraus bestimmt man mit Hilfe der ersten Gl. (13.10) und (13.13) den in den Abb. 13.4f und g dargestellten Zeitverlauf von i_{L1} bzw. Θ_j/N. Aus (13.29) folgt, daß die Jochspannung u_j bei idealer Glättung zu Null wird und daß die Wicklungsspannung u_{s1} dann sinusförmig verläuft. Man kann daher bei der dreipulsigen Mittelpunktschaltung die Wechselkomponente des Jochflusses und deren unerwünschte Wirkungen durch entsprechend gute Glättung des Gleichstromes reduzieren und nahezu vollständig ausschalten, wenn man sich hinreichend dem Grenzfall idealer Glättung nähert.

Aus dem Zeitverlauf der Ströme in Abb. 13.4c bis f errechnet man folgende Beziehungen für den Effektivwert $I_{v,eff}$ des Ventilstromes (des ventilseitigen Wicklungsstromes I_p) und für den Effektivwert des netzseitigen Leiterstromes I_L (des netzseitigen Wicklungsstromes I_P):

$$\frac{I_{v,eff}}{I_d} = \frac{I_p}{I_d} = \frac{1}{\sqrt{3}} = 0{,}577, \qquad (13.30)$$

$$\frac{I_L}{I_d} = \frac{I_P}{I_d} = \frac{\sqrt{2}}{3} = 0{,}471. \qquad (13.31)$$

Der Effektivwert U_s der ventilseitigen Sternspannung (der ventilseitigen Wicklungsspannung U_p) ist mit dem ideellen Gleichspannungsmittelwert U_{di} nach (6.18) durch die Beziehung

$$\frac{U_{di}}{U_s} = \frac{U_{di}}{U_p} = \frac{3}{\pi}\sqrt{\frac{3}{2}} = 1{,}17 \qquad (13.32)$$

verknüpft.

Mit Hilfe der Beziehungen (13.30) bis (13.32) folgt aus (13.5) und (13.8) für P_T/P_{di} und γ:

$$\frac{P_T}{P_{di}} = \frac{\pi}{3\sqrt{3}}\left(1 + \sqrt{\frac{3}{2}}\right) = 1{,}35, \qquad \gamma = \sqrt{\frac{3}{2}} = 1{,}22. \qquad (13.33)$$

Die Gleichungen und Zahlenwerte (13.33) sind zum Vergleich mit den anderen Schaltungen in Abb. 13.9 eingetragen.

13.3 Netzseitige Ströme und Bauleistung der Mittelpunktschaltungen und der Saugdrosselschaltung: Netzseitiges Dreieck

Der Ersatzschaltplan Abb. 12.8a gilt gemeinsam für alle drei Transformatoren Abb. 13.9e bis g, wenn man darin für die Spannungen e_1, e_2, e_3 und für die Induktivitäten L_k und L_h die Werte nach (12.61), (12.62) setzt. Da $L_p = L_n = L_s = 0$ vorausgesetzt wurde, folgt $L_k = 0$ $L_h = 0$, so daß in Abb. 12.8a, b die Induktivitäten L_s, die Dreischenkeldrossel und die Zweischenkeldrossel entfallen. Man erhält damit den Ersatzschaltplan Abb. 13.5b für die Saugdrosselschaltung, Abb. 13.6b für die sechspulsige und Abb. 13.7b für die dreipulsige Mittelpunktschaltung.

13.31 Berechnung der netzseitigen Ströme und der Jochdurchflutung bei netzseitigem Dreieck

Bei der Berechnung der netzseitigen Wicklungsströme i_{W1}, i_{W2}, i_{W3} und der Jochdurchflutung Θ_j geht man von den allgemein gültigen Gesetzen des Abschn. 12.1 aus und berücksichtigt dabei die für netzseitige Dreieckschaltung und ventilseitige Sternschaltung festgelegten Bezeichnungen der elektrischen Größen. Als weitere Aussage tritt die Maschengleichung des netzseitigen Dreieckes

$$u_{L1} + u_{L2} + u_{L3} = 0 \qquad (13.34)$$

hinzu. Mit Hilfe dieser Aussagen kann man Gleichungen für den Zeitverlauf des netzseitigen Wicklungsstromes i_{W1}, des netzseitigen Leiterstromes i_{L1} und der Jochdurchflutung Θ_j ableiten, die gemeinsam für alle drei Transformatoren Abb. 13.9e bis g gelten. Die Diskussion des Zeitverlaufes wird in den anschließenden Abschn. 13.32 bis 13.34 getrennt für die einzelnen Transformatoren durchgeführt.

Beachtet man, daß bei $L_p = L_n = 0$ nach dem Induktionsgesetz $u_{L1} = \omega N \, d\varphi_1/dx$ usw. gilt, dann erhält man aus (13.34) mit (12.1):

$$\omega N \left(\frac{d\varphi_1}{dx} + \frac{d\varphi_2}{dx} + \frac{d\varphi_3}{dx} \right) = \omega N \frac{d\varphi_j}{dx} = 0. \qquad (13.35)$$

Mit (12.20) folgt daraus durch Integration:

$$\varphi_j = \Lambda_j \Theta_j = \text{konst}. \qquad (13.36)$$

Der Jochfluß φ_j und die Jochdurchflutung Θ_j verlaufen deshalb nach (13.36) bei netzseitiger Dreieckschaltung zeitlich konstant; das gleiche Ergebnis erhält man mit $L_p = 0$ bzw. $\lambda = 0$ aus (12.75).

13.3 Mittelpunkt- und Saugdrosselschaltung: Netzseitiges Dreieck

Vom Jochfluß herrührende Zusatzverluste und induzierte Spannungen treten somit bei netzseitiger Dreieckschaltung und $L_p = 0$ grundsätzlich nicht auf. Die einzige Auswirkung des Jochflusses besteht im Falle $\varphi_j \neq 0$ in einer Vormagnetisierung des Transformators; dieser Einfluß wird jedoch von den Ersatzschaltplänen Abb. 13.5b bis 13.7b nicht wiedergegeben (vgl. Ende des Abschn. 12.33).

Bei der Berechnung der Jochdurchflutung Θ_j geht man von der Gl. (12.12) aus; sie lautet mit den Bezeichnungen i_{W1}, i_{W2}, i_{W3} für die netzseitigen Wicklungsströme:

$$\frac{\Theta_j}{N} = \frac{1}{3}\left((i_{W1} + i_{W2} + i_{W3}) - i_I + i_{II}\right). \tag{13.37}$$

Durch Integration der Gl. (13.37) geht man zu den Mittelwerten über. Man muß dabei beachten, daß Θ_j zeitlich konstant verläuft und die netzseitigen Wicklungsströme i_{W1}, i_{W2}, i_{W3} als reine Wechselströme den Mittelwert Null ergeben. Man erhält:

$$\frac{\Theta_j}{N} = -\frac{1}{2\pi}\int_0^{2\pi}\frac{i_I}{3}\,dx + \frac{1}{2\pi}\int_0^{2\pi}\frac{i_{II}}{3}\,dx. \tag{13.38}$$

Aus (12.13) bestimmt man i_{W1} mit Hilfe von (13.38):

$$i_{W1} = i_{s1} - i'_{s1} - \frac{1}{2\pi}\int_0^{2\pi}\frac{i_I}{3}\,dx + \frac{1}{2\pi}\int_0^{2\pi}\frac{i_{II}}{3}\,dx. \tag{13.39}$$

Der Leiterstrom i_{L1} ist nach Abb. 12.7 durch $i_{L1} = i_{W3} - i_{W2}$ gegeben. Man erhält dafür mit (12.14), (12.15):

$$i_{L1} = (i_{s3} - i'_{s3}) - (i_{s2} - i'_{s2}). \tag{13.40}$$

Entsprechende Gleichungen zu (13.39), (13.40) gelten für die Ströme i_{W2}, i_{W3} und i_{L2}, i_{L3}.

Mit Hilfe der Gln. (13.38) bis (13.40) kann die Jochdurchflutung Θ_j/N, der Zeitverlauf des netzseitigen Wicklungsstromes i_{W1} und des netzseitigen Leiterstromes i_{L1} aus den bekannten ventilseitigen Strömen berechnet werden.

Da unter der Annahme $L_p = L_n = L_s = 0$ der Jochfluß zeitlich konstant ist, kann φ_j auch keine Induktionswirkungen hervorrufen, so daß die Wicklungsspannungen bei netzseitigem Dreieck rein sinusförmig bleiben.

13.32 Saugdrosselschaltung mit netzseitigem Dreieck

Bei der Saugdrosselschaltung Abb. 13.5b sind die Mittelwerte der Sternpunktströme i_I und i_II bei beliebiger Last stets einander gleich; damit folgt aus (13.38) $\Theta_\mathrm{j} = 0$, also Betrieb ohne Jochfluß und ohne dessen nachteilige Auswirkungen.

In Abb. 13.5c bis h sind die Ventilströme der Saugdrosselschaltung bei idealer Glättung des Gleichstromes dargestellt. Daraus berechnet

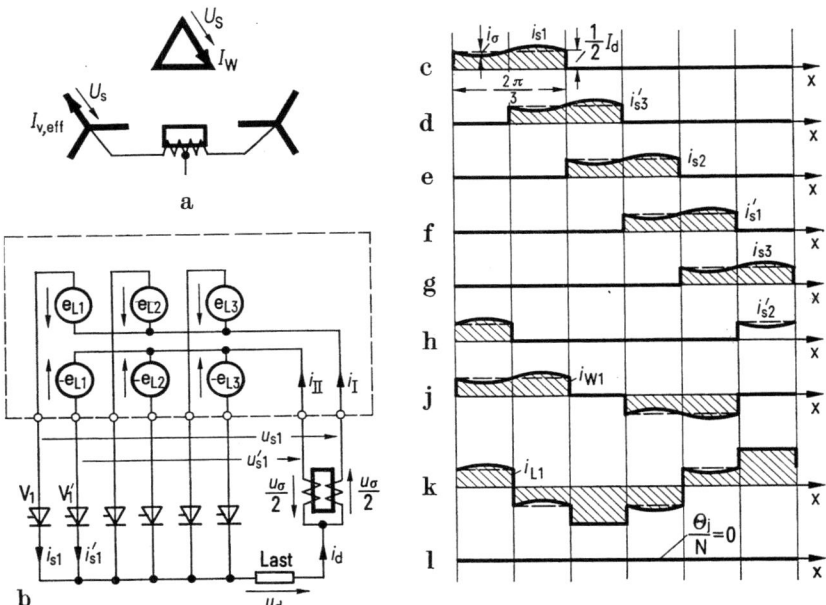

Abb. 13.5. Saugdrosselschaltung mit netzseitigem Dreieck.
a) Transformator und Saugdrossel; b) Ersatzschaltplan; c) bis l) Zeitverlauf der Ströme und der Jochdurchflutung.

man mit Hilfe von (13.38) bis (13.40) die gesuchten Größen i_W1, i_L1 und Θ_j; das Ergebnis ist in den Abb. 13.5j bis l dargestellt.

Aus der Gl. (7.16) folgt, daß der Saugdrosselstrom i_σ in den Abb. 13.5c bis k vernachlässigt werden kann; sofern der Laststrommittelwert I_d im Vergleich zu i_σ hinreichend groß ist. Man erhält dann für den Effektivwert $I_\mathrm{v,eff}$ des Ventilstromes (des ventilseitigen Wicklungsstromes I_p) aus den Abb. 13.5c bis h, für den Effektivwert $I_\mathrm{W} = I_\mathrm{P}$ des netzseitigen Wicklungsstromes aus Abb. 13.5j und für den Effektivwert I_L des netz-

13.3 Mittelpunkt- und Saugdrosselschaltung: Netzseitiges Dreieck

seitigen Leiterstromes aus Abb. 13.5k folgende Beziehungen:

$$\frac{I_{v,eff}}{I_d} = \frac{I_p}{I_d} = \frac{1}{2\sqrt{3}} = 0{,}289, \qquad (13.41)$$

$$\frac{I_W}{I_d} = \frac{I_P}{I_d} = \frac{1}{\sqrt{6}} = 0{,}408, \qquad (13.42)$$

$$\frac{I_L}{I_d} = \frac{1}{\sqrt{2}} = 0{,}707. \qquad (13.43)$$

Der Effektivwert U_s der ventilseitigen Sternspannung (der ventilseitigen Wicklungsspannung U_p) ist mit dem Gleichspannungsmittelwert $U_{di\sigma}$ der Saugdrosselschaltung durch (7.13) verknüpft:

$$\frac{U_{di\sigma}}{U_s} = \frac{U_{di\sigma}}{U_p} = \frac{3}{\pi}\sqrt{\frac{3}{2}} = 1{,}17. \qquad (13.44)$$

Mit Hilfe der Gln. (13.41), (13.42) und (13.44) erhält man aus (13.5) und (13.8) folgende Beziehung für die relative Bauleistung P_T/P_{di} und für das Verhältnis γ der ventilseitigen und netzseitigen Wicklungsscheinleistungen

$$\frac{P_T}{P_{di}} = \frac{\pi}{6}\left(1 + \sqrt{2}\right) = 1{,}26, \qquad \gamma = \sqrt{2} = 1{,}41. \qquad (13.45)$$

Der Vergleich der Zahlenwerte (13.20) und (13.45) zeigt, daß die Transformatoren der Saugdrosselschaltung mit netzseitigem Stern und netzseitigem Dreieck die gleiche relative Bauleistung besitzen. Bei der ersteren Schaltung ist der vom Saugdrosselstrom herrührende Jochfluß vernachlässigbar klein, bei der letzteren Schaltung exakt Null; dieser Unterschied ist jedoch für die Anwendung belanglos.

13.33 Sechspulsige Mittelpunktschaltung mit netzseitigem Dreieck

Bei der sechspulsigen Mittelpunktschaltung mit netzseitigem Dreieck Abb. 13.6a besitzen der Jochfluß φ_j und die Jochdurchflutung Θ_j nach (13.38) den Wert Null, weil die Mittelwerte von i_I und i_{II} einander gleich sind; die Schaltung ist daher frei von den unerwünschten Nebenerscheinungen des Jochflusses.

In den Abb. 13.6c bis h ist der zeitliche Verlauf der Ventilströme bei idealer Glättung des Gleichstromes dargestellt. Daraus berechnet man mit Hilfe von (13.39), (13.40) den Zeitverlauf von i_{W1} und i_{L1}; in den Abb. 13.6j und k sind die Ergebnisse dargestellt.

Aus dem Zeitverlauf der Ströme in den Abb. 13.6c bis k berechnet man den Effektivwert $I_{v,\text{eff}}$ des Ventilstromes (des ventilseitigen Wicklungsstromes I_p), den Effektivwert $I_W = I_P$ des netzseitigen Wicklungsstromes und den Effektivwert I_L des netzseitigen Leiterstromes. Man erhält:

$$\frac{I_{v,\text{eff}}}{I_d} = \frac{I_p}{I_d} = \frac{1}{\sqrt{6}} = 0{,}408, \qquad (13.46)$$

$$\frac{I_W}{I_d} = \frac{I_P}{I_d} = \frac{1}{\sqrt{3}} = 0{,}577, \qquad (13.47)$$

$$\frac{I_L}{I_d} = \sqrt{\frac{2}{3}} = 0{,}817. \qquad (13.48)$$

Die ventilseitige Sternspannung U_s (ventilseitige Wicklungsspannung U_p) ist mit der Gleichspannung U_{di} nach (6.18) durch

$$\frac{U_{di}}{U_s} = \frac{U_{di}}{U_p} = \frac{3\sqrt{2}}{\pi} = 1{,}35 \qquad (13.49)$$

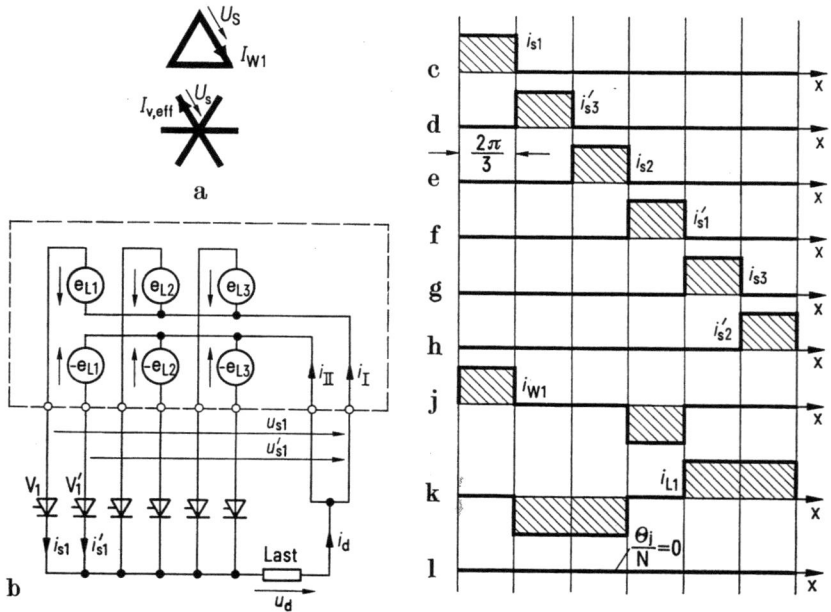

Abb. 13.6. Sechspulsige Mittelpunktschaltung mit netzseitigem Dreieck.
a) Transformator; b) Ersatzschaltplan; c) bis l) Zeitverlauf der Ströme und der Jochdurchflutung.

13.3 Mittelpunkt- und Saugdrosselschaltung: Netzseitiges Dreieck

verknüpft. Mit Hilfe von (13.46), (13.47) und (13.49) erhält man aus (13.5) und (13.8) für P_T/P_{di} und γ:

$$\frac{P_T}{P_{di}} = \frac{\pi}{2\sqrt{6}}\left(1+\sqrt{2}\right) = 1{,}55, \qquad \gamma = \sqrt{2} = 1{,}41. \qquad (13.50)$$

Der Vergleich der Zahlenwerte (13.26) und (13.50) zeigt, daß die Bauleistung des Transformators der sechspulsigen Mittelpunktschaltung bei netzseitigem Stern kleiner als bei netzseitigem Dreieck ist; dieser Vorteil der netzseitigen Sternschaltung kann aber in der Praxis wegen der ungünstigen Auswirkungen des Jochflusses nur bei Trockentransformatoren (vgl. Abschn. 13.23) genutzt werden. Der Vergleich der Zahlenwerte (13.45), (13.50) für die beiden jochflußfreien Schaltungen Abb. 13.5a und 13.6a zeigt zwar eine geringere Bauleistung des Transformators der Saugdrosselschaltung, man muß dabei aber, um zu vergleichbaren Verhältnissen zu kommen, den Aufwand für die Saugdrossel mit in Rechnung setzen.

13.34 Dreipulsige Mittelpunktschaltung mit netzseitigem Dreieck

Bei der dreipulsigen Mittelpunktschaltung mit netzseitigem Dreieck (Abb. 13.7a) ist die Jochdurchflutung nach (13.38) durch den Mittelwert des Sternpunktstromes i_I, also durch den Mittelwert I_d des Gleichstromes i_d gegeben; es gilt daher $\Theta_j/N = -I_d/3$. Der Transformator wird somit beträchtlich vormagnetisiert; Zusatzverluste durch induktive Einwirkungen des Jochflusses treten jedoch nicht auf.

In den Abb. 13.7c bis e ist der Zeitverlauf der Ventilströme bei idealer Glättung des Gleichstromes dargestellt. Daraus berechnet man mit Hilfe von (13.39), (13.40) den Zeitverlauf von i_{W1} und i_{L1}; in Abb. 13.7f und g ist das Ergebnis dargestellt.

Aus dem Zeitverlauf der Ströme (Abb. 13.7c bis g) kann der Effektivwert $I_{v,eff}$ des Ventilstromes (des ventilseitigen Wicklungsstromes I_p), der Effektivwert $I_W = I_P$ des netzseitigen Wicklungsstromes und der Effektivwert I_L des netzseitigen Leiterstromes berechnet werden. Man erhält:

$$\frac{I_{v,\text{eff}}}{I_d} = \frac{I_p}{I_d} = \frac{1}{\sqrt{3}} = 0{,}577, \qquad (13.51)$$

$$\frac{I_W}{I_d} = \frac{I_P}{I_d} = \frac{\sqrt{2}}{3} = 0{,}471, \qquad (13.52)$$

$$\frac{I_L}{I_d} = \sqrt{\frac{2}{3}} = 0{,}817. \qquad (13.53)$$

13 Netzseitige Ströme der Stromrichtertransformatoren; Bauleistung

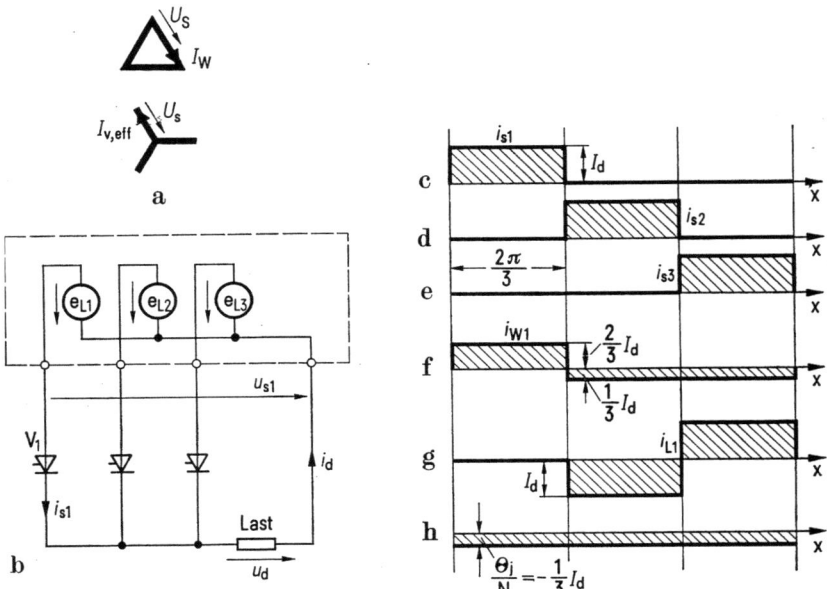

Abb. 13.7. Dreipulsige Mittelpunktschaltung mit netzseitigem Dreieck.
a) Transformator; b) Ersatzschaltplan; c) bis h) Zeitverlauf der Ströme und der Jochdurchflutung.

Nach (6.18) besteht zwischen der ventilseitigen Sternspannung U_s (ventilseitige Wicklungsspannung U_p) und dem Gleichspannungsmittelwert U_{di} die Beziehung

$$\frac{U_{di}}{U_s} = \frac{U_{di}}{U_p} = \frac{3}{\pi}\sqrt{\frac{3}{2}} = 1{,}17. \qquad (13.54)$$

Mit Hilfe von (13.51), (13.52) und (13.54) bestimmt man aus (13.5) und (13.8) die Größen P_T/P_{di} und γ:

$$\frac{P_T}{P_{di}} = \frac{\pi}{3\sqrt{3}}\left(1 + \sqrt{\frac{3}{2}}\right) = 1{,}35, \qquad \gamma = \sqrt{\frac{3}{2}} = 1{,}22. \qquad (13.55)$$

Der Vergleich der Zahlenwerte (13.33), (13.55) zeigt, daß die Transformatoren der dreipulsigen Mittelpunktschaltung mit netzseitigem Stern und netzseitigem Dreieck die gleiche Bauleistung besitzen; in beiden Fällen verursacht der Jochfluß eine gleich große Vormagnetisierung des Transformators, zu der bei netzseitigem Stern und unvollkommener Glättung des Gleichstromes noch Zusatzverluste durch induktive Einwirkungen treten.

13.4 Netzseitige Ströme und Bauleistung der sechspulsigen Brückenschaltung

Vorausgesetzt wird, daß die Windungszahlen bei den vier Transformatoren der Abb. 13.10b bis e untereinander gleich sind, daß alle Transformatoren vom selben Netz gespeist werden und die angeschlossenen sechspulsigen Brückenschaltungen denselben Laststrom I_d liefern.

In Abschn. 12.4 wurde gezeigt, daß bei den vier Transformatoren Abb. 13.10b bis e kein Jochfluß auftritt. Daraus folgt nach (12.13) bis (12.15) mit $\Theta_j = 0$ und $i''_{s1} = i''_{s2} = i''_{s3} = 0$, daß die netzseitigen und ventilseitigen Wicklungsströme desselben Transformatorschenkels einander gleich sind, also einen gemeinsamen Effektivwert $I_p = I_P$ besitzen.

Bei Vernachlässigung der Transformatorstreuung ($L_p = L_s = 0$) sind auch die Wicklungsspannungen desselben Schenkels untereinander gleich und besitzen den gemeinsamen Effektivwert U_p. Bei der Berechnung des Zeitverlaufes der netzseitigen Wicklungsströme und Leiterströme sind die ventilseitigen Leiterströme i_{l1}, i_{l2}, i_{l3} als bekannte Größen zu betrachten, denn sie wurden bereits in Abschn. 8.5 berechnet. In Abb. 13.8a ist der Zeitverlauf von i_{l1}, i_{l2}, i_{l3} für den Fall idealer Glättung des Gleichstromes dargestellt. Außerdem wird in Erinnerung gebracht, daß der Lastspannungsmittelwert U_{di} der sechspulsigen Brückenschaltung nach (8.35) durch

$$U_{di} = \frac{3}{\pi} \sqrt{2}\, U_l \tag{13.56}$$

gegeben ist. U_l ist der Effektivwert der ventilseitigen Leiterspannung.

Anschließend werden zunächst die Effektivwerte der Leiterströme und Wicklungsströme der vier Transformatoren Abb. 13.10b bis e berechnet; die zugehörige relative Bauleistung P_T/P_{di} wird im Anschluß daran gemeinsam für alle vier Transformatoren bestimmt.

Für die *Stern/Sternschaltung* (Abb. 13.8b) gilt dann:

$$i_{L1} = i_{l1}. \tag{13.57}$$

Der Zeitverlauf i_{L1} ist in Abb. 13.8b eingezeichnet. Daraus errechnet man den Effektivwert I_p der Wicklungsströme; als Ergebnis erhält man die erste Gl. (13.58). Außerdem ist zu beachten, daß bei ventilseitigem Stern $U_l = \sqrt{3}\, U_p$ gilt. Man erhält mit (13.56) die zweite Beziehung (13.58):

$$\frac{I_p}{I_d} = \sqrt{\frac{2}{3}} = 0{,}817, \qquad \frac{U_{di}}{U_p} = \frac{3\sqrt{2}}{\pi} \sqrt{3} = 2{,}34. \tag{13.58}$$

Bei der *Stern/Dreieckschaltung* (Abb. 13.8c) gelten folgende Beziehungen für die Ströme:

$$i_{L1} = i_{w1} = \frac{1}{3}(i_{12} - i_{13}).\qquad(13.59)$$

Man berechnet (13.59) aus den drei Knotenpunktgleichungen $i_{w1} - i_{w3} = i_{12}$ und $i_{w1} - i_{w2} = -i_{13}$ sowie $i_{L1} + i_{L2} + i_{L3} = i_{w1} + i_{w2} + i_{w3} = 0$ (Abb. 13.8c).
Der Zeitverlauf von $i_{L1} = i_{w1}$ ist in Abb. 13.8c dargestellt. Aus dem Zeitverlauf berechnet man den Effektivwert I_p der Wicklungsströme; man erhält dafür die erste Gl. (13.60). Bei ventilseitiger Dreieckschaltung sind die ventilseitige Wicklungsspannung und die ventilseitige Leiterspannung einander gleich. Also gilt $U_1 = U_p$, so daß aus (13.56) die zweite Gleichung in (13.60) folgt:

$$\frac{I_p}{I_d} = \frac{\sqrt{2}}{3} = 0{,}471, \qquad \frac{U_{di}}{U_p} = \frac{3\sqrt{2}}{\pi} = 1{,}35.\qquad(13.60)$$

Die *Dreieck/Dreieckschaltung* (Abb. 13.8d) liefert die Ströme:

$$i_{L1} = i_{l1} = i_{w3} - i_{w2}, \qquad i_{W1} = i_{w1} = \frac{1}{3}(i_{12} - i_{13}).\qquad(13.61)$$

Der Zeitverlauf ist in Abb. 13.8d eingezeichnet. Aus dem Zeitverlauf berechnet man den Effektivwert I_p der Wicklungsströme bzw. I_L der netzseitigen Leiterströme; man erhält als Ergebnis die beiden ersten Gln. (13.62). Die dritte Gl. (13.62) geht aus (13.56) hervor, wenn beachtet wird, daß bei ventilseitigem Dreieck $U_1 = U_p$ gilt:

$$\frac{I_p}{I_d} = \frac{\sqrt{2}}{3} = 0{,}471, \qquad \frac{I_L}{I_d} = \sqrt{\frac{2}{3}} = 0{,}817, \qquad \frac{U_{di}}{U_p} = \frac{3\sqrt{2}}{\pi} = 1{,}35.$$
$$(13.62)$$

Bei der *Dreieck/Sternschaltung* (Abb. 13.8e) gelten folgende Beziehungen zwischen den Strömen:

$$i_{L1} = i_{W3} - i_{W2} = i_{13} - i_{12}, \qquad i_{W1} = i_{l1}.\qquad(13.63)$$

Den Zeitverlauf zeigt Abb. 13.8e. Aus dem Zeitverlauf von i_{p1} und i_{L1} bestimmt man den Effektivwert I_p der Wicklungsströme und I_L der netzseitigen Leiterströme; man erhält die beiden ersten Gln. (13.64). Bei ventilseitigem Stern gilt $U_1 = \sqrt{3}\,U_p$; damit erhält man aus (13.56)

3.4 Sechspulsige Brückenschaltung

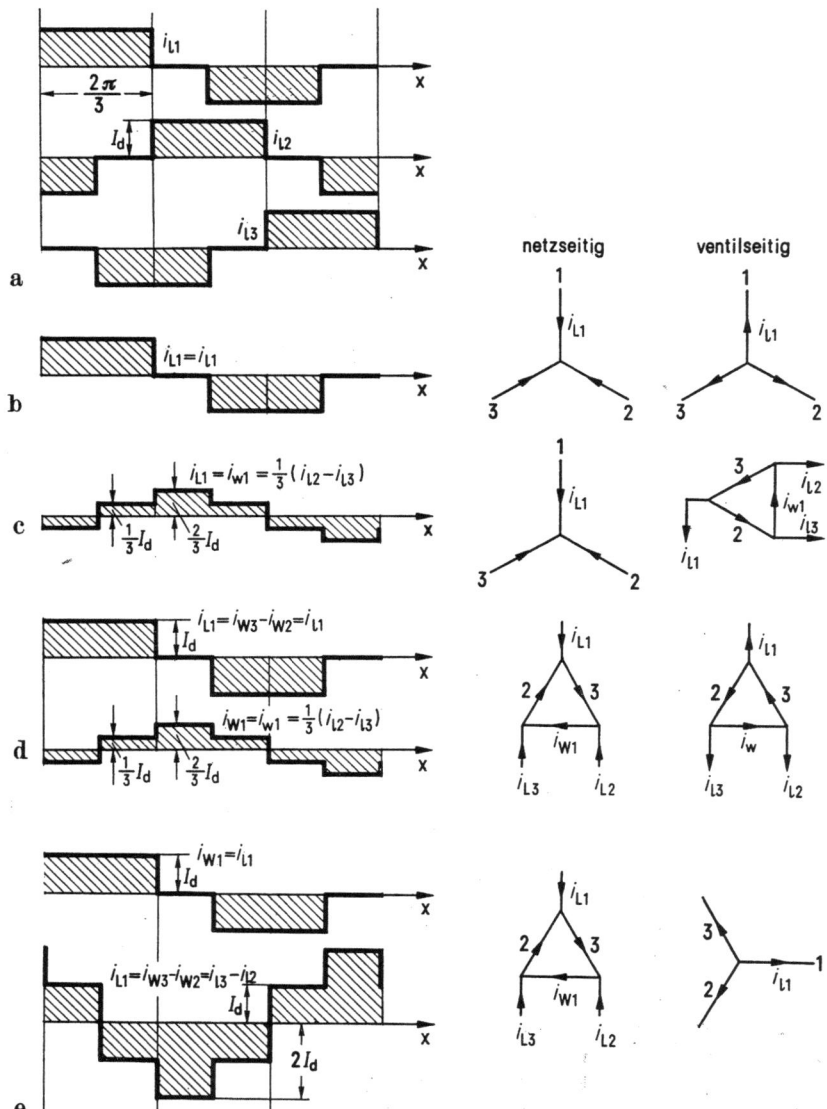

Abb. 13.8. Sechspulsige Brückenschaltung. a) ventilseitige Leiterströme; b) bis d) netzseitige Leiterströme; b) Stern/Sternschaltung; c) Stern/Dreieckschaltung; d) Dreieck/Dreieckschaltung; e) Dreieck/Sternschaltung.

			a	b	c	d
1		Schaltung	U_p U_p	$U_p = U_s$	U_p	U_p U_p
2	ventils. Wicklungsstrom = ventils. Leiterstrom = Ventilstrom	Form	I_d, π, π	I_d, $\frac{2\pi}{3}$, $\frac{4\pi}{3}$	I_d, $\frac{2\pi}{6}$, $\frac{10\pi}{6}$	$\frac{1}{2}I_d$, $\frac{2\pi}{3}$, $\frac{4\pi}{3}$
		$\left\|\dfrac{I_p}{I_d}\right\| = \dfrac{I_{v,\text{eff}}}{I_d}$	$\dfrac{1}{\sqrt{2}} = 0{,}707$	$\dfrac{1}{\sqrt{3}} = 0{,}577$	$\dfrac{1}{\sqrt{6}} = 0{,}408$	$\dfrac{1}{2\sqrt{3}} = 0{,}289$
3	netzseitiger Wicklungsstrom	Form	I_d, π	$\frac{2}{3}I_d$, $\frac{1}{3}I_d$, $\frac{2\pi}{3}$, $\frac{4\pi}{3}$	$\frac{1}{3}I_d$, $\frac{2\pi}{6}$, $\frac{2}{3}I_d$	$\frac{2\pi}{3}$, $\frac{1}{2}I_d$, $\frac{\pi}{3}$
		$\left\|\dfrac{I_p}{I_d}\right\|$	1	$\dfrac{\sqrt{2}}{3} = 0{,}471$	$\dfrac{\sqrt{2}}{3} = 0{,}471$	$\dfrac{1}{\sqrt{6}} = 0{,}408$
4	ventilseitiger Leiterstrom	Form	wie beim netzseitigen Wicklungsstrom	wie beim netzseitigen Wicklungsstrom	wie beim netzseitigen Wicklungsstrom	wie beim netzseitigen Wicklungsstrom
		$\left\|\dfrac{I_L}{I_d}\right\|$				
5	Gleich-spannung	$\left\|\dfrac{U_{di}}{U_p}\right\| = \dfrac{U_{di}}{U_s}$	$\dfrac{2\sqrt{2}}{\pi} = 0{,}900$	$\dfrac{3}{\pi}\sqrt{\dfrac{3}{2}} = 1{,}17$	$\dfrac{3\sqrt{2}}{\pi} = 1{,}35$	$\dfrac{3}{\pi}\sqrt{\dfrac{3}{2}} = 1{,}17$
6	Aufteilung der Wicklungsschein-leistungen	$\gamma = \dfrac{P_{LV}}{P_{LN}}$	$\sqrt{2} = 1{,}41$	$\sqrt{\dfrac{3}{2}} = 1{,}22$	$\sqrt{3} = 1{,}73$	$\sqrt{2} = 1{,}41$
7	Transformator-Bauleistung	$\left\|\dfrac{P_T}{P_{di}}\right\|$	$\dfrac{\pi}{4\sqrt{2}}(1+\sqrt{2})$ $= 1{,}34$	$\dfrac{\pi}{3\sqrt{3}}\left(1+\sqrt{\dfrac{3}{2}}\right)$ $= 1{,}35$	$\dfrac{\pi}{6}(1+\sqrt{3})$ $= 1{,}43$	$\dfrac{\pi}{6}(1+\sqrt{2})$ $= 1{,}26$

13.4 Sechspulsige Brückenschaltung

e	f	g
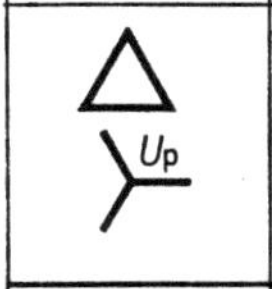 △ ⊻ U_p	 △ ✶ U_p	 △ ⊻ U_p U_p ⊻
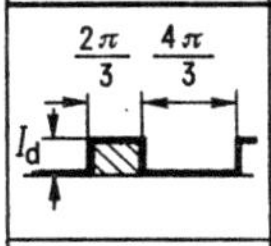 $\frac{2\pi}{3}$ $\frac{4\pi}{3}$, I_d	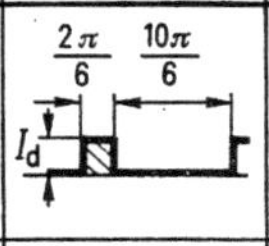 $\frac{2\pi}{6}$ $\frac{10\pi}{6}$, I_d	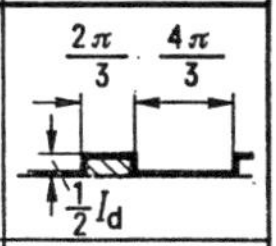 $\frac{2\pi}{3}$ $\frac{4\pi}{3}$, $\frac{1}{2}I_d$
$\frac{1}{\sqrt{3}} = 0{,}577$	$\frac{1}{\sqrt{6}} = 0{,}408$	$\frac{1}{2\sqrt{3}} = 0{,}289$
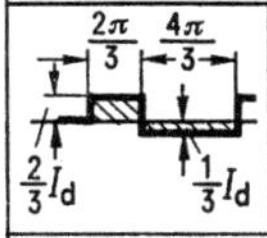 $\frac{2}{3}I_d$, $\frac{1}{3}I_d$	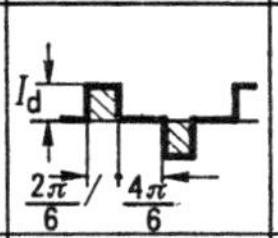 I_d, $\frac{2\pi}{6}$, $\frac{4\pi}{6}$	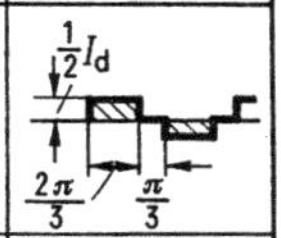 $\frac{1}{2}I_d$, $\frac{2\pi}{3}$, $\frac{\pi}{3}$
$\frac{\sqrt{2}}{3} = 0{,}471$	$\frac{1}{\sqrt{3}} = 0{,}577$	$\frac{1}{\sqrt{6}} = 0{,}408$
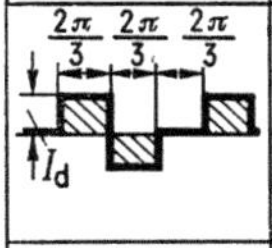 $\frac{2\pi}{3}$ $\frac{2\pi}{3}$ $\frac{2\pi}{3}$, I_d	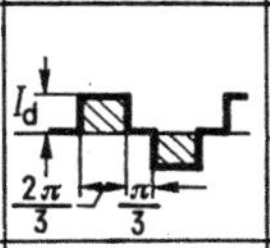 I_d, $\frac{2\pi}{3}$, $\frac{\pi}{3}$	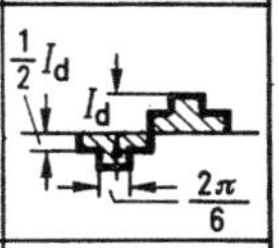 $\frac{1}{2}I_d$, I_d, $\frac{2\pi}{6}$
$\sqrt{\frac{2}{3}} = 0{,}817$	$\sqrt{\frac{2}{3}} = 0{,}817$	$\frac{1}{\sqrt{2}} = 0{,}707$
$\frac{3}{\pi}\sqrt{\frac{3}{2}} = 1{,}17$	$\frac{3\sqrt{2}}{\pi} = 1{,}35$	$\frac{3}{\pi}\sqrt{\frac{3}{2}} = 1{,}17$
$\sqrt{\frac{3}{2}} = 1{,}22$	$\sqrt{2} = 1{,}41$	$\sqrt{2} = 1{,}41$
$\frac{\pi}{3\sqrt{3}}(1+\sqrt{\frac{3}{2}}) = 1{,}35$	$\frac{\pi}{2\sqrt{6}}(1+\sqrt{2}) = 1{,}55$	$\frac{\pi}{6}(1+\sqrt{2}) = 1{,}26$

Abb. 13.9. Zusammenstellung der charakteristischen Daten der Mittelpunktschaltungen und der Saugdrosselschaltungen.

			a	b	c
1	Schaltung		▬ U_p	Y U_p	Δ U_p
2	ventilseitiger Leiterstrom	Form	←π→←π→ I_d	←$\frac{2\pi}{3}$→|$\frac{\pi}{3}$| I_d	←$\frac{2\pi}{3}$→|$\frac{\pi}{3}$| I_d
		$\frac{I_L}{I_d}$	1	$\sqrt{\frac{2}{3}} = 0{,}817$	$\sqrt{\frac{2}{3}} = 0{,}817$
3	netzseitiger = ventilseitiger Wicklungsstrom	Form	←π→←π→ I_d	←$\frac{2\pi}{3}$→|$\frac{\pi}{3}$| I_d	|$\frac{\pi}{3}$| $\frac{1}{3}I_d$ $\frac{2}{3}I_d$
		$\frac{I_p}{I_d} = \frac{I_p}{I_d}$	1	$\sqrt{\frac{2}{3}} = 0{,}817$	$\frac{\sqrt{2}}{3} = 0{,}471$
4	netzseitiger Leiterstrom	Form		Form und Effektivwert wie beim netzseitigen Wicklungsstrom	
		$\frac{I_L}{I_d}$			
5	Gleichspannung	$\frac{U_{di}}{U_p}$	$\frac{2\sqrt{2}}{\pi} = 0{,}900$	$\frac{3\sqrt{2}}{\pi}\sqrt{3} = 2{,}34$	$\frac{3\sqrt{2}}{\pi} = 1{,}35$
6	Strangspannung/ Sternspannung	$\frac{U_p}{U_s}$	1	1	$\sqrt{3}$
7	Transformator Bauleistung	$\frac{P_T}{P_{di}}$	$\frac{\pi}{4\sqrt{2}}(1+1) = 1{,}11$	$\frac{\pi}{6}(1+1) = 1{,}05$	$\frac{\pi}{6}(1+1) = 1{,}05$

13.4 Sechspulsige Brückenschaltung

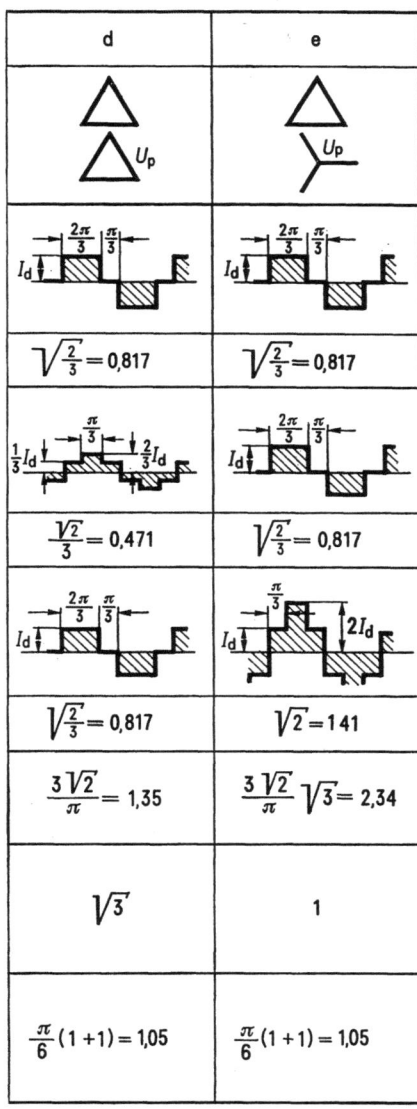

Abb. 13.10. Zusammenstellung der charakteristischen Daten der Brückenschaltungen.

die dritte Gl. (13.64):

$$\frac{I_p}{I_d} = \sqrt{\frac{2}{3}} = 0{,}817, \quad \frac{I_L}{I_d} = \sqrt{2} = 1{,}41, \quad \frac{U_{di}}{U_p} = \frac{3\sqrt{2}}{\pi}\sqrt{3} = 2{,}34. \tag{13.64}$$

Relative Bauleistung. Bei der Berechnung der relativen Bauleistung P_T/P_{di} der vier Transformatoren in Abb. 13.10b bis e beachtet man, daß die Effektivwerte der netzseitigen und ventilseitigen Wicklungsströme einander gleich sind; dasselbe gilt für die Effektivwerte der Wicklungsspannungen. Da außerdem $Q = 3$ und $q = 3$ gilt, folgt aus (13.5) und (13.8):

$$\frac{P_T}{P_{di}} = \frac{3}{2}\frac{U_p}{U_{di}}\frac{I_p}{I_d}(1+\gamma), \quad \gamma = 1. \tag{13.65}$$

Mit den Zahlenwerten (13.58), (13.60), (13.62), (13.64) berechnet man aus (13.65) die relative Bauleistung; man erhält für alle vier Transformatoren der Abb. 13.10b bis e denselben Zahlenwert für P_T/P_{di} und für das Verhältnis γ der ventilseitigen und netzseitigen Wicklungsscheinleistungen

$$\frac{P_T}{P_{di}} = \frac{\pi}{6}(1+1) \approx 1{,}05, \quad \gamma = 1. \tag{13.66}$$

Der Vergleich des Zahlenwertes (13.66) mit den Zahlenwerten der Transformatoren der Mittelpunktschaltung und der Saugdrosselschaltung (Abb. 13.9) zeigt, daß die sechspulsige Brückenschaltung in bezug auf die Transformatorbauleistung beachtliche Vorteile aufweist.

In Abb. 13.10 sind die wichtigsten Daten der Transformatoren der Brückenschaltungen zusammengestellt.

14 Einfluß der Netzinduktivitäten, der Transformatorstreuung und des Jochflusses auf den Stromrichterbetrieb bei einfacher Kommutierung und idealer Glättung

Wenn ideale Glättung des Gleichstromes und einfache Kommutierung angenommen wird, ist die Beschreibung des Einflusses der Netzinduktivitäten L_n, der Streuinduktivitäten L_p, L_s und der Jochinduktivität L_j auf den Stromrichterbetrieb ziemlich einfach. Diesem speziellen Betriebsfall, der im vorliegenden Abschnitt 14 ausführlicher beschrieben wird, kommt besondere Bedeutung zu, weil die einfache Kommutierung — wie am Beispiel der Mittelpunktschaltung in Abschn. 6 gezeigt wurde— bei den meisten Anwendungen den vollen Nennbereich, zumindest aber einen wesentlichen Teil davon umfaßt und möglichst gute Glättung des Gleichstromes fast immer gefordert wird.

14.1 Allgemeine Aussagen zur einfachen Kommutierung

Der Einfluß der Netzinduktivitäten L_n, der Streuinduktivitäten L_p, L_s des Stromrichtertransformators und der Jochinduktivität L_j auf den Stromrichterbetrieb kann nur dann richtig beurteilt werden, wenn von gleichen Voraussetzungen ausgegangen wird; diese Voraussetzungen werden im Abschn. 14.11 beschrieben. Außerdem treten bei einfacher Kommutierung Erscheinungen auf, die gemeinsam für alle Stromrichtertransformatoren der Abb. 12.1 und 12.2 gelten; sie werden im Abschn. 14.12 zusammengestellt.

14.11 Vergleichbarkeit der Schaltungen

Bei den meisten Aufgaben der Praxis ist ein dreiphasiges Netz mit der effektiven Sternspannung E bzw. mit der effektiven Leiterspannung $\sqrt{3}E$ vorgegeben. Meistens ist auch die Gleichspannung U_{di} durch den Verbraucher festgelegt. Man hat daher bei den einzelnen Transformatoren der Abb. 12.1 und 12.2 das Übersetzungsverhältnis N_2/N_1 so zu wählen, daß sich zu einem vorgegebenen Effektivwert E eine ebenfalls vorgegebene Gleichspannung U_{di} einstellt. Das erforderliche Übersetzungs-

390   14 Einfluß der Netzinduktivitäten und der Transformatorstreuung

verhältnis N_2/N_1 hängt daher sowohl von der Art der angeschlossenen Stromrichterschaltung, als auch von der Schaltung der netzseitigen und ventilseitigen Wicklungen des Stromrichtertransformators ab.

Die Berechnung des erforderlichen Übersetzungsverhältnisses N_2/N_1 soll am Beispiel der Mittelpunktschaltungen vorgenommen werden. In diesem Falle ist U_{di} durch die Beziehung (6.18) gegeben. Die in (6.18) auftretende ventilseitige Sternspannung U_s ist mit der netzseitigen Strangspannung E bei netzseitiger Sternschaltung durch $N_2/N_1 = U_s/E$ und bei netzseitiger Dreieckschaltung durch $N_2/N_1 = U_s/\sqrt{3}\,E$ verknüpft. Eliminiert man U_s mit Hilfe dieser Ausdrücke aus (6.18), dann erhält

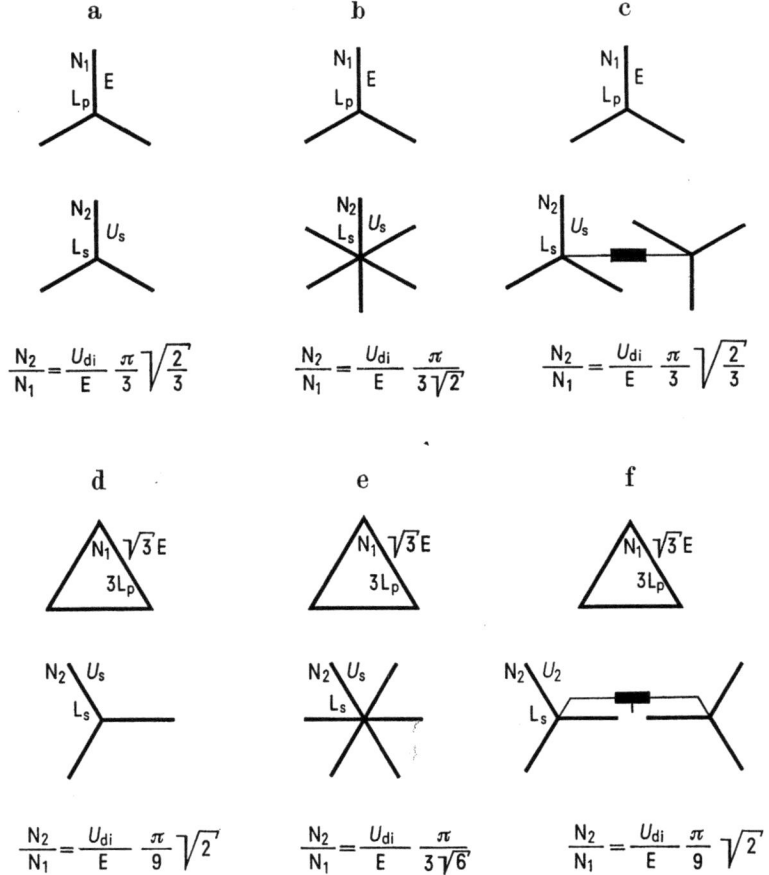

Abb. 14.1. Transformatoren der sechspulsigen Mittelpunktschaltungen und Saugdrosselschaltungen mit Angabe des Übersetzungsverhältnisses N_2/N_1, das bei vorgegebenen Werten von U_{di}/E erforderlich ist.

14.1 Allgemeine Aussagen zur einfachen Kommutierung

man folgende Beziehungen für das erforderliche Übersetzungsverhältnis:

$$\left(\frac{N_2}{N_1}\right)_{st} = \frac{U_{di}}{E} \frac{\pi}{\sqrt{2}\, p \sin\frac{\pi}{p}}, \quad \left(\frac{N_2}{N_1}\right)_{dr} = \frac{U_{di}}{E} \frac{\pi}{\sqrt{6}\, p \sin\frac{\pi}{p}}. \quad (14.1)$$

Die Indices st bzw. dr weisen auf die netzseitige Schaltung hin. In der Abb. 14.1 sind die erforderlichen Werte des Übersetzungsverhältnisses bei den einzelnen Transformatorschaltungen angegeben. In entsprechender Weise berechnet man die in Abb. 14.2 eingetragenen Übersetzungsverhältnisse der Transformatoren der sechspulsigen Brückenschaltung.

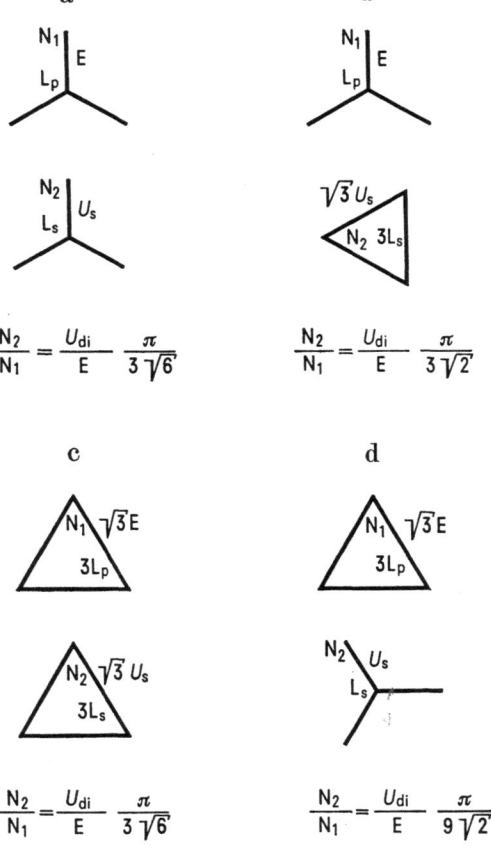

Abb. 14.2. Transformatoren der sechspulsigen Brückenschaltungen mit Angabe des Übersetzungsverhältnisses N_2/N_1, das bei vorgegebenen Werten von U_{di}/E erforderlich ist.

14 Einfluß der Netzinduktivitäten und der Transformatorstreuung

Durch die Festlegung, daß der netzseitige Stern und das netzseitige Dreieck vom gleichen Drehstromnetz gespeist werden, z. B. Abb. 14.1a, d, hat man bereits — wie gezeigt werden soll — eine zahlenmäßige Verknüpfung zwischen der Streuinduktivität L_p bei netzseitigem Stern und der Streuinduktivität L_p' bei netzseitigem Dreieck hergestellt.

Nimmt man an, daß ein Transformatorstrang der netzseitigen Sternschaltung in Abb. 14.1a die Windungszahl N_1 und die Streuleitfähigkeit Λ_1 besitzt, dann gilt für die Streuinduktivität dieses Stranges $L_p = N_1^2 \Lambda_1$. Wenn man beim gleichen Drehstromnetz zur netzseitigen Dreieckschaltung Abb. 14.1d übergeht, hat man bei den Wicklungssträngen — um in beiden Fällen den gleichen Schenkelfluß sicherzustellen — die Windungszahl $N_1 \sqrt{3}$ vorzusehen. Da die Streuleitfähigkeit eines Transformatorstranges bei Veränderung der Windungszahl im wesentlichen unverändert bleibt, folgt für die Streuinduktivität L_p' bei netzseitigem Dreieck

$$L_p' = \left(N_1 \sqrt{3}\right)^2 \Lambda_1 = 3 L_p, \qquad L_p = N_1^2 \Lambda_1. \tag{14.2}$$

Bezeichnet man die Streuleitfähigkeit eines ventilseitigen Transformatorstranges der Sternschaltung (Abb. 14.2a) mit Λ_2, dann folgen in entsprechender Weise für die Streuinduktivität L_s bei ventilseitigem Stern (Abb. 14.2a) und L_s' bei ventilseitigem Dreieck (Abb. 14.2b) die Beziehungen

$$L_s' = \left(N_2 \sqrt{3}\right)^2 \Lambda_2 = 3 L_s, \qquad L_s = N_2^2 \Lambda_2. \tag{14.3}$$

Man kann daher unter den gegebenen Voraussetzungen nur eine der beiden Induktivitäten L_p, L_p' oder L_s, L_s' frei vorgeben, die andere ist dann jeweils durch (14.2) bzw. durch (14.3) festgelegt.

Bei der Anwendung der Reduktionsgleichungen (12.84), (12.85) auf vergleichbare Schaltungen im eben beschriebenen Sinn hat man die Spannungen e_1, e_2, e_3 bei netzseitigem Stern durch die Ausdrücke (12.88), bei netzseitigem Dreieck durch (12.90) zu ersetzen und dabei dem Übersetzungsverhältnis N_2/N_1 die Werte der jeweiligen Schaltungen in Abb. 14.1 zu erteilen. Für die Größen L_k und L_h des gemeinsamen Ersatzschaltplanes Abb. 12.8a hat man nach (12.89) bei netzseitiger Sternschaltung

$$L_k = \left(\frac{N_2}{N_1}\right)^2 (L_n + L_p), \qquad L_h = L_j \tag{14.4}$$

zu setzen. Bei netzseitiger Dreieckschaltung gilt (12.91); man hat darin jedoch, um die Vergleichbarkeit der Schaltungen (Abb. 14.1) zu gewährleisten, nach (14.2) die Größe L_p durch $3 L_p$ zu ersetzen. Damit folgt für

14.1 Allgemeine Aussagen zur einfachen Kommutierung 393

vergleichbare Schaltungen:

$$L_\mathrm{k} = \left(\frac{N_2}{N_1}\right)^2 3(L_\mathrm{n} + L_\mathrm{p}), \qquad L_\mathrm{h} = \frac{\left(\frac{N_2}{N_1}\right)^2 L_\mathrm{p}}{1+\lambda}, \qquad \lambda = \left(\frac{N_2}{N_1}\right)^2 \frac{L_\mathrm{p}}{L_\mathrm{j}}.$$
(14.5)

Entsprechende Überlegungen gelten für die Brückenschaltung.

14.12 Verlauf der Ströme und Spannungen bei einfacher Kommutierung und idealer Glättung

Bei einfacher Kommutierung und idealer Glättung des Gleichstromes verläuft der Ventilstrom außerhalb der Kommutierungszeit zeitlich konstant, oder er besitzt den Wert Null. Diese Aussage gilt für alle Schaltungen der Abb. 14.1 und 14.2, für die Saugdrosselschaltungen jedoch nur im Idealfall $i_\sigma = 0$, d. h. bei unendlich großer Saugdrosselinduktivität (vgl. dazu Abb. 7.2).

Aus den Gln. (12.11) und (12.13) bis (12.15) und aus dem Knotenpunktsatz geht hervor, daß die Wicklungsströme und die Leiterströme der Transformatoren der Mittelpunktschaltungen und der Saugdrosselschaltung (Abb. 14.1) stets dann zeitlich konstant verlaufen, bzw. den Wert Null aufweisen, wenn auch die Ventilströme zeitlich konstant, bzw. Null sind. Aus den Beziehungen (12.79), (12.81) und dem Knotenpunktsatz folgt die gleiche Aussage für die Wicklungsströme und Leiterströme der Transformatoren der sechspulsigen Brückenschaltung (Abb. 14.2).

Aus diesen Überlegungen folgt, daß die Wicklungsströme und die Leiterströme bei allen Transformatoren der Abb. 14.1 und 14.2 nur in den Kommutierungsintervallen zeitlich veränderlich verlaufen, so daß nur in diesen Intervallen Spannungen an den Induktivitäten L_n, L_p, L_s und L_j entstehen; außerhalb der Kommutierungszeiten sind die Induktivitäten spannungslos.

Für die Transformatoren der Mittelpunktschaltungen und der Saugdrosselschaltung der Abb. 14.1 gilt nach Abschn. 12 der gemeinsame Ersatzschaltplan Abb. 12.8a. Für die Transformatoren der sechspulsigen Brückenschaltungen der Abb. 14.2 wurde in Abschn. 12.4 der gemeinsame Ersatzschaltplan Abb. 12.11a abgeleitet. Beide Ersatzschaltpläne gelten bei beliebigem Zeitverlauf der Wicklungsströme und Leiterströme, also auch bei beliebig vielen gleichzeitig stromführenden Ventilen der angeschlossenen Ventilanordnung. Der hier zu beschreibende Sonderfall der einfachen Kommutierung ist demnach in den Ersatzschaltplänen Abb. 12.8a und 12.11a als Sonderfall mit enthalten.

Der Zeitverlauf der Spannungen an den Induktivitäten L_n, L_p, L_s und L_j ist — wie in Abschn. 14.3 gezeigt wird — bei allen Schaltungen durch

Ausschnitte aus einer Sinuslinie mit der Netzfrequenz und einer entsprechenden Amplitude gegeben. Diese Spannungsverluste führen bei den Wicklungsspannungen der Transformatoren zu Abweichungen von der Sinusform, die man als Kommutierungseinbrüche bezeichnet.

Die Vorgänge während der Überlappungszeit sind bei den einzelnen Schaltungen verschieden, so daß eine getrennte Beschreibung (Abschn. 14.2) erforderlich wird.

14.2 Ersatzschaltungen und Gleichspannungsverlust bei einfacher Kommutierung

Bei der Beschreibung der einzelnen Schaltungen der Abb. 14.1 und 14.2 wird stets von einem vorgegebenen Drehstromnetz und einem vorgegebenen Gleichspannungsmittelwert U_{di} ausgegangen, so daß das Übersetzungsverhältnis N_2/N_1 der Transformatorwicklungen durch die in den Abb. 14.1 und 14.2 festgelegten Beziehungen gegeben ist. Bei der Berechnung des Gleichspannungsverlustes D_∞ muß man, um die Vergleichbarkeit zu wahren, beachten, daß zwischen den Streuinduktivitäten L_p, L_s der Sternschaltung und den Streuinduktivitäten L_p', L_s' der Dreieckschaltung die Beziehungen (14.2), (14.3) bestehen.

14.21 Einfache Kommutierung bei der Saugdrosselschaltung

Die Saugdrosselschaltung entsteht aus der Abb. 12.8a, indem an dem umrandeten Teil — wie in den Abb. 13.1b und 13.5b — ein Ventilstern und die Saugdrossel angeschlossen werden.

In der Bezeichnungsweise des Abschn. 12.11 bilden die Ventile V_1, V_2, V_3 die eine und die Ventile V_1', V_2', V_3' die andere Kommutierungsgruppe der Saugdrosselschaltung (vgl. z. B. Abb. 13.1b und 13.5b). Vorausgesetzt wird normaler Saugdrosselbetrieb $I_d > I_{krit}$ und $i_\sigma \to 0$; damit folgt aus (7.7) bei idealer Glättung die Beziehung $i_I - i_{II} = 0$.

Nach Abschn. 7.3 gilt während der gemeinsamen Stromführung der Ventile V_1, V_3 der einen Kommutierungsgruppe die Beziehung $i_{s1} + i_{s3} = I_d/2$, in der anderen Kommutierungsgruppe führt das Ventil V_2 allein den Strom $i_{s2}' = I_d/2$. Mit diesen Angaben und $i_I - i_{II} = 0$ erhält man für beliebige Werte des Übersetzungsverhältnisses N_2/N_1 aus (12.57), (12.58) die folgenden Beziehungen für die ventilseitigen Wicklungsspannungen u_{s1}, u_{s3} und u_{s2}' der stromführenden Ventile:

$$u_{s1} = e_1 - \omega L_c \frac{di_{s1}}{dx}, \qquad u_{c1} = \omega L_c \frac{di_{s1}}{dx} = -u_{c3}, \qquad (14.6)$$

$$u_{s3} = e_3 - \omega L_c \frac{di_{s3}}{dx}, \qquad u_{c3} = \omega L_c \frac{di_{s3}}{dx} = -u_{c1}, \qquad (14.7)$$

14.2 Ersatzschaltungen u. Gleichspannungsverlust bei einf. Kommutierung 395

$$u'_{s2} = -e_2, \qquad L_c = L_k + L_s, \qquad u'_{c2} = 0. \qquad (14.8)$$

Aus den Gln. (14.6) bis (14.8) liest man ab, daß die Saugdrosselschaltungen mit netzseitigem Stern und netzseitigem Dreieck einschließlich der Netzinduktivitäten L_n während der gemeinsamen Stromführung der Ventile V_1, V_3 und V_2' durch die Anordnung Abb. 14.3 elektrisch gleichwertig ersetzt werden können. Die Gleichungen (14.6) bis (14.8) beschreiben den Spannungsverlauf an den zugehörigen Kommutierungsinduktivitäten L_c während der gemeinsamen Stromführung der Ventile V_1, V_3 und V_2'. Entsprechende Ersatzschaltpläne können für die zeitlich folgenden Kommutierungsintervalle angegeben werden.

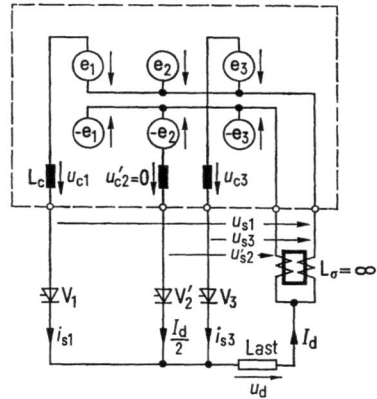

Abb. 14.3. Ersatzschaltplan der Saugdrosselschaltung bei einfacher Kommutierung, idealer Glättung, während der Stromführung der Ventile V_1, V_3, V_2'.

Ein Vergleich der Schaltung Abb. 14.3 mit der in Abschn. 7.3 bereits ausführlich beschriebenen Anordnung Abb. 7.7 zeigt, daß beide Schaltungen während der gemeinsamen Stromführung der Ventile V_1, V_3 und V_2' elektrisch gleichwertig sind. Daraus geht hervor, daß die Netzinduktivitäten, die Transformatorstreuung und der Jochfluß bei einfacher Kommutierung dieselbe Wirkung wie konzentrierte Induktivitäten $L_c = L_k + L_s$ in den Ventilzuleitungen hervorrufen. Damit ist die Frage nach dem Einfluß der Größen L_n, L_p, L_s und L_j auf den Betrieb bei einfacher Kommutierung und idealer Glättung auf die in Abschn. 7.3 bereits ausführlich beschriebene Problemstellung zurückgeführt. Für den Zeitverlauf der Ventilströme und der Gleichspannung gilt daher Abb. 7.8; der Gleichspannungsverlust D_∞ ist durch (7.31) gegeben.

Die bisher für den Bereich der einfachen Kommutierung abgeleiteten Aussagen über die Saugdrosselschaltung gelten gemeinsam für die netzseitige Sternschaltung und für die netzseitige Dreieckschaltung.

14 Einfluß der Netzinduktivitäten und der Transformatorstreuung

Bei netzseitigem Stern erhält man mit (12.88), (12.89) folgende Werte für die Größen e_1, e_2, e_3 und $L_c = L_k + L_s$ des Ersatzschaltplanes Abb. 14.3:

$$L_c = \left(\frac{N_2}{N_1}\right)^2 (L_n + L_p) + L_s, \qquad e_1 = \frac{N_2}{N_1} e_{N1}, \text{ usw.} \qquad (14.9)$$

In (14.9) hat man bei vorgegebenem E und U_{di} nach Abb. 14.1c das folgende Übersetzungsverhältnis zu wählen:

$$\frac{N_2}{N_1} = \frac{U_{di}}{E} \frac{\pi}{3} \sqrt{\frac{2}{3}}. \qquad (14.10)$$

Aus (7.31), (14.9), (14.10) erhält man für den Gleichspannungsverlust D_∞ die Beziehung

$$\begin{aligned} D_\infty &= \frac{3}{4\pi} \left(\frac{N_2}{N_1}\right)^2 \omega(L_n + L_p) I_d + \frac{3}{4\pi} \omega L_s I_d \\ &= \frac{\pi}{18} \left(\frac{U_{di}}{E}\right)^2 \omega(L_n + L_p) I_d + \frac{3}{4\pi} \omega L_s I_d. \end{aligned} \qquad (14.11)$$

Bei netzseitigem Dreieck berechnet man die Größen e_1, e_2, e_3 und $L_c = L_k + L_s$ aus (12.90), (12.91). Dabei hat man zu beachten, daß nach (14.2) an Stelle von L_p der Wert $3L_p$ einzusetzen ist:

$$L_c = \left(\frac{N_2}{N_1}\right)^2 3(L_n + L_p) + L_s, \qquad e_1 = \frac{N_2}{N_1} e_{L1}, \text{ usw.} \qquad (14.12)$$

Für das Übersetzungsverhältnis N_2/N_1 folgt aus Abb. 14.1f

$$\frac{N_2}{N_1} = \frac{U_{di}}{E} \frac{\pi}{9} \sqrt{2}. \qquad (14.13)$$

Aus (7.31), (14.12), (14.13) folgt für den Gleichspannungsverlust D_∞:

$$\begin{aligned} D_\infty &= \frac{3}{4\pi} \left(\frac{N_2}{N_1}\right)^2 3\omega(L_n + L_p) I_d + \frac{3}{4\pi} \omega L_s I_d \\ &= \frac{\pi}{18} \left(\frac{U_{di}}{E}\right)^2 \omega(L_n + L_p) I_d + \frac{3}{4\pi} \omega L_s I_d. \end{aligned} \qquad (14.14)$$

Der Vergleich von (14.11) und (14.14) zeigt, daß der Gleichspannungsverlust D_∞ bei netzseitigem Stern und Dreieck gleich groß ist.

14.2 Ersatzschaltungen u. Gleichspannungsverlust bei einf. Kommutierung 397

14.22 Einfache Kommutierung bei der sechspulsigen Mittelpunktschaltung

Aus dem Ersatzschaltplan Abb. 12.8a entsteht die sechspulsige Mittelpunktschaltung, indem man an den umrandeten Teil — wie in Abb. 13.2b und 13.6b — einen Ventilstern anschließt und die beiden kurzgeschlossenen Sternpunktleiter mit der Last verbindet.

Beim Betrieb der sechspulsigen Mittelpunktschaltung mit netzseitigem Stern des Stromrichtertransformators wird $I_\text{krit} \geqq 2I_\text{dN}$ (vgl. Abschn. 13.23 und die Abb. 13.2, 13.3) angenommen. Unter dieser Voraussetzung besteht die sechspulsige Mittelpunktschaltung nur aus einer einzigen Kommutierungsgruppe, deren sechs Ventile in der Reihenfolge V_1, V_3', V_2, V_1', V_3, V_2' die Stromführung übernehmen (vgl. Abb. 13.2 und 13.6), so daß die folgenden Aussagen gemeinsam für netzseitige Sternschaltung und Dreieckschaltung gelten.

Während der Überlappungszeit führen zwei zeitlich aufeinanderfolgende Ventile, z. B. die Ventile V_2' und V_1, gemeinsam Strom. Dann gilt $i'_{s2} + i_{s1} = I_d$ und $i'_{s3} = i_{s2} = i'_{s1} = i_{s3} = 0$. Daraus folgt $di_{s1} = -di'_{s2}$ und weiter $d(i_\text{I} - i_\text{II}) = d(i_{s1} - i'_{s2}) = 2di_{s1}$. Mit dieser Aussage können die Wicklungsspannungen u_{s1}, u'_{s2} der beiden stromführenden ventilseitigen Wicklungen für den Fall einfacher Kommutierung und idealer Glättung aus (12.57), (12.58) berechnet werden; man erhält:

$$u_{s1} = e_1 - \omega L_c \frac{di_{s1}}{dx}, \quad u_{c1} = \omega L_c \frac{di_{s1}}{dx} = -u'_{c2}, \quad (14.15)$$

$$u'_{s2} = -e_2 - \omega L_c \frac{di'_{s2}}{dx}, \quad u'_{c2} = \omega L_c \frac{di'_{s2}}{dx} = -u_{c1}, \quad (14.16)$$

$$L_c = \frac{L_k}{3} + 2L_h + L_s. \quad (14.17)$$

Die Gln. (14.15), (14.16) zeigen, daß die sechspulsigen Mittelpunktschaltungen mit netzseitigem Stern und netzseitigem Dreieck einschließlich der Netzinduktivitäten L_n während der gemeinsamen Stromführung der Ventile V_1, V_2' durch die Anordnung Abb. 14.4 elektrisch gleichwertig ersetzt werden können. Der Spannungsverlauf u_{c1}, u'_{c2} an den entsprechenden Kommutierungsinduktivitäten L_c wird durch die zweiten Gleichungen in (14.15), (14.16) beschrieben. Entsprechende Ersatzschaltpläne können für die zeitlich folgenden Kommutierungsintervalle angegeben werden.

Setzt man in Abb. 6.19 für die Pulszahl $p = 6$, dann zeigt der Vergleich mit Abb. 14.4, daß beide Schaltungen während der gemeinsamen Stromführung der Ventile V_1 und V_2' elektrisch gleichwertig sind. Daraus folgt, daß man den Einfluß der Netzinduktivitäten, der Transformator-

14 Einfluß der Netzinduktivitäten und der Transformatorstreuung

streuung und des Jochflusses bei einfacher Kommutierung durch Induktivitäten $L_c = L_k/3 + 2L_h + L_s$ in den Ventilzuleitungen ersetzen kann; die Aufgabe wird damit auf die in Abschn. 6.31 und 6.32 bereits ausführlich behandelte Problemstellung zurückgeführt. Für den Zeitverlauf

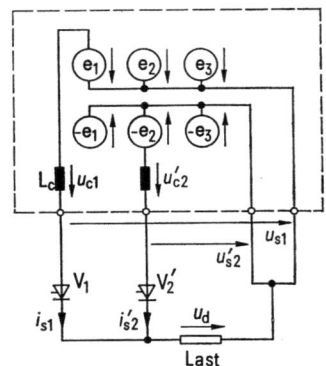

Abb. 14.4. Ersatzschaltplan der sechspulsigen Mittelpunktschaltung bei einfacher Kommutierung und idealer Glättung während der Stromführung der Ventile V_1, V_2'.

der Ventilströme und der Gleichspannung gilt daher die Abb. 6.21 und der Gleichspannungsverlust D_∞ ist mit $p = 6$ aus der Gl. (6.49) zu entnehmen.

Die voranstehenden Aussagen gelten gemeinsam für die sechspulsige Mittelpunktschaltung mit netzseitiger Sternschaltung und mit netzseitiger Dreieckschaltung.

Bei netzseitigem Stern erhält man mit (12.88), (12.89) folgende Werte für die Größen e_1, e_2, e_3 und $L_c = L_k/3 + 2L_h + L_s$ des Ersatzschaltplanes Abb. 14.4:

$$L_c = \left(\frac{N_2}{N_1}\right)^2 \frac{1}{3}(L_n + L_p) + 2L_j + L_s, \qquad e_1 = \frac{N_2}{N_1} e_{N1}, \text{ usw.} \quad (14.18)$$

In (14.18) hat man bei vorgegebenen Werten von E und U_{di} nach Abb. 14.1b folgende Beziehung für das Übersetzungsverhältnis zu wählen:

$$\frac{N_2}{N_1} = \frac{U_{di}}{E} \frac{\pi}{3\sqrt{2}}. \quad (14.19)$$

Aus (6.49), (14.18), (14.19) erhält man für den Gleichspannungsverlust D_∞

$$D_\infty = \frac{3}{\pi}\left(\frac{N_2}{N_1}\right)^2 \frac{1}{3} \omega(L_n + L_p) I_d + \frac{3}{\pi} \omega(L_j + L_s) I_d$$

$$= \frac{\pi}{18}\left(\frac{U_{di}}{E}\right)^2 \omega(L_n + L_p) I_d + \frac{3}{\pi} \omega(2L_j + L_s) I_d. \quad (14.20)$$

14.2 Ersatzschaltungen u. Gleichspannungsverlust bei einf. Kommutierung

Bei netzseitigem Dreieck berechnet man die Größen e_1, e_2, e_3 und $L_c = L_k/3 + 2L_h + L_s$ aus (12.90), (12.91). Dabei ist zu beachten, daß nach (14.2) an Stelle von L_p der Wert $3L_p$ einzusetzen ist. Man erhält

$$L_c = \left(\frac{N_2}{N_1}\right)^2 \left(L_n + L_p \frac{3+\lambda}{1+\lambda}\right) + L_s, \quad \lambda = \left(\frac{N_2}{N_1}\right)^2 \frac{L_p}{L_j},$$

$$e_1 = \frac{N_2}{N_1} e_{L1}, \text{ usw.} \tag{14.21}$$

Für das Übersetzungsverhältnis N_2/N_1 folgt aus Abb. 14.1e:

$$\frac{N_2}{N_1} = \frac{U_{di}}{E} \frac{\pi}{3\sqrt{6}}. \tag{14.22}$$

Aus (6.49), (14.21), (14.22) erhält man folgenden Ausdruck für den Gleichspannungsverlust D_∞:

$$D_\infty = \frac{3}{\pi} \left(\frac{N_2}{N_1}\right)^2 \omega \left(L_n + L_p \frac{3+\lambda}{1+\lambda}\right) I_d + \frac{3}{\pi} \omega L_s I_d$$
$$= \frac{\pi}{18} \left(\frac{U_{di}}{E}\right)^2 \omega \left(L_n + L_p \frac{3+\lambda}{1+\lambda}\right) I_d + \frac{3}{\pi} \omega L_s I_d. \tag{14.23}$$

Der Faktor $(3+\lambda)/(1+\lambda)$ in (14.23) ändert sich zwischen $L_j = 0$ und $L_j = \infty$ nur von 1 auf 3. Der Spannungsverlust D_∞ wird daher bei netzseitigem Dreieck nur wenig durch den Jochfluß beeinflußt. Bei netzseitigem Stern besitzt dagegen D_∞ einen Anteil, der proportional mit L_j wächst.

14.23 Einfache Kommutierung bei der dreipulsigen Mittelpunktschaltung

Aus dem Ersatzschaltplan Abb. 12.8a folgt die dreipulsige Mittelpunktschaltung, indem man die unteren Wicklungen der verketteten Drosselspule fortläßt und an den umrandeten Teil — wie in Abb. 13.4b und 13.7b — einen Ventilstern anschließt und den Sternpunktleiter mit der Last verbindet.

Bei der dreipulsigen Mittelpunktschaltung ist nur eine Kommutierungsgruppe vorhanden, deren drei Ventile in der Reihenfolge V_1, V_2, V_3 die Stromführung übernehmen (vgl. Abb. 13.4 und 13.7).

Während der Überlappungszeit führen zwei zeitlich aufeinanderfolgende Ventile, z. B. die Ventile V_3 und V_1, gemeinsam Strom; dann gilt $i_{s3} + i_{s1} = I_d$ und $i_{s2} = 0$ bzw. $i_I = I_d$ und $i_{II} = 0$. Damit erhält man aus (12.57) die Wicklungsspannung u_{s1} und aus einer entsprechenden Gleichung die Wicklungsspannung u_{s3} der beiden stromführenden ventilseitigen Transformatorwicklungen

$$u_{s1} = e_1 - \omega L_c \frac{di_{s1}}{dx}, \quad u_{c1} = \omega L_c \frac{di_{s1}}{dx} = -u_{c3}, \quad (14.24)$$

$$u_{s3} = e_3 - \omega L_c \frac{di_{s3}}{dx}, \quad u_{c3} = \omega L_c \frac{di_{s3}}{dx} = -u_{c1}, \quad (14.25)$$

$$L_c = L_k + L_s. \quad (14.26)$$

Die Gln. (14.24) bis (14.26) zeigen, daß man die dreipulsigen Mittelpunktschaltungen mit netzseitigem Stern und netzseitigem Dreieck während der gemeinsamen Stromführung der Ventile V_1 und V_3 elektrisch gleichwertig durch die Anordnung Abb. 14.5 ersetzen kann. Die zweiten Glei-

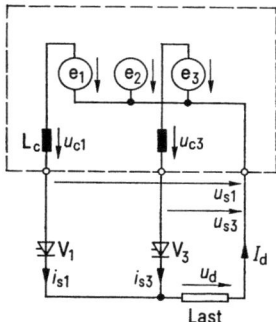

Abb. 14.5. Ersatzschaltplan der dreipulsigen Mittelpunktschaltung bei einfacher Kommutierung und idealer Glättung während der Stromführung der Ventile V_1, V_3.

chungen in (14.24), (14.25) beschreiben die Spannungen an den Kommutierungsinduktivitäten L_c während der gemeinsamen Stromführung der Ventile V_1 und V_3. Entsprechende Ersatzschaltpläne kann man für die zeitlich folgenden Kommutierungsintervalle angeben.

Setzt man in Abb. 6.19 $p = 3$, dann zeigt der Vergleich mit Abb. 14.5, daß beide Schaltungen während der gemeinsamen Stromführung der Ventile V_1, V_3 elektrisch gleichwertig sind. Man folgert genauso wie im vorangehenden Abschn. bei der sechspulsigen Mittelpunktschaltung, daß für den Zeitverlauf der Ventilströme und der Gleichspannung die Abb. 6.21 gilt und daß man den Gleichspannungsverlust D_∞ aus (6.49) erhält.

Die voranstehenden Aussagen gelten gemeinsam für die dreipulsige Mittelpunktschaltung mit netzseitigem Stern und mit netzseitigem Dreieck.

14.2 Ersatzschaltungen u. Gleichspannungsverlust bei einf. Kommutierung

Bei netzseitigem Stern erhält man mit (12.88), (12.89) folgende Werte für e_1, e_2, e_3 und $L_\mathrm{c} = L_\mathrm{k} + L_\mathrm{s}$ des Ersatzschaltplanes Abb. 14.5

$$L_\mathrm{c} = \left(\frac{N_2}{N_1}\right)^2 (L_\mathrm{n} + L_\mathrm{p}) + L_\mathrm{s}, \qquad e_1 = \frac{N_2}{N_1} e_{\mathrm{N}1}, \text{ usw.} \qquad (14.27)$$

Nach Abb. 14.1a hat man in (14.27) bei vorgegebenen Werten von E und U_di das Übersetzungsverhältnis

$$\frac{N_2}{N_1} = \frac{U_\mathrm{di}}{E} \frac{\pi}{3} \sqrt{\frac{2}{3}} \qquad (14.28)$$

zu wählen. Aus (6.49), (14.27), (14.28) erhält man für den Gleichspannungsverlust D_∞:

$$\begin{aligned} D_\infty &= \frac{3}{2\pi} \left(\frac{N_2}{N_1}\right)^2 \omega(L_\mathrm{n} + L_\mathrm{p}) I_\mathrm{d} + \frac{3}{2\pi} \omega L_\mathrm{s} I_\mathrm{d} \\ &= \frac{\pi}{9} \left(\frac{U_\mathrm{di}}{E}\right)^2 \omega(L_\mathrm{n} + L_\mathrm{p}) I_\mathrm{d} + \frac{3}{2\pi} \omega L_\mathrm{s} I_\mathrm{d}. \end{aligned} \qquad (14.29)$$

Bei netzseitigem Dreieck berechnet man die Größen e_1, e_2, e_3 und $L_\mathrm{c} = L_\mathrm{k} + L_\mathrm{s}$ aus (12.90), (12.91). Dabei ist zu beachten, daß nach (14.2) an Stelle von L_p der Wert $3L_\mathrm{p}$ zu setzen ist. Man erhält:

$$L_\mathrm{c} = \left(\frac{N_2}{N_1}\right)^2 3(L_\mathrm{n} + L_\mathrm{p}) + L_\mathrm{s}, \qquad e_1 = \frac{N_2}{N_1} e_{\mathrm{L}1}, \text{ usw.} \qquad (14.30)$$

Für vorgegebene Werte von E und U_di folgt aus Abb. 14.1d das Übersetzungsverhältnis

$$\frac{N_2}{N_1} = \frac{U_\mathrm{di}}{E} \frac{\pi}{9} \sqrt{2}. \qquad (14.31)$$

Für den Gleichspannungsverlust D_∞ folgt aus (6.49), (14.30), (14.31):

$$\begin{aligned} D_\infty &= \frac{3}{2\pi} \left(\frac{N_2}{N_1}\right)^2 3\omega(L_\mathrm{n} + L_\mathrm{p}) I_\mathrm{d} + \frac{3}{2\pi} \omega L_\mathrm{s} I_\mathrm{d} \\ &= \frac{\pi}{9} \left(\frac{U_\mathrm{di}}{E}\right)^2 \omega(L_\mathrm{n} + L_\mathrm{p}) I_\mathrm{d} + \frac{3}{2\pi} \omega L_\mathrm{s} I_\mathrm{d}. \end{aligned} \qquad (14.32)$$

Die Gln. (14.29), (14.32) zeigen, daß die dreipulsigen Mittelpunktschaltungen bei netzseitigem Stern und bei netzseitigem Dreieck den gleichen Gleichspannungsverlust D_∞ aufweisen.

14.24 Sechspulsige Brückenschaltungen

Im Abschn. 12.4 wurde gezeigt, daß der Ersatzschaltplan Abb. 12.11a gemeinsam für alle vier Transformatoren der Abb. 12.2 und bei beliebigem Verlauf der Wicklungsströme und der Leiterströme gilt. Der Ersatzschaltplan gilt daher auch, wenn man nach Abb. 14.6 eine sechspulsige Brückenschaltung anschließt und bei einfacher Kommutierung oder bei Doppelkommutierung betreibt. Die Daten, die man der Kommutierungsinduktivität L_c bei den einzelnen Transformatorschaltungen zuweisen muß, sind in der Tabelle Abb. 12.11c zusammengestellt.

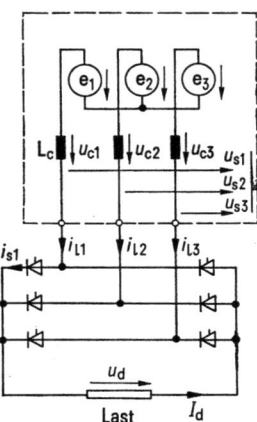

Abb. 14.6. Ersatzschaltplan der sechspulsigen Brückenschaltung.

Beim Vergleich der vier Transformatoren in Abb. 14.2 soll wieder vorausgesetzt werden, daß sie an demselben Drehstromnetz (Effektivwert E der Sternspannung) betrieben werden und daß auf der Gleichstromseite der Brückenschaltung in allen vier Fällen der gleiche Gleichspannungsmittelwert U_{di} vorgegeben ist. Diese Bedingungen sind erfüllt, wenn man dem Übersetzungsverhältnis N_2/N_1 der einzelnen Transformatoren den jeweils in Abb. 14.2 angeschriebenen Wert erteilt. Wenn diese Bedingungen erfüllt sind, muß man beachten, daß zwischen den Streuinduktivitäten L_p, L_s der Sternschaltungen und den Streuinduktivitäten L_p', L_s' der Dreieckschaltungen die Beziehungen (14.2), (14.3) bestehen.

Die Beziehung (8.54) für den Gleichspannungsverlust D_∞ gilt gemeinsam für alle vier Transformatorschaltungen der Abb. 14.2; lediglich die Werte für L_c und N_2/N_1 sind spezifisch für jede Transformatorschaltung den Abb. 12.11c und 14.2 zu entnehmen. Außerdem hat man zu beachten, daß bei netzseitigem Dreieck $3L_p$ statt L_p und bei ventilseitigem

14.2 Ersatzschaltungen u. Gleichspannungsverlust bei einf. Kommutierung

Dreieck $3L_s$ statt L_s eingesetzt wird. Man erhält dann für die vier Schaltungen die folgenden Ergebnisse:

Stern/Sternschaltung (Abb. 14.2a)

$$L_c = \left(\frac{N_2}{N_1}\right)^2 (L_n + L_p) + L_s, \qquad e_1 = \frac{N_2}{N_1} e_{N1}, \text{ usw.} \qquad (14.33)$$

$$\frac{N_2}{N_1} = \frac{U_{di}}{E} \frac{\pi}{3\sqrt{6}} \qquad (14.34)$$

$$D_\infty = \frac{3}{\pi} \left(\frac{N_2}{N_1}\right)^2 \omega(L_n + L_p) I_d + \frac{3}{\pi} \omega L_s I_d$$
$$= \frac{\pi}{18} \left(\frac{U_{di}}{E}\right)^2 \omega(L_n + L_p) I_d + \frac{3}{\pi} \omega L_s I_d \qquad (14.35)$$

Stern/Dreieckschaltung (Abb. 14.2b)

$$L_c = \left(\frac{N_2}{N_1}\right)^2 \frac{1}{3}(L_n + L_p) + L_s, \qquad e_1 = -\frac{N_2}{N_1} \frac{1}{3} e_{L1}, \text{ usw.} \qquad (14.36)$$

$$\frac{N_2}{N_1} = \frac{U_{di}}{E} \frac{\pi}{3\sqrt{2}} \qquad (14.37)$$

$$D_\infty = \frac{3}{\pi} \left(\frac{N_2}{N_1}\right)^2 \frac{1}{3} \omega(L_n + L_p) I_d + \frac{3}{\pi} \omega L_s I_d$$
$$= \frac{\pi}{18} \left(\frac{U_{di}}{E}\right)^2 \omega(L_n + L_p) I_d + \frac{3}{\pi} \omega L_s I_d \qquad (14.38)$$

Dreieck/Dreieckschaltung (Abb. 14.2c)

$$L_c = \left(\frac{N_2}{N_1}\right)^2 (L_n + L_p) + L_s, \qquad e_1 = \frac{N_2}{N_1} e_{N1}, \text{ usw.} \qquad (14.39)$$

$$\frac{N_2}{N_1} = \frac{U_{di}}{E} \frac{\pi}{3\sqrt{6}} \qquad (14.40)$$

$$D_\infty = \frac{3}{\pi} \left(\frac{N_2}{N_1}\right)^2 \omega(L_n + L_p) I_d + \frac{3}{\pi} \omega L_s I_d$$
$$= \frac{\pi}{18} \left(\frac{U_{di}}{E}\right)^2 \omega(L_n + L_p) I_d + \frac{3}{\pi} \omega L_s I_d \qquad (14.41)$$

Dreieck/Sternschaltung (Abb. 14.2d)

$$L_c = \left(\frac{N_2}{N_1}\right)^2 3(L_n + L_p) + L_s, \quad e_1 = \frac{N_2}{N_1} e_{L1}, \text{ usw.} \quad (14.42)$$

$$\frac{N_2}{N_1} = \frac{U_{di}}{E} \frac{\pi}{9\sqrt{2}} \quad (14.43)$$

$$D_\infty = \frac{3}{\pi} \left(\frac{N_2}{N_1}\right)^2 3\omega(L_n + L_p) I_d + \frac{3}{\pi} \omega L_s I_d$$

$$= \frac{\pi}{18} \left(\frac{U_{di}}{E}\right)^2 \omega(L_n + L_p) I_d + \frac{3}{\pi} \omega L_s I_d. \quad (14.44)$$

Der Vergleich von (14.35), (14.38), (14.41) und (14.44) zeigt, daß die sechspulsigen Brückenschaltungen unabhängig von der Schaltungsart der Stromrichtertransformatoren gleich große Gleichspannungsverluste aufweisen.

Auf einen Unterschied zu den in den Abschnitten 14.21 bis 14.23 beschriebenen Mittelpunktschaltungen und Saugdrosselschaltungen soll hingewiesen werden. Bei diesen Schaltungen kann der Einfluß der Netzinduktivitäten, der Transformatorstreuung und des Jochflusses nur bei einfacher Kommutierung und idealer Glättung durch konzentrierte Induktivitäten L_c in den Ventilzuleitungen beschrieben werden; wenn diese Voraussetzungen nicht erfüllt sind, wird man im allgemeinen auf kompliziertere Ersatzschaltungen geführt. Die Ersatzschaltung Abb. 14.6 für die sechspulsige Brückenschaltung gilt dagegen ohne Einschränkung, also auch bei Doppelkommutierung und bei beliebiger Last.

14.3 Verzerrung der Spannungen auf der Netzseite und auf der Ventilseite der Transformatoren durch Kommutierungseinbrüche

Beim Stromrichterbetrieb werden dem Netz und dem Stromrichtertransformator nichtsinusförmige Ströme entnommen, die an den Netzinduktivitäten, an den Streuinduktivitäten und an der Jochinduktivität des Transformators nichtsinusförmige Spannungsverluste verursachen, so daß der Zeitverlauf der Netzspannungen und der Wicklungsspannungen des Transformators von der Sinusform abweicht. Diese Abweichungen — sie werden nach der Verursachung und nach dem Zeitverlauf als Kommutierungseinbrüche oder Kommutierungszacken bezeichnet — sollen beschrieben werden.

Zur Vereinfachung wird ideale Glättung des Gleichstromes und einfache Kommutierung vorausgesetzt. Das Übersetzungsverhältnis N_2/N_1 soll die in den Abb. 14.1 und 14.2 eingetragenen Werte besitzen,

14.3 Verzerrung der Spannungen durch Kommutierungseinbrüche

so daß die Vergleichbarkeit der einzelnen Schaltungen untereinander sichergestellt ist (vgl. dazu Abschn. 14.11).

Einige Bezeichnungen sollen noch festgelegt werden. Die Fußindices st und dr werden dort verwendet, wo eine Unterscheidung zwischen Sternschaltung und Dreieckschaltung notwendig ist. Die Kommutierungsintervalle werden, um Verwechslungen mit den Strangspannungen zu vermeiden, mit $\bar{u}_1, \bar{u}_2, \bar{u}_3$ bzw. mit $\bar{u}_1{}', \bar{u}_2{}', \bar{u}_3{}'$ bezeichnet; die Indices sind die gleichen wie bei dem jeweiligen, mit der Stromführung beginnenden Ventil (vgl. Abb. 14.7).

14.31 Kommutierungseinbrüche bei der Saugdrosselschaltung

Für den Transformator der Saugdrosselschaltung gilt der Ersatzschaltplan Abb. 12.8a. Die zugehörigen Reduktionsgleichungen (12.84), (12.85) beschreiben den Zeitverlauf der ventilseitigen Strangspannung u_{s1} unter allgemeinen Bedingungen.

Nimmt man neben idealer Glättung und einfacher Kommutierung auch noch einen vernachlässigbar kleinen Saugdrosselstrom (vgl. Abschn. 7.13) an, dann gilt $i_{s1} + i_{s2} + i_{s3} = i_I = I_d/2$ und $i'_{s1} + i'_{s2} + i'_{s3} = i_{II} = I_d/2$ (Abb. 14.7b, c), so daß man die Gl. (12.84) mit (14.8) vereinfacht anschreiben kann:

$$u_{s1} = e_1 - \omega L_c \frac{di_{s1}}{dx} + \omega L_k \frac{di'_{s1}}{dx}, \qquad L_c = L_k + L_s. \qquad (14.45)$$

Man kann (14.45) auf folgende Form bringen:

$$u_{s1} = e_1 - (u_{c1} - \lambda_k u'_{c1}), \qquad \lambda_k = \frac{L_k}{L_c} \qquad (14.46)$$

$$u_{c1} = \omega L_c \frac{di_{s1}}{dx}, \qquad u'_{c1} = \omega L_c \frac{di'_{s1}}{dx}. \qquad (14.47)$$

u_{c1} bzw. u'_{c1} sind die in Abschn. 14.21 beschriebenen Spannungsverluste, die von den Strömen i_{s1} und i'_{s1} bei einfacher Kommutierung an den Induktivitäten L_c der Ventile V_1 und V_1' hervorgerufen werden; u_{c1} ist in Abb. 14.7a schraffiert hervorgehoben und in Abb. 14.7d noch einmal dargestellt. Aus der Beziehung (14.46) erhält man mit Hilfe der Spannungen u_{c1} und u'_{c1} in Abb. 14.7d den in Abb. 14.7f dargestellten Zeitverlauf der ventilseitigen Strangspannung u_{s1}. Der Faktor λ_k, der die Tiefe des Spannungseinbruches in den Kommutierungsintervallen $\bar{u}_1{}'$ und $\bar{u}_2{}'$ bestimmt, und die Spannung e_1 in (14.46) können bei netzseitiger Sternschaltung mit Hilfe der Beziehungen (14.4), (14.9) und bei netzseitiger Dreieckschaltung mit Hilfe von (14.5), (14.12) berechnet werden.

406   14 Einfluß der Netzinduktivitäten und der Transformatorstreuung

Die netzseitige Strangspannung $u_{\mathrm{S1,st}}$ bei netzseitiger Sternschaltung ist durch die Gl. (7) des Anhanges 4 gegeben; darin muß i_{L1} mit Hilfe der Gl. (3) des Anhanges 4 ersetzt werden. Beachtet man, daß bei idealer

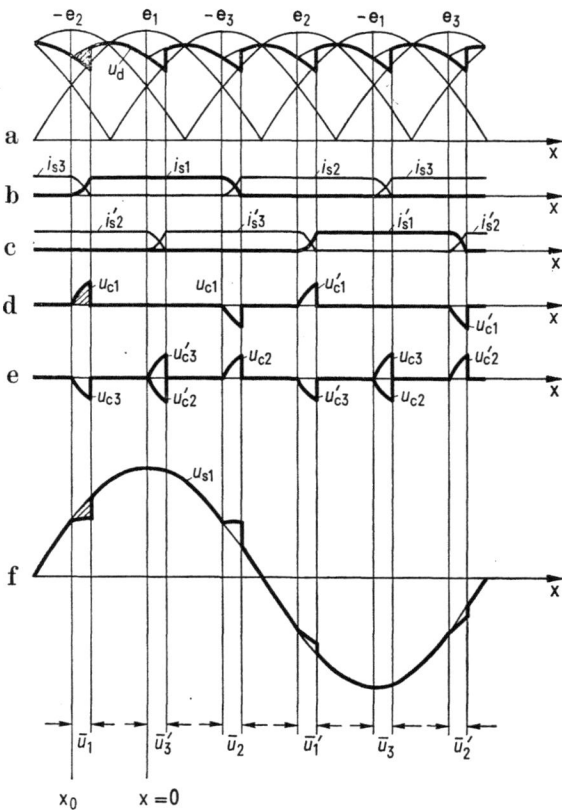

Abb. 14.7. Kommutierungseinbrüche in der ventilseitigen Sternspannung u_{s1} der sechspulsigen Saugdrosselschaltung.

Glättung und vernachlässigbarem Saugdrosselstrom $i_\mathrm{I} - i_\mathrm{II} = 0$ gilt, dann erhält man für $u_{\mathrm{S1,st}}$ die Beziehung

$$u_{\mathrm{S1,st}} = e_{\mathrm{N1}} - \omega L_\mathrm{n} \frac{N_2}{N_1} \frac{\mathrm{d}}{\mathrm{d}x} (i_{\mathrm{s1}} - i'_{\mathrm{s1}}). \tag{14.48}$$

Mit Hilfe von (14.47) kann die Gl. (14.48) auf die Form

$$u_{\mathrm{S1,st}} = e_{\mathrm{N1}} - \lambda_\mathrm{n} (u_{\mathrm{c1}} - u'_{\mathrm{c1}}), \qquad \lambda_\mathrm{n} = \frac{N_2}{N_1} \frac{L_\mathrm{n}}{L_\mathrm{c}} \tag{14.49}$$

14.3 Verzerrung der Spannungen durch Kommutierungseinbrüche

gebracht werden. Für die zugehörige Leiterspannung $u_{L1,st}$ gilt nach Abb. 12.6

$$u_{L1,st} = u_{S2,st} - u_{S3,st}. \tag{14.50}$$

Durch geeignetes Vertauschen der Zahlenindices erhält man aus (14.49) je einen Ausdruck für $u_{S2,st}$ und $u_{S3,st}$, so daß damit aus (14.50)

$$u_{L1,st} = e_{L1} - \lambda_n (u_{c2} - u'_{c2} - u_{c3} + u'_{c3}), \quad \lambda_n = \frac{N_2}{N_1} \frac{L_n}{L_c} \tag{14.51}$$

folgt. In den Gln. (14.49), (14.51) hat man für L_c und N_2/N_1 — der netzseitigen Sternschaltung entsprechend — die Werte nach (14.9), (14.10) einzusetzen.

Die netzseitige Leiterspannung u_{L1} bei netzseitiger Dreieckschaltung ist durch die Gl. (9) des Anhanges 5 gegeben. Mit $i_I - i_{II} = 0$ erhält man

$$u_{L1,dr} = e_{L1} - 3\omega L_n \frac{N_2}{N_1} \frac{d}{dx}(i_{s1} - i''_{s1}). \tag{14.52}$$

Mit Hilfe von (14.47) kann (14.52) auf die Form

$$u_{L1,dr} = e_{L1} - 3\lambda_n (u_{c1} - u'_{c1}), \quad \lambda_n = \frac{N_2}{N_1} \frac{L_n}{L_c}. \tag{14.53}$$

gebracht werden. Für die zugehörige Strangspannung $u_{S1,dr}$ bei netzseitiger Dreieckschaltung gilt

$$u_{S1,dr} = \frac{1}{3}(u_{L3,dr} - u_{L2,dr}). \tag{14.54}$$

Die Aussage (14.54) leitet man auf dem gleichen Wege wie die Gl. (8) des Anhanges 7 ab. Durch geeignetes Vertauschen der Zahlenindices in (14.53) erhält man je einen Ausdruck für $u_{L3,dr}$ und $u_{L2,dr}$; damit folgt aus (14.54)

$$u_{S1,dr} = e_{N1} + \lambda_n (u_{c2} - u'_{c2} - u_{c3} + u'_{c3}), \quad \lambda_n = \frac{N_2}{N_1} \frac{L_n}{L_c}. \tag{14.55}$$

In den Gln. (14.53), (14.55) hat man für L_c und N_2/N_1 — der netzseitigen Dreieckschaltung entsprechend — die Werte nach (14.12), (14.13) einzusetzen.

Die Gln. (14.46), (14.49), (14.53) für die Spannungen u_{s1}, $u_{S1,st}$, $u_{L1,dr}$ zeigen — bis auf die Koeffizienten bei den Spannungsverlusten u_{c1}, u'_{c1} — den gleichen Aufbau. Deshalb unterscheidet sich der Zeitverlauf von $u_{S1,st}$ und $u_{L1,dr}$ von dem in Abb. 14.7f dargestellten Zeitverlauf der ventil-

408   14 Einfluß der Netzinduktivitäten und der Transformatorstreuung

seitigen Strangspannung u_{s1} nur durch die Tiefe der Kommutierungseinbrüche und die entsprechende Phasenverschiebung.

Aus den Gln. (14.51), (14.55) entnimmt man, daß die Spannungen $u_{L1,st}$ und $u_{S1,dr}$ in beiden Fällen bis auf das Vorzeichen die gleichen Kommutierungseinbrüche aufweisen. Aus diesen Gleichungen und aus dem Zeitverlauf von u_{c2}, u'_{c2}, u_{c3}, u'_{c3} nach Abb. 14.7e folgt, daß die Kommutierungseinbrüche in den Intervallen $\bar{u}_3$ und $\bar{u}_3'$ doppelt so groß wie in den übrigen Kommutierungsintervallen sind.

14.32 Kommutierungseinbrüche bei den sechspulsigen Mittelpunktschaltungen

Aus der Abb. 12.8a entsteht der Ersatzschaltplan für den Transformator der sechspulsigen Mittelpunktschaltung, wenn darin die beiden Sternpunktleiter außerhalb der gestrichelten Umrandung kurzgeschlossen werden.

Beim Betrieb der sechspulsigen Mittelpunktschaltung mit netzseitiger Sternschaltung wird, wie in Abschn. 14.22, $I_{krit} \geqq 2I_{dN}$ angenommen (vgl. dazu Abschn. 13.2 und 13.3). Unter dieser Voraussetzung übernehmen die sechs Ventile nach Abb. 14.8b in der Reihenfolge V_1, V_3', V_2, V_1', V_3, V_2' die Stromführung. Das ist die gleiche Reihenfolge in der Kommutierung wie beim Betrieb mit netzseitiger Dreieckschaltung.

Der Zeitverlauf der ventilseitigen Strangspannung u_{s1} wird durch die Gln. (12.84), (12.86) gemeinsam für die netzseitige Sternschaltung und Dreieckschaltung beschrieben. Beide Gleichungen können folgendermaßen zusammengefaßt werden:

$$u_{s1} = e_1 - \omega(L_k + L_s)\frac{di_{s1}}{dx} + \omega L_k \frac{di'_{s1}}{dx} + \omega\left(\frac{L_k}{3} - L_h\right)\frac{d}{dx}(i_I - i_{II}). \tag{14.56}$$

Im Kommutierungsintervall $\bar{u}_1$ gilt nach Abb. 14.8b die Aussage $i_{s1} + i'_{s2} = I_d$, also $di_{s1} = -di'_{s2}$. Entsprechend folgt für das nächste Intervall $\bar{u}_3'$ die Beziehung $di_{s1} = -di'_{s3}$, für das folgende Intervall $\bar{u}_2$ erhält man $di_{s2} = -di'_{s3}$, usw. Mit Hilfe dieser Beziehungen kann man im letzten Summanden von (14.56) die Größen i_s' durch die Größen i_s ersetzen. Man findet:

$$\frac{d}{dx}(i_I - i_{II}) = 2\frac{di_I}{dx} = 2\frac{d}{dx}(i_{s1} + i_{s2} + i_{s3}). \tag{14.57}$$

Aus (14.56) folgt mit (14.57) nach kurzer Zwischenrechnung:

$$u_{s1} = e_1 - u_{c1} + \lambda_k u'_{c1} + \left(\frac{2}{3}\lambda_k - \lambda_h\right)(u_{c2} + u_{c3}) \tag{14.58}$$

14.3 Verzerrung der Spannungen durch Kommutierungseinbrüche

$$\lambda_k = \frac{L_k}{L_c}, \qquad \lambda_h = 2\frac{L_h}{L_c}, \qquad L_c = \frac{L_k}{3} + 2L_h + L_s \qquad (14.59)$$

$$u_{c1} = \omega L_c \frac{di_{s1}}{dx}, \qquad u'_{c1} = \omega L_c \frac{di'_{s1}}{dx}, \qquad u_{c2} = \omega L_c \frac{di_{s2}}{dx},$$

$$u_{c3} = \omega L_c \frac{di_{s3}}{dx}. \qquad (14.60)$$

u_{c1}, u'_{c1}, u_{c2} und u_{c3} sind die in Abschn. 14.22 beschriebenen Spannungsverluste, die von den Strömen i_{s1}, i'_{s1}, i_{s2} und i_{s3} an den Kommutierungsinduktivitäten der Ventile V_1, V_1', V_2 und V_3 verursacht werden; sie sind in den Abb. 14.8c, d dargestellt.

Aus (14.58) erhält man mit Hilfe der Spannungen u_{c1}, u'_{c1} in Abb. 14.8c und u_{c2}, u_{c3} in Abb. 14.8d den in Abb. 14.8e eingezeichneten Zeitverlauf

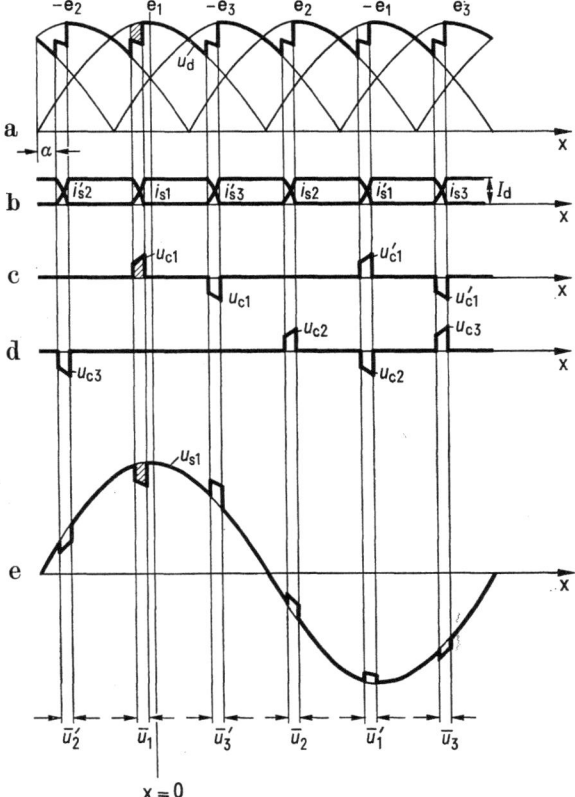

Abb. 14.8. Kommutierungseinbrüche in der ventilseitigen Sternspannung u_{s1} der sechspulsigen Mittelpunktschaltung.

410 14 Einfluß der Netzinduktivitäten und der Transformatorstreuung

der ventilseitigen Strangspannung u_{s1}; sie weist in allen sechs Kommutierungsintervallen Spannungseinbrüche auf. Die Faktoren λ_k und λ_h, die nach (14.58) die Tiefe der Kommutierungseinbrüche bestimmen, und die Spannung e_1 errechnet man bei netzseitiger Sternschaltung mit Hilfe von (14.4), (14.18), (14.19) und bei netzseitiger Dreieckschaltung mit Hilfe von (14.5), (14.21), (14.22).

Die netzseitige Strangspannung $u_{S1,st}$ bei netzseitiger Sternschaltung ist durch die Gln. (7), (3) des Anhanges 4 gegeben. Daraus folgt mit (14.57):

$$u_{S1,st} = e_{N1} - \omega\left(\frac{N_2}{N_1}\frac{L_n}{3} + \frac{N_1}{N_2}2L_j\right)\frac{di_{s1}}{dx} + \omega L_n \frac{N_2}{N_1}\frac{di'_{s1}}{dx}$$

$$+ \omega\left(\frac{N_2}{N_1}\frac{2L_n}{3} - \frac{N_1}{N_2}2L_j\right)\frac{d}{dx}(i_{s2} + i_{s3}). \quad (14.61)$$

Mit Hilfe von (14.60) kann man die Gl. (14.61) auf die folgende Form bringen:

$$u_{S1,st} = e_{N1} - \left(\frac{1}{3}\lambda_n + \lambda_j\right)u_{c1} + \lambda_n u'_{c1} + \left(\frac{2}{3}\lambda_n - \lambda_j\right)(u_{c2} + u_{c3})$$
$$(14.62)$$

$$\lambda_n = \frac{N_2}{N_1}\frac{L_n}{L_c}, \qquad \lambda_j = 2\frac{N_1}{N_2}\frac{L_j}{L_c}. \quad (14.63)$$

Für die zugehörige Leiterspannung $u_{L1,st}$ gilt nach Abb. 12.6 die Beziehung (14.50). Durch geeignetes Vertauschen der Zahlenindices in (14.62) erhält man je eine Beziehung für $u_{S2,st}$ und $u_{S3,st}$; damit folgt aus (14.50) nach geeigneter Zusammenfassung:

$$u_{L1,st} = e_{L1} - \lambda_n(u_{c2} - u_{c3} - u'_{c2} + u'_{c3}), \qquad \lambda_n = \frac{N_2}{N_1}\frac{L_n}{L_c}. \quad (14.64)$$

In den Gln. (14.63), (14.64) hat man für L_c und N_2/N_1 — der netzseitigen Sternschaltung entsprechend — die Werte nach (14.18), (14.19) einzusetzen.

Die netzseitige Leiterspannung $u_{L1,dr}$ bei netzseitiger Dreieckschaltung ist durch die Gl. (9) des Anhanges 5 gegeben. Man erhält daraus mit (14.57):

$$u_{L1,dr} = e_{L1} - \omega L_n \frac{N_2}{N_1}\frac{di_{s1}}{dx} + 3\omega L_n \frac{N_2}{N_1}\frac{di'_{s1}}{dx} + 2\omega L_n \frac{N_2}{N_1}\frac{d}{dx}(i_{s2} + i_{s3}).$$
$$(14.65)$$

14.3 Verzerrung der Spannungen durch Kommutierungseinbrüche

Mit Hilfe von (14.60) kann die Gl. (14.65) auf folgende Form gebracht werden:

$$u_{L1,dr} = e_{L1} - \lambda_n u_{c1} + 3\lambda_n u'_{c1} + 2\lambda_n (u_{c2} + u_{c3}), \quad \lambda_n = \frac{N_2}{N_1} \frac{L_n}{L_c}. \tag{14.66}$$

Die zugehörige Sternspannung $u_{S1,dr}$ ist durch (14.54) gegeben. Durch geeignete Vertauschung der Zahlenindices in (14.66) erhält man Ausdrücke für $u_{L2,dr}$ und $u_{L3,dr}$; damit folgt aus (14.54):

$$u_{S1,dr} = e_{N1} + \lambda_n (u_{c2} - u_{c3} - u'_{c2} + u'_{c3}), \quad \lambda_n = \frac{N_2}{N_1} \frac{L_n}{L_c}. \tag{14.67}$$

In den Gln. (14.66), (14.67) hat man für L_c und N_2/N_1 — der netzseitigen Dreieckschaltung entsprechend — die Werte nach (14.21), (14.22) einzusetzen.

Die Gln. (14.58), (14.62), (14.66) für die Spannungen u_{s1}, $u_{S1,st}$ und $u_{L1,dr}$ zeigen — bis auf die Größe der Koeffizienten bei den Spannungen u_{c1}, u'_{c1} und u_{c2}, u_{c3} — den gleichen Aufbau. Dieselbe Aussage folgt aus dem Vergleich der beiden Beziehungen (14.64), (14.67) für die Spannungen $u_{L1,st}$ und $u_{S1,dr}$.

14.33 Kommutierungseinbrüche bei den dreipulsigen Mittelpunktschaltungen

Im Abschn. 12.32 wurde gezeigt, daß im Falle der dreipulsigen Mittelpunktschaltung aus dem Ersatzschaltplan Abb. 12.8a die einfachere Anordnung Abb. 12.8b entsteht. Zur Abb. 12.8b gehört die Gl. (12.65) für die ventilseitige Strangspannung u_{s1}. Da ideale Glättung, also $i_d = I_d$, vorausgesetzt ist, vereinfacht sich (12.65) auf die Form

$$u_{s1} = e_1 - u_{c1} \tag{14.68}$$

$$u_{c1} = \omega L_c \frac{di_{s1}}{dx}, \quad L_c = L_k + L_s. \tag{14.69}$$

u_{c1} ist der in Abschn. 14.23 beschriebene Spannungsverlust, der vom Ventilstrom i_{s1} an der Kommutierungsinduktivität L_c des Ventiles V_1 verursacht wird. Mit Hilfe der Spannung u_{c1} — sie ist in Abb. 14.9c dargestellt — erhält man aus (14.68) den in Abb. 14.9e eingezeichneten Zeitverlauf der ventilseitigen Strangspannung u_{s1}. In (14.68) hat man für e_1, je nachdem, ob es sich um eine netzseitige Sternschaltung oder Dreieckschaltung handelt, die zweite Beziehung in (14.27) bzw. (14.30) zu verwenden.

412   14 Einfluß der Netzinduktivitäten und der Transformatorstreuung

Die netzseitige Strangspannung $u_{\text{S1,st}}$ bei netzseitiger Sternschaltung ist durch die Gln. (7), (3) des Anhanges 4 gegeben. Da bei idealer Glättung $i_\text{I} = I_\text{d}$ gilt, folgt daraus

$$u_{\text{S1,st}} = e_{\text{N1}} - \omega L_\text{n} \frac{N_2}{N_1} \frac{di_{\text{s1}}}{dx}. \tag{14.70}$$

Mit Hilfe von (14.69) folgt daraus:

$$u_{\text{S1,st}} = e_{\text{N1}} - \lambda_\text{n} u_{\text{c1}}, \quad \lambda_\text{n} = \frac{N_2}{N_1} \frac{L_\text{n}}{L_\text{c}}. \tag{14.71}$$

Die zugehörige Leiterspannung $u_{\text{L1,st}}$ ist nach Abb. 12.6 durch die Beziehung (14.50) gegeben. Durch geeignetes Vertauschen der Zahlenindices in (14.70) erhält man je eine Beziehung für $u_{\text{S2,st}}$ und $u_{\text{S3,st}}$; damit

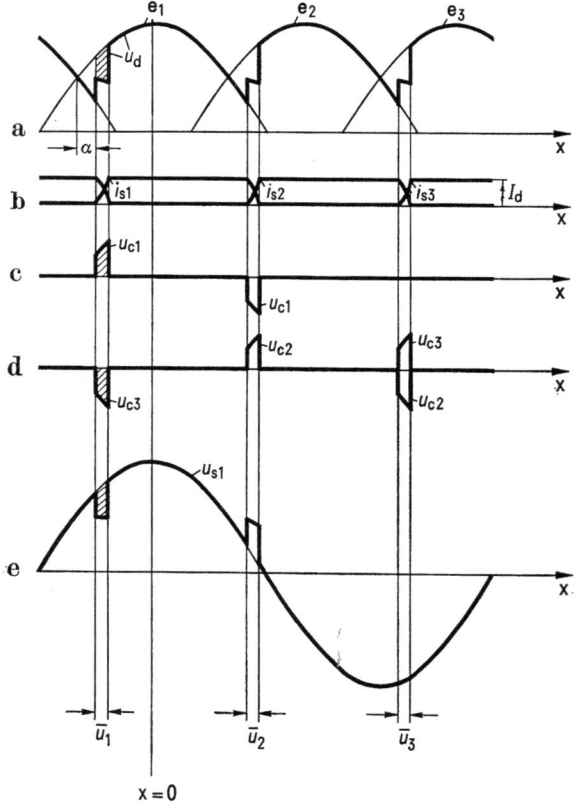

Abb. 14.9. Kommutierungseinbrüche in der ventilseitigen Sternspannung u_{s1} der dreipulsigen Mittelpunktschaltung.

14.3 Verzerrung der Spannungen durch Kommutierungseinbrüche

folgt aus (14.50):
$$u_{L1,st} = e_{L1} - \lambda_n(u_{c2} - u_{c3}). \tag{14.72}$$

In (14.71), (14.72) hat man für L_c und N_2/N_1 — der netzseitigen Sternschaltung entsprechend — die Werte nach (14.27), (14.28) einzusetzen.

Die netzseitige Leiterspannung $u_{L1,dr}$ bei netzseitiger Dreieckschaltung ist durch die Gl. (9) des Anhanges 5 gegeben. Mit $i_I = I_d$ erhält man daraus:
$$u_{L1,dr} = e_{L1} - 3\omega L_n \frac{N_2}{N_1} \frac{di_{s1}}{dx}. \tag{14.73}$$

Mit Hilfe von (14.69) kann (14.73) auf die folgende Form gebracht werden:
$$u_{L1,dr} = e_{L1} - 3\lambda_n u_{c1}, \qquad \lambda_n = \frac{N_2}{N_1}\frac{L_n}{L_c}. \tag{14.74}$$

Für die zugehörige Sternspannung bei netzseitiger Dreieckschaltung gilt (14.54). Durch Vertauschen der Zahlenindices in (14.74) erhält man je einen Ausdruck für $u_{L2,dr}$ und $u_{L3,dr}$, so daß aus (14.54)
$$u_{S1,dr} = e_{N1} + \lambda_n(u_{c2} - u_{c3}) \tag{14.75}$$

folgt. In den Gln. (14.74), (14.75) hat man für L_c und N_2/N_1 — der netzseitigen Dreieckschaltung entsprechend — die Werte nach (14.30), (14.31) einzusetzen.

Die Gln. (14.68), (14.71), (14.74) für die Spannungen u_{s1}, $u_{S1,st}$, $u_{L1,dr}$ zeigen — bis auf die Größe der Koeffizienten bei der Spannung u_{c1} — den gleichen Aufbau. Deshalb unterscheidet sich der Zeitverlauf der Größen $u_{S1,st}$ und $u_{L1,dr}$ von dem in Abb. 14.9e dargestellten Zeitverlauf der ventilseitigen Strangspannung u_{s1} nur durch die Tiefe der Kommutierungseinbrüche und die entsprechende Phasenverschiebung.

Aus den Gln. (14.72) und (14.75) entnimmt man, daß die Spannungen $u_{L1,st}$ und $u_{S1,dr}$ in beiden Fällen bis auf das Vorzeichen die gleichen Kommutierungseinbrüche aufweisen. Aus diesen Gleichungen und aus dem Zeitverlauf von u_{c2}, u_{c3} in Abb. 14.9d entnimmt man, daß der Kommutierungseinbruch im Intervall $\bar{u}_3$ doppelt so groß wie in den anderen Intervallen ist.

14.34 Kommutierungseinbrüche bei den sechspulsigen Brückenschaltungen

Für die Transformatoren der sechspulsigen Brückenschaltung in Abb. 14.2 gilt der gemeinsame Ersatzschaltplan Abb. 12.11a und die Gl. (12.83) für die ventilseitige Strangspannung u_{s1}:
$$u_{s1} = e_1 - u_{c1}, \qquad u_{c1} = \omega L_c \frac{di_{11}}{dx}. \tag{14.76}$$

414 14 Einfluß der Netzinduktivitäten und der Transformatorstreuung

Der Gl. (14.76) ist der Ersatzschaltplan Abb. 14.6 zugeordnet. Diese Schaltung liefert — wie bereits in Abschn. 8.61 an Hand der Abb. 8.17 ausführlich gezeigt wurde — den Verlauf der Gleichspannung u_d nach

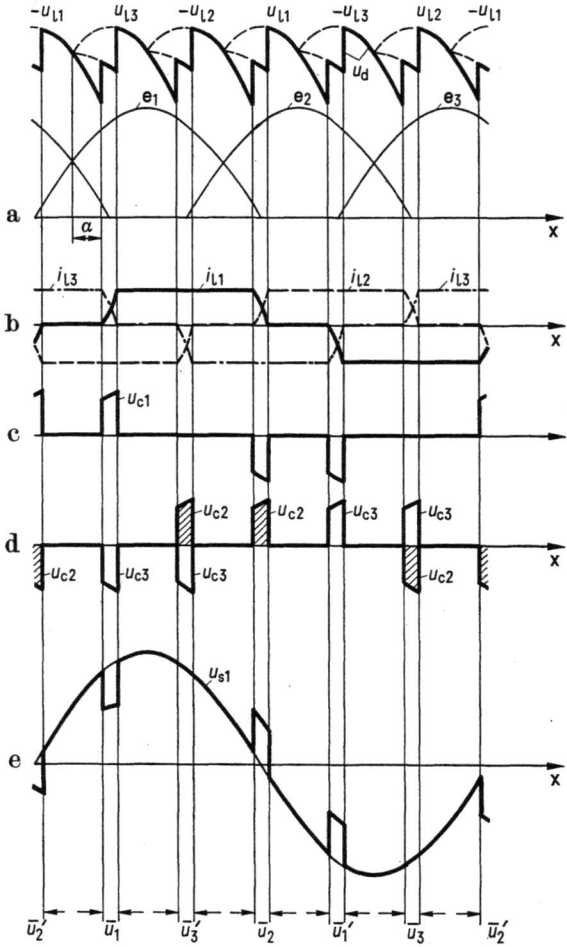

Abb. 14.10. Kommutierungseinbrüche in der ventilseitigen Sternspannung u_{s1} der sechspulsigen Brückenschaltung.

Abb. 14.10a, den Leiterstrom i_{l1} nach Abb. 14.10b und den Spannungsverlust u_{c1} an der Kommutierungsinduktivität L_c nach Abb. 14.10c Mit Hilfe der Spannung u_{c1} in Abb. 14.10c erhält man aus (14.76) den in Abb. 14.10e dargestellten Zeitverlauf der ventilseitigen Sternspannung u_{s1}. In (14.76) hat man für L_c und e_1, je nach der Art der Transfor-

14.3 Verzerrung der Spannungen durch Kommutierungseinbrüche

matorschaltung, die Werte nach (14.33), (14.36), (14.39) oder (14.42) einzusetzen.

Für die netzseitige Sternspannung $u_{S1,st}$ der Stern-Sternschaltung in Abb. 14.2a gilt die Beziehung (6) des Anhanges 7. Darin hat man nach (12.81) $i_{L1} = i_{11} N_2/N_1$ zu setzen. Mit (14.76) folgt dann aus (6) des Anhanges 7:

$$u_{S1,st} = e_{N1} - \omega L_n \frac{N_2}{N_1} \frac{di_{11}}{dx}. \qquad (14.77)$$

Daraus folgt mit (14.76):

$$u_{S1,st} = e_{N1} - \lambda_n u_{c1}, \quad \lambda_n = \frac{N_2}{N_1} \frac{L_n}{L_c}. \qquad (14.78)$$

Für die netzseitige Leiterspannung des Transformators in Abb. 14.2a folgt:

$$u_{L1,st} = u_{S2,st} - u_{S3,st}. \qquad (14.79)$$

Durch Vertauschen der Zahlenindices in (14.78) erhält man je einen Ausdruck für $u_{S2,st}$ und $u_{S3,st}$, so daß aus (14.79)

$$u_{L1,st} = e_{L1} - \lambda_n(u_{c2} - u_{c3}) \qquad (14.80)$$

folgt. In den Gln. (14.78), (14.80) hat man für L_c und N_2/N_1 die Werte (14.33), (14.34) einzusetzen.

Für die netzseitige Leiterspannung $u_{L1,dr}$ bei der Dreieck-Sternschaltung nach Abb. 14.2d gilt die Gl. (21) des Anhanges 7:

$$u_{L1,dr} = e_{L1} - 3\omega L_n \frac{N_2}{N_1} \frac{di_{11}}{dx}. \qquad (14.81)$$

Daraus folgt mit (14.76):

$$u_{L1,dr} = e_{L1} - 3\lambda_n u_{c1}, \quad \lambda_n = \frac{N_2}{N_1} \frac{L_n}{L_c}. \qquad (14.82)$$

Für die netzseitige Sternspannung $u_{S1,dr}$ des Transformators in Abb. 14.2d gilt

$$u_{S1,dr} = \frac{1}{3}(u_{L3,dr} - u_{L2,dr}). \qquad (14.83)$$

Man leitet (14.83) auf dem gleichen Wege ab wie die Gleichung (8) des Anhanges 7. Durch geeignetes Vertauschen der Zahlenindices in (14.82) erhält man je eine Beziehung für $u_{L2,dr}$ und $u_{L3,dr}$; damit folgt aus (14.83):

$$u_{S1,dr} = e_{N1} + \lambda_n(u_{c2} - u_{c3}). \qquad (14.84)$$

In den Gln. (14.82), (14.84) hat man für L_c und N_2/N_1 die Werte (14.42), (14.43) einzusetzen.

Die Gln. (14.76), (14.78), (14.82) für die Spannungen u_{s1}, $u_{S1,st}$, $u_{L1,dr}$ zeigen — bis auf die Größen der Koeffizienten bei u_{c1} — den gleichen Aufbau. Deshalb unterscheidet sich der Zeitverlauf von $u_{S1,st}$ und $u_{L1,dr}$ von dem in Abb. 14.10e dargestellten Verlauf der ventilseitigen Strangspannung u_{s1} nur durch die Tiefe der Kommutierungseinbrüche und durch die entsprechende Phasenverschiebung.

Die Gln. (14.80), (14.84) zeigen, daß die Spannungen $u_{L1,st}$ und $u_{S1,dr}$ in beiden Fällen bis auf das Vorzeichen die gleichen Kommutierungseinbrüche aufweisen. Aus diesen Gleichungen und aus dem Zeitverlauf der Spannungen u_{c2}, u_{c3} in Abb. 14.10d entnimmt man, daß die Kommutierungseinbrüche in den Intervallen $\bar{u}_3$ und $\bar{u}_3{}'$ doppelt so groß wie in den übrigen Kommutierungsintervallen sind.

Die netzseitigen Sternspannungen und Leiterspannungen der Transformatoren in Abb. 14.2b und 14.2c und die ventilseitigen Leiterspannungen bestimmt man auf dem gleichen Wege wie bei den Transformatoren der Abb. 14.2a und 14.2d. Da diese Überlegungen nichts grundsätzlich Neues bringen, sondern im wesentlichen auf eine Wiederholung hinauslaufen, wird auf die Durchführung der Rechnung verzichtet.

Anhang

Anhang 1 (Allgemeines)

Für kleine Werte von x gelten folgende Näherungen:

$$\sin x \approx x, \quad \cos x \approx 1, \quad \exp(-x) \approx 1 - x \quad (1)$$

Bei der Anwendung dieser Näherungen entstehen Abweichungen f_s, f_c bzw. f_e von den exakten Funktionswerten:

$$f_s = \frac{\sin x - x}{\sin x}, \quad f_c = \frac{\cos x - 1}{\cos x}; \quad f_e = \frac{\exp(-x) - 1 + x}{\exp(-x)} \quad (2)$$

Für einige Funktionswerte von x im Winkelmaß x^0 bzw. im Bogenmaß x^{rad} zeigt die folgende Tabelle den Fehler:

x	x^0	10	20	25	30
	x^{rad}	0,175	0,349	0,436	0,524
$f_s\%$		−0,510	−2,06	−3,24	−4,72
$f_c\%$		−1,54	−6,42	−10,3	−15,5
$f_e\%$		1,71	7,71	12,8	19,6

Auf Grund der Definition

$$\varrho = \frac{R}{\omega L} = \cot \varphi \quad (3)$$

bestehen folgende Zusammenhänge:

$$\sin \varphi = \frac{1}{\sqrt{1 + \cot^2 \varphi}} = \frac{1}{\sqrt{1 + \varrho^2}} = \frac{\omega L}{\sqrt{R^2 + \omega^2 L^2}}, \quad (4)$$

$$\cos \varphi = \frac{\cot \varphi}{\sqrt{1 + \cot^2 \varphi}} = \frac{\varrho}{\sqrt{1 + \varrho^2}} = \frac{R}{\sqrt{R^2 + \omega^2 L^2}}. \quad (5)$$

Bei kleinen Werten von ϱ gilt nach (4), (5):

$$\sin \varphi \approx 1, \quad \cos \varphi \approx \varrho. \tag{6}$$

Daraus folgen die Näherungen:

$$\sin (\alpha \pm \varphi) = \sin \varphi(\varrho \sin \alpha \pm \cos \alpha) \approx \varrho \sin \alpha \pm \cos \alpha, \tag{7}$$

$$\cos (\alpha \pm \varphi) = \sin \varphi(\varrho \cos \alpha \mp \sin \alpha) \approx \varrho \cos \alpha \mp \sin \alpha. \tag{8}$$

Anhang 2 (Abschn. 6.44)

Die Gln. (6.130) und (6.132) sind nach kleinen Werten von ϱ_1 und u zu entwickeln. Mit den Näherungen (1) des Anhanges 1 erhält man für die in den Beziehungen (6.130) bis (6.133) auftretenden Teilausdrücke die folgenden Näherungen:

$$\sqrt{2}\, I_1 \cos \frac{\pi}{p} = \frac{\sqrt{2}\, U_s}{R} \frac{\varrho_1}{\sqrt{1+\varrho_1^2}} \cos \frac{\pi}{p} \approx \frac{\pi}{p} \frac{U_{di}}{R} \varrho_1 \cot \frac{\pi}{p}, \tag{1}$$

$$\frac{\sqrt{2}\, I_1 \sin \dfrac{\pi}{p}}{1-\exp\left(-\varrho_1 \dfrac{2\pi}{p}\right)} = \frac{\sqrt{2}\, U_s}{R} \frac{\varrho_1}{\sqrt{1+\varrho_1^2}} \frac{\sin \dfrac{\pi}{p}}{1-\exp\left(-\varrho_1 \dfrac{2\pi}{p}\right)} \approx \frac{1}{2} \frac{U_{di}}{R}, \tag{2}$$

$$\sin (\alpha - \varphi_1) \approx \varrho_1 \sin \alpha - \cos \alpha, \quad \cos (\alpha - \varphi_1) \approx \varrho_1 \cos \alpha + \sin \alpha, \tag{3}$$

$$\sin (\alpha + u - \varphi_1) \approx \varrho_1 \sin \alpha - \cos \alpha + u \sin \alpha, \tag{4}$$

$$\cos (\alpha + u - \varphi_1) \approx \varrho_1 \cos \alpha + \sin \alpha + u \cos \alpha. \tag{5}$$

Außerdem kann die Exponentialfunktion in der Klammer von (6.131) folgendermaßen angenähert werden:

$$\exp\left(-\varrho_1 \left(\frac{2\pi}{p} - u\right)\right) \approx \exp\left(-\varrho_1 \frac{2\pi}{p}\right). \tag{6}$$

Dabei begeht man den Fehler

$$f = \frac{\exp\left(-\varrho_1 \left(\dfrac{2\pi}{p} - u\right)\right) - \exp\left(-\varrho_1 \dfrac{2\pi}{p}\right)}{\exp\left(-\varrho_1 \left(\dfrac{2\pi}{p} - u\right)\right)} = 1 - \exp(-\varrho_1 u) \approx \varrho_1 u. \tag{7}$$

Anhang

Man setzt die Näherungen (1) bis (6) in (6.130), (6.131) ein und vernachlässigt wiederum die quadratischen Glieder. Man erhält dann für (6.130), (6.131) die Näherungsgleichungen:

$$D = \frac{p}{2\pi}\omega L_c \left(\frac{\pi}{p} \frac{U_{di}}{R} \varrho_1 \cot \frac{\pi}{p} \sin\alpha + H\right), \qquad (8)$$

$$H = \frac{U_{di}}{R}\cos\alpha \left(1 - \varrho_1\left(\frac{\pi}{p} + \tan\alpha\right) - \frac{1}{2} u \tan\alpha\right). \qquad (9)$$

Man setzt H in (8) ein und findet durch Zusammenfassen

$$D = \frac{p}{2\pi}\frac{\omega L_c}{R} U_{di}\cos\alpha \left(1 - \varrho_1 \frac{2\pi}{p}\Phi(\alpha,p) - \frac{1}{2} u \tan\alpha\right), \qquad (10)$$

$$\Phi(\alpha,p) = \frac{1}{2}\left(1 + \frac{p}{\pi} K \tan\alpha\right), \qquad K = 1 - \frac{\pi}{p}\cot\frac{\pi}{p}. \qquad (11)$$

Die gleiche Methode wird auf die Beziehungen (6.132), (6.133) angewendet. Mit den Näherungen (1) bis (6) findet man aus (6.132), (6.133) bei Vernachlässigung der quadratischen Glieder die Näherungsgleichung

$$2H = \frac{2\pi}{p}\frac{U_{di}}{\omega L_c}\cos\alpha \left(u \tan\alpha - \varrho_1 \frac{\omega L_c}{R}\cot\frac{\pi}{p}\tan\alpha\right). \qquad (12)$$

Man ersetzt in (12) die Funktion H mit Hilfe von (9) und erhält für den Überlappungswinkel u die Näherungsgleichung

$$\frac{1}{2} u \tan\alpha = \frac{1 - \varrho_1 \dfrac{2\pi}{p}\Phi(\alpha,p)}{1 + \dfrac{2\pi}{p}\dfrac{R}{\omega L_c}}. \qquad (13)$$

Die Beziehungen (10), (13) bilden in Abschn. 6.44 die Ausgangsgleichungen für die angenäherte Berechnung der Belastungskennlinien bei unvollkommener Glättung und nichtlückendem Betrieb.

Anhang 3 (Abschn. 10.4)

Aus der Abb. 10.12 entnimmt man

$$\frac{\Delta H}{H} = 1 - \frac{H'}{H}, \qquad H = \frac{1}{\pi}\left(\sin\frac{\pi}{p} - \frac{\pi}{p}\cos\frac{\pi}{p}\right). \qquad (1)$$

Nach (10.25) gilt:

$$H = \frac{I_{d,90}}{p\sqrt{2}\,I}, \qquad H' = \frac{I'_{d,90}}{p\sqrt{2}\,I'}, \qquad I = \frac{U_s}{\omega L}, \qquad I' = \frac{U_s}{\omega(L+L_c)}. \tag{2}$$

$I_{d,90}$ bzw. $I'_{d,90}$ ist der Gleichstrom, der sich bei $\alpha = \pi/2 = 90°$ an der Lückgrenze bei $\varrho = 0$ bzw. bei $\varrho \neq 0$ einstellt. H ist durch (1) gegeben, H' muß noch berechnet werden.

Aus der Abb. 10.11a folgt während der Stromführung des Ventiles V_1

$$u_{s1} - E = \sqrt{2}\,U_s \cos x - E = Ri_d' + \omega(L+L_c)\frac{di_d'}{dx}. \tag{3}$$

Weiterhin gilt:
$$E = U_{d\alpha} - RI_d'. \tag{4}$$

Man löst die Differentialgleichung (3) mit der Anfangsbedingung $i_d'(x_\alpha) = 0$ und erhält für den Zeitverlauf des Gleichstromes i_d':

$$i_d' = \sqrt{2}\,I_1 \cos(x - \varphi_1) - \frac{E}{R} + \left(\frac{E}{R} - \sqrt{2}\,I_1 \cos(x_\alpha - \varphi_1)\right)$$
$$\times \exp\left(-\varrho_1(x - x_\alpha)\right), \tag{5}$$

$$I_1 = \frac{U_s}{\sqrt{R^2 + \omega^2(L+L_c)^2}}, \qquad \varrho_1 = \frac{R}{\omega(L+L_c)} = \cot\varphi_1. \tag{6}$$

Im Punkt B' der Lückgrenze (Abb. 10.12) gilt $\tau_F = 2\pi/p$, $\alpha = \pi/2$ und $U_{d\alpha} = U_{di}\cos\alpha = 0$. Damit findet man aus (4), (5) für diesen Betriebszustand die folgende Beziehung für den Zeitverlauf des Gleichstromes i_d':

$$i'_{d,90} = \sqrt{2}\,I_1 \cos(x - \varphi_1) + I_d' - \left(I_d' + \sqrt{2}\,I_1 \sin\left(\frac{\pi}{p} + \varphi_1\right)\right)$$
$$\times \exp\left(-\varrho_1\left(x - \frac{\pi}{2} + \frac{\pi}{p}\right)\right). \tag{7}$$

Aus (7) berechnet man den zugehörigen Gleichstrommittelwert $I'_{d,90}$:

$$I'_{d,90} = \frac{p}{2\pi}\int_{\frac{\pi}{2}-\frac{\pi}{p}}^{\frac{\pi}{2}+\frac{\pi}{p}} i'_{d,90}\,dx. \tag{8}$$

Anhang

Die Auswertung des Integrales (8) liefert

$$I'_{d,90} = \frac{p}{\pi}\sqrt{2}I_1 \sin\varphi_1 \sin\frac{\pi}{p} + I'_{d,90}$$
$$- \frac{p}{2\pi}\left(I'_{d,90} + \sqrt{2}I_1\sin\left(\frac{\pi}{p}+\varphi_1\right)\right)\frac{1}{\varrho_1}\left(1 - \exp\left(-\varrho_1\frac{2\pi}{p}\right)\right). \quad (9)$$

Durch Umstellung und Zusammenfassung folgt aus (9)

$$I'_{d,90}\left(1 - \exp\left(-\varrho_1\frac{2\pi}{p}\right)\right) = \sqrt{2}I_1 \sin\varphi_1 \sin\frac{\pi}{p}\left[\varrho_1\left(1 + \exp\left(-\varrho_1\frac{2\pi}{p}\right)\right)\right.$$
$$\left. - \cot\frac{\pi}{p}\left(1 - \exp\left(-\varrho_1\frac{2\pi}{p}\right)\right)\right]. \quad (10)$$

Nach (6) und (2) gilt:

$$I_1 = \frac{U_s}{\omega(L+L_c)}\frac{1}{\sqrt{1+\varrho^2}} = I' \sin\varphi_1, \qquad \sin\varphi_1 = \frac{1}{\sqrt{1+\varrho_1^2}}. \quad (11)$$

Damit folgt aus (2) und (10), (11)

$$H' = \frac{I'_{d,90}}{p\sqrt{2}I'} = \frac{\sin\dfrac{\pi}{p}}{p(1+\varrho^2)}\left(\varrho_1 \cot\mathrm{h}\left(\varrho_1\frac{\pi}{p}\right) - \cot\frac{\pi}{p}\right). \quad (12)$$

Mit (12) findet man aus (1) die gesuchte Größe

$$\frac{\Delta H}{H} = 1 - \frac{\pi}{p}\frac{1}{1+\varrho_1^2}\frac{\varrho_1 \cot\mathrm{h}\left(\varrho_1\dfrac{\pi}{p}\right) - \cot\dfrac{\pi}{p}}{1 - \dfrac{\pi}{p}\cot\dfrac{\pi}{p}}. \quad (13)$$

Anhang 4 (Abschn. 12.31)

Ausgangspunkt der Berechnung der Reduktionsgleichungen sind die Beziehungen (12.45), (12.46):

$$u_{s1} = u_{S1} - \omega L_p \frac{di_{L1}}{dx} - \omega L_s \frac{di_{s1}}{dx}, \quad (1)$$

$$u'_{s1} = -u_{S1} + \omega L_p \frac{di_{L1}}{dx} - \omega L_s \frac{di'_{s1}}{dx}. \quad (2)$$

Es treten die beiden Beziehungen (12.13), (12.29) hinzu. Unter Berücksichtigung der Gln. (12.47) und der Bezeichnungsweise der elektrischen Größen bei netzseitigem und ventilseitigem Stern folgt aus (12.13), (12.29):

$$i_{L1} = i_{s1} - i'_{s1} - \frac{1}{3}(i_I - i_{II}), \tag{3}$$

$$u_{S1} + u_{S2} + u_{S3} = -3\omega L_j \frac{\mathrm{d}}{\mathrm{d}x}(i_I - i_{II}). \tag{4}$$

Zur Berechnung der drei netzseitigen Wicklungsspannungen u_{S1}, u_{S2}, u_{S3} braucht man drei Gleichungen. Zwei Gleichungen erhält man mit Hilfe der Maschenregel aus der Netzseite der Anordnung Abb. 12.6:

$$u_{S3} - u_{S1} = e_{N3} - e_{N1} - \omega L_n \frac{\mathrm{d}}{\mathrm{d}x}(i_{L3} - i_{L1}), \tag{5}$$

$$u_{S2} - u_{S1} = e_{N2} - e_{N1} - \omega L_n \frac{\mathrm{d}}{\mathrm{d}x}(i_{L2} - i_{L1}). \tag{6}$$

Als dritte Gleichung tritt (4) hinzu. Aus diesen drei Gleichungen kann u_{S1} berechnet werden. Es folgt:

$$u_{S1} = e_{N1} - \omega L_n \frac{\mathrm{d}i_{L1}}{\mathrm{d}x} - \omega L_j \frac{\mathrm{d}}{\mathrm{d}x}(i_I - i_{II}). \tag{7}$$

Mit Hilfe der beiden Beziehungen (3) und (7) kann man u_{S1} und i_{L1} aus den Ausgangsgleichungen (1), (2) eliminieren. Man erhält die gesuchten Reduktionsgleichungen

$$u_{s1} = e_{N1} - \omega(L_n + L_p)\frac{\mathrm{d}}{\mathrm{d}x}\left(i_{s1} - i'_{s1} - \frac{i_I - i_{II}}{3}\right)$$
$$- \omega L_j \frac{\mathrm{d}}{\mathrm{d}x}(i_I - i_{II}) - \omega L_s \frac{\mathrm{d}i_{s1}}{\mathrm{d}x}, \tag{8}$$

$$u'_{s1} = -e_{N1} + \omega(L_n + L_p)\frac{\mathrm{d}}{\mathrm{d}x}\left(i_{s1} - i'_{s1} - \frac{i_I - i_{II}}{3}\right)$$
$$+ \omega L_j \frac{\mathrm{d}}{\mathrm{d}x}(i_I - i_{II}) - \omega L_s \frac{\mathrm{d}i'_{s1}}{\mathrm{d}x}. \tag{9}$$

Anhang 423

Anhang 5 (Abschn. 12.31)

Ausgangspunkt der Berechnung der Reduktionsgleichungen sind die Beziehungen (12.51), (12.52):

$$u_{s1} = u_{L1} - \omega L_p \frac{di_{W1}}{dx} - \omega L_s \frac{di_{s1}}{dx}, \tag{1}$$

$$u'_{s1} = -u_{L1} + \omega L_p \frac{di_{W1}}{dx} - \omega L_s \frac{di'_{s1}}{dx}. \tag{2}$$

In (1), (2) müssen die netzseitigen Größen u_{L1} und i_{W1} durch die Spannung e_{L1} des idealen Netzes und durch die ventilseitigen Ströme i_{s1}, i'_{s1} ersetzt werden. Dazu liefert die Netzseite der Abb. 12.7 mit Hilfe der Maschenregel folgende Gleichung:

$$u_{L1} = e_{L1} - \omega L_n \frac{d}{dx}(i_{L2} - i_{L3}). \tag{3}$$

Zwischen den netzseitigen Leiterströmen und Wicklungsströmen bestehen die Beziehungen

$$i_{L2} = i_{W1} - i_{W3}, \qquad i_{L3} = i_{W2} - i_{W1}, \tag{4}$$

$$i_{L2} - i_{L3} = 3i_{W1} - i_{III}, \qquad i_{III} = i_{W1} + i_{W2} + i_{W3}. \tag{5}$$

Mit (5) nimmt (3) folgende Form an:

$$u_{L1} = e_{L1} - \omega L_n \frac{d}{dx}(3i_{W1} - i_{III}). \tag{6}$$

In (6) müssen die netzseitigen Wicklungsströme durch die ventilseitigen Ströme ersetzt werden. Dazu benutzt man die beiden Gln. (12.29), (12.13) unter Berücksichtigung der Bezeichnungsweise der elektrischen Größen bei netzseitigem Dreieck und ventilseitigem Stern. Aus (12.29) folgt dann mit der letzten Gl. (12.53)

$$\frac{d}{dx}i_{III} = \frac{1}{1+\lambda}\frac{d}{dx}(i_I - i_{II}), \qquad \lambda = \frac{L_p}{3L_j}. \tag{7}$$

Aus der differenzierten Gl. (12.13) erhält man mit (7):

$$\frac{di_{W1}}{dx} = \frac{d}{dx}(i_{s1} - i'_{s1}) - \frac{\lambda}{1+\lambda}\frac{d}{dx}\frac{i_I - i_{II}}{3}. \tag{8}$$

Man kann jetzt (7), (8) in (6) einsetzen und erhält

$$u_{L1} = e_{L1} - 3\omega L_n \frac{d}{dx}\left(i_{s1} - i'_{s1} - \frac{i_I - i_{II}}{3}\right). \qquad (9)$$

Als letzter Schritt werden die Beziehungen (8), (9) in (1), (2) eingesetzt. Damit erhält man die gesuchten Reduktionsgleichungen.

$$u_{s1} = e_{L1} - \omega(3L_n + L_p)\frac{d}{dx}\left(i_{s1} - i'_{s1} - \frac{i_I - i_{II}}{3}\right)$$
$$- \frac{\omega L_p}{3(1+\lambda)}\frac{d}{dx}(i_I - i_{II}) - \omega L_s \frac{di_{s1}}{dx}, \qquad (10)$$

$$u'_{s1} = -e_{L1} + \omega(3L_n + L_p)\frac{d}{dx}\left(i_{s1} - i'_{s1} - \frac{i_I - i_{II}}{3}\right)$$
$$+ \frac{\omega L_p}{3(1+\lambda)}\frac{d}{dx}(i_I - i_{II}) - \omega L_s \frac{di'_{s1}}{dx}. \qquad (11)$$

Anhang 6 (Abschn. 12.4)

Ausgangspunkt der Betrachtungen sind die Gln. (12.77), (12.78):

$$u_{P1} + u_{P2} + u_{P3} = \omega(L_p + 3L_j)\frac{di_{III}}{dx} - 3\omega L_j \frac{di_I}{dx}, \qquad (1)$$

$$u_{p1} + u_{p2} + u_{p3} = 3\omega L_j \frac{di_{III}}{dx} - \omega(L_s + 3L_j)\frac{di_I}{dx}. \qquad (2)$$

Beim Transformator Abb. 12.10a gilt wegen des Knotenpunktsatzes $i_{III} = 0$ und $i_I = 0$. Damit folgt aus (1), (2) $u_{P1} + u_{P2} + u_{P3} = 0$ und $u_{p1} + u_{p2} + u_{p3} = 0$, also die Gültigkeit der Gln. (12.79), (12.80).

Für den Transformator in Abb. 12.10b erhält man nach dem Knotenpunktsatz und nach der Maschenregel die Aussage $i_{III} = 0$ und $u_{p1} + u_{p2} + u_{p3} = 0$. Damit folgt aus (2) $di_I/dx = 0$ und weiter $i_I = i_{p1} + i_{p2} + i_{p3}$ = konst. Würde konst. $\neq 0$ gelten, dann müßten die Ströme i_{p1}, i_{p2}, i_{p3} Gleichkomponenten I_1, I_2, I_3 besitzen, die der Bedingung $I_1 + I_2 + I_3$ = konst. genügen müßten, während die Summe der überlagerten Wechselkomponenten den Wert Null ergibt. Um zu zeigen, daß konst. = 0 gelten muß, nimmt man in Abb. 12.10b in Reihe mit den ventilseitigen Streuinduktivitäten L_s gedanklich einen beliebig kleinen, aber endlichen ohmschen Widerstand an. Aus der Maschenregel für das ventilseitige Dreieck in Abb. 12.10b folgt dann für die von den Gleichkomponenten ver-

Anhang 425

ursachten Spannungsverluste die Beziehung $R(I_1 + I_2 + I_3) = 0$. Daraus erhält man bei beliebig kleinem, aber endlichem R die Aussage $I_1 + I_2 + I_3 = \text{konst.} = 0$. Daher gilt in Abb. 12.10b $i_I = 0$. Mit $i_I = 0$ folgt aus (1) $u_{P1} + u_{P2} + u_{P3} = 0$; die vier Gln. (12.79), (12.80) sind daher auch beim Transformator Abb. 12.10b erfüllt.

Beim Transformator Abb. 12.10c gilt nach der Maschenregel $u_{P1} + u_{P2} + u_{P3} = 0$ und $u_{p1} + u_{p2} + u_{p3} = 0$. Damit folgt aus (1), (2):

$$0 = \omega(L_p + 3L_j) \frac{di_{III}}{dx} - 3\omega L_j \frac{di_I}{dx}, \qquad (3)$$

$$0 = 3\omega L_j \frac{di_{III}}{dx} - \omega(L_s + 3L_j) \frac{di_I}{dx}. \qquad (4)$$

Da die Determinante von (3), (4) von Null verschieden ist, lautet die Lösung $di_{III}/dx = 0$ und $di_I/dx = 0$. Aus den gleichen Gründen wie beim ventilseitigen Dreieck der Abb. 12.10b muß auch für die Wicklungsströme der beiden Dreieckschaltungen in Abb. 12.10c $i_I = 0$ und $i_{II} = 0$ gelten. Damit sind die Gln. (12.79), (12.80) auch für den Transformator Abb. 12.10c erfüllt.

Für den Transformator Abb. 12.10d erhält man aus dem Knotenpunktsatz und der Maschengleichung $i_I = 0$ und $u_{P1} + u_{P2} + u_{P3} = 0$. Damit folgt aus der Gl. (1) $di_{III}/dx = 0$ und aus den gleichen Gründen wie beim ventilseitigen Dreieck des Transformators 12.10b die Beziehung $i_{III} = 0$. Mit $i_{III} = 0$ erhält man aus (2) $u_{p1} + u_{p2} + u_{p3} = 0$. Die Gln. (12.79), (12.80) sind deshalb auch beim Transformator Abb. 12.10d erfüllt.

Anhang 7 (Abschn. 12.4)

Bei der Berechnung der Reduktionsgleichungen für die vier Anordnungen in Abb. 12.10 geht man von der Gl. (12.82)

$$u_{p1} = u_{P1} - \omega(L_p + L_s) \frac{di_{p1}}{dx} \qquad (1)$$

aus.

Bei der Anordnung Abb. 12.10a nimmt (1) in der Bezeichnungsweise der Stern-Sternschaltung folgende Form an:

$$u_{s1} = u_{S1} - \omega(L_p + L_s) \frac{di_{11}}{dx}. \qquad (2)$$

Aus Abb. 12.10a folgen die Gleichungen

$$u_{S1} - u_{S2} = e_{N1} - e_{N2} - \omega L_n \frac{d}{dx}(i_{L1} - i_{L2}), \qquad (3)$$

$$u_{S2} - u_{S3} = -e_{N3} + e_{N2} - \omega L_n \frac{d}{dx}(i_{L2} - i_{L3}). \qquad (4)$$

Dazu kommt die erste Gl. (12.80)

$$u_{S1} + u_{S2} + u_{S3} = 0 \qquad (5)$$

und die Bedingung $e_{N1} + e_{N2} + e_{N3} = 0$ des regulären Dreiphasensystems.

Man berechnet u_{S1} aus (3) bis (5) und findet mit der ersten Gl. (12.79)

$$u_{S1} = e_{N1} - \omega L_n \frac{di_{L1}}{dx}. \qquad (6)$$

Man setzt (6) in (2) unter Berücksichtigung von (12.81) ein und erhält

$$u_{s1} = e_{N1} - \omega L_c \frac{di_{l1}}{dx}, \qquad L_c = L_n + L_p + L_s. \qquad (7)$$

(7) ist die gesuchte Reduktionsgleichung der Anordnung Abb. 12.10a.

Bei der Ableitung der Reduktionsgleichung für die Anordnung Abb. 12.10b wird zunächst gedanklich angenommen, daß zwischen den Knotenpunkten des ventilseitigen Dreiecks und dem zugehörigen Sternpunkt ein beliebig großer, aber endlicher ohmscher Widerstand liegt. Durch diese Widerstände würden die Ströme $i_1 = u_{s1}/R$, $i_2 = u_{s2}/R$ und $i_3 = u_{s3}/R$ fließen und nach dem Knotenpunktsatz $i_1 + i_2 + i_3 = (u_{s1} + u_{s2} + u_{s3})/R = 0$ liefern. Bei beliebig großem, aber endlichem R gilt daher $u_{s1} + u_{s2} + u_{s3} = 0$ und weiter nach Abb. 12.10b $u_{12} = u_{s3} - u_{s1}$ und $u_{13} = u_{s1} - u_{s2}$. Aus diesen drei Gleichungen folgt:

$$u_{s1} = \frac{1}{3}(u_{13} - u_{12}). \qquad (8)$$

In der Bezeichnungsweise der Stern-Dreieckschaltung Abb. 12.10b erhält man aus (1) durch Vertauschen des Index 1 durch 2 bzw. 3 die folgenden Beziehungen für u_{12} und u_{13}:

$$u_{12} = u_{S2} - \omega(L_p + L_s)\frac{di_{w2}}{dx}, \qquad (9)$$

$$u_{13} = u_{S3} - \omega(L_p + L_s)\frac{di_{w3}}{dx}. \qquad (10)$$

Anhang 427

Die netzseitige Spannung u_{S1} in Abb. 12.10b ist durch (6) gegeben. Man beachtet $i_{L1} = i_{w1}$ und findet daraus durch Vertauschen der Indices

$$u_{S2} = e_{N2} - \omega L_n \frac{di_{w2}}{dx}, \tag{11}$$

$$u_{S3} = e_{N3} - \omega L_n \frac{di_{w3}}{dx}. \tag{12}$$

Man setzt die beiden Gln. (11), (12) in (9), (10) ein; damit findet man aus (8) unter Berücksichtigung des Knotenpunktsatzes $i_{l1} = i_{w3} - i_{w2}$

$$u_{s1} = -\frac{1}{3} e_{L1} - \omega L_c \frac{di_{l1}}{dx}, \qquad L_c = \frac{1}{3}(L_n + L_p + L_s). \tag{13}$$

(13) ist die gesuchte Reduktionsgleichung der Anordnung Abb. 12.10b.

Bei der Anordnung Abb. 12.10c ist die ventilseitige Sternspannung u_{s1} durch dieselbe Gl. (8)

$$u_{s1} = \frac{1}{3}(u_{13} - u_{12}) \tag{14}$$

wie bei der Anordnung Abb. 12.10b gegeben. Weiterhin folgt aus (1) in der Bezeichungsweise der Dreieck-Dreieckschaltung Abb. 12.10c bei entsprechender Vertauschung der Indices und mit (12.81)

$$u_{12} = u_{L2} - \omega(L_p + L_s)\frac{di_{w2}}{dx}, \tag{15}$$

$$u_{13} = u_{L3} - \omega(L_p + L_s)\frac{di_{w3}}{dx}. \tag{16}$$

Die Netzseite der Anordnung Abb. 12.10c liefert zwei weitere Gleichungen, die man mit Hilfe des Knotenpunktsatzes $i_{L1} = i_{w3} - i_{w2} = i_{w3} - i_{w2}$ usw. und mit Hilfe der ersten Gl. (12.79) und der Beziehung (12.81) folgendermaßen anschreiben kann:

$$u_{L2} = e_{L2} - \omega L_n \frac{d}{dx}(i_{L3} - i_{L1}) = e_{L2} - 3\omega L_n \frac{di_{w2}}{dx}, \tag{17}$$

$$u_{L3} = e_{L3} - \omega L_n \frac{d}{dx}(i_{L1} - i_{L2}) = e_{L3} - 3\omega L_n \frac{di_{w3}}{dx}. \tag{18}$$

Man setzt die beiden Gln. (17), (18) zunächst in (15), (16) ein. Damit findet man aus (14) unter Berücksichtigung des Knotenpunktsatzes $i_{l1} = i_{w3} - i_{w2}$ und der Bedingung $e_{N1} + e_{N2} + e_{N3} = 0$ des regulären

Dreiphasensystems

$$u_{s1} = e_{N1} - \omega L_c \frac{di_{11}}{dx}, \qquad L_c = \frac{1}{3}(3L_n + L_p + L_s). \tag{19}$$

(19) ist die gesuchte Reduktionsgleichung der Anordnung Abb. 12.10c.

Für die Anordnung Abb. 12.10d folgt aus (1) in der Bezeichnungsweise der Dreieck-Sternschaltung die Beziehung

$$u_{s1} = u_{L1} - \omega(L_p + L_s)\frac{di_{11}}{dx}. \tag{20}$$

Für die Netzseite der Anordnung Abb. 12.10d erhält man mit (12.81) in Analogie zu (17), (18) die Gleichung

$$u_{L1} = e_{L1} - \omega L_n \frac{d}{dx}(i_{L2} - i_{L3}) = e_{L1} - 3\omega L_n \frac{di_{11}}{dx}. \tag{21}$$

Aus (20), (21) folgt:

$$u_{s1} = e_{L1} - \omega L_c \frac{di_{11}}{dx}, \qquad L_c = 3L_n + L_p + L_s. \tag{22}$$

(22) ist die gesuchte Reduktionsgleichung der Anordnung Abb. 12.10d.

Literaturverzeichnis

Anschütz, H.: Stromrichteranlagen der Starkstromtechnik — Einführung in Theorie und Praxis, 2. Aufl. Berlin/Göttingen/Heidelberg: Springer 1963.
Glaser, A.; Müller-Lübeck, K.: Einführung in die Theorie der Stromrichter, Bd. 1: Elektrotechnische Grundlagen, Berlin: Springer 1935.
Hoffmann, A.; Stocker, K.: Thyristor-Handbuch, 4. Aufl. Berlin, München: Siemens AG 1976.
Kübler, E.: Leitfaden der Elektrotechnik, Bd. II, Teil 3: Stromrichter, 2. Aufl. Stuttgart: Teubner 1967.
Marti, K.; Winograd, O.: Stromrichter (Deutsch von O. Gramisch). München: Oldenbourg 1933.
Möltgen, G.: Netzgeführte Stromrichter mit Thyristoren, 3. Aufl. Berlin, München: Siemens AG 1974.
Schilling, W.: Die Gleichrichterschaltungen. Berlin, München: Oldenbourg 1938.
Schilling, W.: Die Wechselrichter und Umrichter. Berlin, München: Oldenbourg 1940.
Schilling, W.: Stromrichtertechnik. München: Oldenbourg 1950.
Schilling, W.: Thyristortechnik. München: Oldenbourg 1968.
Wasserrab, Th.: Schaltungslehre der Stromrichtertechnik, Berlin/Göttingen/Heidelberg: Springer 1962.

Sachverzeichnis

adaptive Regelung 282
Ankerinduktivität 256
Ankerkreisinduktivität 285
Ankerkreisumschaltung 323
Ankerwiderstand 256, 285
Anode 2
Anodenpotential 12, 18, 56ff.
Anodenstern 11, 163, 177
antiparallele Ventile 322
Arbeitszyklus 287
Außenraum 329, 333

Bauleistung 325, 362ff.
Betriebskennlinien 255, 258
Belastungskennlinie 32, 49, 50, 70, 97 108ff.
—, Näherung der 53, 134ff.
Blindleistung 311
Brückenschaltung 141, 162ff.
—, sechspulsige 162, 177ff.
—, zweipulsige 163, 172, 175ff.
Brückenzweig 163, 215

cos-Gesetz 29, 95ff.

Doppelkommutierung 196, 241, 357
Doppelkommutierungszeit 200
Drehmoment 255, 286
Drehstrombrücke 162
Drehstromnetz, ideales 9
Drehstromsystem, reguläres 9
—, symmetrisches 9
Drehzahl 255, 286
— -Drehmomentkennlinie 258
Drehzahlkennlinie 258
Dreieckschaltung 10ff.
Dreiphasensystem 9ff.
Dreischenkeldrossel 337
Drosselkennlinie 145
Drosselspule, dreischenkelige 337

Drosselspule, verkettete 337
—, zweischenkelige 338
Durchflutung 145, 331
Durchflutungssatz 145, 331, 337
Durchlaßintervall (-zeit) 4, 9, 25ff.
Durchlaßrichtung 2

Effektivwert 23, 77, 138ff.
Einschwingvorgang 23
Einwegschaltung 162
Eisenkern 327
Eisenquerschnitt 330
Eisenverluste 326
Eisenweglänge 330, 337, 338
Erregung 255

Feldkreisumschaltung 323
Feldlinie 333
Feldröhre 333
Feldstärke, magnetische 330
Freilaufventil 56, 81, 173
Freilaufwirkung 207
Freiwerdezeit 248

Gegen-EMK 255
Gegenparallelschaltung 284, 320, 321
Gegenspannung 255, 259
Generatorbetrieb 256
Glättung, ideale 17, 21, 34, 65, 89, 102, 112ff.
—, unvollkommene 44, 48, 125, 249
Glättungsdrossel(-induktivität) 32, 33ff.
Glättungsgrad 136
Gleichkomponente 32, 136, 361
Gleichrichter 1, 14, 16, 284
Gleichrichterbetrieb 214, 221
Gleichrichteffekt 4
Gleichspannung, fiktive 218

Sachverzeichnis

Gleichspannungsmittelwert 40, 70, 116, 124, 131 ff.
—, ideller 4, 29, 95 ff.
Gleichspannungsoberwellen 361
Gleichspannungsverlust 41, 50, 71, 107, 131, 159, 171, 191, 230, 279 ff.
Gleichstrom, lückender 21, 49, 87, 165 ff.
—, nichtlückender 21, 49, 88, 165 ff.
Gleichstromantrieb 254
Gleichstromkurzschluß 112, 115, 197
Gleichstromleistung 214, 256, 361
Gleichstromnebenschlußmaschine 216, 254, 287
Gleichstromoberwellen 361
Grenzbedingung 23 ff.
Grenzellipse 196
Grenzsteuerwinkel 28, 44, 88, 92, 126, 184
Grenzstrom 110, 121, 191, 195
Größenrelationen 53, 129, 279
Grundlast 318, 321, 371
Grundlastwiderstand 151, 258
Grundschwingung 136

Halbgesteuerte Brücke 163, 172, 175
— Sechspulsbrücke 163, 203
— Zweipulsbrücke 172, 175
Halbwellenmittelwert 72, 76
Hauptventile 56
Hysteresisverluste 370

Ideale Glättung 17, 21, 34, 65, 89, 102, 112 ff.
— Maschine 256
— Ventile 2 ff.
Idealer Transformator 9, 327
Ideales Netz 9, 16, 102, 326
Ideelle Gleichspannung 296, 297
— Kreisspannung 297, 307
Induktionsgesetz 145, 331, 337, 374
Innere Spannung 255

Joch 329
Jochdurchflutung 364, 374
Jochfluß 329, 332, 351, 361, 363
Jochinduktivität 351, 361, 389, 404
Jochleitfähigkeit 332
Jochspannung 335, 351, 364
—, magnetische 333

Kathode 2 ff.
Kathodenpotential 12 ff.
Kathodenstern 11, 56, 142, 163, 177

Kippen 224, 231, 249
Kippstrom 227
Kirchhoffsche Regeln 31
Klemmenspannung 256
Knotenpunktregel(-satz) 31 ff.
Kommutierung 35, 102
—, doppelte 196
—, dynamische 253
—, einfache 11, 102, 107, 130, 186, 227, 388
—, mehrfache 102, 109, 112, 116, 350
—, natürliche 14, 16
Kommutierungsdauer 104
Kommutierungseinbrüche 49, 394, 404 ff.
Kommutierungsgruppe 148, 157, 163, 180
Kommutierungsinduktivität 11, 34, 65, 102, 125, 157, 186, 230, 241 ff.
Kommutierungsintervall 66, 68, 102, 405
Kommutierungskreis 21, 35, 91, 103
Kommutierungszacken 370, 404
Kommutierungszeit 35, 66, 102, 157, 168, 186 ff.
Kreisspannung 286, 290, 291 ff.
—, ideelle 297, 307
Kreisstrom 286, 291, 296 ff.
—, lückender 292, 301, 302
—, nichtlückender 292, 301, 306
Kreisstrombehafteter Betrieb 293, 296, 311, 312, 318
Kreisstromfreier Betrieb 293
Kreisstromkennlinie 300
Kreuzschaltung 284, 320, 321
Kritischer Bereich 149, 152, 155
— Betrieb 149
— Gleichstrom 149, 367
— Laststrom 149, 367
Kurzschluß 32, 35, 40 ff.
Kurzschlußgleichstrom 40, 117, 121, 125, 198, 200, 234
Kurzschlußreaktanz 352
Kurzschlußstrom, einpoliger 36, 104, 169
—, zweipoliger 36, 104, 108

Lastparameter 23, 89, 94 ff.
Lastspannung 4, 19, 21 ff.
Lastspannungsmittelwert 40, 70, 107, 116, 124, 131 ff.
—, ideller 4, 29, 95 ff.
Laststrom 19 ff.

Laststrommittelwert 31, 107 ff.
Lastwiderstand, fiktiver 218
Leerlauf 32, 39 ff.
Leistung, mechanische 256
Leistungsquadranten 255, 284 ff.
Leiterpannung 11, 179, 188, 241, 327, 407 ff.
Leiterstrom 45, 48, 170, 174, 185, 325, 328, 375 ff.
Leonard-Umformer 287
Löschzeitpunkt 7, 23 ff.
Lückellipse 34, 50, 99
Lückender Betrieb 21, 44, 49, 87, 89, 93, 125, 165, 182 ff.
— Kreisstrom 292, 301, 306
Lückgrenze 28, 33, 50, 99, 126, 131, 266, 273, 297
Lückkurve 99, 126
Lückspannung 32, 99
Lückstrom 32, 99

Magnetische Aequipotentialflächen 332
— Feldstärke 330
— Leitfähigkeit 145, 333
— Spannung 332
Magnetischer Fluß 145
— Widerstand 333
Magnetisierungsstrom 42, 330, 353
Maschenregel 31
Maschinenkennlinie 313
Maschinenspannung 256 ff.
Maschinenumformer 254, 284
Mechanische Leistung 256
Mehrfache Kommutierung 102, 109, 112, 116, 350
Mittelpunktschaltung 320
—, dreipulsige 113, 234, 284, 348, 371, 379, 399, 411
—, p-pulsige 81, 162, 227
—, sechspulsige 301, 367, 377, 397, 408
—, symmetrische 19
—, unsymmetrische 19
—, zweipulsige 17, 56
Motorbetrieb 256

Natürlicher Zündzeitpunkt 4, 18, 75, 83, 163, 172, 175, 177, 203, 260
Nennbetrieb 110, 362
Nennleistung 362
Nennstrom 42, 53, 117, 137
Netz, ideales 9, 16, 102, 326
Netzinduktivität 11, 34, 43, 255, 325, 389, 404

Netzinnenwiderstand 9
Netzkapazität 327
Netzseite 10
Nichtlückender Betrieb 25, 45, 49, 88, 91, 126, 132, 165, 180, 182, 269 ff.
— Kreisstrom 292, 301, 306
Nullaussteuerung 4, 25, 76, 87, 105, 180, 185, 207, 228
Nullventil 56

Oberschwingung 136
Oberwellengehalt 81
Ohmsch-induktive Last 18, 21, 25, 89, 96, 182, 203
Ohmsche Last 17, 19, 85, 95, 178, 215
Ordnungszahl 136

Periodizitätsintervall 50, 83, 103 ff.
Permeabilität 326, 330 ff.
Phasenwinkel 23, 75
Polwender 323
p-pulsige Mittelpunktschaltung 81
Pulszahl 15, 53, 81, 141, 179

Quadranten 256

Reduktionsgleichung 340, 354, 358
Respektabstand 248
Restamperewindungen 331
Restdurchflutung 331
Richteffekt 1

Saugdrossel 141, 142, 321, 365, 367
—, fiktive 365
Saugdrosselbetrieb 149, 157, 394
Saugdrosselinduktivität 145, 149, 365, 367
Saugdrosselkern 145
Saugdrosselmittelpunkt 145, 159
Saugdrosselschaltung 141, 320, 365, 376, 394, 405
—, höherpulsige 156
Saugdrosselspannung 144, 149, 365
Saugdrosselspitze 149, 151, 368
Saugdrosselstrom 146, 352, 367, 376, 406
Schaltungsreduktion 218
Schaltungswinkel 85, 210, 285, 300, 320
Scheinleistung 362
Schenkelfluß 327
Schonzeit 249, 294
Schwingungsdauer 1 ff.
Sechspulsbrücke 162, 177, 241, 321, 354, 381, 413

Sachverzeichnis

Sechspulsbrücke, halbgesteuerte 163, 203
—, vollgesteuerte 163, 177
Sechspulsige Brückenschaltung 241, 354, 381, 413
Sinuskuppen 15, 83
Spannungsstern 81, 142 ff.
Spannungsteiler, induktiver 141
Sperrfähigkeit 248
Sperrintervall 4
Sperrichtung 2
Sperrwiderstand 19
Sperrzeit 4
Spontane Zündverzögerung 193, 261
Spontaner Steuerwinkel 193, 261
— Zündzeitpunkt 261
Stationäre Lösung 23
Sternpunkt 18, 82, 143
Sternpunktstrom 145, 332, 364
Sternschaltung 10 ff.
Sternspannung 9, 11, 188, 328
Steueranschluß 3
Steuerbedingung 296
Steuerbereich 4, 28, 76, 88, 93 ff.
Steuergitter 3
Steuerkennlinie 29, 40, 59, 76, 95, 166, 180, 210, 220
Steuersignal 6
Steuerung 6
—, symmetrische 19
—, unsymmetrische 19
—, unwirksame 260
Steuerwinkel 4, 18, 76, 83 ff.
—, spontaner 193
—, wirksamer 193
Steuerwinkelsumme 290, 296 ff.
Streuinduktivität 9, 34, 167, 186, 324, 335, 352, 389, 404
—, netzseitige 10, 42, 325
—, ventilseitige 10, 42, 325
Streuleitfähigkeit 392
Strang 327
Strangspannung 328
Stromlücke 19
Stromrichter 1 ff.
—, netzgeführter 14, 16
Stromrichterantrieb 254
Stromrichterbetrieb 255
Stromrichterkennlinie 286, 291, 313
Stromrichterschaltung 3, 16 ff.
Stromrichtertransformator 11, 85, 141, 163, 325, 361, 389
—, idealer 16, 102, 326

Stromrichtertransformator, realer 35, 326
Stromübernahme 294
Stromumkehr 294
—, verzögerungsfreie 316
Stromzacken 121
Symmetriebedingung 222
Symmetrieeigenschaft 222
Synchronmaschine 287

Transformator, idealer 9, 326
—, realer 9, 326
Tranformatorbauleistung 362
Transformatorstreuung 11, 157, 255, 326
Teilflüsse 330
Teilstromrichter 287 ff.
Totzeit 295
Trittgrenze 223, 224, 232, 241

Überlappungsfunktion 139, 171, 189
Überlappungsintervall 103 ff.
Überlappungswinkel 105, 132, 153, 159, 169, 188
—, dynamischer 252
Überlappungszeit 35, 48, 102, 186
Umformer 254
Umkehrstromrichter 222, 284
Umkehrstromrichterschaltung 319
Ummagnetisierungsverluste 353
Umrichter 1, 14
Unvollkommene Glättung 44, 48, 125, 249
Unwirksame Steuerung 260

Ventil 1 ff.
—, gesteuertes 2 ff.
—, ideales 2 ff.
—, ungesteuertes 2 ff.
Ventile, antiparallele 322
Ventilseite 10
Ventilspannung 2, 19 ff.
Ventilstern 11 ff.
Ventilstrom 2, 23, 104 ff.
Ventilstromeffektivwert 138, 148, 170, 189
Ventilstrommittelwert 31, 62, 138, 170, 189
Ventilzweig 21
Verkettete Drosselspule 337
Vierquadrantenbetrieb 257, 286
Vollaussteuerung 4, 19, 27, 61, 75, 95 ff.
Vollgesteuerte Brücke 163, 177

Vorläufer 121, 124, 155
Vormagnetisierung 353, 375

Wechselkomponente 15, 136, 353, 361, 372
Wechselrichter 1, 14 ff.
Wechselrichterbetrieb 112, 214, 227, 241
—, nichtstationärer 216
—, stationärer 216
Wechselrichterkippen 223, 249
Wechselrichtertrittgrenze 223, 230, 232, 239, 248
Wechselstromsteller 14, 72, 82
Wicklungsleistung 362
Wicklungsspannungen 328, 335
Wicklungsströme 325, 328 ff.
Wirbelströme 353
Wirbelstromverluste 353, 370
Wirkleistung 214, 312, 361

Zeigerdiagramm 328
Zündbereitschaft 180
Zündflanke 6
Zündkennlinie 6
Zündverzögerung, spontane 193, 261
Zündwert 6
Zündzeitpunkt 4, 18 ff.
—, natürlicher 4, 18, 75, 83, 163, 172, 175, 177, 203, 260
—, spontaner 261
Zusatzverluste 353
Zweipulsbrücke 162
—, vollgesteuerte 163
—, halbgesteuerte 172, 175
zweipulsige Mittelpunktschaltung 17, 56
Zweischenkeldrossel 338
Zweiwegschaltung 161

If you have any concerns about our products,
you can contact us on
ProductSafety@springernature.com

In case Publisher is established outside the EU,
the EU authorized representative is:
**Springer Nature Customer Service Center GmbH
Europaplatz 3, 69115 Heidelberg, Germany**

Printed by Libri Plureos GmbH
in Hamburg, Germany